国家出版基金资助项目

"十三五"国家重点出版物出版规划项目

现代土木工程精品系列图书·建筑工程安全与质量保障系列

钢筋混凝土电化学研究

Electrochemical Study on Reinforced Concrete

巴恒静　著

哈尔滨工业大学出版社
HARBIN INSTITUTE OF TECHNOLOGY PRESS

内 容 提 要

混凝土结构耐久性的衰退是工程建设领域所面临的非常严重的问题,极大地危害了结构的可靠性和安全性,必须给予高度的重视。本书是基于国内外最新的电化学测试技术和相关传感器研究,以及作者研究团队多年的研究成果撰写而成。近十年来,作者在总结以往研究成果的基础上,开展了电化学监测技术研究,自主研制了混凝土中的内置多元电化学传感器,实现了对钢筋腐蚀状态和保护层劣化状况的实时、原位监测与预警,通过对在线监测得到的电化学参数进行整理与综合分析,评估了混凝土及钢筋混凝土的服役状态和混凝土结构的耐久性及寿命。

本书是混凝土结构与电化学两个交叉学科的研究成果,可为从事混凝土结构耐久性方面的科研人员及高校研究生提供参考。

图书在版编目(CIP)数据

钢筋混凝土电化学研究/巴恒静著. —哈尔滨:
哈尔滨工业大学出版社,2021.6
建筑工程安全与质量保障系列
ISBN 978－7－5603－9310－0

Ⅰ.①钢… Ⅱ.①巴… Ⅲ.①钢筋混凝土结构-关系
-电化学-研究 Ⅳ.①TU375 ②O646

中国版本图书馆 CIP 数据核字(2021)第 017222 号

策划编辑 王桂芝 张 荣
责任编辑 张 颖 杨 硕 马 媛 那兰兰
出版发行 哈尔滨工业大学出版社
社 址 哈尔滨市南岗区复华四道街 10 号 邮编 150006
传 真 0451－86414749
网 址 http://hitpress.hit.edu.cn
印 刷 辽宁新华印务有限公司
开 本 787 mm×1092 mm 1/16 印张 30 字数 730 千字
版 次 2021 年 6 月第 1 版 2021 年 6 月第 1 次印刷
书 号 ISBN 978－7－5603－9310－0
定 价 168.00 元

国家出版基金资助项目

建筑工程安全与质量保障系列

编 审 委 员 会

序

党的十八大报告曾强调"加强防灾减灾体系建设,提高气象、地质、地震灾害防御能力",这表明党和政府高度重视基础设施和建筑工程的防灾减灾工作。而《国家新型城镇化规划(2014—2020年)》的发布,标志着我国城镇化建设已进入新的历史阶段;习近平主席提出的"一带一路"倡议,更是为世界打开了广阔的"筑梦空间"。不论是国家"新型城镇化"建设,还是"一带一路"伟大构想的实施,都迫切需要实现基础设施的建设安全与质量保障。

哈尔滨工业大学出版社出版的《建筑工程安全与质量保障系列》图书是依托哈尔滨工业大学土木工程学科在与建筑安全紧密相关的几大关键领域——高性能结构、地震工程与工程抗震、火灾科学与工程抗火、环境作用与工程耐久性等取得的多项引领学科发展的标志性成果,以地震动特征与地震作用计算、场地评价和工程选址、火灾作用与损伤分析、环境作用与腐蚀分析为关键,以新材料/新体系研发、新理论/新方法创新为抓手,为实现建筑工程安全、保障建筑工程质量打造的一批具有国际一流水平的学术著作,具有原创性、先进性、实用性和前瞻性。该系列图书的出版将有利于推动科技成果的转化及推广应用,引领行业技术进步,服务经济建设,为"一带一路"和"新型城镇化"建设提供技术支持与质量保障,促进我国土木工程学科的科学发展。

该系列图书具有以下两个显著特点:

(1)面向国际学术前沿,基础创新成果突出。

哈尔滨工业大学土木工程学科面向学术前沿,解决了多概率抗震设防水平决策等重大科学问题,在基础理论研究方面取得多项重大突破,相关成果获国家科技进步一、二等奖共9项。该系列图书中《黑龙江省建筑工程抗震性态设计规范》《岩土工程监测》《岩土地震工程》《土木工程地质与选址》《强地震动特征与抗震设计谱》《活性粉末混凝土结构》《混凝土早期性能与评价方法》等,均是基于相关的国家自然科学基金项目撰写而成,为推动和引领学科发展、建设安全可靠的建筑工程提供了设计依据和技术支撑。

(2)面向国家重大需求,工程应用特色鲜明。

哈尔滨工业大学土木工程学科传承和发展了大跨空间结构、组合结构、轻型钢结构、预应力及砌体结构等优势方向,坚持结构理论创新与重大工程实践紧密结合,有效地支撑了国家大科学工程500 m口径巨型射电望远镜(FAST)、2008年北京奥运会主场馆国家体育场(鸟巢)、深圳大运会体育场馆等工程建设,相关成果获国家科技进步二等奖 5 项。该系列图书中《巨型射电望远镜结构设计》《钢筋混凝土电化学研究》《火灾后混凝土结构鉴定与加固修复》《高层建筑钢结构》《基于 OpenSees 的钢筋混凝土结构非线性分析》等,不仅为该领域工程建设提供了技术支持,也为工程质量监测与控制提供了保障。

　　该系列图书的作者在科研方面取得了卓越的成就,在学术著作撰写方面具有丰富的经验,他们治学严谨,学术水平高,有效地保证了图书的原创性、先进性和科学性。他们撰写的该系列图书,反映了哈尔滨工业大学土木工程学科近年来取得的具有自主知识产权、处于国际先进水平的多项原创性科研成果,对促进学科发展、科技成果转化意义重大。

中国工程院院士

2019 年 8 月

前　言

　　我国海港工程、水利电力工程、西部盐渍土地区基础设施工程的结构材料基本都是混凝土及钢筋混凝土结构。但其结构耐久性的衰退、劣化危害着结构的可靠性、安全性和使用寿命,故在混凝土中内置电化学传感器,可以实时、原位、长效地监测混凝土结构的服役状态,为其服役状态的评估与预测、维护周期、防治技术的优化、全寿命经济分析提供科学依据。近十年来,作者在总结以往研究成果的基础上,开展了电化学监测技术研究,自主研制了混凝土中的内置多元电化学传感器,实现了对钢筋腐蚀状态和保护层劣化状况的实时、原位监测与预警,通过对在线监测得到的电化学参数进行整理与综合分析,评估了混凝土及钢筋混凝土的服役状态和混凝土结构的耐久性及寿命。同时,作者在南海等多海域的钢筋混凝土工程调研中发现,附着有致密生物膜的混凝土工程具有较长的寿命,首次提出了海洋固着生物对钢筋混凝土结构具有防腐蚀作用的观点,并阐明了其机理。

　　本书整合了面上国家自然科学基金资助项目"海洋混凝土耐久性参数实时监测及评价体系的研究""寒冷地区高性能混凝土耐久性参数及其使用寿命预测研究""微生物对海洋混凝土工程腐蚀抑制及应用技术研究"和西部交通建设科技项目"十一五"重大专项"海港工程混凝土结构耐久性寿命预测与健康诊断研究"等项目,以及多项横向项目的主要研究成果。本书包含理论基础的研究和实际混凝土工程的调查及分析测试研究。此外,作者还试图将混凝土工程与电化学交叉领域的最新研究成果充实到本书内容之中。

　　本书共15章,具体内容如下:第1章概述钢筋混凝土结构在环境作用下的钢筋腐蚀机理及研究方法,以及目前国内外电化学传感器的研制及应用现状;第2~3章通过对反映钢筋钝化膜状态信息的物理量——钢筋极化电阻的测试,明确钢筋钝化膜的状态,找到钢筋钝化膜完整与破坏的分界点,从而确定钢筋钝化膜破坏时的临界氯离子浓度,分析了pH、氧气质量浓度对钢筋钝化膜及临界氯离子浓度的影响;第4~6章介绍埋入式氯离子传感器和埋入式参比电极(TMRE)的研制,主要对传感器的原理进行了阐述,对传感器从原料选取、配合比设计到制作封装做了详细研究,力图找到最佳制作工艺,制作出性能优良稳定的传感器;第7章研究混凝土电阻率传感器,开发了塔式电阻率传感器测试单元,介绍塔式传感器(Tower Type Sensor,TTS)结构、电极布置、制作、封装工艺及测试原理;第8章用宏电池电流变化与混凝土保护层腐蚀的关系,开发与TTS传感器类似的宏电池的测量结构,整个结构由传感器阳极、阴极部分以及互连的引出导线组成,测试原理是将几

1

根阳极埋置在距离混凝土表面的不同深度,通过监测阳极与阴极间的宏电池电流,以此监测混凝土保护层的劣化情况;第9章对前几章研究的各传感器进行分析和综合处理,集成多元传感器,即由多个埋入式单元传感器组合封装而成,能长期在线监测,测量混凝土保护层的电化学参数,通过参数分析给出混凝土及钢筋混凝土的服役状态并予以评价;第10章介绍对附着海洋生物的混凝土工程耐久性的调研,海洋固着生物、海洋微生物的鉴定,海洋固着生物和微生物对钢筋混凝土耐久性参数的影响,提出海洋固着生物对潮差区钢筋混凝土腐蚀具有抑制作用并阐明其机理;第11~15章介绍电化学测试技术在混凝土工程中的应用及实例,即对钢筋混凝土玉米蛋白阻锈剂的研制及阻锈机理、寒冷地区水工混凝土面板补偿收缩阻裂的研究,以及混凝土在硫酸盐环境下的溶蚀行为及其对钢筋腐蚀的影响、道路混凝土抗盐冻剥蚀性能研究,并通过严寒地区某抽水蓄能电站水下混凝土溶蚀和钢筋腐蚀的研究,综合分析给出工程各部位混凝土溶蚀程度。

本书撰写内容涵盖了卢爽、赵炜璇、于振云、吕建福、张召才、冯琦、张武满、国爱丽、关辉、宁作君等博士,以及刘宗玉、代苗苗、彭志珍、张猛等硕士的相关项目研究工作。在研究生课题研究中得到了杨英姿教授、赵亚丁教授、高小建教授,以及范征宇、邓宏卫、邝静喆、曲海涛等高级工程师的悉心指导和宝贵建议,在此一并感谢。本书得到李宁教授、何忠茂教授审阅,也表示衷心感谢。同时感谢国家出版基金的资助。

由于作者水平有限,书中难免存在疏漏之处,希望读者批评指正。

巴恒静

2021 年 5 月

于哈尔滨工业大学

目　　录

第1章 绪 论

1.1 钢筋混凝土结构的腐蚀劣化问题

与砌体结构、钢结构、木结构相比,钢筋混凝土结构历史不长,但自19世纪中叶开始使用后,由于混凝土和钢筋材料性能的不断改进,以及结构理论施工技术的进步,钢筋混凝土结构得到了迅速发展。目前,由于具有经济、节能、耐久、防火性能优异、原材料来源广泛、较钢结构节省钢材和成本等特点,钢筋混凝土结构已经广泛地应用于工业和民用建筑、桥梁、隧道、矿井以及水利、海港等土木工程领域。

在美国,仅就桥梁而言,就有57.5万座是钢筋混凝土结构。为了规避和应对经济下滑的风险,2009年我国政府推出了"4万亿"投资的经济刺激计划,其中有2.3万亿元投向公路港航、铁路基建、灾后重建和廉租房建设。

有关专家估计,我国"大干"基础设施工程建设的高潮将延续20年,迎接人们的还有"大修"20年的高潮,这个高潮可能不久就会到来,其耗费将数倍于这些工程施工建设之初的投资。传统观念认为,钢筋混凝土结构是最具耐久性的土木工程材料,凭借混凝土保护层提供的高碱性环境,钢筋很难发生腐蚀。因此,对钢筋混凝土结构使用寿命的期望值一直很高,进而忽视了钢筋混凝土结构的耐久性问题,对钢筋混凝土结构耐久性的研究相对滞后,各国也为此付出了巨大的经济代价。

美国国家标准技术研究院1998年调查表明,美国全年腐蚀损失为2 500亿美元,其中混凝土桥梁修复费用为1 550亿美元。美国公路研究战略计划也披露,到20世纪末,为更换或修复冬季除冰盐引起破损的公路混凝土桥面板,总耗资超过4 000亿美元,其中大部分是由钢筋腐蚀引起的。我国也存在盐害问题,1999年全年由腐蚀造成的损失达到1 800亿~3 600亿元,其中钢筋腐蚀造成的损失占40%,为720亿~1 440亿元。截至2000年,我国有近23.4亿 m² 的建筑物进入老龄期,处于提前退役的局面。20世纪50年代大量在混凝土中采用掺入氯化钙快速施工的建筑,损坏更为严重。

从安全性和经济性方面考虑,钢筋混凝土结构中钢筋的腐蚀是一个非常严重的问题。目前,混凝土结构的耐久性问题已经引起更多工程师和研究人员的关注。美国研究人员曾经用"五倍定律"形象地说明了耐久性的重要性,特别是设计对耐久性问题的重要性。设计之初,对新建项目在钢筋防护方面每节省1美元,就意味着发现钢筋腐蚀时采取措施要多追加维修费用5美元,顺筋开裂时多追加维护费用25美元,严重破坏时多追加维护费用达到125美元。这种放大效应,使得各国政府投入大量的资金用于混凝土结构耐久性与结构加固的研究。

国际上,发展并制定了腐蚀保护和控制的大量标准。美国混凝土协会(ACI)成立了"ACI-201委员会",负责指导和协调混凝土耐久性方面的研究。国际材料与结构研究实验联合会(RILEM)下设"混凝土钢筋腐蚀"委员会(CRC),该委员会历时 5 年总结了当时各国在钢筋腐蚀方面的研究成果。欧洲腐蚀科学联合会(EFC),由来自 25 个国家的 30 多个团体组成,在这些团体里有超过 25 000 个致力于腐蚀防护的工程和技术人员。日本从 20 世纪 70 年代开始重视耐久性研究,内容涉及钢、木、钢筋混凝土及非承重构件等。应该说,国外关于混凝土耐久性的重视程度比较高,而且起步比较早。

在我国,钢筋混凝土结构耐久性问题从 20 世纪 80 年代起才日益引起重视。1989 年我国颁布了《钢铁工业建(构)筑物可靠性鉴定规程》(YBJ 219—1989),规定了钢筋混凝土结构使用寿命预测方法。1994 年由中国土木工程学会高强与高性能混凝土委员会完成《高强混凝土结构设计与施工指南》(H5CC93-1,93-2)的编写工作。2004 年,由清华大学陈肇元院士主持编制的《混凝土结构耐久性设计规范》(GB/T 50476—2008)于 2009 年正式发布实施,并对环境作用进行了划分,见表 1.1。

表 1.1 《混凝土结构耐久性设计规范》对环境作用的划分

环境类别	名称	腐蚀机理
I	一般环境	表层混凝土碳化引起钢筋腐蚀
II	冻融环境	反复冻融导致混凝土损伤
III	海洋氯化物环境	氯盐引起钢筋腐蚀
IV	除冰盐及其他氯化物环境	氯盐引起钢筋腐蚀
V	化学腐蚀环境	硫酸盐等化学物质对混凝土腐蚀

由此可见,钢筋混凝土结构耐久性的研究工作在国内和国外都已经成为热点,而钢筋的腐蚀已被公认是造成全世界范围内混凝土过早劣化的最主要因素,特别是在沿海海洋环境的混凝土结构和使用除冰盐等其他氯化物的环境中。

1.2 钢筋混凝土结构的腐蚀破坏过程与机理

引起钢筋混凝土结构中钢筋腐蚀的原因有多个方面,据目前工程破坏事例统计,各种氯盐的侵入是引起钢筋腐蚀的最主要原因。Cl^- 的侵蚀引起钢筋局部腐蚀的危害最大,对此,各国都给予了高度的重视。由于钢筋混凝土结构的复杂性和研究条件的差异,研究结果和结论并不完全一致,许多问题还有待深入研究。

钢筋混凝土是多相、不均质的特殊复杂体系,钢筋表面具有电化学不均匀性,存在电位较负的阳极区和电位较正的阴极区;一般钢筋表面总处于混凝土孔隙溶液膜中,即钢筋表面阳极区和阴极区之间存在电解质溶液;由于混凝土的多孔性,其构筑物总是透气和透水的,即通常氧可以通过毛细孔道到达钢筋表面作为氧化剂,接受钢筋发生腐蚀产生的自由电子。因此,钢筋表面存在活化状态,则可构成腐蚀电池,钢筋就会发生电化学腐蚀。但在正常情况下,钢筋在混凝土中不会发生腐蚀。这是因为钢筋表面在碱性混凝土孔隙溶液中生成钝化膜,发生阳极钝化,阻止了钢筋的腐蚀。因此,长期保持混凝土固有的高碱性是保护钢筋不受腐蚀、保证钢筋混凝土构筑物耐久性的有效途径。但是,在 Cl^- 侵蚀严重的情况下钢筋的腐蚀还是时有发生。

　　混凝土中钢筋的腐蚀虽然是电化学腐蚀,但有其特殊性。钢筋腐蚀的先决条件是表面去钝化。通常认为其基本反应是在阳极区铁失去电子变为铁离子,导致铁的溶解。铁离子可进一步反应生成氢氧化物和氧化物,在阴极区进行氧的还原反应。由于腐蚀产生的多种形式的氢氧化物和氧化物的体积比铁原来的体积大几倍,因此可造成混凝土结构的膨胀开裂,进一步促进钢筋的腐蚀。

　　Cl^- 是极强的去钝化剂,而关于 Cl^- 的去钝化机理认识还不一致,有人认为是 Cl^- 易渗入钝化膜,也有人认为是 Cl^- 优先于氧和 OH^- 被钢吸附。一般认为,在不均质的混凝土中 Cl^- 能够破坏钢筋表面的钝化膜,使钢筋发生局部腐蚀。在阳极区铁发生腐蚀生成铁离子,当钢筋-混凝土界面环境存在 Cl^- 时,在腐蚀电池产生的电场作用下,Cl^- 不断向阳极区迁移、富集。Fe^{2+} 和 Cl^- 生成可溶于水的 $FeCl_2$,然后向阳极区外扩散,与本体溶液或阴极区的 OH^- 生成 $Fe(OH)_2$(俗称"褐锈"),遇孔隙溶液中的水和氧很快又转化成其他形式的锈。$FeCl_2$ 生成 $Fe(OH)_2$ 后,同时放出 Cl^-,新的 Cl^- 又向阳极区迁移,带出更多的 Fe^{2+}。Cl^- 不构成腐蚀产物,在腐蚀中也未被消耗,如此反复对腐蚀起催化作用。由此可见,Cl^- 对钢筋的腐蚀起着阳极去极化作用,可加速钢筋的阳极反应,促进钢筋局部腐蚀,这是 Cl^- 侵蚀钢筋的特点。

1.2.1　钢筋钝化与去钝化

1. 钢筋钝化

　　混凝土的主体材料水泥水化时会形成大量的氢氧化钙,溶解于孔隙水中形成饱和氢氧化钙溶液,由于氢氧化钙微溶于水,大部分氢氧化钙会沉积于孔隙壁上,即使有部分孔隙溶液溶出,也会有氢氧化钙以溶解方式自动补充,使混凝土孔隙溶液 pH 达到 12.5 以上。水泥水化产物中还会有少量 Na_2O 和 K_2O 完全溶解于孔隙溶液中,使孔隙溶液碱性升高,一般 pH 可达 13.5。在这样高碱性的环境下,钢筋表面会生成一层无定型的 N 型半导体成相膜,即钝化膜,该膜具有双层膜结构,内层主要是 FeO,外层以 γ-FeOOH 为主,厚度约为 5 nm,以保护钢筋免受腐蚀。钢筋表面生成钝化膜的过程称为钝化过程,具有完整钝化膜的表面状态称为钝态。当钢筋处于钝态时,阳极溶解速度很小,为 $0.1 \sim 1 \ \mu m/$年。

2. 钢筋去钝化

　　钢筋钝化膜的破坏称为去钝化。在无杂散电流的环境中,碳化和 Cl^- 侵蚀是导致钢筋钝化膜破坏的两个主要因素。

　　(1)碳化去钝化机理。

　　碳化主要由于空气中的 CO_2 通过混凝土孔隙向混凝土内部扩散,在孔隙溶液中溶解,与其中的氢氧化钙反应,生成难溶的碳酸钙,其反应方程式为

$$CO_2+H_2O \longrightarrow H_2CO_3 \tag{1.1}$$

$$Ca(OH)_2+H_2CO_3 \longrightarrow CaCO_3+2H_2O \tag{1.2}$$

　　碳化消耗了混凝土孔隙溶液中的氢氧化钙,使混凝土内部 pH 降低。在碳化完全的混凝土内孔隙溶液的 pH 可能降到 $8.5 \sim 9.0$,当 pH 降到 11.5 左右时钝化膜不再稳定,当 pH 降到 9 以下时钝化膜完全被破坏,可见碳化引起的混凝土内部 pH 的降低使钢筋钝化

膜稳定性受到了严重影响。

(2) Cl^- 侵蚀去钝化机理。

与碳化引起钢筋钝化膜破坏的机理不同,Cl^- 侵蚀引起钢筋钝化膜的破坏主要以点蚀为主,其破坏速度更快,腐蚀程度更大。目前,关于 Cl^- 侵蚀去钝化的机理主要有氧化膜理论、过渡络合理论、吸附理论及场效应理论。

①氧化膜理论。该理论主要认为 Cl^- 半径小,活性大,有很强的穿透氧化膜的能力,进入氧化膜内部后与 Fe^{3+} 发生如下反应:

$$Fe^{3+}(钝化膜)+3Cl^- \longrightarrow FeCl_3 \tag{1.3}$$

$$FeCl_3 \longrightarrow Fe^{3+}(溶液)+3Cl^- \tag{1.4}$$

②过渡络合理论。该理论认为 Cl^- 和 OH^- 争夺阳极腐蚀生成的 Fe^{2+},生成 $FeCl_2 \cdot 4H_2O$,产物向阳极区外扩散分解释放出 Cl^-,释放出的 Cl^- 又回到阳极区带出更多的 Fe^{2+},这样周而复始使阳极区钢筋不断遭到腐蚀,而 Cl^- 既不消耗,也不构成腐蚀产物,只是作为中间产物促进了腐蚀的发生,反应式如下:

$$Fe^{2+}+2Cl^-+4H_2O \longrightarrow FeCl_2 \cdot 4H_2O \tag{1.5}$$

$$FeCl_2 \cdot 4H_2O \longrightarrow Fe(OH)_2+2Cl^-+2H^++2H_2O \tag{1.6}$$

③吸附理论。该理论认为 Cl^- 吸附在钝化膜表面,与钝化膜中的 Fe^{3+} 形成可溶性氯化物,脱离钢筋表面,对钢筋造成腐蚀。

④场效应理论。该理论认为吸附在钢筋表面的 Cl^- 会产生电场,吸引氧化膜中的 Fe^{2+} 和 Fe^{3+} 到溶液中,使钢筋钝化膜破坏。

目前,人们对 Cl^- 引起钢筋钝化膜破坏的机理还没有达成共识,但普遍认同的是 Cl^- 会导致钢筋钝化膜点蚀破坏,对钢筋形成腐蚀的速度快、程度深,是比碳化更为严重的腐蚀破坏。

3. 钢筋腐蚀电化学机理

钢筋钝化膜破坏后,在氧气和水分充足的情况下会不断发生腐蚀,钢筋腐蚀的本质是电化学腐蚀,混凝土中钢筋电化学腐蚀示意图如图1.1所示。

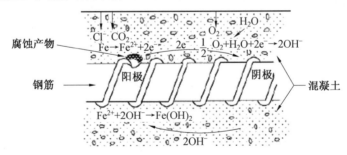

图1.1 混凝土中钢筋电化学腐蚀示意图

(1) 阳极区铁原子离开晶格变为表面吸附原子,放电转变为 Fe^{2+},即

$$Fe \longrightarrow Fe^{2+}+2e^- \tag{1.7}$$

(2) 释放出的电子由钢筋向阴极区移动。

(3) 阴极区氧气在水分充足条件下消耗掉传输过来的电子被还原,即

$$O_2+2H_2O+4e^- \longrightarrow 4OH^- \tag{1.8}$$

（4）生成的 OH^- 由阴极区扩散到阳极区，与阳极区的 Fe^{2+} 反应生成 $Fe(OH)_2$。

$Fe(OH)_2$ 在氧气充足的条件下进一步被氧化成 $Fe(OH)_3$，脱水后成为疏松、多孔、非共格的 Fe_2O_3（红锈）；在氧气不充足的条件下，由于氧化不完全，部分形成 Fe_3O_4（黑锈）。铁锈依据氧化状态的不同，体积为铁的 2 ~ 6 倍，如图 1.2 所示，其体积膨胀最终导致混凝土开裂。

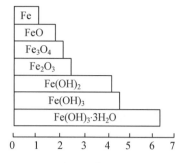

图 1.2　不同钢筋腐蚀产物体积变化

1.2.2　钢筋腐蚀的临界氯离子浓度

1. 氯化物来源

Cl^- 具有极强的去钝化能力，来源广泛，是引起钢筋腐蚀的重要原因之一。建筑物中可能引入 Cl^- 的途径如下。

（1）水泥等混凝土原材料。

水泥是混凝土生产必备的原材料之一，为了改善水泥的制造工艺，增强使用性能，在生产过程中往往加入一定量的含氯化物的外加剂，如水泥生产中掺入的含氯矿化剂等。另外，为了改善混凝土的性能，在搅拌期间加入的各种外加剂，如密实剂、减水剂、缓凝剂、早强剂、抗冻剂等，其中有些是由含氯的化学试剂组成的，如氯化钠抗冻剂、氯化钙普通早强剂，这些都将使混凝土中 Cl^- 的含量增加。有些沿海地区建筑物在建设期间为了就地取材，常采用当地含氯较高的海砂；粒化高炉矿渣、粉煤灰用海水水淬和湿排处理工艺，使建设初期就人为地提高了建筑物中 Cl^- 的含量。

（2）海洋环境和沿海地区。

海水的主要成分氯化钠，对海洋环境下钢筋混凝土结构造成了极大威胁。一般海洋环境分为大气区、浪溅区、潮差区、海水全浸区及海底泥土区，其中浪溅区和潮差区由于经常受干湿循环交替，加上含有足够的氧气，其混凝土受腐蚀概率最大；处于水下部分混凝土的腐蚀主要是来自 Cl^- 浓度差引起的 Cl^- 扩散；处于海上大气区的混凝土被腐蚀的原因主要是风带来细小的盐颗粒沉积在混凝土结构表面，盐吸湿形成液膜，使混凝土结构受到污染。

（3）除冰盐。

冬季寒冷地区路面积雪，通常采取撒除冰盐的方式快速清扫，保证道路畅通，但除冰盐主要成分是氯化钠和氯化钙，在快速除冰雪的同时，堆积起来的含氯盐的冰雪对道路、桥梁具有极大的危害。氯盐融化冰雪后形成氯化物水溶液，直接作用于混凝土桥面和路面，氯化物通过扩散或混凝土毛细管的吸收侵入混凝土内部，使钢筋表面去钝化引起腐蚀。一个冬天过后，道路、桥梁中的 Cl^- 浓度急剧增大，几个冬天过后，混凝土结构会遭到氯盐的严重侵蚀，甚至破坏。

（4）盐碱地和盐湖。

我国有大面积的盐碱地和部分盐湖，土壤中的氯化物也会对与之接触的钢筋混凝土建筑物产生危害。沿海地区的盐碱地以含氯盐为主，其他地区的盐碱地和盐湖一般含有包括氯盐在内的混合盐，对钢筋混凝土结构也有较强的侵蚀作用。

（5）工业污染。

工业污染主要来自氯盐、氯气、氯化氢等腐蚀性介质和污水中的氯化物,同处在其中的工业厂房等钢筋混凝土建筑物的使用寿命明显缩短。

除了上述几点外,还有很多引起钢筋混凝土腐蚀的 Cl^- 来源,其中对来自生产过程中的氯化物总质量分数国家有一定的限制规定,也可以根据水泥和混凝土的用途对氯化物的总质量分数严格控制。

2. 临界氯离子浓度表达形式

目前,溶液中临界氯离子浓度(Chloride Threshold Level,CTL)主要以氯离子浓度或氯离子与氢氧根浓度的比值($[Cl^-]/[OH^-]$)的形式表达;混凝土中临界氯离子浓度主要以自由氯离子质量占混凝土(水泥)质量百分比或总氯离子占混凝土(水泥)质量百分比的形式表达。

混凝土中有一部分 Cl^- 会与水泥水化产物结合,很难到达钢筋表面,对钢筋腐蚀不起作用,所以人们认为用自由氯离子质量分数表示临界氯离子浓度更好。但是,当孔隙溶液中的 pH 降低,一部分结合氯离子就会释放出来,成为自由氯离子,所以,用自由氯离子质量分数表示钢筋腐蚀的临界值存在争议。

早在 20 世纪 60 年代末,研究人员就认识到 Cl^- 引起钢筋去钝化并不单纯取决于孔隙溶液中的游离 Cl^- 浓度,更重要的参数是 $[Cl^-]/[OH^-]$ 值。在氯盐环境下,混凝土中钢筋腐蚀与混凝土孔隙溶液中的 Cl^- 浓度和混凝土的碱度密切相关。在高碱性混凝土内(OH^- 质量分数高),有更多 Cl^- 进入混凝土中也不至于引起钢筋腐蚀。混凝土的碱性降低(OH^- 质量分数降低),能促进 Cl^- 的腐蚀作用。根据钢筋钝化与 Cl^- 去钝化的机理,就看钢筋/混凝土界面上谁的作用更强。如果钢筋周围混凝土孔隙溶液的 OH^- 浓度高,则钝化占优势;如果局部 Cl^- 浓度高,则去钝化占优势。Gouda 用 pH 为 11.8~13.95 的 6 种碱溶液,掺加不同浓度的 NaCl 模拟含 Cl^- 的混凝土孔隙溶液,试验钢筋腐蚀的临界氯离子浓度。结果表明,当 pH 由 12 增加到 13.5 时,Cl^- 的临界浓度增大了 5 倍。可见,临界氯离子浓度与 pH 密切相关,用 $[Cl^-]/[OH^-]$ 值判断钢筋腐蚀临界值更准确,更易说明钢筋腐蚀的原理。

但在已建成的混凝土工程中,混凝土内部的 OH^- 浓度很难确定,这时用自由氯离子或总氯离子质量占水泥质量或混凝土质量百分比的形式来表明钢筋腐蚀的临界值似乎更合适。另外,混凝土是由粗细集料、水泥、水等组成的多相混合体,不是均一体结构,硬化后混凝土中水泥含量检测过程也很复杂,如果通过磨粉法,即钻取混凝土粉末样品的方法分析 Cl^- 质量分数,粉末样品的质量一般是混凝土中砂浆的质量。所以,采用总氯离子或自由氯离子质量占混凝土质量或水泥质量百分比的形式来描述临界氯离子浓度,可以更方便地应用于结构的寿命预测和评估中。国内外的一些规范中也将限制总氯离子质量占水泥质量百分比作为保证混凝土结构耐久性的重要措施之一,因为这种表示方法数据采集简单易行,同时考虑了结合氯离子可能导致钢筋腐蚀的风险以及水泥水化产物一些固有的性质。

3. 临界氯离子浓度研究现状

自从 1967 年 Hausmann 发表关于临界氯离子浓度的文章以来,众多学者对混凝土模拟孔隙溶液中临界氯离子浓度进行了大量研究,但不同学者得到的临界氯离子浓度值分布非常广,离散性非常大,见表 1.2。

表 1.2　混凝土模拟孔隙溶液中不同科研人员得出的临界氯离子浓度值

作者	溶液介质	测试方法	极化电位 /mV	临界氯离子浓度 /(mol·L^{-1})	[Cl$^-$]/[OH$^-$]
Hausmann (1967)	Ca(OH)$_2$+NaCl (pH=12.5)	测试腐蚀电位	−50 ~ −230	<0.1	0.5 ~ 1.08
	NaOH (pH=13.2)		−185		0.83
Hausmann (1968)	Ca(OH)$_2$+NaCl (pH=12.5)	恒电位	−125、−325、−375、−400、−425	0.02、0.08、0.15、0.35、0.65	0.5、2、3.75、8.75、16.25
Ishikawa (1968)	Ca(OH)$_2$+KCl (pH=12.5)	恒电位	−400 ~ −500	0.08 ~ 0.6	2 ~ 15
Gouda (1970)	NaOH (pH=11.9)	恒电位	−200	0.02、0.05 ~ 1	4、4.1 ~ 8.33
	Ca(OH)$_2$ (pH=12.1)		−300 ~ −450	0.1、0.15、0.2	2.5、3.8、5
Guilbaud (1994)	NaOH+KOH+CaCl$_2$ (pH=13.1)	恒电位	−450	—	2
Lopez	Ca(OH)$_2$+NaCl (pH=12.5)	恒电位 恒电流	−200 ~ −400 −100 ~ −375 0 ~ −275 100 ~ −200 300 ~ −150	0、25、0.01、0.001	0.83、0.33、0.033
Vrable	Ca(OH)$_2$+NaCl (pH=12.5)	恒电位	−175、−275、−350、−600	0.5、1、3、6	16.66、30、100、200

1980 年 R. Browne 提出了 Cl$^-$ 导致钢筋腐蚀的危险性与 Cl$^-$ 质量分数的关系（表 1.3），得到许多试验研究和实际工程调查的证实。他认为当 Cl$^-$ 质量分数达到水泥质量的0.4% ~ 1.0%或达到混凝土质量的0.07% ~ 0.18%时钢筋就有腐蚀的可能。

表 1.3　R. Browne 提出的钢筋腐蚀与 Cl$^-$ 质量分数的关系

Cl$^-$ 质量分数（占水泥质量分数）/%	Cl$^-$ 质量分数（占混凝土质量分数）/%	腐蚀危险性
>2.0	>0.36	肯定
1.0 ~ 2.0	0.18 ~ 0.36	很可能
0.4 ~ 1	0.07 ~ 0.18	可能
<0.4	<0.07	可忽略

Glass 总结了前人对暴露在室外的混凝土试块，实验室中的砂浆、混凝土、水泥浆试块，混凝土模拟孔隙溶液中，以及钢筋混凝土结构构件等进行试验得到的临界氯离子浓度，结果见表 1.4。

表 1.4　混凝土中临界氯离子浓度研究成果

总氯离子质量分数 /%	自由氯离子浓度 /(mol·L⁻¹)	[Cl⁻]/[OH⁻]	试验环境	试验对象	研究人员
0.17 ~ 1.4			室外	结构构件	Stratful 等
0.2 ~ 1.5			室外	结构构件	Vassie
0.5 ~ 0.7			室外	混凝土试块	M. Thomas
0.25 ~ 0.5			实验室	砂浆试块	Elsener 等
0.3 ~ 0.7			室外	结构构件	Henriksen
0.32 ~ 1.9			室外	混凝土试块	Treadaway
0.4			室外	混凝土试块	Bamforth
0.4	0.11	0.22	实验室	水泥浆	Page 等
0.4 ~ 1.6			实验室	砂浆试块	Hansson 等
0.5 ~ 2			实验室	混凝土试块	Schiessl 等
0.5			室外	混凝土试块	Thomas 等
0.5 ~ 1.4			实验室	混凝土试块	Tuutti 等
0.6			实验室	混凝土试块	Locke 等
1.6 ~ 2.5		3 ~ 20	实验室	混凝土试块	Lambert 等
1.8 ~ 2.2			室外	结构构件	Lukas
	0.14 ~ 1.8	2.5 ~ 6	实验室	水泥浆/砂浆	Petterson
		0.26 ~ 0.8	实验室	模拟溶液	Goni 等
		0.3	实验室	水泥浆/溶液	Diamond
		0.6	实验室	模拟溶液	Hausmann
		1 ~ 40	实验室	砂浆/溶液	Yonezawa 等

　　Hussian 等通过自身的试验结论并结合前人研究成果给出了不同强度混凝土中钢筋腐蚀的临界氯离子浓度,见表 1.5。

表 1.5　Hussian 等提出的不同强度混凝土中钢筋腐蚀的临界氯离子浓度

Cl⁻引入混凝土方式	拌制时掺入	硬化后渗入
[Cl⁻]/[OH⁻]	0.6	3.0
临界氯离子浓度指标	临界氯离子浓度（占水泥质量百分数,%）	环境临界氯离子浓度（占水泥质量百分数,%）
中等强度混凝土	1.15	0.005
高等强度混凝土	0.85	0.015
粉煤灰高效减水剂双掺	0.35	0.01

　　从临界氯离子浓度取值的分布上看,不同研究人员得到的临界氯离子浓度值差别很大。在混凝土模拟孔隙溶液中,临界氯离子浓度值从 0.001 mol/L 到 6 mol/L,[Cl⁻]/[OH⁻]值为0.033 ~ 200;在砂浆试块或混凝土中,临界总氯离子浓度为 0.17% ~ 2.5%。

我国在临界氯离子浓度取值的研究上也做了大量工作,在华南和华东海港码头通过大量的调查、暴露试验和现场取样,得到混凝土结构的临界氯离子浓度(占混凝土)分别为0.105% ~ 0.145%和0.125% ~ 0.150%。中交四航工程研究有限公司发现不同标高处 Cl^- 的临界浓度也不同,水下区最高,水位变动区和浪溅区次之,大气区最低,这可能与氧气、水分、温湿度等影响钢筋腐蚀的其他因素有关。交通部公路科学研究院采用现场调研与概率统计分析的方法综合分析了临界氯离子浓度值,提出在80%保证率的条件下,浪溅区和水位变动区的临界氯离子浓度为0.07%,大气区的临界氯离子浓度为0.13%。

由于临界氯离子浓度值受到多种因素的影响,取值差别很大,在钢筋混凝土结构设计和施工中所选用的不同临界氯离子浓度值,均应视为粗略的经验近似值。

1.3 混凝土结构服役状态的电化学监测技术

对钢筋腐蚀的正确检测与评价可以对构件的剩余使用寿命和可能的维修提供十分重要的数据和建议。然而,钢筋腐蚀的检测与评价方法目前还没有十分可靠、统一的标准。常用的非破损检测方法有分析法、物理法和电化学方法。分析法根据现场实测的钢筋直径、保护层厚度、混凝土强度、有害离子的侵入深度及其质量分数、纵向裂缝宽度等数据,综合考虑构件所处的环境情况推断钢筋的腐蚀程度。物理法主要通过测定钢筋引起电阻、电磁、热传导、声波传播等物理特性的变化来反映钢筋的腐蚀情况,主要方法有电阻棒、涡流探测法、射线法、红外线热成像及声发射探测法等。混凝土中钢筋腐蚀是一个电化学过程,电化学测量是反映其本质过程的有力手段,与分析法或物理法相比,电化学方法还有测试速度快、灵敏度高、可连续跟踪和原位测量等优点,因而电化学检测方法受到了很高的重视,得到了较快发展。本节简要介绍钢筋混凝土结构中的电化学测试方法,并总结了各种方法中存在的优缺点。

1.3.1 半电池电位

半电池电位法是实际工程中最常用的定性判断混凝土中钢筋是否腐蚀及腐蚀程度的方法。这种方法一般是通过测量钢筋和一个放在混凝土表面的参比电极(称为半电池,如铜/硫酸铜)之间的电位差,来实现对钢筋腐蚀状态的监测,如图1.3所示。

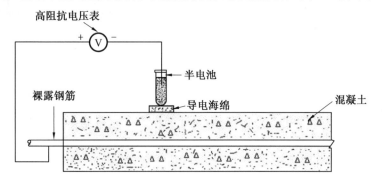

图 1.3 开路电位测量装置

根据中国冶金部、冶金建筑科学研究院的研究成果以及美国 ASTM C876—91),应用半电池电位法时混凝土中钢筋腐蚀状态判别标准见表 1.6。

表 1.6　半电池电位法判断钢筋腐蚀标准

标准名称	电位/mV	判别标准
美国 ASTM C876—91	>-200	5%腐蚀概率
	−200 ~ −350	50%腐蚀概率
	<-350	95%腐蚀概率
中国冶金部标准	>-250	不腐蚀
	−250 ~ −400	可能腐蚀
	<-400	腐蚀

半电池电位法是应用最早、最广泛的钢筋腐蚀测定方法,它既简单经济,又易于操作。这种方法在国外的应用始于 20 世纪 50 年代,我国于 1963 年首先将其应用于海港码头钢筋混凝土上部结构腐蚀破坏调查,后来又在水闸和掺氯化早强剂的预应力混凝土屋架梁等结构上应用。目前较成熟的半电池电位计有美国的 Cormap、英国的 Colebrand 和瑞士的 Canin 等产品。

半电池电位法具有操作方便,能直接测量出钢筋的腐蚀电位,从而判别钢筋腐蚀情况的优点。然而,即使腐蚀电位在很小的范围内变化,腐蚀状态也可能有显著的差别。半电池电位法只能定性地对钢筋腐蚀可能性进行判别,而不能定量地分析钢筋腐蚀速率的大小。

另外,在实际检测中,钢筋的电位还受到以下因素的影响:

(1)钢筋的类型及金属特性。

(2)检测环境(pH、盐类及有害介质质量分数等)。

(3)氧气的质量浓度。

(4)杂散电流的影响(直流或者交流)。

(5)环境温度及混凝土表面情况。

1.3.2　线性极化法

除了半电池电位法,还可以采用定量化检测技术来确定混凝土中钢筋的腐蚀速率——对混凝土中钢筋施加一个很小的电化学扰动并测量其反应,根据测量到的响应可以得到受扰动钢筋的腐蚀速率。运用扰动的最常用方法即线性极化法,线性极化法是测量钢筋腐蚀即时速率的一种稳态测试方法,这种技术是快速而无损的,只需将导线连接到待测钢筋上,能够比半电池电位提供更详细的钢筋腐蚀参数。

线性极化法是 Stern 和 Geary 于 1957 年提出并发展起来的一种快速而有效的腐蚀速率测试方法。主要基于 Stern-Geary 公式,当外界向钢筋施加一个使其偏离平衡电位的微小的扰动,其中一种方式是动电位极化(在一定时间内改变钢筋的电位,然后监测其电流变化),另一种方式是动电流极化(在一定时间内给钢筋施加一个固定的小电流,然后监测其电位变化)。极化的电位在 10 ~ 30 mV 时,腐蚀电流密度可以通过下式得到:

$$i_{corr} = \beta_a \beta_c \times \frac{1}{2.3(\beta_a + \beta_c)} \times \frac{1}{R_p} = B \times \frac{1}{R_p} \qquad (1.9)$$

式中 β_a、β_c——阳极和阴极的 Tafel 常数；

$\quad\quad$ R_p——极化电阻，Ω；

$\quad\quad$ B——Stern-Geary 常数，对混凝土中发生腐蚀的钢筋，B 一般可取 26 mV，对钝化
$\quad\quad\quad\quad$ 的钢筋取 52 mV。

线性极化法的优点在于它能够直接给出钢筋在检测时的腐蚀速率，而且一些便携式
的装置已经可以用于现场检测。但是，采用这些装置进行现场测量时，存在一些实际的问
题，尽管各国学者在这方面做了大量的工作，但并未得到很好的解决。其中，首要的问题
是极化电阻的测量值并非钢筋-混凝土接触面对应的真正的极化电阻。这是由混凝土形
成的溶液电阻 R_s 导致的，实际的极化电阻应该为

$$R_p = \frac{\Delta E}{\Delta I} - R_s \tag{1.10}$$

式中 R_p——极化电阻，Ω；

$\quad\quad$ ΔE——电压变化，mV；

$\quad\quad$ ΔI——电流变化，mA；

$\quad\quad$ R_s——混凝土溶液电阻，Ω。

要想测得钢筋腐蚀的真实速率，需要消除混凝土溶液电阻 R_s，常用电化学阻抗谱、恒
电流阶跃法对混凝土电阻 R_s 进行测量。将这个测得的混凝土溶液电阻值 R_s 从得到的线
性极化电阻中消除，可以得到钢筋-混凝土接触面电阻的真实值 R_p。

使用线性极化法产生的另一种主要误差是受扰动钢筋面积的不确定性造成的，真正
在测量时涉及的钢筋面积需要定量化，但这对一些大型结构来说非常困难。由图 1.3 可
知，施加的电流沿着钢筋向外发散扩展，导致钢筋面积的不确定性。因此，为了解决这一
问题，国内外学者进行了大量的研究。例如：可采用直径为 40 ~ 50 mm 的相对较大的辅
助电极；或者在辅助电极两边加保护环，以减少通过辅助电极电流的扩张，来确定钢筋的
面积；以及预埋控制杆等方法。图 1.4 为外加保护环控制极化面积的线性极化测量装置
示意图。该装置通过调整两个传感器扰动前后的电位差来限定待测钢筋的有效面积，通
过限定极化面积恰好延伸到两个传感器的中间位置。

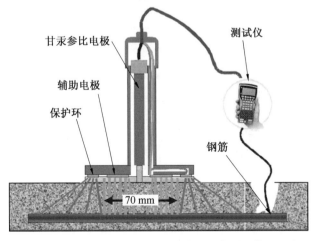

图 1.4 外加保护环控制极化面积的线性极化测量装置示意图

利用 Faraday 定律可将线性极化法测出的腐蚀电流密度换算成钢筋质量的损失率，单位时间、单位面积上的金属失重为

$$v = \frac{M i_{corr} t}{\rho z F} \qquad (1.11)$$

式中　v——单位时间、单位面积上的金属腐蚀深度，mm/s；

　　　i_{corr}——腐蚀电流密度，等于腐蚀电流除以腐蚀面积，$\mu A/cm^2$；

　　　M——铁的原子质量，55.85 g/mol；

　　　ρ——钢筋的密度，g/cm^3；

　　　z——传递电子数，为2；

　　　F——Faraday 常数，为 96 500 C/mol；

　　　t——时间，s。

根据实验室和现场测量数据，表 1.7 给出了线性极化法测定的钢筋腐蚀速率特征值。

表 1.7　线性极化法测定的钢筋腐蚀速率特征值

极化电阻/($k\Omega \cdot cm^2$)	腐蚀电流密度/($\mu A \cdot cm^{-2}$)	金属损失率/($mm \cdot 年^{-1}$)	腐蚀速率
2.5~0.25	10~100	0.1~1	很高
25~2.5	1~10	0.01~0.1	高
250~25	0.1~1	0.001~0.1	中等,低
>250	<0.1	<0.001	不腐蚀

1.3.3　宏观腐蚀电池电流

20 世纪 80 年代末，德国亚琛工业大学土木工程研究所 P. Schieβl 等首先发明了梯形阳极系统(Anode-Ladder-System)。这种宏观腐蚀电池(宏电池)的电流原理和测试单元如图 1.5 和图 1.6 所示，整个结构由传感器阳极部分、阴极部分以及连接传感器后引出结构的导线组成。传感器部分一般由钢电极和绝缘支架构成，每个传感器被埋置在距离混凝土表面的不同深度，当 Cl^- 向混凝土内部扩散时，一定时间后不同的阳极电位不同，将阴极和阳极短接可以测量宏电池电流。

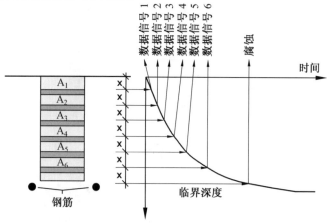

图 1.5　宏电池的电流原理

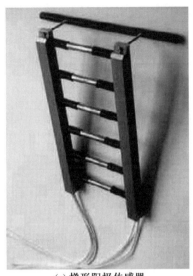

(a) 梯形阳极传感器   (b) 膨胀环传感器

图 1.6 宏电池的测试单元

实际上,也可以对这些电极进行恒电位控制,检测其电流变化,若电流突然增大,说明 Cl^- 已经达到该深度的传感器阳极表面,需要采取相应的措施。1990 年,上述梯形阳极系统被用于新建混凝土结构,并且目前得到了广泛的应用。为了监测已建混凝土结构的服役状况,1996 年又开发了膨胀环传感器。该传感器还可以测量阴极和阳极之间的电压,以及混凝土内部的温度(内部整合的 PT-1000 温度传感器),并通过电化学阻抗法测量相临阳极间混凝土电阻。

这种电极不仅能够检测出传感器阳极是否腐蚀,而且可以提前预判钢筋的腐蚀初始时刻,从而在混凝土结构发生劣化前发出预警,以便对其采取相应的保护措施。

1.3.4 电化学阻抗法

对于钢筋混凝土体系的电化学测试,直流法存在较大的局限性,而电化学阻抗法则是研究电极过程动力学和腐蚀防护机理的重要手段,已在钢筋混凝土结构腐蚀行为的研究中得到了广泛应用:1978 年 John 等首先运用电化学阻抗谱方法研究了钢筋混凝土结构中的腐蚀行为,后来 Gonzalez、Macdonald 等在此基础上发展了该测试技术。随着该技术的推广,我国也有部分学者应用该技术来研究混凝土中钢筋的腐蚀行为。

在浓差极化可以忽略的情况下,腐蚀体系通常可以简单地表示为由电阻、电容或电感元件组成的等效电路,如图 1.7 所示,其中 R_p 为极化电阻,R_s 为混凝土欧姆电阻,C_f 和 R_f 为钝化膜电阻和电容,C_{dl} 为双电层电容,W 为 Warburg 电阻。

电化学阻抗法通过对该电路施加一个正弦交流电压信号 $I = A\sin \omega t$,在保证不改变电极体系性质的情况下,可以计算出等效电路的阻抗,其公式为

$$Z = \left(R_c + \frac{R_p}{1+\omega^2 C_p^2 R_p^2} \right) - j \frac{\omega C_p R_p^2}{\omega^2 C_p^2 R_p^2} \tag{1.12}$$

以式(1.12)的实部为 x 轴,虚部为 y 轴作图,可以得到图 1.7 所示电路的阻抗谱图(Nyquist 图),并且提供钢筋–混凝土界面反应动力学的有关信息,包括反应阻抗、双电层

电容和扩散过程特征等,并可采用等效电路解析腐蚀体系的电化学阻抗数据,定量地描述腐蚀反应机理及动力学过程。

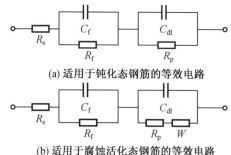

(a) 适用于钝化态钢筋的等效电路

(b) 适用于腐蚀活化态钢筋的等效电路

图 1.7　混凝土中钢筋腐蚀体系的等效电路图

对于实际的钢筋混凝土结构,电化学阻抗不仅仅反映了钢筋的电化学行为,同时也反映了混凝土材料的性质。对于复杂的电化学系统,如果系统出现吸附电容或具有扩散效应,其阻抗与频率的函数关系十分复杂,使通过阻抗谱求解电化学参数变得困难。电化学阻抗法的测量时间较长,所需的仪器设备也较昂贵,而且对低速率腐蚀体系需要低频交流信号,测量有一定的困难;试验数据由于要进行频谱分析,比较繁杂;测量的阻抗谱与构件的几何尺寸有关,不适合现场测试。

1.3.5　混凝土电阻率

混凝土的导电性能是由水泥浆体孔隙溶液中离子迁移速度决定的。工程中经常用混凝土的电阻率(电导率倒数)来衡量混凝土的导电性能。混凝土的电阻率变化范围很大,可以从干燥时的 10^{11} Ω·cm 变化到饱水时的 10^3 Ω·cm。在自然环境中,混凝土含水率为 20% ~100% 都是可能的,其相应的电阻率分别为 6×10^6 ~7×10^2 Ω·cm。对于混凝土中钢筋腐蚀过程的各个阶段来讲,混凝土电阻率都是一个重要参数。实验室与现场研究已证实,对于普通硅酸盐混凝土,在 20 ℃时,其电阻率与钢筋腐蚀概率存在一定关系,见表 1.8。

表 1.8　混凝土电阻法测定钢筋腐蚀概率特征值

混凝土电阻率/(Ω·m)	钢筋腐蚀概率
<100	高
100 ~500	中等
500 ~1 000	低
>1 000	可忽略

因此,可以在按半电池电位法判定阳极区后,补充测量该区域内的混凝土电阻率,据此估计钢筋腐蚀速率,也可以直接按实测的混凝土电阻率数据估计钢筋腐蚀危险程度。测定混凝土电阻率的方法有圆盘法、两点法和四点法。图 1.8 中所示的方法为四点法。

在混凝土表面放置 4 个等距离的传感器,在外侧 2 个传感器间施加 1 ~20 Hz 的变频电流,可以测量到内侧 2 个传感器间的电位差。利用下式可以得到混凝土的电阻率:

$$\dot\rho = 2\pi a\,\frac{U}{I} \tag{1.13}$$

式中　$\dot\rho$——混凝土电阻率,$\Omega\cdot cm$;

　　　a——相临触头之间的距离,cm;

　　　U——电位差,mV;

　　　I——电流,mA。

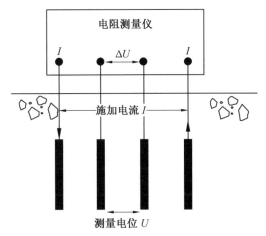

图 1.8　四点法测量混凝土的电阻率

　　在实际检测中,保证仪器和混凝土之间良好的电接触性是很重要的。这一般可以通过采用一种可导电乳剂或者冻胶来保证,有时还需采用在混凝土表面钻孔的方法。

1.3.6　电流阶跃法

　　电流阶跃法又称电流脉冲法,当阳极电流脉冲施加于研究电极时,电极电位按下式衰减:

$$U_t = I_{app}\left\{R_p\left[1-\exp\left(-\frac{t}{R_p C_{dl}}\right)\right]+R_\Omega\right\} \tag{1.14}$$

式中　I_{app}——电流脉冲幅值(脉冲宽度一般为 8 s),A;

　　　R_p——混凝土极化电阻,Ω;

　　　C_{dl}——双电层电容,μF;

　　　R_Ω——混凝土与参比电极的电阻之和,Ω。

也可以把式(1.14)写成如下线性形式:

$$\ln(U_{max}-U_s) = \ln(I_{app}R_p)\times\frac{t}{R_p C_{dl}} \tag{1.15}$$

式中　U_{max}——最大电压;

　　　U_s——稳定电压。

　　对电位曲线进行拟合,可以得到式(1.15)中的各项参数值,从而确定钢筋的腐蚀速率和腐蚀状态。具体来说,电流阶跃法通过分析钢筋混凝土中的钢筋在阶跃电流信号 I_{app} 作用下的电压响应 U_t 来确定钢筋的腐蚀状态。在分析电流阶跃法测量结果时,常采用多重串联的阻容单元来拟合所得测量结果。钢筋混凝土是一个复杂系统,主要包括混凝土保护层、混凝土与钢筋界面几部分各自的电化学响应的综合反映。采用电流阶跃法可明确地区分腐蚀产物层的极化阻抗、混凝土保护层的欧姆电阻和扩散极化阻抗。

1.3.7　恒电量法

早在 1961 年,Barher 便在法拉第整流技术的一篇论文中对恒电量法进行了介绍,直到 1978 年,Kanno、Suguki、Sato 等才将恒电量瞬态技术真正引入腐蚀科学领域,而这种电化学技术应用于钢筋混凝土的腐蚀研究起步于 20 世纪 80 年代后期,如今已得到了很大的发展。

恒电量法是将一已知的小的电荷量作为激励信号,在极短的时间内施加到电解池中,对所研究的金属电极体系进行扰动,同时记录电极电位随时间的衰减曲线并加以分析,求得多个电化学信息参数。施加的电量是恒定的,不受电解池阻抗变化的影响,完全由测试试验选定。恒电量法测试系统的工作原理如图 1.9 所示。

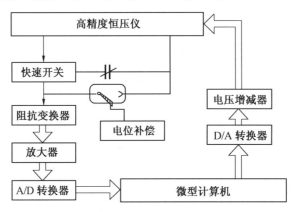

图 1.9　恒电量法测试系统的工作原理

当将已知电荷的电量 ΔQ 经快速开关引入研究电极后,电极将发生极化,偏离其自腐蚀电位 E_{corr}。在 $t=0$ 时,瞬间的电极电位偏离值为 η_0。若电量 ΔQ 很小,引起的极化电位偏移小于 5 mV,且极化电位衰减过程中的浓差极化可以忽略不计,则

$$\eta_0 = \frac{\Delta Q}{C_d} \tag{1.16}$$

式中　　η_0——瞬间的电极电位偏离值;

　　　　ΔQ——给定的恒电量极化电量;

　　　　C_d——界面双电层的微分电容。

如果没有其他的漏电回路,提供给研究电极的电量仅被腐蚀过程消耗,则极化偏离的电位值会逐渐衰减到自腐蚀电位 E_{corr}。获得的电位曲线将随时间呈指数关系衰减,即

$$\eta_t = \eta_0 \exp\left(-\frac{t}{R_p C_d}\right) \tag{1.17}$$

对现场评价钢筋腐蚀的过程来说,上述方法简单易行。如果从精确测量钢筋腐蚀和研究钢筋的腐蚀机理的角度出发,只需要利用灵敏、快速的记录仪器和对多个时间常数的电极过程建立相应的等效电路模型,通过计算机联机处理采样数据,便可以得到多个腐蚀信息参数。恒电量法测定的结果均为瞬时的钢筋腐蚀速率,代表钢筋在给定条件下的瞬

时状态。如果周期性地进行测量,则可测定钢筋表面腐蚀状况的周期性变化,从而实现腐蚀过程的实时在线测量、自动数据处理和自动报警。

1.3.8 电化学噪声

电化学噪声(ECN)测试技术是研究腐蚀的有效手段之一,通常用于工业现场腐蚀监测。ECN 装置一般由预埋的三个电极组成,其中两个工作电极的尺寸、材质和表面状态完全相同。伴随着腐蚀过程,两个电极的电位、电流发生波动,这种波动称为电化学噪声。电化学噪声测试装备结构简单,成本低,可以测出腐蚀位置(区域),比如测量点蚀。但是,其测量的数据不稳定,会引起电阻 R_n 的不准确,而且数据及谱图处理难度大。此外,如何合理解释分析获得的数据及描述数据特征也是 ECN 测试的难点。

通过以上介绍的电化学噪声测试技术可以看出,电化学噪声测试技术在钢筋腐蚀研究领域越来越受到人们的重视,但多数方法仍处于实验室研究中,用于现场的成套设备较少。因此在已有设备仪器的基础上,结合我国国情深入系统地研究钢筋腐蚀电化学检测新方法,针对不同的结构、腐蚀环境开发腐蚀检测专用仪器,并制定相应的检测标准和规范,是钢筋腐蚀检测的发展趋势之一。另外,随着大型工程逐渐增多,其安全性问题也日益突出,因此,发展钢筋腐蚀实时在线监测技术、提高混凝土内钢筋腐蚀速率检测的准确性和工作效率、及时判断钢筋腐蚀程度、实现钢筋混凝土结构健康自诊断势在必行。

1.4 钢筋混凝土腐蚀监测的传感器

目前,钢筋腐蚀速率检测仪器在操作时都需要将外部测量探头或参比电极放置于混凝土构件上,这对于测量部位较多和需要长时间监测的重要建筑来讲,不仅工作量巨大,而且测量结果易受外界因素的干扰(如每次接触位置的不同、参比电极溶液对混凝土污染等都会对测量结果有一定的影响)。目前用于混凝土腐蚀监测的探头主要有参比电极、氯离子传感器、pH 传感器、湿度传感器。

1.4.1 参比电极

常用的参比电极包括银/氯化银固体参比电极、银/卤化银固体参比电极、铜/饱和硫酸铜参比电极等,还有些参比电极(如高纯锌)不具有可逆性,但仍不失为一种良好的参比电极。

参比电极的埋设为获取混凝土中的其他参数提供了可能,也为各项数据的获得提供了参比基准。在海洋混凝土中,大量的 Cl^- 及其他离子的渗入,会导致混凝土保护层的劣化甚至失效,埋置于内部的钢筋随之腐蚀、胀裂并失效。获取保护层中各项有害杂质的数据,成为提前预知并预防结构物失效的前提。不同的测量体系,使用的参比电极有所不同,在这里主要考虑测量体系的离子组分,要求参比电极在满足测试要求的同时,不污染测量体系,保证测量精度。混凝土这种特殊的待测体系,对电化学测试所使用的仪器,特别是参比电极有很高的要求,具体如下:

(1)适应强碱性条件。

(2)受湿度差异性的影响小。

（3）受 Cl⁻ 侵蚀过程中其他介质离子的干扰影响小。

（4）受 Ca^{2+}、K^+、Fe^{2+}、Na^+ 等阳离子影响小。

（5）受混凝土 pH 变化的影响小。

（6）受混凝土电阻,尤其是其内溶液电阻的影响小。

目前,国内外对混凝土用参比电极的研究主要集中在 $Cu/CuSO_4$、$Ag/AgCl$ 体系、MnO_2 参比电极(MMRE)体系以及金属/金属氧化物体系。

季明堂等对钢筋混凝土中镶嵌式 $Ag/AgCl$ 参比电极进行了研制,并对其性能进行了测试。结果表明,研制的电极在环境 Cl⁻ 浓度变化时稳定性良好;李成保基于 $Ag/AgCl$ 体系研制了一种微渗漏参比电极,用于土壤中金属腐蚀的原位监测,取得了令人满意的结果;黄国胜等制作了 MnO_2 参比电极,并在模拟孔隙溶液中对其电位稳定性进行测试,结果其性能与国外商用 MnO_2 电极的性能基本接近;石小燕等在实验室制作了粉压式 $Ag/AgCl$ 电极和 Pb 金属电极,并在工程中得到了应用;郑忠立等制备了四种埋置在混凝土内部的参比电极,并论证了离子填料对参比电极电位稳定性的重要性;有学者制作了 MnO_2 参比电极,并且考察了其在混凝土模拟孔隙溶液中的各项电化学性能,其封装图如图 1.10 所示。以上介绍的几种参比电极体系中,$Ag/AgCl$ 体系应用和研究都比较早,但是由于其自身的局限性,电解液只能选择 KCl 溶液或固体电解质,容易对混凝土介质造成污染;而金属和金属氧化物电极制作成本较高,电位稳定性较差;MnO_2 参比电极在模拟孔隙溶液中表现出了很高的电位稳定性、抗极化能力以及可逆性,但是针对 MnO_2 参比电极在混凝土中的长期性能及其封装技术的研究相对较少。由此可见,MnO_2 参比电极具有很广阔的开发前景。

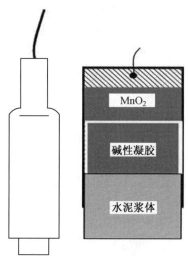

图 1.10　MnO_2 参比电极的封装图

1.4.2　氯离子传感器

Cl⁻ 是极强的阳极活化剂,当钢筋表面附近溶液的 Cl⁻ 浓度达到一定的临界值后,钢筋便会发生腐蚀。因此,探明钢筋附近的 Cl⁻ 浓度,对钢筋腐蚀与防护的研究有重要意义。杜荣归等利用电化学阳极氧化法制作了能够测定 Cl⁻ 和 pH 的复合探针,埋置于钢筋混凝土试样中,原位测定了钢筋-混凝土界面或混凝土中的 Cl⁻ 浓度和 pH。两种电极的电位分别与介质溶液中 Cl⁻ 浓度的对数和 pH 呈良好的线性关系。

M. A. Climent-Llorca 等制作了一种埋入式的氯离子浓度传感器,并在混凝土中掺加不同比例的 NaCl,对埋置其中的传感器的电化学性能进行了研究,M. F. Montemor 制作的氯离子浓度传感器可以检测不同深度的 Cl⁻ 质量分数,即 Cl⁻ 在混凝土中的分布状况,如图 1.11 所示。

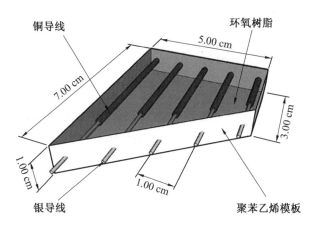

图 1.11　埋入混凝土的氯离子浓度传感器

1.4.3　pH 传感器

pH 传感器是研究最早和最多的离子型传感器。氢离子电极种类较多,有氢电极、玻璃电极、氢醌电极、某些金属及其金属氧化物电极等。常用的是玻璃 pH 电极。从 20 世纪 30 年代起,玻璃 pH 电极经过 Cremer 和 Haber 等的系统研究之后投入使用,这一新型的 pH 传感器迅速取代氢电极而在 pH 测量中发挥优势,由此推动了整个分析电化学的发展。1945 年,pH 标准的建立标志 pH 测量技术的成熟。如今,pH 已成为与溶液有关领域不可缺少的重要参数,从金属冶炼、植物生长、环境保护、地质勘探,到医疗保健、基因研究、太空探索,都离不开 pH 的测定。pH 传感器一直由玻璃 pH 电极稳坐主角的位置,这说明玻璃 pH 电极确有其独特的优点:响应快速、pH 测量范围宽、干扰物质少等。

光导纤维传感器从 20 世纪 80 年代起发展很快。用于测定 pH 的也已有数十种,包括光吸收、光反射、荧光、化学发光、固态发光等技术,并已出现双波长和双光束的光纤传感器。在应用方面,已有配置光纤 pH、pCO_2 和 pO_2 的血气分析仪问世,并成功地用于心脏外科手术。通过在激光照射下的聚合反应,可在光纤顶端生成分子大小的聚合物针尖,并可伸入单个细胞中测量酸碱度。光纤 pH 传感器在多点遥测和抗干扰等方面是其他 pH 传感器所不及的,但目前能达到的 pH 线性范围较窄,响应时间较长,且不能用于悬浊溶液,因此不能应用于混凝土介质的 pH 测量。

金属-金属氧化物 pH 电极由于强度高、内阻低、易于微型化,非常适合应用于混凝土介质。目前,已研究过的基体材料有二三十种元素。但由于电极性能不够理想,真正成为商品的只有锑、铋、铱等少数几种。其中,以锑电极应用最广,已成为和工业 pH 计配套的电极。但它的 pH 范围不广(一般只到 10),也不耐腐蚀。黄若双等采用电化学阳极氧化和高温碳酸盐氧化两种方法制备 IrO_2-pH 微电极,进行了钢筋-混凝土界面 pH 的原位测量;陈东初等采用熔融碳酸锂氧化法制备了固态 Ir/IrO_2-pH 电极,结果显示电极在 pH 为 0~14 时电极电位与 pH 的线性关系良好;I. A. Ges 等进行了薄膜氧化铱微电极的制备;C. Terashima 等用电沉积的方法制作了氧化铱 pH 传感器并观察了其微观形貌;P. Periasamy 分析了用聚四氟乙烯黏结的氧化铱电极在碱性溶液中的电化学行为。还应指出,金属-金属氧化物电极总会受到氧化还原体系的干扰,这是其天生的缺陷。

1.4.4　湿度传感器

用于测量相对湿度的传感器有机械式、电阻式等多种类型,电阻式湿度传感器的响应速度较快,结构较精炼,适应性也优于机械式传感器。就现有的电阻式湿度传感器而言,大都采用与敏感层黏着的方式,相互保持一定间隔,配置一对极薄的电极并对其间的电阻变化进行测量。湿敏层的电阻一般都相当高,或增大电极的对向面积,或减小电极的间隙,以降低湿度传感器的电阻值。如此制成的传感器,势必要对其电阻值进行测量,其电阻值过大时湿度传感器输出的测量电路相当复杂,并且易受外来噪声和漏阻的影响,不能进行高精度传感器输出的测量。在研究导电材料的导电性能时,Arrhenius 提出了以下关系式:

$$\rho = \rho_0 \exp\left(\frac{\Delta E}{kT}\right) \tag{1.18}$$

式中　ρ_0——导电材料在某一温度下的电阻率;

　　　ΔE——材料的活化能;

　　　k——玻耳兹曼常数;

　　　T——绝对温度。

M. R. Yang 等研究高分子湿度传感器的导电性时,均证实了高分子湿敏材料的活化能 ΔE 随相对湿度而变化,其关系并非线性。根据以前大量测试数据的分析结果和计算机的多次模拟计算,可设其活化能 ΔE 与相对湿度 ϕ 的关系为

$$\Delta E = \Delta E_1 \cdot \phi + \Delta E_2 \cdot \phi^2 \tag{1.19}$$

基于以上原理,J. K. Atkinson 用厚膜法制作了一种用于水质探测的多元传感器。P. A. M. Basheer 等开发了放置在混凝土表面的湿度传感元件,如图 1.12 所示,取得了较为理想的效果。

理想的混凝土耐久性参数监测系统,应提供混凝土保护层质量的耐久性参数和钢筋的表面状况。钢筋表面状况包括钢筋的脱钝时刻、宏电池电流、钢锈起始后的腐蚀速率(腐蚀电流密度)。混凝土保护层质量参数主要包括混凝土的电阻率,混凝土内部温、湿度变化规律,Cl⁻ 浓度及其在混凝土内部的扩散规律等。

本研究利用电化学监测技术,研制、开发针对混凝土结构耐久性参数的可埋入式、实时、长效电化学监测系统,该系统能够实时提供混凝土结构内部钢筋的腐蚀电位、腐蚀电流密度以及钢筋周围混凝土的电阻值等相关数据。此外,通过在混凝土保护层埋设的多元环阳极系统,并通过对保护层内 Cl⁻ 浓度的跟踪监测,为服役混凝土结构的耐久性评估提供有效的结构使用状况信息。

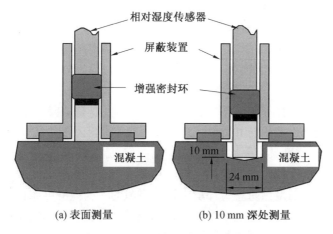

(a) 表面测量   (b) 10 mm 深处测量

图 1.12 用于混凝土中的湿度传感器

    对于新建混凝土结构和已经服役的混凝土结构,上述监测系统的开发在一定程度上从过去对混凝土结构劣化后被动的维护,转向在腐蚀发生前的主动腐蚀监测和提前有效的腐蚀控制,为我国今后在沿海和许多大型工程中针对耐久性问题提供了参考和借鉴。

1.5 环保阻锈剂在混凝土结构腐蚀中的应用

    混凝土因具有原料来源丰富、价格低廉、生产工艺简单成熟等特点,仍是当今主要建筑材料之一。在常规情况下,混凝土对埋置在其中的钢筋具有保护作用,这是因为水泥水化产生的氢氧化钙以及钾、钠等离子的高碱性孔隙溶液会使钢筋表面钝化形成致密的氧化膜保护层。但是,由于混凝土碳化造成 pH 降低或者受氯化物侵蚀污染,会破坏钝化膜引起钢筋腐蚀的发生,进而腐蚀产物的积聚产生突发膨胀应力造成混凝土开裂和剥落。近百年来,虽然混凝土材料一直不断地发展和进步,但随着大量的海港码头、水利水电工程、地下空间结构等重大工程在海域、河湖、地下等环境中的建成,复杂恶劣的工程环境对混凝土结构耐久性造成的危害非常严重。因为钢筋腐蚀一旦发生,就会成为一种自发的进程,腐蚀量不是线性递增,经济损失会成倍迅速增加。随着众多混凝土工程向海域环境发展,钢筋氯盐腐蚀问题仍是当前混凝土耐久性研究的热点之一。

    针对混凝土结构中钢筋的防腐蚀问题,目前已有内掺阻锈剂,使用耐腐蚀钢筋、环氧涂层钢筋,或者采用阴极保护法、再碱化技术、电化学除氯等多种防护和修复技术。混凝土结构损伤再修复的费用比新建的费用大得多。因为一般的碳化作用或氯化物污染分布范围都较大,如果对钢筋腐蚀已开裂和破坏的混凝结构进行局部修复,即使修复得足够好,也只能是相对地腐蚀阴极区,其周围的腐蚀依然很大;如果不屏蔽钢筋周围的污染源,修补区也将形成腐蚀阳极区,对于延长结构的寿命来说不可能是长期的、经济的解决办法;唯一长期、有效的解决方案是大量更换混凝土或重新建造。因此,在混凝土结构钢筋腐蚀的问题处理上,应是"重防护,轻修复"。同时,工程实践调查表明,对混凝土结构进行耐久性早期防护并结合定期的检测维修,对延长结构工程寿命有显著的效果,这就是说混凝土结构钢筋腐蚀的早期防护的必要性和重要性是极其显著的。

    如何在钢筋腐蚀的早期以简单方式及时地使混凝土结构得以防护并有效保证其安全

服役寿命是人们一直努力追求的方向和目标。目前，混凝土结构中钢筋腐蚀的早期防护措施主要有钢筋涂层法和引入阻锈剂。使用钢筋涂层可以与腐蚀介质隔绝，从而起到保护的作用，但在钢筋的运输、加工、存放、绑扎和浇捣混凝土过程中要防止涂层损伤，因而对施工质量及管理水平的要求较高。若出现涂层受损，其局部腐蚀的发生会比普通未处理钢筋更快，换句话说，其结构工程质量的关键在于劳务工作人员，多受主观因素控制，因此钢筋涂层法在我国目前应用并不广泛。引入阻锈剂可以有效降低钢筋的腐蚀速率，抑制钢筋腐蚀的发展恶化，是预防和减缓 Cl^- 侵蚀污染混凝土引起的钢筋腐蚀较为实用而简便的方法。因为阻锈剂具有一次性使用、长期有效、施工简单，且不从根本上改变混凝土自身性能的优点，所以被广泛地应用于钢筋混凝土防腐工程中。实践也证明，拌制混凝土拌合物时，引入阻锈剂是预防恶劣环境中钢筋腐蚀的一种经济可靠且长期有效的措施。其中，亚硝酸盐的商业应用已超过半个世纪，是大规模应用最早的钢筋阻锈剂。近年来阻锈剂行业发展迅速，目前已有几百种新型阻锈剂被成功地研究、开发和应用于钢筋混凝土结构。但是，随着环境保护的迫切需要，很多传统阻锈剂的使用开始受到限制，开发一些新型的环保阻锈剂对混凝土工程建设具有十分重大的现实意义和经济价值。

1.5.1　研制环保阻锈剂的目的与意义

钢筋混凝土阻锈剂是一种足量添加到混凝土中，既可以阻止或减缓埋入钢筋的腐蚀，又对混凝土的性能没有不利影响的物质。其实质作用是阻止或者延缓混凝土内钢筋腐蚀的电化学反应，降低进入混凝土内的侵蚀性离子对钢筋造成的腐蚀作用。

阻锈剂主要分为两大类：一类是以亚硝酸钙、钼酸盐和磷酸盐为代表的无机阻锈剂，一般是使钢筋表面钝化或者在其表面形成沉积膜，而使其混凝土结构工程中表现出优异的阻锈效果。但是，随着低耗能、零排放等环保意识的增强，大多数无机阻锈剂因有毒或成本较高而被限制应用，例如传统高效的磷酸盐类、铬酸盐类和亚硝酸基类阻锈剂，在欧洲标准化委员会所发布的 PR ENV1504-9 公告中被列为剧毒化合物，在瑞士、德国等国家已明令禁止使用亚硝酸盐等类钢筋阻锈剂。而磷酸盐类阻锈剂因含磷化物会使湖泊和河流富营养化而受到污染，其应用也受到限制。钼酸盐是低毒、高效稳定的无机阻锈剂，但存在的问题是添加量大、成本高，有学者指出若与其他环境友好型阻锈剂复合，利用其协同效应以减少用量，增强阻锈效果，也许其会是很有前途的阻锈剂之一。

另一类是有机阻锈剂，如胺类、醇胺类和脂肪酸类，基本是胺与酯组成的水基有机外加剂，可分为掺入型和迁移型。目前的研究表明，其阻锈的机理是双重的，既能阻止阳极反应，又能阻止阴极反应。一方面，因极性基的作用吸附于钢筋表面，形成保护膜；另一方面，以其非极性的碳氢基疏水作用阻碍氯化物和水对混凝土的渗透。目前以蒸气压低、易在混凝土气相中扩散为特征的迁移型阻锈剂已被开发应用，如瑞士 Sika 公司的 Armatec2000 是胺与羧酸组成的透明有机液体，少有氨气味，不含亚硝酸盐，口服半数致死剂量为 2 340 mg/kg。然而，根据行业标准《钢筋阻锈剂应用技术规程》（JGJ/T 192—2009），建议工程中采用环保的阻锈剂；同时国家标准《混凝土结构加固设计规范》（GB 50367—2013）中规定，对混凝土承重结构破损部位的修复，不得使用以亚硝酸盐为主要成分的阻锈剂。

随着现代社会对低能耗、零排放等环保指标的迫切需求，一些有害有毒、成本较高的阻锈剂将逐渐被限制和禁止使用,环境友好型阻锈剂已逐渐引起国内外科研工作者的广泛关注,成为未来阻锈剂发展的主要方向之一。而从植物中提取的阻锈剂是天然的无公害的,也可实现资源的可持续利用,因而从植物中提取阻锈剂将是今后阻锈剂的研究与发展的新方向。因此,开展环保阻锈技术及其机理的研究,可为开发具有多功能、高效能、低毒、少污染的阻锈剂奠定坚实的理论基础,也将为我国在严酷条件下开展混凝土结构耐久性保持和提升的工程应用提供新思路、新技术,还有利于阻锈剂在混凝土结构钢筋防腐蚀技术领域中的推广和应用,对生态环境和经济发展具有极为重要的意义。

1.5.2 环保阻锈剂的研究现状与问题分析

关于利用环保阻锈剂抑制钢筋腐蚀的研究很多,但大多数是在酸性环境下的金属腐蚀,关于环保阻锈剂在碱性环境或混凝土条件下对钢筋腐蚀作用的研究并不多。除少量的像 DNA/核酸、细菌类大分子等环保提取物之外,目前大都是从植物根、茎、叶中提取有效成分作为钢筋混凝土的环保阻锈剂,如三角藤叶、茨竹叶、仙人掌叶、牧豆树叶、香蕉茎秆、美洲红树皮等。虽然这些是天然的植物,但基本都是热带植物,在我国分布并不广泛。因此,需要寻求一种来源更广泛,且不受地区严格限制,量大易获取的资源作为阻锈剂的提取来源。

从天然植物中提取的阻锈剂,大多是含有 N、O、S、P 等原子及其具有给予电子能力的极性基团或杂圆环结构的有机分子。其阻锈机理基本为吸附于钢筋表面减缓腐蚀的阳极或阴极反应,或形成物理屏障阻碍有害介质扩散至钢筋表面,该吸附过程会受多种因素的影响,如大分子的化学结构和原子的电子结构、阻锈剂浓度、腐蚀介质的化学特性、钢筋表面结构及其与溶液界面的电化学特征、腐蚀反应温度等。众所周知,在实际工程中氯化物引起的钢筋腐蚀,其实质是原电池的氧的还原反应过程,即阳极是铁的溶解反应,阴极是氧的还原反应。大多数的有机阻锈剂都是通过吸附于钢筋的表面来减缓或阻碍氧的还原反应的进行,而实现阻锈的目的,这也是较经典的阻锈作用的解释方法。但任何一种具有阻锈作用的提取物,其决定性因素是分子结构及其特性。为了更好地揭示提取物的阻锈机理,需要分析确认其主要有效阻锈成分,从分子的化学组成与原子结构的角度深入探讨阻锈的机理。

此外,要求作为钢筋混凝土用的环保阻锈剂,不仅能实现生产加工和使用过程的环保,而且必须对混凝土基本结构和性能有保障。上述的环保阻锈剂虽然效率显著,但大多研究并没有考虑其对混凝土的力学性能和耐久性的影响,以及环保阻锈剂在混凝土中的稳定性和长期阻锈性能。而对这些方面有更多深入的研究,才能更好地为环保阻锈剂在实际混凝土工程结构中的应用奠定基础。

最后,简要总结概括为以下两个方面:

(1)目前的研究现状和存在问题。

①利用环保阻锈剂抑制钢筋腐蚀的研究很多,但仅有 2% 至 3% 的资料是有关在碱性环境下对金属腐蚀的研究。

②钢筋混凝土的环保阻锈剂大多是从植物根、茎、叶中提取的有效成分。

③环保阻锈剂对混凝土的结构与性能影响的研究较少。

④仅有少数研究指明了阻锈提取物的成分及其分子结构,大多数的有效阻锈成分不

确定。

⑤环保阻锈剂在混凝土中的稳定性和长期阻锈性能基本未涉及。

（2）新型环保阻锈剂开发的目标和要求。

①阻锈剂能抑制或延缓混凝土中的钢筋腐蚀。

②阻锈剂对环境无毒无害，保证生产加工和使用过程的环保性。

③阻锈剂对混凝土的结构和性能有保障，特别是力学性能和耐久性。

④阻锈剂的提取，应来源广泛，不严格受地区限制，量大易获取。

⑤明确提取物的有效阻锈成分，揭示阻锈机理，才能更好地为环保阻锈剂在实际混凝土工程结构中的应用奠定理论基础。

第2章 混凝土模拟孔隙溶液钢筋腐蚀临界氯离子浓度取值的研究

2.1 概　　述

我国海域辽阔,海岸线很长,大规模的基本建设集中于沿海地区,而海边的混凝土工程由于长期受 Cl^- 侵蚀,混凝土中的钢筋腐蚀现象非常严重,已建的海港码头等工程多数都达不到设计寿命的要求,给国民经济建设带来了很大损失。

混凝土结构的腐蚀可分为腐蚀开始阶段和腐蚀发展阶段。在腐蚀开始阶段,外界 CO_2 和 Cl^- 等侵蚀介质不断通过扩散等方式侵入混凝土中,混凝土碳化深度及程度不断加深,钢筋表面的 Cl^- 不断积累。在这个阶段,没有损伤产生。当钢筋位置处 pH 下降到足够小,或钢筋表面的 Cl^- 达到临界浓度水平,钢筋不再受混凝土中高碱性环境保护,钝化膜便被破坏而进入腐蚀发展阶段。与碳化引起的钢筋腐蚀相比,在含氯环境下,钢筋一旦开始腐蚀,腐蚀将以很快的速度发展,在开始腐蚀后 2～3 年的时间内即可出现混凝土保护层的顺筋开裂和剥落。

例如,以硅酸盐水泥为胶凝材料主体的混凝土中,胶凝材料的水化作用使混凝土孔隙溶液以饱和 $Ca(OH)_2$ 溶液为主,具有很高的 pH,高碱性水泥中含有的少量强碱,如 Na_2O、K_2O 等在水泥水化时会完全溶解于孔隙溶液,使孔隙溶液 pH 进一步升高,一般未经碳化的混凝土内部孔隙溶液 pH 可达到 13.4 以上。钢筋在高碱性的环境下表面会生成一层致密的钝化膜,保护钢筋免受腐蚀。但是,当混凝土内部有 Cl^- 等侵蚀性介质进入时,钢筋钝化膜自身的溶解与修复平衡就会被打破。当 Cl^- 浓度很低时,不会对钢筋钝化膜产生无法修复的破坏作用,钢筋腐蚀的风险很低;当 Cl^- 浓度足够高,钢筋钝化膜的溶解与修复平衡被打破,钢筋钝化膜便会被破坏,使腐蚀风险大大提高。

从 20 世纪 60 年代至今,众多学者将研究专注于混凝土的渗透性方面,已经涌现出了大量的研究成果。Cl^- 侵入比较成熟的模型有 Fick 第二定律,它已经成为预测 Cl^- 在混凝土中扩散的经典方法;对扩散系数的选取也有大量的工程实测数据支持,并且在相关规程中也提出了一套相对成熟的实验室检测方法。这些研究对加深混凝土渗透性的认识和指导工程实践起到了重要作用。然而,以上研究只解决了 Cl^- 在钢筋表面积累速度的问题,而要弄清积累到何种程度钢筋才会开始腐蚀,还必须知道"临界氯离子浓度"。自 Hausmann 首次发表关于临界氯离子浓度的文章以来,众多的科研人员对溶液中钢筋腐蚀的临界氯离子浓度进行了大量的研究,取得了丰硕的研究成果。但是,由于影响钢筋腐蚀的因素很多,研究方法又多种多样,得到的临界氯离子浓度值离散性非常大。因此,多国规范采用了较保守的数值。由于混凝土内部的 Cl^- 浓度大致与渗透时间的平方根成正比,临界氯离子浓度的提高将大大延迟钢筋开始腐蚀的时间,提高混凝土的耐久性。临界氯离子浓度对混凝土耐久性设计、检测鉴定及维修策略的制定有重要影响,具有重要的理论意义和实用价值。

本书从钢筋钝化膜的研究入手,通过建立钢筋极化电阻与钝化膜状态的对应关系,得到钢筋钝化膜的信息,从而可以更直接、准确地得到钢筋钝化膜破坏时的临界氯离子浓度值,同时对 pH 与氧气质量浓度对钢筋钝化膜及临界氯离子浓度值的影响也进行了分析。

2.2 临界氯离子浓度影响因素

2.2.1 临界氯离子浓度研究现状

对于临界氯离子浓度的研究,主要采用恒电位、动电位、恒电流等测试方法,尚无统一的测试方法。在混凝土模拟孔隙溶液的选择上,多选择饱和 $Ca(OH)_2$ 溶液;同时也有学者使用 $NaOH$、KOH 及其与 $Ca(OH)_2$ 的组合溶液。从临界氯离子浓度的表达方式上看,主要有自由氯离子浓度、总氯离子浓度及 $[Cl^-]/[OH^-]$ 等,尚无统一的表达方式。而从临界氯离子浓度分布上看,不同学者得到的临界氯离子浓度值分布非常广,离散性非常大。在模拟孔隙溶液中,Cl^- 浓度临界值从 0.001 mol/L 到 6 mol/L,$[Cl^-]/[OH^-]$ 临界值从 0.02 到 200;在混凝土或砂浆试块中,总氯离子质量分数临界值从 0.2% 到 2.7%,自由氯离子质量分数临界值从 0.12% 到 4%,$[Cl^-]/[OH^-]$ 临界值从 1.65 到 20 以上。

(1)对于特定的混凝土使用条件,应用的等级取决于混凝土使用场所有效的浓度。

(2)在类型 Ⅱ 掺合料(如火山灰)使用并被计入水泥用量的情况下,Cl^- 浓度表示为 Cl^- 质量占水泥和所有计入水泥用量的掺合料质量总和的百分比。

由于目前尚未弄清临界氯离子浓度的变化规律,EN 206 混凝土采用了较保守的值,见表 2.1。CI 201 混凝土在一般钢筋混凝土结构中采用占水泥用量的 0.15% 作为 Cl^- 用量的上限值。

表 2.1 EN 206 混凝土中最大 Cl^- 质量分数

混凝土使用条件	Cl^- 浓度等级	最大 Cl^- 质量分数/%
不含钢筋或其他埋置金属,抵抗除外腐蚀的起重设备	Cl 1.0	1.0
含钢筋或其他埋置金属	Cl 0.2 Cl 0.4	0.2 0.4
含预应力钢筋	Cl 0.1 Cl 0.2	0.1 0.2

2.2.2 临界氯离子浓度离散性大的原因

造成临界氯离子浓度离散性非常大的原因主要有以下三方面。

（1）由于影响临界氯离子浓度的因素非常多，包括水泥质量及种类、水灰比、混合材料的添加、孔隙溶液的 pH 及相对湿度、温度、钢筋材料种类及其表面粗糙度、钢筋表面氧气质量浓度等。这些众多的因素相互作用，很难找到一个综合的因素。

（2）测试手段的多样性，测试方法包括自然腐蚀法、恒电位法、动电位法、恒电流法、电化学阻抗谱法等方法。判断钢筋是否开始腐蚀的标准也不一致。有些学者采用线性极化法测量腐蚀速率判断钢筋是否开始腐蚀，但腐蚀电流密度取何值可视为钢筋开始腐蚀尚存争议，其范围从 1 mA/m^2 到 2 mA/m^2。还有些学者通过腐蚀电位变化、宏电流变化判断钢筋是否开始腐蚀。另外一些学者则通过肉眼观察钢筋表面是否有腐蚀物产生来进行判断。

（3）临界氯离子浓度的表达方式多样化，主要有自由氯离子浓度、总氯离子浓度及 $[Cl^-]/[OH^-]$ 等方式。每种表达方式各有优缺点，学者众说纷纭，尚无统一的表达方式。在理论上，只有混凝土孔隙中游离的自由氯离子才会对钢筋腐蚀产生影响，被结合到水泥石组分，如 C–S–H 或铝酸三钙（Friedel 盐，$3CaO \cdot Al_2O_3 \cdot CaCl_2 \cdot 10H_2O$）等的氯不产生影响。从这个意义上说，自由氯离子浓度能更好地表达临界氯离子浓度。但是也有研究指出，结合氯离子对腐蚀的开始也有作用。Glass 和 Buenfeld 指出，随着 pH 下降到 12 以下，钢筋与混凝土界面孔隙处大量的结合氯离子可被释放出来成为自由氯离子。而且在工程应用中，总氯离子浓度这个参数更容易被测量，从而被广泛地应用。由于钢筋的活性还受到 pH（OH^- 浓度）的影响，有学者指出用 $[Cl^-]/[OH^-]$ 表达临界氯离子浓度更合理。近期有学者则建议，采用总氯离子浓度与被酸中性化的能力的比值来评定混凝土的侵蚀性的等级，即 $[Cl^-]/[H^+]$。

2.3　临界氯离子浓度取值

2.3.1　研究目标

通过室内模拟试验，应用孔隙溶液榨取方法、电化学测试方法，对比 Cl^- 自然渗透和加速试验手段，研究混凝土中 $[Cl^-]/[OH^-]$ 及其影响因素（水胶比、矿物掺合料、温度、混凝土强度等级）对钢筋腐蚀临界氯离子浓度取值的影响。在室内试验的基础上，与暴露试验站原型调查结果进行相关性分析，为临界氯离子浓度取值提供科学依据。

2.3.2　基本原理

混凝土孔隙溶液在不含 Cl^- 等腐蚀介质时，其内部的高碱性环境构成了钢筋的自钝化体系，钢筋表面自动形成钝化膜。钝化膜能阻止和抑制铁的溶解过程，而膜层本身在介质中的溶解速度又很小，以致它能使铁的阳极溶解速度保持在很小的数值。钝化状态须在一定的电位下发生，电位数值取决于铁的种类和成分、溶液成分和温度等体系条件。

铁的阳极溶解曲线如图 2.1 所示。图中曲线分成五个部分，E_e 表示铁电极的平衡电位，在 E_e 以下，铁电极不发生腐蚀，称为不腐蚀区间。从 E_e 到 E_p，铁的阳极溶解电流密

度随着电位 E 的升高而不断增大,起初遵循塔费尔规律,但在电流密度很大时,将会明显偏离塔费尔规律。当 $E=E_p$ 时,铁的阳极溶解电流密度达到最大值 i_{max},E_p 称为钝化电位,i_{max} 称为钝化电流密度。在 E_e 和 E_p 这一电位区间,铁的阳极溶解过程是活性溶解。从电位 E_p 至 E_F 是曲线的第三部分,E_F 称为活化电位,也称弗雷德(Flade)电位。E_p 同 E_F 相距很近,但在这一电位区间铁表面状态发生急剧的变化。当铁电极的电位升高到 E_p 以后,阳极电流密度急剧下降。因此,在 E_p 到 E_F 之间,电极系统相当于一个"负的电阻",铁表面处于不稳定的状态。当电位高于 E_F 时,进入曲线的第四部分,铁的表面处于钝化状态。在这一部分铁电极的阳极溶解行为的特点:阳极溶解电流密度 i_p 很小。在这一部分电位 E 的变化对电流密度 i_p 的影响很小,阳极曲线接近于垂直直线,这一电位区间,就是钝性区间。当电位继续升高,铁表面的一些点上的钝化膜局部破坏,在钝化膜局部破坏处,铁表面以很大的阳极电流密度进行阳极溶解,因此,此时铁电极总的阳极电流急剧增大,进入过钝化区间,钢筋钝化膜破裂。钝性区间与过钝化区间电位的临界值 E_{pt} 被称为击穿电位,或者点蚀电位。

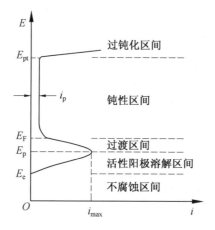

图 2.1　铁的阳极溶解曲线

从以上分析可以看出,钢筋表面的电位是反映钝化膜形成及其破裂的综合指标。而其他影响阳极反应的环境因素,都是通过影响电位变化实现的。

钢筋电极体现出的综合电位 E 就是腐蚀电位,通常缩写为 E_{corr}。钢筋表面表观的腐蚀电位 E_{corr} 由阳极极化曲线和阴极极化曲线的交点决定。当两者交点 E_{corr} 处于钝性区间时,即阳极曲线的近垂直段,由于腐蚀电流密度 i_p 很小,钢筋处于钝态,不发生腐蚀;而当两者交点 E_{corr} 处于过钝化区间时,腐蚀电流密度 i_p 急剧增大,钢筋表面某点发生局部腐蚀,并由于钝化膜局部破坏的自催化效应而不断加剧。

从以上分析可以看出,腐蚀电位 E_{corr} 的位置决定钢筋是否处于钝态或脱钝,其判断标准:当腐蚀电位 E_{corr} 超越该环境下的点蚀电位 E_{pt} 时,钢筋发生脱钝。同理,钢筋如果由钝态转化为活态,则必然有腐蚀电位 E_{corr} 超越该环境下的点蚀电位 E_{pt}。所以,腐蚀电位 E_{corr} 超越该环境下的点蚀电位 E_{pt} 是钢筋脱钝的充分必要条件。从这个角度引申,临界氯离子浓度可以定义为使钢筋的点蚀电位低于腐蚀电位的 Cl^- 浓度下限值。

2.4　临界氯离子浓度试验

2.4.1　试验准备

1. 原材料

(1)水泥:硅酸盐水泥。

(2)粗骨料:碎石(5~20 mm)。细骨料:天然中砂。

(3)钢筋:圆钢,变形钢筋。

(4)掺合料:Ⅱ级粉煤灰;硅灰(SiO_2质量分数大于95%,比表面积不小于15 000 m^2/kg);磨细矿渣(细度不小于400 m^2/kg)。

(5)外加剂:上海花王减水剂。

本试验的硅酸盐水泥、掺合料和聚羧酸高效减水剂由项目负责单位统一提供,砂、石统一性能指标,采用当地材料。

2. 试件成型

(1)试件尺寸为 ϕ100 mm×100 mm,使用 ϕ20 mm×100 mm 的光圆钢筋;为缩短 Cl⁻ 渗透至钢筋表面的时间,保护层厚度设计为 10 mm,粗骨料使用最大粒径不大于 20 mm 的瓜米石。

(2)为研究水胶比的影响,在胶凝材料仅使用水泥的条件下,设计水胶比分别为 0.35、0.40、0.45 的 3 个配合比。

(3)为研究掺合料的影响,按照以下使用方式与用量设计配合比:单掺 30% 粉煤灰①、30% 粉煤灰+5% 硅灰、24% 粉煤灰+16% 矿粉共计 3 个混凝土配合比。

(4)混凝土设计坍落度大于 160 mm,胶凝材料用量为 400~500 kg/m^3。

3. 钢筋钝化试验

由于混凝土内部环境碱性较高,混凝土中钢筋的表面一般会在一定时间内形成一层钝化膜,阻碍钢筋的腐蚀。实际工程中,Cl⁻ 对钢筋腐蚀的影响主要是在钢筋形成钝化膜后。所以,要研究钢筋的脱钝过程,首先要得到处于钝态的钢筋。试验中用 A3 钢制作钢筋电极,采用饱和氢氧化钙溶液作为混凝土模拟孔隙溶液,观测钢筋电极的钝化过程。

4. 溶液配制

混凝土模拟孔隙溶液的 pH 及其组分见表2.2。采用 $NaHCO_3$ 调节饱和 $Ca(OH)_2$ 溶液的方法得到较低的 pH。作为对比,试验中还采用了 0.002 mol/L $Ca(OH)_2$ + 0.045 mol/L NaOH+0.026 mol/L KOH(pH=13.8)三组分体系的混凝土模拟孔隙溶液。

---

①　30% 粉煤灰指质量分数为30% 的粉煤灰,本书类似形式均指此含义。

表 2.2　混凝土模拟孔隙溶液组分

组分	pH=12.6	pH=11.6	pH=10.6	pH=9.6	pH=13.8
$Ca(OH)_2$	过量饱和	2 g	2 g	2 g	0.002 mol/L
$NaHCO_3$	无	2.8 g	3.8 g	8.6 g	—
NaOH	—	—	—	—	0.045 mol/L
KOH	—	—	—	—	0.026 mol/L

注:每组溶液体积为 800 mL,电位为 +100、0、-100、-200、-300、-400 mV。

2.4.2　试验过程

1. 不同 Cl^- 浓度的混凝土模拟孔隙溶液的配制

使用 0.045 mol/L NaOH+0.026 mol/L KOH+0.002 mol/L $Ca(OH)_2$ 三组分体系模拟混凝土孔隙溶液,通过向溶液中添加 $NaHCO_3$ 的方式调节溶液 pH。使用上海精密仪器有限公司生产的雷磁牌 231 型玻璃 pH 电极及上海康仪仪器有限公司生产的 PCIS-10 型氯度计实现对不同 pH 的氢氧化钙模拟混凝土孔隙溶液的调配。pH 为 13.4 的溶液选取 4 个分界点,分别是 $[Cl^-]/[OH^-]$ 为 0.05、0.1、0.2 和 0.3,pH 为 12.5 和 11.7 的溶液均选取 $[Cl^-]/[OH^-]$ 为 0.03、0.05、0.1 和 0.2 的 4 个分界点,4 个比值的溶液为一组,每个 pH 配 5 组溶液,其中 3 组为普通溶液,2 组为不同氧气质量浓度的溶液,成分与普通溶液相同。为了防止同一瓶中放置过多钢筋会导致钢筋间不慎接触时发生电化学腐蚀,每瓶只放置一根钢筋。3 组普通溶液统一编号,另外 2 组溶液根据氧气质量浓度的不同分别编号,溶液编号及每组溶液中对应的钢筋编号见表 2.3 和表 2.4。

表 2.3　溶液编号

pH	$[Cl^-]/[OH^-]=$ 0.03	$[Cl^-]/[OH^-]=$ 0.05	$[Cl^-]/[OH^-]=$ 0.1	$[Cl^-]/[OH^-]=$ 0.2	$[Cl^-]/[OH^-]=$ 0.3	氧气质量浓度 $/(mg \cdot L^{-1})$
13.4		S_1	S_2	S_3	S_4	10.5
13.4		M_1	M_2	M_3	M_4	9.6
13.4		N_1	N_2	N_3	N_4	8.7
12.5	S_5	S_6	S_7	S_8		10.5
12.5	M_5	M_6	M_7	M_8		9.6
12.5	N_5	N_6	N_7	N_8		8.7
11.7	S_9	S_{10}	S_{11}	S_{12}		10.5
11.7	M_9	M_{10}	M_{11}	M_{12}		9.6
11.7	N_9	N_{10}	N_{11}	N_{12}		8.7

注:S 代表氧气质量浓度为 10.5 mg/L 的溶液;M 代表氧气质量浓度为 9.6 mg/L 的溶液;N 代表氧气质量浓度为 8.7 mg/L 的溶液。

表 2.4　溶液 S、M、N 中的钢筋编号

溶液编号	S_1	S_2	S_3	S_4	S_5	S_6	S_7	S_8
钢筋编号	D3-1	D3-4	D3-7	D3-10	D2-1	D2-4	D2-7	D2-10
	D3-2	D3-5	D3-8	D3-11	D2-2	D2-5	D2-8	D2-11
	D3-3	D3-6	D3-9	D3-12	D2-3	D2-6	D2-9	D2-12
溶液编号	S_9	S_{10}	S_{11}	S_{12}				
钢筋编号	D1-1	D1-4	D1-7	D1-10				
	D1-2	D1-5	D1-8	D1-11				
	D1-3	D1-6	D1-9	D1-12				
溶液编号	N_1	N_2	N_3	N_4	M_1	M_2	M_3	M_4
钢筋编号	C3-1	C3-2	C3-3	C3-4	C3-5	C3-6	C3-7	C3-8
溶液编号	N_5	N_6	N_7	N_8	M_5	M_6	M_7	M_8
钢筋编号	C2-1	C2-2	C2-3	C2-4	C2-5	C2-6	C2-7	C2-8
溶液编号	N_9	N_{10}	N_{11}	N_{12}	M_9	M_{10}	M_{11}	M_{12}
钢筋编号	C1-1	C1-2	C1-3	C1-4	C1-5	C1-6	C1-7	C1-8

　　每种比值的溶液按照 pH 的不同计算 OH^- 浓度,然后按照 $[Cl^-]/[OH^-]$ 得到所需 Cl^- 浓度。配制 2 mol/L 的 KCl 溶液,采取滴定方式加入 Cl^-,由于 pH 较高,滴进的溶液对 pH 的影响可忽略不计。

2. 溶液中氧气质量浓度的测定

　　通入氧气时使用美国 TSI 公司生产的 YSI-55 型探头式溶解氧测试仪进行监测,溶液中氧气质量浓度的测定使用上海海争电子科技有限公司生产的 RJY-1A 型溶解氧测试仪,如图 2.2 和图 2.3 所示。首先将配制好的各组溶液装入广口瓶中,将氧气出气管口同探头式溶解氧测试仪一同插入瓶中,待溶解氧测试仪示数稳定后缓慢通入氧气,直到溶解氧测试仪示数降到预定值后立即将通气管同溶解氧测试仪一起拿出,盖好橡胶塞,氮气通入完成。为了确保数据的可比性,通气时控制氧气输入速度及通气时间,同时监测溶解氧测试仪示数,尽量保证各组溶液中氧气质量浓度一致。

图 2.2　溶解氧测试仪

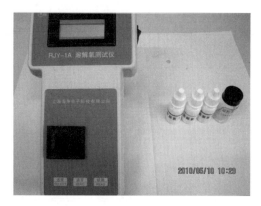

图2.3　溶解氧测试仪测试过程

由于探头式溶解氧测试仪响应时间比较长,气体通入完成后示数尚未完全稳定,会给测量结果带来较大误差。试验结束后,再次使用 RJY-1A 型溶解氧测试仪对每瓶溶液中的氧气质量浓度进行测定。仪器基于微电脑光电子比色检测原理,分辨率为 0.01 mg/L。

具体操作步骤如下:

(1)将待测溶液倒入反应瓶中,依次向反应瓶中滴入滴定溶液Ⅰ和Ⅱ各 10 滴,上下摇晃,使溶液混合均匀,静置,待沉淀物沉淀到反应瓶中 1/3 时再次摇晃,使溶液充分混合,静置。

(2)待沉淀物再次沉淀到反应瓶中 1/3 位置处,滴入滴定溶液Ⅲ,溶解瓶内沉淀物,上下摇晃,使沉淀物完全溶解。

(3)用蒸馏水调零。

(4)将溶解好的溶液倒入玻璃瓶中,放入比色槽,读数。

3. 钢筋电极的制作

(1)钢筋的准备。

取若干根 80 mm 长的 ϕ10 mm 钢筋,端面用砂轮打磨平整,放入 10% 的柠檬酸三铵溶液中浸泡 48 h 后取出,用滤纸将钢筋表面擦拭干净。在砂轮带动下用 60 目砂布首先将钢筋表面氧化层打磨一遍,打磨后的钢筋表面氧化层已经基本去除,再将钢筋固定在激光钻床上,在钻床带动下依次用 80 目和 120 目砂布反复仔细打磨,直到钢筋表面泛出金属自然的银白色亮光,表面氧化层已经完全去除。打磨好的钢筋如图 2.4 所示。

图2.4　打磨好的钢筋

（2）钢筋电极制作过程。

将打磨完成的钢筋一端焊接长 30 cm 的高温导线,然后将焊接端面用黑色低黏度环氧树脂封盖,待环氧树脂干硬后即可将钢筋电极放入溶液中使用。

经过几批试验发现,钢筋放到溶液中,其上下端直接接触瓶壁处会在很短时间内发生腐蚀,分析其原因是溶液中形成了氧浓差电池而发生缝隙腐蚀,即使在钢筋接触瓶壁的两个端部涂抹环氧树脂依然会形成浓差电池,甚至发生更严重的腐蚀。缝隙腐蚀与点蚀的形成过程有所不同,缝隙腐蚀是介质的浓度差引起的,点蚀一般是钝化膜的局部破坏引起的,对于同一种金属而言,缝隙腐蚀比点蚀更容易发生。本书主要研究 Cl^- 对钢筋钝化膜的破坏,其破坏机理主要为点蚀,如果钢筋在发生点蚀之前就发生了缝隙腐蚀则无法分析点蚀导致的钢筋钝化膜破坏临界氯离子浓度,从而对试验产生破坏作用。所以,经过大量的试验摸索,为了避免钢筋发生缝隙腐蚀,最后采取的试验方法为借助钢筋导线和胶塞的摩擦力作用使钢筋完全处于溶液之中而不接触任何瓶壁(图2.5),避免了在钢筋发生点蚀之前发生缝隙腐蚀从而对试验结果产生的干扰。

图2.5　溶液中的钢筋电极

（3）钢筋的钝化。

第一批试验共准备了 6 根钢筋电极,放入过饱和氢氧化钙溶液中钝化。为了确定钢筋钝化所需的时间,将 6 根钢筋放在钝化溶液中一个月,前 10 天每天测试钢筋电位和极化电阻,后 20 天定期测试。钢筋钝化结果如图2.6和图2.7所示。

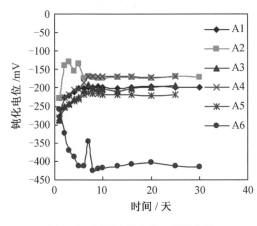

图2.6　钢筋钝化电位-时间曲线

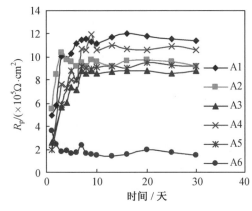

图2.7　钢筋钝化极化电阻-时间曲线

由于钢筋在钝化之前经过仔细的打磨,钢筋表面的杂质等都已经去除干净,钢筋放入钝化溶液中初始电位基本在 -290 mV 左右。钝化第 2 天大部分钢筋电位显著上升,随后的几天内钢筋电位或持续上升,或有少许波动,从图2.6和图2.7中可以看到,钢筋 A1～A5 在钝化后的第 5 天或第 6 天开始逐渐趋于稳定,在随后的 20 天内钢筋电位始终保持稳定,说明钝化膜已经形成并稳定。钢筋钝化膜的形成是一个动态的过程,钝化膜的溶解和修复同时存在,只有在有利于钝化膜形成的环境中,钝化膜形成速度大于溶解速度,钝化膜才可能逐渐形成并保持完整,此前不稳定状态的表现就是钢筋电位和极化电阻的上下波动。钢筋极化电阻的表现同电位相似,在钝化前2天大部分钢筋线性极化电阻 R_p 值显著上升,随后的几天也在继续上升。钢筋的极化电阻在逐渐变大,说明钝化膜在逐渐形成,从第6天开始,R_p 值逐渐稳定,并在随后的20天内保持在一定的范围波动,说明钝化膜已经稳定形成。可能由于钢筋自身或打磨不彻底等原因,会有一些钢筋不能在钝化溶液中形成稳定的钝化膜,如钢筋A6,在整个钝化期间的电位和极化电阻上升缓慢,甚至下降,属于钝化不成功的钢筋,试验时不能使用。

从图2.6和图2.7中看到,一些钢筋在钝化后的第5天就开始趋于稳定,最迟第7天也开始稳定,所以认为钢筋钝化膜在一周的时间内就可以形成。但为了稳定起见,后几批钢筋在钝化时每天测试,只有当钢筋钝化超过8天并且电位和极化电阻连续3天保持稳定不变时认为钢筋钝化膜已经形成,可以开始使用。由于钝化试验结果相似,后几批的钢筋钝化试验结果不再赘述。一般钝化完成后钢筋极化电阻值在 $8\times10^5\ \Omega\cdot cm^2$ 以上。

4.测试

本书所有电化学测试均使用武汉科思特仪器有限公司生产的CS300电化学测试系统。

普通溶液中的测试采用三电极体系,参比电极为饱和甘汞电极,辅助电极为铂电极。对于通氮气的溶液,为了既使用三电极体系测试又保证溶液密封,每个测试瓶中均放入 $3\ cm\times13.5\ cm$ 的镍片作为辅助电极,参比电极为实验室自制的 MnO_2 参比电极。

2.5 不同氧气质量浓度溶液中钢筋腐蚀临界氯离子浓度

钝化膜是在钢筋表面形成的薄层保护膜,其电阻远远高于钢筋本身的电阻,当有阳极电流通过此膜时将产生电压降,使钢筋电位的显著变正,由此引起的极化称为电阻极化,即指由于钢筋钝化膜电阻而引起的钢筋电位的显著上升。可见,钢筋钝化膜电阻是实际存在并能够反映钝化膜信息的物理量。钢筋钝化膜是铁的氧化物,以化合物状态存在,不易发生原子状态的变化,属于稳定状态,从而保护钢筋免受外界的腐蚀。当介质中存在 Cl^- 时,Cl^- 会选择性地吸附在氧化膜表面阴离子晶格周围,置换水分子,和氧化膜中的铁离子形成可溶性氯化铁,使铁离子溶入溶液中,新露出的基底金属特定点上发生点蚀。点蚀一旦发生,点蚀孔底部的钢筋发生溶解,阴极为吸氧反应,孔内氧浓度下降而孔外富氧形成氧浓差电池。孔内金属离子不断增加,在孔蚀电池产生的电场的作用下孔蚀外的 Cl^- 不断地向孔内迁移、富集,使孔内 Cl^- 浓度升高,同时由于孔内金属离子浓度的不断升高并发生水解,生成氢离子。结果使孔内溶液氢离子浓度升高,pH降低,溶液酸化。孔内浓盐溶液中氧的溶解度很低,扩散很困难,使得闭塞电池局部供氧受到限制,所有这些因素都阻碍了孔内金属的再钝化。当钢筋周围的 Cl^- 浓度足够大时,钢筋钝化膜的溶解与修复平衡会受到严重破坏,溶解速度远大于修复速度,钢筋开始腐蚀。所以研究钢筋腐蚀的临界氯离子浓度就是要找到刚好打破钢筋钝化膜修复与溶解平衡的 Cl^- 浓度阈值点,焦点主要集中在钝化膜的研究上,而如前所述,电阻极化是由于钢筋钝化膜引起的钢筋阳极电位升高,极化电阻 R_p 恰能反映钢筋钝化膜的信息,所以本书通过钢筋极化电阻来研究钢筋钝化膜的状态,从而确定临界氯离子浓度值。

当钢筋表面形成致密的钝化膜,没有腐蚀性介质侵入时,钢筋钝化膜处于一种稳定的平衡状态,此时钢筋的极化电阻会在较高范围内保持不变。由于钝化膜状态很稳定,即使有少量的 Cl^- 等侵蚀性介质进入,钝化膜电阻也能在很长的一段时间内保持稳定,但是当 Cl^- 浓度达到临界浓度时,钝化膜的溶解和修复失去平衡,钝化膜就会逐渐破坏,反映为钢筋极化电阻的迅速下降。本节以钢筋的极化电阻为研究对象,通过测试从钢筋刚放入溶液到发生腐蚀过程中的极化电阻变化规律探寻钢筋腐蚀临界氯离子浓度值。

2.5.1 普通溶液中钢筋腐蚀的临界氯离子浓度

定期测试溶液 $S_1 \sim S_{12}$ 中钢筋的极化电阻,连续跟踪测试了100天,期间发现有肉眼能够观察到的钢筋腐蚀即停止测试。结合 R_p 曲线进行分析,在每组4个比值的溶液中取钢筋未发生腐蚀的最大 $[Cl^-]/[OH^-]$ 为钢筋腐蚀的临界值。相同pH、相同 $[Cl^-]/[OH^-]$ 的3根钢筋放在一起比较,溶液 $S_1 \sim S_{12}$ 中钢筋的极化电阻变化规律如下。

图2.8 ~ 2.11是在pH为13.4的4个比值溶液中钢筋极化电阻随时间的变化曲线。从图中可以看到,在100天的时间里,S_1 溶液中3根钢筋的 R_p 值都在一定范围内波动,R_p 值很大,与刚从钝化溶液中取出时的 R_p 值相比变化不大,说明钢筋在pH为13.4、$[Cl^-]/[OH^-]$ 为0.05的环境下,钝化膜完全不会受到影响。在 S_2 溶液中,钢筋D3-6在钝化完成时 R_p 值在 $4 \times 10^5 \ \Omega \cdot cm^2$ 附近,在 S_2 溶液中维持了一段时间后极化电阻 R_p 开始下降,并伴随腐蚀斑点出现,说明这根钢筋的钝化膜已经破坏,由于D3-6钝化后 R_p 值不高,属于没有钝化完整就放入溶液中的情况,因而钝化膜更容易受到破坏;钢筋D3-4和D3-5的 R_p 值始终保持很大,并且稳定波动,说明钢筋在pH为13.4、$[Cl^-]/[OH^-]$ 为0.1的环境下钝化膜仍能保持完整。在 S_3 溶液中,在前8天左右,钢筋D3-7和钢筋D3-9极化电阻都在 $4 \times 10^5 \ \Omega \cdot cm^2$ 以上稳定波动,2根钢筋的 R_p 值分别在第9天和第11天突然下降,降为 $2.1 \times 10^5 \ \Omega \cdot cm^2$ 和 $2.3 \times 10^5 \ \Omega \cdot cm^2$,以后 R_p 值开始持续下降,并开始有腐蚀斑点出现,钢筋钝化膜破坏;钢筋D3-8极化电阻首先在较高值波动,随后降到 $(2.5 \sim 4) \times 10^5 \ \Omega \cdot cm^2$ 之间保持稳定,未发生下降,说明钝化膜仍然保持完整,第14天时 R_p 值为 $2.7 \times 10^5 \ \Omega \cdot cm^2$,第15天开始有较大幅度下降,随后开始持续下降,说明钢筋钝化膜破坏。以上3根钢筋的极化电阻变化规律说明在pH为13.4、$[Cl^-]/[OH^-]$ 为0.2的环境中钢筋钝化膜已经不能保持完整。在溶液 S_4 中,R_p 下降得更为明显,钝化后 R_p 值都比较高,放到溶液中第2天 R_p 值就迅速下降,降低幅度很大,均降到 $2 \times 10^5 \ \Omega \cdot cm^2$ 以下,随后的几天 R_p 值也以较快的速度每天下降,说明在pH为13.4、$[Cl^-]/[OH^-]$ 为0.3的环境下钢筋已经完全不能抵挡 Cl^- 的侵蚀,钝化膜会迅速发生破坏。

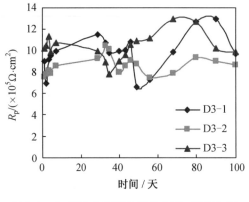

图 2.8 S₁溶液中钢筋的极化电阻-时间曲线

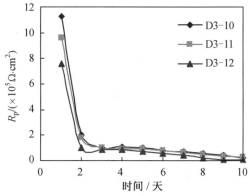

图 2.9 S₂溶液中钢筋的极化电阻-时间曲线

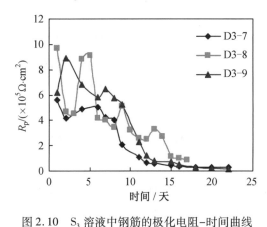

图 2.10 S₃溶液中钢筋的极化电阻-时间曲线 图 2.11 S₄溶液中钢筋的极化电阻-时间曲线

从 S₁~S₄溶液中各选出一根钢筋,将钢筋在 pH 为 13.4 的 4 个[Cl⁻]/[OH⁻]溶液中钢筋的极化电阻-时间曲线共同进行比较,如图 2.12 所示。从图中可以更直观地看到,在 S₁、S₂溶液中钢筋钝化膜保持稳定,在 S₃溶液中钝化膜先保持稳定,随后发生持续下降,说明钢筋钝化膜发生破坏,在 S₄溶液中第 2 天钢筋钝化膜就破坏。在 pH 为 13.4 的溶液中,[Cl⁻]/[OH⁻]为 0.1 是钢筋钝化膜破坏的临界值。

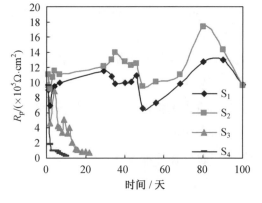

图 2.12 溶液 S₁~S₄中钢筋的极化电阻-时间曲线

图 2.13 ~ 2.16 为钢筋在 pH 12.5 的 4 个比值溶液中的极化电阻随时间的变化曲线。从图中可以看到,在 S_5、S_6 溶液中钢筋极化电阻在 100 天时间内保持稳定,R_p 值较钝化后变化不大,说明在 pH 为 12.5、$[Cl^-]/[OH^-]$ 为 0.03 和 0.05 的环境下钝化膜可以保持完整。在 S_7 溶液中,钢筋 D2-7 和 D2-9 极化电阻在 $4 \times 10^5 \ \Omega \cdot cm^2$ 以上并保持稳定,钢筋 D2-8 在第 35 天左右 R_p 值偏低,达到 $2.5 \times 10^5 \ \Omega \cdot cm^2$ 左右,但随后 R_p 值回升,并保持在 $5 \times 10^5 \ \Omega \cdot cm^2$ 以上。钢筋钝化膜是处在溶解和修复的动态平衡过程中,一般达到平衡时钝化膜的极化电阻会在一定范围内稳定,当有 Cl^- 侵蚀时钝化膜受到破坏,但在适于钝化膜形成的环境下钝化膜同时还会逐渐生成,钢筋 D2-8 钝化后的 R_p 值也不高,所以在同样 Cl^- 浓度下钝化膜抵抗破坏的能力比钢筋 D2-7 和 D2-9 弱,但由于钢筋钝化膜有自修复能力,后来又逐渐修复,R_p 值回升。说明在 pH 为 12.5、$[Cl^-]/[OH^-]$ 为 0.1 的溶液中钢筋钝化膜修复能力可以超过破坏能力,钝化膜的溶解与修复还能够保持平衡,但已达到钝化膜修复和破坏动态平衡的临界点。在 S_8 溶液中,当 $[Cl^-]/[OH^-]$ 达到 0.2 时,钢筋钝化膜只在 $8 \times 10^5 \ \Omega \cdot cm^2$ 附近维持了几天,第 5 天钢筋 D2-11 的 R_p 值下降到 $2.6 \times 10^5 \ \Omega \cdot cm^2$,第 6 天和第 7 天钢筋 D2-12 和 D2-10 的 R_p 值分别下降到 $2.4 \times 10^5 \ \Omega \cdot cm^2$ 和 $2.63 \times 10^5 \ \Omega \cdot cm^2$,随后 3 根钢筋的极化电阻值开始持续下降,钢筋钝化膜破坏,说明在 pH 为 12.5、$[Cl^-]/[OH^-]$ 为 0.2 的溶液中钝化膜只能在一周左右时间内保持完整,钝化膜的修复能力远不及破坏能力,钝化膜逐渐被破坏。从 4 个 $[Cl^-]/[OH^-]$ 溶液中各挑出一根钢筋,共同比较在 4 个比值溶液中钢筋电极的极化电阻随时间的变化规律,如图 2.17 所示。

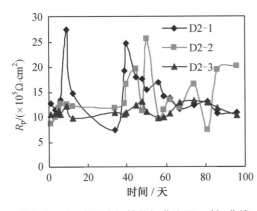

图 2.13　S_5 溶液中钢筋的极化电阻-时间曲线

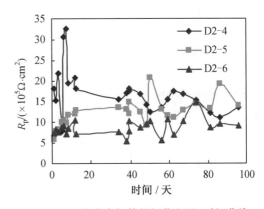

图 2.14　S_6 溶液中钢筋的极化电阻-时间曲线

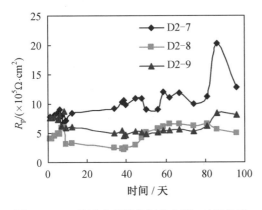

图 2.15　S_7 溶液中钢筋的极化电阻-时间曲线

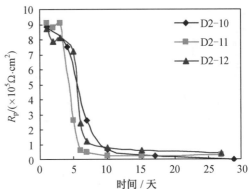

图 2.16　S_8 溶液中钢筋的极化电阻-时间曲线

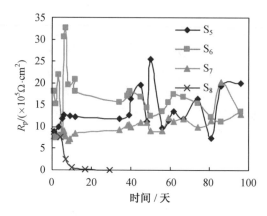

图 2.17　溶液 $S_5 \sim S_8$ 中钢筋的极化电阻–时间曲线

从图 2.17 中可以看到,钢筋在 $S_5 \sim S_7$ 溶液中极化电阻都在较高值范围内波动,S_7 中的钢筋虽然极化电阻较低,但没有出现下降趋势,在 S_8 溶液中钢筋极化电阻在一周左右时间内发生突变,R_p 值迅速下降,说明在 pH 为 12.5、[Cl⁻]/[OH⁻] 为 0.1(包括 0.1)以下的溶液中钢筋钝化膜均可以保持完整,而在 [Cl⁻]/[OH⁻] 为 0.2 的溶液中钝化膜会发生破坏。pH 为 12.5 的溶液中钢筋的腐蚀临界值 [Cl⁻]/[OH⁻] 为 0.1。

图 2.18 ~ 2.21 是钢筋在 pH 为 11.7 的 4 个比值溶液中的极化电阻随时间的变化曲线。从图中可以看到,钢筋在 pH 为 11.7 的溶液中极化电阻均从第 2 天或第 3 天就开始下降,没有缓冲的区间,迅速降到很低。其中,溶液 S_{11} 和 S_{12} 中钢筋的 R_p 值下降幅度更大,速度更快。在第 2 天就发现溶液 S_{11} 和 S_{12} 中钢筋底端和偏下的部位有腐蚀斑点出现,在随后的 2 天,溶液 S_9 和 S_{10} 也相继出现腐蚀斑点,并在瓶底出现腐蚀产物。在 [Cl⁻]/[OH⁻] 最小的溶液 S_9 中,Cl⁻ 浓度为 1.5×10^{-4} mol/L,钢筋迅速发生了腐蚀,说明在 pH 为 11.7 的溶液中钢筋腐蚀的临界氯离子浓度几乎为零,当 pH 降低至 11.7 时,钢筋钝化膜稳定存在的环境不复存在,此时的钝化膜已经失去再生能力或再修复速度远远小于溶解速度,钢筋钝化膜已经不能保持完整。将 4 个比值的溶液各选出一根钢筋,共同比较极化电阻随时间的变化规律,如图 2.22 所示。

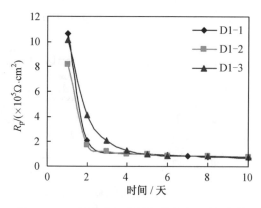

图 2.18　S_9 溶液中钢筋的极化电阻–时间曲线

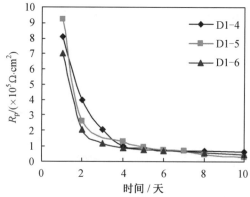

图 2.19　S_{10} 溶液中钢筋的极化电阻–时间曲线

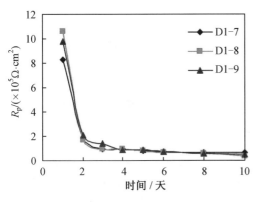 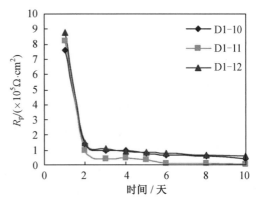

图 2.20　S_{11} 溶液中钢筋的极化电阻–时间曲线　　图 2.21　S_{12} 溶液中钢筋的极化电阻–时间曲线

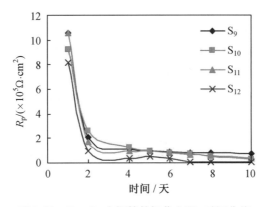

图 2.22　$S_9 \sim S_{12}$ 中钢筋的极化电阻–时间曲线

从图中可以看到,从溶液 $S_9 \sim S_{12}$,钢筋下降后的极化电阻依次降低,其中溶液 S_{12} 中的钢筋 R_p 值在最短的时间内下降到最低值,此后的下降速度也是 4 个比值溶液中最大的,S_{10} 下降后的 R_p 值比 S_9 高,但此后下降速度比 S_9 快。在 pH 为 11.7 的 4 个 [Cl⁻]/[OH⁻] 溶液中,钢筋钝化膜均发生了破坏。

2.5.2　低氧气质量浓度溶液中钢筋腐蚀的临界氯离子浓度

钢筋的腐蚀属于电化学腐蚀,主要由以下 4 个基本过程组成。

(1)阳极过程。

阳极区铁原子离开晶格转变为表面吸附原子,表面吸附原子越过双电层进行放电转变成水化阳离子,即

$$Fe \longrightarrow Fe^{2+} + 2e^- \tag{2.1}$$

(2)电子传递过程。

阳极溶解释放的电子通过钢筋流向阴极区。

(3)阴极过程。

通过混凝土孔隙吸附、扩散、渗透进钢筋混凝土内部的氧气在阴极周围吸收阳极区流过来的电子,发生还原反应:

$$O_2 + 2H_2O + 4e^- \longrightarrow 4OH^- \tag{2.2}$$

(4)离子迁移。

阳极生成的 Fe^{2+} 向混凝土深处迁移、扩散,实现整个回路的导通。Fe^{2+} 向混凝土深处迁移、扩散的同时会遇到向阳极区扩散的 OH^-,二者发生反应生成铁锈。

以上四个过程既相互独立,又彼此联系,缺一不可。只要其中任何一个过程受到阻滞,其他反应都将不能进行。可见,氧气在整个钢筋腐蚀的过程中发挥重要作用。为了明确氧气对钢筋钝化膜破坏及临界氯离子浓度的影响,在氧气质量浓度偏低的 M 系列和 N 系列溶液中测定钢筋极化电阻。将相同 pH、$[Cl^-]/[OH^-]$,不同氧气质量浓度的 M 溶液和 N 溶液中的 2 根钢筋的极化电阻变化曲线放在一起进行比较。

图 2.23~2.26 是钢筋在 pH 为 13.4、氧气质量浓度分别为 8.7 mg/L 和 9.6 mg/L 的 N_1/M_1~N_4/M_4 溶液中的极化电阻随时间的变化曲线。从图 2.23 和图 2.24 看到,钢筋在 N_1/M_1、N_2/M_2 溶液中极化电阻都在钝化后的 R_p 值附近波动,极化电阻值很高,没有出现下降趋势,说明钢筋钝化膜完好。图 2.25 是钢筋在 pH 为 13.4、$[Cl^-]/[OH^-]$ 为 0.2 的 N_3/M_3 溶液中的极化电阻随时间的变化曲线,两溶液氧气质量浓度分别为 8.7 mg/L 和 9.6 mg/L,氧气质量浓度差别不是非常明显,钢筋极化电阻曲线变化也比较相似,在前 10 天左右,钢筋 C3-3 和 C3-7 在较高 R_p 值附近波动,随后极化电阻值有所下降,2 根钢筋分别下降到 4×10^5 $\Omega \cdot cm^2$ 和 5×10^5 $\Omega \cdot cm^2$ 附近,在随后的 80 天到 90 天时间里,2 根钢筋极化电阻值一直在此范围内平稳波动,钢筋 C3-3 在第 102 天 R_p 值突然下降到 2.05×10^5 $\Omega \cdot cm^2$,钢筋 C3-7 在第 95 天 R_p 值下降到 2.3×10^5 $\Omega \cdot cm^2$,随后又有一个稍大幅度下降,以后便开始逐渐下降,最终 R_p 值降到 1×10^5 $\Omega \cdot cm^2$ 以下,钢筋均发生了腐蚀。在 $[Cl^-]/[OH^-]$ 为 0.3 的 N_4/M_4 溶液中,钢筋仍然在前 3 天发生钝化膜破坏,由于溶液中 Cl^- 浓度足够高,较低的氧气质量浓度也没能阻止钢筋腐蚀的发生。分别将溶液 N_1~N_4 和 M_1~M_4 中钢筋的极化电阻随时间的变化曲线进行比较,如图 2.27 和图 2.28 所示。

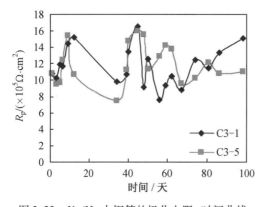 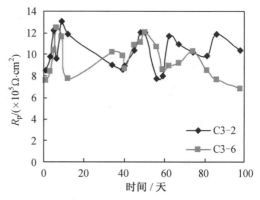

图 2.23 N_1/M_1 中钢筋的极化电阻-时间曲线　图 2.24 N_2/M_2 中钢筋的极化电阻-时间曲线

从图 2.27 和图 2.28 明显看到,在 N_1、N_2、M_1、M_2 溶液中钢筋钝化膜保持完好;在 $[Cl^-]/[OH^-]$ 为 0.2 的 N_3、M_3 溶液中钢筋钝化膜经过近 100 天的溶解与再钝化,最终平衡被打破;在 $[Cl^-]/[OH^-]$ 为 0.3 的 N_4、M_4 溶液中钢筋在前 3 天即发生钝化膜破坏。虽然在 M 系列和 N 系列溶液中 $[Cl^-]/[OH^-]$ 为 0.2 时钢筋腐蚀较慢,但钢筋最终还是发生了腐蚀,所以在 pH 为 13.4、氧气质量浓度分别为 8.7 mg/L 和 9.6 mg/L 的溶液中,钢筋的腐蚀临界值 $[Cl^-]/[OH^-]$ 为 0.1。

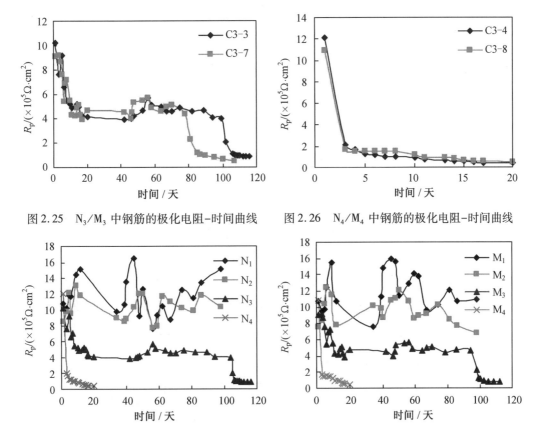

图 2.25　N_3/M_3 中钢筋的极化电阻-时间曲线　　图 2.26　N_4/M_4 中钢筋的极化电阻-时间曲线

图 2.27　$N_1 \sim N_4$ 中钢筋的极化电阻-时间曲线　　图 2.28　$M_1 \sim M_4$ 中钢筋的极化电阻-时间曲线

图 2.29～2.32 是钢筋在 pH 为 12.5、氧气质量浓度分别为 8.7 mg/L 和 9.6 mg/L 的 $N_5/M_5 \sim N_8/M_8$ 溶液中的极化电阻随时间的变化曲线。从图中可以看到,在 N_5/M_5 到 N_7/M_7 溶液中,钢筋的极化电阻都保持在较高范围内波动,比较稳定,说明钝化膜完好。在 N_8/M_8 溶液中,2 根钢筋在前 10 天都在钝化后的极化电阻附近保持比较稳定的波动,在第 16 天 N_8/M_8 溶液中的钢筋 C2-8 极化电阻突然下降到 $2.2 \times 10^5\ \Omega \cdot cm^2$,$N_8/M_8$ 溶液中的钢筋 C2-4 在第 20 天极化电阻下降到 $2.1 \times 10^5\ \Omega \cdot cm^2$,随后 2 根钢筋极化电阻都继续下降到 $1 \times 10^5\ \Omega \cdot cm^2$ 左右,并持续下降,钢筋钝化膜破坏。

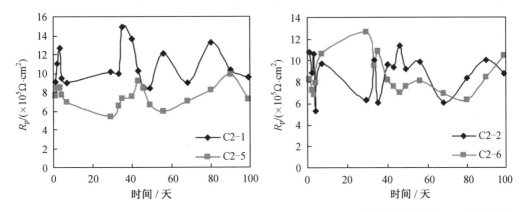

图 2.29　N_5/M_5 中钢筋的极化电阻-时间曲线　　图 2.30　N_6/M_6 中钢筋的极化电阻-时间曲线

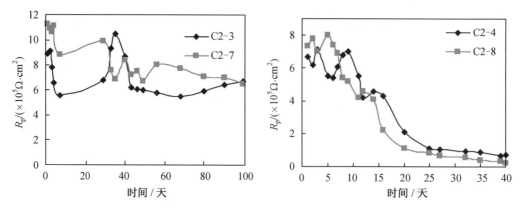

图 2.31　N$_7$/M$_7$ 中钢筋的极化电阻–时间曲线　　图 2.32　N$_8$/M$_8$ 中钢筋的极化电阻–时间曲线

将 N$_5$ ~ N$_8$ 和 M$_5$ ~ M$_8$ 中钢筋的极化电阻随时间变化的曲线分别进行比较,如图2.33和图2.34 所示。从图中可以看到,两种溶液在[Cl$^-$]/[OH$^-$]为 0.03、0.05 和 0.1 的溶液中钝化膜保持完好,在[Cl$^-$]/[OH$^-$]为 0.2 的溶液中极化电阻下降,在 pH 为 12.5、氧气质量浓度分别为 8.7 mg/L和9.6 mg/L 的溶液中,钢筋钝化膜破坏的临界氯离子浓度[Cl$^-$]/[OH$^-$]为 0.1。

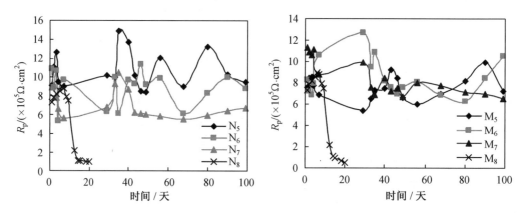

图 2.33　N$_5$ ~ N$_8$ 中钢筋的极化电阻–时间曲线　　图 2.34　M$_5$ ~ M$_8$ 中钢筋的极化电阻–时间曲线

图 2.35 ~ 2.38 为钢筋在 pH 为 11.7、氧气质量浓度分别为 8.7 mg/L 和 9.6 mg/L 的 N$_9$/M$_9$ ~ N$_{12}$/M$_{12}$溶液中的极化电阻随时间的变化曲线。从图中可以看到,虽然氧气浓度降低,

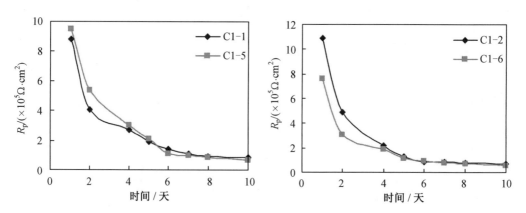

图 2.35　N$_9$/M$_9$ 中钢筋的极化电阻–时间曲线　　图 2.36　N$_{10}$/M$_{10}$中钢筋的极化电阻–时间曲线

但并没有改变在 4 个比值溶液中钝化膜全部破坏的事实,说明钢筋在 pH 为 11.7 的溶液中钝化膜已经不能稳定存在,钢筋无法受到钝化膜的保护,即使在没有 Cl⁻ 的情况下也会受到腐蚀,钝化膜破坏的临界氯离子浓度接近零,试验结果与文献报道相符。

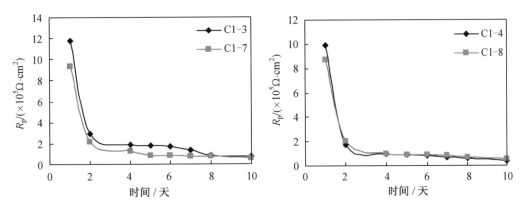

图 2.37　N_{11}/M_{11} 中钢筋的极化电阻–时间曲线　　图 2.38　N_{12}/M_{12} 中钢筋的极化电阻–时间曲线

综上所述,将混凝土模拟孔隙溶液中的临界氯离子浓度值进行整理,并与前人研究结果进行比较,见表 2.5。

表 2.5　本书试验结果与前人研究结果比较

作者	溶液 pH	临界氯离子浓度值/($\mathrm{mol \cdot L^{-1}}$)	$[\mathrm{Cl^-}]/[\mathrm{OH^-}]$
Hausmann	12.5	<0.1	0.5 ~ 1.08
Ishikawa	12.5	0.08 ~ 0.6	2 ~ 15
Gouda	11.9	0.02、0.05 ~ 1	4、4.1 ~ 8.33、
	12.1	0.1、0.15、0.2	2.5、3.8、5
Guilbaud	13.1	—	2
Lopez	12.5	1、0.25、0.1、	33、8.3、3.3、
		0.01、0.001	0.83、0.33、0.033
Vrable		0.5、1、3、6	16.66、30、100、200
Goni			0.26 ~ 0.8
本书试验	12.5 ~ 13.4	0.003 2 ~ 0.025	0.1

由于试验方法不同,不同的学者得出的试验结果离散性比较大,本书得到的临界值与前人研究的结果相比处于中间值,更偏于保守。

2.5.3　钝化膜破坏时钢筋的极化电阻值

经过对钢筋在混凝土模拟孔隙溶液中的观测试验,总结在 3 种不同氧气质量浓度的 $[\mathrm{Cl^-}]/[\mathrm{OH^-}]$ 为 0.2 的溶液中钢筋极化电阻的变化规律发现:在未受到 Cl⁻ 严重侵蚀,钢筋钝化膜仍保持完整时,钢筋极化电阻值保持在一定范围内稳定波动;在钝化膜发生破坏的瞬间,极化电阻值会突然下降,钝化膜溶解与修复的平衡被打破,达到钝化膜破坏的临界点,之后,极化电阻值会持续下降,并伴随腐蚀斑点出现,钝化膜破坏。根据试验结果,钢筋钝化膜破坏的临界极化电阻值在 $2 \times 10^5 \sim 2.7 \times 10^5$ $\Omega \cdot \mathrm{cm}^2$,当钢筋钝化膜发生破坏时,极化电阻值会首先降到此范围中的某一值,随后降到 $1×10^5\ \Omega\cdot cm^2$ 左右,并开始持续下降,钢筋钝化膜破坏。所以认为,当钢筋极化电阻值低于 $2.7×10^5\ \Omega\cdot cm^2$ 并持续下降时表明钢筋钝化膜破坏。

2.6 pH 与氧气质量浓度对钢筋腐蚀的影响

2.6.1 pH 对钝化膜的影响

混凝土内部的高碱性环境对于保护钢筋、保持水泥水化产物稳定性等都发挥着重要作用,有研究表明,当 pH<9.88 时,钢筋表面钝化膜对钢筋没有保护作用;当 9.88<pH<11.5 时,钝化膜尚不完整,不能完全保护钢筋免受腐蚀;只有当 pH>11.5 时,钢筋才能完全处于钝化状态。所以有人将 pH>11.5 称为保护钢筋的临界 pH,即当钢筋 pH 下降到 11.5 左右时,钝化膜已不再稳定,不能保持其完整性。

可见,pH 与钢筋钝化膜之间关系密切,但并不是一成不变的,当混凝土中有 Cl^- 进入时,钝化膜与 pH 关系会发生变化。本书综合考虑了 pH 对临界氯离子浓度的影响,采用 $[Cl^-]/[OH^-]$ 形式表达钢筋钝化膜破坏的临界氯离子浓度,研究了不同 pH 下的 $[Cl^-]/[OH^-]$ 临界值。在 $[Cl^-]/[OH^-]$ 小于 0.1 的溶液中钢筋极化电阻值能够在较高的 R_p 值附近波动,此 R_p 值由钢筋钝化后的极化电阻值决定,与钝化膜破坏无关。本节从每种 pH 的 $[Cl^-]/[OH^-]$ 为 0.2 的普通溶液中各选出一根钢筋比较 pH 对钢筋钝化膜破坏的影响,如图 2.39 所示。

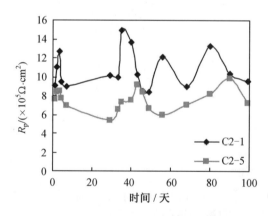

图 2.39 pH 对钢筋钝化膜的影响

从图 2.39 中可以看到,在 pH 为 13.4 的溶液中,钢筋极化电阻首先在较高 R_p 值范围内波动,随后稳定在 $(2.5\sim4)×10^5\ \Omega\cdot cm^2$,第 15 天开始,$R_p$ 值持续下降,钢筋钝化膜破坏,虽然第 6~14 天,钢筋 R_p 值不时跌入临界 R_p 值区间,但并未出现持续下降现象,而是逐渐回升并保持稳定,说明此时钝化膜的修复能力仍大于破坏能力,钝化膜保持稳定。说明在 pH 为 13.4 的溶液中钢筋钝化膜表现为逐渐破坏,可以在更长的时间内保持稳定;在 pH 为 12.5 的溶液中,钢筋极化电阻几乎持续下降,在较高 R_p 值附近只维持了 4 天,随后降到钝化膜破坏临界点 $2.62×10^5\ \Omega\cdot cm^2$,并继续下降,钝化膜破坏,钝化膜维持稳定的时间变短,下降速度变快;而在 pH 为 11.7 的溶液中,钢筋钝化膜根本不能保持完整,钢筋钝化完成后放到溶液中 R_p 值即开始迅速下降,第 2 天下降到 $2\times10^5\ \Omega\cdot cm^2$ 以下,没有维持钝化膜完整的时间,也没有钝化膜缓慢下降时的缓冲区间,第 2 天测量时钝化膜破坏的临界点已经错过,已经能够看见锈斑,且瓶底有少量腐蚀产物,说明在 pH 为 11.7 的溶液中钢筋钝化膜已经不能保持完整。

可见,高 pH 对维持钢筋钝化膜稳定效果明显,pH 越高,钢筋钝化膜维持稳定的时间越长,发生破坏的时间越晚。钢筋表面钝化膜的形成主要是在适当的 pH 下钢筋表面生成致密的铁氧化物,可用如下方程表示:

$$Fe+3OH^-\longrightarrow\gamma\text{-}FeOOH+H_2O+3e^- \tag{2.3}$$

有微观测试表明,当混凝土中有 Cl^- 进入并到达钢筋表面时会吸附于局部钝化膜处,发生点蚀,点蚀一旦发生,点蚀孔底部的钢筋就会发生溶解,并随着孔内金属离子浓度的不断升高发生水解,生成氢离子,结果使孔内溶液氢离子浓度升高,pH 降低,溶液酸化,对钢筋钝化膜再生的环境造成严重破坏。如果环境 pH 足够高,则可以对点蚀产生的酸化起到一定的中和作用,使钢筋钝化膜再生的环境得以维持,钢筋钝化膜通过调节自身的平衡形成再钝化;如果周围环境 pH 很低,使 $[Cl^-]/[OH^-]$ 超出临界值,则钢筋钝化膜溶解与修复平衡被打破,溶解速度大于修复速度,钢筋开始腐蚀。

2.6.2　pH 与临界氯离子浓度的关系

使用 $[Cl^-]/[OH^-]$ 的形式表达临界氯离子浓度包含了 pH 的影响,无论在何种 pH 环境中,只要保证 $[Cl^-]/[OH^-]$ 小于 0.1,钢筋就不会有发生腐蚀的风险。当 Cl^- 浓度小于 OH^- 浓度的十分之一时,Cl^- 虽然会造成局部 pH 的下降,但不足以破坏钝化膜,或溶液中的 OH^- 浓度相对更高,钝化膜可以随时修补重新生成,此时的 Cl^- 浓度不足以对钢筋钝化膜形成威胁;当 Cl^- 浓度超过 OH^- 浓度的十分之一时,由于 Cl^- 浓度足够高,不仅会使更多的铁元素发生溶解,还会造成严重酸溶使 pH 下降,钝化膜的再修复能力受到抑制,还会导致钝化膜逐渐溶解,钢筋失去保护,因此会有更多的铁原子发生溶解,最终导致钢筋的加速腐蚀。

依据 $[Cl^-]/[OH^-]$ 临界值为 0.1 得到 pH 与临界氯离子浓度的关系如下:

$$pH=lg[Cl^-]+15 \tag{2.4}$$

pH 与临界氯离子浓度关系曲线如图 2.40 所示。

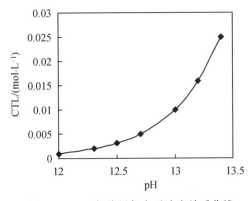

图 2.40　pH 与临界氯离子浓度关系曲线

2.7 溶液中氧气质量浓度对钢筋腐蚀的影响

混凝土是由水泥为胶结材料与砂子、石子组成的复合材料。其中水泥水化所形成的水泥石本身为多孔结构,具有可渗透性的特征,而且当水泥水化不完全,多余水分的蒸发也不可避免地会在水泥石中形成孔隙、毛细孔道;水泥石与砂子、石子的界面上也会有孔隙生成。因此,混凝土就其物理本质来说是多孔材料,外界空气中的 CO_2、O_2 等会顺着内部交错连通的孔道进入混凝土内部,到达钢筋表面。钢筋的腐蚀属于电化学腐蚀,腐蚀发生有 4 个过程,缺一不可,其中阴极反应是氧气的还原反应,如果没有氧气的参与,阴极反应会受阻,则钢筋电化学腐蚀不会进行,所以氧气对钢筋腐蚀有重要影响。

图 2.41、图 2.42 是在 pH 为 13.4 和 12.5、$[Cl^-]/[OH^-]$ 为 0.2 的溶液中,钢筋在普通溶液(氧气质量浓度为 10.5 mg/L)及氧气质量浓度分别为 8.7 mg/L 和 9.6 mg/L 溶液中极化电阻随时间的变化关系。从图中可以看到,在 pH 为 13.4 的普通溶液中,钢筋钝化膜维持稳定 14 天后,极化电阻值下降,钢筋钝化膜破坏;在氧气质量浓度分别为 9.6 mg/L 和 8.7 mg/L 的 M 溶液和 N 溶液中,钢筋迅速从极化后的 R_p 值下降到 $4\times10^5\ \Omega\cdot cm^2$ 附近,但随着溶液中氧气质量浓度的降低,钢筋在 R_p 值附近维持稳定的时间明显延长,分别在第 80 天和第 100 天达到钝化膜破坏临界点,随后 R_p 值开始下降,钝化膜破坏。在 pH 为 12.5 的溶液中,氧气质量浓度对钢筋钝化膜的影响虽然没有 pH 为 13.4 的溶液中显著,但随着溶液中氧气质量浓度的降低,钝化膜发生破坏的时间分别延长了 9 天和 13 天,钢筋极化电阻值逐渐下降,在较高 R_p 值维持了更长的时间。说明溶液中氧气质量浓度的降低可以使钢筋钝化膜在更长的时间内维持稳定,使钢筋钝化膜的破坏进程有效延缓。

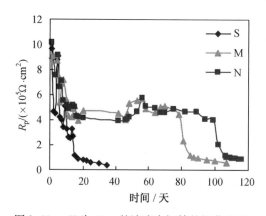
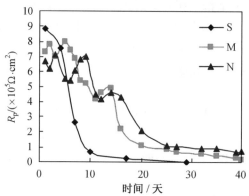

图 2.41　pH 为 13.4 的溶液中钢筋的极化电阻-时间曲线　　图 2.42　pH 为 12.5 的溶液中钢筋的极化电阻-时间曲线

氧气对钢筋腐蚀的影响主要体现在钢筋腐蚀的电化学过程中的阴极还原过程。钢筋发生电化学腐蚀的 4 个过程是相互联系的有机整体,缺少任何一个过程腐蚀都不会发生,其中任何一个过程受到阻碍整个腐蚀过程也会受到影响。Cl^- 主要是通过点蚀破坏钢筋钝化膜,只要钢筋周围存在 Cl^-,无论环境中是否有氧气存在此过程均会发生。而当溶液中有氧气存在时,钢筋的电化学腐蚀才会进行,但当溶液中的氧气质量浓度降低时,阴极还原过程会受到限制,即氧气消耗电子的速度降低,从而抑制阳极铁离子的溶解,同时阴极生成 OH^- 速度降低,使阳极置换出的 Fe^{2+} 由于过剩而堆积,从而也限制了阳极的反应进程,使 Cl^- 对钢筋钝化膜的破坏作用得以延缓,所以从图 2.41 和图 2.42 中可以看到,在氧气浓度降低时钢筋钝化膜破坏速度明显减慢。氧气质量浓度的降低虽然使钝化膜破坏的速度延缓,但是只要阴极的氧气质量浓度足够,钢筋的腐蚀反应就会一直进行,当钢筋周围的 Cl⁻ 浓度超出该 pH 下钢筋钝化膜的溶解与修复平衡所能允许的最大 Cl⁻ 浓度时,随着电化学腐蚀反应的进行,钢筋钝化膜最终也会破坏。所以,氧气质量浓度的适当降低没有改变钢筋腐蚀的临界氯离子浓度,在 S、N、M 溶液中钢筋钝化膜破坏的临界氯离子浓度值($[Cl^-]/[OH^-]$)均为 0.1。

综上所述,pH 对钢筋钝化膜的修复有重要意义,直接影响钢筋钝化膜的破坏进程,pH 越高,钢筋腐蚀的临界氯离子浓度值越大;氧气质量浓度通过对钢筋钝化膜破坏速度的控制而间接影响钢筋钝化膜的破坏进程,氧气质量浓度越低,钢筋钝化膜维持稳定的时间越长,发生破坏的时间越晚。

2.8　临界氯离子浓度确定

根据钢筋钝化和 Cl⁻ 去钝化的机理,钢筋钝化和 Cl⁻ 去钝化取决于 OH⁻ 和 Cl⁻ 在混凝土–钢筋界面上争夺二价铁离子的优势。如果钢筋周围混凝土孔隙溶液的 OH⁻ 浓度高(即 pH 高),则钝化占优势;如果局部 Cl⁻ 浓度高,则去钝化占优势。所以早在 20 世纪 60 年代末,研究者就认识到氯化物引起混凝土中钢筋的去钝化并不单纯取决于钢筋周围混凝土孔隙溶液的游离 Cl⁻ 浓度,更重要的是 $[Cl^-]/[OH^-]$ 值。

据 Housmann 介绍,在模拟混凝土孔隙溶液饱和溶液(pH 为 11.6)中,只要 $[Cl^-]/[OH^-]$ 值不大于 0.6,钢筋就不会激活。Diamond 在综合以往的研究成果之后,给出了不同 pH 的碱溶液中钢筋开始腐蚀的 $[Cl^-]/[OH^-]$ 临界值,见表 2.6。

表 2.6　$[Cl^-]/[OH^-]$ 临界值与 pH 的关系

碱溶液的 pH	11.5	11.8	12.1	12.6	13.0	13.3
$[Cl^-]/[OH^-]$ 临界值	0.60	0.57	0.48	0.29	0.27	0.30

由于所选原材料不同,混凝土孔隙溶液的 pH 也各不相同。混凝土孔隙溶液的 pH 可通过榨取孔隙溶液后直接测得,也可根据配制混凝土所用水泥的碱浓度来计算。孔隙溶液中 OH⁻ 的浓度与水泥的碱当量百分数之间有如下关系:

$$Y = 0.017 + 0.699X \tag{2.5}$$

式中　Y——孔隙溶液中 OH⁻ 的浓度,mol/L;

　　　X——水泥的碱当量百分数,%。

试验中所用水泥的碱当量百分数为 0.8%,因此混凝土孔隙溶液中 OH⁻ 浓度为 0.576 2 mol/L,此时 pH 为 13.76,在该 pH 的模拟孔隙溶液中进行钢筋腐蚀试验,从而确定 pH 为 13.76 时 $[Cl^-]/[OH^-]$ 的临界值。

模拟混凝土孔隙溶液成分是由 0.002 mol/L Ca(OH)₂、0.045 mol/L NaOH 和 0.026 mol/L KOH 3 组分配制的溶液,待测试备用。将 9 根长 100 mm、直径 6 mm 的钢筋浸泡在 10% 的柠檬酸三铵溶液中进行除锈处理,然后用滤纸迅速将钢筋表面的残余液体擦拭干净,并分别在模拟的孔隙溶液中浸泡 48 h;之后向模拟孔隙溶液中分别加入分析纯 NaCl,使溶液中 $[Cl^-]/[OH^-]$ 值自 0.1 每间隔 0.1 增加到 0.9。定期对钢筋表面进行观察并测试其自腐蚀电位的变化。

浸泡前钢筋表面如图 2.43 所示,其中(b)是用读数显微镜观察到的钢筋表面,由图可知,浸泡前钢筋表面除了加工过程中的纹理外,没有腐蚀斑点。

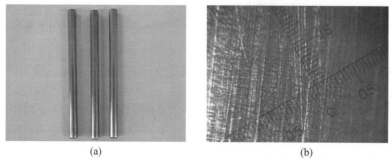

(a)　　　　　　　　　　　(b)

图 2.43　浸泡前钢筋表面

图 2.44 为浸泡于 $0.1 \sim 0.9[\text{Cl}^-]/[\text{OH}^-]$ 值模拟孔隙溶液后钢筋的表面。由图 2.43可知,浸泡于 0.1 和 0.2$[\text{Cl}^-]/[\text{OH}^-]$ 值模拟溶液的钢筋自腐蚀电位一直没有明显变化;由自腐蚀电位的变化可知,浸泡于 $0.3 \sim 0.9[\text{Cl}^-]/[\text{OH}^-]$ 值模拟溶液的钢筋表面均出现了不同程度的腐蚀。钢筋腐蚀的时间见表 2.7。

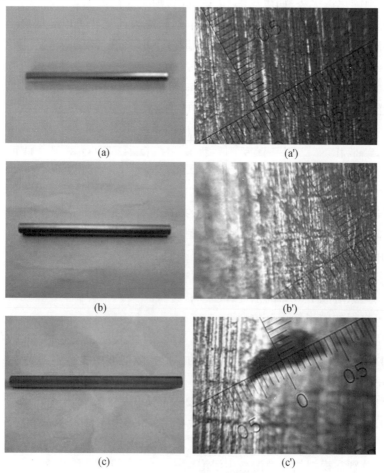

(a)　　　　　　　　　　　(a')
(b)　　　　　　　　　　　(b')
(c)　　　　　　　　　　　(c')

图 2.44　浸泡后钢筋表面

· 48 ·

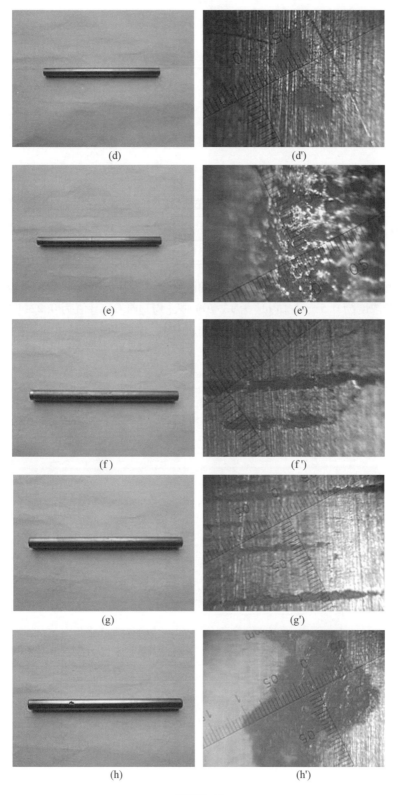

续图 2.44

(i)　　　　　　　　　　　　　　(i')

续图 2.44

表 2.7　钢筋腐蚀的时间

$[Cl^-]/[OH^-]$值	0.1	0.2	0.3	0.4	0.5	0.6	0.7	0.8	0.9
时间/天	—	—	54	31	18	11	8	5	4

因此,将$[Cl^-]/[OH^-]$值为 0.2 时 Cl^- 的浓度定义为临界浓度。G. K. Glass 的研究结果表明:OH^-浓度为 0.5 mol/L(pH 为 13.70)时,$[Cl^-]/[OH^-]$值为 0.22,对应自由氯离子浓度为 0.11 mol/L,与本书中确定的$[Cl^-]/[OH^-]$值为 0.2 是一致的。

第3章 加速渗透试验方法测量钢筋腐蚀临界氯离子浓度

钢筋腐蚀的先决条件是表面去钝化,碳化和 Cl^- 的侵蚀是引起钢筋去钝化的两种主要途径。高性能混凝土的推广使混凝土致密程度得到很大提高,碳化过程得到有效控制。与碳化相比,Cl^- 引起的钢筋腐蚀速率更快,破坏性更大,是引起钢筋腐蚀的主要因素。根据第2章的分析结果得到了钢筋在混凝土模拟孔隙溶液中的临界氯离子浓度值,混凝土结构与溶液环境不同,混凝土成分不均一,水灰比、掺合料等条件的变化使钢筋在混凝土中临界氯离子浓度的影响因素复杂化,如何准确找到钢筋在混凝土中腐蚀的临界氯离子浓度意义重大。本章从钢筋钝化膜的破坏入手,通过分析钢筋在混凝土中的极化电阻变化规律来研究钢筋钝化膜的状态信息,从而得到钢筋在混凝土中钝化膜破坏时的临界氯离子浓度。同时,分析水灰比和矿物掺合料对钢筋腐蚀临界氯离子浓度的影响,最后总结钢筋极化电阻与钝化膜各阶段变化的对应关系。

3.1 加速渗透试验方法

外加电场加速渗透法主要用于混凝土中 Cl^- 渗透性的试验研究。为了克服实验室采取自然扩散方法研究混凝土中 Cl^- 渗透性能周期长、试验过程烦琐、可重复性差及影响试验结果的因素多等缺点,1981 年 Whiting 首先发明了一种外加电场加速 Cl^- 渗透法,该方法最早称为快速 Cl^- 渗透试验方法(Rapid Chloride Penetration Test,RCPT),其原理是利用电场的作用加快溶液中离子的渗透速度,达到缩短试验时间的目的。由于此方法具有试验时间短、可重复性好的优点,1987 年被美国公路运输局定为标准试验方法(AASHTOT277),随后又被美国实验与材料协会定为标准试验方法(ASTM C1202—2005),至今仍是实验室研究 Cl^- 在混凝土中渗透性能的主要方法。

加速渗透试验方法主要在 60 V 的直流外加电场下,用在 6 h 内通过试件的直流电量来评价混凝土的渗透性。虽然此方法被选为标准试验方法,但也不可避免地存在一定的缺点,比如试验方法中规定的每 30 min 记录一次电流,对于电流波动大的试件可能会产生较大的测量误差;60 V 的电压过高,可能会导致溶液温度过高,使两侧溶液电离;所测得的结果不能定量说明混凝土的渗透性;对于高性能混凝土和掺加矿物掺合料的混凝土试件的渗透性评价指标有待补充等。

本章主要利用该方法在电场的作用下加速 Cl^- 在混凝土中的渗透速度的原理,缩短试验时间,达到加速渗透的目的,通过对钢筋极化电阻的测试得到钢筋钝化膜破坏的临界点,从而得到钢筋腐蚀的临界氯离子浓度阈值。针对上述方法中 60 V 加速电压过高的问题,本章在使用该方法时采取了降低加速电压的方法来避免由于电压过高带来的测量误差。由于利用该方法不是用来测试混凝土的渗透性能,不需要定时电通量的计算,所以上述该方法的其他缺点对本研究无影响。

3.1.1　配合比方案设计

1. 掺合料的选取

在不降低混凝土的强度,不影响混凝土性能的前提下,以工业副产品或天然矿物为原材料进行磨细处理,等量取代部分水泥作为胶凝材料已经广泛应用于各种工程。通过对矿物掺合料的优选,可使混凝土中充分发挥其微粒级配作用,使各组分之间紧密填充,有效降低水泥浆体的孔隙率,改善孔结构,对混凝土性能起到优化作用。

目前工程上使用比较多、利用率和经济效应比较高的矿物掺合料主要有粉煤灰(Fly Ash,FA)、磨细矿渣(Ground Slag,GS)和硅灰(Silica Fume,SF)。

(1)粉煤灰。

粉煤灰来源广泛,成本低廉,是目前混凝土工程使用较多的矿物掺合料。由于粉煤灰大部分为光滑球状,用粉煤灰等量取代水泥可以大大降低单方混凝土用水量;粉煤灰掺入混凝土中可以适量起到缓凝作用,弥补混凝土过于早强的缺点,并增加混凝土引气剂的用量;掺入粉煤灰能够提高混凝土后期强度、抗拉强度。但有研究表明,C40 混凝土粉煤灰掺量(矿物掺合料在胶凝材料中的质量分数)大于30%,C50 混凝土粉煤灰掺量大于40%时,抗 Cl^- 渗透性能显著下降。可见,只有选取适当的粉煤灰掺量才会对混凝土性能起到积极的作用。

(2)磨细矿渣。

磨细矿渣效应是由活性效应和微集料效应综合而成的。活性效应是指火山灰效应,活性的主要来源 SiO_2 和 Al_2O_3 与水泥水化产物 $Ca(OH)_2$ 反应生成低钙水化硅酸钙和水化铝酸钙,对混凝土起到增强增密的作用。磨细矿渣的高水化活性可以大大改善水泥的宏观力学性能,使浆体早期及后期强度均高于基准水泥强度,掺加 10% ~20% 磨细矿渣,可使水泥强度提高一个标号。微集料效应是指强度较高的微小矿渣颗粒分布在水泥颗粒间,粗细颗粒合理级配与组合,有效地提高其颗粒间的堆积密度,增大混凝土密实度,提高抗渗性能。

(3)硅灰。

硅灰是从高纯度石英冶炼金属硅和硅铁合金的工厂烟尘中收集到的超细粉,用氮气吸附的方法测定其比表面积为 20 m^2/g,平均粒径小于 0.1 μm,比水泥颗粒粒径小两个数量级。微小的球状硅粉填充于水泥颗粒之间,减少了水泥石中的空隙,使胶凝材料具有更好的级配,水泥石更加致密,提高了混凝土的强度,降低了渗透性。有研究表明,当用硅灰分别等量取代5%和10%的水泥时,水泥砂浆的 Cl^- 渗透性能显著降低;当硅灰掺量为5%时,混凝土总孔隙率下降31%,毛细孔隙率下降17%,大孔隙率下降84%;当硅灰掺量为10%时,混凝土总孔隙率下降40%,毛细孔隙率下降25%,大孔隙率下降93%。可见,硅灰在改善混凝土渗透性能方面具有优越性。

2. 水灰比选取及掺合料的组合

为研究水灰比的影响,在胶凝材料仅使用水泥的条件下,设计水灰比分别为 0.35、

0.40、0.45 的 3 个配合比。

从矿物掺合料的组合对混凝土性能的改善程度、成本及工程实际应用情况考虑,并充分发挥不同矿物掺合料组合的协同效应,设计掺合料组合方案如下。

(1)单掺粉煤灰。

由于粉煤灰来源广泛,成本低廉,在工程上应用广泛,所以本书选取单掺粉煤灰作为一种配合比方案。有文献报道,当粉煤灰等量取代 40% 水泥时,其各方面性能显著下降,后期强度也不再提高。参考已有研究成果,选取单掺粉煤灰 30% 等量取代水泥。

(2)复掺磨细矿渣与粉煤灰。

在粉煤灰混凝土中以磨细矿渣取代部分粉煤灰,可有效提高早期强度,使混凝土结构更加致密,提高其抗渗性能。有资料表明,磨细矿渣粉与粉煤灰的复合比例为 3∶2 时,对改善混凝土的力学性能、和易性和抗 Cl^- 渗透性等均有良好的表现。在固定总掺合料用量为等量取代 30% 水泥的前提下,本书选取 18% 矿渣+12% 粉煤灰为一种配合比方案。

(3)复掺粉煤灰与硅灰。

硅灰作为掺合料加入混凝土中可以有效提高混凝土的抗渗性,与粉煤灰组合可以弥补其早期强度不足的缺点。但是,由于硅灰成本较高,工程上无法用于大比例替代水泥,所以本书选取 25% 粉煤灰+5% 硅灰作为一种配合比方案。

为确保本试验系列的可对比性,3 种掺合料配比方案均在同一水灰比水平下进行,选 3 种水灰比中水平较高的 0.35 为基准。固定总掺合料用量为 30% 的前提下按照等强度原则设计 3 种配比中的掺合料掺入量。各组试件除了胶凝材料种类不同外,制备时骨料用量均保持一致。试件制作过程中采用调节高效减水剂用量的方法确保各组试件达到相同的和易性,为达到高性能混凝土泵送要求(满足坍落度用(18±2) cm),制备过程中高效减水剂的用量视现场情况而定,经实验室多次试配后确定了用量为胶凝材料的 0.5% ~ 1%。

3.1.2　氯离子浓度的测定

硬化后混凝土中 Cl^- 浓度的测定方法分为水溶性 Cl^- 浓度测定(水溶法)和酸溶性 Cl^- 浓度测定(酸溶法),依据对试样中不同形态 Cl^- 的测定要求选择不同的测试方法。水溶法使用蒸馏水溶解混凝土中的砂浆试样,通过使用指示剂滴定得到其中的 Cl^- 浓度,主要用于混凝土中自由氯离子浓度的测定。酸溶法使用硝酸溶解混凝土中的砂浆试样,测试其中 Cl^- 浓度,酸溶法适用于混凝土中砂浆的总氯离子浓度的测定,其中包括已和水泥结合的 Cl^- 浓度。

3.1.3　埋入式参比电极

混凝土中钢筋极化电阻的测试采用三电极体系,需要有可埋入混凝土中的参比电极,本书使用的可埋入式参比电极为实验室自主研制的固态 MnO_2 参比电极。该参比电极经过砂浆试件中的试验验证,长期稳定性良好,满足混凝土中参比电极的测试精度要求,可作为可靠的混凝土中埋入式参比电极使用。

3.2 试验概况

3.2.1 试验设计

共设计 6 组 30 个试件,依次对应 3 种水灰比和 3 种掺合料组合方案,试件编号见表 3.1。

表 3.1 试件编号

试件编号	掺合料方案	水灰比水平
WB0.35-1(2~5)	—	0.35
WB0.40-1(2~5)	—	0.40
WB0.45-1(2~5)	—	0.45
FA-1(2~5)	30%粉煤灰	0.35
SF-1(2~5)	18%矿渣+12%粉煤灰	0.35
SiF-1(2~5)	25%粉煤灰+5%硅灰	0.35

每组 5 个试件各分为 2 个小组,其中每组前 2 个试件用来测试试件从饱水完成到钢筋严重腐蚀期间极化电阻 R_p 的变化规律,找到钢筋钝化膜破坏时的 R_p 值,并以此为指导,当后 3 个试件检测到钢筋钝化膜破坏时立即剖开,取混凝土粉末样品测量其中 Cl^- 浓度。试件尺寸以美国材料实验协会制定的 ASTM C1202—2005 标准为基础,结合具体试验方案稍作改动,试件为 $\phi100$ mm×100 mm 圆柱体,试件中间埋置 $\phi10$ mm×80 mm 的 A3 光圆钢筋,钢筋两侧附近埋置 2 个 MnO_2 参比电极,上下保护层厚度分别为 10 mm。

3.2.2 试件制备

1. 钢筋处理

钢筋处理过程基于 ASTM C1202—2005 等加速试验方法。将打磨好的钢筋一端焊接长约 30 cm 的导线,用环氧树脂将焊接端面涂封,24 h 后钢筋即可使用。

2. 原料及配合比设计

水泥为亚泰集团哈尔滨水泥有限公司生产的普通硅酸盐水泥(P·O 42.5);石子选用石灰岩质碎石,粒径 5~20 mm 连续级配,压碎指标为 4.8%,针片状碎石质量分数为 3%,含泥量小于 0.2%,表观密度为 2 660 kg/m³,吸水率为 0.43%;砂子为江砂,细度模数为 2.82,砂的密度为 2.6 g/cm³,吸水率为 0.75%,含泥量为 1.5%;粉煤灰为哈尔滨市呼兰区第三火力发电厂的Ⅰ级优质粉煤灰,密度为 2.43 g/cm³,比表面积为 655 m²/kg;磨细矿渣为辽宁鞍山钢铁公司生产的高炉矿渣,密度为 2.86 g/cm³,比表面积为 501 m²/kg;硅灰选用挪威埃肯公司生产的中密质硅灰,平均粒径为 0.1 μm,比表面积为 1.5 × 10⁴ m²/kg,密度为 2.26 g/cm³;减水剂为上海花王股份有限公司生产的 Mighty-100 高效减水剂,推荐用量为胶凝材料总质量的 0.5%~1.2%;水为普通饮用水。

混凝土配合比设计见表 3.2。

表 3.2　混凝土配合比设计　　　　　　　　　　　　　　　kg/m³

试件编号	胶凝材料				骨料		水	减水剂
	水泥	粉煤灰	矿渣	硅灰	砂	石子		
WB0.35	450	—	—	—	720	1 124	157.5	3.2
WB0.40	450	—	—	—	710	1 110	180.0	2.3
WB0.45	450	—	—	—	702	1 096	202.5	2.3
FA	315	135	—	—	720	1 124	157.5	3.6
SF	315	54	81	—				4.1
SiF	315	112.5	—	22.5				4.5

3.2.3　试验装置

1. 加速渗透试验装置

基于 ASTM C1202—2005 和非稳态快速 Cl⁻电迁移测定法(RCM)等加速试验方法,实验室通过对 ASTM C1202—2005 法试验装置的有效改进研制了一种多通道变电压 Cl⁻渗透装置。该装置在 ASTM C1202—2005 法试验装置基础上增大了阴极室和阳极室的容积,降低了焦耳热对试验结果的影响,也使得阴极室溶液可以在更长时间内保持基本恒定;电压在 0~60 V 范围内可调,避免了固定 60 V 电压可能导致溶液电离或由于溶液温度过高对测试结果带来的影响;用耐腐蚀的纳米电极取代铜网电极,避免了因为铜网电极电解断裂或由于电极反应而产生的气泡在铜网与试件间附集造成电流降低导致的测量结果偏差。氯离子加速渗透试验装置如图 3.1 所示。

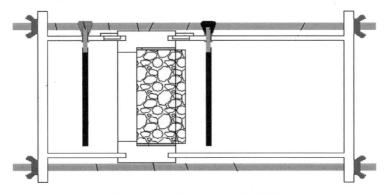

图 3.1　氯离子加速渗透试验装置

2. 力学性能试验装置

力学性能试验装置如图 3.2 所示,该装置为 YA-2000 型华龙电液式压力试验机,可进行强度测试、劈拉试验等多项力学性能试验。

3. 真空饱水系统

真空饱水系统为北京耐恒科技发展有限公司生产的耐久王牌 NJW-AB 型全自动电脑饱水系统,如图 3.3 所示。

图 3.2　力学性能试验装置　　　　　图 3.3　真空饱水系统

3.2.4　试验过程

1. 试件真空饱水

试件成型后标准养护 56 天,加速试验前依据 ASTM C1202—2005 标准进行真空饱水,根据规范规定确定饱水制度:预真空(抽真空+饱压)3.5 h,注液(上水)20 min,预浸泡(再抽真空+饱压)1.5 h,浸泡(放气+浸泡)18 h 20 min,试验结束后系统自动放水,饱水完毕。

2. 试件加速

(1)将饱水后的试件安装在试件固定室中。先在固定室四周涂一层腻子,然后将试件压紧,再用腻子将四周填满,并用铲刀铲平上表面。腻子起到密封作用,防止溶液从侧面渗透进试件,保证 Cl⁻ 只能在浇筑面与底面间单向进入试件内部。

(2)分别将阳极室和阴极室安装在固定室两端,用螺杆固定。

(3)向阴极室注入 0.5 mol/L NaCl 溶液,向阳极室注入 0.3 mol/L NaOH 溶液。

(4)接通电源,调整外加电压,记下开始加速时间。

3. 加速制度

由于不同的水灰比水平和掺合料组合方案的试件抵抗 Cl⁻ 渗透的性能不同,如果采用相同的加速电压会导致致密性稍差的试件 Cl⁻ 渗透速度过快,在短时间内大量的 Cl⁻ 渗透进混凝土内部会导致钢筋无法承受大量 Cl⁻ 的侵蚀而极化电阻迅速下降,使之无法准确掌握钢筋极化电阻的变化规律和捕捉钢筋钝化膜破坏的瞬间,所以针对不同水灰比水平和掺合料组合方案的试件要采用不同的加速电压。

在自然环境下 Cl⁻ 渗透进混凝土内部是一个缓慢的过程,为了最大限度与实际情况相接近,既缩短试验时间又能让 Cl⁻ 缓慢进入混凝土,采取每天加速 3 ~ 4 h,其余时间静置的方式。针对不同水灰比水平和掺合料组合方案的混凝土试件采取不同的加速电压和加速时间,加速制度见表 3.3。

表 3.3　加速制度

试件编号	加速电压/V	加速时间/h
WB0.35	8	4
WB0.40	4	3
WB0.45	4	3
FA	8	4
SF	8	4
SiF	8	4

4. 测试

若钢筋通电完成后立即测量，结果会有偏差，因此每天按规定时间加速后让试件静置，待各项参数稳定后第二天测试每个参比电极与钢筋间的电位差和钢筋极化电阻。

5. 混凝土粉末取样及 Cl^- 质量分数测定

当通过钢筋极化电阻测得钢筋钝化膜破坏时，立即将试件在压力试验机上劈裂，取钢筋腐蚀点附近的混凝土样品。根据《水运工程混凝土试验检测技术规范》(JTS/T 236—2019) 规定，用小锤仔细去除取得样品中的石子部分，保存砂浆，用小锤将样品锤成比较细的粉末，然后用玛瑙研钵将样品反复仔细研磨，至粉末样品全部通过 0.63 mm 筛，然后置于 (105±5) ℃烘箱中烘 2 h，取出后放入干燥皿中冷却至室温。

混凝土粉末样品处理好后，分别对酸溶 Cl^- 浓度和水溶 Cl^- 浓度进行测定，测定委托中交四航工程研究有限公司完成。

3.3　混凝土结构中钢筋腐蚀的临界氯离子浓度

3.3.1　混凝土结构中钢筋极化电阻变化规律

本节将 6 种配合比试件从饱水完成到钢筋严重腐蚀整个加速阶段的极化电阻随时间的变化曲线整理如图 3.4~3.9 所示。

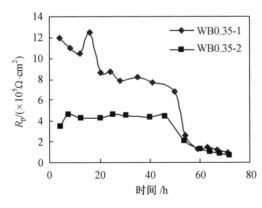

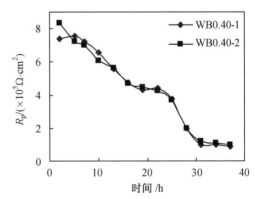

图 3.4　0.35 水灰比试件中钢筋极化电阻随时间的变化曲线

图 3.5　0.40 水灰比试件中钢筋极化电阻随时间的变化曲线

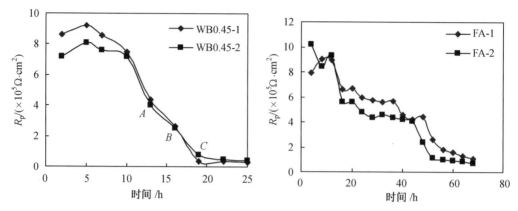

图 3.6 0.45 水灰比试件中钢筋极化电阻随时间的变化曲线

图 3.7 FA 组试件中钢筋极化电阻随时间的变化曲线

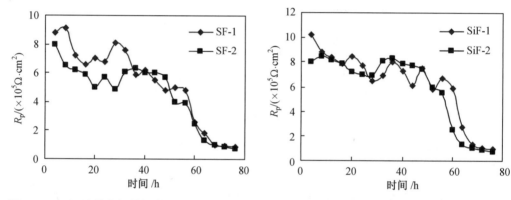

图 3.8 SF 组试件中钢筋极化电阻随时间的变化曲线

图 3.9 SiF 组试件中钢筋极化电阻随时间的变化曲线

从图 3.4～3.9 中可以看到,钢筋在混凝土中的极化电阻随时间的变化曲线同在模拟孔隙溶液中钝化膜破坏的 R_p 曲线有非常类似的规律,随着混凝土中 Cl⁻ 的不断渗入,钢筋极化电阻不断下降,依据混凝土致密程度、孔隙结构等的不同,极化电阻有不同的表现。水灰比较小,混凝土结构比较密实的试件可以在开始的一段时间内随着 Cl⁻ 的渗入仍保持较高的 R_p 值,并可以在此范围内稳定一段时间,随后发生 R_p 的迅速下降,如 0.35 水灰比的 4 组试件;当试件水灰比较大时,钢筋在高 R_p 值范围内波动的时间明显变短,图 3.6 中0.45水灰比的试件 R_p 值几乎一直在下降,当钢筋严重腐蚀时 R_p 值降到很低。观察图 3.4～3.9 发现,混凝土中钢筋极化电阻变化过程中均有突然下降的过程,小水灰比试件中更为明显,转折点处的 R_p 值在 $(2～2.7)\times10^5\ \Omega\cdot cm^2$。虽然这些规律同在溶液中钢筋极化电阻变化规律非常相似,但由于没有利用钢筋极化电阻研究钝化膜变化的文献报道,钢筋腐蚀与极化电阻间的关系没有明确答案,并且在混凝土中不如在溶液中可以通过目测辅助测试结果判断钢筋腐蚀,在混凝土中需要对试件破型后才能观察到钢筋腐蚀情况,所以需要通过试验明确在混凝土中钢筋钝化膜破坏的临界 R_p 值,以便指导后续试验。

3.3.2 钢筋初始腐蚀的判断

以试件 WB0.45-2 为例,如图 3.6 所示,当 R_p 值下降到 A、B、C 点时分别进行阳极极化测试，A、B、C 点对应的极化电阻值分别为 3.85×10^5 $\Omega \cdot \text{cm}^2$、2.52×10^5 $\Omega \cdot \text{cm}^2$ 和 0.8×10^5 $\Omega \cdot \text{cm}^2$，阳极极化曲线如图 3.10 所示。

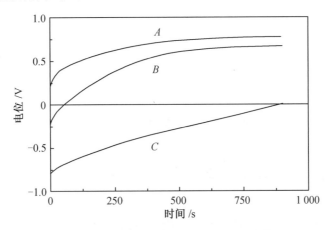

图 3.10　钢筋在混凝土中的阳极极化曲线

根据《水运工程混凝土试验检测技术规范》规定：电流为 50 $\mu\text{A}/\text{cm}^2$，极化时间为 15 min。若电极通电后迅速向正方向移动，电位 $V_{2\,\text{min}}$ 达到 500 mV 左右，经过 15 min 跌落不超过 50 mV，则为钝化电极。对于 A 点的阳极极化曲线，在 2 min 时 $V_2 = 502.06$ mV，在 15 min 内电位一直上升，钢筋为钝化电极；对于 B 点的阳极极化曲线，15 min 内电位一直上升，但在 2 min 时 $V_2 = 149.06$ mV < 500 mV，虽然无法明确判断钢筋钝化膜此时是否已经破坏，但可以肯定的是此时的钢筋钝化膜已经不能保持稳定，溶解与修复的动态平衡即将被打破；当钢筋的极化电阻值下降到 C 点时，极化曲线变得很平缓，且电位值很低，说明钢筋钝化膜已经破坏。

取 WB0.35 组试件 2 个和 WB0.40 组试件 2 个，分别在每组 2 个试件 R_p 值下降到 B 点（临界 R_p 值）及 C 点（低于临界 R_p 值）时立即将试件剖开，观察钢筋腐蚀情况。WB0.35 组试件采用 8 V 电压，每天加速 4 h，试件 WB0.35-1 在第 52 小时时 R_p 值下降到 2.65×10^5 $\Omega \cdot \text{cm}^2$，此时将试件剖开，用肉眼观察未发现锈斑；试件 WB0.35-2 在第 52 小时时 R_p 值下降到 2.5×10^5 $\Omega \cdot \text{cm}^2$，随即在第 56 小时时下降到 1.4×10^5 $\Omega \cdot \text{cm}^2$，此时将试件剖开，钢筋出现腐蚀斑点，如图 3.11 所示。WB0.40 组试件采用 4 V 电压，每天加速 3 h，试件 WB0.40-1 在第 24 小时时 R_p 值降到 B 点的 2.3×10^5 $\Omega \cdot \text{cm}^2$，此时将试件剖开，未发现钢筋腐蚀；试件 WB0.40-2 在第 24 小时时下降到 2.7×10^5 $\Omega \cdot \text{cm}^2$，随即第 27 小时时下降到 0.34×10^5 $\Omega \cdot \text{cm}^2$，此时将试件剖开，钢筋腐蚀，如图 3.12 所示。

图 3.11　试件 WB0.35-2 中钢筋腐蚀情况　　　图 3.12　试件 WB0.40-2 中钢筋腐蚀情况

可见,当钢筋极化电阻值下降到临界 R_p 值($2 \times 10^5 \sim 2.7 \times 10^5$ $\Omega \cdot cm^2$)时钢筋未发生腐蚀。通过钢筋在混凝土中的极化电阻变化规律发现,当极化电阻值达到临界 R_p 值后继续加速,R_p 值会迅速下降,以 0.40 水灰比试件为例,R_p 值下降到 2.7×10^5 $\Omega \cdot cm^2$,再加速 3 h 后 R_p 值下降到 0.34×10^5 $\Omega \cdot cm^2$,R_p 值的迅速下降说明钢筋钝化膜发生了破坏。总结试件在 R_p 曲线 C 点时的阳极极化曲线、试件剖开后的钢筋腐蚀情况及以上在 R_p 值低于临界值后会发生迅速下降的试验结果,可以认为 R_p 值为 $2 \times 10^5 \sim 2.7 \times 10^5$ $\Omega \cdot cm^2$ 仍然是钢筋在混凝土中钝化膜破坏的临界点,当 R_p 值下降到此范围内的某一值后继续加速,钢筋腐蚀。所以在后续试验中,当 R_p 值低于 2.7×10^5 $\Omega \cdot cm^2$ 后立即将试件剖开取样,以此时测得的 Cl^- 浓度为钢筋腐蚀的临界氯离子浓度。

3.3.3 钢筋腐蚀的临界氯离子浓度

依据 3.3.2 节钢筋腐蚀原则,将剩下的每个配合比 3 组试件按相应加速电压进行加速,达到临界点时将试件剖开取样。尽量在钢筋腐蚀点附近取样,对样品进行酸溶 Cl^- 浓度与水溶 Cl^- 浓度的测定,得到钢筋在混凝土中腐蚀的临界氯离子浓度,将每组 3 个试件的测试结果取平均值,并按相应配合比换算成 Cl^- 占水泥质量的百分数,见表 3.4。

表 3.4 混凝土中钢筋腐蚀的临界氯离子浓度

试件编号	临界自由氯离子占水泥质量的百分数/%	临界总氯离子占水泥质量的百分数/%
WB0.35	0.34	0.55
WB0.40	0.20	0.34
WB0.45	0.06	0.136
FA	0.14	0.26
SF	0.13	0.26
SiF	0.18	0.33

根据表 1.3 ~ 1.5,多数研究人员使用了总氯离子占水泥质量的百分数来表达临界氯离子浓度,将不同研究人员得到的临界氯离子浓度整理如表 3.5 所示。

表 3.5 不同研究人员得到的混凝土中临界氯离子浓度

研究人员	试验对象	临界氯离子浓度/%
Stratful 等	结构构件	0.17 ~ 1.4
Vassie	结构构件	0.2 ~ 1.5
M. Thomas	混凝土试块	0.5 ~ 0.7
Elsener 等	砂浆试块	0.25 ~ 0.5
Henriksen	结构构件	0.3 ~ 0.7
Treadaway	混凝土试块	0.32 ~ 1.9
Bamforth	混凝土试块	0.4
Hansson 等	砂浆试块	0.4 ~ 1.6

续表 3.5

研究人员	试验对象	临界氯离子浓度/%
Schiessl 等	混凝土试块	0.5 ~ 2
Thomas 等	混凝土试块	0.5
Tuutti 等	混凝土试块	0.5 ~ 1.4
Locke 等	混凝土试块	0.6
Lambert 等	混凝土试块	1.6 ~ 2.5
Lukas	结构构件	1.8 ~ 2.2
R. Browne	钢筋腐蚀试件	0.4 ~ 1
Hussian	中等强度混凝土	1.15
Hussian	高等强度混凝土	0.85
Hussian	粉煤灰和高效减水剂双掺	0.35

　　将得到的临界氯离子浓度试验结果与表 3.5 进行对比,得到的试验结果处于中间值,更偏于保守,其中 WB0.45、FA 和 SF 组试件得到的临界值与表 3.5 中结果相比偏低,另外 3 组试件得到的临界值与表 3.5 中结果相近。但由于表 3.5 中的结果未进行水灰比、矿物掺合料等的详细划分,而水灰比和矿物掺合料是影响临界氯离子浓度的重要因素,所以本书结果只能与文献结果进行粗略对比。

3.4　钢筋混凝土中临界氯离子浓度影响因素分析

3.4.1　水灰比对临界氯离子浓度的影响

图 3.13 为钢筋在 0.35、0.40 和 0.45 水灰比试件中极化电阻随时间的变化曲线。

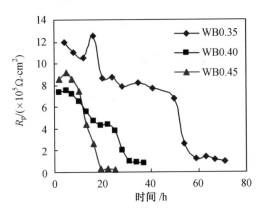

图 3.13　钢筋在 0.35、0.40、0.45 水灰比试件中极化电阻随时间的变化曲线

0.35 水灰比试件在 8 V 电压下每天加速 4 h,0.40 和 0.45 水灰比试件在 4 V 电压下每天加速 3 h。随着 Cl^- 的不断渗入,钢筋的极化电阻均下降,0.35 水灰比试件在较高 R_p

值附近维持时间较长,在 $8 \times 10^5 \ \Omega \cdot cm^2$ 附近有一段稳定的波动,在第 56 小时时 R_p 值发生突降,降到 $2.6 \times 10^5 \ \Omega \cdot cm^2$,继续加速,$R_p$ 值迅速下降,钝化膜破坏。0.40 水灰比试件也随着 Cl^- 的不断渗入 R_p 值不断下降,在 $4 \times 10^5 \ \Omega \cdot cm^2$ 附近稳定波动一段时间,在第 28 小时时 R_p 值突降到 $2 \times 10^5 \ \Omega \cdot cm^2$,并开始迅速下降,钝化膜破坏。0.45 水灰比试件随着 Cl^- 的渗入 R_p 值一直下降,在第 18 小时时钝化膜破坏。0.35 水灰比试件钝化膜维持稳定的时间最长,发生破坏的时间最晚;0.40 水灰比试件钝化膜随着 Cl^- 的渗入还有一段稳定波动的时间,说明 0.40 水灰比试件中钢筋钝化膜还有一定的修复能力,可以在一定时间内维持稳定;0.45 水灰比试件随着 Cl^- 的渗入钝化膜逐渐溶解,最早发生破坏。

随着水灰比的减小,在相同水泥用量的基础上用水量逐渐减少,水泥水化后多余的水分少,在蒸发的过程中留下的相互贯通的孔隙通道减少,混凝土相对更密实,Cl^- 进入试件内部更困难,相同的时间内渗入试件内部的 Cl^- 相对减少。假如 3 种水灰比试件钢筋腐蚀的临界氯离子浓度相同,0.35 水灰比试件的钝化膜也会最后破坏,如图 3.13 所示。但结合表 3.4 钢筋腐蚀的临界氯离子浓度发现,钢筋腐蚀的临界氯离子浓度随着水灰比的减小而增大。说明水灰比越小的试件,混凝土内部环境可以在更长的时间内维持较高的 pH 水平,结合第 2 章的分析结果可知,混凝土内部环境 pH 越高,Cl^- 进入试件内部越多,不至于破坏钢筋钝化膜,随着水灰比的减小钢筋钝化膜破坏时的 Cl^- 占水泥用量的质量分数越高,混凝土内 pH 的升高也有利于钝化膜维持稳定,钝化膜发生破坏的时间也越晚。

3.4.2 矿物掺合料对临界氯离子浓度的影响

图 3.14 为不同掺合料组合的试件中钢筋极化电阻随时间的变化曲线。从图中可以看到,4 组试件在 8 V 加速电压下均得到了比较完整的 R_p 曲线,钝化膜维持稳定的时间较长,FA 组试件钝化膜破坏所需时间与基准试件相差不多,但短于 SiF 和 SF 组试件钝化膜破坏所需时间。这说明在用矿渣和硅灰等量取代部分粉煤灰后,混凝土抵抗 Cl^- 渗透的性能有了很大提高,单掺粉煤灰试件抗 Cl^- 渗入性能较基准混凝土提高不明显。

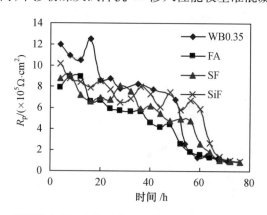

图 3.14 不同掺合料组合的试件中钢筋极化电阻随时间的变化曲线

粉煤灰在混凝土中可产生三大基本效应:形态效应、活性效应和微集料效应。形态效应有助于改善混凝土颗粒级配,降低混凝土的孔隙率;活化效应即火山灰活性效应,指粉煤灰中的活性成分(SiO_2、Al_2O_3)与水泥水化产物氢氧化钙发生二次水化发应,生成水化硅酸钙,在混凝土硬化 28 天后对结构开始产生重要影响,使混凝土结构更致密,孔隙率下降,强度及耐久性都得到提高。粉煤灰的活性效应在 90 天以后会有非常明显的提高,在早期甚至会由于粉煤灰替代了部分水泥,使水化产物数量减少,而粉煤灰活性组分水化尚未开始,导致界面孔隙较多,混凝土致密性较差。本书的试件经过标准养护 56 天后开始试验,虽然活性效应并未充分体现,但水化过程已经开始,界面结构得到了一定的改善。有资料显示,单掺 30% 粉煤灰试件 56 天龄期时抗 Cl^- 渗透性能与基准混凝土接近,但掺入粉煤灰后试件内 pH 会有所降低,所以从图 3.14 中看到,单掺 30% 粉煤灰的试件在 56 天龄期时钝化膜破坏时间稍短于基准混凝土中钢筋钝化膜破坏时间。用矿渣等量取代部分粉煤灰后,在 56 天龄期时试件抵抗 Cl^- 渗透性能明显提高,矿渣同粉煤灰同属 CaO-Al_2O_3-SiO_2 系统,但它们的固有特性存在区别。矿渣化学成分类似于硅酸盐熟料,含有较多的 CaO,经水淬后具有很好的水硬性,在碱性介质中,矿渣中的 Ca^{2+}、Al^{3+}、SiO_4^{2-} 等离子迅速溶出,形成水化产物,比粉煤灰具有更好的活性。此外矿渣的微集料效应还可以使强度较高的微小矿渣颗粒分布在强度相对较低的水泥基质中,改善混凝土孔结构,增强密实度,所以用部分矿渣等量取代粉煤灰后试件的抗 Cl^- 渗透性能得到了一定的提高。矿渣的二次水化反应同样会消耗部分 $Ca(OH)_2$,使混凝土内部 pH 降低,但由于掺入矿渣后混凝土试件致密程度较基准混凝土提高,在相同时间内渗入试件内部的 Cl^- 数量减少,所以钢筋钝化膜仍能够在较长时间内维持稳定,钝化膜破坏的时间也有所延长。硅灰平均粒径比水泥小两个数量级,具有很大的比表面积,掺入混凝土中可以高度分散于混凝土中,填充相对较大的水泥颗粒的孔隙,减少孔隙体积,使胶凝材料颗粒堆积更密实,分布更均匀,有效改善混凝土的微观结构,提高混凝土的密实度,所以用硅灰等量替代部分粉煤灰后,混凝土抗 Cl^- 渗透性能得到了更明显的提高。从图 3.14 中看到,复掺硅灰与粉煤灰的试件钢筋钝化膜破坏时间最晚。

以上几种矿物掺合料的使用均不同程度地改善了混凝土的微观结构,提高了混凝土的密实程度,使混凝土试件抵抗 Cl^- 渗透的能力得以提高,从图 3.14 中看到,掺入掺合料后钢筋钝化膜破坏的时间不同程度地延后。但是矿物掺合料的掺入减少了水泥的用量,使水泥早期水化产物 $Ca(OH)_2$ 数量大幅降低,而它们的火山灰活性效应又与水泥水化产物 $Ca(OH)_2$ 发生二次水化反应,使混凝土浆体中 $Ca(OH)_2$ 数量明显减少,混凝土内部孔隙溶液 pH 降低,导致掺入掺合料后混凝土中钢筋腐蚀的临界氯离子浓度均小于基准混凝土试件,并随着掺量的不同和二次水化对 $Ca(OH)_2$ 不同程度的消耗,内部孔隙溶液 pH 有不同程度的降低,临界氯离子浓度也不同。

3.5　钢筋极化电阻变化规律

极化电阻法是金属腐蚀领域研究金属腐蚀或判断缓蚀剂效果较常用的试验方法,但建立极化电阻与钢筋钝化膜间的对应关系,利用极化电阻变化规律判断钢筋钝化膜破坏程度进而得到钢筋腐蚀的临界氯离子浓度的方法却未见报道,因此 R_p 曲线的变化与钢筋钝化膜破坏的对应关系并不十分清楚。作者经过大量试验发现,钢筋极化电阻与钝化膜状态有很好的对应关系,可以通过钢筋极化电阻的变化得到钝化膜破坏的信息。通过对钢筋在溶液及混凝土中的极化电阻变化规律的分析发现,钢筋极化电阻是钢筋本身固有的特性,与使用的参比电极无关,无论在混凝土模拟孔隙溶液中还是在混凝土中,随着钢筋钝化膜的破坏极化电阻有相似的变化规律。

完整的 R_p 曲线应该经历大致五个阶段：A 阶段中，钢筋钝化膜形成完整未受破坏之前，钢筋极化电阻值会在钝化完成后的 R_p 值附近上下波动，此时的 R_p 值大小依钢筋钝化的好坏、钢筋本身是否有杂质缺陷等有所不同，一般在 $4\times10^5\ \Omega\cdot cm^2$ 以上，通常在 $8\times10^5\ \Omega\cdot cm^2$ 左右，A 阶段是钢筋钝化膜的完整阶段；随着外界环境的不断恶化或对钢筋持续不断地侵蚀，钢筋极化电阻值会有所下降，此阶段范围极化电阻值一般在 $(3\sim5)\times10^5\ \Omega\cdot cm^2$，为 B 阶段，此阶段钢筋 R_p 值可能会降到临界值区间，但若能够在此范围波动且不继续下降，说明钝化膜没有破坏，此时钝化膜处在溶解和修复的动态平衡中，只要 R_p 值能回升就说明此时钝化膜修复能力大于破坏能力，钢筋钝化膜没有破坏；当钢筋继续在相同的侵蚀环境中或周围环境变得更恶劣时，钢筋 R_p 值会在短时间内有较大幅度的下降，此阶段为 C 阶段，为钝化膜的不稳定阶段，C 阶段的特点是钢筋 R_p 值会在短时间内有较大幅度下降，连接 C 阶段与 D 阶段的两点之间 R_p 值没有波动，呈直线下降，并且不再回升，此阶段的钢筋钝化膜开始变得不稳定，钝化膜的破坏一触即发，此时 R_p 值在 $2\times10^5\ \Omega\cdot cm^2$ 至 $2.7\times10^5\ \Omega\cdot cm^2$ 之间；此后钢筋还会经历一个稍小幅度的下降，为 D 阶段，此阶段钢筋钝化膜已不再保持完整，开始破坏，此阶段为破坏阶段；之后的钢筋钝化膜 R_p 值开始逐渐下降，钢筋进入腐蚀阶段（E 阶段）。钢筋极化电阻与钝化膜各阶段的对应关系如图 3.15 所示。

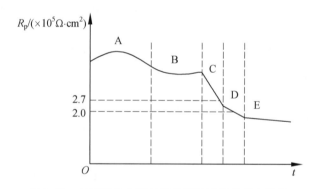

图 3.15　钢筋极化电阻与钝化膜各阶段的对应关系

钢筋钝化膜破坏是一个逐渐的过程，如果外界环境变化严重，比如当加速 Cl^- 渗透时，所加电压过大或通电时间过长会导致钢筋钝化膜破坏的连级跳。当钢筋钝化得不好时，可能会没有 A 阶段，直接到 B 阶段；若钢筋钝化得很好，但外界环境变化比较快，或外界环境比较恶劣（比如 Cl^- 浓度比较高）时，则没有 B 阶段，而从 A 阶段直接跳到 C 阶段，或者有中间 B 阶段但只是短暂地停留，表现为只有一个点的存在；当然还有直接从 A 阶段或 B 阶段直接跳到 D 阶段的情况，此时多半是测量时间间隔过长或加速过快造成的。

第4章 埋入式氯离子传感器的研制及电化学稳定性

传感器需要进行各项性能测试以验证其准确性和适用性,除了稳定性、Nernst 响应、极化性能、温度系数等常规性能的研究外,还要考虑传感器在混凝土环境中可能遇到的各种干扰离子的影响、混凝土内部 pH 的影响、传感器的响应时间及可准确测试的 Cl⁻ 浓度上下限。为了解埋入式氯离子传感器(以下简称传感器)在混凝土中应用的可行性,将传感器在混凝土模拟孔隙溶液中的线性响应和在 KCl 盐溶液中的线性响应同标准 Nernst 曲线进行对比,并对传感器在混凝土模拟孔隙溶液中的各项基本性能进行测试分析,根据混凝土中可能存在的各种干扰离子对传感器进行干扰离子的试验,最后采用扫描电子显微镜(SEM)对在碱性溶液中长时间工作后的传感器工作面进行表征,以检验传感器在模拟孔隙溶液中性能及结构的变化。

4.1 传感器的研制

开发可埋入式、实时监测混凝土中 Cl⁻ 浓度的传感器,同时配套自主研发的可埋入参比电极能够实现对混凝土及混凝土内部 Cl⁻ 侵入状况的在线监测,随时了解混凝土中 Cl⁻ 的分布状态,为提前预知钢筋腐蚀状态、混凝土健康状况及是否达到临界氯离子浓度等提供可靠数据,以提早采取措施,减缓腐蚀速率和避免不必要的开支提供科学依据。

4.1.1 传感器组成及原理

传感器主要由内部核心敏感探头和外部封装部分组成。基于电化学原理的 Ag/AgCl 电极型氯离子传感器的核心元件为 Ag/AgCl 电极,由于要实时监测 Cl⁻ 浓度,要求传感器不但要对 Cl⁻ 响应,还要对 Cl⁻ 浓度变化敏感,在电极与周围介质间存在下列化学平衡关系:

$$AgCl + e^- \longrightarrow Ag + Cl^-$$

根据 Nernst 公式,在任意温度 T,上述化学反应达到平衡时,电极电位 E 可以由下式表示:

$$E = E^0_{Ag^+/Ag} - \frac{RT}{F} \ln \alpha_{Cl^-}$$

这样,已知电极周围 Cl⁻ 浓度,电极就会以一定电位形式表现出来。自主开发研制的氯离子传感器配套自主研制的参比电极在混凝土中能够建立一套电位-浓度关系曲线,根据此曲线可以通过外部设备监测到的传感器电位获知相应的 Cl⁻ 浓度,实时了解混凝土内部 Cl⁻ 的分布情况和侵蚀程度。

4.1.2 电极制备与封装

传感器主要由内部核心敏感探头和外部封装部分组成。将高纯银粉(纯度 99.5% 以上)同分析纯氯化银粉末(纯度为97%以上)按一定比例混合,在玛瑙研钵中充分研磨,在高速搅拌机中均化处理1 h,拌入少量凝胶搅拌均匀,装入模具中成型,经过24 h的干燥固化制得电极体。

将电极与导线连接部分用环氧树脂涂封,工作面用砂纸轻轻打磨,无水乙醇擦拭,蒸馏水清洗浸泡,然后将电极放入预先制备的含0.1 mol/L KCl的模拟孔隙溶液中浸泡活化,在活化过程中每天观察电极电位的变化情况。在此阶段,性能稳定的电极电位逐渐变大,且每天变化不超过0.3 mV,超过或者不符合此规律的电极逐渐淘汰。

外部封装材料主要由多孔刚性材料组成,既可以保证Cl⁻顺利接触到敏感探头,又可以保证传感器有一定的刚性保护,避免施工过程中意外损坏。外部封装的内壁涂环氧树脂材料。

传感器示意图如图4.1所示。

4.1.3　测试条件

溶液:用分析天平精确称量标准KCl溶液及混凝土模拟孔隙溶液加不同浓度KCl制成的标准碱性氯化钾溶液;分为5种不同浓度(0.01 mol/L、

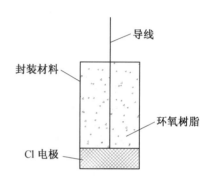

图4.1　氯离子传感器示意图

0.05 mol/L、0.1 mol/L、0.5 mol/L、1 mol/L)参比电极,溶液中使用市售217型双桥参比电极,混凝土中为自制参比电极。

4.2　氯离子传感器在KCl盐溶液与混凝土模拟孔隙溶液中的Nernst响应性能

根据传感器的工作原理,Ag/AgCl电极为可逆电极,应该遵循热力学计算公式Nernst方程,即在恒定温度下,传感器的电位响应与溶液中的Cl⁻活度负对数呈线性关系。在含Cl⁻溶液中是否满足上述线性关系是检验传感器原理是否正确的标准,也是检验所制作的传感器是否成功的首要性能指标。

由于氯离子传感器的研制是以埋入混凝土中、投入工程使用为目的,因此在处于复杂的混凝土内部环境之中其能否正常工作,是否还满足Nernst方程,涉及氯离子传感器能否实现在混凝土中的推广应用,也是传感器要检验的重要性能指标之一。由于混凝土内部环境复杂,可以首先检验氯离子传感器在混凝土模拟孔隙溶液中的性能,初探氯离子传感器对混凝土环境的适应能力。

本书分别在KCl的盐溶液和含有KCl的混凝土模拟孔隙溶液中对传感器的Nernst响应性能进行检验,并将传感器在混凝土模拟孔隙溶液中的Nernst响应曲线同在KCl盐溶液中的响应曲线及标准Nernst曲线进行对比,以检验在混凝土模拟孔隙溶液中氯离子传感器的工作原理、性能是否发生变化。

4.2.1　溶液配制及氯离子浓度换算

1. 溶液配制

分别配制单纯的 KCl 盐溶液（A 溶液）和含有不同浓度 KCl 的混凝土模拟孔隙溶液（pH＝13.2，B 溶液），各溶液组分及比例见表 4.1。首先测试传感器在 A 溶液中的电位响应，连续测试 30 天；然后测试传感器在 B 溶液中的电位响应，连续测试 30 天。分别将传感器在不同浓度溶液中的电位值取平均值，并与该浓度溶液的 Cl^- 活度负对数建立对应关系，检验传感器在两溶液中的线性响应。

表 4.1　A 和 B 溶液组分及比例　　　　　　　　　　　　mol/L

溶液	溶液编号	KCl	$Ca(OH)_2$	KOH	NaOH
A	A_1	0.01	0	0	0
	A_2	0.05	0	0	0
	A_3	0.1	0	0	0
	A_4	0.5	0	0	0
	A_5	1	0	0	0
B	B_1	0.01	0.002	0.026	0.045
	B_2	0.05	0.002	0.026	0.045
	B_3	0.1	0.002	0.026	0.045
	B_4	0.5	0.002	0.026	0.045
	B_5	1	0.002	0.026	0.045

关于混凝土模拟孔隙溶液的组分目前还没有达成共识，虽然对混凝土中可能存在的各种离子对传感器的干扰情况有单独的分析，但考虑到混凝土孔隙溶液中的主要离子成分中除了 $Ca(OH)_2$ 外，还有 K^+、Na^+ 的存在。所以本书依据文献中 Ca^{2+}、K^+、Na^+ 共同存在的混凝土模拟孔隙溶液配比配制了 B 溶液，可以对 3 种离子共同存在情况下传感器的性能变化进行研究。

2. 离子活度计算

根据方程 $\varphi_{\text{平}} = \varphi^0 - \dfrac{2.3RT}{nF}\log \alpha_{Cl^-}$ 且 α_{Cl^-} 为环境介质中的 Cl^- 浓度，可知传感器在溶液中的电位响应同溶液中的 Cl^- 活度成正比。

由于无限稀释溶液具有与理想溶液类似的性质，所以对于无限稀释溶液，离子活度计算方程中的 α_{Cl^-} 可用溶液中的 Cl^- 浓度代替，但在真实溶液中，由于存在各种离子的相互作用，使真实溶液与理想溶液有一定的偏差，此时

$$\alpha = \gamma \cdot c \tag{4.1}$$

式中　α——离子活度；

　　　γ——离子活度系数；

　　　c——离子浓度。

所以，在一般溶液中 α_{Cl^-} 应等于溶液的平均离子活度系数与溶液中 Cl^- 浓度的乘积。

表4.2列出了KCl溶液在不同浓度时的平均离子活度系数 $\gamma_\pm$。

表4.2　KCl溶液在不同浓度时的平均离子活度系数 $\gamma_\pm$

$c/(\mathrm{mol \cdot L^{-1}})$	0.01	0.05	0.1	0.5	1
$\gamma_\pm$	0.901	0.815	0.79	0.651	0.606

可以依据表4.2中不同的KCl浓度计算得到溶液中的 Cl^- 活度。

4.2.2　传感器的 Nernst 响应特性

在溶液中测试使用的参比电极为217型 Ag/AgCl 双盐桥电极,25 ℃时电极电位为 (197 ± 5) mV。根据离子活度计算方程及表4.2计算得到25 ℃时标准电极电位相对于217型 Ag/AgCl 双盐桥参比电极的电位,将转换后的标准电极电位–Cl^- 活度负对数关系曲线与传感器在 A 溶液与 B 溶液中相对于217型 Ag/AgCl 双盐桥电极的电位–Cl^- 活度负对数关系曲线一同进行比较,如图4.2所示。

将图4.2所示的传感器在 A 溶液与 B 溶液中的电位–Cl^- 活度负对数关系曲线进行拟合,拟合方程分别如下:

A 溶液中

$$E=27-62\lg \alpha_{Cl^-} \quad (R^2=0.999\ 7) \quad (4.2)$$

B 溶液中

$$E=31-57.5\lg \alpha_{Cl^-} \quad (R^2=0.999\ 5) \quad (4.3)$$

式中　E——传感器响应电位,mV;

α_{Cl^-}——溶液中 Cl^- 活度。

从图4.2及拟合方程相关系数可以看出,传感器在 A 溶液与 B 溶液中的电位–Cl^- 活度负对数曲线很好地满足了线性关系。

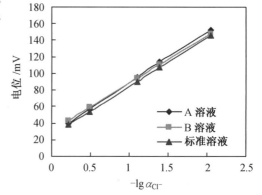

图4.2　传感器在 A 溶液与 B 溶液中的线性响应曲线与标准 Nernst 曲线对比

25 ℃时相对于氢标电极的标准 Nernst 方程为 $E=0.222\ 4-0.059\ 1\lg \alpha_{Cl^-}$,转换为以217型 Ag/AgCl 双盐桥电极为参比电极后,方程可表示为

$$E=25.4-59.1\lg \alpha_{Cl^-} \quad (4.4)$$

将式(4.2)、式(4.3)同式(4.4)进行比较,标准方程斜率为59.1,传感器在 A 溶液中的方程斜率为62,在 B 溶液中的方程斜率为57.5,均与标准方程斜率相差不大;转换后的标准方程截距为25.4 mV,在 A 溶液与 B 溶液中两方程截距分别为27 mV 和31 mV,也与标准方程相差不大。标准方程是严格按照25 ℃的温度计算得到的,而在实际测量时传感器在 A 溶液与 B 溶液中分别测试30天左右,在两个月的测试时间内,室内温度一定会有起伏变化,影响传感器的电位响应,而且标准参比电极虽然比较准确,误差很小,但偶尔也会出现电位偏差,从而影响传感器的电位响应,所以实际测得的电位响应方程与标准方程相比一定会有误差。但在误差允许范围内,传感器在 A 溶液与 B 溶液中拟合得到的线性方程与标准方程非常接近,说明传感器在两种溶液中都符合 Nernst 方程的原理,电位响应是准确的。

图 4.2 说明了混凝土模拟孔隙溶液的高 pH 及多种离子的存在都未对传感器产生影响,传感器在混凝土模拟孔隙溶液中都符合 Nernst 方程的原理,电位响应准确,进一步说明传感器用于混凝土模拟孔隙溶液中测试是可行的。

4.3　传感器在混凝土模拟孔隙溶液中的稳定性

4.3.1　传感器短期稳定性及一致性

图 4.3 为 3 支制作相同的传感器在 $B_1 \sim B_5$ 溶液中 22 天的电位响应情况。

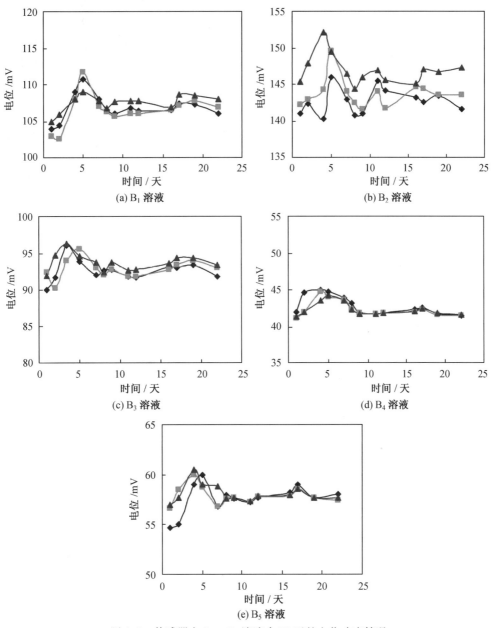

图 4.3　传感器在 $B_1 \sim B_5$ 溶液中 22 天的电位响应情况

从图4.3中可以看到,3支传感器在前8天电位波动都比较大,随后逐渐稳定。Ag/AgCl电极的电极电位与溶液中的Cl^-浓度有关,传感器刚放到溶液中需要有建立离子平衡和稳定的过程,测试初期传感器在各溶液中的电位都有一个波动过程,8天以后传感器离子平衡基本建立,活化过程基本完成,电位开始逐渐稳定。5种溶液中,传感器在B_1溶液,即Cl^-浓度为0.01 mol/L的溶液中电位波动比较大,活化后最大电位波动为3 mV,随着Cl^-浓度的增大,传感器电位波动逐渐减小,在0.05 mol/L溶液中3支电极电位波动最大为1.77 mV,在0.1 mol/L溶液中电位波动最大为1.8 mV,在0.5 mol/L溶液及1 mol/L溶液中电位波动只有0.7 mV左右。在低浓度溶液中传感器电位达到稳定所需时间长,电位波动大,随着溶液中Cl^-浓度的升高,电位响应越来越稳定。传感器在5种Cl^-浓度的溶液中,电位响应最大波动为3 mV,最小为0.7 mV。根据文献报道,Ag/AgCl参比电极在0.1 mol/L溶液或海水中电位响应最大波动为2.7 mV,最小为2 mV,均大于本书传感器在0.1 mol/L和0.5 mol/L溶液中的电位波动值,说明传感器的稳定性良好。

从图4.3中还可以看到,随着Cl^-浓度的升高,3支传感器的电位响应逐渐趋于一致,在B_4和B_5溶液中8天后3支传感器的电位随时间变化曲线几乎重合,说明传感器电位响应的一致性非常良好。但由于在B_1溶液中每支电极的电位都不是很稳定,电位一直处于较大波动状态,无法趋于统一的电位值,离散性比较大。为了在5种浓度的溶液中对3支传感器的一致性进行比较,将3支传感器的Nernst响应曲线进行比较,如图4.4所示。

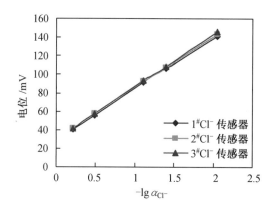

图4.4　传感器的一致性比较

从图4.4中可以看出,3支传感器的Nernst响应曲线基本重合,虽然在0.01 mol/L的溶液中3条直线有稍大的偏离,但从整体看来3支传感器在5种浓度溶液中都有非常一致的电位响应,传感器的一致性良好。

4.3.2　传感器180天稳定性测试

传感器埋入混凝土中即开始肩负重要的监测任务,期间若出现失效等问题会给数据采集、混凝土结构健康监测带来严重损失,努力研制能够与混凝土结构同寿命的传感器是长远目标,所以在实验室中对传感器进行长期稳定性测试是重要工作之一。

每天定时测试传感器在 $B_1 \sim B_5$ 溶液中电位随时间的变化情况,连续测试 180 天,期间每隔 20 天左右更换一次溶液。图 4.5 是传感器在 $B_1 \sim B_5$ 溶液中 180 天的稳定性测试结果。

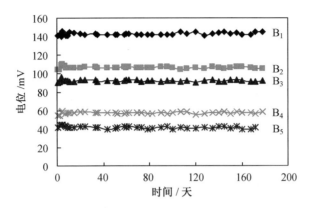

图 4.5　传感器在 $B_1 \sim B_5$ 溶液中 180 天的稳定性测试结果

从图 4.5 中可以看到,传感器在 180 天的测试中在 $B_1 \sim B_5$ 溶液中均保持了良好的稳定性。其中,传感器在 B_1 溶液中有几天波动稍大,最大达 6 mV,在其余溶液中均保持在 3 mV 范围内波动,说明传感器稳定性很好,3 mV 的电位波动完全可以满足工程需要。

4.4　传感器在混凝土模拟孔隙溶液中的响应时间

响应时间是指将传感器从一种浓度溶液中转到另一种浓度溶液中或当溶液浓度突然发生变化时,传感器在新溶液中电位响应达到稳定所需的时间。响应时间是考察传感器灵敏性的重要指标。

4.4.1　传感器响应时间测试

首先将传感器预先放到 B_1 溶液中 1 h 左右,使传感器电位响应充分稳定;将参比电极与辅助电极放到 B_3 溶液中,并与测试仪器连接;将传感器从 B_1 溶液中取出立即放到 B_3 溶液中开始测试,记录传感器在 200 s 内的电位响应变化规律。传感器从放到溶液中起到在 B_3 溶液中达到稳定所需时间即为传感器在 B_3 溶液中的响应时间。

4.4.2　传感器的响应时间

传感器从 B_1 溶液到 B_3 溶液电位响应会发生突降,根据标准 Nernst 方程计算得到在 B_3 溶液中传感器电位响应值应该为 90.5 mV。如图 4.6 所示,传感器放到 B_3 溶液中后电位响应迅速下降,在 20 s 左右电位响应达到稳定,稳定后电位响应在 90 mV 左右,达到了 B_3 溶液中的平衡电位,达到平衡电位后电位响应非常平稳,变化很小,说明传感器在 20 s 内即可完全达到平衡,响应时间短,灵敏度高。

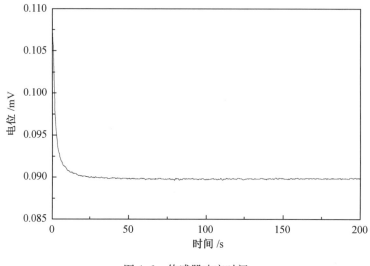

图 4.6　传感器响应时间

4.5　传感器在混凝土模拟孔隙溶液中的极化性能

处于热力学平衡状态的电极体系(可逆电极),由于氧化反应和还原反应速度相等,电荷交换和物质交换都处于动态平衡状态,电极上没有电流通过,这时的电极电位即平衡电位。当电极上有电流通过时,会有净反应发生,表明电极失去了原有的平衡状态。这时,电极电位将因此而偏离平衡电位。这种有电流通过时的电极电位偏离平衡电位的现象,称为电极的极化。

"理想非极化电极"或"理想可逆电极"是电极极化性能的理想状态,但极化性能好、极化容量大是电极应具备的重要性能之一。由于工程现场常有杂散电流,如果电极的抗极化性能不好,常常会因为小电流的通过而出现极化现象,使电极电位偏离平衡电位,导致电位采集值失真,从而影响对混凝土健康状态的准确判断。所以,电极的极化性能是传感器的重要指标之一。

4.5.1　传感器的阳极极化性能

在电化学体系中发生电极极化时,阴极的电极电位总是变得比平衡电位更负,阳极的电极电位总是变得比平衡电位更正。电极电位偏离平衡电位向负移动称为阴极极化,向正移动称为阳极极化。在一定的电流密度下,电极电位与平衡电位的差值称为该电流密度下的过电位,用符号 η 表示,即

$$\eta = \varphi - \varphi_{\text{平}} \tag{4.5}$$

式中　φ——电极电位;

$\varphi_{\text{平}}$——平衡电位。

过电位 η 是表征电极极化程度的参数,在电极过程动力学中具有重要意义。

在 1 mol/L 溶液中对传感器采用 10 $\mu A/cm^2$ 的电流密度,恒电流阳极极化 30 min,极化电位–时间曲线如图 4.7 所示。

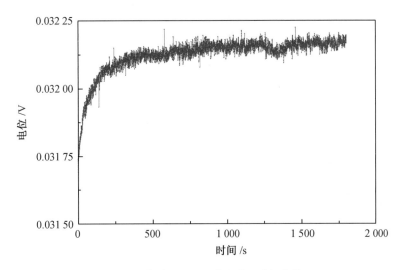

图 4.7 传感器阳极极化电位-时间曲线

从图 4.7 中可以看到,通电瞬间传感器电位值迅速上升,在 300 s 左右电位响应即达到平衡,平衡后传感器电位偏离平衡电位 0.5 mV。《船用参比电极技术条件》(GB/T 7387—1999)中规定,当通入 ±10 μA/cm² 的极化电流时,Ag/AgCl 参比电极极化电位差值应在 ±5 mV 之内。一般的 Ag/AgCl 参比电极在进行阳极极化时,使用相同的极化电流密度 10 μA/cm² 极化 30 min 情况下,电位值偏离平衡电位大于 3 mV,从极化开始到电位达到稳定所需时间一般在 0.5~1 h,可见,制作出的传感器极化性能良好。

4.5.2 传感器极化曲线

试验表明,过电位值随着通过电极的电流密度的大小而改变。一般情况下,电流密度越大,过电位绝对值越大。所以,过电位虽然是表示电极极化程度的重要参数,但一个过电位值只能表示某一特定电流密度下电极极化的程度,而无法反映整个电流密度范围内电极极化的规律。为了完整直观地表达出电极的极化性能,需要通过试验测定过电位或电极电位随电流密度的变化,即极化曲线。

电极之所以会产生极化是因为在有电流通过电极时,有大量的电子流入阴极,同时有大量的电子从阳极流出,由于电子运动速度往往大于电极反应速度,电极与溶液的界面反应不能迅速地将电子导电带到界面的电荷及时转移给离子导体,造成电荷在界面的积累,使电极电位偏离平衡电位,产生电极的“极化”现象。所以,有两个主要因素决定电化学极化的数值:电子的流动速度和电极与溶液界面的电极反应速度。电子流动速度通过净电流(用电流表可以测出的外电流)体现,而电极与溶液界面的离子交换速度用交换电流密度 i_0 表示。若 i_0 很大,则电极上可以通过很大的净电流而电极电势改变很小,即 i_0 越大的反应,过电位绝对值越小,反应可以在接近平衡电位下进行,这种电极常称为难极化电极。

当电极发生极化时其必要条件是正反方向速度不同,即 $i_c \neq i_a$,这时流过电极表面的净电流密度为

$$i = i_c - i_a \tag{4.6}$$

将其表示成净电流密度 i 与交换电流密度 i_0 之间的关系为

$$i = i_0 \left[\exp\left(\frac{\alpha nF}{RT}\eta_c\right) - \exp\left(-\frac{\beta nF}{RT}\eta_c\right) \right] \tag{4.7}$$

当 $|\eta_c| \ll \dfrac{RT}{\alpha nF}$ 和 $\dfrac{RT}{\beta nF}$ 时,式(4.7)可近似改写为

$$i = i_0 \left(\frac{\alpha nF}{RT} + \frac{\beta nF}{RT}\right)\eta_c = \frac{i_0 nF}{RT}\eta_c \tag{4.8}$$

根据式(4.8)发现,过电位与净电流密度之间成正比,联系过电位与极化电流密度关系不难发现,此时的过电位与净电流密度之比等效于极化电阻 R_p,所以式(4.8)可以改写为

$$i_0 = \frac{RT}{nF} \times \frac{1}{R_p} \tag{4.9}$$

根据式(4.9),对电极进行动电位扫描,扫描范围为 $-0.02 \sim 0.02$ V,扫描速率为 0.5 mV/s,传感器极化曲线如图4.8所示。

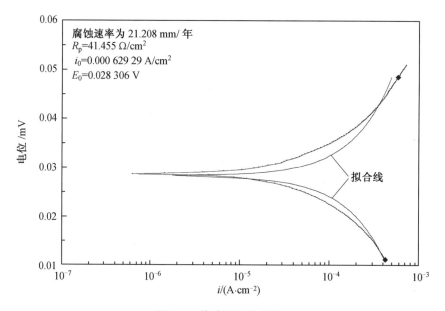

图4.8　传感器极化曲线

由传感器极化曲线拟合得到 $R_p = 41.5\ \Omega \cdot cm^2$,代入式(4.9)得交换电流密度 $i_0 = 619.4\ \mu A/cm^2$。参比电极使用条件规定,当电极交换电流密度大于 $10\ \mu A/cm^2$ 时即可作为合格参比电极使用,本书传感器交换电流密度远大于此值,可见传感器的极化性能良好。

4.6　传感器在混凝土模拟孔隙溶液中的测量量程

了解传感器对 Cl^- 浓度的响应范围可以为传感器的适用范围提供参考标准,其也是传感器性能检验的指标之一。准确测量传感器电位响应的上下极值的前提是传感器在一定 Cl^- 浓度的溶液中有准确的线性响应,以此范围内的线性响应方程为标准,推出更高浓

度和更低浓度的 Cl⁻ 溶液中传感器的电位响应值，与实际测试得到的数据进行比较，以确定传感器的测量上下限。

4.6.1　氯离子浓度区间扩展

考虑到混凝土在浇筑初期没有受到氯盐污染时孔隙溶液中几乎没有 Cl⁻ 的存在，所以在 Cl⁻ 浓度几乎为零的情况下，传感器的响应情况是要了解的内容之一。但考虑到在完全没有 Cl⁻ 的情况下，电极的可逆反应不成立，不遵循 Nernst 方程，电位响应也无标准可循，所以配制了最小 Cl⁻ 浓度为 0.001 mol/L 的模拟孔隙溶液。市售的 Ag/AgCl 参比电极常以饱和氯化钾溶液为参比溶液，说明 Ag/AgCl 电极在饱和氯化钾溶液中能够有准确并稳定的电位响应，但由于当溶液中 Cl⁻ 浓度为饱和时，其活度的负对数无限小，在坐标中无法表示，所以测量饱和 Cl⁻ 浓度失去了意义。由于 4 mol/L 的 KCl 溶液已经过饱和，所以取用的最大 Cl⁻ 浓度为 3 mol/L，中间的 Cl⁻ 浓度取值见表4.3。每次测试均从溶液 B_6 开始，依次从低浓度溶液测到高浓度溶液，共计 10 个浓度。

表4.3　$B_6 \sim B_{10}$ 溶液组分　　　　　　　　　　　　　　　　mol/L

溶液	KCl	Ca(OH)$_2$	KOH	NaOH
B_6	0.001	0.002	0.026	0.045
B_7	0.003	0.002	0.026	0.045
B_8	0.005	0.002	0.026	0.045
B_9	2	0.002	0.026	0.045
B_{10}	3	0.002	0.026	0.045

4.6.2　传感器对氯离子浓度的响应极值

将传感器在 $B_1 \sim B_5$ 溶液中的电位-Cl⁻ 活度负对数关系曲线进行线性拟合，如图 4.9 所示，拟合方程为

$$E = 32.1 - 57.7 \lg \alpha_{Cl^-} \qquad (4.10)$$

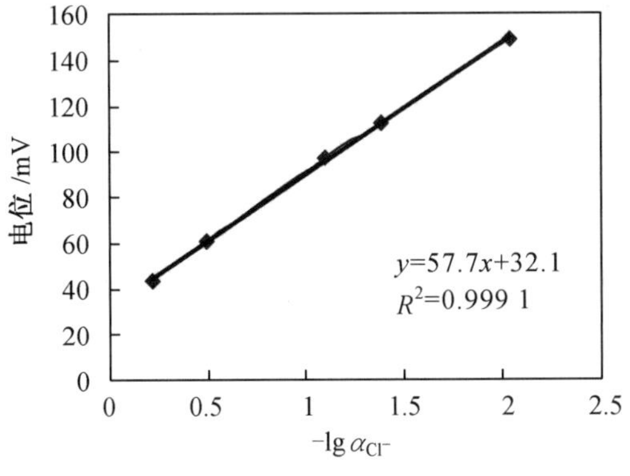

图 4.9　传感器在 $B_1 \sim B_5$ 溶液中的线性响应

由图 4.9 可见,方程线性相关系数为 0.999 1。说明该传感器在 0.01 ~ 1 mol/L 的 KCl 溶液中能够对 Cl⁻ 浓度做出准确的线性响应。若传感器在 Cl⁻ 浓度小于 0.01 mol/L,大于 1 mol/L 的浓度范围内仍然能够做到准确响应,则一定遵循相同的线性方程,那么根据式(4.10)计算的传感器在 $B_6 \sim B_{10}$ 溶液中应有的电位响应值见表 4.4。

表 4.4　传感器在 $B_6 \sim B_{10}$ 溶液中的准确电位响应值　　　　　　　　mV

溶液	B_6	B_7	B_8	B_9	B_{10}
响应值	206.1	178.7	166.8	28.6	18.6

以式(4.10)在 Cl⁻ 浓度从 0.001 mol/L 到 3 mol/L 区间内的直线段为标准,比较传感器在 $B_1 \sim B_{10}$ 溶液中测得的电位-Cl⁻ 活度负对数关系曲线,如图 4.10 所示。

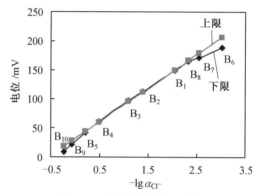

图 4.10　传感器测量上下限

从图 4.10 可以看到,除了在 $B_1 \sim B_5$ 溶液中外,传感器在 Cl⁻ 浓度为 0.005 mol/L 的 B_8 溶液中与标准直线符合很好,在 Cl⁻ 浓度为 0.003 mol/L 的 B_7 溶液中及 Cl⁻ 浓度为 2 mol/L 的 B_9 溶液中的电位值与标准直线的电位值相比稍向下偏移。将传感器在 $B_1 \sim B_5$ 溶液及 $B_7 \sim B_9$ 溶液中的线性响应曲线再次拟合,如图 4.11 所示。将图 4.11 同图 4.9 对比,若测量精度要求不高,在误差允许范围内,传感器在 B_7 及 B_9 溶液中的电位响应可以认为比较准确,符合拟合方程。但在 B_6 及 B_{10} 溶液中,即当溶液中 Cl⁻ 浓度为 0.001 mol/L 和 3 mol/L 时,传感器的电位响应同标准直线相比偏差较大,在这两种 Cl⁻ 浓度的溶液中传感器已经不能做出准确的电位响应。

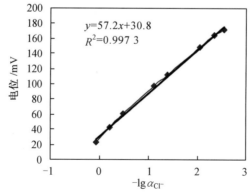

图 4.11　传感器在 0.003 ~ 2 mol/L 溶液中的线性响应

综上所述,传感器在混凝土模拟孔隙溶液中对 Cl⁻浓度的检测上下限分别为 0.003 mol/L和 2 mol/L。

4.7　传感器在混凝土模拟孔隙溶液中的测试精度及分辨率

4.7.1　传感器的测试精度

传感器的测试精度是指传感器对溶液中准确的 Cl⁻浓度的测量误差,也称为传感器对 Cl⁻响应的准确度。

根据传感器在混凝土模拟孔隙溶液中建立的线性响应方程式(4.3),即

$$E = 31 - 57.5 \lg \alpha_{Cl^-}$$

将传感器测得的电位响应值通过式(4.3)进行计算,得到的 Cl⁻浓度即为溶液中的 Cl⁻浓度值。但根据 4.3.2 节传感器在混凝土模拟孔隙溶液中的稳定性,传感器每次放入相同 Cl⁻浓度的溶液中电位响应可能会有最大 3 mV 的电位偏差。根据正态分布的原则,对应溶液中准确 Cl⁻浓度的电位响应值应为电位波动的中间值,即传感器每次放入相同 Cl⁻浓度溶液中的电位响应值应偏离准确电位值最大±1.5 mV。根据式(4.3)即可算出传感器测得的溶液中的 Cl⁻浓度偏离准确 Cl⁻浓度的最大差值,即为传感器的测试精度。以 E_0 和 $\alpha_{Cl_0^-}$ 表示传感器准确的电位响应和溶液中准确的 Cl⁻浓度值,以 E_1 和 $\alpha_{Cl_1^-}$ 表示传感器测得的电位响应值和溶液中的 Cl⁻浓度值,则

$$E_0 = 31 - 57.5 \lg \alpha_{Cl_0^-} \tag{4.11}$$

$$E_1 = 31 - 57.5 \lg \alpha_{Cl_1^-} \tag{4.12}$$

当 $E_1 - E_0 = \pm 1.5$ mV 时,$\alpha_{Cl_1^-} = 1.06\alpha_{Cl_0^-}$ 或 $\alpha_{Cl_1^-} = 0.94\alpha_{Cl_0^-}$,即传感器对溶液中的 Cl⁻浓度响应的精度为 $\pm 0.06\alpha_{Cl_0^-}$。根据 4.5 节传感器的响应量程 0.003 ~ 2 mol/L,得到传感器在不同 Cl⁻浓度溶液中的测试精度,见表4.5。

表 4.5　传感器在不同 Cl⁻浓度溶液中的测试精度　　mol/L

Cl⁻浓度	0.003	0.005	0.01	0.05	0.1	0.5	1	2
精度	±0.000 2	±0.000 3	±0.000 6	±0.003	±0.006	±0.03	±0.06	±0.12

可见,传感器在量程范围内的最高测试精度为±0.000 2 mol/L。

4.7.2　传感器的分辨率

传感器的分辨率是指传感器可以准确响应的最小 Cl⁻浓度变化范围。

将传感器置于某固定浓度的溶液中,传感器在 1 h 内电位的最大漂移为 0.5 mV,如图 4.12 所示,说明在 1 h 时间内,只要传感器电位漂移小于 0.5 mV,即可认为传感器在该浓度溶液中稳定响应。向溶液中逐渐添加氯化钾,根据传感器的响应时间,当超过 20 s 传感器电位漂移仍小于 0.5 mV,则认为传感器对增加的 Cl⁻浓度无响应。继续添加氯化

钾,传感器电位漂移大于 0.5 mV 时的 Cl⁻浓度与原溶液的 Cl⁻浓度差值,即为传感器能够准确响应的最小 Cl⁻浓度变化范围,即传感器的最小分辨率。

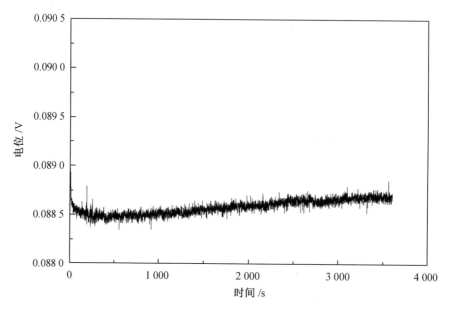

图 4.12　传感器在 1 h 内的电位变化

根据式(4.11)、式(4.12),则当 $E_0 - E_1 > 0.5$ mV 时,$\alpha_{Cl_1^-} > 1.02\alpha_{Cl_0^-}$,即传感器最小分辨率为 $0.02\alpha_{Cl_0^-}$。

可见,传感器的测试精度与分辨率均与溶液浓度直接相关。根据标准 Nernst 方程

$$E = 0.222\ 4 - 0.059\ 1 \lg \alpha_{Cl^-}$$

传感器的电位响应同溶液中 Cl⁻活度的负对数呈线性关系。根据对数曲线的性质,当溶液中的 Cl⁻浓度小于 1 mol/L 时,Cl⁻浓度很小的变化幅度就会引起对数值较大的变化,从而引起传感器电位值的较大变化;随着 Cl⁻浓度逐渐增大,对数曲线逐渐变缓,在相同的 Cl⁻浓度变化范围内,对数值变化区间变小,根据 Nernst 方程,传感器的电位响应值的变化范围会相应变小,即当溶液中 Cl⁻浓度很小时,溶液中 Cl⁻浓度很小的变化就会引起传感器电位响应值很大的变化,随着 Cl⁻浓度的增大,传感器的分辨率也降低。

4.8　干扰离子对传感器电位响应的影响

干扰离子的影响是指混凝土或海水中有很多种类的离子存在,其中有些离子能够与 AgCl 发生反应生成比 AgCl 更稳定的微溶盐或络合物,使电极结构发生变化,导致电极电位发生偏离,影响传感器的稳定性及使用寿命。传感器埋置到混凝土中一定会与其中的各种离子处于同一环境,了解这些离子是否会对传感器产生影响及产生怎样的影响,是保证传感器能够在混凝土内正常工作的前提。处于海水环境中的混凝土常年浸泡在海水中,不可避免地会被海水带入各种离子,而海工混凝土又正是需要大量使用氯离子传感器的建筑类型,所以分析海水中存在的主要离子对传感器产生的影响十分必要。

4.8.1　干扰离子的选择及干扰离子溶液的配制

（1）混凝土中离子的种类及海水的化学成分。

混凝土中离子种类主要有水泥水化产物 Ca^{2+}、OH^-；强碱性水泥的使用会使混凝土中存在一定的 K^+、Na^+；在烧制水泥熟料的过程中会存在游离的 MgO，MgO 水化速度很慢，水化产物为 $Mg(OH)_2$，使混凝土中存在少量的 Mg^{2+}；混凝土中还会有一定量的 SO_4^{2-}，主要是在生产水泥过程中掺入石膏或在煅烧水泥熟料时加入石膏矿化剂引入。

海水是一种溶解有多种无机盐、有机物和气体及含有许多悬浮物质的混合体。迄今已确定海水中含有 80 多种元素。海水成分复杂，但就大多数海水来说，其主要成分均为溶解无机盐，其在海水中的总质量分数约为 3.5%。海水的主要化学成分见表 4.6。

表 4.6　海水的主要化学成分

离子	质量分数/%	离子	质量分数/%
Cl^-	1.998	Na^+	1.056
SO_4^{2-}	0.265	Mg^{2+}	0.127
HCO_3^-	0.014	Ca^{2+}	0.04
Br^-	0.009	K^+	0.088
F^-	0.000 2		

（2）干扰离子溶液的配制。

为了研究各种干扰离子对传感器性能的影响，以传感器在 KCl 盐溶液中的性能为基准，通过向 KCl 盐溶液中分别加入一定浓度的各种干扰离子的盐配制不同种类的干扰离子的溶液，将传感器在各种干扰离子溶液中的电位响应同基准 KCl 盐溶液中的电位响应进行对比，研究各种干扰离子对传感器输出电位的影响。

①Na^+、K^+ 干扰。混凝土中使用的水泥通常为碱性水泥，其中含有的 K_2O、Na_2O 溶解于孔隙溶液中，使混凝土孔隙溶液中含有 K^+、Na^+，通常 K^+ 与 Na^+ 浓度相差不大。海水中有大量 NaCl 的存在，随着海水对混凝土的常年浸泡，会有大量的 Na^+ 被带进混凝土中，所以 Na^+ 是混凝土中常见的离子种类，而且浓度较大，是必须分析的干扰离子之一。配制 0.01 mol/L、0.05 mol/L、0.1 mol/L、0.5 mol/L、1 mol/L 的 NaCl 溶液，将传感器分别在 NaCl 与 KCl 中的 Nernst 曲线进行对比，研究 Na^+、K^+ 的干扰。

②Ca^{2+} 干扰。由于水泥的水化作用使混凝土孔隙溶液中含有大量的 $Ca(OH)_2$，因此 Ca^{2+} 是否会对传感器性能产生影响是传感器在混凝土中应用的关键。由于混凝土孔隙溶液常以 pH 为评价指标，所以在研究 Ca^{2+} 干扰时以 pH 为标准，在 KCl 溶液的基础上通过向溶液中添加 $Ca(OH)_2$ 配制 2 组 pH 分别为 12.1 和 11.1 的 Ca^{2+} 干扰溶液（由于前文按照混凝土模拟孔隙溶液配制了 pH 为 13.2 的溶液，并已经同 KCl 盐溶液进行了对比，所以没有包括 pH 为 13 的溶液），研究 Ca^{2+} 对传感器的干扰及 pH 对传感器的影响。

③Mg^{2+} 干扰。根据表 4.6 可知，在海水中有 0.127% 的 Mg^{2+}，Mg^{2+} 在海水成分中也占较大比例，而且混凝土中也会有少量 Mg^{2+}，所以分析 Mg^{2+} 的影响也是十分必要的。依据海水中 Mg^{2+} 的质量分数，以超过其 2 倍质量分数为原则，通过向 KCl 溶液中添加 MgO，配

制了 Mg^{2+} 质量分数为 0.3% 的溶液,研究 Mg^{2+} 对传感器的干扰情况。

④SO_4^{2-} 干扰。石膏是水泥生产过程中不可或缺的原材料,石膏的加入使水泥成分中含有 SO_3,导致混凝土中 SO_4^{2-} 的存在。根据表 4.6,SO_4^{2-} 在海水中的质量分数仅次于 Cl^- 与 Na^+,也是海水中的重要离子,因此需要分析 SO_4^{2-} 的干扰。以海水中 SO_4^{2-} 质量分数为依据,通过向基准 KCl 溶液中加入 K_2SO_4 配制 SO_4^{2-} 质量分数为 0.5% 的 K_2SO_4 和 KCl 混合溶液。

⑤Br^- 干扰。Br^- 与 Cl^- 同属于卤族元素,性能相似。Br^- 会与 AgCl 反应,打破传感器原有的化学平衡,同时生成的 AgBr 会与 AgCl 形成固溶体,对电极产生难以消除的影响,所以分析 Br^- 的干扰非常必要。在基准 KCl 溶液的基础上分别配制 2 组 Br^- 溶液,以表 4.6 中 Br^- 的质量分数为指标,分别配制 KBr 质量分数与海水中 Br^- 质量分数相近的 0.01% 的 KBr 与 KCl 混合溶液,以及 KBr 质量分数超过海水中 Br^- 质量分数的 0.02% 的 KBr 与 KCl 混合溶液。

除了 Na^+ 干扰溶液外,其他干扰离子溶液均是在 5 个浓度的基准 KCl 溶液中添加相应的干扰离子盐配制而成的,干扰离子溶液成分及用量见表 4.7。

表 4.7 干扰离子溶液成分及用量

干扰离子	溶液编号	溶液成分	干扰离子盐用量
基准 KCl 溶液	KCl	KCl	——
Na^+	NaCl	NaCl	0.01、0.05、0.1、0.5、1 mol/L
Ca^{2+}	Ca-1	$KCl+Ca(OH)_2$	pH=11.1
	Ca-2	$KCl+Ca(OH)_2$	pH=12.1
Mg^{2+}	Mg	KCl+MgO	0.3%(质量分数)
SO_4^{2-}	SO_4	$KCl+K_2SO_4$	0.5%(质量分数)
Br^-	Br-1	KCl+KBr	0.01%(质量分数)
	Br-2	KCl+KBr	0.02%(质量分数)

4.8.2 各种干扰离子的影响

(1)传感器在基准 KCl 溶液中的 Nernst 响应。

为了全面比较各种浓度溶液中干扰离子对传感器电位的影响,采用 Nernst 曲线的形式对传感器在各种干扰离子溶液中的电位响应与在基准 KCl 溶液中的电位响应进行比较。

离子干扰分析中所用的传感器均是在溶液中活化好、性能稳定的传感器。在进行对比分析之前,将所有传感器在基准 KCl 溶液中进行测试,测试时间为 10 天,测试结果取平均值,绘制电位-Cl^- 活度负对数关系曲线,如图 4.13 所示。

6 支传感器线性响应一致性良好,拟合得到的线性响应方程与式(4.3)相近,说明 6 支传感器均已经都达到稳定状态,且性能良好,良好的一致性使不同传感器测得的数据之间有可比性。

(2)Na^+、K^+ 对传感器电位的影响。

将在基准溶液中测试稳定的传感器 3-2 与传感器 E_4 放到 NaCl 溶中,每天测试其在

5 种浓度 NaCl 溶液中的电位响应,连续测试 10 天,将测试结果取平均值。2 支传感器测试结果相近,取传感器 3-2 在 NaCl 溶液中的电位-Cl^-活度负对数关系曲线与在 KCl 溶液中的关系曲线进行对比,如图 4.14 所示。

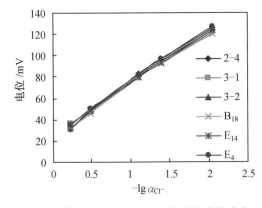

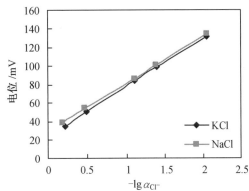

图 4.13　传感器在基准 KCl 溶液中的线性响应　　图 4.14　传感器在 NaC、KCl 溶液中的线性关系对比

从图 4.14 可以看到,传感器在 KCl 溶液中与在 NaCl 溶液中的线性响应除了在 1 mol/L溶液中电位响应差值较大外,在其他浓度溶液中电位响应值很接近。根据 Nernst 方程,传感器在溶液中的电位响应与溶液中的 Cl^- 浓度有关。由于 Cl^- 在 KCl 溶液与 NaCl 溶液中的活度系数不同,导致传感器在相同 Cl^- 浓度的两溶液中的电位响应存在差别:低浓度溶液中,离子活度系数差别不大,电位响应值差别也不大;溶液浓度越高,离子活度系数差别越大,所以在 1 mol/L 溶液中传感器的电位响应值差别较大。图 4.13 正确地反映了此规律,并在小于 1 mol/L 的溶液中有很相近的电位响应,说明 Na^+ 对传感器的电位响应无干扰。

(3)Ca^{2+}对传感器电位的影响。

将在基准溶液中测试稳定的传感器 3-1 与传感器 B_{18} 一同放到 pH 为 11.1 的 Ca-1 溶液中,将传感器 2-4 与传感器 E_{14} 一同放到 pH 为 12.1 的 Ca-2 溶液中。每天分别测试各传感器在 Ca-1 和 Ca-2 两组溶液中的电位值,连续测试 10 天。

传感器 3-1 与传感器 B_{18} 在 Ca-1 溶液中经过 10 天的测试,两支传感器测试结果稳定,在不同 Cl^- 浓度溶液中所得结果相近,说明两支传感器在 Ca-1 溶液中性能稳定;传感器 2-4 与传感器 E_{14} 在 Ca-2 溶液中经过 10 天的测试也有相同的结果。取 Ca-1 溶液中的传感器 3-1 放到 Ca-2 溶液中,取 Ca-2 溶液中传感器 2-4 放到 Ca-1 溶液中,继续测试 10 天。最后分别将传感器 3-1 与 2-4 在 Ca-1 与 Ca-2 溶液中的测试结果进行整理,取平均值后作出电位-Cl^-活度负对数关系曲线,并与在 KCl 溶液中测得的关系曲线进行对比,如图 4.15、图 4.16 所示。

从图 4.15 和图 4.16 中可以看到,传感器 2-4 和 3-1 在两种 pH 的 $Ca(OH)_2$ 溶液中的电位响应同在基准 KCl 溶液中的电位响应几乎完全重合,说明溶液中 Ca^{2+} 的加入不会影响传感器对 Cl^- 的响应,不会破坏 Ag/AgCl 电极的平衡,即 Ca^{2+} 对 Ag/AgCl 电极无干扰作用。从图中还可以看到,pH 的变化对传感器也没有影响,无论溶液 pH 为 12.1、11.1 还是偏中性,传感器电位响应均无变化,即 OH^- 对传感器无干扰作用。

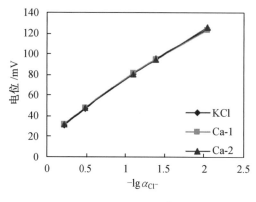

图 4.15 传感器 2-4 的 Ca^{2+} 干扰曲线　　图 4.16 传感器 3-1 的 Ca^{2+} 干扰曲线

（4）Mg^{2+} 对传感器电位的影响。

由上述可知，pH 对传感器电位响应无影响，传感器 E_{14} 在 Ca^{2+} 干扰溶液中的电位响应同在基准 KCl 溶液中的电位响应相同，所以直接将传感器 E_{14} 放到 Mg^{2+} 干扰溶液中，每天测试 E_{14} 在 KCl 与 MgO 的混合溶液中的电位响应，连续测试 10 天，将测试结果取平均值，作出电位-Cl⁻活度负对数曲线，与 E_{14} 在基准 KCl 溶液中的线性关系进行对比，如图 4.17 所示。

MgO 的加入也会使溶液 pH 升高，溶液由中性变为碱性，但由于 pH 的变化不会对传感器产生影响，所以在图 4.17 中可以排除 pH 的影响而单独分析 Mg^{2+} 的影响。从图 4.17 中可以看到，传感器在有 Mg^{2+} 存在的溶液中电位响应未发生变化，在基准 KCl 溶液中与在 MgO、KCl 的混合溶液中线性响应的斜率与截距几乎完全相同，传感器对溶液中 Cl⁻ 的响应没有因为 Mg^{2+} 的存在而发生变化，说明 Mg^{2+} 不会对传感器产生干扰。

（5）SO_4^{2-} 对传感器电位的影响。

传感器 E_4 在 NaCl 溶液中测试完成后再次放到基准 KCl 溶液中，一天后 E_4 电位响应完全恢复在 KCl 溶液中的电位响应。将 E_4 放到 KCl 与 K_2SO_4 混合溶液中，测试 SO_4^{2-} 的干扰，连续测试 10 天，将测试结果取平均值，作电位-Cl⁻活度负对数曲线，与 E_4 在基准 KCl 溶液中的线性响应曲线进行对比，如图 4.18 所示。

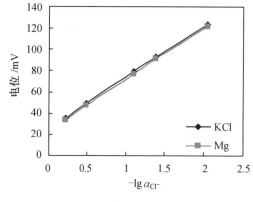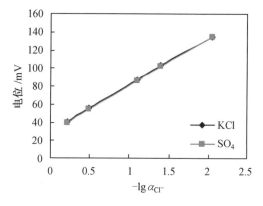

图 4.17 Mg^{2+} 对传感器的干扰　　图 4.18 SO_4^{2-} 对传感器的干扰

从图 4.18 中看到,传感器 E_4 在 KCl 与 K_2SO_4 的混合溶液中的电位响应同在基准 KCl 溶液中的电位响应非常一致,在相同 Cl^- 浓度溶液中的电位值几乎重合,说明 SO_4^{2-} 不会影响传感器对 Cl^- 的正确响应,对传感器无干扰。

(6)Br^- 对传感器电位的影响。

由于传感器在各种离子溶液中的电位响应同在基准溶液中的电位响应相比基本无变化,将传感器 E_{14}、3-1、B_{18}、E_4 重新放到基准 KCl 溶液中测试一天,稳定后将传感器 3-1 同传感器 E_4 一同放入 Br^- 质量分数为 0.01% 的 KCl 与 KBr 混合溶液 Br-1 中,将传感器 E_{14} 同传感器 B_{18} 一同放入 Br^- 质量分数为 0.02% 的 KCl 与 KBr 混合溶液 Br-2 中。分别测试 4 支电极在 2 组溶液中的电位响应,测试 10 天,测试结果取平均值。传感器 E_4 同传感器 3-1 在 Br-1 溶液中的电位响应如图 4.19 所示,传感器 E_{14} 同传感器 B_{18} 在 Br-2 溶液中的电位响应如图 4.20 所示。

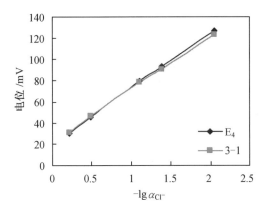 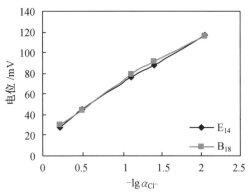

图 4.19　传感器在 Br-1 溶液中的电位响应　　图 4.20　传感器在 Br-2 溶液中的电位响应

从图 4.19 和图 4.20 中可以看到,在相同溶液中的 2 支传感器都有比较一致的电位响应,说明 4 支传感器均性能稳定,电位响应正常。取传感器 3-1 的电位响应代表传感器在 Br-1 溶液中的电位响应,取 E_{14} 代表传感器在 Br-2 溶液中的电位响应。

图 4.21 为传感器 3-1 与 E_{14} 在基准 KCl 溶液中的电位响应比较曲线。从图中可以看到 2 支传感器在基准 KCl 溶液中电位响应一致性非常好,可以用其中任何一条曲线代表 2 支传感器在基准溶液中的线性响应。

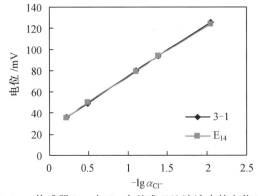

图 4.21　传感器 3-1 与 E_{14} 在基准 KCl 溶液中的电位响应

以传感器 3-1 在基准 KCl 溶液中的电位响应为标准,分别将传感器 3-1 与 E_{14} 在 Br-1 与 Br-2 溶液中的电位响应曲线同在基准 KCl 溶液中的响应曲线进行比较,如图 4.22 和图 4.23 所示。

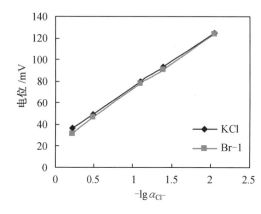 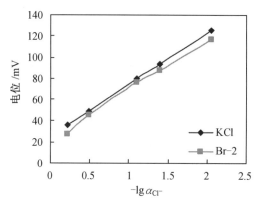

图 4.22 Br-1 溶液中 Br⁻ 对电位响应的影响   图 4.23 Br-2 溶液中 Br⁻ 对电位响应的影响

从图 4.22 和图 4.23 中可以看到,在 KBr 质量分数为 0.01% 的 Br-1 溶液中传感器的电位响应同在基准 KCl 溶液中的电位响应有微小差别,在 KBr 质量分数为 0.02% 的 Br-2 溶液中,传感器的电位响应曲线与图 4.22 相比有比较明显的下移。由于 Br⁻ 会与 AgCl 发生如下反应:

$$AgCl + Br^- \longrightarrow AgBr + Cl^- \tag{4.13}$$

根据 Nernst 公式,在 25 ℃ 时

$$E_{Ag/AgCl} = 0.222\ 4 - 0.059\ 1 \lg \alpha_{Cl^-}, \quad E_{Ag/AgBr} = 0.071\ 3 - 0.059\ 1 \lg \alpha_{Br^-}$$

Br⁻ 与 AgCl 发生反应会使传感器表面 Cl⁻ 浓度升高,致使 $E_{Ag/AgCl}$ 降低,同时由于 Br⁻ 浓度的减小会使 $E_{Ag/AgBr}$ 升高,在两个反应逐渐平衡的过程中传感器逐渐变成 AgCl 电极与 AgBr 电极的混合电极,电位也逐渐变成 Ag/AgCl 与 Ag/AgBr 的混合电位。最终达到平衡时 AgBr 电极升高的电位不足以弥补 AgCl 电极下降的电位,混合电位表现为下降。Br-2 溶液与 Br-1 溶液相比,溶液中 KBr 浓度增大,Br⁻ 浓度变大,可以置换出更多的 Cl⁻,随着 AgCl 电极表面 Cl⁻ 的进一步增多传感器电位变得更低;同时,由于 Br⁻ 浓度升高,$E_{Ag/AgBr}$ 也会下降,原本就弥补不了降低的 Ag/AgCl 电极电位,随着 $E_{Ag/AgBr}$ 的降低及 Ag/AgCl 电极电位的进一步降低,最终使传感器响应电位有更明显的下降。

图 4.22 与图 4.23 即表现出了相符的电位变化规律,但从图 4.22 中可以看到,在 KBr 质量分数为 0.01% 时传感器电位变化并不明显,根据表 4.6,海水中的 Br⁻ 质量分数为 0.009%,比 0.01% 还低,所以可以认为即使海工混凝土中有海水浸入,孔隙溶液中充满海水,其中的 Br⁻ 也不会对传感器电位响应带来影响。

4.9   温度变化对传感器电位响应的影响

混凝土制作初期,水化反应会使混凝土内部温度升高,随着水化的完成,温度逐渐下降。混凝土处于外界暴露环境中,外界环境温度随季节变化会有较大的变化,在混凝土内部也会有所反映。若传感器电位响应随温度变化剧烈,则会造成监测数据存在测量误差。所以,温度系数也是衡量传感器性能的重要指标之一。

根据 Nernst 方程 $E = E_0 - \dfrac{2.3RT}{nF} \lg \alpha_{Cl^-}$,在固定 Cl⁻浓度的溶液中,传感器的电极电位会随温度发生变化,其电极电位与温度间近似呈线性关系,斜率即为温度系数。温度系数反映了传感器电位受温度变化的影响程度,温度系数小,表明传感器对温度变化不敏感,在电化学测量中由于温度变化引起的测量误差则很小。了解传感器的温度系数对掌握传感器由于温度变化引起的测量误差及适当采取温度补偿措施至关重要。

4.9.1　温度响应测试

为了便于同其他文献资料得到的温度系数进行对比,选择 3% NaCl 溶液模拟海水进行温度系数的测试。为了避免由温度升高导致参比电极电位的变化带来的测量误差,测试过程中需要使用盐桥。盐桥的制作过程如下:

①按照 100 mL 饱和 KNO₃ 溶液中加 3 g 琼脂粉的原则,配制适量溶液,用烧杯盛放到电炉上加热,边加热边搅拌,直至溶液沸腾,琼脂粉在加热过程中会逐渐溶解变为溶液。

②用热水在准备制作盐桥的石英玻璃管中先预热一遍,以防止在灌注溶液时有气泡产生。

③趁热将烧开的琼脂凝胶溶液倒入 U 形石英玻璃管中,要缓慢倾倒,以防有气泡产生阻断离子通路。

④静置,待琼脂凝固后即制成盐桥。

在盐桥使用之前将 2 支标准参比电极放到同一烧杯溶液中测试其电位差值,再用盐桥连接两个均盛装 3% NaCl 溶液的烧杯,将 2 支参比电极分别放入 2 个烧杯中,再次测量 2 支参比电极的电位差。测试结果表明,前后两次测得的电位差相同,说明盐桥制作成功,可以使用。

测试中使用恒温水浴,取 3 支相同的传感器放入 3% NaCl 溶液中,然后放到恒温水浴锅中加热。从 15 ℃开始,逐渐升温,每升高 10 ℃记录 1 次 3 支传感器的电位,直至温度升高至 75 ℃停止测试。参比电极为 217 型 Ag/AgCl 双盐桥参比电极。

4.9.2　传感器温度系数

整理传感器在各个温度下的电位响应值,将 3 支传感器的测试结果取平均值,以温度为横坐标,以电位值为纵坐标,作温度响应曲线,如图 4.24 所示。

图中温度响应曲线方程为

$$E = 0.28T - 32 \tag{4.14}$$

式中　E——传感器电极电位(Ag/AgCl),mV;

　　　T——热力学温度,K。

根据 Nernst 方程,在 3% NaCl 溶液中:

$$E = E_0 - \frac{2.3RT}{nF} \lg \alpha_{Cl^-} = \left(E_0 + \frac{0.69R}{F} \times 298 \right) + \frac{0.69R}{F}(T - 298) = E^{\ominus} + k(T - 298) \tag{4.15}$$

式中　$E^{\ominus}$——25 ℃时传感器的电极电位,mV;

T——热力学温度，K；

k——温度系数。

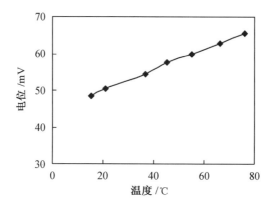

图 4.24　传感器在 3% NaCl 溶液中的温度响应曲线

将式(4.14)变换为如下形式：

$$E = 51.4 + 0.28(T - 298) \qquad (4.16)$$

温度系数为 0.28 mV/℃。由于环境温度时刻变化，每天测得的传感器电位响应值包含一定的温度变化带来的测量误差，若温度变化幅度较大，则需要仪器有相应的温度补偿功能。根据式(4.12)，以 25 ℃为标准，传感器在某一温度下测得的电位响应值与 25 ℃时传感器的电位响应差值 0.28×(T−298) 即为温度变化带来的测量误差，也就是仪表应进行温度补偿的电位值。所以，明确传感器的温度系数后可以根据 0.28×(T−298) 实现仪表的温度补偿功能，剔除温度变化给电位响应带来的影响。

根据式(4.12)，25 ℃时传感器的电位响应值为 51.4 mV，与标准方程在 25 ℃时 0.5 mol/L 溶液中的电位值 54.2 mV 相近，且图 4.24 中传感器的温度响应曲线相关系数为 0.997 3，线性相关性比较好，说明当温度升高时传感器电位响应值也比较准确，即传感器可以在 15~75 ℃范围内正常工作。

本书所得传感器温度系数小于一般文献记载的 Ag/AgCl 电极在海水中的温度系数 0.31~0.39 mV/℃，传感器温度系数小说明传感器受温度影响小。混凝土内部温度只有在制作初期水化阶段会有较大幅度的变化。水化阶段的混凝土为新制混凝土，内部碱性很高，Cl⁻浓度也很小，钢筋不会受到腐蚀，不是监测的主要阶段，水化所带来的快速温度变化对传感器的测试影响不大。当水化完成后，由于混凝土结构比较厚实，传热系数低，外界的温度变化传到混凝土内部是一个缓慢的过程，而传感器的温度系数又比较低，所以温度对传感器影响很小。

4.10　传感器工作表面微观结构分析

要使传感器充分发挥在混凝土结构中健康监测的目的，首先要保证传感器从埋入混凝土结构中起到钢筋腐蚀甚至结构失效为止，整个过程中都能够有效工作，即要求传感器要有足够长的使用寿命。

分析传感器失效的原因，除了由于封装、导线问题或外力的作用等结构性问题外，主要是传感器在性能上发生了变化。常温下 AgCl 为微溶盐,但随着温度的升高,AgCl 的溶解度会随之增大,AgCl 的溶解主要体现在发生下面的水解反应

$$2AgCl+H_2O \longrightarrow Ag_2O+2HCl$$

水解后的电位逐渐向 Ag/Ag_2O 的电极电位转化,使电极电位发生变化,随着 AgCl 的逐渐溶解,电极对 Cl^- 响应的平衡方程被打破,最终导致电极失效。所以,Ag/AgCl 电极最好在酸性电解质中应用。混凝土孔隙溶液为碱性溶液,虽然传感器在高碱性的混凝土模拟孔隙溶液中可以有效工作,并且 pH 对传感器性能无影响(在前面已经证明),但传感器持续在高 pH 的碱性溶液中工作,其耐久性能如何,是否会因为高碱性环境的腐蚀而发生变化,传感器的组成物质是否会在碱性环境下发生溶解或络合反应使组成物质发生改变,从而打破电极原有的化学平衡而使电极原理发生改变,失去对 Cl^- 准确响应的性能等问题还需进一步验证。

对在混凝土模拟孔隙溶液中测试了 180 天之后的传感器工作表面进行 SEM 及 EDS 分析,如图 4.25 所示。

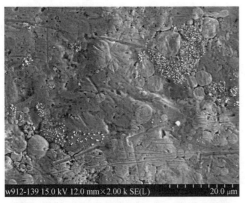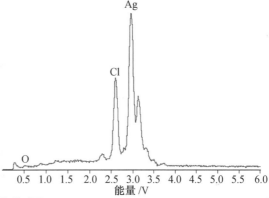

(a) 新制作传感器

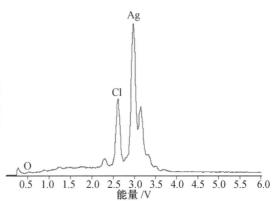

(b) 在混凝土孔隙溶液中工作 180 天后

图 4.25   传感器工作表面 SEM–EDS 能谱

从图中可以看到,新制作传感器结构致密,传感器主要组成元素为 Ag 和 Cl,有很少量的 O 元素存在。从传感器在混凝土模拟孔隙溶液中测试 180 天后的 SEM 图可见,传感器在放大 10 000 倍比例情况下观看,结构仍然十分致密,能谱分析表明传感器的工作表

面没有任何新物质生成,O 元素浓度保持不变,没有更多的 O 元素生成,说明表面无氧化物生成,传感器没有发生任何水解反应。

对传感器在新制作成型及混凝土模拟孔隙溶液中工作 180 天后的工作表面的 SEM-EDS 分析,充分证明了传感器在碱性溶液中工作 180 天后,表面无任何新物质生成,传感器成分无任何变化,结构依然致密,完全未受到碱性环境的腐蚀。传感器在混凝土模拟孔隙溶液中工作 180 天后无任何变化,说明传感器可以在更长的时间内有效工作。

良好的性能表现归功于传感器优选的制作工艺及高纯超细的原料组合。高纯超细 Ag 粉和高纯超细 AgCl 粉末粒径小、纯度高,在高速搅拌机中 15 min 的高速搅拌不仅使原料混合更均匀,也在高速搅拌的同时将原料进一步打散,使原料粒径变得更小,比表面积进一步增大,在后期成型过程中 AgCl 粉末以更大的接触面积与 Ag 粉接触,使传感器结构更致密,性能更好。良好的成型工艺使传感器在结构更致密的同时也增强了抗外力冲击的能力,使传感器可在更恶劣的环境中使用而不会损坏或失效。优选的制作工艺和原料组合使传感器拥有了良好的电化学性能、超强的耐碱腐蚀能力及可预见的良好的使用寿命。

依据以上对传感器各项电化学性能测试结果,对传感器在溶液中的各项技术参数进行总结,见表 4.8。

表 4.8　传感器技术参数

适用范围	Cl^- 存在环境
尺寸	$\phi 13\ mm \times 50\ mm$
Nernst 方程	$E = 31 - 57.5 lg\ \alpha_{Cl^-}$
稳定性	$3\ mV/180$ 天
响应时间	$20\ s$
交换电流密度	$619.4\ \mu A/cm^2$
量程	$0.003 \sim 2\ mol/L$
精度	$\pm 0.06 \alpha_{Cl^-}$
分辨率	$0.02 \alpha_{Cl^-}$
干扰离子	常见 Na^+、K^+、Ca^{2+}、Mg^{2+}、SO_4^{2-}、Br^-,无干扰
温度系数	$0.28\ mV/℃$

第5章 传感器在混凝土中的电化学稳定性

传感器在混凝土模拟孔隙溶液中优异的电化学性能为其埋入混凝土中使用奠定了良好的基础。国外大量研究结果表明,基于电化学理论的 Ag/AgCl 电极型氯离子传感器在混凝土工程中的应用具有巨大潜力,而国内在此方面的研究还处于空白。由于实际混凝土处于复杂的温度、湿度、侵蚀介质环境中,传感器在这种复杂条件下与混凝土的界面结合、输出稳定性、对 Cl⁻浓度的响应是否存在线性关系,以及对可能存在的钢筋腐蚀电流密度或外加电场作用下的稳定性和使用寿命等问题都需要解决,而目前国内外均无此方面的系统研究报道。

本书针对传感器在混凝土中的实际应用情况,重点研究其在混凝土中的输出稳定性和一致性;通过先掺法建立传感器在混凝土中的线性方程;研究传感器在重复荷载及电场作用下的输出稳定性,并通过加速渗透的方式验证传感器在混凝土中的线性方程的准确性,最后通过传感器在混凝土中建立的线性方程结合第3章混凝土中钢筋腐蚀的临界氯离子浓度确定钢筋腐蚀的传感器预警电位值,以达到钢筋钝化膜破坏提前预警并对混凝土内 Cl⁻浓度实时跟踪的监测目的。

5.1 试验方案

5.1.1 试验设计

首先用 0.50 水灰比砂浆试件试验研究自制的传感器在混凝土中电化学性能响应、测试精度及稳定性能否满足混凝土耐久性参数要求。砂浆试验尺寸为 $\phi 300$ mm×80 mm 的圆柱体,为了考核自制传感器性能,采用对比试验,购买当时最先进的丹麦 Fortost 公司生产的商用 ERE20 参比电极(MnO₂)做对比试验。

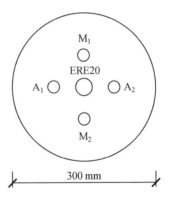

图 5.1 传感器布置图
M₁、M₂——自制参比电极;
A₁、A₂——自制氯离子传感器;
ERE20——参比电极

将测试的传感器埋置在同一个混凝土圆柱体里,传感器布置如图 5.1 所示;在同一环境下进行测验,测试结果如图 5.2 和图 5.3 所示。在上述试验基础上,对各种影响因素及不同试验点龄期进行自制传感器性能考核试验。

混凝土试件采用 100 mm×100 mm×100 mm 的立方体试件,分别设计了 0.35、0.40 和 0.45 这 3 种水灰比。每种水灰比依据氯离子浓度①的不同分别有 5~6 个试件,每个试件中均埋置 1 支氯离子传感器和 1 支 M 参比电极,其中 0.40 水灰比试件设计了 2 组,一组为每个试件中埋

---

① 本章中氯离子浓度均指总氯离子质量占水泥质量的百分数。

置 2 支氯离子传感器和 2 支 M 参比电极,另外一组每个试件分别埋置 1 支氯离子传感器和 1 支 M 参比电极。试件成型后的第二天即放到恒温恒湿养护箱中,养护的同时即开始测试。

加速渗透部分的试验与第 3 章的加速渗透试验合作进行,每个试件中都在距离试件表面 1 cm 的地方埋置 1 支氯离子传感器,参比电极按要求已经埋置。所有加速制度以第 3 章的试验要求为准。试件成型后标准养护 56 天后开始加速试验。

5.1.2 氯离子的引入方式

目前在实验室中研究 Cl^- 对混凝土的影响时采用的 Cl^- 引入方式主要有内掺法、外渗法和电加速法。由于对传感器在混凝土中的性能还处于初期的研究阶段,外渗法和电加速法都是 Cl^- 缓慢地、不断地向试件内渗入,随着试件内 Cl^- 浓度的不断变化,传感器的电位值不断变化,这对研究传感器的稳定性无疑非常不利,而且电加速法还会由于电场的干扰增加对传感器分析的影响因素,所以本书采用先掺法的试验方法向混凝土试件内引入 Cl^-。

根据文献资料记载并结合第 3 章得到的混凝土中钢筋腐蚀的临界氯离子浓度,设计 Cl^- 质量从占水泥质量的 0.3% 开始,依次有 0.6%、0.9%、1.2%、1.5%、1.8%、2.1% 和 2.7%,覆盖了大部分文献资料记载的钢筋腐蚀临界浓度区间。

试件编号、氯离子浓度和传感器埋置情况见表 5.1。

表 5.1 试件编号、氯离子浓度和传感器埋置情况

试件类型	水灰比	试件编号	氯离子浓度 (占水泥质量百分比)/%	氯离子传感器	试件尺寸
砂浆	0.50	S5	0.9	A_1/A_2	ϕ300 mm×80 mm
混凝土	0.50	C5-1	2.7	A_3	ϕ100 mm× 100 mm
		C5-2	2.1	A_4	
		C5-3	1.5	A_5	
		C5-4	0.9	A_6	
		C5-5	0.3	A_7	
	0.40	C4-1	2.1	A_8/A_9	
		C4-2	1.8	A_{10}/A_{11}	
		C4-3	1.5	A_{12}/A_{13}	
		C4-4	0.9	A_{14}/A_{15}	
		C4-5	0.3	A_{16}/A_{17}	
		C4-6	2.1	A_{18}	
		C4-7	1.8	A_{19}	
		C4-8	1.5	A_{20}	
		C4-9	1.2	A_{21}	
		C4-10	0.9	A_{22}	
		C4-11	0.3	A_{23}	
	0.35	C3-1	2.1	A_{24}	
		C3-2	1.8	A_{25}	
		C3-3	1.5	A_{26}	
		C3-4	1.2	A_{27}	
		C3-5	0.9	A_{28}	
		C3-6	0.3	A_{29}	

续表 5.1

试件类型	水灰比	试件编号	氯离子浓度/%	氯离子传感器	试件尺寸
混凝土	0.35	WB 0.35-1(2-5)	—	$A_{30} \sim A_{34}$	$\phi 100$ mm×100 mm
	0.40	WB 0.40-1(2-5)	—	$A_{35} \sim A_{39}$	
	0.45	WB 0.45-1(2-5)	—	$A_{40} \sim A_{44}$	
	0.35	FA-1(2-5)	—	$A_{45} \sim A_{49}$	
		SF-1(2-5)	—	$A_{50} \sim A_{54}$	
		SiF-1(2-5)	—	$A_{55} \sim A_{59}$	

5.1.3　试件原料及制备

试件所需原料见 3.2.2 节。

混凝土试件配合比见表 5.2。

表 5.2　混凝土试件配合比　　　　　　　　　　　　　　　kg/m³

水灰比	ρ(水泥)/(kg · m^{-3})	ρ(砂)/(kg · m^{-3})	ρ(石子)/(kg · m^{-3})	ρ(水)/(kg · m^{-3})
0.50	511	1 533	0	256
0.50	450	690	1 085	225
0.40	450	710	1 110	180
0.35	450	719	1 124	157.5

5.1.4　氯离子浓度测定

立方体试件与圆柱体试件均需要取样进行 Cl⁻ 浓度的萃取和滴定,以建立传感器在混凝土中的线性方程,以及对所建立的线性方程准确性进行验证,试件取样过程及 Cl⁻ 浓度测定同 3.2.3 节。

由于试件中的总氯离子质量分数采集简单易行,同时也考虑了结合氯离子对钢筋腐蚀的风险,所以使用总氯离子质量占水泥质量的百分数来表示临界氯离子浓度的方法在工程中广泛应用,国内外的很多规范也是将限制总氯离子质量占水泥质量的百分数作为保证混凝土结构耐久性的重要举措之一。为了符合工程习惯,并以规范规定为准,本书在建立传感器在混凝土中的线性方程时使用了酸溶 Cl⁻ 浓度的试验结果。

5.2　传感器在砂浆及混凝土中的稳定性

5.2.1　传感器在砂浆中的稳定性和一致性

混凝土结构中粗骨料的存在使混凝土内部界面结构变得更加复杂,未知传感器在混凝土中性能表现的前提下,先使用砂浆试件做试验,明确传感器在砂浆中工作的可行性、传感器的电位稳定性、一致性等性能,再进一步测试传感器在混凝土中的性能。

图 5.2 为传感器 A_1 和 A_2 在试件 S_5 中以 ERE20 为参比电极,经过 10 个月的测试得到的电位-时间曲线。

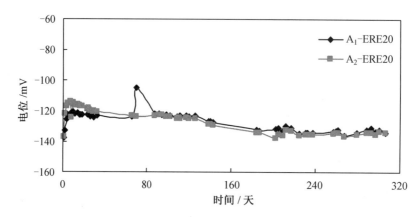

图 5.2　传感器 A_1 和 A_2 在试件 S_5 中以 ERE20 为参比电极的电位-时间曲线

从图 5.2 中可以看到,在 10 个月的测试中,传感器 A_1 和 A_2 在砂浆试件中表现出良好的稳定性。传感器 A_1 除了有一天出现电位异常外,在 10 个月的测试时间内最大电位波动小于 15 mV,传感器 A_2 在 10 个月内最大电位波动小于 22 mV。文献报道传感器在 Cl^- 浓度为 0.2% 砂浆试件中 140 天的电位波动为 30 mV,大于本书在 0.9% Cl^- 浓度砂浆试件中传感器的电位波动。本书使用的 ERE20 参比电极虽然性能稳定,但用于混凝土复杂的环境在 300 天的测试时间内电位还是会有少许的波动,除去参比电极的电位波动可认为传感器在砂浆试件中稳定性良好。砂浆试件中虽然没有粗骨料的存在,界面结构相对简单,但内部孔隙溶液稀少,成分复杂,而在溶液中 Cl^- 的离子活度大,溶液介质比较均匀,传感器在溶液中和在砂浆中对 Cl^- 响应的精确程度肯定会有较大的差别。但是,传感器在砂浆试件中 10 个月的时间里电位响应最大波动为 22 mV,可以认为稳定性非常良好。从图 5.2 中看到,传感器 A_1 和 A_2 有非常好的一致性,除了在初期 A_2 电位稍高于 A_1 外,在后面的测试中两支传感器电位波动几乎重合。由于采用先掺法,试件中的 Cl^- 是在拌和水中搅拌均匀后倒入搅拌锅内,在一定程度上可以认为试件内部 Cl^- 浓度分布比较均匀。从图 5.2 中传感器的电位响应来看,在 Cl^- 浓度相同的环境下,两支传感器能够有非常一致的电位响应,说明两支传感器都能有效工作,且能够对周围环境的 Cl^- 做出正确的电位响应。

图 5.2 不仅证明了传感器在砂浆中能够有稳定的电位响应,而且从两只传感器在相同 Cl^- 环境中能有如此一致的电位响应,说明传感器还可以在砂浆中对环境 Cl^- 有很准确的电位响应,从而说明传感器可以在砂浆试件中稳定有效地工作。

图 5.3 为在 300 天内,传感器 A_2 相对参比电极 M_1 和 ERE20 的电位-时间曲线。

从图 5.3 中可以看到,以实验室自主研制的 MnO_2 参比电极 M_1 为参比电极,传感器的电位-时间曲线也表现出了良好的稳定性,在 300 天的测试中最大电位波动小于

25 mV。由于 M_1 参比电极与 ERE20 参比电极在组成结构及内在机理上存在差别,两种参比电极平衡电位差别很大,但两种参比电极都能够在各自的平衡电位附近保持长期稳定,说明两种参比电极在砂浆试件中都可作为合格的参比电极使用。由于实验室自主研制的参比电极 M_1 在砂浆试件中也有良好的稳定性表现,可以满足传感器在砂浆中的测试要求及精度,本书后续试验所用参比电极均为自制的 MnO_2 参比电极。

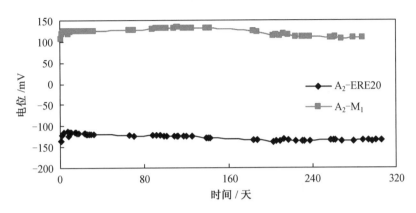

图 5.3　传感器 A_2 相对参比电极 M_1 和 ERE20 的电位-时间曲线

5.2.2　相同水灰比试件中传感器电位响应的一致性

为了对比相同的传感器在同一块混凝土试件中是否像砂浆试件中一样有良好的稳定性和一致性,以 0.4 水灰比制了两组试件 C4-1 ~ C4-11,其中 C4-1 ~ C4-5 为每个试件中埋置两支氯离子传感器,下面以 Cl^- 浓度 2.1% 和 1.8% 为例,将埋置在同一试件中两支传感器的稳定性曲线及与该试件配合比相同、Cl^- 浓度相同的不同试件中传感器的稳定性曲线对比如下。

图 5.4 为传感器 A_8 和 A_9 同在试件 C4-1 中,Cl^- 浓度为 2.1%,传感器 A_{18} 在与 C4-1 相同水灰比、相同 Cl^- 浓度的试件 C4-6 中;图 5.5 为传感器 A_{10} 和 A_{11} 同在试件 C4-2 中,Cl^- 浓度为 1.8%,传感器 A_{19} 在与 C4-2 相同水灰比、相同 Cl^- 浓度的试件 C4-7 中。从两图中看到,在 33 天的测试中传感器在混凝土试件中有比较好的稳定性,最大波动在 20 mV 左右。同一个试件中的两支传感器在整个测试过程中保持了较好的一致性,电位波动趋势相同,电位差很小,在试件 C4-2 中传感器 A_{10} 在后期波动中电位逐渐偏低,导致与传感器 A_{11} 电位偏差逐渐加大,但总体上来看,埋在同一试件中的两支传感器有比较相近的电位响应,电位稳定性比较好。两图中传感器 A_{18} 和 A_{19} 分别为埋置在与试件 C4-1 和 C4-2 相同配合比、相同 Cl^- 浓度的试件中,从以上两图中可以看到,A_{18} 与 A_8、A_9 及 A_{19} 与 A_{10}、A_{11} 都有非常好的一致性,电位变化趋势相同,电位偏差最大不超过 10 mV。

图 5.4 和图 5.5 说明,传感器在混凝土中能够有比较稳定的电位响应。埋置在同一试件中的传感器及埋置在相同配合比、相同 Cl^- 浓度的不同试件中的传感器有相同的电位变化趋势,电位响应值相近,说明只要周围 Cl^- 环境相似,传感器就能有相似的电位响应,即传感器能够对周围的 Cl^- 浓度做出比较准确的电位响应。说明传感器可以在混凝土环境中稳定、有效地工作,并且在 Cl^- 浓度相同的试件中电位响应一致性良好。

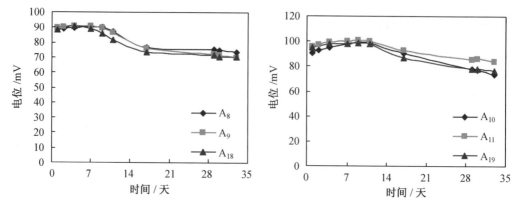

图 5.4　Cl⁻ 浓度为 2.1% 的试件中传感器电位–时间曲线

图 5.5　Cl⁻ 浓度为 1.8% 的试件中传感器电位–时间曲线

5.2.3　不同水灰比试件中传感器电位响应的一致性

通过先掺法向混凝土试件内引入 Cl⁻，将氯盐溶解在拌和水中与试件原料一起搅拌成型，可以认为 Cl⁻ 在混凝土试件中分布比较均匀。从 5.2.2 节知道，在配合比相同的情况下，相同含量试件中的传感器有比较一致的电位响应。为了比较在配合比不同，但 Cl⁻ 浓度相同的情况下，传感器是否能有相近的电位响应，做了如图 5.6、图 5.7 所示的对比分析，以 Cl⁻ 浓度为 2.1% 和 1.5% 为例。

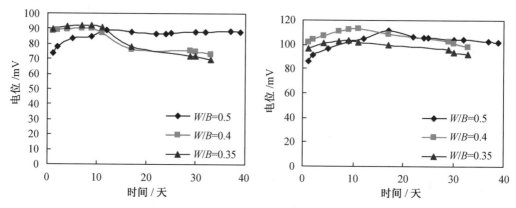

图 5.6　传感器在 Cl⁻ 浓度为 2.1% 的 3 种水灰比（W/B）试件中的电位–时间曲线

图 5.7　传感器在 Cl⁻ 浓度为 1.5% 的 3 种水灰比（W/B）试件中的电位–时间曲线

从图 5.6 和图 5.7 中可以发现，无论 Cl⁻ 浓度为 2.1% 还是 1.5%，传感器在 Cl⁻ 浓度相同的 3 种水灰比水平试件中的电位响应值均在相同的范围内波动，上下波动范围在 20 mV 左右。根据传感器在混凝土中的稳定性波动误差可以认为，在相同含量的 3 种水灰比试件中传感器电位响应比较一致，即当混凝土试件中的 Cl⁻ 浓度相同时，无论水灰比水平如何，传感器都有相近的电位响应。

图 5.6 和图 5.7 进一步证明了当传感器周围的 Cl⁻ 浓度相同时传感器有相近的电位响应，说明在一定的误差范围内传感器能够对周围 Cl⁻ 浓度做出准确的电位响应。传感器的电位响应只与掺入的 Cl⁻ 浓度有关，与水灰比水平无关。在 Cl⁻ 浓度相同的不同水灰比试件中传感器电位响应一致性良好。

5.2.4　传感器在混凝土中的稳定性

对传感器在 0.5 水灰比水平的 5 个试件 C5-1 ~ C5-5 中的电位稳定性情况做了长期观测,其稳定性曲线如图 5.8 所示。

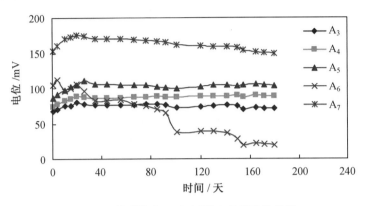

图 5.8　传感器在 C5 组试件中的稳定性曲线

从图 5.8 可以看到,在 Cl^- 浓度为 2.7%、2.1%、1.5% 这 3 个试件中的传感器 A_3、A_4、A_5 在 180 天的测试中保持了良好的稳定性,传感器 A_3 稳定后最大电位波动为 10 mV,传感器 A_4 稳定后最大电位波动为 7 mV,传感器 A_5 最大电位波动为 10 mV。在 Cl^- 浓度为 0.9% 的试件中,传感器 A_6 在前 17 天比较稳定,后来电位值逐渐下降,到第 180 天时电位值已经下降到 19.5 mV,最大电位波动为 85 mV,不符合传感器稳定性要求,说明传感器 A_6 失效。在 Cl^- 浓度为 0.3% 试件中的传感器 A_7 也保持了较好的稳定性,在整个测试阶段最大电位波动为 25 mV。有关 Ag/AgCl 电极在混凝土试件中长期稳定性的研究未见报道,根据传感器在砂浆试件中的稳定性情况可判断,图 5.8 中未失效的传感器在混凝土试件中 180 天电位响应最大波动为 25 mV,最小波动为 7 mV,长期稳定性良好,满足工程需要。由于混凝土试件在成型过程中浇筑振捣时都会有较大的振动,混凝土内部环境又比较复杂,传感器的工作面接触到粗骨料等都会对电位响应造成影响,并且本书使用的氯离子传感器与参比电极均为新生事物,两者性能均在摸索阶段,所以传感器 A_6 电位很不稳定应属正常现象。传感器 A_3 ~ A_5 的电位响应充分说明了传感器在混凝土试件中电位响应可以保持长期稳定,并具有可预见的在混凝土中更长时间保持稳定工作的巨大潜力。

从图 5.8 的传感器 A_3 ~ A_5、A_7 电位变化曲线可以看到,从试件成型后的第 2 天起至第 12 天,传感器的电位逐渐升高,到第 12 天左右电位值达到最高点,此后电位响应开始走向平稳。试件成型初期水泥进行水化会结合部分 Cl^-,使传感器周围 Cl^- 浓度减小,水泥水化使混凝土试件内部温度升高,以及混凝土在成型过程中由于水化作用导致混凝土产生收缩对传感器形成一定的压力等因素,都会使传感器电位发生变化,在 12 天后传感器电位响应逐渐稳定。稳定后传感器电位变化小,在混凝土试件内稳定性良好。

5.3　传感器在混凝土中对氯离子浓度的线性响应

根据 Nernst 方程,传感器在不同 Cl^- 浓度的溶液中有不同的电位响应,电位响应值与溶液中 Cl⁻活度的负对数呈线性关系。虽然混凝土内部环境同在溶液中不同,但根据 5.2 节的试验结果,传感器在混凝土中能够根据掺入 Cl⁻质量的不同做出不同的电位响应,说明传感器在混凝土中的电位响应同试件内的 Cl⁻浓度有一定的对应关系,但此关系是否仍遵循 Nernst 方程需要试验验证。

5.3.1 传感器在各水灰比试件中的线性响应方程

以 0.40 水灰比制作两组 Cl⁻浓度相同的试件,通过前面的试验结果知道,只要试件掺入的 Cl⁻浓度相同,埋在同一试件中的两支传感器及相同 Cl⁻浓度的不同试件中的传感器的电位响应一致性便很好,所以选取 C4-6 ~ C4-11 组试件为 0.40 水灰比试件的代表,与 0.35 水灰比和 0.50 水灰比试件一起对传感器在混凝土中的线性响应进行说明。

根据 Nernst 方程,在一定温度下,传感器的电位响应与溶液中相应的 Cl⁻活度的负对数成正比关系。由于在混凝土中目前还无法准确获得传感器周围孔隙溶液中的 Cl⁻浓度,而工程中对混凝土中 Cl⁻浓度的表示方法常用 Cl⁻质量占水泥质量的百分比表示,因此以传感器在混凝土试件中的电位响应为纵坐标,以 Cl⁻质量占水泥质量的百分比的负对数为横坐标表示传感器在混凝土中的线性响应方程。

由于传感器在试件 C5-4、C4-10、C4-11 及 C3-5 中的电位测试结果均不理想,所以在做 3 组试件的线性曲线时去除了以上 4 个试件的测试结果。根据《水运工程混凝土试验检测技术规范》规定,在对混凝土粉末样品取样时要除去石子后进行研磨,所以得到的测试结果应该为 Cl⁻占试件砂浆质量的百分比,再根据具体试件的配合比换算成 Cl⁻质量占水泥质量的百分比。表 5.3 ~ 5.5 为 3 组水灰比试件中测试稳定的传感器的电位响应平均值与相应试件中 Cl⁻质量占砂浆质量百分比及换算后的 Cl⁻质量占水泥质量百分比。

表5.3　0.35 水灰比试件中传感器电位响应值与试件 Cl⁻浓度对照

试件编号	掺入 Cl⁻质量占水泥质量百分比/%	测得 Cl⁻质量占砂浆质量百分比/%	测得 Cl⁻质量占水泥质量百分比/%	Cl⁻质量占水泥质量百分比的负对数	传感器电位响应平均值/mV
C3-1	2.1	0.34	1.016	−0.007	83.1
C3-2	1.8	0.31	0.91	0.04	100.1
C3-3	1.5	0.25	0.75	0.12	98.7
C3-4	1.2	0.20	0.59	0.23	110.4
C3-6	0.3	0.08	0.24	0.61	164.5

表5.4　0.40 水灰比试件中传感器电位响应值与试件 Cl⁻浓度对照

试件编号	掺入 Cl⁻质量占水泥质量百分比/%	测得 Cl⁻质量占砂浆质量百分比/%	测得 Cl⁻质量占水泥质量百分比/%	Cl⁻质量占水泥质量百分比的负对数	传感器电位响应平均值/mV
C4-6	2.1	0.33	0.998	0.001	83.4
C4-7	1.8	0.3	0.89	0.05	95
C4-8	1.5	0.25	0.74	0.13	106.1
C4-9	1.2	0.20	0.60	0.22	111

表 5.5　0.50 水灰比试件中传感器电位响应值与试件 Cl⁻ 浓度对照

试件编号	掺入 Cl⁻ 质量占水泥质量百分比/%	测得 Cl⁻ 质量占砂浆质量百分比/%	测得 Cl⁻ 质量占水泥质量百分比/%	Cl⁻ 质量占水泥质量百分比的负对数	传感器电位响应平均值/mV
C5-1	2.7	0.40	1.22	-0.088	74.7
C5-2	2.1	0.32	0.976	0.01	86.8
C5-3	1.5	0.24	0.74	0.13	102.8
C5-5	0.3	0.07	0.21	0.68	163.3

以表 5.3~5.5 中的传感器电位响应平均值为纵坐标,以 Cl⁻ 占试件中水泥质量百分比的负对数为横坐标作图(为了方便描述,将 Cl⁻ 质量占水泥质量百分比以符号 $w(Cl^-)$ 表示),分析传感器在混凝土试件中的线性响应,如图 5.9~5.11 所示。

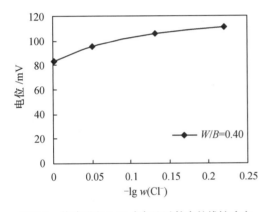 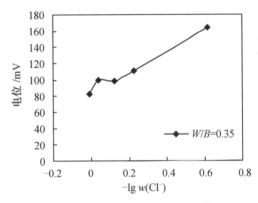

图 5.9　传感器在 0.35 水灰比试件中的线性响应　　图 5.10　传感器在 0.40 水灰比试件中的线性响应

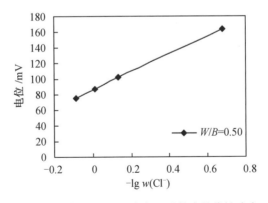

图 5.11　传感器在 0.50 水灰比试件中的线性响应

传感器在 3 种水灰比试件中的线性响应方程及线性相关系数见表 5.6。

从图 5.9~5.11 中可以发现,传感器在混凝土中的电位与相应试件中的 Cl⁻ 质量占水泥质量百分比的负对数基本可以满足线性关系:在 0.35 水灰比试件中由于 Cl⁻ 质量占水泥质量百分比为 1.8% 的试件中的传感器 A_{25} 的电位响应值偏低,导致曲线出现拐点;在图 5.10 中,传感器在 0.40 水灰比的 4 个 Cl⁻ 浓度的试件中的电位响应值呈现递增关系,但线性相关系数不太好;在 0.50 水灰比试件中传感器电位响应与试件中的 Cl^- 质量占水泥质量百分比负对数呈现了良好的线性关系。综合表 5.6 中的拟合方程,传感器在 3 种水灰比试件中的拟合方程斜率相近,截距相近,再次证明了传感器在不同水灰比、相同 Cl^- 浓度的试件中的电位响应值相近。由于在混凝土中误差较大,图 5.9 ~ 5.11 的线性关系已经可以充分说明传感器在混凝土试件中能够有比较好的线性响应。图 5.9 ~ 5.11 说明传感器在混凝土试件中可以根据 Cl^- 浓度的不同而有不同的电位响应,并且电位响应值与相应的 Cl^- 质量占水泥质量的百分比负对数间有较好的线性关系,说明传感器在混凝土试件中仍符合 Nernst 方程的原理,可以实现监测混凝土试件中不同 Cl^- 浓度的要求。

表 5.6　传感器在 3 种水灰比试件中的拟合方程

水灰比	拟合方程	相关系数
0.35	$y = 124x + 86.6$	0.971 1
0.40	$y = 122.8x + 86.5$	0.924 4
0.50	$y = 115x + 85.8$	0.999 1

5.3.2　传感器在砂浆试件与混凝土试件中的电位响应对比

由前面的分析知,传感器在相同 Cl^- 浓度的不同试件中有相近的电位响应。由于在 3 种水灰比 4 组试件中传感器在 Cl^- 浓度为 0.9% 试件中的电位值都出现了不稳定现象,因此在图 5.9 ~ 5.11 中都没有 0.9% Cl^- 浓度的点出现。为了比较传感器在相同 Cl^- 浓度的砂浆试件中是否能与混凝土试件有相近的电位响应,将图 5.3 中传感器 $A_2 - M_1$ 的电位值代入混凝土试件的线性方程中。由于传感器在 0.50 水灰比试件中的电位响应曲线是 3 条曲线中相关性最好的一条,而且水灰比同砂浆试件相同,为了得到明显的结果,将传感器 A_2 在 300 天的电位响应值取平均值为 123 mV,代入图 5.11 的曲线中,如图 5.12 所示。

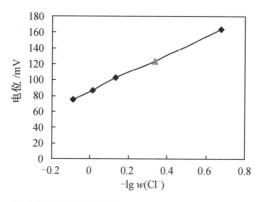

图 5.12　传感器在砂浆试件中与在混凝土试件中的电位响应值对比

由图 5.12 可见,传感器在砂浆试件中的电位响应值与在混凝土中的线性响应方程符合得很好。这证明了传感器在 Cl^- 浓度相同的混凝土试件中与砂浆试件中也有相近的电位响应,再一次充分说明,传感器可以对周围的 Cl^- 浓度做出准确响应,其电位响应值只与 Cl^- 浓度有关,与试件种类、水灰比等均无关。

5.3.3　传感器在混凝土中的线性方程

将传感器在 3 种水灰比试件中的线性响应方程一起比较,如图 5.13 所示,图 5.13 更清楚地说明了传感器在 3 种水灰比试件中电位响应的一致性非常良好。以上试验结果都表明,传感器在混凝土中可以对环境中的 Cl⁻ 浓度做出较为准确的响应,线性响应相关性很好,并且传感器在混凝土中的电位响应只与试件中的 Cl⁻ 浓度有关,不受其他因素影响。为了使传感器在混凝土应用中有统一的线性方程,将传感器在 3 种水灰比 4 组试件中的电位值进行整理,相同 Cl⁻ 浓度试件中的传感器电位值取平均值作为该 Cl⁻ 浓度下的电位响应值,并将该 Cl⁻ 浓度的所有试件测得的 Cl⁻ 占水泥质量的百分数取平均值,作为该含量下的 Cl⁻ 浓度值,将所有含量进行整理并将结果作成曲线,如图 5.14 所示。

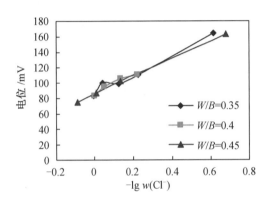

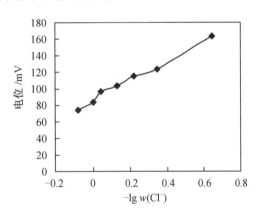

图 5.13　传感器在 3 种水灰比试件中的线性方程　　　图 5.14　传感器在混凝土中的线性方程

图 5.14 即为传感器在混凝土中的平均线性方程:

$$y = 120x + 86 \tag{5.1}$$

式中　y——传感器电位响应 E,mV;

　　　x——Cl⁻ 占水泥质量百分比的负对数。

式(5.1)中相关系数为 0.987 6。图中包括了 Cl⁻ 浓度从 0.3% 到 2.7% 范围内的传感器电位响应值。以上方程是在有限的试验中得到的试验结果,要建立传感器在混凝土中的标准线性方程还需进行大量的试验验证。

传感器在混凝土中得到的线性方程,与在溶液中得到的线性方程及与标准 Nernst 方程进行对比都有很大的差别,其主要原因是在混凝土中方程的建立不是以 Cl⁻ 的浓度为横坐标,即使传感器对周围的 Cl⁻ 做出了准确的电位响应,但由于横坐标无法对应相应的 Cl⁻ 浓度,所以与标准 Nernst 方程产生很大差异。由于混凝土内部环境与溶液中不同,Cl⁻ 在其中的存在形式、移动方式、速度等都会与在溶液中不同,传感器与溶液的界面反应受到影响,也造成传感器在混凝土中与 Cl⁻ 建立的线性关系同在溶液中有所差别。但从传感器在混凝土中的表现来看,以工程中常用的 Cl⁻ 占水泥质量的百分比的负对数为横坐标也得到了很好的线性响应方程,而且有利于与工程习惯相结合,且方便计算,所以这就是传感器在混凝土这种特殊的环境下特有的 Nernst 方程表达形式。

传感器在混凝土中能够有如此稳定的电位响应,在 Cl⁻ 浓度相同的不同试件中电位响应有很好的一致性,且有非常好的线性响应,都充分说明传感器在混凝土试件中应用的巨大潜力。

5.4　传感器在重复荷载下的性能

建筑物在使用期间经常会受到风荷载、雪荷载等各种荷载随机的或有规律的多次、重复的加卸载作用。传感器在重复荷载作用下,其电位值变化、传感器系统自身变形及受损状态及在荷载作用后传感器电位值的恢复等都需要通过试验进行验证,从而确定氯离子传感器系统在实际服役混凝土结构中的抗破坏能力、实时监测数据与受荷状态之间的对应关系和作用机理。

荷载试验结果表明,当混凝土受压、荷载在30%极限强度以下时,混凝土内部由于硬化产生的微裂缝几乎不变动;在30%～70%极限强度时,裂缝开始扩展或增加;到70%～90%极限强度时,微裂缝显著扩展并迅速增多,裂缝间相互贯通形成宏观裂缝,直至破坏。

根据以上原则,分别从3种水灰比试件中各选取1个试件,在30%和50%极限强度($f_{极限}$)重复荷载作用下及破坏荷载作用后对其性能进行研究,每种荷载重复加载3次,最后对试件进行破坏荷载试验,观测传感器在试件破坏阶段的电位值变化。加载期间同时使用电化学测试系统监测传感器的电位值变化,连续记录不同荷载作用下的传感器电位值,研究传感器在加载卸载过程中的电位值变化规律、传感器在重复荷载作用后的电位值稳定情况及在试件破坏过程中荷载对传感器电位响应的影响,最后将传感器从试件中取出放到溶液中再次进行测试,检验传感器的性能变化。

5.4.1　试件抗压强度

根据以上传感器在混凝土中的性能测试结果,分别选定在3种水灰比中性能优良的传感器:0.50水灰比中Cl^-质量占水泥质量2.1%的试件C5-2中的传感器A_4;0.40水灰比中Cl^-质量占水泥质量1.8%的试件C4-2中的传感器A_{10};0.35水灰比中Cl^-质量占水泥质量1.8%的试件C3-2中的传感器A_{25}。对3个传感器进行在重复荷载下的性能研究,取同组其他试件进行强度测试,并将测试结果取平均值作为重复荷载试验中试件的强度指标。各水灰比试件抗压强度见表5.7。

表5.7　混凝土试件抗压强度

水灰比	0.35	0.40	0.50
$f_{极限}$/MPa	49.8	40.8	30.6

5.4.2　传感器在30%$f_{极限}$重复荷载下的电位响应

图5.15～5.17分别为试件C5-2、C4-2和C3-2在30%$f_{极限}$重复荷载作用下传感器的电位响应曲线。

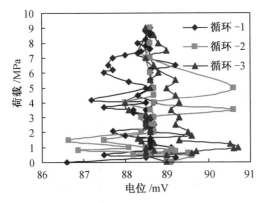

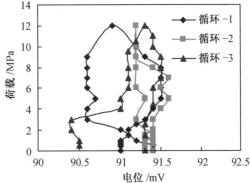

图 5.15　试件 C5-2 在 30% $f_{极限}$ 重复荷载作用下　　图 5.16　试件 C4-2 在 30% $f_{极限}$ 重复荷载作用下
　　　　　传感器的电位响应曲线　　　　　　　　　　　　　传感器的电位响应曲线

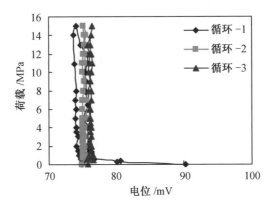

图 5.17　试件 C3-2 在 30% $f_{极限}$ 重复荷载作用下
传感器的电位响应曲线

　　从图 5.15 中看到,传感器在 3 次重复加载过程中电位值基本稳定在 88.5 mV 左右,除了少数几点电位波动较大外,传感器在 3 个加载循环中电位波动小于 2 mV,加载过程中平均电位值偏离未加载电位值(86.6 mV)1.9 mV。根据传感器在混凝土中的稳定性波动误差为 10~20 mV,可认为传感器 A_4 在 30% $f_{极限}$ 荷载作用下重复加载 3 次传感器电位响应同未加载时相比基本无变化,并在加载过程中传感器电位稳定。在试件 C4-2 中传感器 A_{10} 在未加载时电位为 91 mV,在 3 次加载循环中电位基本在未加载时的电位值 91 mV 左右变化,最大波动为 1.2 mV。在图 5.17 中,试件 C3-2 中的传感器 A_{25} 在加载瞬间电位值变化较大,在 3 次循环加载过程中电位响应比较稳定,在 75 mV 左右波动,最大电位波动为 3 mV。传感器 A_{25} 在 30% $f_{极限}$ 重复荷载作用下相比传感器 A_4 和 A_{10} 性能稍差,加载过程中电位值偏离未加载时的电位值 15.2 mV,但也在传感器稳定性波动的误差范围内,可认为传感器在 30% $f_{极限}$ 重复荷载作用下电位值比较稳定。

　　传感器加载原则是以表 5.7 中各水灰比试件强度为准,30% $f_{极限}$ 重复荷载作用即是试件 C5-2 加载 9 MPa,试件 C4-2 加载 12 MPa,试件 C3-2 加载 15 MPa。由图 5.15~5.17 可知,传感器在 30% $f_{极限}$ 重复荷载作用下电位响应同未加载时相比基本无变化,加载过程中传感器电位响应稳定。

5.4.3 传感器在50%$f_{极限}$重复荷载下的电位响应

图 5.18~5.20 分别为试件 C5-2、C4-2 和 C3-2 在 50%$f_{极限}$重复荷载作用下传感器的电位响应曲线。

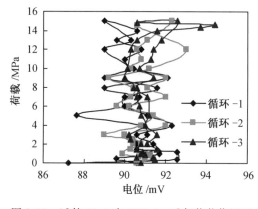

图 5.18 试件 C5-2 在 50%$f_{极限}$重复荷载作用下传感器的电位响应曲线

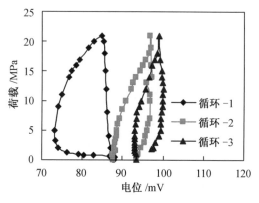

图 5.19 试件 C4-2 在 50%$f_{极限}$重复荷载作用下传感器的电位响应曲线

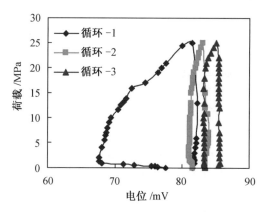

图 5.20 试件 C3-2 在 50%$f_{极限}$重复荷载作用下传感器的电位响应曲线

试件 C5-2 在未加载时电位值为 87.2 mV,3 次重复加载过程中电位基本稳定在 90.8 mV 左右,上下波动 4 mV。与 30%$f_{极限}$重复荷载作用下相比,在 50%$f_{极限}$重复荷载作用下传感器 A_4 电位值更大幅度地偏离未加载时电位值,且在加载过程中电位波动变大。但从总体上看,传感器 A_4 在 50%$f_{极限}$重复荷载作用下电位值基本保持不变,在加载过程中电位值保持稳定。与在 30%$f_{极限}$重复荷载作用下相比,传感器 A_{10} 和 A_{25} 可以保持电位值稳定不变,在 50%$f_{极限}$重复荷载作用下两支传感器的电位值都出现了明显的变化,在加载过程中两支传感器的电位波动趋势相似,都是随着加载次数增多电位值逐渐变大,在整个加载过程中两支传感器电位波动幅度在 20 mV 左右。两支传感器的电位值均较大偏离了未加载时的电位值,并在加载过程中一直在较大范围内波动。说明当试件在 50%$f_{极限}$重复荷载作用时,部分传感器会有明显的电位波动。

5.4.4　传感器在破坏荷载作用下的电位响应

图 5.21 ~ 5.23 分别为试件 C5-2、C4-2 和 C3-2 在破坏荷载作用下传感器的电位响应曲线。

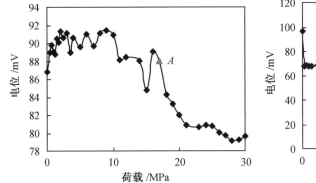 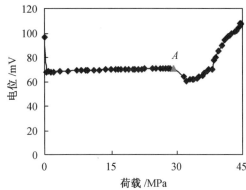

图 5.21　试件 C5-2 在破坏荷载作用下传感器的　　图 5.22　试件 C4-2 在破坏荷载作用下传感器的
　　　　　电位响应曲线　　　　　　　　　　　　　　　　　电位响应曲线

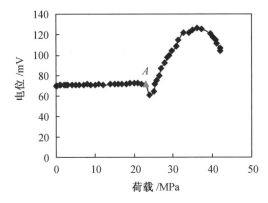

图 5.23　试件 C3-2 在破坏荷载作用下传感器的电位响应曲线

从图 5.21 ~ 5.23 中可以看到,传感器在破坏荷载作用下电位响应都有很明显的波动,3 支传感器电位变化的共同点是在开始加载的一段时间内传感器电位都保持稳定。试件 C5-2 中的传感器 A_4 从 A 点开始电位值陡然下降,A 点对应的荷载值为 17 MPa,为 57% $f_{极限}$;试件 C4-2 中的传感器 A_{10} 从 A 点开始电位值出现大幅度波动,先短暂下降,然后逐渐上升,达到极限荷载时电位值上升了 47 mV,A 点对应荷载值为 31.5 MPa,为 70.6% $f_{极限}$;试件 C3-2 中的传感器 A_{25} 开始时电位值保持稳定,到达 A 点后电位值出现小幅下降,然后上升,上升幅度达 65 mV,A 点对应荷载值为 24 MPa,为 57% $f_{极限}$。

由于本书采用 100 mm×100 mm×100 mm 的立方体试件,按照规范标准将立方体试件抗压强度换算成棱柱体轴心抗压强度($f_{cu} = 0.76 f_{cu,m}$),则试件 C5-2 的 A 点对应荷载值 17 MPa 为 75% f_{cu},试件 C4-2 的 A 点荷载值 31.5 MPa 为 92.9% f_{cu},试件 C3-2 的 A 点荷载值 24 MPa 为 75% f_{cu}。

可见,传感器在荷载达到 75% f_c 之前都能保持比较稳定的电位响应,当荷载达到或超过 75% f_{cu} 时传感器电位值出现明显波动。根据荷载试验结果,在 70% ~90% 极限强度时,微裂缝间相互贯通形成宏观裂缝,混凝土承载能力下降,此时有更大的力会直接加载到传感器上,使传感器在压力作用下电位值出现明显波动。试件破坏后取出传感器,传感器 A_4 封装外壳变形,外壳内填充的环氧与传感器芯体间出现缝隙,其余传感器外形均完好。

5.4.5　传感器在卸载后的电位响应

根据以上试验结果,试件在 30% $f_{极限}$(40% f_{cu})重复荷载作用下,传感器电位稳定,较未加载时电位值变化不大;在 50% $f_{极限}$(66% f_{cu})重复荷载作用下,一些传感器仍能保持电位稳定,但也有一些传感器开始出现较大幅度的电位波动;在破坏荷载作用下,当荷载达到 57% $f_{极限}$ ~70% $f_{极限}$(75% f_{cu} ~92% f_{cu})时,加载过程中传感器电位响应不再保持稳定,所有传感器都出现了电位值大幅波动的现象。这说明 50% $f_{极限}$ 荷载为传感器在压力作用下电位响应能否保持稳定的分界点。下面对传感器在 50% $f_{极限}$ 荷载作用后性能是否受到影响及在破坏荷载作用后传感器是否受到损伤进行研究。

(1)试件在 50% $f_{极限}$ 重复荷载作用后传感器的电位恢复。

将试件 C5-2、C4-2 和 C3-2 在完成 50% $f_{极限}$ 重复荷载试验后取下,静置 2 h,在进行破坏荷载试验前测试 3 个试件中传感器的电位响应,检验传感器在 50% $f_{极限}$ 重复荷载作用后的电位值恢复情况,测试结果如图 5.24 ~5.26 所示。

图 5.24 ~5.26 是电化学测试系统在试件进行破坏荷载作用之前 2 min 内监测到的传感器开路电位。根据表 5.3 ~5.5,试件 C5-2 中传感器的电位响应平均值为 86.8 mV,试件 C4-2 中传感器的电位响应平均值为 95 mV,试件 C3-2 中传感器的电位响应平均值为 100.1 mV。从图 5.24 ~5.26 可以看到,试件 C5-2 的测试电位响应平均值在 88.5 mV 左右,试件 C4-2 的测试电位响应平均值在 95.8 mV 左右,试件 C3-2 的测试电位响应平均值在 101.8 mV 左右,3 个试件的电位值均完全回到未加载时的电位值,且电位响应稳定。

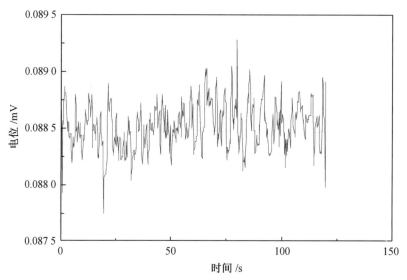

图 5.24　试件 C5-2 在 50% $f_{极限}$ 重复荷载作用后传感器的电位响应

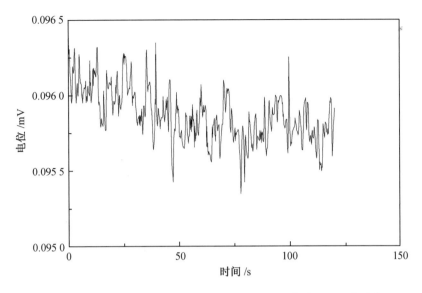

图 5.25　试件 C4-2 在 50% $f_{极限}$ 重复荷载作用后传感器的电位响应

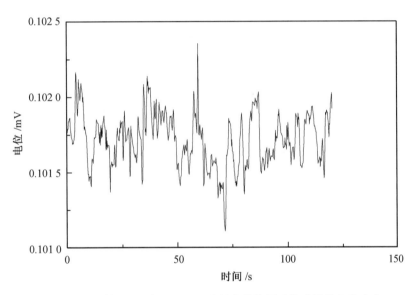

图 5.26　试件 C3-2 在 50% $f_{极限}$ 重复荷载作用后传感器的电位响应

　　以上试验结果充分说明试件在 50% $f_{极限}$ 重复荷载作用下虽然电位值会出现明显波动,但在卸载后传感器电位值能够在短时间内快速恢复到未加载时的电位值,说明传感器在 50% $f_{极限}$ 重复荷载作用下性能未产生影响。

　　(2)试件在破坏荷载作用后传感器的电位恢复。

　　试件破坏后将其中的传感器取出,放到溶液中使用标准参比电极进行测试,并将测试结果与传感器在埋入混凝土试件前的测试结果进行对比,检验传感器在经受试件破坏荷载作用后的性能变化。

　　从图 5.27 中看到,传感器 A_4 从混凝土中取出后再次放到溶液中测试,由于在 0.01 mol/L、0.05 mol/L、0.1 mol/L 和 0.5 mol/L 溶液中传感器电位值较未埋入混凝土前偏低,导致其电位-Cl⁻活度负对数关系曲线斜率变小,这与传感器在进行破坏荷载试验时封装外壳被挤压破坏有关。由于环氧与传感器芯体间出现缝隙,在溶液中测试时碱性溶液会渗进传感器内部,对导线焊接点可能造成腐蚀,从而对传感器性能产生影响。图5.28和图5.29中两支传感器电位响应同埋入混凝土之前相比无明显变化,但埋入混凝土后再次在溶液中测试时发现传感器的电位-Cl⁻活度负对数关系曲线线性相关系数变低,这可能与传感器埋入混凝土中后工作表面与砂浆接触,不可避免地会在工作表面粘上砂浆浆体,影响了传感器在溶液中对 Cl⁻的响应有关,只需将工作表面用砂纸轻轻打磨即可。

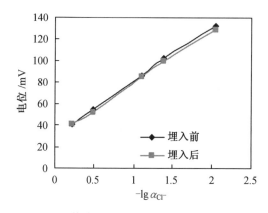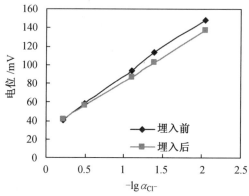

图 5.27　传感器 A₄埋入混凝土前后电位对比　　图 5.28　传感器 A₁₀埋入混凝土前后电位对比

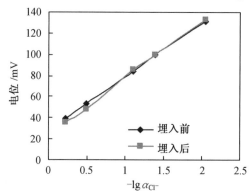

图 5.29　传感器 A₂₅埋入混凝土前后电位对比

可见,传感器在小于 50% $f_{极限}$ 重复荷载作用下性能无明显变化;在大于 50% $f_{极限}$ 重复荷载作用时,加载过程中传感器电位会发生明显波动,变化规律尚不明显,但在卸载后传感器电位能够迅速恢复到未加载时的电位响应,性能不会受到影响;破坏荷载对传感器也未产生影响,从混凝土中取出后在溶液中仍有良好的电位响应,并同埋入混凝土前差别不大。

5.4.6　传感器对混凝土结构受力状态的影响

由于传感器与混凝土弹性模量不同,当混凝土结构受到外力作用时,在传感器与混凝土界面处可能会由于变形不协调而产生应力集中现象,从而使两界面结合处成为结构薄弱环节。图5.30为试件破型后照片,从图中可以看到,试件并非在两界面处断开,说明传感器的埋入对混凝土结构的受力状态影响不大。在混凝土结构中埋置传感器是实现无损监测技术的重要手段,传感器也逐渐向小体积方向发展,目前国外已经研发或应用的传感器尺寸均大于本书传感器,且工程中的混凝土结构均为大体积混凝土,传感器相比而言尺寸很小,对混凝土结构的受力状态不会产生影响。

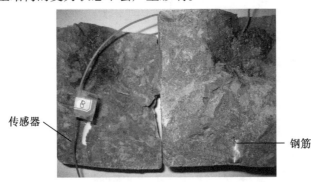

图 5.30　试件破型后照片

5.5　电场作用下传感器的电位响应

研究传感器在电场作用下的性能,一方面可以了解传感器在电场作用下的电位响应规律,另一方面可以通过加速渗透的方式向混凝土试件内引入 Cl^-,从而对 5.3 节中建立的传感器在混凝土中的线性方程进行验证。

在电场作用下性能良好的传感器,从饱水开始到加速试验结束,传感器的电位响应变化规律是相似的。本节以 0.45 水灰比试件 0.45-1 从饱水开始到最后钢筋严重腐蚀整个过程中传感器的电位随加速时间的变化为例,说明传感器在电场作用下电位响应的变化情况。

图 5.31 所示前两点是试件在饱水后、加速试验前测得的试件电位值,此时试件内没有 Cl^- 且无电场干扰,传感器在此时的电位响应值基本保持不变。根据 5.3 节传感器在混凝土中不同 Cl^- 浓度下的电位响应,在 Cl^- 浓度很低时电位响应值应该保持在 160 mV 以上(Cl^- 浓度为 0.3% 时电位响应值为 160 mV 左右),随着加速渗透的开始,不断有 Cl^- 渗入试件内部,试件内 Cl^- 浓度不断提高,依据传感器原理,电位响应值应该不断下降。从图 5.31 可以看到,传感器在加速电压作用下的电位变化符合此规律,说明传感器在加速电场下保持了良好的电位响应性能,电位变化趋势正确,并且饱水后传感器电位响应值在正常范围内。

根据表 3.3 试件加速制度为每天加速 3~4 h,剩余时间均静置。为了检验传感器电位响应是否受加速电压的影响,在试件加速期间及刚刚停止加速后的 2~5 h 对传感器电位响应进行测试。测试结果发现:在加速期间及加速后的短时间内传感器电位响应值非常不正常,传感器在加速试件中正常的电位响应值在 170~100 mV,在加速期间及加速后的短时间内测量,传感器电位响应值普遍达到 300~400 mV,电位响应值变化很大,说明电场对传感器的电位响应有影响。但是,在第二天加速前对传感器再次进行测试,传感器电位响应已完全恢复正常,说明电场对传感器的输出电位的影响是在一定的时间区间内,经过一段时间,传感器电位完全能够恢复到未受电场作用前的正常值。

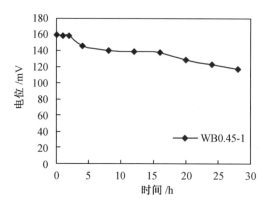

图 5.31　传感器电位随加速时间的变化情况

5.6　传感器在混凝土中线性响应方程的验证

根据 5.4 节的总结,通过先掺法得到了传感器在混凝土试件中的线性响应方程:

$$E = 86 - 120 \lg w(\mathrm{Cl}^-)$$

由于传感器在加速电场作用后需要较长的稳定时间,所以每次对传感器电位值的测试均在第二天加速前进行。每天加速前测试传感器的电位值,加速试验停止时得到传感器最终的电位响应值。

对加速完成的试件进行取样和 Cl^- 浓度的滴定,将滴定得到的 Cl^- 浓度值代入式 (5.1) 即可计算出依据已建立的传感器在混凝土中的线性方程得到的传感器电位响应值,将此响应值与实际测得的加速完成时传感器的电位响应值进行比较,验证式 (5.1) 的正确性与适用范围。

由于得到的试验结果众多,在每个配合比中选取一个试件为代表,对式 (5.1) 进行验证。将每个试件在加速完成后测得的试件中 Cl^- 质量占砂浆质量的百分比、换算后的 Cl^- 质量占水泥质量的百分比、根据式 (5.1) 计算得到传感器的电位响应值及实际测得的加速终点时传感器的电位响应值一并列于表 5.8 中。

表 5.8　传感器在混凝土中线性响应方程的验证

试件编号	水灰比	Cl^- 质量占砂浆质量百分比/%	Cl^- 质量占水泥质量百分比/%	$x(\mathrm{Cl}^-$ 质量占水泥质量百分比的负对数)	y(传感器电位响应平均值)/mV	实测传感器电位响应值/mV
0.35-1	0.35	0.188	0.55	0.256	116.7	-185
0.40-1	0.40	0.113	0.34	0.47	142.6	146
0.45-1	0.45	0.199	0.6	0.22	112.5	117.2
FA-1	0.35	0.088	0.26	0.59	156.6	39.6
SF-1	0.35	0.088	0.26	0.59	156.3	94.1
SiF-1	0.35	0.11	0.33	0.487	144.6	149

通过表 5.8 看到,在试件 0.40-1、0.45-1 和 SiF-1 中通过式(5.1)计算得到的传感器的电位响应值与实际传感器测得的电位响应值符合得非常好。在 3 个试件中计算得到的电位响应值与实测的电位响应值虽然有一定的误差,但由于在混凝土试件中传感器本身测量值误差偏大,式(5.1)又是传感器在多个混凝土试件中建立的统一方程,所以表 5.8 中 3 个试件的测量值与计算值出现误差属于正常现象。3 个试件的误差均比较小,都在正常范围内,说明只要测得传感器在混凝土试件中的电位响应值就可以通过式(5.1)计算得到较为准确的试件中的 Cl⁻ 浓度值,式(5.1)作为传感器在混凝土试件中的线性响应方程是准确的。

从表 5.8 中还看到,在试件 0.35-1、FA-1 和 SF-1 中,传感器测量值与实测值之间差别很大。通过查看传感器在试件加速过程中的电位值变化发现,试件 0.35 中的传感器在测试过程中的电位响应一直为负值。从表 5.5 可知,当试件中的 Cl⁻ 浓度达到 2.7% 时传感器正常的电位响应值才为 74.7 mV。当传感器电位响应值出现负值,说明传感器在电场作用下出现了不稳定现象。试件 FA-1 和 SF-1 在饱水结束后电位响应值为 85.7 mV 和 66.3 mV。由于加速时试件内部几乎没有 Cl⁻ 的存在,传感器的正常电位响应值应该很大,根据得到的试验数据,此时的电位响应值应该至少大于 160 mV,而饱水结束后的电位值为 85.7 mV 和 66.3 mV,说明传感器在未加速时就出现了不稳定现象。通过了解两支传感器在加速过程中的电位变化发现,传感器电位响应并非如图 5.31 所示的变化规律,电位值时而升高,时而降低,说明两个试件中的传感器发生了损坏。0.35-1、FA-1 和 SF-1 这 3 个试件中传感器的电位响应表现并非偶然现象,在试验过程中发现有相当数量的传感器发生了类似现象,说明传感器在混凝土试件中有一定的失效概率。由于传感器均为手工制作,制作过程中难以保证所有传感器性能均完全一致,混凝土内的环境又远比在溶液中复杂,对传感器的性能要求比较高,此时稍有瑕疵的传感器埋入混凝土中就会有不稳定的性能表现。3 支传感器的表现也从其他方面说明电场的作用会对一些性能稍差的传感器产生影响,使传感器不能保持稳定。

表 5.8 还反映了不仅水灰比对式(5.1)无影响,在复掺硅灰与粉煤灰的试件 SiF-1 中传感器的电位响应值与测量值也符合得很好,掺合料对式(5.1)的准确性也没有影响。这说明传感器在混凝土试件中只对 Cl⁻ 变化敏感,水灰比、掺合料和 Cl⁻ 的引入方式均对传感器的电位响应无影响,也说明式(5.1)是在混凝土中普遍适用的方程。

5.7　传感器的预警功能

建立了传感器在混凝土试件中的线性响应方程后,可以结合第 3 章得到的混凝土中钢筋腐蚀临界氯离子浓度推算出混凝土中钢筋钝化膜破坏时的传感器电位响应值,从而建立相应的预警系统。

将表 3.4 中得到的混凝土中钢筋腐蚀临界氯离子浓度代入式(5.1),得到钢筋钝化膜破坏时传感器的临界电位响应值,见表 5.9。

根据表 5.9,将传感器埋入混凝土试件中实时监测传感器电位响应值的变化。依据混凝土试件的不同配比,当传感器电位响应值达到表 5.9 中的临界电位值时,即说明钢筋已达到钝化膜破坏的临界点,可以第一时间采取相应的补救措施,发挥传感器的预警功能。混凝土中的 Cl^- 浓度未达到临界浓度时,传感器的电位响应值大于表5.9中的临界电位响应值,通过在钢筋附近及混凝土保护层不同深度处埋置多支氯离子传感器,根据传感器测得的电位响应值,可以明确钢筋周围及混凝土保护层不同深度处的 Cl^- 浓度值及 Cl^- 分布状态,为混凝土结构的健康监测提供有力的数据支持。

表5.9 传感器临界电位响应值

试件编号	临界氯离子浓度/%	传感器临界电位响应值/mV
0.35	0.55	116.9
0.40	0.34	142.8
0.45	0.136	190.3
FA	0.26	156.8
SF	0.26	156.4
SiF	0.33	144.6

第6章 埋入式参比电极的研制及电化学稳定性

6.1 概　述

对于混凝土服役状况的监测,一般响应型电化学传感器(如氯离子传感器、pH 传感器)要求参比电极能够提供稳定且重复性好的基准电位,并以此为基准将采集到的电位信号转换为直观的耐久性参数(如 Cl⁻ 浓度、pH)。这就要求参比电极不仅具备长期稳定性、耐极化、使用寿命长等优点,更为重要的是,采用相同工艺制备的参比电极应该具有良好的重现性。

对于阳极沉积工艺制备的 Ti 基 MnO_2 电极,其电极电位受均一相中组成的影响,而相组成在电极陈化处理过程中难以控制,无法保证电极具有理想的重现性。另外电极不适宜在碱环境条件下使用,混凝土是碱性体系,可对电极造成污染,电极长期稳定性不好,会产生漂移。因此,本章介绍了掺 Mn 的非均一相电极体系的制备方法,研究了在模拟混凝土孔隙溶液中的电化学性能,并将封装后的电极埋置在混凝土里,进行电化学性能测试。

6.2 原　材　料

1. 水泥

试验所用水泥为亚泰集团哈尔滨水泥有限公司生产的 P·O 42.5 型硅酸盐水泥。该水泥的基本物理力学性能见表 6.1,主要化学成分见表 6.2。

表 6.1　水泥的基本物理力学性能

细度/%	凝结时间/min		安定性	抗折强度/MPa		抗压强度/MPa	
(0.080 mm 筛余)	初凝	终凝	(沸煮法)	3 天	28 天	3 天	28 天
4.0	125	189	合格	5.7	8.3	29.1	60.3

表 6.2　水泥主要化学成分(质量分数)　　　　　　　　　%

SiO_2	Al_2O_3	Fe_2O_3	CaO	MgO	SO_3	R_2O
21.08	5.47	3.96	62.28	1.73	2.63	0.80

注:R_2O 为 K_2O 和 Na_2O 的总含量。

2. 细集料

细集料采用松花江江砂,细度模数为 2.82,砂的密度为 2.6 g/cm^3,吸水率为 0.75%,含泥量(质量分数)为 1.5%。

3. 拌和水

拌和水为饮用自来水。

4. 溶液

混凝土模拟孔隙溶液:预先制备饱和氢氧化钙溶液。由 7.4 g 的 NaOH 和 36.6 g 的 KOH 掺入每升饱和氢氧化钙溶液的方法合成了混凝土模拟孔隙溶液。

电沉积溶液:0.25 mol/L 的醋酸锰溶液作为电沉积溶液。

陈化处理液:1 mol/L NaOH 溶液作为制备好的电极的陈化处理液。

5. 沉积钛基体

采用 Ti1 级别钛(ϕ0.8 cm×3 cm)作为工作电极,一端连接导线待用。

6.3 电极制备方法

电沉积通过一个三电极系统完成。饱和甘汞电极被用作参比电极,铂板(7 cm×7 cm)作为辅助电极,钛电极作为工作电极。在电沉积之前,先对沉积体进行仔细的表面处理。表面处理工艺:将钛金属分别用 300、600 目的砂纸逐级打磨,然后对打磨后的基体进行喷砂处理,最后将钛金属基体放置在质量分数为 10% 的 90 ℃ 草酸溶液内进行 2 h 酸刻处理。

6.3.1 电沉积工艺参数的确定

1. 电沉积溶液的确定

基体最初采用光谱石墨作为沉积体,并试验了不同的电沉积溶液,如将 H_2SO_4 和 $MnSO_4$ 的混合溶液作为沉积溶液,结果表明电极沉积层与基体之间的附着力不足,沉积层容易脱附。然后采用醋酸锰溶液作为电沉积溶液,在室温下经过不同沉积工艺试验,此类沉积溶液与基体间的附着力很好,电极制备成功率高,沉积后沉积层均匀。

2. 沉积方法的确定

电沉积包括恒(动)电流极化、恒(动)电位极化及恒电位(流)方波电沉积等。恒电流和动电流极化沉积法制作的电极表面差异性较大,制作出的电极重现性不好,不能满足参比电极后期制备的要求。方波电沉积存在与恒(动)电流极化电沉积类似的问题,而且电极表面沉积层的分布不均匀。因此,最终确定采用"恒电位极化"的方法制作电极,此方法用于电极制备的优点如下:

(1)电极重现性好。

(2)电极稳定性好。

(3)电极沉积层分布均匀。

3. 沉积电位的确定

二氧化锰参比电极在不同的阳极电位下沉积到光谱石墨表面,沉积溶液采用醋酸锰溶液,电沉积条件见表 6.3。

图 6.1(a)所示为碳基体制作的参比电极在不同沉积电位下的电化学稳定性,A 和 B 电极的长期稳定性优于 C,因为 A 和 B 电极的电位漂移小于 5 mV,而 C 则接近 20 mV。

进一步地在图 6.2 中发现,在 0.6 V 以上的沉积层表面出现了大量的可见裂缝,这会造成电极的不稳定性。而从图 6.1(b) 中可以观察到,同样的沉积工艺下,在碳基体上沉积制备的参比电极,重现性基本满足要求,但是仍不理想,这是由于石墨基体容易吸附很多杂质和有机分子,而且在很大程度上受到电极周围含氧量的影响。考虑到钛金属作为沉积体制备的各种电极在防腐、电化学沉积、电化学生产中所体现出的很多优异性能,确定用 Ti1 级钛作为阳极沉积的基体。

表 6.3　在不同沉积电位下的电沉积条件

编号	A	B	C	A_1	A_2
阳极电位/V	0.50	0.65	0.80	0.50	0.50
极化时间/min	360	360	360	360	360

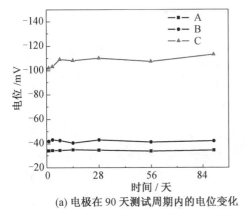

(a) 电极在 90 天测试周期内的电位变化

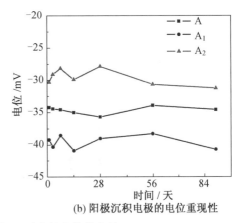

(b) 阳极沉积电极的电位重现性

图 6.1　不同电极在 90 天内的电位稳定性

如图 6.2 所示,沉积层结构非常致密,少量的裂缝也可以被观察到,更多的质子可以通过裂缝渗透到沉积层内部,这会导致电极电位的少量差别。

如图 6.3 所示,稳定性的差异可能是由于这样的事实:在沉积石墨电极的表面形貌与极化电位变化有很大关系。0.5 V 沉积的照片展示了一个类似的分布无定形凝胶,大量的裂缝出现在 0.65 V 电位下沉积的电极表面。质子经由电解二氧化锰电极表面的裂缝将进入电极内部。

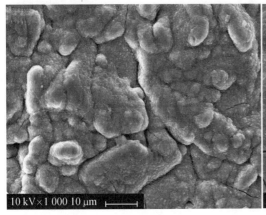

图 6.2　0.5 V 阳极沉积电位下沉积的电极 SEM

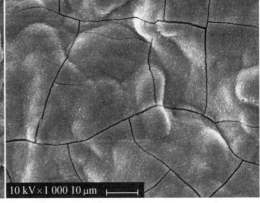

图 6.3　0.65 V 沉积时的电极表面状况

6.3.2 电极的优选工艺

二氧化锰在 0.5 V（相对于饱和甘汞电极）的阳极电位下，沉积在经过处理的钛 TA1 基体上。反应可以通过下式进行描述：

$$Mn(CH_3COO)_2 + 2H_2O \longrightarrow MnO_2 + 2CH_3COOH + H_2\uparrow \tag{6.1}$$

式（6.1）表明，Mn 离子首先向阳极的表面扩散，然后电解的 γ-MnO_2 附着在阳极基体上。

TMRE（钛基二氧化锰参比电极）的结构如图 6.4 所示，多孔的纤维水泥砂浆作为过滤层，Ti/MnO_2 电极浸泡在由 0.6 mol/L KOH、0.2 mol/L KOH、饱和氢氧化钙组成的参比溶液中，并添加聚丙烯酰胺使参比溶液凝胶化。最后，将连接导线的一端安置在尼龙护套的预制腔体中，并灌入环氧以防止电解液腐蚀导线和电极接触部分，制成电化学沉积二氧化锰参比电极。

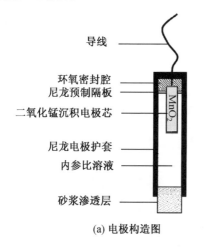

导线
环氧密封腔
尼龙预制隔板
二氧化锰沉积电极芯
尼龙电极护套
内参比溶液
砂浆渗透层

(a) 电极构造图

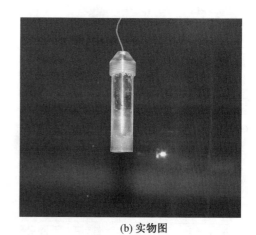

(b) 实物图

图 6.4 TMRE 的结构

6.4 埋入式参比电极电化学稳定性

6.4.1 埋入式参比电极的电位稳定性

将封装好的二氧化锰参比电极浸泡在预制的碱性陈化溶液里，进行 45 天的陈化处置之后，电极被放入合成孔隙溶液中进行电位–时间测量。通过添加 CaO 维持整个溶液 pH 的恒定，盐桥使用 KNO_3。同时，对阳极沉积的参比电极进行电位稳定性的研究。

图 6.5 为 3 个参比电极（A_T、B_T 和 C_T）在孔隙溶液中的电化学稳定性。

从图 6.5 可以看出参比电极的电位与时间的关系。整个测试过程中，通过添加 CaO 维持整个溶液 pH 的恒定。相对饱和甘汞电极，制备参比电极电位波动范围在 ±5 mV，经过预先的老化处置，二氧化锰的表面在配制孔隙溶液中发生还原反应，质子从电解质进入氧化层。氧化物的还原过程如下：

$$MnOOH_n + \Delta nH^+ + \Delta ne^- \Longrightarrow MnOOH_{n+\Delta n-} \tag{6.2}$$

与此同时，一个在氧化物表面和在电解液质子之间的平衡将建立：

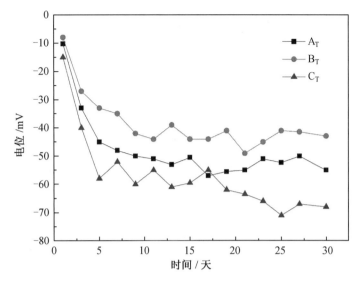

图 6.5　3 个参比电极(A_T、B_T 和 C_T)在孔隙溶液中的电化学稳定性

$$\phi_{surf}-\phi_{sol}=-\frac{RT}{F}pH \ln 10-\frac{1}{F}\mu_{H^+(surf)} \tag{6.3}$$

$$\phi_{surf}-\phi_{sol}=-\frac{RT}{F}pH \ln 10-\frac{1}{F}\left(\frac{d\mu_{MnOOH_n}}{dn}\right)_{surf}+\frac{1}{F}\mu_{e^-(surf)} \tag{6.4}$$

式(6.4)表明,该氧化物表面及电解质之间的电位差取决于电解液的 pH、在氧化物表面的电子和质子扩散状态以及不同的沉积材料上 MnO_2/$MnOOH$ 的比例。

图 6.6 描述了参比电极埋置在砂浆中的电位-时间关系,在这部分试验中,水泥被用作胶结料,为了消除粗骨料的影响,配置了水泥砂浆,其配合比见表 6.4。同时,为了测试在不同 Cl^- 质量的水泥砂浆中的钢筋腐蚀性能以及参比电极的性能,在 3 个试样中掺加了不同比例的氯化钠。

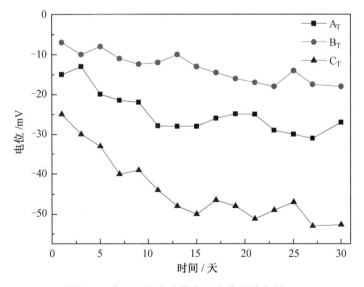

图 6.6　参比电极在砂浆中的电化学稳定性

表6.4   水泥砂浆的配合比

编号	m(水泥)：m(细骨料)	水灰比	w(KCl)/%
A			0
B	1：3	0.60	0.3
C			3

图6.7为水泥砂浆试样中的三电极体系示意图。如上所述配比的3个砂浆试样（150 mm×150 mm×150 mm）内分别埋置一根直径为8 mm、长为140 mm的Q235钢筋。为了定义钢筋的工作电极面积，除了埋置在混凝土内部的15 cm² 面积外，其余面用环氧树脂进行封装。在水泥初凝之前，TMRE被埋置在距离钢筋表面5 mm、距离混凝土上表面45 mm处。之后，在参比电极埋置处附近钻取一个直径10 mm、深45 mm的孔以便于饱和甘汞电极的埋置。3个试样A、B和C在成型以后都放置在标准养护环境（温度为（20±1）℃，相对湿度为95%）内直至待测龄期。

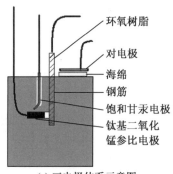

(a) 三电极体系示意图

(b) 三电极砂浆试样中的布置与测试环境

图6.7   三电极体系示意图及在水泥砂浆试样中的布置图

在3个配比的水泥砂浆中，参比电极的电位分别比在孔隙溶液中的电位高40 mV、30 mV和17 mV，这部分差别主要来源于不同水泥砂浆试样的电位降IR_c，其中R_c为水泥砂浆的电阻。一般对于砂浆来说，它主要受砂浆的组成成分、温度、湿度、水灰比、孔隙率等的影响。Cl⁻在这里是主要的影响因素，Cl⁻越多，意味着电阻率越低。因此，在C_T中的电位降IR_c比B_T和A_T的低。

6.4.2   埋入式参比电极的抗极化能力

为了研究固态电极的抗极化能力，采用相同工艺制备固态电极M_1与M_2，将这两个电极同时放置在模拟孔隙溶液中，分别对两电极进行线性极化测试。线性极化测试通过CorrTest电化学测试系统进行，动电位线性极化试验参数：极化区间为相对钢筋开路电位±20 mV；线性极化扫描速率为12 mV/min。

从图6.8中可以看出，在阴极和阳极方向上，极化曲线都有显著的钝化区域。从阳极极化曲线可以看出，TMRE的交换电流密度从Tafel曲线中可以计算出来，即

$$\eta = a + b\lg i \tag{6.5}$$

$$a = \frac{-2.303RT\lg i_0}{\beta nF} \tag{6.6}$$

$$b = \frac{2.303RT}{\beta nF} \tag{6.7}$$

式中　R——阿伏伽德罗常数；

　　　T——温度；

　　　F——法拉第常数；

　　　β——传递系数；

　　　n——电子转移数量。

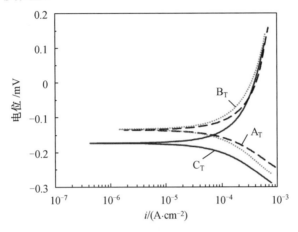

图 6.8　埋入式参比电极的抗微电流极化能力

　　因此,根据式(6.6)和式(6.7)可以计算出各个电极的交换电流密度。

　　从表 6.5 中可以看出,TMRE 的交换电流密度非常大,这意味着当小电流通过时 TMRE 只能发生很小的极化,此时电位的偏移是可以被忽略的。此外,TMRE 的耐极化能力也可能来源于尼龙电极护套中高 pH 溶液的缓冲性。

表 6.5　TMRE 的交换电流密度

电极	A_T	B_T	C_T
$i_0/(A \cdot cm^{-2})$	0.63×10^{-3}	0.68×10^{-3}	0.63×10^{-3}

　　在进行混凝土中钢筋的腐蚀监测时,TMRE 通常在间歇充放电情况下工作。TMRE 在被小电流极化后,可以观察到其电位在 5 min 内恢复到原值。也就是说,即便是小电流引入电极,电极表面活性层中的 MnO_2 和 $MnOOH$ 之间的比例也将随着质子扩散作用迅速恢复,而质子扩散速度主要取决于 i_0 的大小:

　　在电极内表层

$$MnO_2 + H^+ + e^- \longrightarrow MnOOH \tag{6.8}$$

　　在电极外表层

$$MnOOH - H^+ - e^- \longrightarrow MnO_2 \tag{6.9}$$

　　这意味着固态 MnO_2 电极具有较大的交换电流密度,即较强的抵抗极化能力。因此,电极在经历长期和反复的电化学测试过程中,间歇性的电流输入不会影响电极的长期稳定性。

6.4.3　抗氯离子干扰能力

　　为了评价 TMRE 抵抗 Cl^-(通常因为环境侵蚀或者除冰盐作用)的干扰能力,不同量

KCl 被添加到孔隙溶液中,电位的偏移如图 6.9 所示。从图中可以看出,在孔隙溶液中添加大量的(接近 1.5 mol)的 KCl,电位的偏移也少于 5 mV,这也说明 TMRE 对 Cl⁻ 的干扰不敏感。

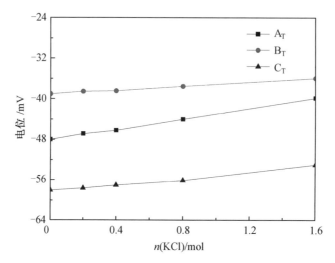

图 6.9　不同摩尔比的孔隙溶液中 TMRE 的电极电位

6.4.4　固态参比电极的微观形貌

图 6.10 为固态参比电极在模拟孔隙溶液中浸泡 90 天后的 SEM 照片,对图 6.10 分析可知,在 20 000 倍的放大倍率下,经过碱溶液浸泡处理的固态电极颗粒分布十分均匀,电极结构致密,无任何裂缝。表面附着的白色颗粒,经能谱分析其成分为孔隙溶液中的碱性金属离子,即碱性凝胶中有少量的 K^+、Ca^{2+} 和 Na^+ 吸附在电极表面。致密的微观结构有利于固态参比电极的长期稳定性以及电位的重现性。

图 6.10　固态 MnO_2 电极的 SEM 照片

6.4.5　固态电极的温度稳定性

为了评价温度对混凝土中钢筋劣化情况及相关传感器测试结果的影响,在测试过程中,必须消除温度对参比电极输出电位的影响,即对参比电极进行温度补偿。通过图6.11中描述的测试方法研究 MMRE 的温度响应规律,两烧杯中各填充 300 mL 的模拟孔隙溶液。放置饱和甘汞电极的溶液保持恒温 20 ℃,而放置 MMRE 的溶液温度由 5 ℃逐渐加热至 50 ℃,在加热过程中对 MMRE 的电位 E_T 进行测量,见表 6.6。

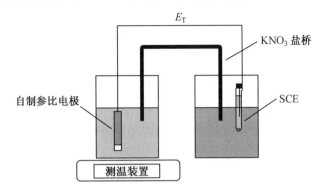

图 6.11　MMRE 的温度–电位关系测定示意图

表 6.6　MMRE 的温度响应

温度/℃	5	10	15	20	25	30	35	40	45	50
电位/mV	−11.0	−14.7	−17.3	−20	−22.3	−25.1	−27.9	−29.9	−32.4	−35.1

　　根据 Nernst 方程,电极的电位是随温度变化而变化的。根据表 6.6 可知,MMRE 的温度响应系数约为 −0.65 mV/℃,电极电位与温度呈良好的线性关系。可见,所制备的参比电极温度响应特性十分理想。在不同温度下进行电化学测试时,可以通过得到的温度响应系数对参比电极在不同温度下的输出电位进行温度补偿。

6.4.6　埋入式参比电极的应用

　　线性极化法是一种快速而有效的腐蚀速率测试方法。极化电阻 R_p 取决于钢筋自腐蚀电位周围的极化曲线斜率(图 6.12)。可以通过下式计算腐蚀电流密度:

$$i_{corr} = B/R_p \tag{6.10}$$

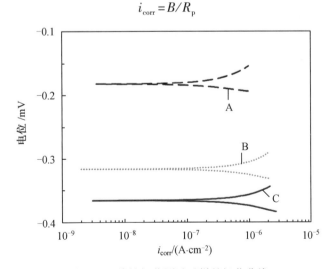

图 6.12　线性极化测试试样的极化曲线

B 值根据塔费尔斜率的 β_a 和 β_c 计算,即

$$B = \frac{\beta_a \beta_c}{2.303(\beta_a + \beta_c)} \tag{6.11}$$

对于处于活化状态下的钢筋,B 取 26 mV 来简化方程。之后,钢筋腐蚀速率可以通过下式计算:

$$C_{rate} = \frac{0.129 i_{corr} E.W.}{dA} \tag{6.12}$$

式中　i_{corr}——腐蚀电流密度,$\mu A/cm^2$;

　　　A——钢筋的表面积,cm^2;

　　　E.W.——钢筋的当量质量,对于 Fe 来说标准值是 28;

　　　d——钢筋的密度,g/cm^3;

　　　C_{rate}——钢筋的腐蚀速率,$\mu m/$年。

6.5　本章小结

(1)TMRE 的稳定电位来源于沉积材料上 $MnO_2/MnOOH$ 的相对稳定性。

(2)TMRE 在混凝土孔隙溶液中和砂浆中都表现出了很好的电位稳定性,同时具有很强的抗 Cl^- 干扰能力。

(3)TMRE 的动电位极化试验中,TMRE 在阴阳极方向都存在明显的钝化区域,且其交换电流密度较大,可以抵抗微电流的极化,这在工程测试中是非常理想的性能。

(4)用 TMRE 对埋置在砂浆试样中的钢筋进行了线性极化测试,结果表明钢筋随着砂浆中氯化物含量的增大,其腐蚀速率也增加,说明该参比电极在混凝土应用中具有广泛的应用前景。

(5)TMRE 是非常理想的混凝土长效、埋入式参比电极。

第7章　混凝土电阻率的测试
与传感器的研制

7.1　概　　述

混凝土的电阻率与混凝土结构的使用寿命及服役状况息息相关,在腐蚀诱导期混凝土电阻率受 Cl^- 浓度的影响显著,而在劣化期保护层的电阻率决定着钢筋腐蚀的速率。虽然混凝土的电阻率不能直接反映混凝土内部的钢筋是否已经腐蚀,但是可以通过对其的测量来间接评估混凝土保护层的腐蚀风险。混凝土的电阻一般采用四点法(如 Wenner 法)测量,在测试过程中若采用直流电,会导致电极出现极化效应,使测量结果出现误差。因此,大多数的测试方法均采用固定频率的交流电进行信号激励。然而,当采用固定频率激励时,测试结果有时会不精确且重现性一般。因此,考虑到混凝土自身的非均质性以及混凝土与传感器电极间的界面性质,本书采用 0.1 ~ 20 kHz 的交流频率对混凝土电阻率进行准确的测试。

混凝土电阻率是影响钢筋腐蚀的主要因素,可以通过测量混凝土电阻率的方法来间接评估钢筋腐蚀状况。本书通过电阻率测试单元的原位测试,对不同氯化物含量的砂浆体系中保护层电阻率的变化规律进行研究。同时,基于制备的 MMRE,通过线性极化法确定埋置在不同深度、不同氯化物含量砂浆中传感器半环电极的极化电阻,得出在无氯盐污染情况下,砂浆体系的半环电极极化电阻与砂浆电阻率之间的关系模型。

7.2　混凝土电阻率测试单元

7.2.1　电阻率传感器的封装

图 7.1 为电阻率测试单元的结构示意图。8 个不同内、外径的半环电极(金属材质为 Q235 钢材)被固定在一个尼龙基座上。其中,同层高两半环尺寸相同,是由完整的金属圆环等分而成,电阻测试单元金属圆环的几何尺寸见表 7.1。

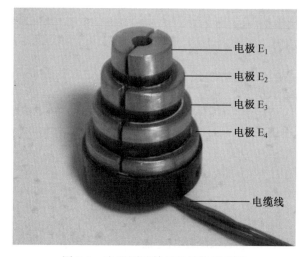

图7.1　电阻测试单元的结构示意图

表7.1　电阻率测试单元金属圆环的几何尺寸　　　　　　　　　　　　mm

电极	内径	外径	厚度
E_1	8.0	24.0	8.7
E_2	24.0	33.0	7.7
E_3	33.0	40.0	6.7
E_4	40.0	46.0	6.0

金属圆环几何尺寸设计有效地保证了以下几点：

（1）每个半环电极具有相同的暴露面积，即334 mm^2。

（2）覆盖在电阻率测试单元各半环电极表面的砂浆或混凝土保护层，不会受到其他电极的影响。因此，从砂浆或混凝土暴露面渗透至各半环电极附近的 Cl^- 以及对应保护层的碳化程度，均不会受到其他电极的干扰。

（3）电阻率测试单元不仅可以用于新建混凝土工程，还可以通过在已建混凝土结构上钻取一定直径和深度的孔隙，将电阻率传感器进行埋置，实现对保护层电阻的实时监测。

（4）电阻率的测试分别通过埋置在不同深度的相邻的两个半环完成，电阻率值通过对称的两组半环的测量值进行校验和均值处理，一方面能够获得与深度相关的保护层电阻，另一方面提高了测试精度并减少了偶然误差。

7.2.2　等效电路模型

近年来，电化学阻抗谱（Electrochemical Impedance Spectroscopy，EIS）被成功地应用于腐蚀系统的研究，特别是应用于直流电化学技术不能解决的方面。EIS 对腐蚀的研究通常需要借助描述腐蚀系统的等效电路模型来完成，即通过对等效电路模型的分析研究钢筋（或电极）与混凝土的界面行为。图7.2 为电阻测试单元在混凝土中界面行为的等效电路。混凝土与半环电极间不连续的、非均质的界面行为，使其具有常相位角元件（CPE）

所具有的一些特性。这种元件 Q 的阻抗 Z_{CPE} 可以表示为

$$Z_{CPE} = \frac{1}{Y_0 (j\omega)^n} \tag{7.1}$$

式中　Y_0——CPE 常数；

　　　n——弥散指数，表示钢筋表面的不均质和粗糙度；

　　　ω——角频率；

　　　j——虚数，$j = \sqrt{-1}$。

当 $n=0$ 时，CPE 表示电阻；当 $n=1$ 时，CPE 表示电容；当 $n=0.5$ 时，CPE 表示 Warburg 阻抗；当 $n=-1$ 时，CPE 表示电感。

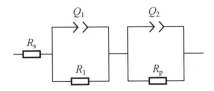

图 7.2　电阻测试单元在混凝土中界面行为的等效电路

图 7.2 中的等效电路由代表混凝土电阻的元件 R_s 与并联的两个电阻-电容(R-C)电路串联而成。其中，低频部分(<1 Hz)的时间常数描述传荷过程，由半环电极的极化电阻 R_p(或称腐蚀反应电荷传递电阻)与代表双电层电容的常相位角元件 Q_2 并联而成；中频部分(1 Hz ~ 1 kHz)的时间常数描述阳极表面的氧化还原反应过程，由半环电极/混凝土界面电阻 R_1 与代表混凝土电容的常相位角元件 Q_1 组成。由图 7.2 可知，埋置在混凝土中的传感器系统的阻抗可以表示为

$$Z = \frac{\dfrac{1}{R} + Y_0 \omega^n \cos\left(\dfrac{n\pi}{2}\right) - j Y_0 \omega^n \sin\left(\dfrac{n\pi}{2}\right)}{\left(\dfrac{1}{R}\right)^2 + \left(\dfrac{2}{R}\right) Y_0 \omega^n \cos\left(\dfrac{n\pi}{2}\right) + (Y_0 \omega^n)^2} + R_s \tag{7.2}$$

$$Z' = \frac{\dfrac{1}{R} + Y_0 \omega^n \cos\left(\dfrac{n\pi}{2}\right)}{\left(\dfrac{1}{R}\right)^2 + \left(\dfrac{2}{R}\right) Y_0 \omega^n \cos\left(\dfrac{n\pi}{2}\right) + (Y_0 \omega^n)^2} + R_s \tag{7.3}$$

$$Z'' = \frac{Y_0 \omega^n \sin\left(\dfrac{n\pi}{2}\right)}{\left(\dfrac{1}{R}\right)^2 + \left(\dfrac{2}{R}\right) Y_0 \omega^n \cos\left(\dfrac{n\pi}{2}\right) + (Y_0 \omega^n)^2} \tag{7.4}$$

式中　R_s——混凝土的电阻，Ω。

7.2.3　传感器的几何系数标定

混凝土的电阻率需要通过半环电极的几何尺寸系数 k(cm)对测得的混凝土电阻值进行换算：

$$k = \frac{\rho}{R_s} \tag{7.5}$$

式中　ρ——电阻率，$\Omega \cdot cm$。

传感器的几何系数还可以表示为

$$k=\frac{A}{L} \tag{7.6}$$

式中　A——电极与混凝土接触的有效面积,cm^2;

L——两个电极之间的有效距离,cm。

对于规则几何尺寸的电极系统,A 和 L 可以直接测量;相反,对于电阻率测试单元的特殊构型,其几何尺寸系数 k 需要在已知电导率的溶液(表 7.2)中标定。

表 7.2　KCl 标准溶液 20 ℃下的电导率

浓度/(mol · L^{-1})	电导率/(S · cm^{-1})
0.01	0.001 273 7

阻抗测试采用 RST5200 测试系统,测量频率从 0.1 kHz 到 50 kHz,正弦交流振幅为 10 mV;测量时相邻的两个电极半环分别作为辅助电极和工作电极。图 7.3 描述了频率为 0.1~50 kHz 的半环电极在 KCl 溶液中的阻抗行为。

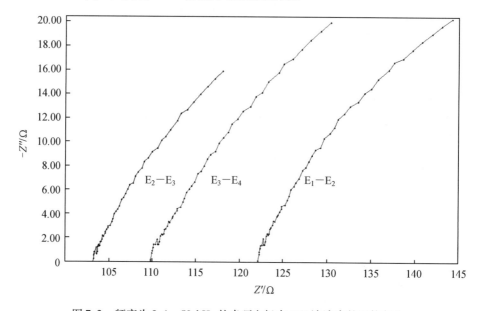

图 7.3　频率为 0.1~50 kHz 的半环电极在 KCl 溶液中的阻抗行为

由图 7.3 可知,电极在最高频处($f=50$ kHz)表现出纯电阻行为($Z''=0$),对应的阻抗频点的实部等于标定溶液的电阻。从图 7.2 等效电路可以看出,在高频激励的作用下,由于 Q_1 和 Q_2 的旁路作用使 R_1 和 R_p 被短路,整个电路中只有溶液电阻起作用。随着频率的降低,电阻率测试单元对应半环电极的阻抗曲线表现出更多的容抗特性。由此可知,假设输入的阻抗频率偏低以至于未能消除测试体系中容抗部分的干扰,测得的电阻值将偏离待测体系的真实电阻。传感器对应半环电极对在 0.01 mol/L KCl 溶液中的几何尺寸系数见表 7.3。

由表 7.3 可知,由于电阻率测试单元采用了相同表面积的半环电极,不同半环电极对的几何尺寸系数差别不大,相同电极布置的传感器的 k 为常数,可以利用此系数将混凝土(砂浆)保护层的电阻换算为电阻率。

表 7.3 传感器对应半环电极对在 0.01 mol/L KCl 溶液中的几何尺寸系数

电极对	拟合电阻值/Ω	k/cm
E_1—E_2	123.60	0.157
E_2—E_3	104.58	0.132
E_3—E_4	110.41	0.141

7.3 电阻率的测试

7.3.1 砂浆电阻率的测试

为了研究不同氯化物含量砂浆的电阻率,在砂浆中掺加了不同比例的 NaCl。砂浆的配合比见表 7.4。

表 7.4 砂浆的配合比

编号	m(水泥):m(细骨料)	水灰比	w(NaCl)/%
A			0
B			1
C	1:3	0.40	3
D			5

电阻率测试单元埋置在砂浆试件(10 cm×10 cm×10 cm)中,其中半环电极 E_1 距离砂浆上部暴露面的距离为 15 mm。将砂浆试样放置在温度为(20±1) ℃、相对湿度为 95% 的环境下养护 28 天后,进行砂浆电阻的测试。测试之前,将砂浆试件进行真空饱水处理,以消除砂浆内部的湿度梯度。Morris 等定义该类型的测试环境为"短期湿润环境"。短期湿润环境表征的是由于大雾、洒水、溅水以及雨水淋湿导致的钢筋表面湿润状态,且此时钢筋表面不会处于一种完全缺氧的状态。

半环电极对 E_1—E_2 在砂浆中的阻抗行为如图 7.4 所示,在整个阻抗曲线中可以发现两个不完整的半弧。一般来说,第一个尺寸较小的半弧直径对应混凝土的电阻和容抗,而第二个较大的半弧直径对应双电层电容 C_{dl} 以及半环电极的极化电阻 R_p。从图 7.4 中可以看出,第二个半弧在低频处弯曲度不足,以致从曲线中不能直接得到相应半环电极的极化电阻 R_p。这是因为砂浆孔隙溶液 pH 较高,且砂浆 A 中未掺入氯化物,意味着半环电极表面的钝化膜结构完整致密,半环电极具有较高的极化电阻。

由于仪器有效测试频率范围的限制,在高频段(f=20~50 kHz)只能记录下小尺寸半弧的一小部分,约 20%。随后,在由高频向中高频过渡的曲线上,两个半弧相交的尖端处对应频点的阻抗虚部 Z'' 达到最小值,可以认为该频点的实部非常接近混凝土的电阻值,此频点对应的频率称为截止频率 f_{cutoff}。对于水泥基材料(混凝土或者砂浆)来说,f_{cutoff} 的范围为 0.1~100 kHz,宽幅的截止频率范围表明:常见的电阻率测试方法中,将某额定频率下获得的混凝土(或砂浆)阻抗实部定义为混凝土电阻是不合理的。

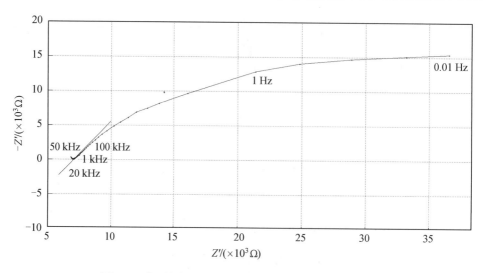

图 7.4 半环电极对 $E_1—E_2$ 在砂浆 A 中的阻抗行为

从图 7.4 中可以看出,待测体系介于 20 kHz ~ 100 Hz 的阻抗谱图呈现出明显的线性规律。此时,实部 Z' 与虚部 Z'' 之间符合如下关系:

$$Z'' = aZ' + b \tag{7.7}$$

式中　a——频率介于 $[100\ Hz, 20\ kHz]$ 的阻抗曲线斜率;

　　　b——频率介于 $[100\ Hz, 20\ kHz]$ 的阻抗曲线与 $Z' = 0$ 直线的交点。

可见,采用 100 Hz ~ 20 kHz 的频率范围进行电化学阻抗测试并选取合适的线性段进行回归分析,可以在 $Z'' = 0$ 处计算出混凝土(砂浆)保护层的电阻值,即图 7.4 中的黑色拟合直线与红色测试曲线相交处对应频点的阻抗实部。将左右对称的电极对测量到的混凝土电阻进行平均处理,电阻率值由相应电极对的几何尺寸系数 k 进行换算,测试结果见表 7.5。

表 7.5　砂浆电阻与电阻率测试结果

砂浆	$E_1—E_2$		$E_2—E_3$		$E_3—E_4$	
	R_s/Ω	$\rho/(\Omega \cdot cm)$	R_s/Ω	$\rho/(\Omega \cdot cm)$	R_s/Ω	$\rho/(\Omega \cdot cm)$
A	2 521	16 057	2 334	17 681	2 603	18 460
B	821	5 229	772	5 848	901	6 390
C	344	2 192	293	2 220	347	2 461
D	290	1 847	251	1 901	308	2 184

由表 7.5 可知,砂浆的电阻率随着 NaCl 含量的增加而降低。测试发现,未掺加 NaCl 时,砂浆 A 的电阻率为 $(17\ 000 \pm 1\ 000)\ \Omega \cdot cm$;氯化物含量为 5% 的砂浆 D 的电阻率降低到 $(2\ 000 \pm 200)\ \Omega \cdot cm$,降低约 10 倍。这是因为氯盐溶解在孔隙溶液中,使得孔隙溶液中游离态离子升高,砂浆的导电性增强,电阻率降低。

对不同深度砂浆电阻率的变化规律进行分析后发现:在相同氯化物含量的砂浆中,传感器测得的砂浆电阻率随深度的增加而升高。试验将待测试件进行了真空饱水处理,基本消除了湿度梯度对砂浆电阻的影响,不过试件暴露在相对湿度较高的环境下,砂浆的暴露面具有更高的相对湿度。可见,湿度对砂浆电阻率影响较大,砂浆孔隙的保水率越高,砂浆的电阻率越低。

7.3.2　砂浆电阻率

半环电极的极化电阻测试与 7.3.1 节介绍的电阻率测试在相同的测试环境及砂浆配合比下进行。图 7.5 为辅助电极与工作电极间电阻测试原理图,其中距离混凝土上表面 5 mm 处埋置一个尺寸为 6 cm×1 cm 的钛基金属氧化物丝网(Ti/MMO)作为辅助电极,这种丝网已经广泛应用于阴极保护系统。

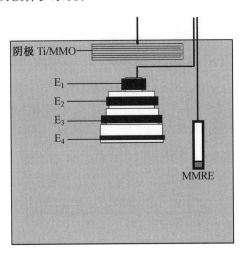

图 7.5　辅助电极与工作电极间电阻测试原理图

电阻率测试单元的最上端半环电极 E_1 埋置在距离辅助电极 10 mm 处。进行线性极化测试时,相应的半环电极($E_1 \sim E_4$)作为工作电极,MMRE 作为参比电极。

线性极化测试通过 CorrTest 电化学测试系统进行,动电位线性极化试验参数:极化区间为相对钢筋开路电位±20 mV 的极化区间;线性极化扫描速率为 12 mV/min。极化电阻值 $R_p(\Omega)$ 可以通过外加的小幅极化电位 $\Delta E(\text{V})$ 所产生的电流响应 $\Delta I(\text{A})$ 求得:

$$R_p = \frac{\Delta E}{\Delta I_{(\Delta E \to 0)}} \qquad (7.8)$$

为了建立埋置在不同氯化物含量的砂浆中半环电极的极化电阻与表面覆盖的砂浆电阻之间的关系,研究了辅助电极与对应半环电极间的电化学阻抗行为,测试频率为 0.1 ~ 20 kHz,得到对应电极间的砂浆电阻,如图 7.6 所示。由图 7.6 可知,砂浆电阻随着半环电极与辅助电极间距离的增加而升高,随着氯化物含量的增加而降低。从总体趋势来看,掺加 1% 的氯化物即导致砂浆电阻显著降低,这是因为具有相似化学成分和微结构的砂浆,其电阻完全取决于环境湿度、温度与侵蚀介质的浓度。电阻的降低,主要是因为 Cl^- 增加了砂浆孔隙溶液的离子交换能力。在氯化物含量由 3% 增加至 5% 阶段,砂浆的电阻率下降幅度显著减慢。其原因可能是,在饱水状态下当砂浆的孔隙率达到一定程度,氯化物含量为 3% 时,Cl^- 对导电性的强化作用已经达到极限状态,继续添加氯化物对导电性的影响降低。

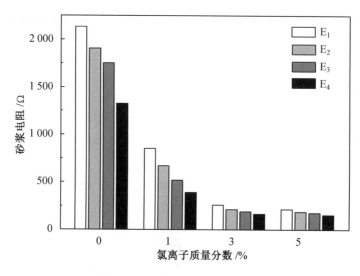

图 7.6 对应电极间的砂浆电阻

7.3.3 半环电极的极化电阻

试验中对埋置在不同氯化物含量、不同埋置深度砂浆中的半环电极的极化电阻进行测试。埋置在砂浆 A 和砂浆 C 中的半环电极($E_1 \sim E_4$)的线性极化曲线如图 7.7 所示。重复测试,得到的曲线规律一致性良好。

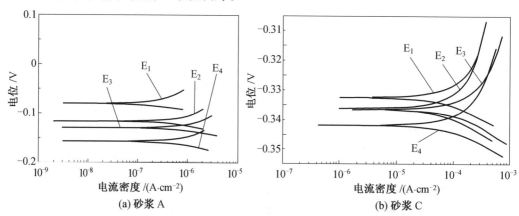

图 7.7 埋置在砂浆 A 和砂浆 C 中的半环电极($E_1 \sim E_4$)的线性极化曲线

由图 7.7 可知,砂浆 A 中半环电极 E_1 与 E_4 间的腐蚀电位相差约 100 mV。半环电极的腐蚀电位随着埋置深度的增加而升高,这说明半环电极的埋置深度对其自腐蚀电位有重要的影响,这主要是因为保护层厚度的增加降低了电极表面的氧气可获性,减缓了阴极反应的速率。

腐蚀电位是评价金属腐蚀状态的一个重要参数,较高的腐蚀电位通常预示着较低的钢筋腐蚀速率。如图 7.7(a)所示,砂浆 A 中阳极半环表现出了较高的腐蚀电位,这是因为未掺氯化物的砂浆 pH 在 13 以上,使得半环电极表面钝化膜结构完整且性能稳定。相反,埋置在砂浆 C 中的半环电极由于钢筋表面附近 Cl⁻ 的集聚,有利于铁原子转化为铁离子,使电极表面处于活化状态,表现出较低的腐蚀电位。此外,砂浆 C 中距离暴露面最近的电极 E_4 表现的腐蚀电位最低,约为 $-365\ mV$。根据美国 ASTM C876—91,该腐蚀电位对应 95% 以上的腐蚀风险。

线性极化曲线的测试是评价金属腐蚀状态的另一个重要途径。如图 7.7(a)所示,随着极化的进行,在阴极和阳极方向上,砂浆 A 中的电极半环的电流密度较低,说明电极表面处于钝化状态。砂浆 C 中电极的极化曲线与砂浆 A 中不同,随着极化电位的增高,电流密度在阴极和阳极方向都显著增高,说明处于砂浆 C 中电极的表面处于活化状态,钝化膜遭到破坏。对于砂浆 B 和 D(此处未列出),埋置其中的半环电极表现出了与砂浆 C 相似的极化行为。为了获得定量的腐蚀数据,根据式(7.9)计算得到各砂浆中对应半环电极的极化电阻(R_p)值。

图 7.8 所示为半环电极在不同砂浆(A ~ D)中的极化电阻值。半环电极的极化电阻符合 A>B>C>D 的递减趋势,与图 7.6 中砂浆电阻的规律相似。T. Lius 等的研究表明,在环境湿度较高的情况下,外界侵入砂浆内部的 Cl^- 浓度与钢筋腐蚀速率之间有很好的相关性。此外,未掺氯化物砂浆的 R_p 值要比氯盐污染的砂浆大 2 ~ 10 倍。这与 C. Alonso 等采用相似水灰比的混凝土,对氯盐污染下钢筋的腐蚀劣化规律进行研究时得到的试验规律一致。值得注意的是,在同一砂浆中,半环电极的 R_p 随着埋置深度的增加而增大。M. J. Correia 等对混凝土中不同深度的氧浓度进行研究时发现,距离混凝土暴露面的距离与混凝土中的氧气浓度之间存在线性关系。混凝土(砂浆)中电极腐蚀的阴极反应需要足够的氧化剂(通常是水与氧气)维持,因此电极周围的保护层厚度对制约钢筋腐蚀的发展起到了决定性的作用。

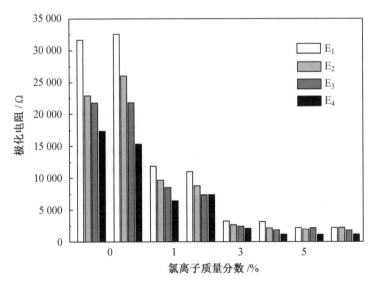

图 7.8　半环电极在不同砂浆中的极化电阻值

7.3.4　砂浆电阻与半环电极极化电阻的关系模型

混凝土(砂浆)电阻率是影响钢筋腐蚀的主要因素,因而也是控制钢筋腐蚀发展的一个因素。混凝土(砂浆)电阻率间接反映其所处的环境条件,Alonso 等提出了腐蚀速率和混凝土电阻率之间相互关系的经验模型。

$$i_{corr} = \frac{K}{\rho_{con}} \qquad (7.9)$$

式中 i_{corr}——腐蚀电流密度，A/m^2；

K——回归系数，V/m；

ρ_{con}——混凝土电阻率，$\Omega \cdot m$。

在 Brite Euram 项目中对上述表达式做了进一步的阐述，其中包含了几个修正因子，如

$$i_{corr} = \frac{K}{\rho_{con}(t)} F_{Cl} \cdot F_{gal} \cdot F_{Ox} \cdot F_{O_2} \qquad (7.10)$$

式中 $\rho_{con}(t)$——t 时刻混凝土的实际电阻率，$\Omega \cdot m$；

F_{Cl}——Cl^-浓度影响因子；

F_{gal}——电流影响因子；

F_{Ox}——氧化物层影响因子；

F_{O_2}——氧气可获性影响因子。

然而，如果没有大量翔实的试验测试数据，这些修正因子比较难于定量化。例如，作为参考，当混凝土保护层内存在 Cl^- 污染时，F_{Cl}可取 2.63；而对于无 Cl^- 污染的混凝土，F_{Cl}可取 1.0。为此，以半环电极在未掺氯盐砂浆中腐蚀过程的电化学本质为基础，建立了简化的钢筋腐蚀模型。图 7.9 为未掺氯化物的砂浆中的 $\ln R_p$-R_s 曲线。由图 7.9 可知，半环电极的 $\ln R_p$ 与相应的砂浆电阻之间呈线性关系，可以表示为

$$\ln R_p = 0.000\ 716 \times R_s + 8.737\ 2 \quad r^2 = 92.5\% \qquad (7.11)$$

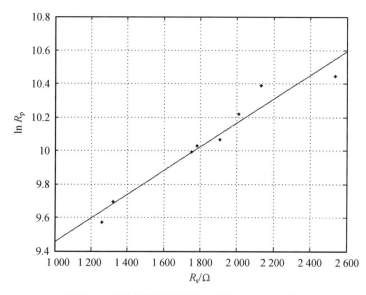

图 7.9 未掺氯化物的砂浆中的 $\ln R_p$-R_s 曲线

式(7.11)表明，在未掺氯化物的砂浆中，半环电极的极化电阻 R_p 随着砂浆电阻的增大而增大。此时，电极的腐蚀状态主要取决于表面的氧气可获性和砂浆保护层的质量（包括厚度、含水量、配合比及孔隙率等）。在温、湿度恒定的情况下，砂浆体系对于埋置

其中的电极可定义为可量化描述的侵蚀介质。而 R_p 和 R_s 之间的线性关系进一步证明了用砂浆保护层的电阻值来间接评估砂浆服役状态的可行性。

综上,通过在现场埋置混凝土电阻率测试单元,并对保护层电阻率进行实时监测,一方面可以评估保护层的服役状态,另一方面可以代替线性极化法等对服役钢筋腐蚀速率进行直接测试的电化学方法,通过预测模型研究混凝土中埋置钢筋的工作状态。为了将上述模型应用到实际结构钢筋的服役状态评估,还需要综合考虑现场复杂的暴露环境,以及粗骨料的使用所导致的混凝土的非均质性等实际状况。

7.4 本章小结

(1)开发了混凝土电阻率测试单元,基于 EIS,在已知电阻率的 0.01 mol/L 的 KCl 溶液中,得到了电阻率测试单元各半环电极对的几何尺寸系数 k。

(2)对电阻率测试单元在不同氯化物含量的砂浆中的电化学阻抗行为进行了研究,提出了基于电化学阻抗技术对混凝土保护层电阻率进行测试的频率范围(0.1~20 kHz),并根据此频段的线性特性确定了混凝土电阻的对应频点(f_{cutoff})的取值方法。

(3)对不同氯化物含量的砂浆电阻以及半环电极进行了极化电阻测试。结果表明:砂浆电阻随氯化物的含量增高而降低,随着保护层厚度的增加而升高。而半环电极的极化电阻与对应的砂浆保护层电阻变化规律一致。因此,在恒温、恒湿条件下,在未掺氯化物的砂浆中建立了 R_p 与 R_s 之间的简化关系模型。

第8章　混凝土保护层腐蚀风险评估
——宏电池电流

8.1　概　　述

宏电池结构如图1.5所示。宏电池电流装置可以埋入混凝土或砂浆保护层中,实时监测混凝土保护层的劣化情况。其基本的测试原理是将几根阳极埋置在距离混凝土表面不同深度处,通过监测阳极与阴极间的宏电池电流,对有害介质(主要是氯化物)向保护层内部的侵蚀过程进行预警。宏电池电流一直作为对腐蚀的初始时刻进行预警的耐久性参数,但其涉及的电化学信息以及电化学本质却很少被关注。本书在电阻率测试单元基础上,通过复合使用耐腐蚀的金属氧化物电极 Ti/MMO 和埋入式参比电极 MMRE,对不同氯化物含量砂浆中的宏电池电流进行监测,通过研究宏电池电流随测试时间的变化规律,确定作为宏电流采集时间的取值时刻 T,并对宏电池电流的电化学本质进行研究。此外,采用加速渗透试验装置,在 3 V 加速电压下对混凝土中埋置的宏电池电流传感器对 Cl^- 侵蚀的响应行为进行研究。

本章介绍自主研发的宏电池电流装置,并对电流采集时间、电流幅值等参数进行定量分析。

8.2　TTS 电极布置及测试原理

塔式传感器系统(Tower Type Sensor,TTS)的结构布置如图8.1所示。具有不同内外径的 4 个铁质阳极环(Q235)被固定在一个尼龙塔上,而 TMRE 被埋置在塔式底座的底端。为了从阳极获得有参考价值的数据,电极 2 的内径尺寸与电极 1 的外径尺寸是相等

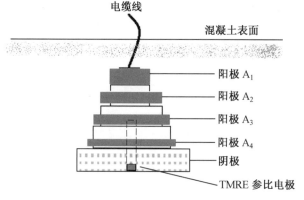

图 8.1　TTS 的结构布置

的,同时其他阳极圆环也具有类似的尺寸布置。由 10 mm 宽的 Ti/MMO 网带制作的阴极,放置于电极 4 下部 5 mm 处,连接导线由每个单独的传感元件分别引出(包括阳极 1、2、3、4 和阴极)。

8.3　水泥砂浆试样配合比

试验使用水泥是标准 P·O 42.5 级普通硅酸盐水泥,由哈尔滨水泥有限公司提供,细骨料采用细度模为 2.4 的河砂。为了评价 TTS 在被氯盐侵蚀的砂浆中的性能,在砂浆中添加不同质量分数的 NaCl,水泥砂浆的配合比见表 8.1。

表 8.1　水泥砂浆的配合比

编号	m(水泥):m(细骨料)	水灰比	w(NaCl)/%
A			0
B	1:3	0.60	0.3
C			3

8.4　结果与讨论

8.4.1　宏电池电流测试机理

实际上,宏电池电流的幅值取决于下式:

$$I_{mac} = \frac{\Delta U}{R_{an}+R_{ca}+R_E} = \frac{U_{ca}-U_{an}}{R_{an}+R_{ca}+\dfrac{\rho_c}{L}} \tag{8.1}$$

式中　I_{mac}——宏电池电流的大小;

　　　ΔU——阴极电位 U_{an} 和阳极电位 U_{ca} 的电位差,即腐蚀驱动力;

　　　R_{an}、R_{ca} 和 R_E——阳极反应电阻、阴极反应电阻和混凝土内阻,Ω;

　　　L——特征长度,取决于阳极周围混凝土质量、阳极和阴极的面积、混凝土的电阻率以及阴极和阳极之间的距离;

　　　ρ_c——混凝土电阻率,$\Omega \cdot m$。

为了获得宏电池电流大小与阴极状态、阳极状态、保护层状态之间的关系,阴、阳极间的即时短路电流通过 RST5200 电化学测试系统进行测试。

8.4.2　数据分析

图 8.2 为阴极和阳极间的即时短路电流变化曲线。结果表明,在测试周期内,即时短路电流的变化规律符合一维指数规律。

为了获得相对稳定且可以作为衡量标准的采集时间,根据下式描述短路电流的变化规律:

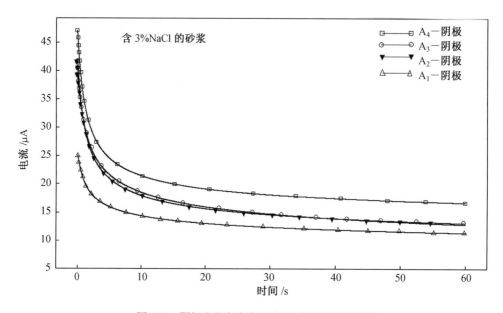

图 8.2　阴极和阳极间的即时短路电流变化曲线

$$\frac{I_{\text{ins}}(t) - I_s}{I_0 - I_s} = e^{-\frac{t}{\tau}} \qquad (8.2)$$

式中　　I_{ins}——即时短路电流值；

　　　　t——测试时间；

　　　　I_0——短路电流初始值；

　　　　I_s——短路电流完全稳定值；

　　　　τ——时间常数。

　　作为标准采集时间参考取值的指标，τ 可以从大量测试结果中总结出来，而这个参考取值在本书所使用的砂浆试样平行试验中，测试的平均值约为 10 s。考虑到实际测试工作要求采集时间在稳定的同时尽量短，所以 3τ（对应即时短路电流达到完全稳定值的 95%）被选为短路电流的采集时间。表 8.2 给出了宏电池在采集时间为 30 s 时的即时短路电流值。

表 8.2　宏电池在采集时间为 30 s 时的即时短路电流值　　　　　　　　　　μA

砂浆	A_1—阴极	A_2—阴极	A_3—阴极	A_4—阴极
A	0.1	0.1	0	0
B	7.2	8.2	7.9	10.0
C	14.2	15.0	15.2	19.1

　　由表 8.2 可见，砂浆 C 中的宏电池电流要比砂浆 B 中的高，而在砂浆 A 中几乎没有发现宏电池电流。对于给定的 TTS，R_{an}、R_{ca} 以及电极面积，甚至阴极和阳极间的电流都可以视为常数值，而 U_{an} 和 U_{ca} 可以使用 TMRE 进行测试。与本书所估计的相似，砂浆 B 和 C 中测试到了更大的电位差 ΔU，这是因为阳极处于活化状态后，其自然电位相对更负，两者电位差（电流驱动力）变大。如果不考虑混凝土内阻，仅是电位差的相对增高即会导致

短路电流的升高。此外,砂浆 A 中相对较低的电位差和相对很高的混凝土电阻率,使得其宏电池电流相应很小,甚至可以忽略。总体来说,对宏电池电流的幅值进行周期性监测,当发现其值由 0 变化到几微安甚至几十微安时,即可初步判断不同层的混凝土保护层可能由于外界环境的作用而劣化。

8.5　本章小结

(1)新型传感器 TTS 可以进行与混凝土深度相关的电化学测试,通过对宏电池电流进行周期性的监测来评估混凝土保护层的服役状况。

(2)宏电池电流随着 Cl^- 含量的增大而呈上升趋势,当混凝土保护层状态良好时,即无 Cl^- 侵蚀的状态下,其宏电池电流接近于零。

(3)为了更好地评估混凝土保护层的服役状况,需要配合温湿度传感器,也要对混凝土的电阻率进行监测,应该说 TTS 的宏电池电流单元对于腐蚀风险的预警是满足要求的。

第9章 多元传感器封装及排布技术

9.1 概 述

混凝土结构中的钢筋在早期是完全受保护的,混凝土结构的劣化需要一段时间,这个时间取决于很多因素,如混凝土品质与混凝土保护层厚度,最重要的是混凝土的暴露条件(即环境作用)。一般来说,混凝土中钢筋的腐蚀是因为混凝土碳化与 Cl^- 扩散达到一定临界值时造成的。作为钢筋混凝土结构服役状况的预警和监测系统,传感器系统需满足以下要求:对于混凝土保护层,能够提供大量的混凝土耐久性参数(包括保护层中的 Cl^- 扩散状况、温度、湿度、混凝土电阻率以及 pH 等信息);对于混凝土中的钢筋,能够即时地测试钢筋的自腐蚀电位,一旦发生腐蚀能够对钢筋腐蚀速率予以监测。

本章介绍一种能够实现上述功能的实时、可埋入式、多功能钢筋服役状态监测系统。

9.2 多元传感器原理与封装技术

9.2.1 温度测试单元

传感器中的温度测试单元采用 Pt100 温度敏感元件,Pt100 是铂热电阻,其电阻值会随着温度的变化而改变。其中,"100"表示在 0 ℃时的电阻值为 100 Ω。

为了对混凝土环境的温度进行实时、准确的测定,将 Pt100 封装在一端封闭的柱状不锈钢钢管内($\phi3$ cm×0.3 cm),内装氧化铝作为导热绝缘组分,将 Pt100 引出的导线连接仪表,通过跟踪测试 Pt100 在不同温度下的电阻来测试混凝土的环境温度。

9.2.2 宏电池测试单元

采用如第 8 章所述的宏电池测试单元。

9.2.3 混凝土电阻测试单元

多元传感器对混凝土保护层电阻的测试是借助宏电池电流测试装置的相邻阳极实现的。为了测试混凝土保护层不同深度的电阻,基于两点法电阻测试原理,将埋置在不同深度的金属阳极环充当两点法中的测试元件,通过 RST5200 电化学测试系统的电化学阻抗测试方法,采用高频 20～10 kHz 的电流激发信号测得混凝土电阻。

图 9.1 为混凝土中电阻率测试的等效电路模型,其中 C_{dl} 是阳极界面电容,R_s 是混凝土电阻,W 是 Warburg 电阻,R_p 是阳极的极化电阻。通过借助高频的电流激发信号,C_{dl} 支路可以看作短路,这样在高频区可以直接得到图中所示的 R_s。

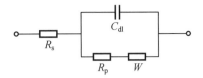

图 9.1 混凝土中电阻率测试的等效电路模型

9.2.4 氯离子扩散状况

氯离子传感器可以用来监测 Cl^- 是否进入混凝土内部。在实际测试中,一般将氯离子传感器和参比电极相互配合,通过测试两个传感器间的电位差来定量描述 Cl^- 在不同深度的扩散状况。

9.2.5 多元传感器封装

图 9.2 为 TTS 封装的典型布置图,该测试系统在 TTS 宏电池电流测试单元中集成了下述传感元件:Pt100 温度传感器、TMRE 和氯离子传感器梯型测试单元。其中,Pt100 与 TMRE 封装在 TTS 测试单元底座中,Pt100 的感温端与 TMRE 的离子渗透层裸露在底座外,然后将环氧树脂灌注在底座其余部分,将导线和 Pt100 及 TMRE 的其余部分封装在塔式底座中。氯离子传感器的固定装置由 TTS 连接出的两根空心管式支架进行电连接,氯离子传感器 1、2 由上端支架连接至 TTS,氯离子传感器 3、4 由下端支架连接至 TTS。同时,氯离子传感器 1、2、3、4 与阳极 1、2、3、4 的上表面(即靠近混凝土裸露面的一端)分别处于相同的水平高度上。

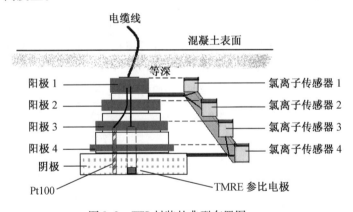

图 9.2 TTS 封装的典型布置图

9.3 结果与讨论

9.3.1 测试结果的温度补偿

为了评价混凝土保护层的多元耐久性参数(宏电池电流、氯离子传感器输出电位信号、参比电极输出电位信号、混凝土电阻率测试结果、阳极腐蚀速率等),必须消除温度对上述各参数的影响。本书以混凝土电阻率和温度的关系为例说明补偿原理。混凝土与温度的指数关系如 Arrhenius 方程(式(9.1))所示。

$$R_{T1} = R_{T0} \times e^{b(1/T_1 - 1/T_0)}$$ (9.1)

式中　R_{T1}——温度为 T_1 时混凝土的电阻率,$\Omega \cdot m$;

　　　R_{T0}——温度为 T_0 时混凝土的电阻率,$\Omega \cdot m$;

　　　b——温度系数,K;

　　　T_1、T_0——混凝土温度,K。

　　为了得到能用来对混凝土电阻进行补偿的 b 值,将不同 Cl^- 含量、不同水灰比的混凝土试样的电阻率–温度关系记录下来,通过最小平方法进行计算,确定 b 值的取值范围(一般来说为 2 100 ~ 5 500 K)。受温度影响的阳极腐蚀速率、宏电池电流的测定方法,与混凝土电阻的测定方法相同。根据上述方法可以计算出相应温度系数的取值范围。

　　但是,一定取值范围的温度系数并不能满足对耐久性参数进行系统分析的要求,这样就要求根据已知准确的保护层混凝土参数对温度系数的范围进行限定。对于氯离子传感器和 TMRE,其温度补偿可以在实验室进行,也就是预先将传感器在不同温度下的电位响应进行记录,然后通过仪表中的补偿芯片将两者之间的电位差以补偿后的信号输出,这样得到的 Cl^- 浓度是一个可以用来对混凝土状态进行准确描述的基准参数。具有同样或类似性质的基准参数包括混凝土水灰比、外界环境温度与湿度、混凝土的配合比、混凝土的 Cl^- 浓度、阳极自腐蚀电位等。将这些基准参数反馈给阳极腐蚀速率(电流)、宏电池电流和与混凝土电阻率相应的温度系数取值分析系统,即可以将温度系数限定在更准确的范围内。

9.3.2　混凝土电阻率测试结果

　　基于图 9.1 所示传感器系统的等效电路模型,在相邻阳极间进行电化学阻抗谱(频率从 20 kHz 到 10 kHz)测试。通过这种方式可以将相邻电极间的混凝土电阻(试样配合比见表 8.1)马上测试出来(表 9.1)。

表 9.1　相邻阳极间的混凝土电阻　　　　　　　　　　Ω

砂浆	A_1—A_2	A_2—A_3	A_3—A_4
A	4 215	4 202	4 477
B	1 732	1 800	2 000
C	1 002	1 035	1 070

　　表 9.1 说明,随着 Cl^- 的增加,不仅宏电池电流升高,相邻电极间的混凝土电阻(与混凝土腐蚀概率有关)也降低。当然,在不同深度电极间的混凝土电阻差别可能与湿度梯度有关。通常,在混凝土的裸露面和深层处的相对湿度差别是很大的。在相对湿度较低时,混凝土电阻 R_s 是腐蚀过程的控制因素。Hunkeler 分析了大量的研究结果发现,混凝土的电阻率对实际中的腐蚀风险与腐蚀速率的确定以及修补方法的作用或效果的判断具有很大的帮助。

9.3.3　阳极腐蚀速率测试

　　在使用电化学测试系统测试阴极和阳极宏电池电流大小时,若发现宏电池电流发生突变,即对阳极的腐蚀速率进行测试。采用的方法与第 2 章对钢筋腐蚀速率的测试方法类似,即线性极化法。将测得的阳极传感器腐蚀速率与氯离子传感器测得结果进行比较,分析整个混凝土保护层劣化程度以及原因。同时,由于该传感器配置了 TMRE,可以通过三电极体系对钢筋的腐蚀状态进行监测,测试其腐蚀速率。

9.4　本章小结

　　本章介绍了即时在线监测、可埋入式、多功能钢筋服役状态监测系统,能够同时测量混凝土保护层的各项耐久性参数以及钢筋的服役状态,但上述耐久性参数还需要进一步的分析和综合处理,才可以对混凝土工程结构的服役状态给予评价。

第10章 海洋生物对潮差区钢筋混凝土的腐蚀抑制机理与应用技术

10.1 概　　述

　　20世纪80年代以来,随着海洋资源的开发与利用,我国的海港码头、跨海大桥、石油平台等大规模修建,需要大量的工程材料。而当今高性能混凝土由于其原材料来源广、经济、可随意造型以及可以利用工业废料的特点成为海洋工程材料的首选。但是,海洋混凝土工程经受着远比内陆更为严峻的自然环境考验,诸如:海风、海雾、海浪、海流、潮差、海冰以及风暴潮与腐蚀作用等。钢筋混凝土结构的破坏常常是由化学侵蚀、电化学腐蚀、物理和机械荷载的共同作用引起的,其中Cl^-引起的钢筋腐蚀导致钢筋混凝土结构破坏最为常见。而海水中含有大量的氯盐,因此Cl^-渗透到钢筋表面并腐蚀钢筋是海洋环境下钢筋混凝土破坏的最主要原因。很多海洋钢筋混凝土结构的服役期还不长就过早老化,需要重建,这已经成为海洋混凝土结构的普遍特征,甚至出现十年大修、二十年重建的现象。海洋环境对混凝土结构的腐蚀已经成为人们普遍关注的问题之一。

　　我国有近两万千米长的海岸线,并有众多岛屿。这些地区是我国经济发展迅速、基础设施建设集中的地方。处于我国南方海洋环境中的建筑物,由于高温高湿的气候,氯盐腐蚀突出,而北方的海洋环境也同样非常严酷。经验教训表明,海水、海风、海雾中的氯盐等是造成海洋钢筋混凝土破坏和不能耐久的主要原因。因此,应进一步研究Cl^-等有害离子对钢筋混凝土结构腐蚀的防腐技术。

　　迄今为止,中外学者做了大量的耐腐、防腐措施的研究,其具有代表性的防腐技术如下:增加保护层厚度、有机涂料涂层、符合环境保护要求的渗入型阻锈剂、阴极保护及电化学处理和纤维增强复合材料(FRP)等。但是,每种技术都有其缺点,如施工技术要求高、造价高或实际效果不尽如人意等,因此仍不能在混凝土工程中大量应用。目前采用的防腐措施,虽然大大提高了钢筋混凝土工程的寿命,但仍然没有达到人们期望的钢筋混凝土工程的耐久性要求,且工程建设费和二次修补的造价很高,尤其是对于现在建设的百年、千年大计的工程,迫切需要解决混凝土结构的耐腐和防腐问题。特别是在水下区的部位,后期维修可选择的方法少,维修难度极大。另外,对于非常重要的工程,特殊部位使用不锈钢钢筋,成本也大大增加。

　　作者和研究生于2004年在南海进行海洋混凝土工程耐久性调查时发现,凡是有海洋生物膜覆盖的混凝土构件表面,保护层完好,钢筋无锈蚀。现场取样,经系统试验研究证明,海洋生物及微生物膜固着的混凝土表面对Cl^-有防渗阻锈作用,并揭示了潮差区部位钢筋混凝土结构较浪溅区混凝土结构寿命长的另一个原因。海洋潮差区钢筋混凝土工程表面都附着大量的微生物膜和固着生物等组成的复合膜层,海洋生物附着量大、面广,很多水域的设施表面附着薄则 0.5 ~ 1.5 cm、厚则 7 ~ 8 cm 的微生物膜层。大型生物的附着以及微生物胞外代谢产物填充其间形成致密的膜层,对离子具有阻挡和选择渗透性。利用微生物膜层的选择渗透性和固着生物阻挡氯离子的渗透性,阻止氯离子等其他有害离子进入混凝土保护层,实现了对海洋混凝土工程防腐的目的。

综上所述,开展海洋生物对潮差区钢筋混凝土工程防腐的研究,不论从理论研究层面、工程指导角度还是环境和谐发展方面都具有较深远的现实意义,更为下一步开展生物对海洋混凝土工程防腐的应用研究奠定理论基础并提供技术支持。

10.2　海洋微生物与海洋固着生物

10.2.1　海洋微生物的鉴定方法及附着过程

1. 海洋微生物的鉴定

对大量菌种的分类鉴定是一项烦琐、费时的工作,而且由于海洋独特的环境,包括高盐、低营养等,造就了海洋微生物有别于陆地微生物的诸多特异性(如不易培养、形态多变、在保藏和移种过程中很容易死亡等),导致对其种类区分很困难。

传统的细菌系统分类的主要依据是形态特征和生理生化性状,采取的主要方法是对细菌进行纯培养分离,然后从形态学、生理生化反应特征以及免疫学特性加以鉴定。自 20 世纪 60 年代开始,分子遗传学和分子生物学技术的迅速发展使细菌分类学进入了分子生物学时代,许多新技术和新方法在细菌分类学中得到广泛应用,rRNA 分子已成为一个分子指标,广泛地用于各种微生物的遗传特征和分子差异的研究。在相当长的进化过程中,rRNA 分子的功能几乎保持恒定,而且其分子排列顺序有些部位变化非常缓慢,以致保留了古老祖先的一些序列。也就是说,从这种排列顺序可以检测出种系发生上的深远关系。rRNA 结构既具有保守性,又具有高变性——保守性能够反映生物物种的亲缘关系,为系统发育重建提供线索;高变性则能揭示生物物种的特征核酸序列,是种属鉴定的分子基础。而且 rRNA 在细胞中含量大,一个典型的细菌中含有 10 000 ~ 20 000 个核糖体,易于提取,可以获得足够的使用量供比较和研究使用。

自 1985 年 Pace 等利用核酸序列的测序来研究微生物的进化问题以来,对微生物多样性的研究进入了一个崭新的阶段。采用聚合酶链式反应(PCR)和 16S rRNA 与 16S rDNA 序列同源性比较在海洋微生物多样性研究中取得了较大的进展。Woese 等认为微生物的 rDNA 序列在亚种、种、属、群和界的水平上有不同的信号序列。加上大量已知微生物的 DNA 都被测定并输入国际基因数据库,成为对微生物鉴定分类非常有用的参照系统,从而可以通过对未知微生物 DNA 序列的测定和比较分析,达到对其进行快速、有效鉴定分类的目的。

核糖体的 RNA 含有 3 种类型:23S rRNA、16S rRNA 和 5S rRNA,它们分别含有的核苷酸数量约为 2 900 个、1 540 个和 120 个。20 世纪 60 年代末,Woese 开始采用寡核苷酸编目法对生物进行分类。他通过比较各类生物细胞的核糖体 RNA(rRNA)特征序列,认为 16S rRNA 及其类似的 rRNA 基因序列作为生物系统发育指标最为合适。其主要依据是它们为细胞所共有,其功能同源且最为古老,既含有保守序列又含有可变序列,分子大小适合操作——序列变化与进化距离相适应。5S rRNA 虽易分析,但由于核苷酸少,没有足够的遗传信息用于分类研究;而 23S rRNA 含有的核苷酸数几乎是 16S rRNA 的 2 倍,分析较困难;16S rRNA 的相对分子质量适中,作为研究对象较理想。

2. 海洋微生物附着过程

在自然环境中,微生物膜几乎总是多样的微生物群落,栖息于上面的微生物来去自由,高速率地共同分享营养物质并且填充于微生物膜独特的小生境中。首先,细菌接近表面,运动放慢;然后,细菌可能先与表面或者其他先前附着于表面的微生物进行短暂结合,寻找一个地方附着,当细菌和微生物菌落的部分形成稳定的连接,就选好了定居的邻居;最后,微生物膜的形成如细菌和微生物菌落有了自己的房子一样。偶尔,也有细菌从微生物膜中分离出去。因此,微生物的附着有以下几个阶段。

①由聚合物材料(蛋白质占主要成分的大分子物质)覆盖在混凝土表面,形成调节膜。调节膜平整且紧紧黏附在高表面能和高极性表面,对低表面能、非极性表面附着力很弱,膜较厚;②细菌暂时附着;③细菌永久黏附;④细菌开始繁殖并由另外的细胞附着进而形成小菌落,产生大量细胞外聚合物,形成一个胞外聚合物体,将细菌包裹其中。微生物膜形成过程如图 10.1 所示。

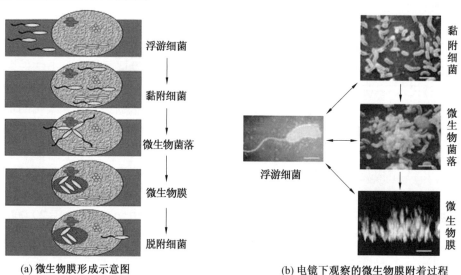

(a) 微生物膜形成示意图　　　　　(b) 电镜下观察的微生物膜附着过程

图 10.1　微生物膜形成过程

10.2.2　海洋固着生物分类及研究现状

据资料和现场调研显示,在混凝土工程表面的固着生物以牡蛎和藤壶为主,并且垂直分布,高潮线附近藤壶密集附着,然后是牡蛎和藤壶复合附着,接近低潮线部位基本是牡蛎附着。梁超愉等对大亚湾的生物种类和分布的调研结果显示:采集到的潮间带生物标本共 70 科 150 种,以软体动物和甲壳动物出现的种类最多,占 80%。另外,黄海的调研结果同样表明牡蛎和藤壶为黄海海域潮差区占绝对优势的生物种属。因此,海洋潮差区固着生物中牡蛎和藤壶是最值得研究的固着生物。

1. 牡蛎的生活习性、繁殖和分类

（1）牡蛎的生活习性。

牡蛎是附着于沿海岩石、竹、木、铁上营固着生活的软体动物。世界各地除特别寒冷的地区外都有生长，而以温带、热带繁殖最盛。因为牡蛎区域分布面广，捕捞容易，加之肉味鲜美，营养丰富，所以早在石器时代已被人类用作食物，这从石器时代发现的牡蛎壳可以得到证明。

（2）牡蛎的繁殖和在混凝土表面的附着过程。

因种类的不同，牡蛎的繁殖方式可以分为卵生型和幼生型。繁殖季节一般自 6 月初至 9 月底，在这个季节牡蛎的生殖腺相当丰满。其繁殖分为 4 个阶段：①生殖细胞的排出；②受精卵的分裂；③幼体的游泳期；④幼体的固着。

发育成熟的牡蛎把精子和卵子排到水中，进行体外受精。一只雌性牡蛎 15 min 内能产出数千万枚卵，有时能达到上亿枚。受精卵经过一段时间的自然孵化，发育成幼体。牡蛎的幼体称为担轮幼体，再大些的幼体称为面盘幼体，与成体差异极大。它们借助纤毛的摆动可以自由游动，以浮游生物为食。度过半个月短暂而自由的漂泊生活，幼体长出了足，用足部到处试探着寻找适宜的安身之地，依靠足的伸缩运动在附着物上匍匐而行，一旦遇到合适的环境，它就从与足部相连的腺体里分泌出黏结物，扩散在贝壳的周围，使自己固着在附着物上，此时幼体壳长 350 ~ 400 μm。固着后，它们生长更加迅速，面盘逐渐消失，足也退化，鳃逐渐发达起来，壳越长越大。在固着后的 3 周内，牡蛎的身体可以增大30 倍。图 10.2 为牡蛎在底质表面固着示意图。

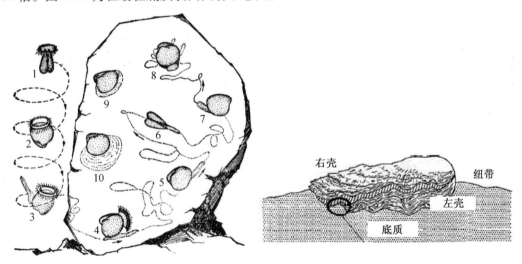

　　　　（a）牡蛎幼虫固着的过程　　　　　　　　　　（b）牡蛎固着在底质表面

图 10.2　牡蛎在底质表面固着示意图

另外，牡蛎通过过滤海水中的微生物为食，但牡蛎只有进水管没有出水管。水流从外套腔经过鳃时，牡蛎边摄食边呼吸，极强的过滤能力保证了牡蛎能生存下来。一只质量20 g 的牡蛎每小时能过滤 8 ~ 22 L 海水，速度快的每小时能够过滤 31 ~ 34 L，其对大气中的二氧化碳起固定和转化的作用,最后以碳酸钙贝壳的形式固着在海岸上和海中的固体上。

(3)牡蛎分类。

牡蛎属软体动物门、双壳纲、珍珠贝目,一般分布在北纬64°至南纬44°之间,为世界性广布种,常生活在潮间带和潮下带深度不超过数十米的范围内。牡蛎最早出现在两亿年前,因其具有"先进"的防御机制(厚重的贝壳),对干燥、阳光曝晒等具有极强的抵抗能力,在侏罗纪至白垩纪大量增加。在1.35亿年前形成了贝类中最大的族群,在海洋中缔造了"牡蛎帝国"。

根据牡蛎的形态特征、生态习性和分布特点等,张玺等将我国沿海自然分布的牡蛎分为24种和1变种。他认为北方潮间带的牡蛎有以下几类:①僧帽牡蛎,壳小型,分布于高低潮线之间,为岸边礁石上最常见种类;②长牡蛎,壳大型、长形,分布于低潮线1 m以下的深度,在淡水和正常咸度海水中都有分布;③大连湾牡蛎,壳大型、近似三角形,生活在正常盐度低潮线以下的岩石上;④近江牡蛎,壳大型,壳形变化多样,有圆形、卵圆形、三角形和长形,分布于江河入海处盐度为10~25的地区,垂直分布自低潮线至7 m深度。由于同种牡蛎在不同的海区具有不同的表型,不同海区生长的不同藻类、海绵、藤壶等附着在牡蛎贝壳上,会对牡蛎贝壳外部的颜色等产生很大影响。牡蛎在不同海区摄取不同饵料,会对牡蛎贝壳内外部颜色,甚至软体部颜色产生影响。而牡蛎附着的基质能够严重影响牡蛎的壳形。因此,单纯依靠形态特征对牡蛎进行分类存在很大的困难,到目前为止还没有一个统一的形态学指标对其进行区分。

在形态学分类的基础上,李孝绪等把比较解剖学引进牡蛎的分类领域,并将我国的牡蛎分为15种。他认为我国北方潮间带海区分布的牡蛎为长牡蛎,另一种为分布于沿海河口附近低潮线以下的近江牡蛎。但是,解剖学分类需要比较熟练的专业技术,并且不同种牡蛎可能存在相同的解剖学结构,因此单纯依靠解剖学分类也存在很大的局限性。

分子标记技术在生物种类鉴定、系统发生等方面已经得到广泛而成功的应用。如:线粒体中的细胞色素C氧化酶亚基I(CO I)作为生物条形码技术的核心和基础,在物种鉴定中具有广泛的应用。18S rDNA基因(18S rDNA等)及其间隔序列ITS也被广泛用于种属水平上的鉴定。然而,由于牡蛎的分类问题是由形态学上的差异引起的,因此单纯依靠分子系统学研究也很难从根本上解决牡蛎的分类问题。只有形态分类和分子系统学研究相结合,才有可能解决一些分类上的难题。

王海艳通过传统形态学分析、比较解剖学分析与分子生物学相结合的方法对我国沿海典型海区分布的牡蛎种类进行研究,认为我国常见的牡蛎物种主要有以下几类:长牡蛎、近江牡蛎、香港巨牡蛎、熊本牡蛎、葡萄牙牡蛎、棘刺牡蛎,以及另外一种小蛎属牡蛎,其中青岛海区的牡蛎为长牡蛎和近江牡蛎。最近,郭希明和许飞也得到了同样的结果——我国北方、青岛海区的牡蛎为近江牡蛎和长牡蛎。

2.藤壶的生活习性、繁殖和分类

(1)藤壶的生殖。

藤壶属于雌雄同体、异体受精的生物。它们不是将精子和卵子排出体外,而是由充当雄性的藤壶将交配器伸出体外,向周围探索,遇到一个相邻的个体就把交配器伸进壳内,把精子送给对方。受精卵在成体藤壶的外套腔中发育成无节幼体。在一个繁殖季节里,一只成体藤壶可以产出 13 000 个幼体。幼体有长长的触须,并不摄食,它们体内有油珠,可以增加浮力。随着油珠的消耗,藤壶渐渐沉到海底,经过几次蜕皮,藤壶会找到合适的地方定居下来。藤壶要生存、要繁衍后代就必须成群地固着在一起生活,而藤壶有复杂的机制,可以保证它们能够找到群体。

(2)藤壶在混凝土表面的附着过程。

藤壶的幼体时期经历了一系列的变态:浮游,无节幼体,腺介幼体。腺介幼体是一种特殊的幼体形式,它无须摄食,此阶段仅仅是为了选择附着、变态的适宜地方。游泳的腺介幼体被流动的水流牵引附着到底质上,它们开始用小触角运动。这种附着是可逆的。如果幼体不变态,它们能重新恢复游泳阶段,因为它们还保留着游泳的能力。一旦幼体附着,腺介幼体便开始探查它所附着底质的各方面理化性质。腺介幼体以有规律的"步伐"在底质表面运动,运动的距离一般较短,且每一步都很少改变方向或停止。当幼体找到适宜的附着物后,从其第一触角第三节的附着吸盘的开口处分泌出胶体,第一触角被胶体包围,腺介幼体开始营固着生活,然后再变态为成体。

藤壶的生活史由营浮游生活的 6 个无节幼体期、腺介幼体和营附着生活的成体组成。卵子从成体中释放出来,经过数期无节幼体发育成为腺介幼体。试验条件下成体藤壶被刺激后排出体外的幼体即为 Ⅱ 期无节幼体,3 ~ 4 天长至 Ⅲ 期,5 天长至 Ⅳ 期,10 天长至 Ⅴ 期,12 天长至 Ⅵ 期,14 ~ 15 天长至腺介幼体期。图 10.3 为藤壶的无节幼体(Ⅰ 期到 Ⅵ 期)。腺介幼体经变态固着发育成幼体,幼体进一步发育为成体。

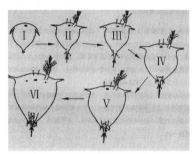

图 10.3　藤壶的无节幼体(Ⅰ 期到 Ⅵ 期)

藤壶的变态、附着过程主要受物理、化学、生物三方面因素的共同影响。

(3)藤壶分类。

藤壶亚目隶属于节肢动物门、甲壳动物亚门、鞘甲纲、蔓足亚纲、围胸总目、无柄目。其最早出现于晚白垩纪,是围胸目中分化程度最高的一个类群。该类群绝大多数种类分布在热带、温带以及两极海洋的沿岸区与亚沿岸区。不少种类大量群栖,分布稠密。

说到藤壶的分类,不能不说到一个人,他就是生物进化论的创始者——达尔文。达尔文热切希望将藤壶的分类研究全面细致,于是他通过邮寄与其他博物学家交换标本,解剖,画草图,最终在藤壶动物上整整花费了 8 年的光阴。1855 年,达尔文终于完成了这个庞大的研究项目。出版了 4 本关于存活藤壶和化石藤壶物种的著作之后,达尔文立刻被奉为这个领域的世界级权威人士。直到今天,达尔文关于藤壶动物的书籍,依然被奉为这个领域最重要的著作,他建立了藤壶科,下设小藤壶和藤壶两亚科;他定义了当时处于混乱状态中的许多种,在坚实的形态学基础上建立起许多属,并阐明种上分类单元之间的关系。

关于我国国内的藤壶鉴定,中科院海洋研究所的任先秋研究员在 20 世纪 80 年代同刘瑞玉系统而全面地研究了我国近海蔓足类的分布,奠定了我国蔓足类分类的坚实基础。任先秋等描述了分布于我国的藤壶亚目 91 种,其中新种 19 个,新属 1 个(笠藤壶科、星笠藤壶属目,含一新种长肋星笠藤壶),其中 36 个种为我国首次记录,并详细地说明了其分布的地理位置及距海平面的垂直位置。另外,董聿茂等的研究结果表明,黄海、渤海沿岸蔓足类种类较东海、南海少,仅有 17 种,而且其中有一些是广布于黄海、渤海、东海和南海的种,如东方小藤壶、白脊藤壶等,并且指出东方小藤壶、白脊藤壶为黄海的优势种属。白脊藤壶在我国的海洋沿岸广泛分布,有圆锥形、陡圆锥形和圆柱形,其形态与年龄、浪击、群集度及基底的粗糙度有关。壁板表面的脊和色纹数也与年龄、浪击和基底的粗糙度有关。

另外,任先秋还指出,常见东方小藤壶分布于我国浙江以北沿海地区,尤其在北方沿海高潮线附近的岩石上非常稠密;白条地藤壶等多栖于潮间带岩石上。

10.2.3　海洋污损生物的研究现状

目前,人们认为海洋固着生物和微生物膜对人类的生产活动有不利影响,因此把它们定义为"污损生物",其附着过程和危害如下。

1. 海洋污损生物在物体上的附着过程

海洋生物污损分为三个水平:①分子污损,是指海水中无机和有机分子在表面的聚集;②微型污损,是指细菌、真菌、微藻和硅藻在物体表面的附着;③大型污损,是指大型海洋污损植物和动物在物体表面的生长。大型污损生物进一步分为软污损生物(如藻类、水螅、海鞘等)和硬污损生物(如藤壶类、牡蛎、石灰虫等)。

一般认为污损过程分为四个阶段,如图 10.4 所示。第一阶段主要是有机分子(如多糖、蛋白质、蛋白质水解物)及无机化合物在表面聚集,形成所谓的调节膜。这一过程主要由物理动力(如布朗运动、静电相互作用和范德瓦耳斯力)控制;第二阶段是细菌和单细胞硅藻迅速附着在上述膜的表面,细菌和单细胞硅藻的吸附先是一个可逆的物理过程,随着与原生动物形成一种微生物黏膜,这层黏膜为微生物进一步附着提供了保护;第三阶段是附着的污损生物分泌出的如多糖、蛋白质、脂质、核酸等物质以及已形成的粗糙表面会诱捕更多的污损生物,如藻类的胚芽、甲壳动物的幼体、海洋细菌及原生动物等,从而形成非常复杂的群落;第四阶段是较大的海洋无脊椎动物和藻类的附着和生长,这些大型污损生物会快速变形和生长,具有很强的环境适应能力。

2. 海洋污损生物的危害性

海洋中有 4 000 多种污损生物,主要有微生物、植物和动物类,常见的污损生物有50~100 种。海洋污损生物在海岸线、海湾和港口的水域中比较严重。

海洋污损生物一旦在海洋设施表面附着将产生严重的危害,主要有以下几方面:①增加船体的粗糙度和质量,增大阻力,使得舰船航速减慢、失去机动性,导致燃料消耗增大,有害气体释放增加、环境压力增大;②增加舰船上坞维修次数,浪费时间和资源,同时在这一过程中会产生大量有毒污染物;③堵塞滨海发电厂和舰船海水的冷却水管道,降低冷却效率,影响设备的正常运行,还有生活污水管道等;④在海洋仪器的传感器表面附着污损生物,使得传感器失去功能,从而使得仪器无法应用;⑤加速附着生物下面基材(钢材、铝材等)的腐蚀,污损生物会产生酸性物质和形成氧浓差电池,从而造成化学腐蚀和电化学腐蚀;⑥海洋养殖业采用网箱,污损生物堵塞网眼导致水流不畅,造成氧气和养料不足,引起养殖业产量下降;⑦附着在海洋设施表面,影响美观等。

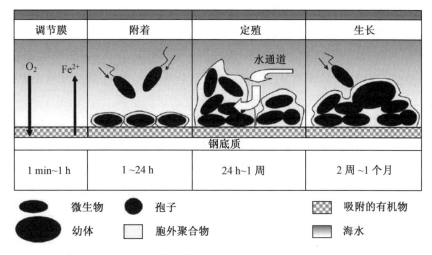

图 10.4　微生物污损临界阶段的示意图

藤壶附着在船底,会使航速降低;附着在浮标上,会降低浮力;附着于管道内,会缩小管道通路;在海产养殖业中,藤壶会占据某些水产养殖对象的有效附着面,污损养殖架和绳索,加快水下金属的腐蚀等。藤壶固着的习性使它经常附着在轮船的底部,增加航行阻力,影响轮船速度,消耗更多的燃料。如船舶的船底由于海洋生物污损,粗糙度每增加 10 μm,燃料的消耗就要增加 1%,一般 25 000 t 油船若有 5% 的面积污损,因阻力增加,燃料消耗就要增加 17%,每年的费用达 100 万美元以上。据估计,全世界每年由于海洋污损生物造成的损失达几十亿美元。

但是,海洋污损生物的固着均有一个特点,即利用自己分泌的生物胶黏结在海洋环境中的固体表面,并且黏结力惊人。

10.2.4　海洋生物膜在固体表面的附着特点

1. 牡蛎在固体表面的附着特点

牡蛎营固着生活,以左壳附着于其他物体上。自然生长的牡蛎有群聚的特性,各个年龄的个体群聚而生,互相作为附着基。长期积累,就形成了某些海区独特的生态环境——牡蛎礁。我国宋代的蔡襄利用牡蛎固着在岩石上十分牢固的特点来加固桥基,福建泉州著名的洛阳桥就是用这种方法加固桥基的。《泊宅编》有这样记载:"多取蛎房,散置石基,益胶固焉。"这是国内外看到的第一个利用牡蛎的胶黏剂的特点加固海洋的工程,因为在约 1 000 年前的宋代,根本没有什么胶凝材料,蔡襄就利用牡蛎胶的黏固性强和牡蛎喜好群集的特点,成功地将蛎房应用于桥梁加固上。

另外,牡蛎是滤食生物,具有很强的过滤和净化海水能力。牡蛎在 2 亿年前随着双壳类的分化而出现,并开始了其过滤海洋的工作。一些科学家认为,切萨皮克湾(Chesapeake Bay)的牡蛎在以前种群繁盛时期只需要 3～4 天就可以过滤一次海水,移除其中的富营养物质,而现在由于海域污染和过度捕捞,牡蛎和牡蛎礁的面积逐渐减小,现在过滤一次海水约需 165 天。因为牡蛎过滤的微藻等微生物是海洋植物吸收大气中二氧化碳的主要贡献者,所以牡蛎的出现可以将微藻消耗掉,然后变成有机肥料进一步促进微藻的生长,对 CO_2 的吸收起加速作用。

2. 藤壶在固体表面的附着特点

藤壶虽然是甲壳类动物,但是它的成体却既不会游泳,也不会爬行,而是过着固着生活。藤壶的身体被包在钙质壳里,壳的形状就像一座座小火山,直径为 5~50 mm,分为上下两部分,下部是 6 块不能活动的板围成的壁,被固定在基板上,上部是 1~2 块能活动的板。板张开时胸肢可以从壳里伸出来捕捉食物,遇到危险或者退潮后,它就可以把自己封闭在壳里。附着在潮间带的藤壶必须适应每天潮涨潮落的生活。藤壶只有把自己封闭起来,防止水分蒸发,才能适应多变的气候环境。

藤壶可以附着在任何坚硬的物体表面。其幼体碰到什么物体,就黏结在上面,定居下来,尤其喜欢在礁石和船底聚居。

藤壶靠体内分泌的胶体附着在基体表面,这种附着是永久性的。幼体藤壶在基体表面分泌出幼体胶,使附着更牢固。幼体变为成体后,成体胶也会分泌到基材上。藤壶刚分泌出的胶呈透明状、无黏性,通过毛细管作用渗透到基材的空隙中,6 h 内聚合成不透明的胶块。这种胶体与基材表面发生分子与离子的黏结,聚合过程使该胶体具有较大的内聚强度和抗生物降解性。藤壶胶的黏结性大于人们的想象,如附着船底的藤壶,任凭惊涛骇浪的冲击也不掉,要去掉藤壶就要揭掉一层船皮。目前,已经确定藤壶的黏液是由 24 种氨基酸和一种蛋白质组成的。

另外,藤壶也是滤食性动物,食用海洋微藻,并且贝壳可固定空气中的 CO_2,因此同样具有减少大气中 CO_2 的作用。

3. 微生物膜在固体表面的附着特点

在水环境中,微生物倾向于吸附在固体材料表面。当一个物体浸没海水中后,首先是有机碎片黏附在表面,形成一层薄膜,这层膜改变了物体表面的性质,尤其是静电荷和润湿度,它是微生物膜进一步发展的基础,然后细菌在表面附着,并开始生长繁殖。数小时后便可形成菌落,然后硅藻、真菌、原生动物、微型藻类和其他微型生物在表面附着,形成一层黏膜,称为微生物膜(Biofilms)。微生物在材料表面的附着需经历一系列过程:①材料表面会在几秒钟内形成一层有机物膜,其厚度仅为 5~10 nm。这些有机物包括水溶性物、微生物分泌的体外多聚物和有机残体降解的中间产物。②部分微生物会有选择地运动并附着在材料的特定部位。③微生物附着可能是趋向性或是随机运动造成的。④部分吸附着的微生物还会由于自身运动或水体动力学方面的因素而脱离附着点。⑤附着紧密的微生物则进行繁殖,合成多聚物,形成微生物膜及其结构。

海洋和其他水生环境的流动性迫使有些生物必须具备相应的黏性结构或黏性物质,以保证海洋生物有一个相对稳定的生态环境。Messner 等认为,胞外多糖的产生及作用是微生物膜形成的机制之一。通常在自然条件下,细菌表面均被一层厚的、连续的且高度有序的水合多聚阴离子胞外多糖所包被,该结构可能会影响细胞对一些大分子物质及离子(包括质子)的摄取。另外,已证实在海洋环境中细菌胞外多糖在不可逆的黏附作用中起到了非常重要的作用。细菌总是倾向于群集的、固着的而不是游动的方式。Tojo 等也发现了水生细菌的这种生活特性,并认为细菌的这种倾向是普遍存在的,而且与同种的浮游细菌相比具有很强的生存优势。除此之外,胞外多糖形成的膜结构能防止细胞脱水,增强致病菌的侵染力,有些还能吸引海洋无脊椎动物幼体栖息,形成有生机的小生态,胞外多糖还能与重金属结合,保护细胞不受毒素影响。

细菌胞外聚合物(Extracellular Polymer Substances,EPS)如丙酮酸或糖醛酸中的荷电基团的存在,使得微生物膜具有离子交换器的性质。在所有情况下,EPS 都是亲水性的,因此微生物膜能赋予疏水表面以亲水性质,因此基体的表面性质也就发生了变化。微生物膜通常具有如下特征:微生物在 EPS 组成的凝胶中是静止的且靠近生长表面,各菌种在空间上有固定的微同生现象,细胞相互之间长时间接触;pH、氧浓度、基质浓度、代谢产物浓度、有机物浓度及无机物浓度在空间上(垂直和水平的)具有不均匀性,存在浓度梯度;随时间、环境条件的改变,各种微生物可能不断演替,微生物膜也发生变化。另外,微生物膜中的细胞更能抵抗很多有毒性的物质,如抗生素、氯和表面活性剂。

当微生物膜覆盖在金属表面时,其在金属表面与溶液本体间起扩散屏障作用,产生浓度梯度。EPS 基质起扩散屏障作用,一方面有强度、可以保持形态同时又柔软,另一方面允许新陈代谢、排泄废物、吸取营养等微生物活动,因此微生物膜的存在使金属/本体溶液界面状态发生了很大变化,例如 pH、氧浓度、基质浓度、代谢产物浓度、溶解盐浓度和有机物质浓度等均与溶液本体不同,微生物膜凝胶相内各成分也是不均一的。这些界面反应会影响各电化学参数,而这些参数决定着腐蚀机理和腐蚀形态。但是,对钢筋混凝土结构来说,外表微生物的代谢产物和微生物膜中的其他物质不与混凝土内部的钢筋直接接触;另外,因为 EPS 对离子的选择渗透性和微生物膜内的细菌对氧气的消耗,所以有微生物膜覆盖的混凝土内部的离子含量和氧含量要比没有微生物膜的小。

海洋生物形成的致密膜层不仅可以阻挡氯离子等有害离子进入混凝土,而且对进入的离子具有选择性,以此延缓混凝土中的钢筋腐蚀和延长混凝土寿命。本章主要利用海洋固着生物和微生物在混凝土表面附着而形成致密膜层的特点,研究该膜层对混凝土耐久性的影响。

10.3　海洋混凝土工程耐久性的调研和工程取样

为了确定海洋生物对混凝土耐久性的影响,研究者进行了多次调研,其中 5 次系统的调研内容见表 10.1。

表 10.1　海洋混凝土结构耐久性调研内容

时间	调研对象	调研内容
2004 年 5 月	湛江某码头	浪溅区、潮差区混凝土的腐蚀和海洋生物覆盖情况
2005 年 9 月	青岛沿岸工程	浪溅区、潮差区混凝土的腐蚀和海洋生物覆盖情况
2006 年 5 月	湛江多个码头	海洋生物覆盖情况和固着物种类基本鉴别及微生物膜取样
2006 年 9 月	青岛栈桥及海岸工程	海洋生物覆盖情况和固着物种类基本鉴别及微生物膜取样
2007 年 3 月	黄岛多个码头	海洋生物覆盖情况和固着物种类基本鉴别及微生物膜取样

对几次的调研结果进行分析、统计,并查阅了大量的海洋生物附着的相关资料,确定了海洋混凝土取样分析和海洋微生物膜鉴定样品可选取的几个地点及取样的位置。此外,为全面地反映海洋生物对混凝土的耐久性的影响,考虑不同混凝土工程、不同暴露时间等情况,进行了 3 次取样:选取了湛江某码头的取样,进行初步分析。对青岛海区取样两

次:一次为 2006 年 10 月在青岛黄岛区防波堤的浪溅区和潮差区取样;另一次为 2007 年 12 月在青岛黄岛区中交一航局二公司三处的台座上取样及挡浪墙大体积混凝土上取样。

1. 湛江某码头的调研

湛江某码头的调研图片如图 10.5 所示。

(a) 混凝土桥墩的"点蚀"

(b) 生物膜致密覆盖混凝土桥墩

(c) 桥面板上取下的样品

(d) 正在维修中的某码头

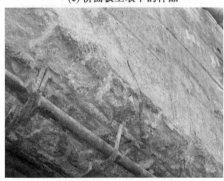

(e) 桥面板下部的钢筋锈蚀

(f) 维修两年后的引桥

图 10.5 湛江某码头的调研图片

该码头在 1994 年修建,经过不到 10 年,2004 年 5 月拆除和维修,桥墩的上部和桥面板(浪溅区的混凝土)钢筋腐蚀严重,铁锈外露,出现顺筋开裂、混凝土保护层严重剥蚀的状况。湛江混凝土及海洋固着生物的取样在该码头维修时取得。

如图 10.5 所示,混凝土腐蚀状况和生物膜附着情况代表了南方沿海的海洋环境下混凝土工程破坏及腐蚀情况,以及生物膜在工程表面的附着特点。湛江市南海海域是生物物种培育、杂交等和各种材料实际海域暴露检测耐久性的唯一试验基地。

2. 青岛栈桥和海岸的调研

本次调研于 2006 年 9 月在青岛旅游景点栈桥和沿岸进行。1998 年 10 月,青岛市政府投资 350 万元,对栈桥进行了改造重建。桥身按抗风浪 50 年一遇墩、回澜阁基础按百年一遇标准加固。改造时间不到 10 年,浪溅区桥面板和桥墩就出现了红色铁锈和较宽的裂缝。此外,还有青岛海岸调研图片,如图 10.6 所示。

(a) 栈桥盖梁的箍筋锈蚀开裂

(b) 栈桥盖梁的顺筋锈蚀开裂

(c) 栈桥的微生物膜覆盖的桥墩完好

(d) 潮差区混凝土工程表面厚厚的生物膜

(e) 青岛岸边礁石上的生物膜

(f) 八大关处潮差区混凝土试块上的生物膜

图 10.6　青岛栈桥及沿岸的调研图片

图 10.6 中:(a)、(b)是栈桥处于浪溅区的部分,不管是桥面板还是梁,混凝土内的钢筋均腐蚀严重,铁锈露出,出现顺筋开裂;(c)、(d)下面为栈桥处在潮差区部分,表面覆盖有生物膜,没有发现开裂和腐蚀的情况;(e)、(f)分别为海边的礁石上和浸在海水里的混凝土块表面的生物膜附着情况,说明海洋固着生物在礁石和混凝土表面的附着可以达到很大的密度。

3. 青岛黄岛区防波堤取样

青岛黄岛区防波堤建于 1984 年,距取样时已有 22 年,防波堤表面是扭工字块。从现场情况来看,防波堤的垂直位置处于海水的潮汐区,每天都要经历两次涨潮落潮,本书把潮汐区称为潮差区(也称水位变动区),即每天潮水的最高水位和最低水位之间的这一段垂直区域。

经过半个多月的考察,具体查看了该处的生物膜覆盖情况和取样的可行性,掌握了该处的潮汐状况,并解决了动力电的问题,进行了取样。每天的取样时间均很短,尤其是中潮线以下的部位,历时 15 天完成。另外,2007 年 12 月又在中交一航局二公司三处的混凝土台座上进行取样,并从海中拖出的挡浪墙的大体积混凝土上进行取样,同样历时逾半个月。取样图片如图 10.7 所示。

(a) 防波堤俯视图　　(b) 防波堤仰视图

(c) 钻取芯样　　(d) 取芯机刚钻取后

(e) 留下的孔洞　　(f) 覆盖藤壶处留下的孔洞

图 10.7　黄岛区防波堤取样图片

10.4　海洋微生物、固着生物种属的鉴定

对于海洋混凝土工程潮差区和水下区部分,海洋微生物的附着是从浸水那一刻开始的,海洋微生物、大分子的有机物质和代谢产物在混凝土工程表面形成一层微生物膜,微生物的代谢产物及膜的选择渗透性均会对混凝土工程产生一定的作用,且伴随混凝土工程的整个寿命。另外,在有机分子、微生物依次附着,并在混凝土表面生成调节膜后,若在大型固着生物的产卵期内,固着生物的幼体便附着上去,生成的胶黏剂和贝壳覆盖在混凝土的表面,同样会对混凝土工程产生影响。因此,海洋微生物和固着生物对海洋混凝土工程的作用很有必要研究,为了明确海洋微生物和潮差区的主要固着生物对海洋浪溅区和潮差区混凝土的作用机理,首先对这些物种进行鉴定。本节利用 16S rDNA 对海洋微生物的种属进行鉴定,同时鉴定海洋潮差区固着生物的优势种属,为以后的系统研究提供典型固着生物种属和细菌菌株。

10.4.1　海洋微生物种属的鉴定

1. 菌种来源

(1)暴露于海洋环境 22 年防波堤上的混凝土表面取样。

从青岛海区黄岛防波堤浪溅区和潮差区各取混凝土试样 3 块。潮差区混凝土试样的面积分别为 3.2 cm×4.2 cm、3.5 cm×4.2 cm 和 3.6 cm×3.8 cm;浪溅区混凝土试样的面积分别为 3.0 cm×3.5 cm、2.5 cm×4.0 cm 和 3.0 cm×3.5 cm。试样取下后,立即放入准备好的冰盒内,及时带回实验室进行试验。

(2)在潮差区取样相同部位试件挂置 7 天后取样。

成型 15.0 cm×15.0 cm×3.0 cm 的混凝土试件,养护 90 天后,锯成 5.0 cm×5.0 cm×3.0 cm 的试件,固定在潮差区混凝土取样相同部位,挂置 7 天。7 天后,取下试样立即放入准备好的冰盒内,及时带回实验室内进行试验。

2. 16S rDNA 鉴定细菌原理

在细菌的检测中,16S rDNA 相对分子质量适中,又具有保守性和普遍性等特点,且序列变化与进化距离相适应,序列分析的重现性极高,因此 16S rDNA 分析已成为研究生命系统进化及分类研究的常用工具。16S rDNA 基因结构模式如图 10.8 所示。根据核糖体16S rDNA 结构的变化规律,在所测定的区域中包括 V1、V2、V3 和 V4 4 个高变区,尤其是V2 高变区,由于进化速度相对较快,其中所包含的信息足够用于生物种属及属以上分类单位的比较分析。因此,测定 16S rDNA 部分序列即可达到对细菌分子鉴定的目的。同时,在 Genbank 中也公布了大量的微生物 16S rDNA 序列,为微生物的 16S rDNA 分子鉴定提供了非常有用的参照系统。通过对微生物 16S rDNA 序列的测定以及与 Genbank 中已有的 16S rDNA 序列进行比对,可以快速有效地对菌株进行分类与鉴定。

图 10.8　16S rDNA 基因结构模式

3. 引物概念及设计

（1）引物概念及类型。

引物，是指一小段单链 DNA 或 RNA 作为 DNA 复制的起始点，在核酸合成反应时，作为每个多核苷酸链进行延伸的出发点而起作用的多核苷酸链，在引物的 3′—OH 上，核苷酸以二酯链形式合成，因此引物的 3′—OH 必须是游离的。

（2）引物设计。

本节所使用的引物是根据海洋微生物的特性，利用 Primer Premier 5.0 进行设计的，并遵循引物设计的 3 条基本原则，即引物与模板的序列要紧密互补；引物与引物之间避免形成稳定的二聚体或发夹结构；引物不能在模板的非目的位点引发 DNA 聚合反应（即错配）。最终设计出的引物：上游引物，27F GAGTTTGMTCCTGGCTCAG；下游引物，507R CT-GCTGGCACGGAGTTAG。对应扩增大肠杆菌 16S rDNA 27 bp 至 524 bp。

4. 试验过程

（1）细菌的分离及纯化。

将混凝土试样表面用含 1%（体积分数）TritonX100 的 0.1 mol/L、pH 7.4 的 PBS 进行反复冲洗，冲洗完毕，用离心机 2 000 r/min 离心 5 min，提取上清液。将已经提取到的上清液 10 倍比稀释，稀释 10、100、1 000 倍 3 个梯度。分别取 100 μL 稀释好的菌液涂布于已放入 4～6 粒玻璃球的 2216E 固体培养基培养皿中，来回晃动表面皿使菌液涂布均匀，每个浓度涂 3 个平板。将所有的平板放入生化培养箱中，28 ℃培养 24 h。挑选细菌密度合适的平板，根据菌落形态的不同进行初步分类，记录菌落形态和数量，并将各类细菌在 2216E 固体培养基划线纯化 3 次。然后，将分离纯化好的细菌用甘油占总体积 20% 的 2216E 液体培养基于 –80 ℃冰箱中保存。

（2）PCR 反应模板的制备。

在大试管内加入 5 mL 2216E 液体培养基，并用接种环挑取 2～3 个（1 个也可以）纯化后的单菌落，接种环在培养基内充分晃动，保证接种环上的细菌全部混入培养基并混匀，用塑料盖盖好，防止细菌污染。然后放到 28 ℃的摇床上，转速为 150 r/min，过夜培养，直到菌落的密度达到一定的浓度，待用。

取上述已培养好的菌液 500 μL 放入 1 mL 小试管中，10 000～12 000 r/min 离心 5 min；弃上清液，保留试管底部细菌；底部细菌加 50 μL 双蒸水溶解，然后放入沸水中煮 5 min，使细菌的细胞破裂，DNA 流出；8 000 r/min 再次离心 5 min；离心后取上清液作为 PCR 反应模板。

（3）16S rDNA 基因的 PCR 扩增和产物纯化。

25 μL PCR 反应液中含有 10×Buffer 2.5 μL、MgCl$_2$ 2.5 μL、2 mmol/L dNTP 0.5 μL、*Taq* DNA 聚合酶 0.25 μL、前引物 27F 和后引物 507R 各 0.5 μL、模板 1 μL、双蒸水 17.25 μL。反应条件：95 ℃预变性 5 min，94 ℃ 1 min 30 s，55 ℃ 30 s，72 ℃ 35 s，循环 35 次，72 ℃延伸 10 min。反应产物用质量分数为 1% 的琼脂糖胶进行电泳试验并用溴化乙啶作为显色剂，然后用试剂盒（华舜）回收、纯化目标 PCR 产物。

（4）序列的测定及数据处理。

将提取好的 PCR 产物送到北京诺赛基因组研究中心有限公司进行测序。得到的序列结果与 GenBank 数据库进行比对和相似性分析，并用 Mega 4.0 建立系统发生树。

5. 试验结果

（1）混凝土表面微生物膜内的细菌密度。

将涂好的平板置 28 ℃的生化培养箱中培养约 24 h。选择稀释 100 倍平板，其菌落大小适宜且分布合理，进行细菌的计数，计数结果见表 10.2 ~ 10.4。细菌的总密度如图 10.9 所示。

表 10.2　潮差区挂置 7 天后混凝土表面的细菌密度

菌种编号	细菌密度/ （×10⁴ 个/cm⁻²）	菌种编号	细菌密度/ （×10⁴ 个/cm⁻²）	菌种编号	细菌密度/ （×10⁴ 个/cm⁻²）	菌种编号	细菌密度/ （×10⁴ 个/cm⁻²）
G-1	0.40	G-4	0.60	G-7	0.64	G-10	2.70
G-2	0.42	G-5	0.29	G-8	1.86	G-11	0.70
G-3	0.88	G-6	1.50	G-9	0.18	G-12	0.70

表 10.3　暴露于浪溅区 22 年后混凝土表面的细菌密度

菌种编号	细菌密度/ （×10³ 个/cm⁻²）	菌种编号	细菌密度/ （×10³ 个/cm⁻²）	菌种编号	细菌密度/ （×10³ 个/cm⁻²）	菌种编号	细菌密度/ （×10³ 个/cm⁻²）
L-1	0.13	L-5	3.20	L-9	0.32	L-13	0.78
L-2	1.67	L-6	1.79	L-10	0.48	L-14	1.50
L-3	2.94	L-7	0.77	L-11	0.43		
L-4	0.80	L-8	0.40	L-12	2.00		

表 10.4　暴露于潮差区 22 年后混凝土表面的细菌密度

菌种编号	细菌密度/ （×10⁴ 个/cm⁻²）	菌种编号	细菌密度/ （×10⁴ 个/cm⁻²）	菌种编号	细菌密度/ （×10⁴ 个/cm⁻²）	菌种编号	细菌密度/ （×10⁴ 个/cm⁻²）
B1	0.12	B9	2.89	B17	0.42	B25	0.08
B2	1.50	B10	1.60	B18	0.32	B26	0.12
B3	2.60	B11	0.69	B19	0.32	B27	1.40
B4	2.70	B12	0.46	B20	0.48	B28	0.60
B5	5.50	B13	0.48	B21	0.76	B29	0.52
B6	0.12	B14	0.37	B22	1.04	B30	0.20
B7	4.60	B15	0.26	B23	0.16		
B8	0.12	B16	0.58	B24	0.20		

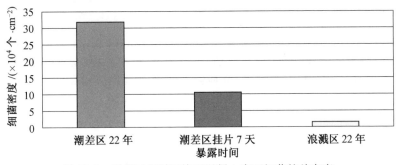

图 10.9　暴露于海洋环境下混凝土表面细菌的总密度

从表 10.2～10.4 可以看出,在海洋环境中暴露 22 年后,潮差区混凝土表面比浪溅区混凝土表面具有更多的菌株,单个菌株密度高了一个数量级。另外,B2～5、B7、B9～10、B22 和 B27 在混凝土表面的黏液层中具有较高的密度,都在 10^4 个/cm^2 以上,其对混凝土的作用可能是最主要的。另外,在潮差区挂置 7 天的混凝土表面细菌的菌株数少但密度较高,如 G-6、G-8 和 G-10,均在 10^4 个/cm^2 以上。

从图 10.9 中可以看到,暴露于潮差区混凝土表面的细菌总密度均大于浪溅区混凝土表面的细菌总密度。这是由于浪溅区很少有水分及营养贫瘠,表面的微生物会很少;但潮差区混凝土每天经历两次的潮涨潮落,界面层含有丰富的水分和营养,其表面易形成微生物膜,尤其是夏季,微生物膜是细菌富集的地方,所以细菌总量不在一个数量级上。从暴露于海洋潮差区 22 年后的混凝土表面分离出 30 株细菌,细菌单位面积的细菌数量(31.73×10^4 个/cm^2)约为混凝土挂片 7 天的细菌数量(10.42×10^4 个/cm^2)的 3 倍,说明暴露于海水的时间越长,混凝土表面形成的微生物膜层越厚,细菌的数量越多。同样,付玉斌对玻片、钢片、防污片和防锈片表面黏膜中异养细菌的组成和数量进行试验,结果表明浸海材料在浸海初期附着细菌数量增加很快,2～3 天后细菌数量达到最大值,3～4 天后处于一种平稳状态,此时细菌数量变化不大,形成了一层细菌微生物膜。浸海 1 天内钢片表面细菌数目最多,达 10^6 个/cm^2;其他表面逐渐减小。Madilyn Fletcher 等对比了聚四氟乙烯、聚苯乙烯、聚乙烯、玻璃、尼龙、环氧树脂和铂等,结果显示不同底质表面其细菌的附着数不同,随着时间的增加,细菌的数量逐渐增加。另外,细菌的附着和水与不同表面的前进接触角呈线性关系,所以细菌的附着与固体表面性质和时间有很大关系。

(2)分离细菌的部分序列。

本节通过 PCR 扩增海洋微生物的 16S rDNA,纯化 PCR 产物,送到北京诺赛基因组研究中心有限公司进行测序。测试得到的部分海洋细菌的 16S rDNA 序列见表 10.5。

表 10.5 部分海洋细菌的 16S rDNA 序列

TTCGTGGCGGCGGCTACCATGCAGTCGAGCGGCAGCGGGAAGATAGCTTGCTATCTTTGCCGGCGA
GCGGCGGACGGGTGAGTAATGCCTAGGGATCTGCCCAGTCGAGGGGGATAACAGTTGGAAACGACTG
CTAATACCGCATACGCCCTACGGGGGAAAGGAGGGGACCTTCGGGCCTTCCGCGATTGGATGAACCTA
GGTGGGATTAGCTAGTTGGTGAGGTAATGGCTCACCAAGGCGACGATCCCTAGCTGTTCTGAGAGGAT
GATCAGCCACACTGGGACTGAGACACGGCCCAGACTCCTACGGGAGGCAGCAGTGGGGAATATTGCA
CAATGGGGGAAACCCTGATGCAGCCATGCCGCGTGTGTGAAGAAGGCCTTCGGGTTGTAAAGCACTTT
CAGTAGGGAGGAAAGGTAGCAGCTTAATACGCTGTTGCTGTGACGTTACCTACAGAAGAAGGACCGGC
TAACTCCGTGCCAGC(B29,490 bp)

ATTGTATGCGCAGCTACACATGCAAGTCGAGCGGTAACAGAAAGTAGCTTGCTACTTTGCTGACGA
GCGGCGGACGGGTGAGTAATGCTTGGGAACATGCCTTGAGGTGGGGGACAACAGTTGGAAACGACTG
CTAATACCGCATAATGTCTACGGACCAAAGGGGGCTTCGGCTCTCGCCTTTAGATTGGCCCAAGTGGG
ATTAGCTAGTTGGTGAGGTAATGGCTCACCAAGGCAACGATCCCTAGCTGGTTTGAGAGGATGATCAG
CCACACTGGAACTGAGACACGGTCCAGACTCCTACGGGAGGCAGCAGTGGGGAATATTGCACAATGG
GCGAAAGCCTGATGCAGCCATGCCGCGTGTGTGAAGAAGGCCTTCGGGTTGTAAAGCACTTTCAGTCA
GGAGGAAAGGGTGTGAGTTAATACCTCACATCTGTGACGTTACTGACAGAAGAAGCACCGGCTAACTC
CGTGCCAGCAGACA(B16,486 bp)

续表 10.5

TTTTATGCGCAGCTACACATGCAAGTCGAGCGGCAGCGACATAAACAATCCTTCGGGTGCGTTTAT
GGGCGGCGAGCGGCGGACGGGTGAGTAATGCCTGGGAATATGCCCTGATGTGGGGGATAACCATTGG
AAACGATGGCTAATACCGCATAATCTCTTTTGATCAAATAGGGGGAACTTCGGGCCTCTAGCTTCAGGA
TTAGCCCAGGTGAAATTACCTAGGTGGTGAGGTAAGAGCTCACCAAGGCGACCATCTCTAGGTGGCCA
GATAGGATGATCCTCCACACTGGAACTGACACACTGTCCCTACTCCTACGGGAGGAATCCTTGGGGAA
TATTGCACAATGGGGGAAACCCTGATGCGGCCATGCCGCGTGTGTGAAGAAGGCCTTCTGGTTGTAAA
GCACTTTCTGTCATGAGGAATGCGTATGCGTTAATAGCTAATGTGTTTGACGTTAGCTACTTAACATTC
ACCGGCTAACTCCCTGCCACCAGATCCGTGCCAGCAGA(B15,513 bp)

TGCATGCGGCAGCTACCATGCAAGTCGAGCGGCAGCACAAGGGAGTTTACTTCTGAGGTGGCGAG
CGGCGGACGGGTGAGTAATGCCTAGGGATCTGCCCAGTCGAGGGGGATAACAGTTGGAAACGACTGC
TAATACCGCATACGCCCTACGGGGGAAAGGAGGGGACCTTCGGGCCTTCCGCGATTGGATGAACCTAG
GTGGGATTAGCTAGTTGGTGAGGTAATGGCTCACCAAGGCGACGATCCCTAGCTGTTCTGAGAGGATG
ATCAGCCACACTGGGACTGAGACACGGCCCAGACTCCTACGGGAGGCAGCAGTGGGGAATATTGCAC
AATGGGGGAAACCCTGATGCAGCCATGCCGCGTGTGTGAAGAAGGCCTTCGGGTTGTAAAGCACTTTC
AGTAGGGAGGAAAGGTGTAATTTAATACGCTATATCTGTGACGTTACCTACAGAAGAAGGACCGGCT
AACTCCGTGCCAGCAGAATGCAAGTCGAGCGGCAGCACAAGGGATTTTCTTCTGAGGTGGCGAGGGGG
GGACGGGAGAATAATGCCTGGGGACCTGCCCAATCGAGGGGCATATCGGTTGGAAACGACTGCTAAT
ACCCATACGCCCTAAGGGGGAAGGA(B30,631 bp)

CGGCTACCATGCAGTCGACGAGAACGGAACTAGCTTGCTAGTTTGTCAGCTAAGTGGCGCACGGGT
GAGTAATATATAGGTAATGTGCCCTAGAGAAGAGGATAACAGTTGGAAACGACTGCTAAGACTCTATA
TGCCTTTAAGACAGAAGTCTGCAAGGGAAATATTTATAGCTCTAGGATCGGCCTGTACGGTATCAGTTA
GTTGGTGAGGTAATGGCTCACCAAGACAATGACGCCTAACTGGTTTGAGAGGATGATCAGTCACACTG
GAACTGAGACACGGTCCAGACTCCTACGGGAGGCAGCAGTGGGGAATATTGCACAATGGGGGAAACC
CTGATGCAGCAACGCCGCGTGGAGGATGACACATTTCGGTGCGTAAACTCCTTTTATATAGGAAGATA
ATGACGGTACTATATGAATAAGCGCCGGCTAACTCCGTGCCAGCAGA(B6,453 bp)

TGCGCTACCATGCAGTCGAGCGGATGAGGGAGCTTGCTCCCGGATTTAGCGGCGGACGGGTGAGT
AATGCCTAGGAATCTGCCTGGTAGTGGGGGACAACGACTCGAAAGGGTCGCTAATACCGCATACGTCC
TACGGGAGAAAGTGGGGGATCTTCGGACCTCACGCTATCAGATGAGCCTAGGTCGGATTAGCTAGTAG
GTGAGGTAATGGCTCACCTAGGCAACGATCCGTAACTGGTCTGAGAGGATGATCAGTCACACTGGAAC
TGAGACACGGTCCAGACTCCTACGGGAGGCAGCAGTGGGGAATATTGGACAATGGGCGAAAGCCTGA
TCCAGCCATGCCGCGTGTGTGAAGAAGGTCTTCGGATTGTAAAGCACTTTAAGTTGGGAGGAAGGGTT
GTAGTTTAATACGCTGCAATCTTGACGTTACCAACAGAATAAGCACCGGCTAACTCCGTGCCAGCAGA
CAT(B7,475 bp)

GTTTATGCGCAGCTACACATGCAAGTCGAGCGGTAACATTTCAAAAGCTTGCTTTTGAAGATGACG
AGCGGCGGACGGGTGAGTAATGCCTAGGGAACTGCCCAGTCGAGGGGGATAACAGTTGGAAACGACT
GCTAATACCGCATACGCCCTACGGGGGAAAGAAGGGGACCTTCGGGCCTTTCGCGATTGGATGTACCT
AGGTGGGATTAGCTAGTAGGTGAGGTAATGGCTCACCTAGGCGACGATCCCTAGCTGTTCTGAGAGGA
TGATCAGCCACACTGGGACTGAGACACGGCCCAGACTCCTACGGGAGGCAGCAGTGGGGAATATTGC
ACAATGGGCGCAAGCCTGATGCAGCCATGCCGCGTGTGTGAAGAAGGCCTTCGGGTTGTAAAGCACTT
TCAGCGAGGAGGAAAGGTTAACGGTTAATACCCGTTAGCTGTGACGTTACTCGCAGAAGAAGCACCGG
CTAACTCCGGGGCCAGCAG(B10,491 bp)

续表10.5

GTGCCTTGCGCGGCTAAACATGCAAGTCGAGCGCACCTTTCGGGGTGAGCGGCGGACGGGTTAGTA
ACGCGTGGGAATATACCCTTTGGTACGGAATAGCCTCTGGAAACGGAGAGTAATACCGTATGAGCCCT
TCGGGGGAAAGATTTATCGCCAAAGGATTAGCCCGCGTTAGATTAGGTAGTTGGTGGGGTAATGGCCT
ACCAAGCCTACGATCTATAGCTGGTTTTAGAGGATGATCAGCAACACTGGGACTGAGACACGGCCCAG
ACTCCTACGGGAGGCAGCAGTGGGGAATCTTGGACAATGGGCGCAAGCCTGATCCAGCCATGCCGCG
TGAGTGATGAAGGCCTTAGGGTCGTAAAGCTCTTTCGCCTGTGAAGATAATGACGGTAGCAGGTAAA
GAAACCCCGGCTAACTCCGTGCCAGCAGA(G8,433 bp)

CTTGCATGCGCAGCTTACACATGCAAGTCGAGCGAGACCTTCGGGTCTAGCGGCGGACGGGTGAG
TAACGCGTGGGAACGTGCCCTTCTCTACGGAATAGCCCCGGGAAACTGGGAGTAATACCGTATACGCC
CTTTGGGGGAAAGATTTATCGGAGAAGGATCGGCCCGCGTTGGATTAGGTAGTTGGTGGGGTAATGGC
CCACCAAGCCGACGATCCATAGCTGGTTTGAGAGGATGATCAGCCACACTGGGACTGAGACACGGCCC
AGACTCCTACGGGAGGCAGCAGTGGGGAATCTTAGACAATGGGGGCAACCCTGATCTAGCCATGCCGC
GTGAGTGATGAAGGCCTTAGGGTTGTAAAGCTCTTTCAGCTGGGAAGATAATGACGGTACCAGCAGAA
GAAGCCCCGGCTAACTCCTGGCCAGCAGAAAGAGCTTTACAACCCTAAGGCCTTCATCACTCACCCGG
CGGGGCTAGATCAGGGTTGCCCCCGTTGTCTAATATCCCCCACTGCTGCCTCCCGTAGGAGTCTGGGC
CGTGTCTCATTCCCAGTGTGGCTGATCATCCGCTCAAACCAGCTATGGATCGTCGGCTTGCTGGCACAT
TACCCCACCAACTACCTAATCCAACGCGGGCCGATCCTTCTCCGATAAATCTTTCCCCCAAAGGGCGT
ATACGGTATTACTCCCAGTTTCCCGGGGCTATTCCGTATAGAAGGGCACGTTCCCACGCGTGACTCAC
CCTTCCCCGCTTACCCGAAGGTCTCACTCGACTTGCATGTGTTAAGCCTGCCACCAGCGATCGTTCTAG
CCTAGATCAAACTCAA(B23,831 bp)

TACTCCGGCGCAGCTACACATGCAGTCGAGCGGTAACAGAGAGTAGCTTGCTACTTTGCTGACGAG
CGGCGGACGGGTGAGTAATGCTTGGGAACATGCCTTGAGGTGGGGGACAACAGTTGGAAACGACTGC
TAATACCGCATAATGTCTACGGACCAAAGGGGGCTTCGGCTCTCGCCTTTAGATTGGCCCAAGTGGGA
TTAGCTAGTTGGTGAGGTAATGGCTCACCAAGGCGACGATCCCTAGCTGGTTTGAGAGGATGATCAGC
CACACTGGGACTGAGACACGGCCCAGACTCCTACGGGAGGCAGCAGTGGGGAATATTGCACAATGGG
CGCAAGCCTGATGCAGCCATGCCGCGTGTGTGAAGAAGGCCTTCGGGTTGTAAAGCACTTTCAGTCAG
GAGGAAAGGTTAGTAGTTAATACCTGCTAGCTGTGACGTTACTGACAGAAGAAGCACCGGCTAACTCC
GTGGGCCAGCAG(B21,484 bp)

（3）分离细菌所属种属。

对混凝土表面附着细菌进行16S rDNA基因序列的扩增和序列测定,将所测得的序列通过互联网输入Genebank数据库,根据同源比对结果初步确定细菌的分类学地位。浪溅区混凝土表面细菌的种属见表10.6,潮差区混凝土表面细菌的种属见表10.7。

表10.6 浪溅区混凝土表面细菌的种属

种属	菌株	与已知菌种种属的最大同源性/%	所占百分比/%
假交替单胞菌	L-1,L-5,L-6,L-9	98	28.6
弧菌	L-2,L-7	99	14.3
弓形杆菌	L-4,L-8,L-11	99	21.4
假单胞菌	L-3,L-10,L-12,L-13,L-14	98	35.7

表 10.7　潮差区混凝土表面细菌的种属

种属	菌株	与已知菌种种属的最大同源性/%	所占百分比/%
假交替单胞菌	B1,B7,B11,B12,B14,B16,B21,G3,G4,G9,G11	100	26.2
Vibrio sp 弧菌	B2~B4,B17,B20	99	9.5
弓形杆菌	B5~B6	99	4.8
假单胞菌	B8~B9	99	4.8
玫瑰杆菌	G7,G8	99	4.8
海洋细菌	G6	99	2.4
南极嗜冷菌	G5	99	2.4
腐败希瓦氏菌	B30,G12	99	4.8
希瓦氏菌	G1,B29	99	4.8
灿烂弧菌	B28	99	2.4
叶氏假交替单胞菌	B26~B27	99	4.8
嗜压嗜冷光合细菌	B13	99	2.4
黏细菌	B15	99	2.4
水中低温脂肪酶菌	B18,B19	98	4.8
交替单胞菌属细菌	G2	98	2.4
副球菌	B23	99	2.4
气球菌属	B24	99	2.4
约翰逊不动杆菌	B22,B25	99	4.8
海氏希瓦氏菌	B10	99	2.4
海洋 α 变形杆菌	G10	98	2.4

表 10.6 中的 14 株菌均与数据库中同一属的细菌具有大于 98% 的同源性,由此可以确定它们的菌属分别为假交替单胞菌属、弧菌属、弓形杆状和假单胞菌属共 4 个属,其中假单胞菌为优势种属。尽管气单胞菌属、假单胞菌属、弧菌属和发光杆菌属是水体中最常见的菌属,但附着细菌中气单胞菌属占优势的研究结果并不多见,水体中的优势菌属往往不是固体物质表面附着的优势菌属。本节的研究结果与以往的研究不太一致,浪溅区混凝土表面优势菌是假单胞菌,和海水中优势菌一样。

从暴露于潮差区 22 年混凝土表面分离出的可培养细菌中随机挑选 30 株细菌,从挂置在潮差区 7 天混凝土表面分离出的可培养细菌中随机挑选 12 株细菌,进行 16S rDNA 的序列测定和同源比对分析。结果表明,所得到细菌的 16S rDNA 基因序列与 Genebank 数据库中细菌的 16S rDNA 基因序列具有大于 98% 的同源性,系统发育学分析表明,这些细菌分别为假交替单胞菌、弧菌、假单胞菌弓形杆状、*Colwellia*、*Thalassomonas*、玫瑰杆菌、灿烂弧菌、希瓦氏菌和腐败希瓦氏菌等 20 个种属。其中,暴露于海洋潮差区 22 年后混凝土表面分离出的 30 株细菌有假交替单胞菌、弧菌和假单胞菌等 15 个种属,优势菌属为假交替单胞菌。在潮差区挂置 7 天的混凝土表面分离出的 12 株细菌有假交替单胞菌、玫瑰杆菌和腐败希瓦氏菌等 7 个种属,其中假交替单胞菌仍是优势菌属。因此,潮差区中部混凝土表面附着细菌的优势菌属为假交替单胞菌。本节的研究结果也与以往的研究结果相一致,占绝对优势的种属是假交替单胞菌,而非气单胞菌属、假单胞菌属、弧菌属和发光杆菌属中的一种。此外,付玉斌的试验结果显示固体表面附着的细菌,其优势菌随时间的变化而变化。

(4)细菌的进化树。

从暴露于海洋浪溅区 22 年的混凝土表面分离出可培养细菌 14 株,分属于 4 个种属,从暴露于潮差区中部 22 年的混凝土表面分离出可培养细菌 30 株,分属于 15 个种属;在潮差区挂置 7 天的混凝土表面分离出可培养细菌 12 株,分属于 7 个种属。基于 16S rDNA 序列构建的细菌系统发生树状图如图 10.10 所示。

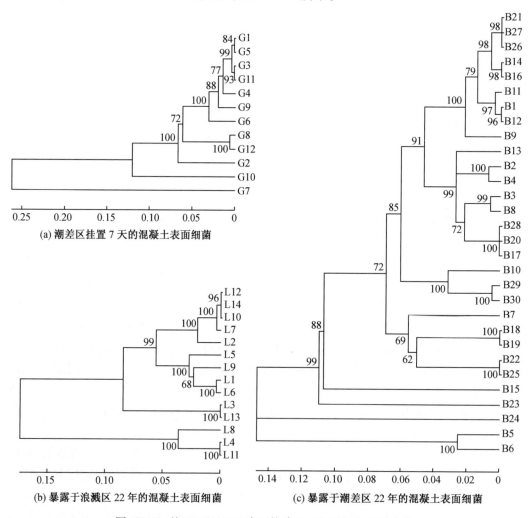

图 10.10　基于 16S rDNA 序列构建的细菌系统发生树状图

图 10.10 中所示的系统进化树进一步证明了对细菌的初步鉴定,并为今后研究混凝土表面微生物膜的演变提供了宝贵数据。

10.4.2　固着生物的种属鉴定

固着生物膜对海洋潮差区混凝土工程的作用几乎伴随整个混凝土工程的寿命。海洋固着生物在潮差区和水下区广泛存在,在潮间带上部以藤壶为主,在潮间带下部以牡蛎为主,在营养丰富的热带海域,海洋固着生物膜最厚可达 20 cm,在我国北方的海区,生物膜的厚度在潮差区的上部超过 5 mm,在潮差区的下部厚度为 10 ~ 40 mm。为探究固着生物膜对混凝土的作用,进行固着生物的种属鉴定。因此,本节针对混凝土表面固着生物种类,对占优势种属的藤壶和牡蛎进行鉴定。

1.混凝土工程表面的牡蛎鉴定

从我国青岛海区黄岛的防波堤、青岛港六码头和第二海水浴场的挡水坝上潮差区部位,各取 3 块面积为 10.0 cm×10.0 cm 的部位,并把每个地点取下的牡蛎分别混匀,及时带回实验室。许飞通过样品所在的潮间带位置、形态等得到了这 3 个位置所取的牡蛎优势种属均为长牡蛎,并且还有少量的近江牡蛎。牡蛎壳如图 10.11 所示。

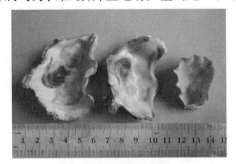
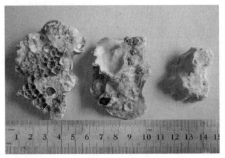

(a) 左壳和右壳内表面　　　　　　　　　(b) 左壳和右壳外表面

图 10.11　牡蛎壳

2.混凝土工程表面的藤壶鉴定

典型的白脊藤壶和东方小藤壶如图 10.12 所示。藤壶在混凝土表面的附着情况如图 10.13 所示。

2 mm

(a) 白脊藤壶　　　　　　　　　　　(b) 东方小藤壶

图 10.12　典型的白脊藤壶和东方小藤壶

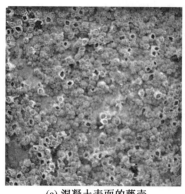
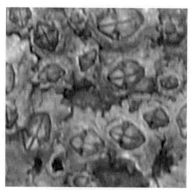

(a) 混凝土表面的藤壶   (b) 藤壶致密处局部放大

图 10.13   藤壶在混凝土表面的附着情况

藤壶鉴定方法:在我国青岛海区黄岛的防波堤、青岛港六码头和第二海水浴场挡水坝上潮差区部位,各取 3 块面积至少大于 5.0 cm×5.0 cm 的藤壶(将混凝土一同砸下,保持藤壶在混凝土表面的完整),带回实验室,并请教中国科学院海洋研究所任先秋研究员帮助鉴定。任先秋研究员根据其所处的潮间带位置、生境、外形、壁板、基底与壳口、盖板等形态特征进行分析,得到的结论是优势种属为东方小藤壶,其余的为白脊藤壶。

3. 潮差区混凝土表面单位面积生物量

在混凝土工程钻芯取样相近、具有相近的生物附着情况的位置,取面积为 15.0 cm×15.0 cm 的 3 块混凝土,用斧头和铁铲将上面的生物膜取下,烘干后称取质量,其测试结果见表 10.8。

表 10.8   潮差区混凝土表面单位面积生物质量   kg/m^2

取样地点	牡蛎	藤壶
防波堤	12.48	3.48
台座	—	2.62
大体积混凝土	3.6	—

从表 10.8 中的结果可以看出,防波堤混凝土表面藤壶和牡蛎,其单位面积的生物覆盖量相差较大,这是由于牡蛎壳厚实且大,藤壶壳小而薄。虽然单位面积的生物质量不同,但是藤壶覆盖的面积并不比牡蛎小。另外,台座表面的藤壶量较少,大体积混凝土牡蛎覆盖面积约为 30%,所以附着的生物量也少。

10.4.3   本节小结

通过对海洋浪溅区和潮差区的微生物进行 16S rDNA 鉴定,以及对海洋潮差区混凝土表面大型固着生物的鉴定,得到如下结论:

(1)从暴露于海洋浪溅区 22 年后的混凝土表面分离出 14 株细菌,分属于假交替单胞菌属、弧菌属、弓形杆菌属和假单胞菌属共 4 个属,优势菌属为假单胞菌,混凝土表面总细菌密度达 1.513×10^4 个/cm^2。

(2)从暴露于海洋环境 22 年后潮差区混凝土表面分离出 30 株细菌,分属于假交替单胞菌、弧菌和假单胞菌等 15 个种属,优势菌属为假交替单胞菌;在潮差区挂置 7 天的混凝土表面分离出 12 株细菌,分属于假交替单胞菌、玫瑰杆菌和腐败希瓦氏菌等 7 个种属,假交替单胞菌仍是优势菌属;且混凝土表面细菌的总密度分别为 31.73×10^4 个/cm^2 和 10.42×10^4 个/cm^2。

(3)对暴露于海洋潮差区 22 年后的混凝土表面大型固着生物进行取样鉴定,结果分别为近江牡蛎、长牡蛎和白脊藤壶、东方小藤壶,其中牡蛎以长牡蛎为优势种属,藤壶以东方小藤壶为优势种属。

(4)防波堤混凝土表面的固着生物附着量大,藤壶烘干后单位面积生物质量为 $3.48 \ kg/m^2$,牡蛎单位面积生物质量为 $12.48 \ kg/m^2$;台座藤壶单位面积生物质量为 $2.62 \ kg/m^2$;大体积混凝土牡蛎的单位面积生物质量为 $3.6 \ kg/m^2$。

10.5　海洋固着生物对潮差区混凝土工程的作用机理

实际海洋环境下的混凝土力学性能和耐久性能随着混凝土暴露时间的延长会产生很大变化:一方面,早期由于混凝土内的水泥水化不够充分,随着水泥的进一步水化及混凝土碳化,混凝土强度进一步增加,吸水率和 Cl⁻ 扩散系数进一步降低;另一方面,外界环境对混凝土的破坏作用,使混凝土性能降低。牛荻涛等对海洋混凝土抗压强度的经时变化进行了研究,并得到了混凝土平均强度在开始几年逐渐增大,其后增长缓慢,水泥品种、混凝土种类影响混凝土强度的经时变化,并且得到了混凝土的抗压强度在 5～10 年开始下降等结论。因此,水泥混凝土早期随着龄期的增长各项性能指标均增加,到了一定的龄期后,混凝土内部的增加作用和环境的破坏作用抵消,然后混凝土结构性能逐渐下降。而在海洋潮差区,由于固着生物膜的存在,混凝土性能的变化会更加复杂。

海洋固着生物牢固地附着于海中固体表面。如牡蛎都是营固着生活的,一旦固着在岩石、木、铁、竹、瓦和混凝土等海中物体上,便永远不能脱落。因此,牡蛎的成体除了贝壳开合运动以外,没有其他活动。藤壶更是如此。在公元 1050 年左右,蔡襄把牡蛎散置于石基和石墩上,候其繁殖,而将桥梁基础和桥墩胶结在一起,形成牢固的整体,大大提高了桥梁的坚固性和耐久性。蔡襄这一巧妙地利用海生介壳动物来巩固桥梁石基和石墩的发明,堪称一项杰出的科学创造。另外,C. L. PAGE 的研究表明:潮差区和水下区的混凝土工程寿命一般超过 30 年。虽然目前国内外的专家、学者对海洋环境下混凝土工程腐蚀机理和混凝土强度经时变化等进行了大量的研究,但是对于长期暴露于海洋环境下、表面覆盖有致密生物膜混凝土的耐久性相关参数却研究很少,如渗透性、吸水率和混凝土中 Cl⁻ 分布,还没看到相关的文献。因此,本节在浪溅区和潮差区混凝土工程上取样,进行耐久性能试验和微观结构分析,探索固着生物膜对潮差区混凝土工程的作用机理。

10.5.1　混凝土快速渗透试验

在 Cl⁻ 渗透快速试验的 60 V 6 h 的情况下,Cl⁻ 无法从阴极穿过混凝土试件到达阳极。因此对于 ASTM C1202—2005 的导电机理,可以利用有限元的方法,将 5 cm 的混凝土划分为无限小的薄层,最靠近阳极的混凝土表层的阴离子向阳极移动,而靠近这一层的阴离子向这一层移动,依此类推,相当于接力赛,将电荷从阴极传送到阳极。另外,众多的研究者认为混凝土的配合比不同,其孔隙溶液的化学成分变化也会很大,并且孔隙溶液的成分和混凝土的电通量有很大的关系,因此会影响电通量。但是,因为普通混凝土和掺加部分掺合料的混凝土,其孔隙溶液的 pH 均在 12.6～13.0,孔隙溶液中主要的阴离子为 OH^-,而在传递过程中,消耗的离子量很小,因为 1 C 的电量需要负一价的阴离子的量为

$$X_i = \frac{1}{1.6 \times 10^{-19}} = 6.25 \times 10^{18} \qquad (10.1)$$

即 1 000 C 需要的离子个数为 6.25×10^{21} 个,转换成 $Ca(OH)_2$ 的物质的量为 0.005 188 mol,约 0.384 g,所以这是一个很小的数量。因此,除了掺加大量硅灰的混凝土,其他混凝土大部分都可以利用该方法进行试验和评价。

对于混凝土快速渗透性测试,采用张武满基于 ASTM C1202—2005 法改进的设备,具有以下的优点:①随意设置数据记录间隔时间;②增大了阴极室和阳极室降低焦耳热的影响;③使用不腐蚀的纳米电极。因此,可以消除原 ASTM C1202—2005 方法中电流变化较大、焦耳热对试验液体及试件温度的影响,以及铜网或者铜板腐蚀引起的电阻变化,从而更好地应用于混凝土渗透性测试。

试验分为以下两个阶段,具体步骤如下:

(1)试件的处理过程。

从海洋混凝土工程上钻取 $\phi 100$ mm 的混凝土芯样,切割成用于 Cl^- 渗透快速试验的高为 50 mm、直径为 100 mm 的混凝土试样。为避免试验条件不同,在试验前试件需进行真空饱水。试件的曲面部分用环氧树脂包裹,待涂层凝固后放入真空干燥器中抽真空,气体压力小于 1 mmHg(133 Pa),持续 3 h。煮沸冷却的水(即去二氧化碳的水)加入放混凝土试件的容器内,并且真空保持 1 h 以上。在关掉真空泵后,试件吸收加入的水浸泡18 h。

(2)电通量的测试。

①将饱水后的试件安装在试件固定室中。先在试件固定室的四周涂一层腻子,然后将试件压紧,再用腻子将试件四周填满并用铲刀压紧。

②分别将阳极腔体和阴极腔体安装在试件固定室的两端,并用螺杆固定。首先将下端有螺母和垫片的螺杆穿入阳极腔体的固定孔中,阳极腔体开口向上放置,然后将试件固定室的小口端连接到阳极腔体上,再将阴极腔体与试件固定室大口端相连,螺杆的上端用螺母和垫片固定拧紧。

③向阴极室中注入 3.0% 的 NaCl 溶液,然后向阳极室中注入 0.3 mol/L 的 NaOH 溶液,先后顺序不能颠倒。

④接通电源及测试系统的正负极,调整外加电压,连接测试计算机,打开测试软件,设定数据采集时间为 5 min。

⑤打开控制箱总电源,打开测试通道开关。

⑥试验完毕,保存结果,关闭控制箱总电源和测试通道开关,清理腔体。

⑦结果处理。

用 6 h 通过试件的直流电量来评价混凝土渗透性,计算方法如下:

$$Q = 150(I_0 + 2I_5 + 2I_{10} + \cdots + 2I_{350} + 2I_{355} + I_{360}) \qquad (10.2)$$

式中　　Q——6 h 通过试件的电量,C;

　　　　I_0——通电时的初始电流,A;

　　　　I_t——通电 t min($t=5,10,\cdots,360$)的电流,A。

非标准试件 6 h 通过的电量修正公式为

$$Q_s = Q_x \times \left(\frac{95}{x}\right)^2 \tag{10.3}$$

式中　　Q_s——通过直径为 95 mm 试件的电量,C;

　　　　Q_x——通过直径为 x 试件的电量,C;

　　　　x——非标准试件的直径,mm。

ASTM C1202—2005 法评价标准见表 10.9。

表 10.9　ASTM C1202—2005 法评价标准

6 h 通过的电量/C	>4 000	2 000~4 000	1 000~2 000	100~1 000	<100
Cl⁻ 渗透性	高	中	低	很低	可忽略

1.混凝土试件处理及部分试件

图 10.14 所示为实际工程混凝土取样后的混凝土芯样切割示意图,将表面到里面分割为两个部分,内部的试件作为对比试件。混凝土编号:仅字母+数字为原始表面表层混凝土;字母+数字+#为表面磨掉 2 mm 的表层混凝土;字母+数字+*为内部混凝土;L—浪溅区;MF—牡蛎覆盖;TF—藤壶覆盖;C—潮差区无生物膜覆盖。

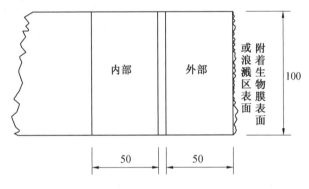

图 10.14　芯样切割示意图(单位:mm)

图 10.15 所示为潮差区防波堤上的混凝土试件,其表面几乎被海洋固着生物覆盖,实际上由于取样过程中的磕碰和取芯机的振动,试件四周一些地方固着生物的碳酸钙壳会被碰掉,而胶黏剂不太容易看出来。

2.混凝土电通量试验结果及讨论

(1)暴露于海洋环境 22 年后的防波堤混凝土电通量。

暴露于海洋环境 22 年后的防波堤的混凝土试件电通量结果如图 10.16 所示。

从图 10.16 可以看出,原始表面外部混凝土试件的电通量小于内部试件和磨掉 2 mm 表层后外部混凝土试件的电通量,同时磨掉 2 mm 表层后外部试件的电通量和内部试件的电通量基本一致。这说明不管是牡蛎,还是藤壶形成的固着生物膜,对混凝土的抗渗性均有提高。

(a) 藤壶和牡蛎混合覆盖于表面的混凝土试件

(b) 牡蛎覆盖于表面的混凝土试件

图 10.15　潮差区防波堤上的混凝土试件

图 10.16(a)中为藤壶占绝对优势的固着生物附着于潮差区混凝土表面,结果表明:混凝土芯样附着以藤壶为主的生物膜对电通量影响很大,其中第 2 组芯样外部原始表面(有生物膜覆盖的)混凝土试块 6 h 电通量为 216.0 C,仅为内部混凝土试件电通量(1 020.0 C)的 21.2%,为磨掉 2 mm 表层后外部混凝土试件电通量(1 090.2 C)的 19.8%。从外观上看,该芯样上的生物膜以藤壶为主,约占整个面积的 90%,剩下的一小部分由牡蛎覆盖,整个表面看起来非常致密,几乎看不到混凝土表面。第 1 组和第 3 组的外部原始表面混凝土试件的电通量相对大一点,但其平均值仍然小于内部试件和磨掉 2 mm 表层后的外部混凝土试件电通量的 50%。这两组混凝土试件表面的生物膜不够致密,露出一些混凝土表面,但其附着的程度也较好。另外,需说明一点,即使表面全部被覆盖,也可能由于固着生物与界面间留有空隙,致使黏结的效果不好。

图 10.16(b)所示为牡蛎占绝对优势的生物膜附着在潮差区混凝土表面的电通量。结果显示:牡蛎覆盖的外部混凝土试件的电通量明显小于对应的内部试件和磨掉 2 mm 表层后外部试件的电通量。原始表面外部混凝土试件的电通量均在 1 000 C 以下,而磨掉 2 mm 表层后外部混凝土试件和内部试件均在 1 400 C 以上,说明牡蛎同样对混凝土的抗渗性具有较大幅度的提高。这些试件表面的牡蛎在取样的过程中容易被取芯机和钢钳碰掉,导致表面的覆盖不充分。另外,由于处在潮差区,当地居民在退大潮时赶海,会拿小锤子敲下牡蛎的右壳,取走牡蛎肉,可是死去的牡蛎由于砸碎右壳时对左壳附着的影响,并且微生物会降解牡蛎左壳的可降解层,因此附着不是很致密,即使表面附着致密,下部也会有很多的空隙。因此,其对混凝土抗渗性提高的幅度有限。

图 10.16(c)中的结果是处于高潮线以上 0.5 m 位置处混凝土的电通量。这个位置接触海水的概率比潮间带上层和下层要小得多,仅在海水潮位较高且风浪大时才能接触飞溅上来的海浪,而且高潮水位很快就消退,因此浪溅区取样混凝土表面没有大型生物附着。

试验结果表明:三种情况下混凝土试件的电通量基本一致。外部混凝土试件,其 6 h 电通量值比相应内部混凝土试件多,说明浪溅区扭工字块同一个部位的混凝土,其表面混凝土抗渗性比其 5 cm 深度以下的混凝土要差一些,外部混凝土受到腐蚀,增大了混凝土的电通量。

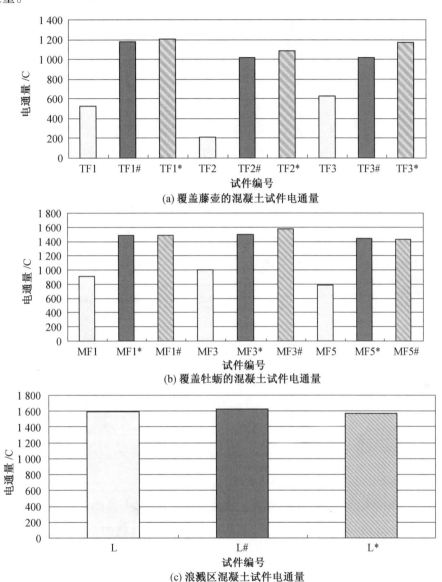

图 10.16　防波堤的混凝土试件电通量结果

(2)海边挡浪墙大体积混凝土电通量。

本次为外部试件、内部试件和外部混凝土试件磨掉 2 mm 表层后进行的渗透试验,考虑潮差区有牡蛎覆盖和无固着生物覆盖两种混凝土试件,图中数据均为三个数据的平均值,试验结果如图 10.17 所示。

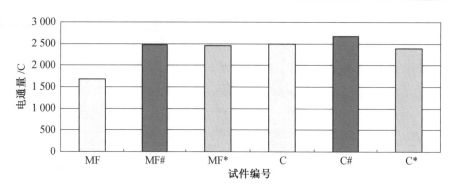

图 10.17　大体积混凝土电通量

图 10.17 的结果表明:覆盖有固着生物膜(MF)的外部混凝土试件比磨掉 2 mm 表层的外部试件和相对应内部试件的电通量小了约 30%,其效果不太好,主要是由于混凝土表面牡蛎覆盖的面积约 35%,且都是只剩左壳附着在上面,其碳酸盐底板也有部分降解,因此其对混凝土的抗渗性提高较小。对表面无覆盖固着生物的混凝土试样,三种类型试件的电通量基本相同。

(3)暴露于海洋环境 18 年后的台座混凝土电通量。

台座混凝土电通量如图 10.18 所示,图中数据为三个数据的平均值。

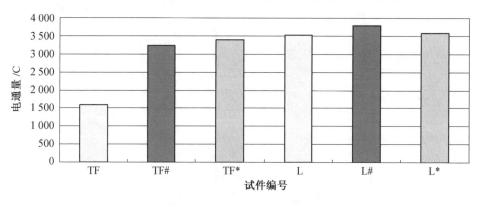

图 10.18　台座混凝土电通量

图 10.18 中的结果表明:台座混凝土的抗渗性不是很好,外部试件磨掉表层2 mm 和内部试件的电通量均大于 3 000 C,而在中潮线上部位置台座混凝土的电通量为1 600.8 C,混凝土表面主要被藤壶覆盖,其中的一个混凝土试件表面附着一个牡蛎,肉眼可见的覆盖面积也超过表面的 70%,说明藤壶对混凝土渗透性的减小有很大作用。另外,浪溅区混凝土试验结果表明,三种情况下的电通量值差不多,但原始表面外部混凝土试件电通量均小于内部试件混凝土电通量,这可能是碳化导致表层孔结构细化,提高了混凝土的抗渗性。

因此,从上述三个工程取样采用改进的 ASTM C1202—2005 法测试 Cl^- 快速渗透性试验的结果表明,固着生物膜对混凝土抗渗性的提高具有很大作用,覆盖的面积和黏结质量是影响混凝土抗渗性的主要因素。

10.5.2　混凝土吸水率

1.试验过程和相关照片

混凝土试件吸水率试验过程包括以下几个步骤:①将从工程钻取的混凝土芯样锯成 (50 ± 1) mm 厚的试件;②在 (60 ± 1) ℃温度下烘干,时间一般为 168 h 左右,直到连续两次混凝土试件质量损失率小于 0.2%,两次测量的时间间隔为 8 h;③将烘干的试样靠近吸水表面的侧面用环氧树脂密封,余下的侧面和底面用铝箔包覆,只剩暴露在海洋环境下的混凝土表面;④称重,作为原始混凝土质量;⑤搪瓷盘里放入 $\phi5$ mm 的不锈钢棒支撑试样,加水至水面超过试件暴露面 2~5 mm。然后在 $t^{1/2}=0,0.1,0.2,0.4,\cdots,2.8$ 的时间点时,用抹布擦干表面的水分,称重,称重后的试样及时放回搪瓷盘,并开始计时。另外,对于覆盖有生物膜原始表面的混凝土试件,在试验前将牡蛎的右壳小心地取下,并小心地去掉未与混凝土黏结部分的左壳;对于藤壶,将侧面的吻板全部去掉,只剩下和混凝土试件相结合的钙质底板。混凝土吸水试验部分试件及试验过程如图 10.19 所示。

(a) 测试吸水率混凝土试件　　　　(b) 混凝土试件在水中浸泡

图 10.19　混凝土吸水率试验部分试件及试验过程

2.试验结果及讨论

(1)22 年海洋环境中防波堤混凝土的吸水率。

试验结果如图 10.20 所示。

从图 10.20(a)、(b)中可以看出,不管是覆盖固着生物的混凝土还是浪溅区的混凝土,其与公式 $i=S\sqrt{t}$ 都具有很好的相关性,拟合曲线的相关性系数 R^2 均大于 0.98。图 10.20(a)中的结果表明:覆盖有固着生物膜混凝土的吸水率明显小于浪溅区混凝土的吸水率,尤其是藤壶覆盖下的混凝土试件的吸水率仅仅是浪溅区混凝土的 18.7%,牡蛎覆盖的混凝土表面也仅为浪溅区混凝土表面的 31.3%。图 10.20(b)中的结果表明:磨掉 2 mm 表层后浪溅区混凝土试件的吸水率最大,其次是牡蛎覆盖的混凝土试件,最后是藤壶覆盖的混凝土试件;其中只有浪溅区的吸水率比原始表面的吸水率小,有生物膜覆盖的试件磨掉 2 mm 表层后的吸水率均增大,并且增加到原始表面的 2 倍多。因此,固着生物膜可以极大地减小混凝土的吸水率,并且潮差区的混凝土试件在磨掉 2 mm 表层后吸水率均很小,一方面是由于盐类在混凝土内部的结晶及其与混凝土内部的水泥水化产物反应,导致混凝土孔隙细化;另一方面可能是海洋的有机物质与混凝土本体发生化学反应及生物胶仍然没有除干净的缘故;而对于浪溅区原始表面混凝土试件的吸水率小于磨掉2 mm 表层后试件的吸水率,可能是由于混凝土碳化的正作用低于海洋环境对混凝土的负作用。因为浪溅区混凝土试件的表面细骨料裸露,腐蚀严重。图 10.20(c) 中的结果表明:虽然浪溅混凝土试件具有较大的吸水率,但是在 600 h 后与覆盖牡蛎的混凝土试件最终吸水量一样,并且在 500 h 后浪溅区和牡蛎覆盖的吸水量均不再增加,覆盖藤壶的混凝土试件吸水量却呈线性增加,说明混凝土内部总的孔隙率基本一致,吸水率的不同并不是由混凝土内部的孔隙率不同引起,而是生物胶黏剂的阻碍作用减小了混凝土的吸水速率。

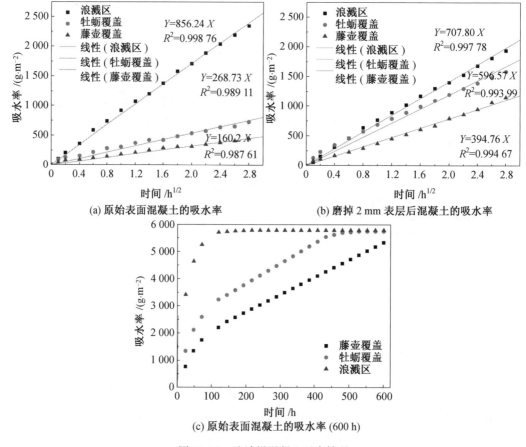

图 10.20　防波堤混凝土吸水情况

(2)18 年海洋环境中台座混凝土的吸水率。

试验结果如图 10.21 所示。

从图 10.21 可以看出,不管是覆盖固着生物膜的混凝土试件还是浪溅区的混凝土试件,其与公式 $i=S\sqrt{t}$ 都具有很好的相关性,拟合曲线的相关性系数 R^2 均大于 0.98,说明覆盖有固着生物膜后,仍然符合这个规律。有固着生物膜覆盖的混凝土试件的吸水率比磨掉 2 mm 表层后试件的吸水率降低约 40%,证明固着生物膜对混凝土的吸水率有很大的减小作用。在浪溅区磨掉 2 mm 表层后混凝土试件的吸水率比原始表面略增大,说明表面的碳化和各种盐类的填充作用导致混凝土孔隙细化,孔隙率减小,而磨掉 2 mm 表层后的混凝土的碳化作用很小,孔隙变化很小,吸附速率相对大一些。肉眼观察的结果是浪溅区混凝土表面还比较平滑,裸露的骨料较少。

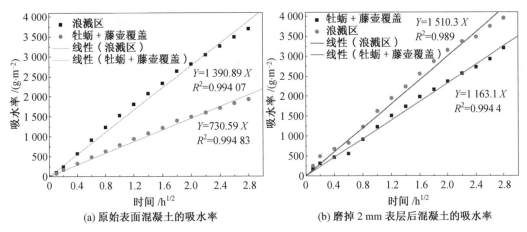

图 10.21　台座混凝土吸水率

(3)海边挡浪墙大体混凝土的吸水率。

试验结果如图 10.22 所示。

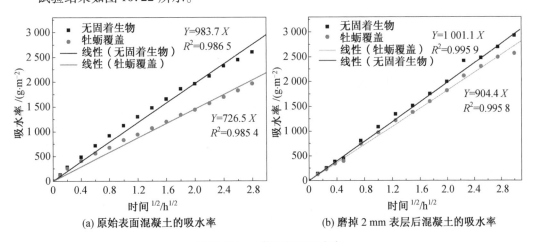

图 10.22　大体混凝土吸水率

图 10.22 的结果显示,表面覆盖有固着生物膜的混凝土试件比磨掉 2 mm 表层后混凝土试件的吸水率小约 25%,因为混凝土表面牡蛎覆盖的面积约 35%,且都是只剩左壳附着在上面,其碳酸盐底板也有部分降解,因此其对混凝土的吸水率降低较小。潮差区没有固着生物膜的原始表面混凝土试件吸水率小于磨掉 2 mm 表层后混凝土试件的吸水率,可能是由于固着生物膜及其他有机物质及碳化改善了混凝土表面的孔隙率和孔隙结构,从而略降低吸水率。

因此,上述三个工程取样、吸水率试验的结果表明,固着生物膜对混凝土吸水率降低具有很大的作用,覆盖面积和附着黏结的质量是影响吸水率降低的主要因素。

10.5.3 混凝土中氯离子分布

1. 试验方法

根据混凝土中 Cl^- 的存在形式,进行了混凝土中自由氯离子和总氯离子的测定。自由氯离子含量和总氯离子含量测定方法参照《水运工程混凝土试验检测技术规范》中水溶性 Cl^- 和酸溶 Cl^- 的测试方法,其中的取样部分和 Cl^- 滴定部分在本章中调整为用台钻钻取混凝土芯样各深度的混凝土砂浆粉末放在研钵里研磨后,全部通过0.63 mm的筛。用精度为万分之一的电子天平称量粉末,然后利用 Metrohm 760 自动电位滴定仪进行滴定。

测试得到每个试样的总氯离子和自由氯离子含量,两者之差即为该位置的结合氯离子含量。

2. 试验结果及讨论

Cl^- 在混凝土中存在的方式和相关的定义如图 10.23 所示。

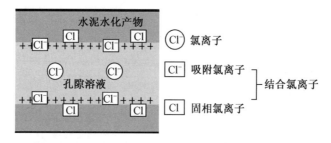

图10.23 Cl^- 在混凝土中存在的方式和相关的定义

在混凝土中的 Cl^- 可分为两种形式,一种是溶解于混凝土孔隙溶液中的游离 Cl^-;另一种是被水泥水化产物结合的 Cl^-,该结合作用包括化学结合(固化)和物理吸附。化学结合指的是 Cl^- 与水泥中铝酸三钙(C_3A)的水化产物硫铝酸钙和 $Ca(OH)_2$ 共同反应生成低溶性层状结构的 Friedel 盐。这两种形式的 Cl^- 在混凝土中同时存在,并保持化学动态平衡,即当条件改变,游离 Cl^- 浓度发生变化时,已结合的 Cl^- 含量也随之改变,以达到新的平衡。

根据水泥混凝土化学原理,Cl^- 被水泥固化形成的氯铝酸盐($3CaO \cdot Al_2O_3 \cdot CaCl_2 \cdot 10H_2O$)是 AFm 家族中的一种,它们全都具有类似于 $Ca(OH)_2$ 晶体的层状结构特征,其组成可以用通式 $[Ca(Al,Fe)(OH)_6] \cdot X \cdot nH_2O$ 来表示,其中 X 表示一个单价阴离子或半个双价阴离子。很多种类的阴离子可以作为 X,如 OH^-、SO_4^{2-}、CO_3^{2-}、Cl^-,氯铝酸盐是在 AFm 结构中 Cl^- 作为 X 的一种情况。根据其生成的水化产物的稳定性不同,相互作用优先顺序为 SO_4^{2-}、CO_3^{2-}、Cl^-。由于通常情况下,混凝土内部 SO_4^{2-}、CO_3^{2-}、Cl^- 是同时存在的,这就意味着在混凝土中,$3CaO \cdot Al_2O_3 \cdot CaSO_4 \cdot 12H_2O$ 最为稳定和优先生成,其次是 $3CaO \cdot Al_2O_3 \cdot CaCO_3 \cdot 12H_2O$,最后是 $3CaO \cdot Al_2O_3 \cdot CaCl_2 \cdot 10H_2O$。这也意味着只有被硫酸盐和碳酸盐反应后剩下的铝酸盐才能去固化 Cl^-。因此,决定水泥石固化 Cl^- 能力的并不是 C_3A 总含量,确切地说应是扣除硫铝酸盐和碳化影响后的相对铝酸盐含量,即有效铝酸盐含量。

另外,研究还表明混凝土固化的 Cl⁻ 和钙硅比有很大的关系,并且存在一个极值。如 Tetsuya Ishida 等对不掺、掺加 20%、掺加 40% 硅灰砂浆的 Cl⁻ 固化和吸附进行了研究。研究结果表明,掺加 20% 和 40% 硅灰的混凝土中几乎没有弗里德尔盐。这是因为硅灰中几乎没有 Al_2O_3 和火山灰反应,所以实质上减小了 OH^- 浓度;并且得到了细化的微孔结构(增大了表面积)对 Cl⁻ 的吸附有很大的促进作用,但随着硅灰的掺入、钙硅比的减小,吸附 Cl⁻ 减小。

(1)防波堤混凝土中的 Cl⁻ 分布。

防波堤混凝土中的 Cl⁻ 分布如图 10.24 所示。

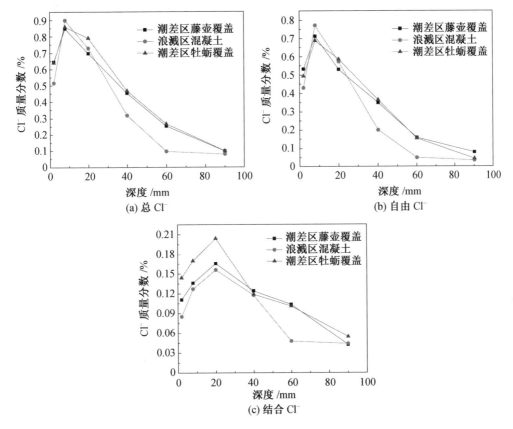

图 10.24　防波堤混凝土中的 Cl⁻ 分布

从图 10.24 中可以看出,不管是总氯离子、自由氯离子还是结合氯离子,质量分数都是先增大后减小,并且 Cl⁻ 质量分数在达到极值后,浪溅区的 Cl⁻ 质量分数下降速率均比覆盖牡蛎和覆盖藤壶的快,并在 60 mm 后趋于平缓。自由氯离子和总氯离子质量分数都是在距表面8 mm 时达到极值,此后逐渐降低;对于结合氯离子,其质量分数在距表面 20 mm 时达到极值,此后逐渐下降。另外,在混凝土中总氯离子质量分数和自由氯离子质量分数的极值都是浪溅区的混凝土试件大于潮差区牡蛎和藤壶覆盖的混凝土试件;而结合氯离子的质量分数极值则是潮差区牡蛎覆盖混凝土试件最大。

距混凝土表面 2 mm 处的自由氯离子和总氯离子质量分数均小于距表面 8 mm 和

20 mm处混凝土试样的 Cl⁻ 质量分数,这是由于取样前和取样时连续下了很多天的雨,表层海水盐度较低,且在落潮后雨水的冲刷导致距混凝土表面 2 mm 处的 Cl⁻ 质量分数较低。但是,由于浪溅区受到雨水冲刷的时间更长,表层的 Cl⁻ 质量分数更小,随着距混凝土表面距离的增加,浪溅区混凝土内的 Cl⁻ 质量分数下降更快,在距混凝土表面约 25 mm 处潮差区混凝土内的 Cl⁻ 质量分数大于浪溅区混凝土内的 Cl⁻ 质量分数。这是 Cl⁻ 不同的传输机理导致的:干燥时 Cl⁻ 渗透进入混凝土内是毛细管吸附,当存在水头压力时是渗透,存在浓度梯度和材料潮湿的情况下是扩散。不过在大多数情况下,Cl⁻ 的传输机理是这些传输机理的结合。试验结果也表明:Cl⁻ 进入浪溅区混凝土内部的方式主要是毛细管吸附,表面 Cl⁻ 质量分数较大,但是随着其与表面距离的增加而迅速减小;潮差区的 Cl⁻ 传输机理主要是 Cl⁻ 渗透和 Cl⁻ 扩散相结合。

浪溅区混凝土内的 pH 比潮差区混凝土相应位置处的 pH 小,混凝土内的结合氯离子分布也符合这个规律。试验结果符合弗里德尔盐在强碱性环境下能够生成并保持稳定的规律,但当混凝土的碱度降低时,弗里德尔盐会发生分解,重新释放出自由氯离子,增加混凝土内部自由氯离子的含量。

(2)台座混凝土中的 Cl⁻ 分布。

台座混凝土中的 Cl⁻ 分布如图 10.25 所示。

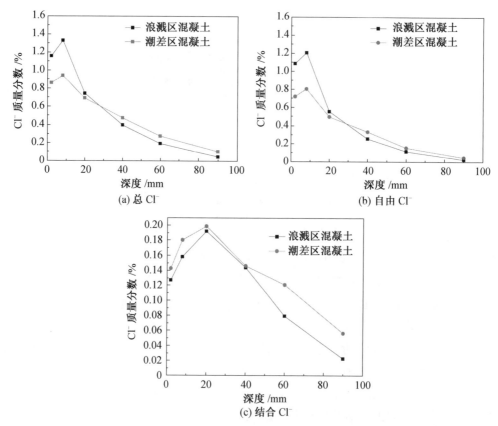

图 10.25　台座混凝土中的 Cl⁻ 分布

从图 10.25(a)、(b)的结果可见,混凝土中的总氯离子和自由氯离子质量分数均随着其与表面距离的增加而先增大后减小;浪溅区混凝土内的 Cl^- 质量分数在前 25 mm 内均大于潮差区混凝土的 Cl^- 质量分数,且 Cl^- 极值约为潮差区混凝土 Cl^- 的 1.45 倍,并在约 25 mm 后低于潮差区混凝土的 Cl^- 质量分数。该试样钻取时为 12 月末,表层海水的浓度已达到平均值,浪溅区混凝土的干湿循环加强,其表层聚集的 Cl^- 相对多一些。因此,和(1)中相比,Cl^- 质量分数极值更大。

对于图 10.25(c)中结合氯离子质量分数的变化情况,均是潮差区混凝土中结合氯离子质量分数大于浪溅区混凝土中结合氯离子质量分数。其也同(1)中趋势一致。

(3)大体积混凝土中的 Cl^- 分布。

大体积混凝土内的 Cl^- 分布如图 10.26 所示。

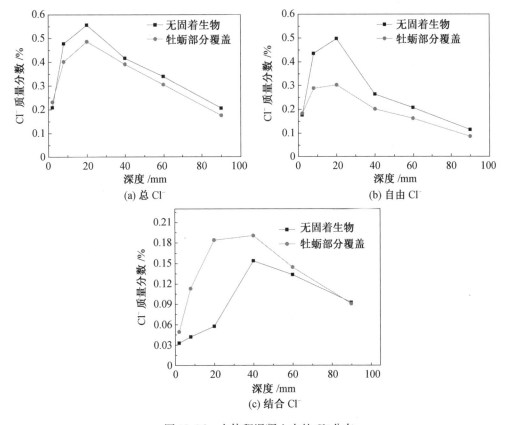

图 10.26　大体积混凝土内的 Cl^- 分布

图 10.26 所示的结果为两组试样均取自混凝土工程潮差区部分,一组为牡蛎覆盖约 35% 的表面,另一组为完全没有固着生物覆盖。混凝土中的 Cl^- 质量分数都是先增大后减小,且两者没有交叉的情况,从表面到内部 90 mm 处均是没有被大型生物覆盖混凝土大于被牡蛎覆盖约 35% 面积混凝土的 Cl^- 质量分数。刚开始时混凝土表面没有固着牡蛎,两组试件的 Cl^- 渗透是一样的,但是随着牡蛎在试件表面的附着、长大,渗透面积逐渐减小,其 Cl^- 的渗透速率也随之减小。因为两者的渗透都是以渗透和扩散为主,以毛细吸附为辅的机理,因此其 Cl^- 质量分数随着其与表面距离的增加下降较缓,但是覆盖有牡蛎

的混凝土中 Cl⁻ 质量分数变化更小。图 10.26(c)中的结果显示:结合氯离子质量分数的极值出现在距表面 40 mm 处,碳化作用使 Cl⁻ 质量分数的峰值向内推进。10.5.4 节的碳化深度和 pH 试验证实了这一点。

表层 Cl⁻ 质量分数变化较大的原因:三次取样分为两个时间,其中防波堤混凝土取样时间是 10 月份,取样前和取样时连续多天下雨;海水表面的盐度较低,因为夏天下雨的地表水对表层海水的盐度影响很大;大体积混凝土和台座混凝土取样是在 12 月底,此时海水的盐度基本达到平均盐度,且浪溅区混凝土吸收的 Cl⁻ 较多,青岛受大陆性气候的影响,北面的海边相对湿度也较低,表面容易浓缩 Cl⁻。另外,大体积混凝土放置在海洋的大气区中已有一年左右,表层 Cl⁻ 的质量分数由于雨水的冲刷而减小,因此混凝土表层 Cl⁻ 的质量分数受取样时间和当地取样前的雨水量影响较大。

从前面的 Cl⁻ 在混凝土中分布的试验结果可以得到:固着生物膜对 Cl⁻ 渗透进入混凝土内部具有较大的阻碍作用,并且生物膜覆盖的混凝土表层和内部的 Cl⁻ 质量分数变化小。

3. Cl⁻ 扩散系数和表面 Cl⁻ 质量分数的计算

(1)原理和公式推导。

本章利用 nordtest methods 中的 NT BUILD443 方法,其依据的公式是 Fick 第二定律,即

$$C(x,t) = C_s - (C_s - C_i)\,\mathrm{erf}\!\left(\frac{x}{\sqrt{4D_e t}}\right) \tag{10.4}$$

另外,误差函数

$$\mathrm{erf}\,u = \frac{2}{\sqrt{\pi}}\int_0^u \mathrm{e}^{-t^2}\mathrm{d}t$$

式中　$C(x,t)$——暴露时间 t 后,距混凝土表面距离 x 的 Cl⁻ 质量分数;

　　　　t——时间,s;

　　　　D_e——扩散系数,$\mathrm{mm^2/s}$;

　　　　C_i——混凝土内初始 Cl⁻ 质量分数,%;

　　　　x——距暴露表面的距离,mm;

　　　　C_s——暴露表面边界处的 Cl⁻ 质量分数,%。

式(10.4)通过最小二乘法非线性拟合实际测得的各层 Cl⁻ 质量分数,获得 Cl⁻ 扩散系数 D_e 和表面的 Cl⁻ 质量分数 C_s。

在此基础上,中交四航工程研究院有限公司进行了混凝土寿命预测及诊断系统的发明专利软件编制,本章使用该专利软件进行非线性拟合得到混凝土 Cl⁻ 扩散系数 D_e 和表面 Cl⁻ 质量分数 C_s。

(2)计算结果及讨论。

计算得到的 Cl⁻ 扩散系数 D_e 和表面 Cl⁻ 质量分数 C_s 见表 10.10,其柱状图如图10.27所示。其中混凝土的 Cl⁻ 扩散系数是混凝土自身的性能,表征混凝土抵抗 Cl⁻ 渗透的能力。Cl⁻ 扩散系数越小,说明混凝土抵抗 Cl⁻ 渗透进入混凝土内部能力越大;反之,则越小。表面 Cl⁻ 质量分数 C_s 是 Cl⁻ 进入混凝土内的驱动力。

表 10.10　混凝土的 Cl^- 扩散系数 D_e 和表面 Cl^- 质量分数 C_s

编号	FBD-L	FBD-TF	FBD-MF	TZ-L	TZ-TF	D-MF	D-W
$D_e/(\times10^{-6}\ mm^2 \cdot s^{-1})$	1.051	1.907	1.713	0.879	2.53	9.028	8.074
$C_s/\%$	1.113	0.958	1.032	1.668	0.979	0.598	0.676

注:FBD—防波堤;TZ—台座;D—大体积;L—浪溅区;MF—牡蛎覆盖;TF—藤壶覆盖;W—无固着生物。

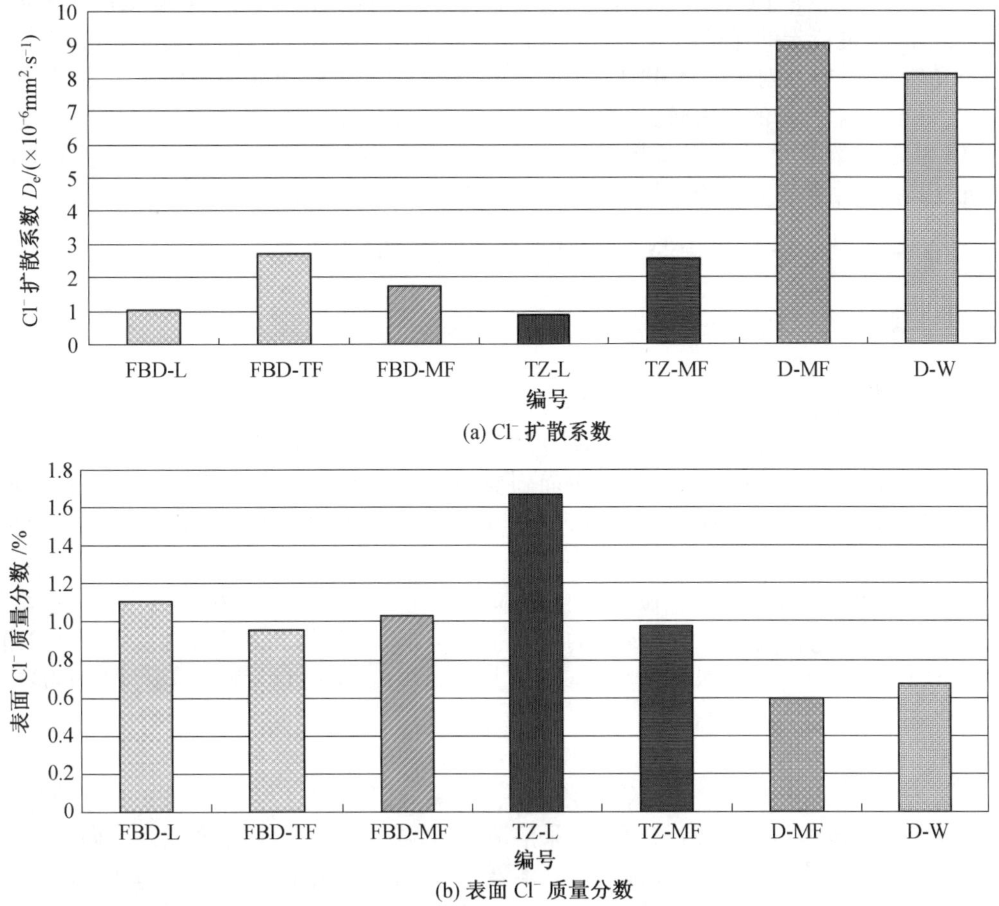

(a) Cl^- 扩散系数

(b) 表面 Cl^- 质量分数

图 10.27　混凝土的 Cl^- 扩散系数和表面 Cl^- 质量分数柱状图

　　从表 10.10 和图 10.27(a)中的结果可以看到,防波堤混凝土的 Cl^- 扩散系数的规律是藤壶覆盖>牡蛎覆盖>浪溅区。台座混凝土的 Cl^- 扩散系数的规律同样是潮差区藤壶覆盖混凝土的 Cl^- 扩散系数大于浪溅区混凝土的。大体积混凝土有无固着生物覆盖的 Cl^- 扩散系数的规律是牡蛎覆盖表面>无固着生物覆盖表面混凝土。浪溅区和潮差区 Cl^- 进入混凝土内的主要方式不同,具体如下:由于浪溅区以干湿循环和毛细吸附作用为主,而潮差区以渗透和干湿循环作用为主,毛细吸附的驱动力导致 Cl^- 在混凝土内的渗透深度小,因此,混凝土表层和内部形成的质量分数变化大,混凝土的 Cl^- 扩散系数小。

　　从表 10.10 和图 10.27(b)中可以看出,潮差区混凝土表面 Cl^- 质量分数 C_s 小于浪溅区,固着生物致密覆盖小于覆盖率小和没有固着生物膜覆盖的表面。这说明在固着生物膜致密覆盖时,在混凝土表面形成一层物理阻挡层,使实际混凝土表面的 Cl^- 质量分数减小,其和前面的耐久性试验结果一致,即固着生物对潮差区混凝土具有保护作用。

潮差区有无固着生物膜和固着生物膜的致密程度对混凝土内 Cl^- 分布的影响:潮差区混凝土在浸泡早期和固着生物脱落时较多的 Cl^- 进入混凝土表层,而在固着生物膜完好的情况下,环境的 Cl^- 通过固着生物膜进入混凝土内的速度很慢。但固着生物膜下 Cl^- 扩散一直在进行,而外部的 Cl^- 补充较少,所以形成固着生物膜覆盖下的表层 Cl^- 入不敷出,导致表层的 Cl^- 和内部的 Cl^- 质量分数变化较小。同时,其与 Cl^- 扩散系数密切相关,按照 Fick 第二定律计算,混凝土 Cl^- 扩散系数就大。因此,后期固着生物在混凝土表面附着越致密,对混凝土的保护越好,混凝土遭受外界的腐蚀越少,其 Cl^- 扩散系数应该减小,而不是增大。同样,对于大体积混凝土的试验结果,由于混凝土表面被雨水冲刷,表面的 Cl^- 流失,而覆盖牡蛎的流失较少,则相当于无固着生物覆盖的混凝土表面 Cl^- 质量分数减小,Cl^- 扩散系数增大,但是计算出混凝土 Cl^- 扩散系数仍小于覆盖有牡蛎的 Cl^- 扩散系数。因此,Cl^- 扩散系数不宜评价长期有固着生物膜致密覆盖的混凝土的渗透性。

10.5.4 混凝土碳化深度与粉末溶液 pH 的测定

1.试验方法

(1)酚酞滴定法。

碳化对混凝土性能的影响,可以通过测试混凝土的碳化深度来评价。本章的碳化深度通过以下方法测定:采用压力机沿碳化深度将混凝土试样劈裂,一分为二,然后用 1% 酚酞乙醇指示液喷于断裂面,从试件表面到变色边界每边采用钢尺量测 8 处混凝土碳化深度,以其算术平均值作为该试块的碳化深度,取 3 块试件的算术平均值作为该组试件的碳化深度。

碳化深度的测定是基于酚酞的变色原理,酚酞在 pH 为 $8.2 \sim 10.0$ 内变色。酚酞是一种有机弱酸,它在酸性溶液中 H^+ 浓度较高时形成无色分子。但随着溶液中 H^+ 浓度的减小,OH^- 浓度的增大,酚酞结构发生改变,并进一步电离成红色离子。酚酞(HIn)在溶液中存在下列平衡:

$$HIn \rightleftharpoons In^- + H^+$$

(酸,无色)----(碱,红色)

这个转变过程是一个可逆过程,如果溶液中 H^+ 浓度增加,上述平衡向反方向移动,酚酞又变成了无色分子。因此,酚酞在酸性溶液中呈无色,当溶液中 H^+ 浓度降低、OH^- 浓度升高时呈红色。其显红色是三苯甲基共轭的结果,酸性的情况下酚酞不是醌式,所以不能共轭,在碱性环境下变成醌式,产生共轭体系,显现红色。

(2)混凝土粉末溶液 pH 试验方法。

为测试混凝土距表面不同深度的混凝土粉末溶液 pH,从距混凝土表面 5、15、25、40、60、90 和 120 mm 深度取样,研磨并全部通过 0.3 mm 筛。10.00 g 混凝土粉末放入 100 mL 去离子水中,浸泡 24 h 后用 pH 计测定混凝土溶液 pH。

2.碳化深度结果与讨论

用酚酞滴定法测试得到的混凝土碳化深度结果如图 10.28 ~ 10.30 所示。

图 10.28 中的结果表明,不管是潮差区还是浪溅区,混凝土碳化深度均很小,尤其是潮差区牡蛎覆盖的混凝土试件,几乎没有完全碳化区。即使是碳化最严重的浪溅区,其碳化深度也只有 1.9 mm;藤壶和牡蛎覆盖混凝土碳化深度只有 0.8 mm 和 0.5 mm。因此,海洋环境下的混凝土碳化深度很小。

(a) 浪溅区混凝土

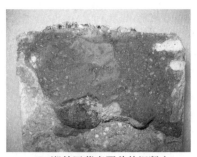
(b) 潮差区藤壶覆盖的混凝土

(c) 潮差区牡蛎覆盖的混凝土

图 10.28　防波堤混凝土的碳化照片

图 10.29 中的台座混凝土碳化照片结果表明,潮差区和浪溅区混凝土几乎没有碳化深度。

(a) 浪溅区混凝土

(b) 潮差区藤壶覆盖的混凝土

图 10.29　台座混凝土的碳化照片

图 10.30 中的大体积混凝土碳化照片结果表明,有牡蛎覆盖和无牡蛎覆盖的碳化深度为 1.8 mm 和 4 mm,说明固着生物膜对混凝土碳化腐蚀有抑制作用。另外,由于大体

(a) 牡蛎覆盖的混凝土

(b) 无固着生物膜覆盖的混凝土

图 10.30　大体积混凝土的碳化照片

积混凝土从潮差区拖上来约 1 年,放置在海边,距海边 10 m,距高潮线 8 m,可能由于空气湿度较小,CO$_2$ 含量较高,因此混凝土快速碳化。另外,前面的电通量和吸水率等试验均表明其具有大的渗透性,这也是其碳化深度大的一个重要原因。

综上所述,海洋环境下浪溅区和潮差区混凝土的碳化深度很小,并且海洋固着生物的存在对混凝土碳化起抑制作用。

3. pH 结果与讨论

混凝土的碳化,本质上是混凝土中 Ca(OH)$_2$ 被 CO$_2$ 中和,孔隙溶液中的 Na$^+$、K$^+$ 是混凝土碳化的催化剂,促进碳化反应进行。因此,对一给定的混凝土试样,混凝土粉末溶液的 pH 大小和混凝土中的 Ca(OH)$_2$ 与碳化消耗多少有关,并随着 Ca(OH)$_2$ 消耗量增加而减小。因此,可以根据混凝土的 pH 变化来确定部分(不完全)碳化区混凝土遭受的碳化情况,得到混凝土受碳化影响的深度。pH 测定结果如图 10.31 ~ 10.33 所示。

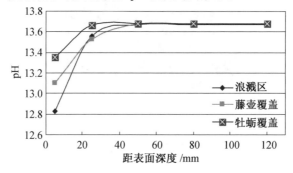

图 10.31 防波堤混凝土粉末溶液的 pH

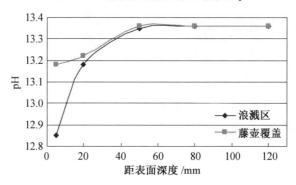

图 10.32 台座混凝土粉末溶液的 pH

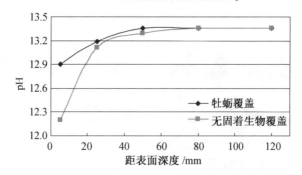

图 10.33 大体积混凝土粉末溶液的 pH

图 10.31 中防波堤混凝土粉末溶液的 pH 试验结果显示:从表面到内部混凝土 pH 变化较小,最大的差值发生在浪溅区取样,其最大的差值相差 0.85,试验结果同碳化深度具有良好的一致性。

图 10.32 中台座混凝土粉末溶液的试验结果表明从表面到内部混凝土 pH 相差很小,浪溅区的变化较大。

图 10.33 中大体积混凝土粉末溶液的试验结果表明覆盖有固着生物膜的混凝土具有小的 pH 变化范围,再次证明了固着生物对混凝土碳化具有抑制作用。

10.5.5　混凝土与生物胶的 SEM 图片及 EDAX 分析结果

1. 混凝土的 SEM 图片及 EDAX 分析结果

浪溅区、藤壶覆盖、牡蛎覆盖及潮差区无固着生物覆盖混凝土表面的 SEM 图片及 EDAX 分析结果如图 10.34~10.42 所示。

从图 10.34(a)可以看出,混凝土表面破坏严重,细骨料裸露,水泥石处由于腐蚀形成小坑;从图 10.34(b)中可以看出,晶体松散地堆积在一起,并且有絮状物团聚在混凝土的周围。

(a)　　　　　　　　　　　　　(b)

图 10.34　浪溅区混凝土表面的 SEM 图片

图 10.35(a)、(b)可以看出,附着于混凝土表面的藤壶胶不平整,在 5.0 k 倍下可以看到很多条棱状的物质。一方面,藤壶为了适应混凝土表面,其附着的形态随着混凝土的表面形貌而变化,藤壶胶的各个组分先从多个输送蛋白质的导管流出,然后除掉混凝土表面其他疏松的物质和水,随势而铺,因此形成的表面不平整;另一方面,胶块上的条棱状有利于底质和钙质底板的连接,增加抗拉强度。从图 10.35(c)和(d)中可以看出,胶黏剂的组织相当致密,在 20.0 k 的放大倍数下仍然非常平滑,即使在 50.0 k 的放大倍数下,球状小颗粒堆积在一起,颗粒间仍有致密物质填充。从图 10.35(e)和中可以看出,藤壶胶所形成的侧面形貌从表层到混凝土表面分别为钙质底板被降解层、藤壶胶和混凝土的表层。图中藤壶胶和混凝土表面黏结紧密,部分有较宽的裂缝,可能是取样和烘干的过程中导致的开裂。从(f)中可以看出,在 1.0 k 的放大倍数下,其胶黏剂仍然具有相当致密的结构。显微结构解释了覆盖藤壶的混凝土耐久性参数提高的原因。

从图 10.36 浪溅区混凝土表面的 EDAX 分析的元素谱图、分析部位和各元素在该处所占的比例可以看出由于 C、O 质量分数较高,Ca、Mg 质量分数很低且为絮状结构,其可能为微生物次级代谢产物——胞外多聚糖吸附 Ca、Mg 离子后形成的络合物。

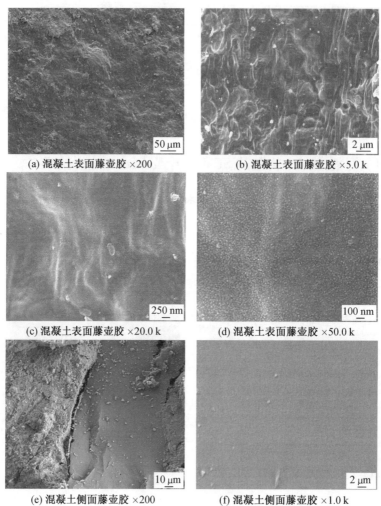

(a) 混凝土表面藤壶胶 ×200

(b) 混凝土表面藤壶胶 ×5.0 k

(c) 混凝土表面藤壶胶 ×20.0 k

(d) 混凝土表面藤壶胶 ×50.0 k

(e) 混凝土侧面藤壶胶 ×200

(f) 混凝土侧面藤壶胶 ×1.0 k

图 10.35　潮差区有藤壶覆盖的混凝土表面和侧面的 SEM 图片

元素	CK	OK	NaK	MgK	AlK	SiK	ClK	KK	CaK
质量分数/%	24.37	33.4	1.63	2.65	5.56	16.18	0	1.55	14.67
原子数分数/%	37	38.07	1.29	1.98	3.76	10.5	0	0.72	6.67

图 10.36　浪溅区混凝土表面的 EDAX 分析

图 10.37(a)中藤壶胶的分析结果主要元素为 C、N、O,因藤壶胶是由多种氨基酸自聚合而成的,其主要成分为 C、N、O,证实图 10.35 所看到的为藤壶胶;图 10.37(b)中的元素分析结果显示,该致密的膜层内除含有大量的 C、N、O 外,还含有较多的 Si,可能是硅酸盐的物质增加了生物胶的机械强度和抗腐蚀能力,是生物选择的有机材料和无机材料的复合。对于人工胶的硬度和力学性能的增加,很多时候在橡胶和胶中加入大理石和花岗岩粉末等作为添料。

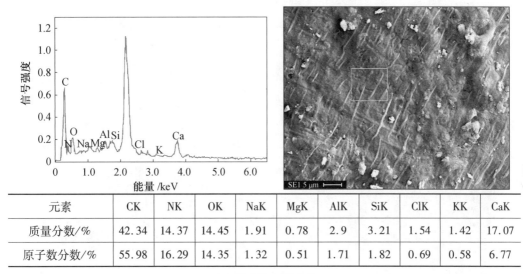

元素	CK	NK	OK	NaK	MgK	AlK	SiK	ClK	KK	CaK
质量分数/%	42.34	14.37	14.45	1.91	0.78	2.9	3.21	1.54	1.42	17.07
原子数分数/%	55.98	16.29	14.35	1.32	0.51	1.71	1.82	0.69	0.58	6.77

(a)藤壶胶表面成分

元素	CK	NK	OK	NaK	SiK	CaK
质量分数/%	36.00	04.23	19.31	0.23	39.50	0.73
原子数分数/%	50.45	05.08	20.32	0.17	23.67	0.30

(b)藤壶胶侧面成分

图 10.37 藤壶胶的 EDAX 成分

从图 10.38 潮差区牡蛎覆盖混凝土表面和侧面的 SEM 图片可以看出,附着于混凝土上的牡蛎左壳(即靠近混凝土表面的壳)为层状结构,呈条板状(图 10.38(a)、(b)),(图 10.38(c)中观察的结果是在 50.0 k 的放大倍数下,贝壳仍然具有致密的结构,看不到孔隙。图 10.38(d)和(e)中的 A 周围呈树叶状的部分,是牡蛎为了适应混凝土表面而填充的物质,呈蜂窝状结构,该结构具有省原材料、减震和抗冲击性强的特点。图 10.38(f)中显示了牡蛎胶层部分和混凝土表面的黏结情况,其在×4.0 k 下黏结仍然很好。另外,图 10.38(f)中的 B 可能为牡蛎胶黏剂渗透到混凝土孔隙中形成的胶块,同样解释了覆盖有牡蛎的混凝土耐久的原因。

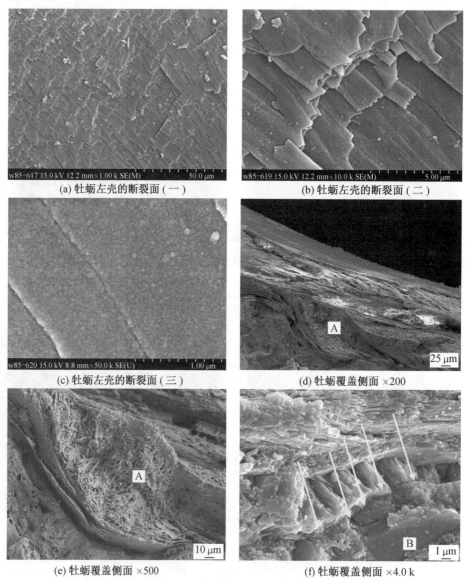

(a) 牡蛎左壳的断裂面(一)   (b) 牡蛎左壳的断裂面(二)

(c) 牡蛎左壳的断裂面(三)   (d) 牡蛎覆盖侧面 ×200

(e) 牡蛎覆盖侧面 ×500   (f) 牡蛎覆盖侧面 ×4.0 k

图 10.38   潮差区牡蛎覆盖混凝土表面和侧面的 SEM 图片

图 10.39 中牡蛎左壳的成分分析显示,其含有大量的 Ca、C 和 O 元素,还含有相当数量的 P 元素,说明左壳的主要物质为碳酸钙,填充在碳酸钙颗粒间的物质为含有 P 元素的胶黏剂,其紧紧地将碳酸钙颗粒黏结在一起。另外,其还含有少量的 Na、Mg、Al、Si 和 K 元素。

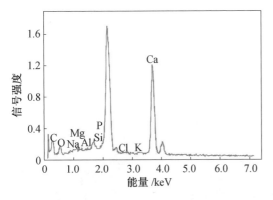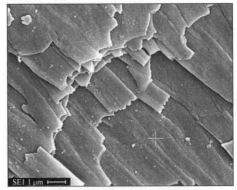

元素	CK	OK	NaK	MgK	AlK	SiK	PK	KK	CaK
质量分数/%	10.57	7.76	0.62	0.43	0.14	1.44	8.19	0.17	70.67
原子数分数/%	25.16	13.87	0.77	0.51	0.15	1.46	7.56	0.13	50.4

图 10.39　牡蛎左壳的 EDAX 分析

　　图 10.40 中的牡蛎为填充混凝土表面的低凹处,该处被蜂窝状的结构所填充。经分析显示其元素为 Ca、C 和 O 元素,主要成分为碳酸钙。因此,碳酸钙是牡蛎附着、生长和保护自己的重要手段,对其成长非常重要,其对牡蛎保护混凝土工程表面的牢固附着也非常关键。

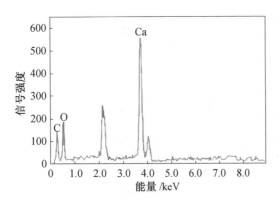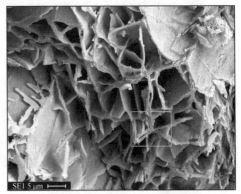

元素	CK	OK	CaK
质量分数/%	7.74	22.39	69.87
原子数分数/%	17.01	36.96	46.03

图 10.40　牡蛎壳填充物的 EDAX 分析

　　图 10.41 所示为潮差区没有大型固着生物覆盖的混凝土表面的 SEM 图片。从图 10.41(a)中可以看到,骨料间部分水泥石被腐蚀出现了小坑,但骨料并未裸露,仍有水

泥浆体包裹,和浪溅区相比,其腐蚀的程度减小了很多;从图 10.41(b)中可以看到絮状和网状的物质覆盖在混凝土表面;图 10.41(c)和(d)中有柄状、刺猬状等样貌的物质堆积在其他棱角不分明的晶体上;图 10.41(e)中有球状、刺猬状的物质;图 10.41(f)中有条带状和泡沫状的物质。这些可能为细菌、幼体、孢子和微生物代谢产物所形成的有机和无机复合物中的一种或者几种。

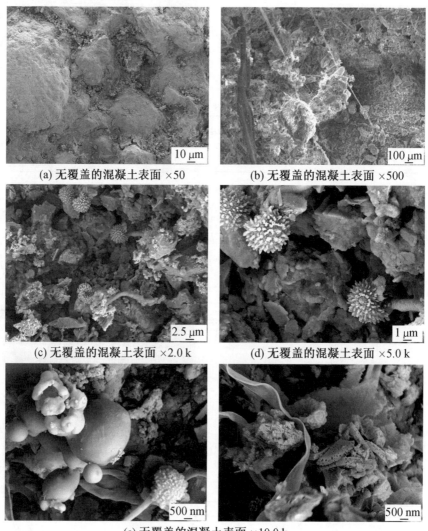

(a) 无覆盖的混凝土表面 ×50   (b) 无覆盖的混凝土表面 ×500

(c) 无覆盖的混凝土表面 ×2.0 k   (d) 无覆盖的混凝土表面 ×5.0 k

(e) 无覆盖的混凝土表面 ×10.0 k

图 10.41　潮差区无固着生物覆盖的混凝土表面的 SEM 图片

　　图 10.42(a)中的刺猬状物质含有大量的 C、N、O 元素,此物质为生物的幼体或者细菌;图 10.41(b)中的元素分析结果表明,其内部也含有一定量的 N 元素,说明其也是蛋白质类的物质。结合图 10.41(b)、(c)和(d),刺猬状和球状的物质可能为细菌,而图 10.41(f)中的物质应该是微生物及微生物次级代谢产物形成的泡沫状物质等。因此,没有固着生物覆盖的混凝土表面,有微生物膜及其代谢产物附着。

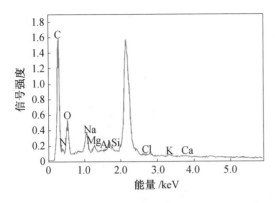

元素	CK	NK	OK	NaK	MgK	AlK	SiK	ClK	KK	CaK
质量分数/%	54.63	12.72	20.29	5.48	1.36	0	1.13	0.46	1.89	2.04
原子数分数/%	63.42	12.66	17.68	3.33	0.78	0	0.56	0.18	0.68	0.71

（a）刺猬状物质的 EDAX 分析

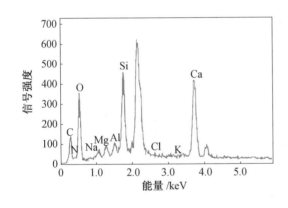

元素	CK	NK	OK	NaK	MgK	AlK	SiK	ClK	KK	CaK
质量分数/%	10.71	5.32	26.3	1.1	1.38	1.2	13.06	0	0.49	40.44
原子数分数/%	19.59	8.34	36.12	1.05	1.25	0.98	10.22	0	0.28	22.17

（b）小颗粒物质的 EDAX 分析

图 10.42　潮差区无覆盖混凝土表面的 EDAX 分析

2. 生物胶的 SEM 图片及 EDAX 分析结果

本部分试验样品为混凝土表面揭下来的藤壶胶和牡蛎胶,经 66% ~68% 浓硝酸与水体积比为 1∶10 的稀硝酸溶液浸泡 24 h 后,用蒸馏水洗干净,然后干燥、喷金,进行 SEM 及 EDAX 试验。试验结果如图 10.43 和图 10.44 所示。

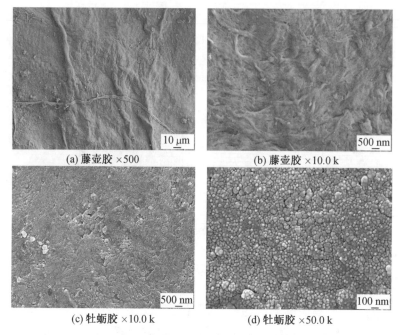

(a) 藤壶胶 ×500　　　　　　　　(b) 藤壶胶 ×10.0 k

(c) 牡蛎胶 ×10.0 k　　　　　　　(d) 牡蛎胶 ×50.0 k

图 10.43　藤壶胶和牡蛎胶的 SEM 图片

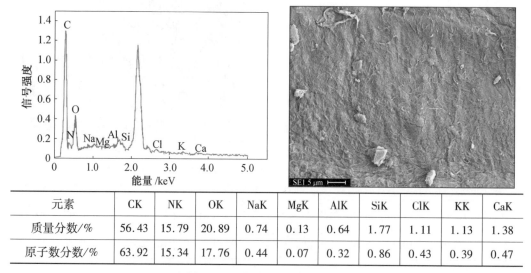

元素	CK	NK	OK	NaK	MgK	AlK	SiK	ClK	KK	CaK
质量分数/%	56.43	15.79	20.89	0.74	0.13	0.64	1.77	1.11	1.13	1.38
原子数分数/%	63.92	15.34	17.76	0.44	0.07	0.32	0.86	0.43	0.39	0.47

图 10.44　藤壶胶的 EDAX 分析

由图 10.43 可见,藤壶胶与牡蛎胶都表现出致密的特点。烘干后的藤壶胶很薄、很柔软,像极薄的绢布;牡蛎胶略厚,但仍然很柔软,呈糯米纸状。试验设计为观察藤壶胶在×50.0 k 下的显微形貌,但是高能电子打上去后,被电子打过的区域马上出现大的孔洞,因此只有×10.0 k 的图片。

图 10.43(a)中的藤壶胶显得很柔软,满是皱褶,像非常薄的薄膜纸;图 10.43(b)中显示出有很多的小孔,分布在整个表面,其尺寸约为 50 nm,很小一部分大孔可达 150 ～ 200 nm;从图 10.43(c)中可以看出,在×10.0 k 的放大倍数下,牡蛎胶很致密,但是相对于藤壶胶,其表面不太均匀;从图 10.43(d)中可以看到在×50.0 k 下,球状的颗粒紧密地堆

积在一起,牡蛎胶出现一些很细的裂缝,大部分颗粒的尺寸为 20 ~ 30 nm,有一些类似团聚的颗粒尺寸较大,在 100 nm 左右。因此,酸可以溶解藤壶胶及牡蛎胶中的无机物质,使其结构变得相对疏松。

将图 10.44 中的 EDAX 分析结果与图 10.35(a)中的 EDAX 分析结果对比后发现,胶膜的 C、N、O 元素原子总数所占的比例明显加大,由原来的 90.77% 增加到现在的 97.02%。其他元素所占的比例都不同程度地减少。说明藤壶胶为有机胶和无机物质的复合,胶膜结构致密,而在稀酸处理后,无机物质被溶解掉,表面出现了均匀的小孔。

10.5.6　海洋固着生物膜在海洋混凝土工程中的防腐机理

生物在界面处定居是普遍存在的行为。界面处的生物可以很容易得到所需的营养,躲开捕食者的捕食和促进基因的传递。很多水生生物通过水下特定的分子黏结系统在液-固界面处定居。贻贝、双壳类和甲壳类的藤壶是通过水下胶黏剂永久固着的分子研究的模范。

水下黏结实际上是一个快速多步骤的过程,需要在正确的顺序和准确的时间内完成所有要求。水下胶黏剂需要胶黏剂在导管内不能随意聚合,移去被黏结表面的海水进行灌注并铺在固体的表面而不分散在海水里,且与大多数材料表面牢固地结合,还需自聚合把钙质底板和底质连接起来。初始过程后,需要胶的进一步养护使其固化坚硬而具有韧性,从而防止连续水的渗透、腐蚀和微生物的降解。

固着生物水下胶黏剂可以完全符合这些要求,因此允许藤壶、牡蛎等栖息在液-固界面。人造的胶黏剂无法和藤壶胶相比。水下附着是仅仅在正确的顺序和准确的时间内完成所有的程序。据推测,多种胶黏蛋白之间相互合作,每种胶黏蛋白在水下胶黏过程中至少有一个起作用。因此,胶黏剂是一个自组合、多蛋白质和多功能的复杂体系。

1. 藤壶在混凝土工程中的防腐机理

藤壶的浮游幼体在混凝土表面找到适宜的地方,然后附着,通过生物合成具有特定功能的各种氨基酸,如排开固体表面的水分和微生物膜及杂物,渗透到混凝土的表层,其具有疏水作用以及交联作用等,从而完成在潮差区固体表面的牢固黏附;生物胶固化后,在混凝土表面生成一层致密的膜,其孔隙和裂缝的尺寸均很小,约在纳米级,其在水下附着的示意图如图 10.45 所示。

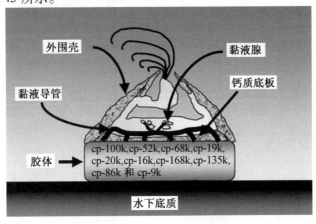

图 10.45　藤壶水下附着示意图

藤壶对混凝土工程耐久性的提高有以下几个方面:①由于藤壶壳的底板和胶黏剂间存在一个可降解的过渡层,因此在藤壶死后,壳在微生物及其他的腐蚀作用下逐渐消失,但是胶黏剂极其抗腐蚀,大多还留在混凝土表面,虽然肉眼观察不到,因为其很薄只有几微米厚,但其仍对混凝土耐久性起很大的作用;②海水或者水的渗透,在特定的相对湿度下只有大于一定大小的孔径和裂缝宽度,才能进入,而海水中由多个单水分子团聚组成的"大水分子"和胶黏剂对水分子的疏水作用,导致海水很难穿过固化的胶层进入混凝土的内部;③由于混凝土表层含有一定量的盐溶液,每天的潮涨潮落会产生规律的干湿交替,而藤壶胶的孔径在纳米级,导致外部的水分进不去,内部的水分也很难出去,从而减小了干湿循环的作用(实质:当干燥时,混凝土中孔隙溶液的离子浓度加大,增大了向混凝土内部扩散 Cl^- 的渗透压,而当再次有海水时,有渗透压促使更多的海水补充进来,同时带入更多的有害离子和氧气)和氧气进入混凝土内部的机会;④这些固着生物附着在混凝土表面,其呼吸需要氧气,因此导致局部的氧气含量不足。

综上所述,藤壶在混凝土表面形成一层致密的胶黏剂,该胶黏剂的孔隙率和孔径均很小,抑制了海水进出混凝土的表面,减小了有害离子及氧气进入混凝土内部的速率,从而可以大大减小混凝土内钢筋的腐蚀速率,最终实现对海洋钢筋混凝土工程的保护作用。

2. 牡蛎在混凝土工程中的防腐机理

牡蛎幼体孵化后,要在海水中经历一段时间的浮游生活,在条件适宜的地方附着。幼体变态后,先由足丝腺放出足丝,附着在固着物的表面,再从外套膜中分泌出黏胶物质,将左壳牢牢地固着在礁岩上,或者其他的固体上,变态成为稚贝。固着后终生不再脱离固着物,一生仅靠壳的开闭运动,进行呼吸、摄食、排泄、繁殖和御敌等活动。牡蛎左壳和底质黏结示意图如图 10.46 所示。

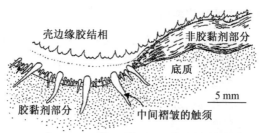

图 10.46 牡蛎左壳和底质的黏结示意图

因固着物空间有限,自然生长的各个年龄段的个体常群聚而生,所以,固着在混凝土表面的牡蛎,利用牡蛎胶和致密的左壳一起覆盖在混凝土表面,形成一层致密的物理阻挡层,相当于一层防腐涂层,对混凝土起杜绝或者减少海水、氧气自由进出混凝土表面的作用,减少海洋环境对海洋混凝土工程中钢筋的腐蚀。

10.5.7 本节小结

海洋固着生物覆盖在混凝土表面,对混凝土耐久性能具有明显的改善作用,具体体现在以下几个方面:

(1)在有固着生物覆盖时,混凝土的电通量明显减小,相对于相应位置的磨掉2 mm表层和内部混凝土的电通量,藤壶致密附着的防波堤其中的两组混凝土试件电通量降低约

80%;覆盖有牡蛎的混凝土试件电通量减小了 40%,浪溅区混凝土基本不变;对于台座混凝土,藤壶覆盖于表面的混凝土试件,其电通量减小了 50.6%,浪溅区混凝土基本不变。对于大体积混凝土,覆盖有牡蛎的混凝土试件电通量减小了 33%,无固着生物覆盖的潮差区混凝土试件电通量在三种情况下基本一致。因此,固着生物对混凝土的电通量减小幅度明显。

(2)海洋固着生物对混凝土吸水率有很大影响,相对于相应位置原始表面混凝土试件的吸水率,防波堤潮差区混凝土表面覆盖有牡蛎和藤壶的试件在磨掉 2 mm 表层后,其吸水率分别是原始表面的 2.21 倍和 2.46 倍,台座混凝土覆盖有藤壶的 1.46 倍。另外,防波堤浪溅区在除掉 2 mm 表层后,混凝土试件的吸水率减小,而台座处混凝土的吸水率先增大后减小。对于大体积混凝土,潮差区有牡蛎覆盖和无固着生物覆盖在磨掉 2 mm 表层后,牡蛎覆盖表面的混凝土试件吸水率为原始表面的 1.2 倍,无固着生物覆盖的则略有增大。这进一步说明,有无固着生物膜和固着生物膜的致密程度对混凝土试件吸水率的影响很大,固着生物膜越致密,吸水率越小,反之越大。

(3)在有固着生物膜覆盖的情况下,距表面 0～25 mm 潮差区内的混凝土 Cl⁻ 含量比浪溅区的小;潮差区内相邻位置有牡蛎覆盖的混凝土的 Cl⁻ 含量小于没有固着生物膜覆盖的混凝土的 Cl⁻ 含量;计算得到的表面 Cl⁻ 质量分数 C_s 可以说明固着生物膜对混凝土起保护作用,而 Cl⁻ 扩散系数 D_e 不宜用于评价长期有固着生物膜致密覆盖的混凝土渗透性。

(4)不管是浪溅区、潮差区,还是有无固着生物覆盖,混凝土的碳化深度和 pH 从外到内的变化范围均很小。当固着生物覆盖时,混凝土的碳化程度更小,固着生物对混凝土碳化起抑制作用。

(5)通过对混凝土表面的显微结构分析,有固着生物覆盖的混凝土表面,因牡蛎胶和藤壶胶具有致密的结构,紧紧黏结在混凝土表面,对混凝土起抑制腐蚀的作用。而没有被覆盖的表面,腐蚀严重。浪溅区混凝土表面细骨料裸露,水泥石腐蚀严重;潮差区混凝土表面也出现明显的腐蚀,其表面覆盖有微生物、生物幼体、植物孢子和代谢产物等。显微结构分析进一步证实了前面固着生物对混凝土耐久性能提高的原因。

10.6　实验室内微生物对混凝土的作用

混凝土工程暴露于海水中 1 h 以后就会有有机物质和微生物附着,24 h 后微生物开始大量繁殖,并在表面形成微生物膜。一旦这些微生物和有机分子等形成微生物膜,一方面,一些微生物如所有的真菌、硝化细菌和假单胞菌等自身的次级代谢产物(一般都是氨基酸和其他的酸类等)会对混凝土进行腐蚀,改变混凝土表观形貌,加快混凝土的中性化速率等,并会将混凝土中 Ca、Si、Fe、Mg 和 Mn 浸出,且真菌的钻孔能力和蓝细菌与地衣菌丝向底质的刺入,会以机械力作用在矿物结构上;另一方面,微生物膜的存在会释放胞外聚合物(EPS)等表面活性物质,导致水蒸气扩散进入混凝土中方式的变化,同时还改变了毛细管吸收水分的能力,同样也改变了 Cl⁻ 扩散进入混凝土内部的方式。DA Moreno 和 Gunasekaran 认为一些细菌分泌的代谢产物对中等碳钢有腐蚀抑制作用。此外,关于微生物对混凝土的腐蚀早有研究。1900 年,Olmsteadt 和 Hamlin 首次报道了洛杉矶污水管中遭到快速腐蚀的现象,1945 年 Parker 在墨尔本最早报道污水管道混凝土的腐蚀与微生物有关,并成功地从腐蚀产物中分离出硫杆菌。此后众多学者关于微生物对混凝土的腐蚀做了大量的研究,但研究一般都集中在污水管道的厌氧环境下进行,还没有看到海洋混凝土工程表面的好氧菌及兼性厌氧菌对混凝土作用的相关文献资料。本节利用 10.4 节中分离鉴定的细菌,进行细菌对混凝土作用的试验研究,验证微生物对水泥混凝土性能的影响。

10.6.1 微生物附着机理

界面是指两个物体相态相接触的分界层,也可称为界面层,它占有一定的厚度和面积。其厚度通常很薄,只有零点几纳米到几纳米,它很难独立存在,而是依赖于两边的相态。当固体物质沉到天然水系中时,其存在液-固界面。界面相当于富集潜在营养物质的部位,对微生物的分布、生长、演替效应产生显著影响。这些独特的界面力对于离子、大分子和胶体在界面附近的分布具有重要的影响。因大多数界面呈净的负电荷,所以可吸引阳离子和各种大分子。因此,细菌不太选择浮游生长,而是趋向于附着在界面处聚集生长,和其他物质形成微生物膜。

暴露于海洋潮差区的混凝土工程,大分子自发吸附到固体表面成膜。这类膜改变了表面的自由能,并对液-固界面附近细菌的行为产生明显影响。部分亲水、部分亲油的聚合物以相同的速度吸附到不同表面上,但构型不同。这影响到细菌在这种表面上黏附的性质。只有在界面呈正电荷时,才会把带负电荷的细菌静电吸引到界面上。因此,金属阳离子,尤其是 Ca^{2+} 和 Mg^{2+} 可中和电荷,从而形成双电层,表面呈现正电荷形成的吸力和范德瓦耳斯引力抵消了固体表面之间的斥力障碍,实现早期的暂时黏附。由于混凝土中含有大量的 Ca^{2+},因此可以促进细菌的早期黏附。细菌产生胞外聚合物,这种聚合物拥有配位体和受体,能形成特定的立体黏结,从而在细菌体与基材间架桥形成牢固的黏着。配位体与受体间的作用(小范围内)将大大有助于细菌和表面、细菌体与基材之间的黏附。随着紧密层(不可逆吸附)的形成,细菌开始繁殖并由另外的细胞附着进而形成小菌落,产生大量细胞外聚合物(黏液)。此外,细胞外聚合物中存在羧基等多种阴离子基团,阳离子通过交联作用稳定这些带电基团,从而维持细胞外聚合物的结构整体性。Fletcher 观察到,在没有 Ca^{2+} 和 Mg^{2+} 这些阳离子存在的情况下,细胞外聚合物因变性反应而失去原来精细的网状结构,在细胞表面聚集成球状。

微生物附着于固体表面后,由于新陈代谢活动会产生黏稠的 EPS。EPS 由高聚糖及蛋白质、糖蛋白或脂蛋白组成,有一定的强度和黏性,与一般的固体表面附着性好,微生物就包藏于 EPS 组成的凝胶中,从而在固体表面与液体环境之间形成凝胶相,即人们常说的微生物膜。微生物膜除具有一定的透过性能外,还有较好的黏弹性、亲水性、生物学性能以及一定的吸附能力。细菌高聚物如丙酮酸或糖醛酸中的荷电基团的存在,使得微生物膜具有离子交换器的性质。更为重要的是,微生物膜中的细胞更能抵抗很多有毒性的物质,如抗生素、氯和表面活性剂,并且大量试验数据证明它有降低扩散有害物质进入微生物膜的作用,如微生物膜特殊物质胞外聚合物和全体感应可能会产生这种阻抗。

10.6.2　混凝土配合比设计、试件成型及处理

1. 混凝土配合比设计

本试验设计的混凝土配合比见表 10.11。

表 10.11　混凝土配合比

序号	原材料组分/(kg·m^{-3})				W/C	流动度/mm
	水泥	砂	水	减水剂		
A	500	1 500	300	—	0.6	140
B	500	1 500	225	4.5	0.45	130
C	500	1 500	150	7.0	0.3	130

2. 混凝土试件规格、成型及养护

购买市售的直径为 40 mm 的 PVC 管,根据成型的高度截取 40 mm,为方便拆模,顺径向割开,并在成型前将开缝的地方粘好。然后用 4 mm 厚的铝板挡住一端,并用透明胶布固定,将混凝土灌入 PVC 管中,放入养护室内养护。24 h 后拆模,拆模后继续在养护室内养护 27 天。混凝土试模照片如图 10.47 所示。

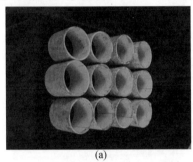
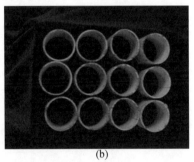

(a)　　　　　　　　　　　　　　(b)

图 10.47　混凝土试模照片

3. 混凝土试件处理

图 10.48 所示为浸泡前的混凝土试件形貌。先将混凝土放入(60±1)℃的烘箱内,烘干 24 h,然后用黏度为 1 000 Pa·s 的透明环氧树脂进行圆柱体侧面和成型面的密封,让成型底面暴露于试验液体中,模拟海洋环境对混凝土工程表面的作用,以保证海水及微生物对混凝土的单一方向作用。

(a)　　　　　　　　　　　　　　(b)

图 10.48　浸泡前的混凝土试件形貌

10.6.3　选择菌株及对照试验

1.菌株的选取原则及所选的菌株

菌株选取的原则:①细菌分属于不同的种属;②被选取的细菌易于生长,繁殖周期短;③在同种细菌中为密度大者。结合这三个原则,坚决服从第一原则,第二原则和第三原则依据实际情况做一些调整。最后,根据以上原则选取的对混凝土作用试验的细菌见表10.12,细菌在平板上的形态如图10.49所示。

表 10.12　选取的试验细菌

细菌种属	菌株	细菌种属	菌株	细菌种属	菌株
海水希瓦氏菌	B10	腐败希瓦斯菌	G5	假单胞菌	B8
希瓦氏菌	B29	玫瑰杆菌株	B30	黏细菌	B15
马氏副球菌	B23	假交替单胞菌	B18		

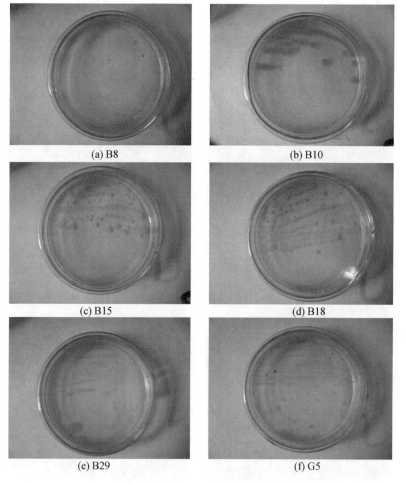

(a) B8　　　　　　　　　　　(b) B10

(c) B15　　　　　　　　　　　(d) B18

(e) B29　　　　　　　　　　　(f) G5

图 10.49　细菌在平板上的形态

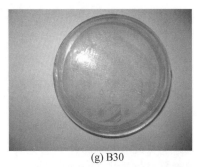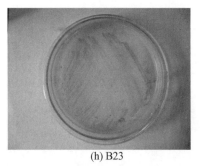

(g) B30　　　　　　　　　　　　　　(h) B23

续图 10.49

从图 10.49 中可以看出,不同菌株的菌落形态不同。其中,B10、B15、B29、G5 和 B23 都有颜色;B10、B15、B18 和 B30 的菌落直径较大;B29 具有一点泳动;而 B8 转接在平板上生长的菌落很少。此外,这些菌落培养时间较长,部分细菌的菌落稍大,主要是为了可以清晰地看出菌落形态。

2.对照试验的确定

本部分试验是探索不同条件对混凝土的作用机理和不同菌株在同一培养基中对混凝土的作用机理。试验设计:①灭菌海水;②2216E 液体培养基;③2216E 液体培养基+单菌株。此外,包括海水和培养基的 pH 调节为 7.6～7.8。试验目的:①对比在 2216E 液体培养基中有无细菌对混凝土的作用机理及效果;②对比 2216E 液体培养基和灭菌海水对混凝土的作用机理及效果。

10.6.4　混凝土试件的灭菌及干燥过程

混凝土试件的灭菌分为以下几个步骤:①混凝土试件放在超净工作台上利用紫外线灭菌 1 h,然后翻转过来继续灭菌 1 h,之后再进行几次,直到每个表面都受到紫外线照射的时间超过 1 h。②用 75%(体积分数,下同)的乙醇浸泡 24 h,再依次放入 80% 的乙醇、95% 的乙醇和 100% 的乙醇分别浸泡 2 h,然后再放入 75% 的乙醇浸泡 2 h。

试件干燥的步骤:①10 个试验前灭过菌并干燥后的 1 L 带有棉塞的广口三角瓶内放入混凝土试件,每个三角瓶中放入 6 个灭菌后相应编号的试件,并用棉塞塞好;②将放入混凝土试件的三角瓶置于 60 ℃的烘箱中,烘干 24 h,保证试件及三角瓶内乙醇全部挥发,待用。相关试验过程如图 10.50 和图 10.51 所示。

(a) 混凝土试件在乙醇中灭菌　　　　　(b) 准备分装试件到各个广口三角瓶中

图 10.50　混凝土试件灭菌过程

(a) 分装试件后的广口三角瓶   (b) (60±1)℃烘箱中烘干

图 10.51   混凝土试件干燥过程

10.6.5　培养基配制及更换

配制 2216E 液体培养基时,采用 1 mol/L 的 NaOH 溶液将 pH 调节至 7.6 ~ 7.8,在灭菌锅中 121 ℃灭菌 30 min。待培养基冷却至室温时,取出 100 mL 测试其 pH,然后调节陈海水的 pH 至培养基 pH,并在超净工作台内根据调节陈海水的 pH 所用的 NaOH 溶液的量来调节灭菌海水的 pH 至和培养基相同。然后将海水和培养基分别加入,在 2216E 液体培养基的三角瓶中分别接入所需的细菌,塞好棉塞并编号和标明日期,然后放入温度为(30±0.5)℃,转速为(130±2)r/min 的摇床中培养,培养 7 天后再静置培养 7 天。海水和液体培养基 14 天更换一次,直到试验结束。更换培养基的过程:先将内部已经浸泡 14 天的海水和培养基倒出,然后加入新的海水和培养基,塞好棉塞,放入摇床中继续试验。摇床培养细菌和三角瓶内装有试件后的照片如图 10.52 所示。

(a) 三角瓶在摇床内的情况   (b) 浸泡在培养液中 154 天

图 10.52   摇床培养细菌和三角瓶内装有试件后的照片

10.6.6　混凝土试件表面的微生物膜形貌结构

经过 154 天培养液或者灭菌海水浸泡后的混凝土试件,从浸泡液中取出约 10 min 后,在基本面干的状态下,测定混凝土表面的显微形貌,用刻度显微镜进行显微照片的拍摄,具体细观形貌如图 10.53 所示。

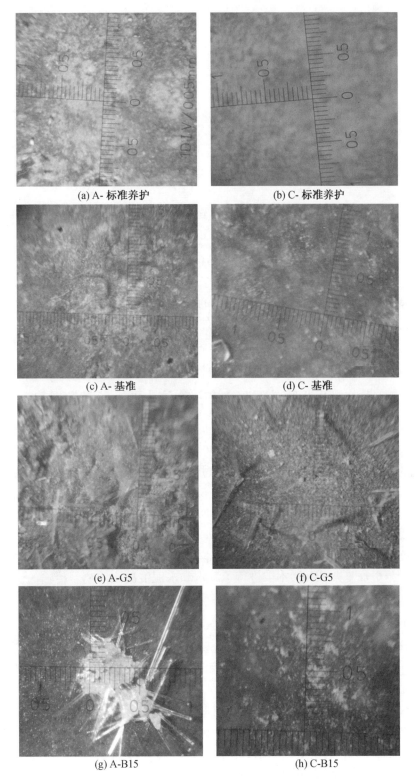

(a) A- 标准养护   (b) C- 标准养护

(c) A- 基准   (d) C- 基准

(e) A-G5   (f) C-G5

(g) A-B15   (h) C-B15

图 10.53　混凝土表面细观形貌

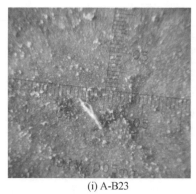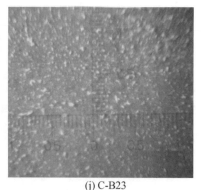

| (i) A-B23 | (j) C-B23 |

续图 10.53

图 10.53(a)、(b)所示为标准养护混凝土试件的细观形貌,A 组由于水灰比大,表面不太密实,而 C 组混凝土表面光滑;图 10.53(c)、(d)中试件经 2216E 液体培养基浸泡,有机物质附着后其表面形貌有所改变,出现了一些小的絮状物。图 10.53 中剩余试件表面都布满絮状物,这种现象在经 B23 浸泡过的混凝土试件表面尤为明显。B23 的菌液密度大,其在混凝土表面附着的机会更多。另外,还有晶体覆盖在混凝土表面,A 组试件在 B15 的菌液中浸泡后,表面出现放射状的晶体,可能是盐类结晶。因此,2216E 液体培养基和细菌都有改变混凝土表面形貌的能力,且菌液密度越大,表面形貌变化越明显。

10.6.7 附着微生物膜的混凝土在浸泡液中的离子扩散规律

海水的成分很复杂,化学元素含量差别也很大。海水中几种主要无机盐的质量比如下:Cl^- 19.10 g/kg,Mg^{2+} 1.28 g/kg,Ca^{2+} 0.40 g/kg,痕量元素 0.25 g/kg。因为海水中存在如此多的盐类,混凝土浸泡于其中的传质过程很复杂,涉及各种离子的同化、协同的作用,以及离子浓度梯度等,其中主要涉及 Cl^- 渗透进入混凝土的内部。另外,混凝土孔隙溶液中也含有大量的离子,主要为 Ca^{2+}、K^+、Na^+ 和 OH^-,尤其是 OH^- 浓度较高,普通硅酸盐水泥混凝土孔隙溶液内 OH^- 的浓度超过 0.1 mol/L,OH^- 从混凝土内渗透出来,此外还有较高浓度的 Ca^{2+} 也会渗透出来。另外,在本试验中又引入细菌,混凝土和海水中的离子传输机理变得更加复杂,因此,本节进行了海水和水泥混凝土间离子传输的研究,具体结果如下。

1. 浸泡液的 pH 变化

本试验是对灭菌后的培养基和海水测试初始 pH,然后测试混凝土在浸泡液中浸泡 14 天后的 pH,并考虑了前后的体积变化。测试了第 2 次和第 10 次更换的浸泡液。

(1)初期浸泡 14 天的 pH 变化。

第 2 次更换浸泡液前后的 pH 差值如图 10.54 所示。

从图 10.54 中可以看出,在初始浸泡液 pH 相同的情况下,在浸泡混凝土试件后浸泡液的 pH 差值各不相同,尤其是灭菌海水 pH 差值最大,比所有 2216E 液体培养基的 pH 变化都大。在浸泡液为 2216E 的液体培养基中,编号为 C 的浸泡液和其他相比则有高有低。pH 差值高的均为菌液浓度大的三角瓶,pH 的大小与细菌的代谢产物和数量有关,pH 升高可以说明代谢产物可能为碱性的氨基酸或者其他的代谢产物。pH 升高幅度小说明代谢产物为酸性的氨基酸或其他的代谢产物,或碱性代谢产物的减少。此外,还可能是微生物膜阻挡了混凝土中 OH⁻ 向浸泡液中渗出。

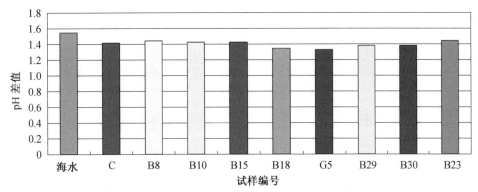

图 10.54　第 2 次更换浸泡液前后的 pH 差值

(2)后期浸泡 14 天的 pH 变化。

第 10 次更换浸泡液前后的 pH 差值如图 10.55 所示。

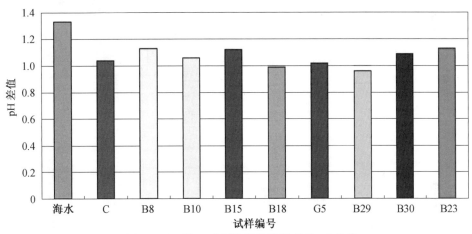

图 10.55　第 10 次更换浸泡液前后的 pH 差值

图 10.55 和图 10.54 中的结果变化规律基本一致,但图 10.55 中的 pH 差值均比图 10.54 中的小一些。这是由于混凝土连续浸泡后,混凝土表层的 OH⁻ 浓度减小,水化作用导致孔隙细化以及微生物作用导致内部的 OH⁻ 溶解速率较慢而降低,而微生物的代谢产物却不变,导致 pH 较 C 增大明显。

2. 浸泡液的 Ca^{2+}、Mg^{2+} 变化

(1)试验过程及照片。

混凝土和浸泡液之间阳离子的传输,导致溶液中阳离子浓度的变化。本试验分别测量 Ca^{2+},Ca^{2+}、Mg^{2+} 合量,其差值即为 Mg^{2+} 的量。测试的方法如下:

①配制溶液。pH = 10 的缓冲溶液(54 g NH_4Cl+350 mL 氨水,加水稀释至 1 000 mL);三乙醇胺溶液(三乙醇胺与水的体积比为 1:3);质量分数为 15% 的 NaOH 溶液;钙黄绿素指示剂(0.1 g 钙黄绿素+10 g KCl 研磨均匀),每次用量为 50~80 mg;铬黑T(0.1 g的铬黑 T 溶于 15 mL 三乙醇胺中,再加入 5 mL 无水乙醇,摇匀,储存在棕色瓶中),每次加 4~5 滴。

②Ca²⁺滴定。滴定步骤:(a)取 10 mL 待测样加 75 mL 水;(b)加三乙醇胺 5 mL;(c)加15% 的 NaOH 溶液 5 mL;(d)加入少量钙黄绿素;(e)滴定管加 EDTA,滴定,滴定终点的标志为溶液中绿色荧光消失,变为红色(黑色背衬,自然侧光)。

③Ca²⁺、Mg²⁺合量滴定。滴定步骤:(a)取 10 mL 待测样加 75 mL 水;(b)加入 pH 为 10 的 NH₃OH–NH₄Cl 缓冲液 10 mL;(c)加入三乙醇胺 5 mL;(d)加入指示剂铬黑 T;(e)滴定管中加入 EDTA,滴定,滴定终点的标志为溶液由红色变为绿色(白色背衬)。

(2)初期浸泡 14 天的 Ca²⁺、Mg²⁺质量浓度变化。

第 2 次浸泡试验后浸泡液的 Ca²⁺ 和 Mg²⁺ 质量浓度变化分别如图 10.56 和图 10.57 所示。

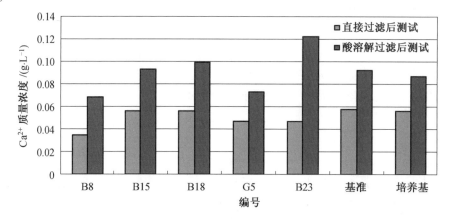

图 10.56　浸泡液的 Ca²⁺质量浓度

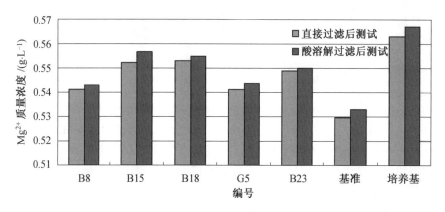

图 10.57　浸泡液的 Mg²⁺质量浓度

从图 10.56 中的结果可以看出,直接过滤后测试结果比酸溶解过滤后的都小,这说明浸泡液中的有机物吸附了其中的 Ca²⁺。对于直接过滤后的结果,基准内的 Ca²⁺最多,这说明混凝土中有部分的氢氧化钙被溶解,增加了浸泡液中的钙离子含量。其他浸泡液中 Ca²⁺质量浓度则都比培养基要小,其中 B15、B18 与培养基的值几乎相等,这说明微生物对浸泡液中的钙离子质量浓度有影响。经酸溶解过滤后测试的结果表明,培养基及代谢产物内吸附了一大部分的 Ca²⁺,除 B8 和 G5,其余均大于培养基,并且 B23 的结果最大,说明微生物在浸泡液和混凝土间 Ca²⁺传输过程中起到了一定的促进作用。当然,对于 B8 和 G5 也可能起到了阻碍作用,但也可能混凝土表面微生物膜内吸附的钙离子多,导致所测数据偏小。

从图 10.57 中的结果可以看出,直接过滤后测试的结果比酸溶解过滤后测试的都小,这说明浸泡液中的有机物吸附了其中的 Mg^{2+},不过相差很小,吸附量很小。另外,培养基内的 Mg^{2+} 均大于其他浸泡液中的 Mg^{2+},说明混凝土吸附浸泡液中的 Mg^{2+}。其中,基准下降得最大,其他的下降量较小,说明微生物对海水中 Mg^{2+} 扩散进入混凝土内部起阻碍作用。

(3)后期浸泡 14 天的 Ca^{2+}、Mg^{2+} 质量浓度变化。

第 10 次浸泡试验后浸泡液的 Ca^{2+} 和 Mg^{2+} 质量浓度变化分别如图 10.58 和图 10.59 所示。

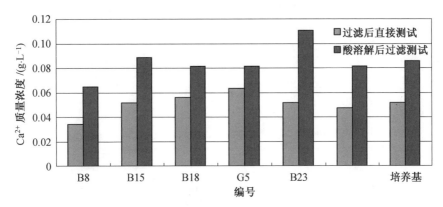

图 10.58　浸泡液的 Ca^{2+} 质量浓度

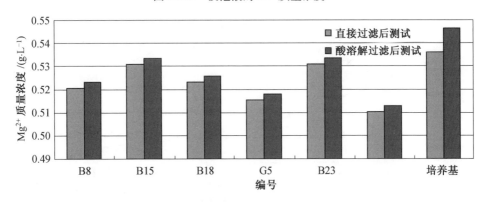

图 10.59　浸泡液的 Mg^{2+} 质量浓度

从图 10.58 中的结果可以看出,其试验结果和图 10.56 很相似,只是各个浸泡液的 Ca^{2+} 质量浓度稍有下降,这可能由于在浸泡液中浸泡了 126 天后,其表层的 Ca^{2+} 减少,钙溶解能力下降,还有微生物膜的增厚也对 Ca^{2+} 扩散起阻碍作用。

从图 10.59 中的结果可以看出,其试验结果和图 10.57 很相似,只是各个浸泡液的 Mg^{2+} 质量浓度下降幅度减小,这是因为混凝土试件在浸泡液中浸泡了 126 天后,微生物膜的增厚对 Mg^{2+} 扩散起阻碍作用,另外混凝土表层的 Mg^{2+} 质量浓度增加及内部的水化产物反应使混凝土孔隙细化,导致进入混凝土内部的 Mg^{2+} 减少。此外,余红发等的研究结果表明 Mg^{2+} 进入凝胶结构内部会发生固溶现象,形成 $Mg(OH)_2$ 和含水硅酸钙镁凝胶 CMSH,同时 Ca^{2+} 从内部溶出,这证明了本节的试验结果。在本节中的 5 株细菌改变了 Ca^{2+} 和 Mg^{2+} 与混凝土基体的传质速率。

3. 混凝土中 Cl⁻ 分布

将混凝土试件浸泡于装有灭菌海水、2216E 液体培养基和 2216E 液体培养基中接入单菌株的 1 L 三角瓶中培养 154 天后,将其中的混凝土试件取出进行 Cl⁻ 质量分数的分析。分析的过程主要包括两个步骤:①取样、制样;②Cl⁻ 滴定。本部分的混凝土取样是用锯将混凝土试件切割成 4 mm 的薄片,每组 2 个试件,每组试件取 4 个薄片,然后将每组试件每层的 2 个薄片砸碎、研磨并全部通过 0.63 mm 的筛,放置待用;采取同 10.5.3 节中水溶性 Cl⁻ 质量分数和总氯离子质量分数相同的测定方法进行滴定。试验结果如图 10.60、图 10.61 所示。其中,MJ 代表灭菌海水,C 代表 2216E 液体培养基。

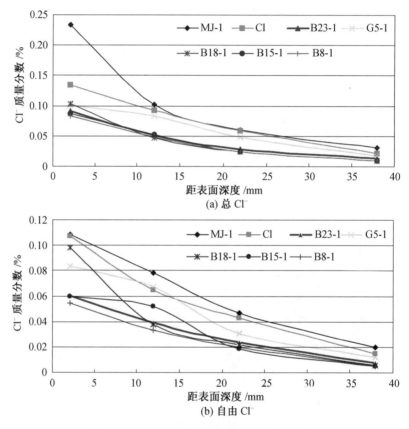

图 10.60　A 组混凝土试件中 Cl⁻ 的质量分数

图 10.60 中的结果表明,随着距离浸泡表面深度的增加,混凝土内的 Cl⁻ 质量分数下降很快。经灭菌海水浸泡过的混凝土各层 Cl⁻ 质量分数均大于 2216E 液体培养基浸泡混凝土对应各层的 Cl⁻ 质量分数。经 2216E 液体培养基浸泡后各层混凝土的 Cl⁻ 质量分数均大于 2216E 液体培养基浸泡液中接入单菌株的对应的各层混凝土 Cl⁻ 质量分数。因此,各种浸泡液中 Cl⁻ 渗透进入混凝土内的速度大小为灭菌海水>2216E 液体培养基>2216E 液体培养基中接入单菌株。所以,这 5 株细菌有减小 Cl⁻ 渗透进入 A 组混凝土内的作用。另外,可以明显看出,有微生物膜覆盖的混凝土试件,从混凝土表面至混凝土内部 Cl⁻ 曲线下降平缓。

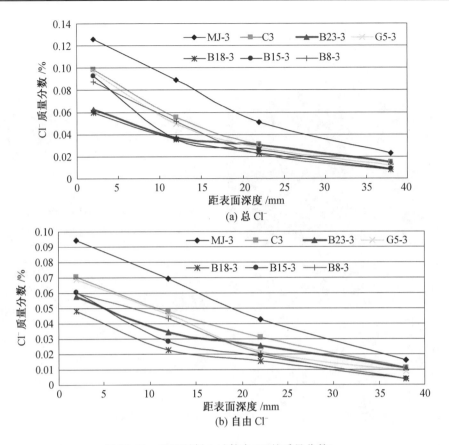

图 10.61　C 组混凝土试件中 Cl⁻ 的质量分数

从图 10.61 中的结果可以看出,其具有和图 10.60 相同的规律,但是由于 C 组试件水灰比小,内部孔隙率小,抗渗性好,其 Cl⁻ 质量分数较小。C 组混凝土中的 Cl⁻ 和接入细菌后的相差较小,但都比 C 组混凝土中 Cl⁻ 质量分数小,其同样起到减小 Cl⁻ 渗透进入混凝土内部的作用。

细菌喜欢附着于固体表面而不是浮游生活,当微生物附着于固体表面时,由于新陈代谢活动会产生黏稠的 EPS 并附着于固体表面,微生物就包藏于 EPS 组成的凝胶中,本章的固体即混凝土试件。微生物膜通常具有如下特征:微生物在 EPS 组成的凝胶中是静止的且靠近表面生长,各菌种在空间上有固定的微同生现象,细胞相互之间长时间接触;pH、氧浓度、基质浓度、代谢产物浓度、有机物浓度及无机物浓度在空间上(垂直和水平)具有不均匀性,存在浓度梯度;随时间、环境条件的改变,各种微生物可能不断演替,微生物膜也发生变化,即靠近微生物膜表面的氧浓度、营养物质和溶解盐浓度比较大,随着距离的加大,靠近混凝土表面,这些物质逐渐减小,甚至在微生物膜内只能生长厌氧菌和贫营养菌。因此,微生物膜在混凝土表面与浸泡液本体间起扩散屏障作用,从而减小了 Cl⁻ 扩散进入混凝土内部的可能。

综上所述,在 2216E 液体培养基中接入单菌株使混凝土内部的 Cl⁻ 质量分数小于基准和海水浸泡的混凝土内部的 Cl⁻ 质量分数,是由于微生物膜的 EPS 对 Cl⁻ 扩散起到了屏蔽作用。故这些菌属的微生物膜有助于延长混凝土工程的寿命。

10.6.8 附着微生物膜的混凝土试件表面的 SEM 及 EDAX 分析

混凝土试件表面的 SEM 图片和 EDAX 分析结果分别如图 10.62 和图 10.63 所示。

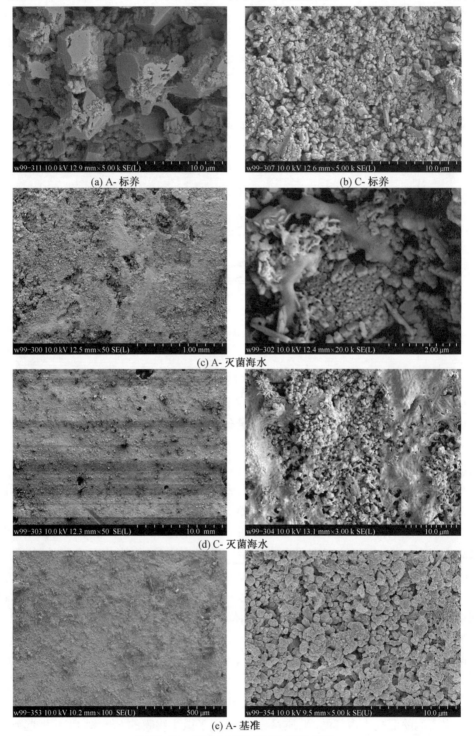

图 10.62 混凝土试件表面的 SEM 图片

(f) C- 基准

(g) A-B23

(h) C-B23

(i) A-B18

续图 10.62

(j) C-B18

(k) A-G5

(l) C-G5

续图 10.62

　　图 10.62 所示为标准养护、灭菌海水浸泡、2216E 液体培养基浸泡和 2216E 液体培养基内接入单菌株浸泡 154 天后混凝土表面的 SEM 图片。图 10.62(a)、(b)所示分别为编号为 A 组和 C 组标准养护后的混凝土表面显微结构图片,结果显示,A 组试样具有较大的晶体尺寸和孔隙结构,C 组试样颗粒尺寸较小,堆积紧密,孔隙小,这说明水灰比对水泥水化产物尺寸和孔隙率有较大影响。图 10.62(c)、(d)所示分别为 A 组和 C 组混凝土试件在灭菌海水中浸泡后的表面显微结构图片,和标准养护相比,它具有较致密的结构,这是由于海水中的盐类在混凝土孔隙内结晶以及在水养护条件下混凝土表面的水泥水化更充分,导致混凝土的孔隙细化、孔隙率减小。图 10.62(e)、(f)所示分别是在 2216E 液体培养基中浸泡的 A 组和 C 组试件。图 10.62(e)中 A 的表面有小的絮状的物质覆盖在晶体的颗粒表面,图 10.62(f)中的混凝土表面有较大的多孔状物质覆盖,这可能是 2216E 液体培养基中的有机物,也可能是这些有机物和钙镁离子结合形成的络合物。

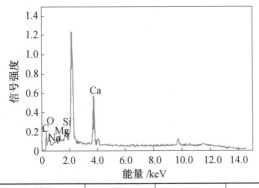

元素	CK	OK	NaK	MgK	SiK	CaK
质量分数/%	21.69	31.55	2.39	1.6	3.89	38.87
原子数分数/%	35.71	39	2.06	1.3	2.74	19.18

（a）A-标养

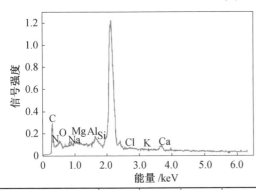

元素	CK	NK	OK	NaK	MgK	AlK	SiK	ClK	KK	CaK
质量分数/%	33.35	24.68	21.86	2.12	0	0	4.4	0.67	0.74	12.17
原子数分数/%	42.74	27.13	21.04	1.42	0	0	2.41	0.29	0.29	4.68

（b）A-B18

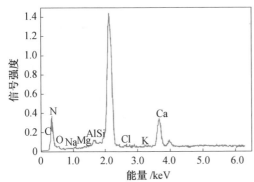

元素	CK	NK	OK	NaK	MgK	AlK	SiK	ClK	KK	CaK
质量分数/%	9.48	35.6	7.25	0.5	0	0	1.94	1.3	1.9	42.02
原子数分数/%	15.75	50.75	9.05	0.44	0	0	1.38	0.73	0.97	20.93

（c）A-B23

图 10.63　混凝土试件表面的 EDAX 分析结果

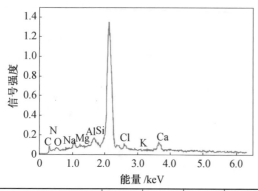 

元素	CK	NK	OK	NaK	MgK	AlK	SiK	ClK	KK	CaK
质量分数/%	14.71	18.88	15.14	5.21	1.58	0.43	5.86	8.11	1.12	28.98
原子数分数/%	24.42	26.88	18.87	4.52	1.29	0.32	4.16	4.56	0.57	14.42

(d)A–基准

续图 10.63

图 10.62(g)、(h)所示分别为单菌株 B23 在 2216E 液体培养基中浸泡后的 A 组和 C 组试件。混凝土表面布满杆状细菌,尤其是 C 组试件的表面。这些细菌附着在混凝土和多孔状物质的表面。图 10.62(i)、(j)所示分别是单菌株 B18 在 2216E 液体培养基中浸泡后的 A 组和 C 组试件。它们表面的细菌也为杆状菌,密度也很大,相比较 A 组试件的表面更密集。这两种菌比较结果:B23 呈细长状,且粗细不均匀;B18 呈短粗状,粗细均匀。图 10.62(k)、(l)所示分别为单菌株 G5 在 2216E 液体培养基中浸泡后的 A 组和 C 组试件。G5 在培养基中的生长情况不理想,浓度很小。另外,其在混凝土表面附着得很少,混凝土表面多被多孔状的物质覆盖,其中(l)中有十字的地方,形象地说明了细菌在混凝土表面的附着情况。

图 10.63(a)所示为标准养护的混凝土试样表面的 EDAX 分析结果。元素的分析结果为含有大量的 C、O、Ca,其他元素含量很少,说明标准养护下混凝土表面被碳化;图 10.63(b)所示为 B18 浸泡后的 A 组试件表面的 EDAX 分析结果。元素分析的结果表明:C、N、O 原子数的总和占 90% 以上,进一步证实了杆状物质为细菌;图 10.63(c)所示为 B23 浸泡后的 A 组试件表面的 EDAX 分析结果,虽然其 C、N、O 原子数的总和很大,但也有 20% 以上的 Ca,这可能是因为该区域有水泥的水化产物存在,另外其还可能是微生物代谢产物和培养基内的有机物络合的钙;图 10.63(d)所示为 2216E 培养基中浸泡后的 A 组试件表面的 EDAX 分析结果,其结果表明,混凝土表面覆盖着的团状物为培养基中的有机物或这些有机物和 Ca^{2+} 的络合物。

10.6.9 本节小结

(1)用于接种的 8 株细菌具有不同的菌落形态特征、生长速度和密度。

(2)浸泡混凝土的浸泡液,其 pH 均有升高,灭菌海水 pH 升高最多;和基准相比,部分接入细菌的浸泡液 pH 差值大于基准,部分小于基准,这可能是由于微生物次级代谢产物的酸碱性对 pH 有影响以及微生物对 OH^- 扩散有一定的影响。

（3）微生物及其次级代谢产物和 2216E 培养基中的有机物吸附溶液中的 Ca^{2+}、Mg^{2+}。3 株细菌对混凝土中 Ca^{2+} 的溶解起促进作用，2 株细菌起阻碍作用；所有细菌对 Mg^{2+} 渗透进入混凝土有阻碍作用。

（4）所有细菌对 Cl^- 渗透进入混凝土起阻碍作用，这对海洋混凝土工程耐久性理论的丰富和防腐技术的开发具有重要意义。

（5）B23 和 B18 的细菌在混凝土表面具有较大的密度，其对 Cl^- 和 Mg^{2+} 渗透进入混凝土内部具有较明显的阻碍作用，证实了细菌密度越大，对 Cl^- 和 Mg^{2+} 渗透进入混凝土阻碍作用越大，反之则越小。

10.7　海洋固着生物对混凝土耐久性影响的研究

在 10.5 节中得到海洋固着生物膜对暴露于潮差区的混凝土工程耐久性有较大改善，如抗渗性提高，Cl^- 含量减小，吸水率减小等。因此本节的主要目的是研究如何能快速将海洋固着生物附着在混凝土表面，并且覆盖率大，最终形成一层致密的胶黏剂加贝壳的膜层。实际工程的混凝土，一方面，水泥进一步水化及矿物掺合料二次水化，混凝土内部的孔隙细化，使混凝土的力学性能和抗渗性等耐久性能增加；另一方面，混凝土受到环境的作用，其性能逐渐衰减。因此，要在混凝土早期渗透性大时让固着生物膜快速附着，使有害离子尽可能少地进入混凝土内部，减小早期环境因素对混凝土耐久性的影响，故如何让海洋固着生物在混凝土表面尽快形成并使表面覆盖率大是应用生物膜保护潮差区混凝土工程的两个关键技术。本节在结合国内外相关研究资料的基础上，进行了海洋固着生物易于附着的混凝土配合比优化设计，并将混凝土试件暴露于海洋环境一段时间后，将暴露的混凝土试件取回实验室，进行混凝土耐久性相关试验及显微结构分析。

10.7.1　混凝土配合比设计及力学性能

1.混凝土的配合比设计

潮间带岩石上的生物群落结构从一个地方到另一个地方都是变化的。潮间带海洋生物群落的物理结构受波浪冲击作用、海岸线轮廓、盐度、可用氧含量、热应力、竞争、掠夺行为和底质类型等因素影响，另外化学引诱剂对生物的附着速度和生物群落结构有很大的影响。Mullineaux 还指出了水流和引诱物质对幼体的附着很重要，此外还对潮汐和波浪起伏及暴露时间、温度、干燥等进行了现场试验，并得到了相关种属的分布。在加利福尼亚海湾，Raimondi 进行了底质试验，用电子温度计测量岩石的温度，并且对比在花岗岩和玄武岩上藤壶的后期附着和岩石的热容量一致性。对岩石的粗糙度、热容量、颜色、表面能、电荷和元素组成进行分析，以及微生物膜的厚度、组成和成膜时间的长短等对固着生物附着及生物群落结构的影响进行研究。结果表明，底质对生物有很大影响，因此本节主要研究底质（即混凝土）对固着生物的影响。另外，根据海洋固着生物对不同种类表面（如岩石、船舶和海洋工程）附着的情况发现，其对特定的环境具有偏好并易于聚集，如喜欢黑色、红光、一些阳离子和微量元素。本节通过对大量文献中的相关资料进行总结，并考虑其对混凝土本身性能的影响，设计了基准混凝土配合比和易于附着的混凝土配合比，见表 10.13 和表 10.14。

表 10.13　2007 年混凝土配合比

编号	原材料组分/(kg·m⁻³)				减水剂含量/%	W/C	引诱剂或杀菌剂含量/%
	C	SL	S	G			
A	400	—	756	1 134	2.36	0.40	—
B	220	180	756	1 134	2.0	0.40	—
C	140	140	800	1 150	0.67	0.60	—
A1	400	—	756	1 134	2.0	0.40	Cu,1.5
B1	220	180	756	1 134	2.1	0.40	Cu,1.5
C1	140	140	800	1 150	0.67	0.60	Cu,1.5
A2	400	—	756	1 134	2.0	0.40	U,3.0
B2	220	180	756	1 134	1.52	0.40	U,3.0
C2	140	140	800	1 150	0.67	0.60	U,3.0

注:1. C—水泥;SL—矿渣粉;S—砂;G—碎石;Cu—杀菌剂;U—引诱剂。

2. 配比中所用原料为三菱水泥、青岛自来水、砂、石子。

表 10.14　2008 年混凝土配合比

编号	原材料组分/(kg·m⁻³)					减水剂 3301C 的含量/%	W/C	引诱剂或抑制剂的含量/%
	C	FA	SL	S	G			
C-0	380	—	—	764	1 146	1.20	0.42	—
C-S-J	380	—	—	764	1 146	0.78	0.42	S,19.5;J,3.8
C-K-M	380	—	—	764	1 146	1.40	0.42	K,0.44;M,7.7
H	200	72	108	764	1 146	1.20	0.42	—
H-B	200	72	108	764	1 146	1.20	0.42	B,0.2
H-F	200	72	108	764	1 146	1.20	0.42	F,21.2
H-S	200	72	88.5	764	1 146	1.10	0.42	S,19.5
H-S-F	200	72	88.5	764	1 146	1.20	0.42	S,19.5;F,21.55
H-S-F-1	180	60	45	800	1 200	0	0.62	S,15;F,21.6

注:B、F、S 为引诱剂;M 和 K 为抑制剂;J 为防水剂。

2. 混凝土的力学性能

混凝土抗压强度见表 10.15,其柱状图如图 10.64 和图 10.65 所示。

表 10.15　混凝土抗压强度

编号	C	C1	C2	B	B1	B2	A	A1	A2
强度/MPa	32.4	28.2	37.2	54.9	38.0	51.2	72.8	37.5	50.5
编号	C-0	C-S-J	C-K-M	H	H-B	H-F	H-S	H-S-F	H-S-F-1
强度/MPa	71.8	61.1	70.7	52.5	63.0	64.0	59	69.5	30.9

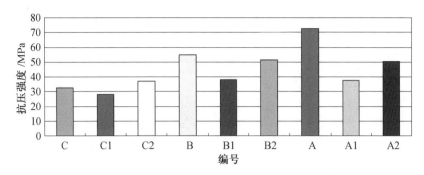

图 10.64　2007 年实海挂件混凝土抗压强度柱状图

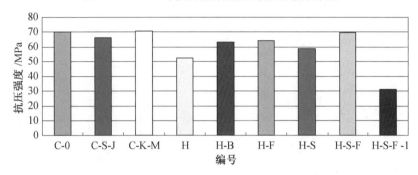

图 10.65　2008 年实海挂件混凝土抗压强度柱状图

从表 10.15 和图 10.64 中可以看出,2007 年实海挂件的混凝土抗压强度在掺入杀菌剂后均降低。掺入引诱剂后 C2 抗压强度增大,B2 和 A2 抗压强度均降低,但 A2 抗压强度降低幅度较大。从表 10.15 和图 10.65 中可以看出,与 C-0 相比,C-S-J 抗压强度略有下降,C-K-M 抗压强度略有上升。C-S-J 中生物材料活性很小和外加剂的引气作用,使其抗压强度降低;C-K-M 中为促进水泥水化的物质,其抗压强度增加。对于 H 系列,在相同水胶比和胶凝材料的情况下,其强度均有较大幅度的提高,说明添加的引诱剂参与了水泥水化或者是填充在混凝土内形成更致密的结构,使混凝土强度增加。对于 H-S-F-1,其水灰比较大,达到 0.62,所以在掺入同样的引诱剂后强度仍然很低。

实海挂件的地点在青岛东海饭店处的小海湾内,紧邻海水第二浴场。该处环境年平均温度约 12.2 ℃,年平均相对湿度在 80% 以上,最冷月海水表层水温在 2.3 ~ 3.0 ℃。全年 8 月份最热,平均气温约 25.1 ℃;1 月份最冷,平均气温约-1.2 ℃。年平均气温为 12.1 ℃,极端最高气温为 35.4 ℃,极端最低气温为-16 ℃。潮汐:正规半日潮型,平均高潮位为 3.85 m,平均低潮位为 1.08 m。试验试件挂置潮位为约 5.4 m 的浪溅区和潮高为 2.2 m 的潮差区。2007 年成型的混凝土试件在海洋环境下暴露时间为 360 天,2008 年成型的混凝土试件在海洋环境下暴露时间为 170 天。

10.7.2　固着生物对混凝土耐久性能的影响

1. 混凝土表面生物附着过程及附着情况

(1)混凝土表面固着生物的附着。

浮游幼体包括终生营浮游生活的各类动物幼体和阶段性浮游生物,后者成体营底栖生活,而幼体是浮游的,藤壶和牡蛎属于后者。浮游幼体的形态也是多种多样的,与成体截然不同。有不少动物的幼体历经几个不同的发育阶段。底栖动物的幼体度过了一段浮游生活后,就进入附着阶段,这个阶段是发育过程中的一个转折点,它标志着浮游幼体期的结束和幼体期(从幼体再发育为成体)的开始。在生活习性上,它标志着浮游生活的结束和底栖生活的开始。在这一关键时刻,幼体能否找到合适的底质,是关系能否继续发育、生存的大问题。幼体附着以后,紧接着开始变态,两者关系非常密切。换言之,附着是变态的先决条件。因此,底质是变态的关键。温度、金属离子浓度、氨基酸和其他生物分泌的代谢产物均可能对幼体的变态起作用,如温度升高促进变态,反之则抑制;Cu^{2+} 和 Ca^{2+} 对变态起促进作用,而 Mg^{2+} 和 K^+ 对变态起抑制作用。

(2)固着生物在混凝土表面的附着情况。

固着生物在混凝土试件表面的附着情况如图 10.66 ~ 10.70 所示。

(a) 浪溅区混凝土   (b) 潮差区混凝土

图 10.66   A 组混凝土表面附着情况

(a) 浪溅区混凝土   (b) 潮差区混凝土

图 10.67   B 组混凝土表面附着情况

从图 10.66 和图 10.67 中可以看出,浪溅区混凝土表面基本保持原有的形态和颜色,潮差区混凝土表面由于海水中的有机物和微生物等作用,表面颜色加深,并有固着生物附着。潮差区混凝土表面都有固着生物不同程度地附着,2008 年青岛浒苔的影响,使固着生物推迟排卵、排精时间,错过了最佳附着时间,导致混凝土表面的固着生物少且小,并且运输过程导致贝壳脱落,只剩下底板或胶黏剂附着在混凝土表面(见潮差区混凝土试件表面的白点)。其中,A、B 组试件放入海洋环境的时间是 2007 年 12 月初,天气寒冷,潮差

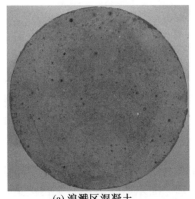

(a) 浪溅区混凝土　　　　　　　(b) 潮差区混凝土

图 10.68　C–0 组混凝土表面附着情况

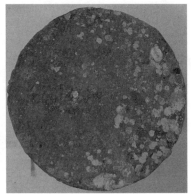

(a) 浪溅区混凝土　　　　　　　(b) 潮差区混凝土

图 10.69　H–S–F 组混凝土表面附着情况

(a) 浪溅区混凝土　　　　　　　(b) 潮差区混凝土

图 10.70　C–K–M 组混凝土表面附着情况

区的混凝土试样上只有细菌形成的微生物薄膜,没有大型生物的固着,导致混凝土暴露在干湿循环和冻融的环境中,表面有了一定的剥蚀。而对于浪溅区,由于冬季的最高潮位较低,没有台风等强对流空气,混凝土试件表面很少有机会接触到海水,所以浪溅区混凝土试件表面光滑,看不出腐蚀痕迹。

从图 10.68 ~ 10.70 中可以看出,浪溅区混凝土试件基本保持了原来的表面形貌,而潮差区混凝土试件则由于海洋有机分子附着、微生物代谢产物和海洋固着生物改变了表面形貌。这三组混凝土暴露时间短,且没有经历过冬天的冻融循环,混凝土的表面均没有出现肉眼可见的腐蚀。从这三个配合比的情况可以看出,基准混凝土 C-0 较掺加引诱剂 H-S-F组混凝土试件固着生物附着量少,比掺加抑制剂 C-K-M 组混凝土试件表面的生物附着量多。这说明引诱剂和抑制剂对固着生物在混凝土表面的附着有较大影响,引诱剂使混凝土表面固着生物附着量和附着面积明显增加。本节中 S+F 引诱剂的引诱效果很明显。

2. 混凝土快速渗透试验

利用 10.5.1 节中 Cl⁻快速渗透法测试混凝土渗透性的试验结果分别如图 10.71 ~ 10.75 所示(BY—标准养护;LJ—浪溅区暴露;GZ—潮差区暴露固着生物覆盖;A—磨掉表层2 mm;O—原始表面)。

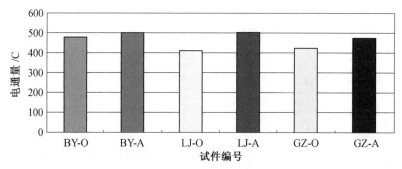

图 10.71 A 组混凝土的电通量

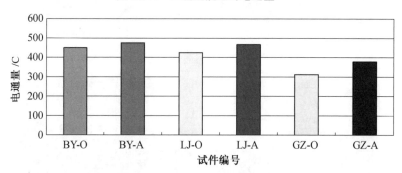

图 10.72 B 组混凝土的电通量

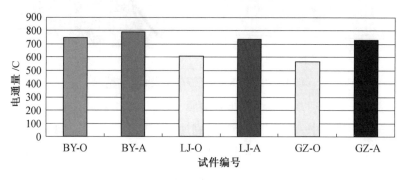

图 10.73 C-0 混凝土的电通量

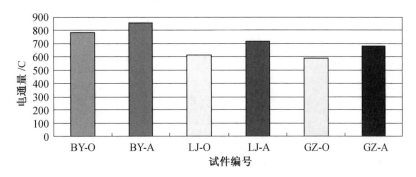

图 10.74　C–K–M 混凝土的电通量

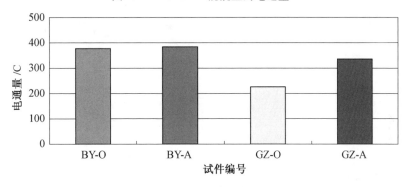

图 10.75　H–S–F 混凝土的电通量

从图 10.71～10.75 可以看出,原始表面混凝土和对应的磨掉 2 mm 表层后混凝土的电通量不同,都是磨掉 2 mm 表层后的电通量大。对于同一配合比的混凝土,在固着生物膜覆盖、浪溅区和标准养护三种条件下,混凝土原始表面渗透性测试结果都是固着生物覆盖<浪溅区<标准养护,其中 A 组混凝土试件除外。标准养护磨掉 2 mm 表层后的混凝土电通量比原始表面混凝土的略有增加。浪溅区磨掉 2 mm 表层后混凝土的电通量比原始表面混凝土提高较多,这说明海洋浪溅区的潮湿条件下及盐类在内部的沉积和反应以及碳化等的作用使其孔隙细化电通量减小;对于潮差区有固着生物覆盖的混凝土试件,尤其是掺加引诱剂混凝土原始表面的电通量较磨掉 2 mm 表层后混凝土的电通量下降幅度最多达 30% 以上,说明除盐类作用导致混凝土表面结构致密外,更为重要的是固着生物、潮差区微生物膜及其他固着生物的胶黏剂在混凝土表面的覆盖起到了抵挡 Cl⁻ 渗透的作用,增强了混凝土的抗渗性。另外,对于掺加矿物掺合料和引诱剂(抑制剂)的混凝土,其在潮差区放置后抗渗性较标准养护都有一定的改善。海洋环境对浪溅区和潮差区掺加矿物掺合料和引诱剂(抑制剂)混凝土中的胶凝材料水化具有促进作用。

3. 混凝土吸水率

混凝土吸水率试验结果如图 10.76～10.79 所示。

A 组试件和 B 组试件均为 2007 年 12 月初暴露于海洋的浪溅区和潮差区。从图 10.76 中可以看出,原始表面情况下,潮差区的吸水率最大,其次是标准养护的试件,最后是暴露于浪溅区的混凝土试件;磨掉 2 mm 表层后,标准养护混凝土的吸水率最小,浪溅区和潮差区基本一致。原因如下:一方面,混凝土在放入海洋的潮差后,生物膜附着很

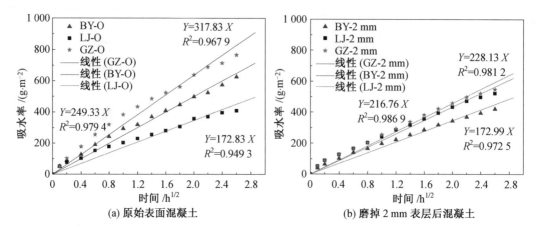

图 10.76　A 组混凝土吸水率

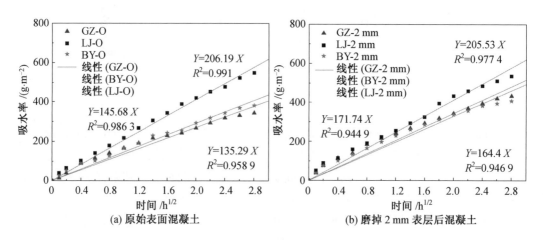

图 10.77　B 组混凝土吸水率

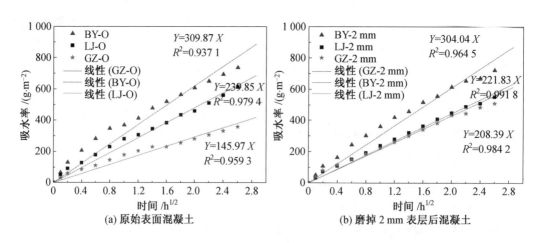

图 10.78　C-0 组混凝土吸水率

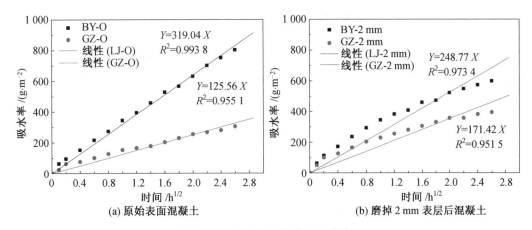

图 10.79　H–S–F 组混凝土吸水率

薄或附着的面积很小,混凝土每天经历两次的潮起潮落,并在此过程中遭受冻融作用,且普通混凝土在养护 50 天后孔结构粗大,易吸水,内部的孔径也较大,混凝土微孔内水冻结的温度也较高,因此,其遭受的冻害作用较大;另一方面,混凝土内没有掺加引诱剂且受 2008 年浒苔的影响,混凝土表面的固着生物膜很少,所以出现了潮差区原始表面混凝土试件的吸水率最大的现象。而在浪溅区放置的混凝土试件,其整个冬天基本上没有海水飞溅到混凝土表面,其表面产生碳化,且 2008 年一整年海水中的离子进入混凝土内部并和混凝土的水化产物发生反应,二者共同作用增加了表面的致密程度,使混凝土的结构变得致密,所以其吸水率最小。

　　从图 10.77 中可以看到,在原始表面的情况下,潮差区附着生物膜的混凝土试件和标准养护的混凝土试件具有基本一致的吸水率,最大的是浪溅区混凝土;对于磨掉 2 mm 表层后的混凝土吸水率,仍然具有相同的规律。其和 A 组试件的试验结果不同。由于掺加矿渣之后混凝土内的孔隙细化,进入混凝土内的水和有害离子的量减小,降低了混凝土内孔隙水冻结的临界温度,减小了冻融循环和干湿循环的破坏作用,且后期的生物附着面积较大。此外,由于矿渣混凝土的致密性在浪溅区的碳化程度很小,由于碳化使混凝土密实而减小混凝土吸水率的效应就更小。另外,掺加掺合料的混凝土对养护条件尤其是水的要求较高,所以试验结果为浪溅区混凝土试件的吸水率最大。

　　从图 10.78 中可以看出,原始表面和磨掉 2 mm 表层后,潮差区混凝土的吸水率最小,其次是浪溅区混凝土试件,最大的是标准养护的混凝土试件。相对于各自原始表面的吸水率,潮差区有固着生物混凝土试件磨掉 2 mm 表层后吸水率增大,而标准养护和浪溅区的混凝土的吸水率都减小。说明固着生物和其表面的微生物膜层对混凝土试件的吸水率降低有明显作用。

　　从图 10.79 中可以看出,原始表面和磨掉 2 mm 表层后,潮差区混凝土的吸水率较小,浪溅区混凝土试件吸水率较大。相对于各自原始表面的吸水率,标准养护的混凝土在磨掉 2 mm 表层后吸水率减小,潮差区覆盖固着生物的混凝土吸水率增加,且磨掉 2 mm 表层混凝土的吸水率是原始表面混凝土吸水率的 1.5 倍,说明固着生物的存在对混凝土吸水率减小具有重要的作用。

4. 混凝土中的 Cl^- 分布及 D_e、C_s 计算

（1）混凝土中的 Cl^- 分布及结果讨论。

参照 10.5.3 节中的试验方法进行混凝土中 Cl^- 质量分数的测定,结果如图10.80 ~ 10.84 所示。其中,Cl^- 质量分数均为占砂浆质量的百分比。

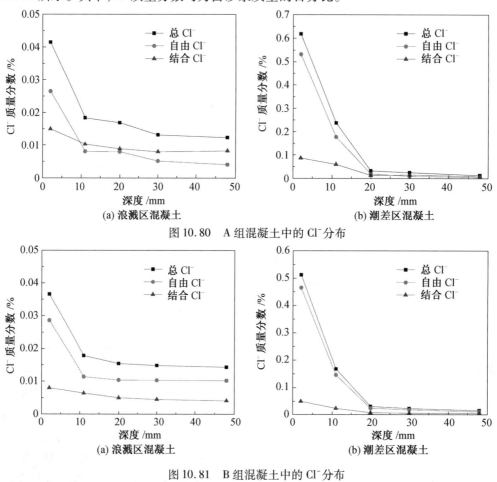

图 10.80　A 组混凝土中的 Cl^- 分布

图 10.81　B 组混凝土中的 Cl^- 分布

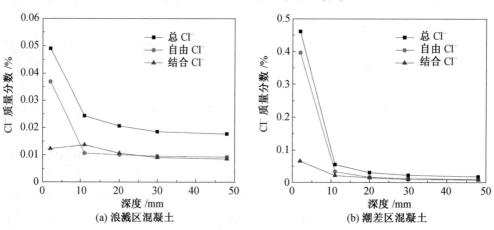

图 10.82　C-0 组混凝土中的 Cl^- 分布

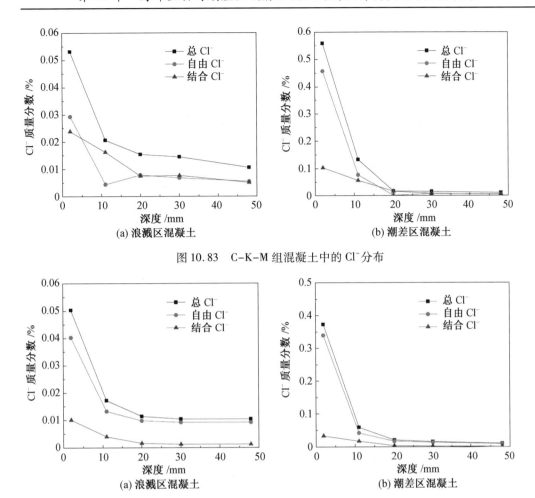

图 10.83 C-K-M 组混凝土中的 Cl⁻ 分布

图 10.84 H-S-F 组混凝土中的 Cl⁻ 分布

A、B 组在潮差区放置的混凝土试件表面覆盖有少量的生物膜,从图 10.80 和图10.81 可以看出,浪溅区混凝土的 Cl⁻ 质量分数很小,潮差区混凝土表层 2 mm 处的 Cl⁻ 质量分数已达到0.5%以上。在表层的 2 mm 和 11 mm 处,潮差区的 Cl⁻ 质量分数约为浪溅区 Cl⁻ 质量分数的 10 倍,说明在早期没有固着生物膜覆盖或有少量固着生物覆盖的情况下,潮差区混凝土内的 Cl⁻ 增加很快,浪溅区较慢。另外,A 组混凝土试件的 Cl⁻ 质量分数较 B 组试件高,这是由于配合比不同:A 组混凝土的胶凝材料均为水泥,B 组混凝土的胶凝材料中掺有 45% 的矿渣。说明掺加矿渣对混凝土的抗 Cl⁻ 渗透有很大作用。

从图 10.82 ~ 10.84 可以看出,浪溅区混凝土中的 Cl⁻ 质量分数很小,而潮差区混凝土表层的 Cl⁻ 质量分数达到较高的水平,所有的 Cl⁻ 质量分数在 2 mm 的表层均大于 0.4%。这同样也表明了在没有固着生物膜覆盖或者覆盖面积较小的情况下,混凝土中 Cl⁻ 的渗透速率很大。潮差区的 Cl⁻ 质量分数远远大于浪溅区的 Cl⁻ 质量分数。固着生物覆盖率较大的混凝土中 Cl⁻ 质量分数与相应的浪溅区混凝土 Cl⁻ 质量分数比值,较固着生物覆盖率小的混凝土 Cl⁻ 质量分数要小。而 10.5.3 节得到的结果是浪溅区混凝土的 Cl⁻ 质量分数略大于潮差区混凝土的 Cl⁻ 质量分数,说明固着生物膜对潮差区混凝土的 Cl⁻ 扩散进入混凝土内部具有极大的阻隔作用。另外,10.6 节中得到细菌对 Cl⁻ 渗透进入混凝土中有一定阻碍作用的结论,这里可能的原因一方面为细菌产生的 EPS 对混凝土的 Cl⁻ 阻碍能力有限,另一方面为试件是沿着岩石表面呈缓坡状放置,大大增加了波浪的冲击力,微生物在混凝土表面的成膜比较薄以及表面微生物膜的覆盖面积有限,起到的作用有限。

(2)Cl⁻ 扩散系数及表面 Cl⁻ 质量分数的计算。

根据 10.5.3 节中的方法,对混凝土的 Cl⁻ 扩散系数和表面 Cl⁻ 质量分数进行计算,得到潮差区混凝土的 Cl⁻ 扩散系数,见表 10.16,如图 10.85 所示。

表 10.16 潮差区混凝土的 Cl⁻ 扩散系数 D_e 和表面 Cl⁻ 质量分数 C_s

编号	A	B	C-0	C-K-M	H-S-F
$D_e/(\times 10^{-6}~\text{mm}^2 \cdot \text{s}^{-1})$	1.799	1.462	1.719	2.16	1.17
$C_s/\%$	0.728	0.612	0.621	0.682	0.478

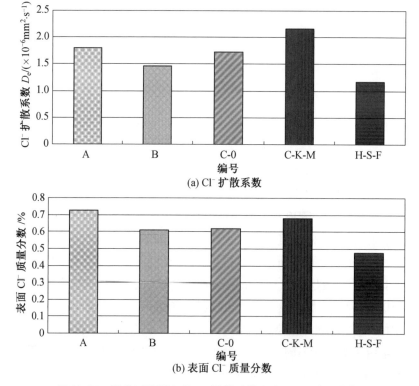

(a) Cl⁻ 扩散系数

(b) 表面 Cl⁻ 质量分数

图 10.85 潮差区混凝土的 Cl⁻ 扩散系数和表面 Cl⁻ 质量分数

由于浪溅区 Cl⁻ 质量分数及其梯度太小,使计算结果失真和离散性很大,故本节中没有给出浪溅区混凝土的 Cl⁻ 扩散系数 D_e 和表面 Cl⁻ 质量分数 C_s。

从表 10.16 和图 10.85 中的结果可以看出:A 组和 B 组的混凝土 Cl⁻ 扩散系数和表面 Cl⁻ 质量分数均是 A 组>B 组,其原因是 B 组掺有矿渣,其对 Cl⁻ 扩散进入混凝土内起阻碍作用,同时 B 组混凝土表面的固着生物覆盖率较大。C-0、C-K-M 和 H-S-F 组混凝土的 Cl⁻ 扩散系数和表面 Cl⁻ 质量分数的规律是 C-K-M>C-0>H-S-F。表明在掺加抑制剂 K-

M 后,其值有所增加,掺加矿物掺合料和引诱剂 S-F 后其值减小。由于固着生物的覆盖率小以及早期 Cl⁻ 渗透速率大,所以混凝土配合比对 Cl⁻ 扩散系数影响更大,得到了和 10.5.3 节相反的结果。另外,表面 Cl⁻ 质量分数同样是固着生物覆盖越致密,表层的 Cl⁻ 质量分数越小。

5. 混凝土碳化深度及 pH 测试

(1)混凝土碳化深度。

混凝土碳化深度的试验结果如图 10.86 和图 10.87 所示。

(a) 潮差区混凝土 (b) 浪溅区混凝土

图 10.86　2008 年混凝土试件的碳化情况

(a) 潮差区混凝土 (b) 浪溅区混凝土

图 10.87　2007 年混凝土试件的碳化情况

从图 10.86 和图 10.87 中可以看到,混凝土在海洋环境下分别暴露了 170 天和 360 天后,混凝土的碳化深度几乎没有,说明在海洋浪溅区和潮差区的混凝土工程中,碳化不是影响其耐久性的主要因素。

(2)混凝土粉末溶液的 pH 测试。

从防波暴露试验后的混凝土试件距表面 2 mm、11 mm、20 mm、30 mm 和 48 mm 深度处取混凝土粉末,研磨并全部通过 0.315 mm 筛。将 5.00 g 混凝土粉末放入 100 mL 的去离子水中,浸泡 24 h 后用 pH 计测定混凝土溶液 pH,试验结果如图 10.88 ~ 10.90 所示。

从图 10.88 ~ 10.90 中可以看到,随着距混凝土表面深度的增加,混凝土粉末溶液的 pH 趋于稳定,并且 A 组试件由于放置在海洋环境下的时间较长,其 pH 从表面 2 mm 到最深处 48 mm 处变化较大,但由于其单位体积的水泥用量多,混凝土中实际的 $Ca(OH)_2$ 及 KOH、NaOH 含量多,pH 较高。对 C-0 组试件和 H-S-F 组试件进行比较,两组试件具有相同的胶凝材料量,但是 H-S-F 组试件掺有大量的矿物掺合料,其 pH 均低于 C-0 组。

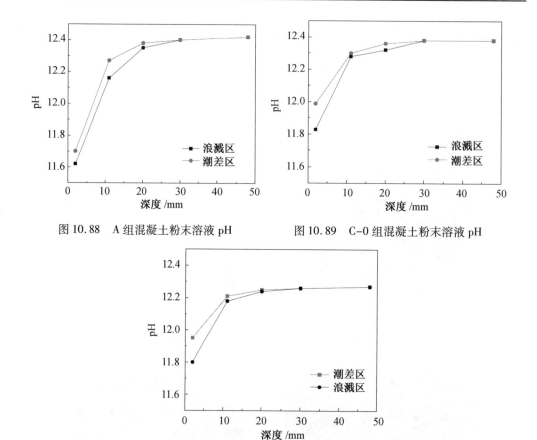

图 10.88　A 组混凝土粉末溶液 pH　　　　图 10.89　C-0 组混凝土粉末溶液 pH

图 10.90　H-S-F 组混凝土粉末溶液 pH

因此,得到的试验结果和 10.5.4 节中的一致,在海洋浪溅区和潮差区,混凝土碳化深度几乎没有,且部分碳化的深度与 Ca(OH)$_2$ 被中和的百分比也很小,碳化对混凝土工程破坏不具有决定性的作用,即不是海洋浪溅区和潮差区混凝土工程破坏的主要因素。

10.7.3　混凝土表面的 SEM 及 EDAX 分析

H-S-F 混凝土不同养护条件下的 SEM 图片如图 10.91 所示,牡蛎和藤壶胶的 EDAX 分析如图 10.92 所示。

图 10.91(a)为标准养护的混凝土试件表面的 SEM 图片,其在 50 倍下观察到表面平整;在 4.0 k 倍下观察到表面有针状、棒状和方块状晶体,混凝土结构疏松、孔隙较大。图 10.91(b)为浪溅区混凝土试件表面的 SEM 图片,其在 50 倍下观察到表面具有刻蚀的痕迹,这也可能是运输过程中的摩擦和碰撞所致;在 4.0 k 倍下看到,混凝土的晶体表面覆盖有絮状物,且晶体的棱角不再分明。图 10.91(c)为潮差区藤壶覆盖混凝土表面部分在除去钙质底板后的 SEM 图片。不管是在 50 倍还是 4.0 k 倍的放大倍数下,藤壶覆盖的部分均很致密,看不到一点的孔隙和裂缝,这和 10.5.5 节中藤壶覆盖表面的结果一致,不管是新附着还是附着时间很长,其分泌的胶结构均很致密。图 10.91(d)为潮差区无固着生物覆盖的混凝土试件表面的 SEM 图片,其在 50 倍下观察,表面几乎被腐蚀掉一层硬化的

水泥浆体,并出现腐蚀的小坑;在 4.0 k 倍下,其腐蚀部分由于微生物及其他海洋的有机物使裸露的表面较致密,但有少量的大孔和裂缝。图 10.91(e)为潮差区混凝土试件表面覆盖有牡蛎的 SEM 图片,这是砸掉牡蛎左壳后仍附着于混凝土表面的左壳断裂面,为典型的层状结构。

图 10.92(a)表明,贝壳的成分为碳酸钙;图 10.92(b)表明,初期分泌的藤壶胶的成分中主要元素为 C、N、O,和 10.5.6 节中的结果一致。

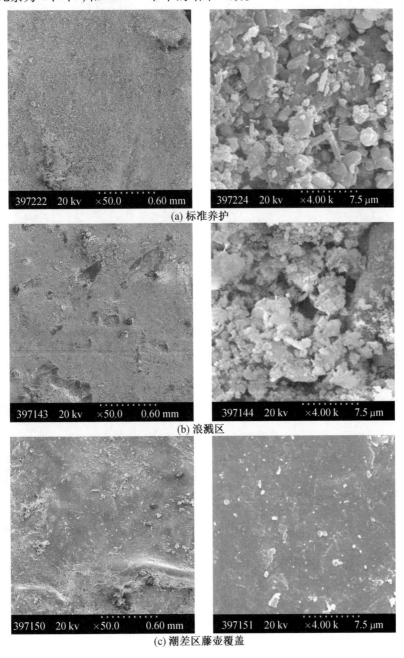

图 10.91　H-S-F 混凝土不同养护条件下的 SEM 图片

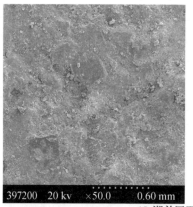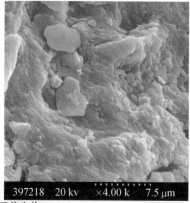

(d) 潮差区无固着生物

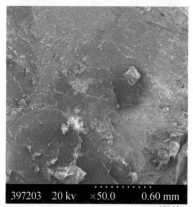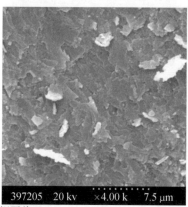

(e) 潮差区牡蛎覆盖

续图 10.91

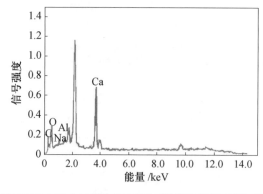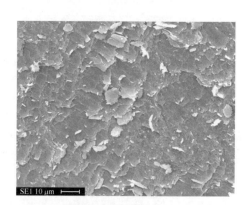

元素	CK	OK	NaK	AlK	CaK
质量分数/%	15.24	39.29	1.6	1.26	42.62
原子数分数/%	25.87	50.08	1.42	0.95	21.68

（a）牡蛎壳断裂处的 EDAX 分析

图 10.92　牡蛎壳和藤壶胶的 EDAX 分析

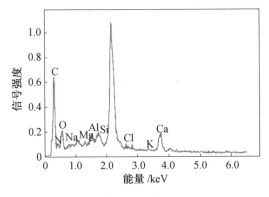
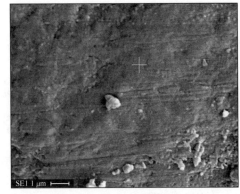

元素	CK	NK	OK	NaK	MgK	AlK	SiK	ClK	KK	CaK
质量分数/%	42.34	14.37	14.45	1.91	0.78	2.9	3.21	1.54	1.42	17.07
原子数分数/%	55.98	16.29	14.35	1.32	0.51	1.71	1.82	0.69	0.58	6.77

(b)藤壶胶的 EDAX 分析

续图 10.92

10.7.4　本节小结

(1)通过对混凝土的配合比设计和在固着生物引诱剂的选择、复合及抑制剂使用的基础上,得到以下结论:H–B、H–F 和 H–S 等 6 组混凝土的配合比设计强度大于相对应的基准混凝土强度,并且掺加引诱剂的混凝土配合比,其表面附着的生物均比没有附着的海洋固着生物密度大;S+F 引诱剂具有较大的诱导固着生物附着的能力;掺加 K+M 抑制剂后,表面的生物附着量明显减小。

(2)在潮差区,附着有固着生物,尤其是覆盖面积相对较大的混凝土试件,其具有较小的电通量、吸水率、Cl^- 扩散系数和表面 Cl^- 质量分数。

(3)浪溅区的混凝土表层中的 Cl^- 质量分数仅约为相对应潮差区的 1/10,证实了固着生物膜对混凝土抗 Cl^- 性能的极大提高。

(4)海洋浪溅区及潮差区的碳化深度均可以忽略,pH 变化范围为 11.72 ~ 12.42,pH 变化的深度范围为 0 ~ 30 mm。

(5)混凝土表面的显微结构证实了混凝土的宏观性能。

第 11 章　钢筋混凝土的玉米蛋白阻锈剂研制及其电化学研究

　　玉米是我国传统的农作物,2016 年我国玉米种植面积为 3 676 hm²,产量为 2.196 亿 t,玉米淀粉产量为 2 259 万 t,2018 年已达 2 815 万 t,居世界第二,其中玉米黄粉是玉米淀粉生产的主要副产物之一,按副产物量占 10% 来算,产量近 300 万 t/年。玉米黄粉是在湿磨玉米籽粒制粗淀粉乳时分离出的蛋白质水,经浓缩脱水干燥后而得到的。其含有65% ~70%(质量分数)的蛋白质,但完全水解后谷氨酸和亮氨酸浓度较大,赖氨酸和色氨酸严重不足。氨基酸组成不平衡,且口感粗糙、水溶性差,限制了其在食品工业中的应用。

　　随着玉米加工业的发展,副产物玉米黄粉的综合利用研究越来越受到重视。目前,我国玉米黄粉主要作为提升蛋白质浓度的原料添加到饲料中,产品附加值低,或者作为"三废"处理和排放,不仅浪费,而且严重污染环境。鉴于此现状,目前的开发利用思路是采用生物工程的手段提取活性肽,制成具有醒酒、提高机体免疫力、降压和护肝等功能的保健品。

　　众所周知,天然氨基酸是潜在的钢筋混凝土阻锈剂,而且玉米黄粉的产量大,蛋白质浓度高,来源广泛易获取。为了实现玉米黄粉的合理利用,本章以玉米黄粉为原料,为钢筋混凝土制备一种新型环保阻锈剂,这将为我国的农产品深加工副产物的高附加值利用开辟一条新道路,为钢筋混凝土阻锈剂环保化的发展提供新技术和新方向,对促进玉米产业和钢筋腐蚀防护行业的发展都具有重要的意义。

11.1　玉米蛋白阻锈剂的提取与氨基酸组成

11.1.1　玉米蛋白阻锈剂的提取工艺

（1）除去残余淀粉。

　　将玉米黄粉进一步研磨后用 350 μm 的筛子筛分,取筛下的玉米黄粉 100 g,溶于 1 L 水中,并加入 2 g 的 α-淀粉酶,用 2 mol/L 的 NaOH 将 pH 调至 6.0 左右,然后在 70 ℃ 水浴条件下磁力转子搅拌加热 2 h,如图 11.1 所示,最后水洗沉淀 3 遍后待用。

| (a) 原料 | (b) 粉磨 | (c) 筛分 | (d) 搅拌加热 |

图 11.1　分解残余淀粉

（2）除色素。

每次取上述水洗沉淀物 10 g 溶于 100 mL 的丙酮,萃取 30 min 后,4 000 r/min 离心 15 min 得沉淀物待用,如图 11.2 所示。

（3）除醇溶蛋白。

将上述沉淀物溶于 10 倍质量的 70% 乙醇水溶液中,60 ℃ 水浴条件下磁力转子搅拌加热 2 h 后,4 000 r/min 离心 15 min 得沉淀物待用,如图 11.3 所示。

(a) 丙酮萃取色素　　　　　　(b) 离心处理

图 11.2　除色素

(a) 醇溶蛋白　　　　　　(b) 离心处理

图 11.3　除醇溶蛋白

（4）碱溶。

将上述沉淀物溶于 10 倍质量的 0.1 mol/L 的 NaOH 溶液中,60 ℃ 水浴条件下磁力转子搅拌加热 2 h 后,4 000 r/min 离心 15 min 得上清液待用,并将沉淀物重复碱溶一次得上清液待用,如图 11.4 所示。

（5）酸沉。

采用稀释工业盐酸（质量分数为 10%）将上清液的 pH 调至 4.5 左右得悬浮物溶液,将其 4 000 r/min 离心 15 min 得沉淀物,如图 11.5 所示。将沉淀物再用去离子水洗除 Cl^-,40 ℃ 烘干得玉米黄粉提取物,即为 Maize gluten meal extract,在本书的研究中作为环保阻锈剂的玉米蛋白简写为 MGME。

(a) 碱溶蛋白　　　　　　　(b) 离心处理

图 11.4　碱溶

(a) 初始制备液　　　　　(b) 酸沉　　　　　　(c) 离心处理

图 11.5　酸沉

11.1.2　玉米蛋白阻锈剂的氨基酸组成

蛋白质的基本组成单元是氨基酸,为了准确分析 MGME 的组成与结构,首先采用高效液相色谱法(HPLC)将各组成梯度洗脱分析,然后再与标准物的色谱进行对照鉴定分析,确定各种组成。依据 HPLC 测试分析,得到 MGME 的紫外检测和荧光检测色谱图,分别如图 11.6 和图 11.7 所示,其中 1—天冬氨酸(Asparagine,Asp);2—谷氨酸(Glutamic acid,Glu);3—丝氨酸(Serine,Ser);4—组氨酸(Histidine,His);5—甘氨酸(Glycine,Gly);6—苏氨酸(Threonine,Thr);7—精氨酸(Arginine,Arg);8—丙氨酸(Alanine,Ala);9—酪氨酸(Tyrosine,Tyr);10—半胱氨酸(Cysteine,Cys);11—缬氨酸(Valine,Val);12—蛋氨酸(Methionine,Met);13—苯丙氨酸(Phenylalanine,Phe);14—异亮氨酸(Isoleucine,Ile);15—亮氨酸(Leucine,Leu);16—赖氨酸(Glutamic acid,Lys);17—脯氨酸(Proline,Pro)。

MGME 的氨基酸组成见表 11.1,可知 MGME 的主要氨基酸组成中谷氨酸占27.74%(1 770.30 μmol/g)、脯氨酸占 13.84%(883. 35 μmol/g)、亮氨酸占 7. 90%(504.35 μmol/g)。

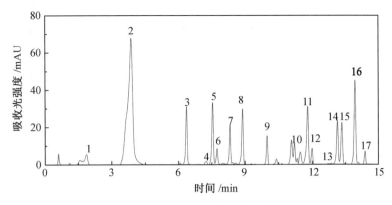

图 11.6　MGME 的紫外检测色谱图(检测波长为 338 nm)

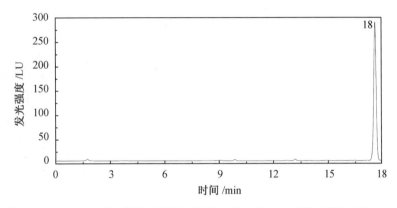

图 11.7　MGME 的荧光检测色谱图(激发波长为 266 nm,发射波长为 305 nm)

表 11.1　MGME 的氨基酸组成

MGME 的组分	质量摩尔浓度/($\mu mol \cdot g^{-1}$)	质量分数/%
天冬氨酸(Asp)	195.10	3.06
谷氨酸(Glu)	1 770.30	27.74
丝氨酸(Ser)	317.15	4.97
组氨酸(His)	86.75	1.36
甘氨酸(Gly)	389.80	6.11
苏氨酸(Thr)	129.70	2.03
精氨酸(Arg)	217.50	3.41
丙氨酸(Ala)	316.25	4.96
酪氨酸(Tyr)	176.10	2.76
半胱氨酸(Cys)	211.60	3.32
缬氨酸(Val)	428.20	6.71
蛋氨酸(Met)	102.70	1.61
苯丙氨酸(Phe)	280.50	4.40
异亮氨酸(Ile)	288.60	4.52
亮氨酸(Leu)	504.35	7.90
赖氨酸(Lys)	83.10	1.30
脯氨酸(Pro)	883.35	13.84

11.2 玉米蛋白阻锈剂对氯盐液中钢筋的阻锈作用

11.2.1 试验过程与方法

（1）钢筋预处理。

首先将 $\phi6$ mm×100 mm 的钢筋试样置于盐酸（质量分数36%）与水的体积比为 1∶2 的酸溶液中至表面氧化铁皮溶解取出，用 400 目、600 目、800 目和 1 000 目的砂纸依次打磨处理至接近白铁，再先后用蒸馏水、乙醇清洗擦干；其次，在每根钢筋的一端焊上镍导线，并用环氧树脂将两端密封，以避免和减缓缝隙腐蚀或尖端腐蚀的影响，使钢筋中间暴露长度约为 8 cm，暴露面积约为 15.08 cm^2，预处理钢筋如图 11.8 所示；最后，用机油浸涂封存，在腐蚀试验使用前先用乙醇和水洗净擦干。

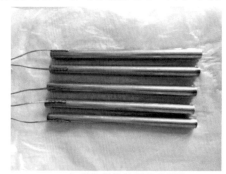

(a) 打磨和焊接的预处理钢筋   (b) 涂环氧树脂的预处理钢筋

图 11.8　预处理钢筋

（2）电化学测试分析。

首先，分别配制质量浓度为 2.0 g/L、1.0 g/L、0.5 g/L、0.25 g/L、0 g/L 的 MGME，并溶于含3%氯化钠的混凝土模拟孔隙溶液中，混凝土模拟孔隙溶液组分为 0.6 mol/L KOH+0.2 mol/L NaOH+饱和氢氧化钙；其次，将预处理的钢筋依次置于所配不同质量浓度 MGME 的氯盐溶液中进行腐蚀；最后，采用自腐蚀电位、动电位扫描和电化学阻抗谱等方法分析评价阻锈剂对钢筋腐蚀的抑制效果。

具体试验过程是：在（12±1）℃下采用三电极法进行电化学测试，其中工作电极为所预处理的钢筋电极，参比电极采用雷磁的 232 饱和甘汞电极，辅助电极为镀铱钛网。其电化学阻抗谱（EIS）和塔费尔极化曲线（Tafel Polarization，TP）的测试采用 RST5200 电化学测试系统；阻抗谱测试频率为 0.01 ～ 10^4 Hz，测试振幅设为 7 mV；塔费尔极化曲线电位是相对于开路电位的±200 mV 左右，扫描速度为 1 mV/s。

（3）钢筋表面分析。

为了更好地评价分析玉米蛋白阻锈剂在钢筋表面的吸附行为，对钢筋的表面分别进行傅里叶变换衰减全反射红外光谱法（ATR-FTIR）、扫描电子显微镜与能谱（SEM-EDS）分析和3D超景深显微镜的分析测试。

首先，将经预处理的钢筋浸入含有 1 g/L MGME 的混凝土模拟孔隙溶液中浸泡 24 h 左右，在钢筋取出后采用捷克泰思肯 VEGA3 型场发射扫描电子显微镜（VEGA3，TESCAN

Ltd.)和美国伊达克斯的 APEX 能谱仪(APEX,EDAX Inc.)分析原始预处理钢筋和含有阻锈剂腐蚀介质浸泡的钢筋表面的微观形貌和元素组成。

其次,采用傅里叶变换红外光谱仪(Nicolet,iS50 型),分别对纯 MGME 阻锈剂和在含有 1 g/L 的 MGME 腐蚀溶液中浸泡24 h 的钢筋进行 ATR–FTIR 测试。

最后,将钢筋截成3~5 mm 厚的钢片,将其断面进行酸洗、打磨和清洗等预处理,然后浸入含有1 g/L 和不含 MGME 阻锈剂的混凝土模拟孔隙溶液中浸泡,采用奥林巴斯 DSX500 型 3D 超景深显微镜系统分析预处理钢片和两种浸泡钢片的断面结构形貌。

11.2.2　玉米蛋白阻锈剂质量浓度对腐蚀电位的影响

腐蚀电位的稳定性对于极化曲线和电化学阻抗谱测试结果的可靠性有重要影响,因此,首先要分析不同阻锈剂质量浓度下腐蚀电位随时间的变化规律。如图 11.9 所示,在含有不同质量浓度 MGME 的混凝土模拟孔隙溶液中,钢筋的腐蚀电位最终都是向负向移动,基本在 6 000 s 以后趋于稳定。但含有 MGME 的混凝土模拟孔隙溶液的钢筋腐蚀电位先升高后逐渐降低,而不含 MGME 的混凝土模拟孔隙溶液的钢筋腐蚀电位逐渐降低。这是阻锈剂的防护作用、氢氧根促使吸附膜/氧化膜生成与 Cl⁻ 攻击破坏氧化膜之间竞争平衡的结果。具体来说就是,不含有 MGME 的腐蚀介质对钢筋一直存在腐蚀作用,所以腐蚀电位一直向负向移动,而含有 MGME 的腐蚀介质对钢筋具有保护作用,所以,已开始腐蚀电位向正向移动,但因 Cl⁻ 质量分数过高,本试验中的 $n(Cl^-):n(OH^-)\approx0.64$,已远超过其临界值 0.1,腐蚀还是发生了,继而逐渐向负向移动,最终在6 000 s时基本稳定。此外,钢筋表面打磨粗糙度或组成的差异,导致各钢筋的腐蚀电位随时间的变化幅度差异较大,但最终稳定的腐蚀电位基本是随 MGME 质量浓度的升高而增大的,未掺 MGME 腐蚀介质中钢筋的腐蚀电位最低,腐蚀最严重。基于此试验结果可知,预处理钢筋浸入腐蚀介质至少 2 h 以后,即腐蚀电位基本稳定后再进行电化学阻抗谱和极化曲线测试,结果是可靠的。

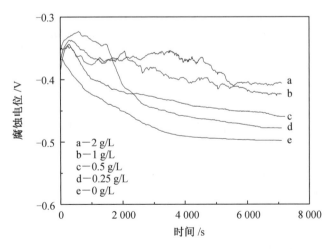

图 11.9　含有不同质量浓度 MGME 的混凝土模拟孔隙溶液中钢筋腐蚀电位的变化

11.2.3 玉米蛋白阻锈剂质量浓度对电化学阻抗谱的影响

图 11.10 中(a)和(b)是预处理钢筋浸入 2 g/L、1 g/L、0.5 g/L、0.25 g/L、0 g/L 不同质量浓度 MGME 的混凝土模拟孔隙溶液中 2 h 后,在腐蚀电位下的电化学阻抗谱变化规律。

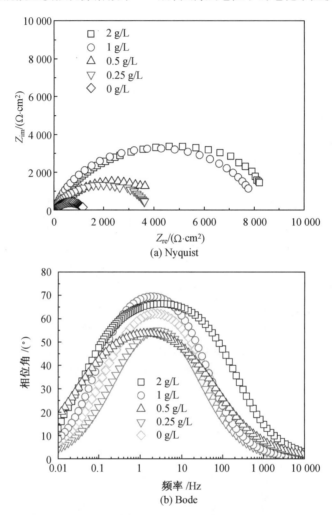

图 11.10　含有不同质量浓度 MGME 混凝土模拟孔隙溶液中钢筋的电化学阻抗谱变化规律

图 11.10 中 Nyquist 图是指对阻抗的实部与虚部作图,Bode 图是指对频率与相位角作图。由图 11.10 可知,浸入含有不同质量浓度 MGME 混凝土模拟孔隙溶液中的钢筋电化学阻抗谱 Nyquist 图都是在高频区呈现容抗弧特性,而 Bode 图的整个频率范围内相位角的变化只有一个峰高,即只有一个时间常数或腐蚀的主导因素,也就是说钢筋表面的电荷转移过程控制钢筋的腐蚀过程。随着 MGME 质量浓度的升高,其圆弧的半径逐渐增大,说明其阻锈效率逐渐升高。Nyquist 图中阻抗的圆弧有波动或不是很圆滑的弧段存在,这表明钢筋表面双电层电容的频响特性与纯电容并不一致,特别是当 MGME 质量浓度大于 1.0 g/L 时,这是因为 MGME 吸附物或腐蚀产物增厚等造成钢筋表面不均质而引起了"弥散效应"。

　　等效电路是电化学阻抗谱的主要分析方法。如图 11.11 所示，R_{ct} 表示钢筋表面的电荷转移电阻，R_s 表示钢筋表面溶液的电阻，上述的"弥散效应"可由常相位角元件（CPE）Q 表示，其阻抗表示如式（11.1）所示。

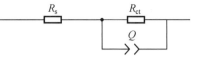

图 11.11　等效电路

　　此外，关于频响的电容特性，虽然偏离了纯电容的属性，但其双电层电容 C_{dl} 仍可以通过下式计算得到：

$$C_{dl} = \frac{1}{2\pi f_{max} R_{ct}} \tag{11.1}$$

式中　f_{max}——阻抗虚部最大值所对应的频率。

　　采用图 11.11 的等效电路对图 11.10 的阻抗数据进行拟合处理，其拟合的电化学阻抗参数和阻锈效率见表 11.2。

表 11.2　含有不同质量浓度阻锈剂混凝土模拟孔隙溶液中钢筋的电化学阻抗参数和阻锈效率

ρ(MGME)/(g·L^{-1})	R_s/(Ω·cm^2)	Y_0/(×10^{-3} Ω^{-1}·s^n·cm^{-2})	n	R_{ct}/(Ω·cm^2)	C_{dl}/(×10^{-3} F·cm^{-2})	阻锈效率(IE$_{EIS}$)/%
0	26.49	0.66	0.78	1 141.38	5.33	—
0.25	34.07	0.64	0.80	3 695.65	0.93	69.12
0.50	26.03	0.32	0.68	4 746.09	0.23	75.94
1.00	40.66	0.21	0.86	8 164.96	0.19	86.02
2.00	12.13	0.29	0.78	9 594.98	0.52	88.10

　　由表 11.2 可知，R_{ct} 随着 MGME 质量浓度的增大而升高，MGME 的引入使得 C_{dl} 大幅度减小，说明阻锈剂的存在增大了钢筋表面电荷转移的难度。其中，R_{ct} 的增大对应于图 11.10(a) Nyquist 图圆弧半径的增大，而且阻锈效率 IE 是由下式计算得到，即

$$IE_{EIS} = \frac{R_{ct} - R_{ct,0}}{R_{ct}} \tag{11.2}$$

式中　$R_{ct,0}$——不含阻锈剂钢筋的电荷转移电阻，Ω·cm^2；

　　　　R_{ct}——含有不同质量浓度阻锈剂钢筋的电荷转移电阻，Ω·cm^2。

　　由表 11.2 可知，随着 MGME 质量浓度从 0.25 g/L 至 2.00 g/L 逐渐增大，阻锈效率也从 69.12% 增大至 88.10%。

　　此外，依据亥姆霍兹（Helmholtz）模型，其电容 C_{dl} 表示为

$$C_{dl} = \frac{\varepsilon \varepsilon^0}{d} S \tag{11.3}$$

式中　ε^0——自由空间的渗透性，$\varepsilon^0 = 8.854 \times 10^{-14}$ F/cm；

　　　　ε——钢筋表面的介电常数，F/m；

　　　　d——双电层的厚度，nm；

　　　　S——钢筋电极有效面积，cm^2。

　　当阻锈剂吸附于钢筋表面时，会减少钢筋表面吸附的水分子和导电离子，使得钢筋表面介电常数降低，双电层增厚，从而导致双电层电容 C_{dl} 的降低。

11.2.4 玉米蛋白阻锈剂质量浓度对塔费尔极化曲线的影响

不同质量浓度阻锈剂的混凝土模拟孔隙溶液中钢筋的塔费尔极化曲线(TP)如图 11.12 所示。由图 11.12 可以看出,虽然阻锈剂的引入没有改变 TP 的整体特征属性,但在含有阻锈剂的阳极极化曲线上有一快速上升段,也就是随着极化电位的升高,其腐蚀电流密度突然迅速增大。这主要是由于随着极化电位增大和钢筋表面铁离子的溶出增多,钢筋表面阻锈剂的脱附速率大于吸附速率,从而导致电流迅速增大。此外,由图11.12 可知,MGME 阻锈剂的引入导致 TP 整体向下移动,使得腐蚀电流密度变小,即 MGME 对阳极腐蚀和阴极腐蚀都有抑制的作用,一般可称为混合型阻锈剂。而且随着 MGME 质量浓度的增大,其 TP 基本是向右(正电位方向)移动,特别是 2 g/L 阻锈剂,移动幅度最大,其腐蚀电位最低至 −0.49 V 左右。

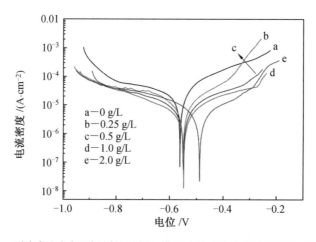

图 11.12　不同质量浓度阻锈剂的混凝土模拟孔隙溶液中钢筋的塔费尔极化曲线

依据图 11.12 的 TP,可由外推法求得腐蚀电位、腐蚀电流密度、阳极极化曲线和阴极极化曲线的塔费尔斜率等电化学动力学参数,见表 11.3,并依据下式计算得到不同阻锈剂质量浓度的阻锈效率:

$$IE_{TP} = \frac{i_{corr,0} - i_{corr}}{i_{corr,0}} \times 100\% \tag{11.4}$$

式中　$i_{corr,0}$——不含阻锈剂混凝土模拟孔隙溶液中的钢筋腐蚀电流密度,$\mu A/cm^2$;

　　　i_{corr}——含有阻锈剂混凝土模拟孔隙溶液中的钢筋腐蚀电流密度,$\mu A/cm^2$。

表 11.3　不同阻锈剂质量浓度下钢筋的 TP 分析结果

$\rho(MGME)/(g \cdot L^{-1})$	E_{corr}/V	$\beta_c/(mV \cdot Dec^{-1})$	$\beta_a/(mV \cdot Dec^{-1})$	$i_{corr}/(\mu A \cdot cm^{-2})$	$IE_{TP}/\%$
0	−0.56	−26.71	4.08	21.03	—
0.25	−0.55	−92.66	8.93	4.15	62.71
0.50	−0.55	−60.49	95.44	3.04	72.65
1.00	−0.55	−59.36	123.01	1.49	80.27
2.00	−0.49	−84.03	205.17	1.23	86.86

由表 11.3 可知,随着混凝土模拟孔隙溶液中阻锈剂质量浓度的逐渐增加,其钢筋的腐蚀电位向正向移动,而腐蚀电流密度是不断减小的,由 21.03 $\mu A/cm^2$ 减至 1.23 $\mu A/cm^2$,其阻锈效率也从 0.25 g/L 的 62.71% 增加至 2.00 g/L 的 86.86%。这与之前的电化学阻抗谱的评价结果相吻合。

不同方法得到的阻锈效率的对比分析见表 11.4,其中电化学阻抗谱法对阻锈效率的评估相对较高,但两种方法给出的阻锈效率的变化趋势是一致的,都是随着混凝土模拟孔隙溶液中阻锈剂质量浓度的增大而逐渐增加。其平均阻锈率是不断增加的,从 0.25 g/L 的 65.91% 增加至 2.00 g/L 的 87.48%。

表 11.4　不同方法得到的阻锈效率的对比分析

$\rho(MGME)/(g \cdot L^{-1})$	IE_{EIS}/%	IE_{TP}/%	平均阻锈率/%
0.25	69.10	62.71	65.91
0.50	75.90	72.65	74.28
1.00	86.0	80.27	83.14
2.00	88.10	86.86	87.48

11.2.5　玉米蛋白阻锈剂对钢筋表面状态的影响

基于对前述研究结果的分析可知,MGME 阻锈剂的作用是吸附于钢筋表面形成保护层而抑制腐蚀过程。针对预处理钢筋和在 1 g/L MGME 阻锈剂混凝土模拟孔隙溶液中浸泡的钢筋进行 SEM-EDS 分析,如图 11.13 所示。由图 11.13 的 SEM 照片可知,经含有 1 g/L 阻锈剂浸泡的钢筋因有阻锈剂的吸附,其表面比预处理钢筋的表面相对光滑,裂纹较少,平行磨痕较弱,进一步表明在钢筋表面上形成了一层吸附膜。由图 11.13 中的 EDS 能谱可以发现,原始制备的钢表面没有钠、钾和氮元素,经含有 1 g/L 阻锈剂浸泡的钢筋表面具有较高质量分数的碳、氧和微量氮,这是因为吸附的阻锈剂分子中含有碳、氧和氮元素。EDS 结果再次证实了阻锈剂在钢筋表面的吸附。此外,能谱中少量的铝和硅元素是打磨砂纸中残留下来的,而钠与钾元素来源于混凝土模拟孔隙溶液。

为了进一步验证混凝土模拟孔隙溶液中的阻锈剂可在钢筋表面吸附起到防护的作用,将提取的纯 MGME 粉末和含有 1 g/L 阻锈剂混凝土模拟孔隙溶液中 24 h 浸泡的钢筋表面进行 ATR-FTIR 测试,其 ATR-FTIR 谱线结果如图 11.14 所示。由图 11.14 可知,浸泡钢筋的表面吸附物主要有 3 个官能团的吸收峰,而且钢筋表面吸附物的主要官能团与 MGME 提取物的相近,其中 1 450 cm^{-1} 是烷烃基的 C—H 伸缩振动峰,1 538 cm^{-1} 是酰胺 I 的特征峰 C =O 伸缩振动吸收峰;1 655 cm^{-1} 是酰胺 II 的特征峰,主要是 C—N 伸缩与 N—H 弯曲的吸收峰,3 400 cm^{-1} 处的吸收峰是水分子中羟基的特征峰。由此可以充分证明 MGME 在钢筋表面的吸附作用,进而有效抑制钢筋的腐蚀,这与很多其他壳聚糖衍生物、香蕉皮提取物、大蒜提取物、苍耳叶提取物等环保阻锈剂吸附作用研究的结果一致。

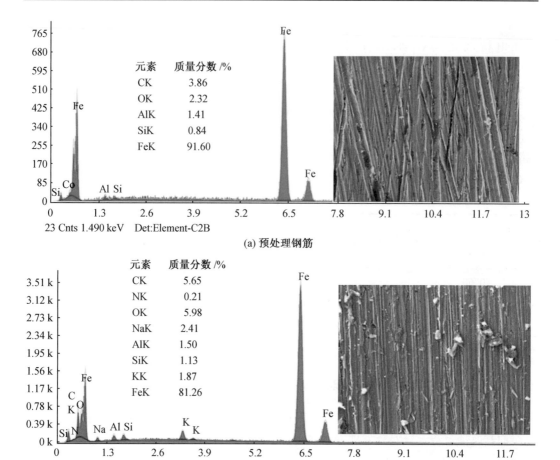

元素	质量分数 /%
CK	3.86
OK	2.32
AlK	1.41
SiK	0.84
FeK	91.60

23 Cnts 1.490 keV   Det:Element-C2B

(a) 预处理钢筋

元素	质量分数 /%
CK	5.65
NK	0.21
OK	5.98
NaK	2.41
AlK	1.50
SiK	1.13
KK	1.87
FeK	81.26

101 Cnts 1.040 keV   Det:Element-C2B Lock Map/Line Elements

(b) 含有 1 g/L 阻锈剂浸泡的钢筋

图 11.13   钢筋表面的 SEM-EDS 分析

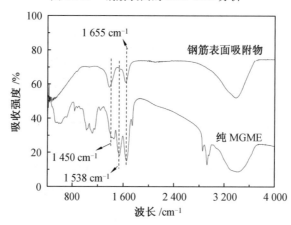

图 11.14   纯 MGME 和钢筋表面吸附物的 ATR-FTIR 谱线结果

此外,采用 3D 超景深显微镜技术对浸泡于混凝土模拟孔隙溶液的腐蚀钢筋、浸泡于含有 1 g/L MGME 混凝土模拟孔隙溶液的防护钢筋和预处理钢筋进行了表面形貌和粗糙度分析。钢筋表面二维和三维形貌如图 11.15 所示。

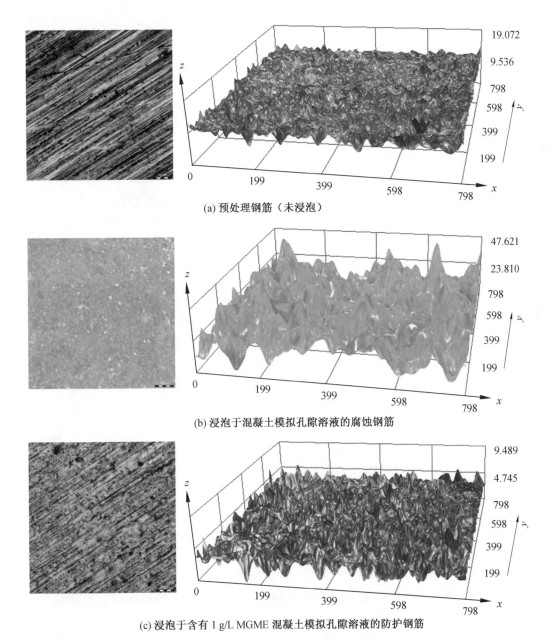

(a) 预处理钢筋（未浸泡）

(b) 浸泡于混凝土模拟孔隙溶液的腐蚀钢筋

(c) 浸泡于含有 1 g/L MGME 混凝土模拟孔隙溶液的防护钢筋

图 11.15　钢筋表面二维和三维形貌(2D 比例尺:100 μm。3D 单位:μm)

　　由图 11.15 中的二维和三维形貌可知,浸泡的氯盐腐蚀钢筋、阻锈剂防护钢筋与预处理钢筋的表面相比,因产生较多的腐蚀产物使其呈现黄色和更加粗糙的三维表面形貌;而阻锈剂防护钢筋与预处理钢筋的表面形貌相似,三维形貌相对比较均匀一致,而且钢筋预处理时的打磨痕迹仍清晰可见,其阻锈的防护作用比较显著。

　　为了进一步量化分析阻锈剂对钢筋表面粗糙度的影响,采用 4 个典型的三维表面粗糙度参数进行分析,主要包括算术平均高度(S_a)、根均方高度(S_q)、最大谷深(S_v)和最大峰高(S_p)。其中,S_v 和 S_p 分别为图 11.15 三维形貌中的最大谷深和最大峰高;S_a 为表面算术平均高度,指图 11.15 三维形貌中的 798 μm×798 μm 钢筋的区域面和基准面之间的

Z 坐标距离的算术平均值，S_a 表达式如式（11.5）所示；S_q 指图 11.15 三维形貌中的 798 μm×798 μm 钢筋的区域面中各点高度的根均方，相当于高度的标准偏差，其表达式如式（11.6）所示。

$$S_a = \frac{1}{L_x}\frac{1}{L_y}\int_0^{L_x}\int_0^{L_y} |Z(x,y)| \, \mathrm{d}x\mathrm{d}y \tag{11.5}$$

$$S_q = \sqrt{\frac{1}{L_x}\frac{1}{L_y}\int_0^{L_x}\int_0^{L_y} Z^2(x,y)\,\mathrm{d}x\mathrm{d}y} \tag{11.6}$$

式中　L_x 和 L_y——x 和 y 方向上表面的采集长度，μm；

　　　$Z(x,y)$——坐标点 (x,y) 处的表面高度，μm。

不同钢筋表面粗糙度分析结果见表 11.5，因预处理的光滑钢筋表面的腐蚀，会使得表面粗糙度参数增大，也就是 S_a、S_q、S_v、S_p 值越大，钢筋表面越粗糙，腐蚀越严重。由表 11.5 可知，不含阻锈剂的钢筋遭氯盐腐蚀非常严重，其 S_a、S_q 和 S_p 粗糙度参数基本都增加了 2~3 倍甚至 3 倍以上：S_a 从预处理钢筋的 0.545 μm 和阻锈剂防护钢筋的 0.478 μm 增加至 1.995 μm，分别增加了 2.66 倍和 3.17 倍；S_q 从预处理钢筋的 0.753 μm 和阻锈剂防护钢筋的 0.625 μm 增加至 2.577 μm，分别增加了 2.42 倍和 3.12 倍；S_p 从预处理钢筋的 4.635 μm 和阻锈剂防护钢筋的 2.991 μm 增加至 13.149 μm，分别增加了 1.84 倍和 3.40 倍。而含有阻锈剂防护的钢筋表面和预处理钢筋表面的粗糙度参数是基本相近的。这些都进一步验证了 MGME 阻锈剂在混凝土模拟孔隙溶液中对钢筋腐蚀的有效防护作用。此外，由表 11.5 可知，预处理钢筋的 S_v 最大，这是砂纸抛光打磨痕迹较深，而且经腐蚀产物填充或阻锈剂吸附后 S_v 会变小的缘故。

表 11.5　不同钢筋表面粗糙度分析结果　　μm

钢筋表面	S_a	S_q	S_v	S_p
预处理钢筋（未浸泡）	0.545	0.753	9.868	4.635
浸泡于混凝土模拟孔隙溶液的腐蚀钢筋	1.995	2.577	8.582	13.149
含有浸泡于 1 g/L MGME 混凝土模拟孔隙溶液的防护钢筋	0.478	0.625	2.907	2.991

11.2.6　玉米蛋白阻锈剂在钢筋表面的吸附行为

基于上述分析可知，显著的阻锈作用是因 MGME 吸附于钢筋表面成膜而表现出来的。现依据电化学法腐蚀试验的平均结果（表 11.4），利用 Langmuir、Temkin 和 Frumkin 三种吸附理论来分析混凝土模拟孔隙溶液中 MGME 在钢筋表面的吸附特性，其表达式如下：

Langmuir

$$\frac{\rho}{\theta} = \frac{1}{K_{ads}} + \rho \tag{11.7}$$

Temkin

$$\exp(-2a\theta) = K_{ads}\rho \tag{11.8}$$

Frumkin

$$\frac{\theta}{1-\theta}\exp(-2a\theta) = K_{ads}\rho \tag{11.9}$$

式中　ρ——阻锈剂质量浓度,g/L;

　　　θ——阻锈剂的覆盖面积比例,此处取值为阻锈率的平均值;

　　　K_{ads}——吸附常数,L/g;

　　　a——表征吸附阻锈剂分子之间的相互作用。

Langmuir 的吸附拟合结果如图 11.16 所示,Temkin 的吸附拟合结果如图 11.17 所示,Frumkin 的吸附拟合结果如图 11.18 所示,其相关拟合参数见表 11.6。由表 11.6 可知,Langmuir 拟合中 MGME 的 ρ/θ 对 ρ 作图表现出的线性关系最好,其回归系数 R^2 可达 0.999 8,由此可以得出 MGME 在钢筋表面的吸附行为符合 Langmuir 吸附。这与很多研究者分析的有机阻锈剂吸附特性一致。

表 11.6　MGME 在钢筋表面理论吸附的热力学参数

吸附理论	截距	斜率	R^2	$\Delta G_{ads}/(\text{kJ} \cdot \text{mol}^{-1})$
Langmuir	0.126 4	1.084 8	0.999 8	−21.27
Temkin	0.807 7	0.109 6	0.978 7	−18.28
Frumkin	1.259 0	0.302 1	0.955 6	−19.35

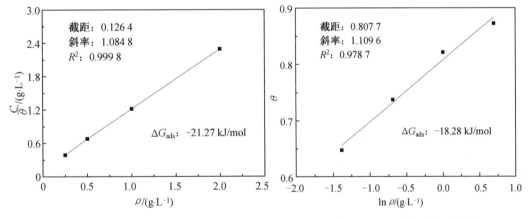

图 11.16　Langmuir 的吸附拟合结果　　　　图 11.17　Temkin 的吸附拟合结果

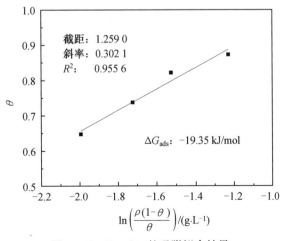

图 11.18　Frumkin 的吸附拟合结果

同时，其吸附自由能 ΔG_{ads} 可由吸附常数计算：

$$\Delta G_{\text{ads}} = -RT\ln(1\times10^3 K_{\text{ads}}) \tag{11.10}$$

式中　R——理想气体常数，8.314 J/(mol·K^{-1})；

　　　T——绝对温度，285 K；

　　　1×10^3——水分子的质量浓度，g/L。

MGME 在钢筋表面的三种理论吸附的热力学参数见表 11.6，其吸附自由能为 $-21.27 \sim -18.28$ kJ/mol。通常情况下，当吸附自由能大于 -20 kJ/mol 时，属于物理吸附方式，主要是通过电荷间相互吸引的物理作用而成膜；当吸附自由能小于 -40 kJ/mol 时，属于化学吸附方式，主要是通过阻锈剂与钢筋表面原子间配位（共价键）的方式来成膜。这说明混凝土模拟孔隙溶液中的 MGME 是自发地吸附到钢筋表面，主要是通过电荷间相互静电吸引的物理作用而成膜的。

11.3　玉米蛋白阻锈剂中主要组分的阻锈性能与模拟计算

11.3.1　试验与模拟计算方法

依据前面高效液相色谱法（HPLC）的测试结果，可知该 MGME 阻锈剂的主要组成是谷氨酸、脯氨酸与亮氨酸，此外还有少量的丙氨酸、异亮氨酸、甘氨酸和缬氨酸等。

MGME 主要组分的分子结构式如图 11.19 所示，其中谷氨酸含有 2 个羧基和 1 个氨基；脯氨酸带有 N 杂圆环结构（四氢吡咯环）和羧基，而且吡咯中氮原子是 sp^2 杂化，3 个单键分别与 2 个碳原子和 1 个氢原子形成共价键，还存在一对孤对电子（2 个电子）与环中的 4 个碳原子的单电子共同构成 6 个电子大 π 键；异亮氨酸、亮氨酸与丙氨酸都是含有一个羧基和氨基官能团。由此可以初步推断，谷氨酸和脯氨酸是必要的研究对象，异亮氨酸、亮氨酸和丙氨酸的分子结构相近，其阻锈作用也相似，具有此相近官能团结构的还有甘氨酸和缬氨酸，但亮氨酸质量分数最大，可以用亮氨酸代表此类氨基酸的组成。因此，本书以质量分数较多和分子结构别具特征的谷氨酸、脯氨酸和亮氨酸为主要研究对象，分析 MGME 阻锈剂和 3 种基本组成单元及其单元之间的相互作用对阻锈性能的影响，从而确定 MGME 中主要成分的有效阻锈作用。与 1.0 g/L 的 MGME 相对应的谷氨酸浓度是 1.77 mmol/L，脯氨酸是 0.88 mmol/L，亮氨酸是 1.93 mmol/L（Leu 亮氨酸+Ile 异亮氨酸+Gly 甘氨酸+Val 缬氨酸+Ala 丙氨酸的物质的量的和），由此可知三者物质的量的和占氨基酸总数的 77.12%。

（1）电化学试验分析。

1.0 g MGME 中的主要组成单元是 1.77 mmol/L 的谷氨酸（Glu）、0.88 mmol/L 的脯氨酸（Pro）和 1.93 mmol/L 的亮氨酸（Leu），以此基本单元为主要研究对象，进一步分析 MGME 阻锈剂和基本组成单元及其单元之间的相互作用对阻锈性能的影响。

首先，配制浓度为 0 g/L（空白）和 1.0 g/L 的 MGME 阻锈剂，溶于含有 3% NaCl 的混凝土模拟孔隙溶液（0.6 mol/L KOH，0.2 mol/L NaOH 和饱和氢氧化钙）中；其次，配制含有 1.77 mmol/L 的谷氨酸（Glu）、0.88 mmol/L 的脯氨酸（Pro）和 1.93 mmol/L 的亮氨酸（Leu）与 1.77 mmol/L 的谷氨酸+0.88 mmol/L 的脯氨酸（Glu+Pro）、1.77 mmol/L 的谷氨酸+1.93 mmol/L 的亮氨酸（Glu+Leu）、0.88 mmol/L 的脯氨酸+1.93 mmol/L 的亮氨酸（Pro+Leu）以及 1.77 mmol/L 的谷氨酸+1.93 mmol/L 亮氨酸+0.88 mmol/L 的脯氨酸

（Glu+Leu+Pro）溶于含有 3% NaCl 的混凝土模拟孔隙溶液中；最后，依据 11.2.1 节的测试方法，在室温条件下测试其电化学阻锈性能。

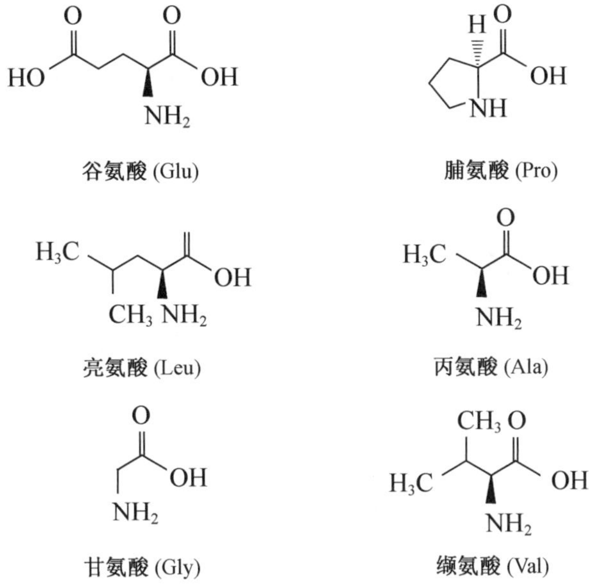

图 11.19　MGME 主要组分的分子结构式

（2）钢筋表面的光电子能谱分析。

为了更好地验证阻锈剂的主要阻锈成分能吸附于钢筋表面，采用 X 射线光电子能谱法（X-ray Photoelectron Spectroscopy, XPS）来分析钢筋表面的元素及其键态组成。首先，将钢筋截成 3～5 mm 厚的钢片，经打磨预处理后浸入含有 1.77 mmol/L 的谷氨酸+1.93 mmol/L亮氨酸+0.88 mmol/L 的脯氨酸（Glu+Leu+Pro）的混凝土模拟孔隙溶液中浸泡24 h，取出干燥，然后采用 X 射线光电子能谱仪进行测试分析。测试仪器采用美国 Thermo Fisher 生产的 ESCALAB 250Xi 型 X 射线光电子能谱仪。

（3）理论模拟计算。

为了进一步探讨构成 MGME 阻锈剂基本单元分子的电子结构对阻锈性能的影响，本书利用基于广义梯度近似密度泛函理论和 Accelerys 公司 Materials Studio 软件 8.0 中的 DMOL3 模块（GGA/BLYP 方法），进行分子结构的几何优化和频率的计算。在所有的计算中都进行了"DNP"双数值基集、良好的收敛精度和全局轨道截断的控制。为了获得更为合理的数据，利用似导体屏蔽模型（COSMO）模拟水作为溶剂。另外，在不受对称约束的情况下，对优化几何条件下的量子化学参数进行了计算，并选择无约束自旋来保证优化过程中势能面上的最小值。

为了进一步探讨构成 MGME 阻锈剂基本单元分子在钢筋表面的吸附特性，基于 Accelerys 公司 Materials Studio 软件 8.0 的技术平台，采用蒙特卡罗模拟（Monte Carlo Simulation）方法分析 MGME 阻锈剂的主要组成——Glu、Leu 和 Pro 三种阻锈剂分子在铁表面的吸附过程。具体来说就是在 29.788 AAA×29.788 AAA×30.134 AAA 的模拟空间中研究阻锈剂分子与 Fe（110）面的相互作用，Fe（110）面是利用周期性边界条件模拟无任意边界效应的界面。为了实现在模拟过程中 Fe（110）体系中的所有原子（包括阻锈剂和水）都与 Fe 表面自由相互作用，选用 COMPASS 力场，对结构最优的阻锈剂在由真空层、填充水分子、被吸附阻锈剂分子和铁组成的体系中分别进行分子动力学模拟。

11.3.2　玉米蛋白阻锈剂及其主要组分的电化学阻抗谱分析

在含有不同阻锈剂混凝土模拟孔隙溶液中钢筋的电化学阻抗谱如图 11.20(a)、(c) 和(e)所示,包括 MGME 质量浓度为 0 g/L(空白)和 1.0 g/L 的电化学阻抗谱,MGME 主要组分 1.77 mmol/L 的谷氨酸(Glu)、0.88 mmol/L 的脯氨酸(Pro)和 1.93 mmol/L 的亮氨酸(Leu)的电化学阻抗谱,以及主要组分的多种组合(1.77 mmol/L 的谷氨酸+ 0.88 mmol/L的脯氨酸(Glu+Pro)、1.77 mmol/L 的谷氨酸+1.93 mmol/L 亮氨酸(Glu+ Leu)、0.88 mmol/L 的脯氨酸+1.93 mmol/L 的亮氨酸(Pro+Leu)和 1.77 mmol/L 的谷氨酸+1.93 mmol/L 亮氨酸+0.88 mmol/L 的脯氨酸(Glu+Leu+Pro))的电化学阻抗谱。

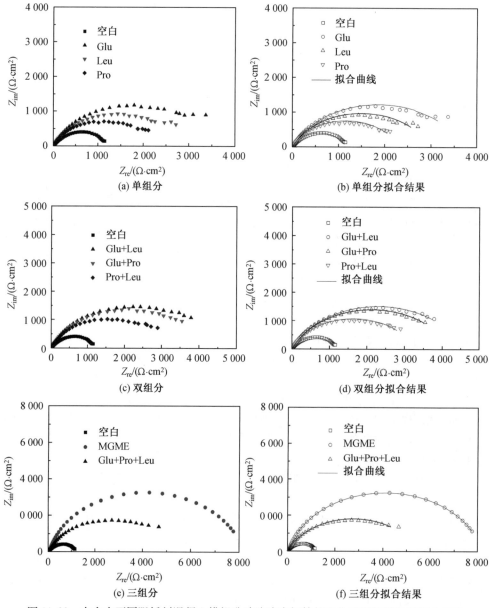

图 11.20　在含有不同阻锈剂混凝土模拟孔隙溶液中钢筋的电化学阻抗谱及其拟合结果

由图 11.20 中(a)、(c)和(e)可知,各种阻锈剂的进行电化学阻抗谱都呈现出单个容抗弧特性,也就是说钢筋腐蚀的主导因素也是电荷转移过程。这与前面不同质量浓度 MGME 的阻抗谱结果相似,依据图 6.11 的等效电路进行拟合处理,拟合结果如图 11.20 (b)、(d)和(f)所示;相关的电化学阻抗参数和阻锈效率见表 11.7,其中阻锈效率是依据式(11.2)计算所得。此外,协同效应因子 S 计算式为

$$S = \frac{1 - IE_1 - IE_2 + IE_1 \times IE_2}{IE_{1+2}} \tag{11.11}$$

式中,$S>1$ 时为正协同效应,$S<1$ 时为负协同效应;IE_1 和 IE_2 是 1 和 2 两种阻锈剂单独作用时的阻锈效率;IE_{1+2} 为 1 和 2 两种阻锈剂共同作用时的阻锈效率。

表 11.7　阻锈剂 MGME 及其主要组分的电化学阻抗参数和阻锈效率

阻锈剂	$R_s/(\Omega \cdot cm^2)$	$Y_0/(\times 10^{-3} \Omega^{-1} \cdot s^n \cdot cm^{-2})$	n	$R_{ct}/(\Omega \cdot cm^2)$	$IE_{EIS}/\%$	S
空白	26.49	0.66	0.78	1 141.38	—	—
Glu	24.05	0.66	0.74	3 744.42	69.52	—
Pro	18.65	0.78	0.73	2 332.85	51.07	—
Leu	20.69	0.71	0.73	2 999.09	61.09	—
Glu+Pro	28.07	0.59	0.72	4 609.02	75.24	0.60
Glu+Leu	23.26	0.66	0.73	3 292.34	65.33	0.34
Pro+Leu	26.16	0.62	0.75	4 264.36	73.20	0.71
Glu+Pro+Leu	32.56	0.55	0.71	5 532.27	79.37	—
MGME	40.66	0.21	0.86	8 164.96	86.02	—

由图 11.20 可知,含有阻锈剂的混凝土模拟孔隙溶液中钢筋的电化学阻抗谱圆弧都大于空白试验的圆弧,阻锈效果显著。由表 11.7 可知,单组分的 Glu、Leu 和 Pro 的阻锈效率依次减小,分别是69.52%、61.09% 和51.07%;Glu、Leu 和 Pro 之间两两组合的协同效应因子均小于 1,是负协同效应,也就是说阻锈剂分子在钢筋表面的吸附是相互竞争的关系;但是 3 种组分同时存在的阻锈效率最大,可至79.37%,接近于 1.0 g/L MGME 的阻锈效率(86.02%)。这种79.37%与86.02%的阻锈效率差距是因为 Glu、Leu 和 Pro 的基本组成单元在 MGME 中呈现肽链的大分子结构,吸附于钢筋表面,对 Cl^- 的体积排斥效应更显著,因此阻锈效果更好。另外,Glu、Leu 和 Pro 3 种基本组成单元物质的量的和占其总数的77.12%,从而使 Glu+Leu+Pro 阻锈率的贡献可占 MGME 的 92.27%,因此,MGME 阻锈作用的主要贡献可以说就来自于 Glu、Leu 和 Pro 3 种基本组成单元。

11.3.3　玉米蛋白阻锈剂及其主要组分的塔费尔极化分析

与此同时,在含有不同阻锈剂混凝土模拟孔隙溶液中钢筋的塔费尔极化曲线如图 11.21 所示,包括 MGME 质量浓度为 0 g/L(空白)和 1.0 g/L,MGME 主要组分 1.77 mmol/L 的谷氨酸(Glu)、0.88 mmol/L 的脯氨酸(Pro)和 1.93 mmol/L 的亮氨酸(Leu),以及主要组分的多种组合(1.77 mmol/L 的谷氨酸+0.88 mmol/L 的脯氨酸(Glu+Pro)、1.77 mmol/L的谷氨酸+1.93 mmol/L 的亮氨酸(Glu+Leu)、0.88 mmol/L 的脯氨酸+

1.93 mmol/L的亮氨酸(Pro+Leu)和1.77 mmol/L 的谷氨酸+1.93 mmol/L 亮氨酸+0.88 mmol/L的脯氨酸(Glu+Leu+Pro))的塔费尔极化曲线。

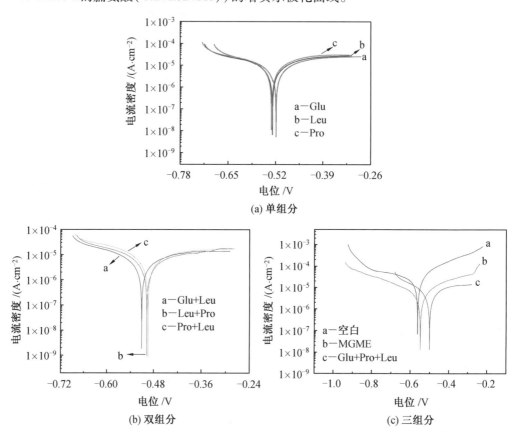

(a) 单组分

(b) 双组分

(c) 三组分

图 11.21　在含有不同阻锈剂混凝土模拟孔隙溶液中钢筋的塔费尔极化曲线

由图 11.21 可知,因阻锈剂的存在,其塔费尔极化曲线的整体形状没有发生根本变化,也就是阻锈剂没有改变钢筋腐蚀的基本特性;但其阳极和阴极的极化段都向低电流密度方向移动,腐蚀电流密度减小,是混合型阻锈剂的特征属性。这与前面不同质量浓度 MGME 的塔费尔极化结果相似,依据图 11.21 的塔费尔极化曲线,由外推法求得腐蚀电位、腐蚀电流密度、阳极极化曲线和阴极极化曲线的塔费尔斜率等电化学动力学参数,见表 11.8,其中阻锈效率依据式(11.4)计算得到,协同效应因子 S 由式(11.11)计算所得。由表 11.8 可知,含有阻锈剂的钢筋的腐蚀电流密度都小于空白试验的腐蚀电流密度,阻锈效果显而易见,这与电化学阻抗谱的结果一致。

由表 11.8 还可知,单组分 Glu、Leu 和 Pro 的阻锈效率依次减小,分别为 69.27%、63.21%和 56.45%,与阻抗结果相近;而且 Glu、Leu 和 Pro 之间两两组合的协同效应因子也都小于 1,呈现负协同效应;但是 3 种组分同时存在的阻锈效率最大,可至 79.17%,非常接近于 1.0 g/L MGME 阻锈剂的阻锈效率(80.27%)。

MGME 及其主要组分对钢筋的平均阻锈效率见表 11.9,由表 11.9 可知,3 种组分同时存在的平均阻锈效率为 79.27%,已很接近于 1.0 g/L MGME 的平均阻锈效率83.15%,而且每一种组分的增加都有利于阻锈效率的提高。这是由于腐蚀介质中阻锈剂分子质量浓度增加,会增强阻锈剂分子在钢筋表面的吸附作用,进而减少 Cl⁻ 对钢筋的接触攻击破坏。

综上所述,MGME 阻锈剂的基本组成虽然有近 20 种天然氨基酸,但 Glu+Pro+Leu 与 MGME(1.0 g/L)的阻锈效率是相当的,可以充分说明 MGME 阻锈作用的主要贡献来自于 Glu、Leu 和 Pro 3 种氨基酸。

表 11.8　MGME 及其主要组分的塔费尔极化参数和阻锈效率

阻锈剂	E_{corr}/V	β_c/(mV·Dec⁻¹)	β_a/(mV·Dec⁻¹)	i_{corr}/(μA·cm⁻²)	IE_{TP}/%	S
空白	−0.56	−26.71	4.08	21.03	—	—
Glu	−0.51	−193.82	215.54	6.45	69.27	—
Pro	−0.54	−225.64	202.99	9.15	56.45	—
Leu	−0.53	−213.95	209.60	7.73	63.21	—
Glu+Pro	−0.50	−184.48	252.27	5.47	73.99	0.51
Glu+Leu	−0.52	−180.12	216.09	4.99	76.33	0.48
Pro+Leu	−0.49	−174.72	264.38	6.89	67.23	0.49
Glu+Pro+Leu	−0.50	−177.84	250.58	4.37	79.17	—
MGME	−0.55	−59.36	123.01	4.14	80.27	—

表 11.9　MGME 及其主要组分对钢筋的平均阻锈效率

阻锈剂	Glu	Pro	Leu	Glu+Pro	Glu+Leu	Pro+Leu	Glu+Pro+Leu	MGME
IE_{TP}/%	69.27	56.45	63.21	73.99	76.33	67.23	79.17	80.27
IE_{EIS}/%	69.52	51.07	61.09	75.24	65.33	73.20	79.37	86.02
均值/%	69.40	53.76	62.15	74.62	70.83	70.22	79.27	83.15

11.3.4　光电子能谱分析

基于 11.2 节 SEM-EDS 和 ATR-FTIR 的分析结果可知,混凝土模拟孔隙溶液中的 MGME 是通过吸附于钢筋表面而起到抑制腐蚀作用的。因此,MGME 的主要组分对混凝土模拟孔隙溶液中钢筋腐蚀的抑制作用也很显著。为了深入分析阻锈剂与钢筋界面间的化学特性,对浸入含有 1.77 mmol/L 的谷氨酸+1.93 mmol/L 的亮氨酸+0.88 mmol/L 的脯氨酸(Glu+Leu+Pro)混凝土模拟孔隙溶液中浸泡 24 h 的钢筋,取出干燥后进行 XPS 测试分析。

钢筋表面的 O1s、C1s、Cl2p 和 N1s 的 XPS 结果如图 11.22 所示。图 11.22(a)O1s 中 530.0 eV 处的大峰是 O^{2-},源于氧化物、氢氧化物和水分子;事实上,三氧化二铁和四氧化三铁的 O^{2-} 是 530.1 eV,而 531.0 eV 的 OH⁻ 是铁的氢氧化物,如 FeOOH。图 11.22(b)C1s 中的主峰 283.7 eV 和弱宽峰 288.1 eV 是 C=O,286.0 eV 的 C—N 是 Pro 中的 N 杂

圆环结构(四氢吡咯环)。图 11.22(c) N1s 中与 O1s 和 C1s 相比,其峰值较小;虽然 N1s 峰弱且宽,但 400.0 eV 和 399.6 eV 处的峰分别是 C—NH—C 的吡咯环结构和 C—N—钢筋的键合作用。图 11.22 中碳、氮和氧元素的键合组成足以证明 MGME 阻锈剂主要组分在钢筋表面通过物理和化学的作用吸附成膜。此外,由图 11.22(d) Cl2p 可知,高质量分数的 NaCl(3%)使得 Cl2p$^{3/2}$ 和 Cl2p$^{1/2}$ 的峰也很显著,分别是 198.9 eV 和 201.5 eV。

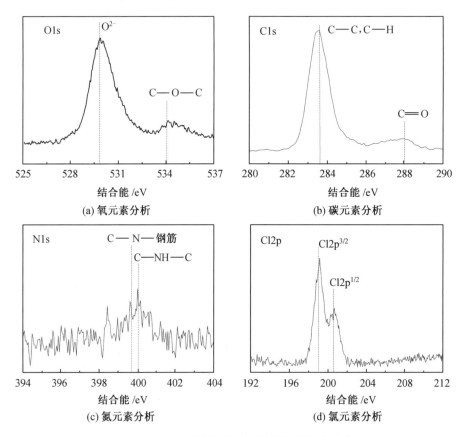

图 11.22　XPS 分析钢筋表面吸附物的化学组成

11.3.5　理论模拟分析

(1)量子化学计算法优化分子几何结构。

量子化学计算已广泛应用于研究有机阻锈剂的分子/电子结构与其阻锈性能的关系。基于 Materials Studio 软件平台的 DMOL3 模块得到的模拟结果,其静电势(ESP)图、前线轨道理论的分子能级分布(包括最高占据轨道(HOMO)/最低未占轨道(LUMO))以及 Glu、Leu 和 Pro 分子的优化结构如图 11.23 所示。在图 11.23 中,阻锈剂的分子结构式中的白色球代表氢原子,红色球代表氧原子,灰色球代表碳原子,蓝色球代表氮原子。

由图 11.23 可知,Glu、Leu 和 Pro 的 HOMO 和 LUMO 的电子云分布是不均匀的,这与其分子结构不对称有关。电子能量最高的 HOMO 主要分布于—NH$_2$ 和吡咯环上,其能量大、束缚小、最活泼且供电子能力强,其供电子可占据钢筋表面铁原子的"d"空轨道;

LUMO 主要集中在—COOH 官能团周围,其接受电子能力强,即羧基接收钢筋表面的铁电子。这表明钢筋表面的铁分子轨道主要是与阻锈剂上的 N 原子和 O 原子相互作用形成吸附保护膜。这与半胱氨酸、缬氨酸和丙氨酸的量子计算结果是一致的,其最高占据轨道(HOMO)主要分布在氨基上,而最低未占轨道(LUMO)主要分布在羧基上,而且这种分布可使氨基酸分子的氨基端和羧基端以首尾相接的方式积聚在铁表面形成稳定吸附。

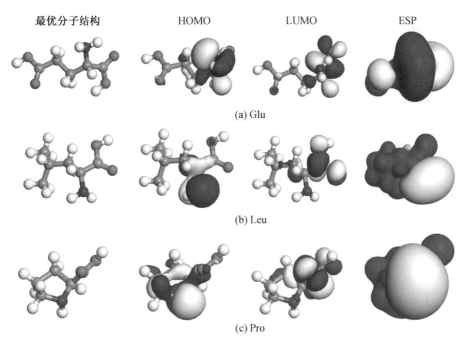

图 11.23　MGME 主要组分的 HOMO、LUMO 和 ESP(后附彩图)

此外,图 11.23 Glu、Leu 和 Pro 的静电势(ESP)图中的黄色代表负电场,具有亲核反应性,容易和钢筋表面的铁原子通过转移或共享电子对的形式相互结合;蓝色代表正电场,具有亲电子反应性。由此可知,Glu、Leu 和 Pro 阻锈剂与钢筋表面之间吸附作用的竞争与合作关系是同时存在的,因为当负与负或正与正相近时为相斥的竞争吸附,当负与正相近时为相吸的合作吸附。如果相斥的概率统计大于相吸的作用,体系就表现出负协同的竞争吸附关系,其相互作用的概率统计结果是与体系内的阻锈剂分子体积、电性、数量以及铁表面结构性质密切相关的。因此,这与电化学试验得出负协同效应的结果并不矛盾。

Glu、Leu 和 Pro 前线分子轨道的能量如图 11.23 所示,不同阻锈剂之间的最高占据轨道能(E_{HOMO}),最低未占轨道能(E_{LUMO})和 ΔE 基本相近,这说明 Glu、Leu 和 Pro 分子提供电子和接受电子的能力是相近的。此外,Glu、Leu 和 Pro 分子的量子化学计算参数见表 11.10,其中偶极矩 μ 值的差异较小,说明钢筋表面的阻锈剂积累较少,不利于协同阻锈效果。也就是说,从理论上再次证实了各分子 μ 值的大小相似,这意味着阻锈剂之间是负协同效应的概率较大。

依据库普曼(Koopman)定理可知,阻锈剂分子与钢筋表面铁原子之间的亲电或亲核行为还可以通过 ΔN 来表示,其表达式为

$$\Delta N = \frac{\phi - \chi_{In}}{2(\gamma_{Fe} + \gamma_{In})} \quad (11.12)$$

式中，$\gamma_{In} = -(E_{HOMO} + E_{LUMO})$，$\chi_{In} = (-E_{HOMO} + E_{LUMO})/2$，$\gamma_{Fe} \approx 0$。由密度泛函数理论（DFT）计算可知，Fe(100)、Fe(111) 和 Fe(110) 界面的 ϕ 值分别为 3.91 eV、3.88 eV 和 4.82 eV。当 $\Delta N < 0$ 时，表明电子是从铁原子向阻锈剂分子转移；当 $\Delta N > 0$ 时，表明电子是从阻锈剂分子向铁原子转移。由表 11.10 可知，Glu、Leu 和 Pro 分子的 ΔN 对于铁原子的 3 个晶面都是正值，即电子是由阻锈剂向钢筋表面的铁原子转移的。这与前面 HOMO 的结论是一致的，即阻锈剂与钢筋铁原子之间的相互作用主要是通过氨基和吡咯环上贡献孤对电子于铁原子"d"空轨道方式进行的。这与前面 XPS 谱中出现的 C—NH—C 的吡咯环结构峰和 C—N—钢筋的键合作用峰的结果也是吻合的。

表 11.10　Glu、Leu 和 Pro 分子的量子化学计算参数

名称	E_{HOMO}/eV	E_{LUMO}/eV	ΔE/eV	μ/D	ΔN_{100}	ΔN_{110}	ΔN_{111}
Glu	−5.76	−1.35	4.41	3.80	0.08	0.28	0.07
Leu	−5.68	−1.17	4.52	3.77	0.11	0.31	0.10
Pro	−5.45	−1.08	4.37	4.09	0.15	0.36	0.14

（2）蒙特卡罗法模拟 Fe(110) 表面的吸附过程。

采用蒙特卡罗法对阻锈剂分子与 Fe(110) 表面的相互作用进行分子动力学模拟，其铁晶胞和 Fe(110) 晶面的模拟空间结构模型如图 11.24 所示。根据 MGME 阻锈剂的化学组成，即 Glu、Leu 和 Pro 分别为 1.77 mmol/L，0.88 mmol/L 和 1.93 mmol/L，为了更准确地模拟 MGME 中 Glu、Leu 和 Pro 的吸附过程，采用与 MGME 中 Glu：Pro：Leu 相近的摩尔比，并对比设置了各组分独立吸附、两两吸附和 3 种共同吸附的情况。在吸附能量优化过程中，阻锈剂/水/铁(110)体系的相关参数见表 11.11。

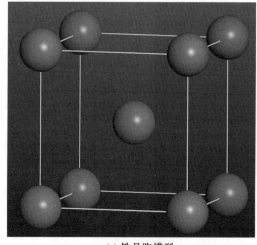

(a) 铁晶胞模型

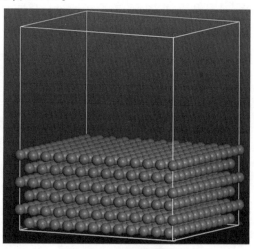

(b) Fe(110) 晶面的模拟空间

图 11.24　铁晶体模拟空间结构模型

表 11.11 阻锈剂/水/铁(110)体系的相关参数

Glu : Pro : Leu : 水[①]	吸附能	Glu(dE_{ad}/dN_i)	Pro(dE_{ad}/dN_i)	Leu(dE_{ad}/dN_i)	水(dE_{ad}/dN_i)
1 : 0 : 0 : 300	−1 752.73	−60.65	—	—	−7.87
0 : 1 : 0 : 300	−1 721.84	—	−21.52	—	−5.29
0 : 0 : 1 : 300	−2 101.74	—	—	−17.53	−0.11
1 : 0 : 1 : 300	−1 818.08	−72.28	—	−54.31	−5.42
0 : 1 : 2 : 300	−1 720.15	—	−26.35	−58.59	−0.85
2 : 1 : 0 : 300	−1 634.49	−46.93	−26.06	—	−16.15
2 : 1 : 2 : 300	−1 631.76	−17.19	−14.04	−11.99	−3.99

注①: Glu : Pro : Leu : 水 =x:y:z:n,表示吸附模拟体系中 Glu、Pro、Leu 和水分子的个数。

吸附能是蒙特卡罗模拟过程的重要参数,代表阻锈剂吸附在铁表面所需的能量,其绝对值越大,吸附越稳定。由表 11.11 可知,除了 Glu 和 Leu 组合,多种阻锈剂同时存在时的吸附能量均大于单一阻锈剂的吸附能,这表明 Glu 和 Leu 的共同吸附是以合作为主,而其他组合的共同吸附存在竞争关系。此外,dE_{ad}/dN_i 是吸附能的微分,表示释放吸附物的能力,dE_{ad}/dN_i 的绝对值较低,表明该吸附物可以很容易地被腐蚀介质代替。由表 11.11可知,针对每一种阻锈剂来说,当阻锈剂单独吸附时其绝对值最大,而 Glu : Pro : Leu : 水 =2 : 1 : 2 : 300 体系的绝对值最小,也就是说越多的阻锈剂组合共同吸附,越不稳定,越容易被其他吸附介质取代。这与电化学试验得出阻锈剂之间负协同效应的结果一致。

图 11.25 为 7 种情况下吸附在 Fe(110)表面的阻锈剂分子的稳定吸附形态。由图 11.25 可以看出,对于单阻锈剂分子的情况,阻锈剂分子末端的氨基和吡咯环上的 HOMO (图 11.23)优先吸附于钢筋表面的铁原子。在其他情况下,当几种阻锈剂组合共同吸附时,既有竞争又有合作。

前面的试验和理论研究表明,Glu、Leu 和 Pro 阻锈剂之间的阻锈作用是负协同关系,但多种阻锈剂组合时阻锈率仍是最高的,这源于不同阻锈剂在钢筋表面的共同吸附作用。这种共同吸附作用中既有竞争又有合作,如图 11.25 中的(d),Glu 和 Leu 分子的 HOMO 均吸附于铁原子表面,是合作共同吸附,而且其 dE_{ad}/dN_i 的绝对值较大,不容易被取代,进一步说明吸附比较稳定。如图 11.25 中的(e)、(f)和(g)所示,其中的阻锈剂分子至少有一个 HOMO 没有吸附于铁原子表面,说明有竞争吸附存在。可以进一步推测,在阻锈剂的共同吸附作用过程中,随着吸附阻锈剂分子的增多,其间竞争吸附的概率会增大,进而导致 1.0 g/L MGME 中主要组分的共同吸附作用呈现出负协同效应的关系。

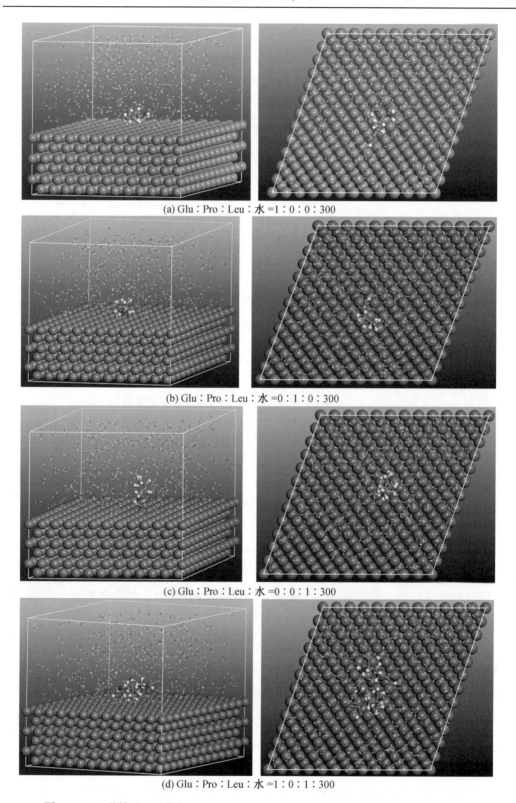

(a) Glu：Pro：Leu：水 =1：0：0：300

(b) Glu：Pro：Leu：水 =0：1：0：300

(c) Glu：Pro：Leu：水 =0：0：1：300

(d) Glu：Pro：Leu：水 =1：0：1：300

图 11.25　7 种情况下吸附在 Fe(110) 表面的阻锈剂分子的稳定吸附形态（后附彩图）

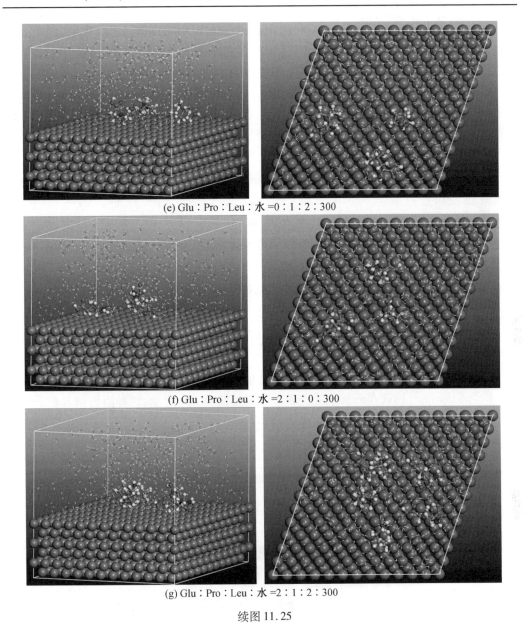

(e) Glu : Pro : Leu : 水 =0 : 1 : 2 : 300

(f) Glu : Pro : Leu : 水 =2 : 1 : 0 : 300

(g) Glu : Pro : Leu : 水 =2 : 1 : 2 : 300

续图 11.25

11.4 玉米蛋白阻锈剂对钢筋混凝土的长期阻锈作用

11.4.1 试验过程与方法

(1)钢筋预处理。

首先,将 $\phi6$ mm×50 mm 的钢筋试样置于盐酸(质量分数 36% ~38%)与水的体积比为 1∶2 的酸溶液中酸洗后,用砂纸打磨处理至接近白铁,乙醇清洗晾干;其次,将钢筋的一端与外包绝缘导线的裸漏的端头相焊接,并用环氧树脂将钢筋两端也密封绝缘,尤其注意要使焊接端头完全密封,最终钢筋的暴露长度约为 3.5 cm,暴露面积约为 6.59 cm^2;最后,用混凝土模拟孔隙溶液(0.6 mol/L KOH+0.2 mol/L NaOH+饱和氢氧化钙)钝化 1 个月后,再用机油浸涂封存,使用前先用乙醇和水洗净擦干。该预处理方式与 11.2 节和 11.3 节有所不同,主要是考虑到实际工程中的钢筋都是在新拌或硬化混凝土的碱液中钝化以后,再经受 Cl^- 腐蚀的,之所以在埋入试件之前用混凝土模拟孔隙溶液统一钝化,是为了保证钝化膜的一致性,排除砂浆钝化差异性的影响。导线外包绝缘是为了避免砂浆中离子溶液与导线之间的接触,钢筋端头的密封是避免其受缝隙/边缘腐蚀的影响。

(2)新拌砂浆中钢筋表面的 ATR–FTIR。

为了验证砂浆中的阻锈剂是否能吸附于钢筋表面起到腐蚀防护的作用,对新拌砂浆中的钢筋表面进行 ATR–FTIR 分析。采用普通硅酸盐水泥,按 $m($水$)$：$m($灰$)$：$m($砂$)=0.6:1:3$ 的比例配制砂浆,首先将 MGME 按含量[①]1% 与水泥和砂混合干拌和均匀,再加水湿拌和 2 min,将拌制好的砂浆浇到插有预处理钢筋的圆柱形试模中振实,待凝结水化 2 h 后,取出钢筋晾干,再采用傅里叶变换红外光谱仪(Nicolet,iS50)测试钢筋表面的 ATR–FTIR,并与纯 MGME 的 ATR–FTIR 对比分析。

(3)腐蚀试件的制备。

采用普通硅酸盐水泥,按 $m($水$)$：$m($灰$)$：$m($砂$)=0.6:1:3$ 的比例配制砂浆,首先将 MGME 按一定含量与水泥和砂均匀混合,然后将占水泥质量 1% 的 Cl^- 溶于拌和水后,再湿拌和 2 min,将拌制好的砂浆浇成圆柱形试件,保护层厚度为 13 mm,钢筋暴露腐蚀面积为 6.59 cm^2,钢筋在砂浆中的位置示意图如图 11.26 所示,每种阻锈剂含量下制备 4 个试件。待成型 24 h 以后脱模,标准养护至 28 天左右,然后移入含有 3% NaCl 的水溶液中浸泡,2~3 个月更换一次盐液,在此期间定期进行电化学测试。

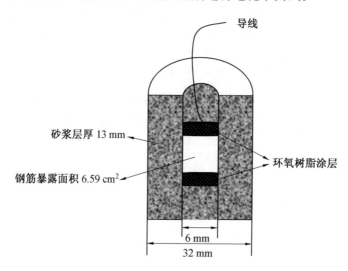

图 11.26　钢筋在砂浆中的位置示意图

为了与传统商业阻锈剂进行对比分析,同时制备按照其推荐含量 3% 引入亚硝酸钙

---

①　本章中,含量均指 MGME 占水泥质量的百分数。

和 Sika901 的腐蚀试件,并置于相同环境下定期进行腐蚀检测。本试验制备的部分埋有钢筋的砂浆腐蚀试件如图 11.27 所示。

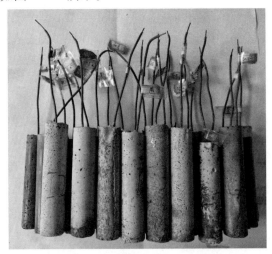

图 11.27　埋有钢筋的砂浆腐蚀试件

(4)腐蚀试件中钢筋的电化学测试。

首先,将上述成型带导线试件定期以饱和甘汞电极为参比,铂片为对电极,预埋钢筋为工作电极构成三电极体系,测试腐蚀电位、线性极化电阻和动电位扫描曲线。

其次,待掺有传统阻锈剂的试件极化电阻接近或小于 10 k$\Omega \cdot$ cm^2 时,表明该钢筋已被活化。此时,参考《水运工程混凝土试验检测技术规范》(JTS/T 236—2019)的方法以 50 μA/cm^2 的电流密度进行 15 min 的恒电流阳极极化试验,每组试验 3 个试件取平均值,以进一步判断钢筋的腐蚀状态。

最后将剩余一组试件以 0.5 mV/s 的速度,从$+20$ mV$+E_{corr}$ 至-1.4 V 的动电位极化扫描;然后待试件静置 24 h 后再以 0.5 mV/s 的速度,从-20 mV$+E_{corr}$ 至$+0.5$ V 的动电位极化扫描。

(5)腐蚀试件中钢筋的表面分析。

待腐蚀一定时间后,将掺量为 0 和 3% 的 MGME 试件凿开露出钢筋表面,再将其干燥预处理 3~4 h,以方便进行表面组成与结构的分析。首先,采用英国雷尼绍公司 Renishaw inVia 型激光共聚焦拉曼光谱仪分析不同位置的拉曼谱线;然后,采用捷克泰思肯 VEGA3 型场发射电子显微镜(VEGA3,TESCAN Ltd.)和美国伊达克斯 APEX 能谱仪(APEX,EDAX Inc.)来分析其表面形貌与元素组成。

11.4.2　玉米蛋白阻锈剂在新拌砂浆中钢筋表面的吸附作用

基于前期 MGME 阻锈剂对混凝土模拟孔隙溶液中钢筋的有效阻锈作用,是源于 MGME 在钢筋表面的吸附。同理,在评价 MGME 对混凝土中钢筋的阻锈作用时,首先将 MGME 引入砂浆并浇到埋有钢筋的试模中,待凝结水化 2 h 后,将钢筋从未硬化的砂浆中取出进行 ATR-FTIR 测试,结果如图 11.28 所示。其钢筋表面吸附物的主要官能团吸收峰与 MGME 提取物的相近,其中 1 450 cm^{-1} 是烷烃基的 C—H 伸缩振动,而 1 538 cm^{-1} 是酰胺 I 的特征峰 C ═O 伸缩振动吸收峰;1 655 cm^{-1} 是酰胺 II 的特征峰;870 cm^{-1} 附近是 C—N、N—H 及苯环 C—H 弯曲振动峰,此处峰值较大,也许还有碳酸根的平面外弯曲振动的贡献。这表明砂浆中的 MGME 一开始就会吸附到钢筋表面成膜起防护作用。

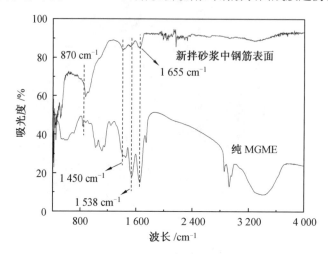

图 11.28　纯 MGME 和新拌砂浆中钢筋表面的 ATR-FTIR 测试结果

11.4.3　玉米蛋白阻锈剂对腐蚀电位与极化电阻的影响

对于混凝土中钢筋腐蚀的评价,其腐蚀电位和极化电阻是常用的评价参数,依据 2015 年修订的 ASTM C876—15 标准中腐蚀电位对腐蚀程度进行评价,见表 11.12。一般情况下,当腐蚀电位大于-0.125 V 或极化电阻大于 100 kΩ·cm^2 时,钢筋基本处于钝化态,未发生腐蚀;当腐蚀电位小于-0.276 V 或极化电阻小于 10 k Ω·cm^2 时,钢筋被活化,发生腐蚀。

表 11.12　基于腐蚀电位评价混凝土中钢筋的腐蚀状态(ASTM C876—15)

腐蚀电位/V	大于-0.125 V	-0.126 ~ -0.275 V	小于-0.276 V	小于-0.426 V
腐蚀状态	腐蚀风险低 (10% 腐蚀危险)	腐蚀风险中等	腐蚀风险高 (小于90% 腐蚀风险)	发生腐蚀

研究表明,混凝土中平均临界 Cl$^-$ 质量分数是 0.6%,本试验为了加快钢筋腐蚀进程,制备试件采用 0.6 水灰比,并随拌和水引入占水泥质量 1% 的 Cl$^-$,继而浸入 3% NaCl 的水溶液中长期浸泡。

由此得到玉米蛋白阻锈剂与两种传统阻锈剂对砂浆中钢筋腐蚀电位和极化电阻的影响,分别如图 11.29 和图 11.30 所示。待腐蚀试件成型时,其钢筋的腐蚀电位基本大于 -0.276 V,极化电阻均在 100 kΩ·cm^2 以上,表明此时的钢筋处于钝化状态,未发生腐蚀。待侵入 3% NaCl 中腐蚀至 150 天时,MGME 阻锈剂含量为 0 和 1% 的钢筋腐蚀电位已小于-0.426 V,说明腐蚀已经发生;此时,对应的极化电阻也是 MGME 阻锈剂含量为 0

和1%的最小,而且接近 10 kΩ·cm²,进一步表明含量为 0 和1%的 MGME 阻锈剂的钢筋钝化膜遭到破坏,腐蚀已经发生。掺有 3% MGME 阻锈剂与两种传统阻锈剂的砂浆中的钢筋,其腐蚀电位在浸泡腐蚀至 450 天时,才降低至 −0.426 V 左右;其极化电阻也达 10 kΩ·cm² 左右,表明此时腐蚀已经发生。而此时掺有 5% MGME 阻锈剂钢筋的腐蚀电位仍大于 −0.276 V,极化电阻也高于 10 kΩ·cm²,表明钢筋仍处于钝态,未发生腐蚀;直至 508 天时,MGME 含量为 5% 的钢筋腐蚀电位才接近 −0.426 V,极化电阻接近 10 kΩ·cm²,趋于发生腐蚀。

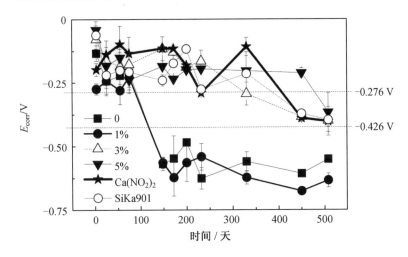

图 11.29　砂浆中钢筋的腐蚀电位

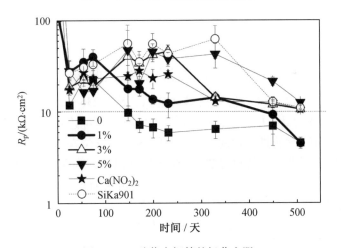

图 11.30　砂浆中钢筋的极化电阻

　　由此可知,与未掺阻锈剂的钢筋相比,掺 3% MGME 阻锈剂的钢筋可延缓腐蚀 300 天,其阻锈能力与亚硝酸钙和 Sika901 两种传统阻锈剂相当,基本都是在浸泡至 450 天时,钢筋钝化膜遭到破坏,被活化,发生腐蚀。为了进一步确认此时钢筋的腐蚀状态,每组取出 3 个试件进行恒电流阳极极化试验,每种含量组 3 个试件的结果取平均值以后的恒电流阳极极化曲线如图 11.31 所示。

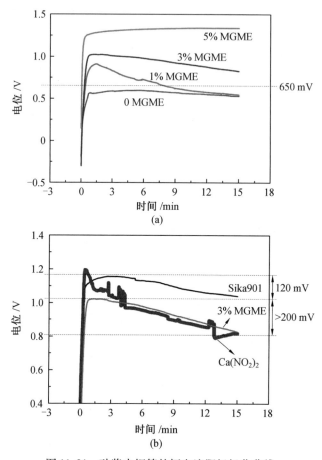

图 11.31　砂浆中钢筋的恒电流阳极极化曲线

11.4.4　玉米蛋白阻锈剂对恒电流阳极极化曲线的影响

依据《水运工程混凝土试验检测技术规范》(JTS/T 236—2019)和文献资料,混凝土中钢筋的钝化膜评价见表 11.13。由表 11.13 可知,当电位达 650 mV 以上,经过 15 min 后电位不超过 50 mV,钢筋是钝化的;当经过 15 min 后电位跌落超过50 mV,钢筋介于钝化态与活化态之间,说明钝化膜已受破损,损坏程度以电位向负向移动的斜率来判断,斜率越大,损坏越大;当通电后,电位小于 650 mV,或很快向负向下落,表明钝化膜破坏严重,钢筋处于活化态。

表 11.13　混凝土中钢筋的钝化膜评价 (JTS/T 236—2019)

V_2/mV	$\Delta V = V_2 - V_{15}$/mV	钢筋腐蚀状态	钢筋腐蚀程度
>650	<50	钝化态	钢筋表面钝化膜完整,未受破坏
>650	>50	介于钝化态与活化态之间	钢筋表面钝化膜已被破坏,其程度依 ΔV 斜率判断,斜率越大,损坏越大
<650	—	活化态	钝化膜破坏严重,V_2 电位越低,破坏越严重

如图 11.31(a)所示,MGME 含量为 0 的钢筋,电位未达 650 mV,MGME 含量为 1% 的钢筋电位虽已达 650 mV 以上,但随时间快速下落,说明两者的钝化膜已遭损坏,腐蚀发

生;MGME 含量为 5% 的钢筋电位最大,且 15 min 内基本平稳不变,钢筋是钝化态的。MGME 含量为 3% 的钢筋电位虽已达 650 mV 以上,但 15 min 后电位跌落 120 mV(图 11.31(b)),此钢筋介于钝化态与活化态之间,已开始腐蚀;这与腐蚀电位和线性极化电阻结果基本一致。

由图 11.31(b)可知,掺 3% 玉米蛋白阻锈剂与亚硝酸钙、Sika901 两种传统阻锈剂的钢筋电位虽已达 650 mV 以上,但 15 min 后电位跌落都超过 50 mV,说明钢筋介于钝化态与活化态之间,钝化膜已受损,掺亚硝酸钙的钢筋电位向负向移动斜率最大,掺 Sika901 的钢筋电位向负向移动斜率最小,因此,其钝化膜损坏程度依次为 Sika901<3% MGME<亚硝酸钙。

11.4.5　玉米蛋白阻锈剂对动电位扫描曲线的影响

待腐蚀试件浸泡至 450 天左右,测完恒电流阳极极化曲线,再另取一组试件以 0.5 mV/s的扫描速度进行动电位阴极与阳极的极化扫描,其结果如图 11.32 和图 11.33 所示。由图 11.32 和图 11.33可知,随着 MGME 含量的增加,其阴极极化电流与阳极极化电流均逐渐减小,这表明 MGME 在砂浆中对钢筋的阻锈作用显著。

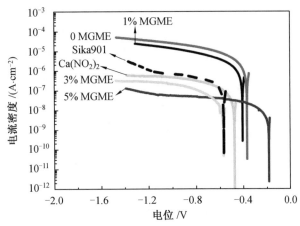

图 11.32　砂浆中钢筋的阴极极化曲线

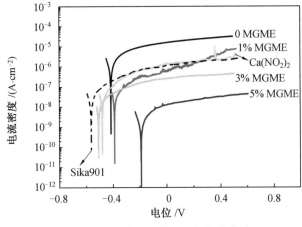

图 11.33　砂浆中钢筋的阳极极化曲线

依据相关文献,砂浆中钢筋的腐蚀电流密度对腐蚀速率或状态的评价见表11.14。利用阳极极化曲线和阴极极化曲线由外推法求得腐蚀电位、腐蚀电流密度、塔费尔斜率等电化学动力学参数,依据式(11.4)计算得到不同阻锈剂的阻锈率,见表11.15。

表11.14 混凝土中钢筋的腐蚀电流密度对腐蚀速率或状态的评价

腐蚀状态	可忽略	低度腐蚀	中度腐蚀	高度腐蚀
电流密度/$(\mu A \cdot cm^{-2})$	<0.1	0.1~0.5	0.5~1	>1

表11.15 砂浆中钢筋的动电位极化曲线参数及阻锈率

阻锈剂及其含量		0 MGME	1% MGME	3% MGME	5% MGME	3% Ca(NO₂)₂	3% Sika901
阳极	腐蚀电位/V	-0.41	-0.39	-0.51	-0.19	-0.48	-0.56
	$\beta_a/(mV \cdot Dec^{-1})$	214.99	192.49	237.61	184.35	153.41	177.04
	$i_{corr}/(\mu A \cdot cm^{-2})$	3.51	0.082	0.036	0.0044	0.099	0.11
阴极	腐蚀电位/V	-0.41	-0.37	-0.48	-0.18	-0.57	-0.57
	$\beta_c/(mV \cdot Dec^{-1})$	-192.91	-180.44	-193.48	-217.26	-204.47	-264.83
	$i_{corr}/(\mu A \cdot cm^{-2})$	1.25	2.01	0.066	0.0091	0.029	0.24
均值	腐蚀电位/V	-0.41	-0.38	-0.49	-0.19	-0.52	-0.56
	$i_{corr}/(\mu A \cdot cm^{-2})$	2.38	1.05	0.051	0.0067	0.064	0.17
阻锈率/%		—	55.99	97.86	99.72	97.30	92.74

由图11.32和图11.33可知,待腐蚀至450天左右时,含量为0和1% MGME 的钢筋平均腐蚀电流密度大于1 $\mu A/cm^2$,腐蚀较严重;5%含量 MGME 的钢筋平均腐蚀电流密度小于0.01 $\mu A/cm^2$,处于钝化态,钝化膜较完整,基本未腐蚀;3%含量 MGME 与 Ca(NO₂)₂、Sika901 两种传统阻锈剂的平均腐蚀电流密度大小比较一致,都在0.1 $\mu A/cm^2$ 左右,表明钢筋钝化膜已不完整,开始活化,产生腐蚀;同时进一步说明含量为3% MGME 与 Ca(NO₂)₂、Sika901 两种传统阻锈剂的阻锈能力相当,阻锈效率可达92.74%至97.86%,这与腐蚀电位、线性极化电阻和阳极极化的试验结果是一致的。

11.4.6 玉米蛋白阻锈剂对砂浆中钢筋表面形貌与组成的影响

首先,浸泡腐蚀至450天左右时,将含量为0和3% MGME 的试件凿开露出钢筋表面,其表面形貌与各位置的拉曼光谱如图11.34和图11.35所示。由图11.34的钢筋表面形貌可知,未掺阻锈剂的钢筋表面形貌粗糙,腐蚀产物明显,呈黄黑色;3%含量 MGME 阻锈剂的钢筋表面比较光亮,未见明显的腐蚀产物,虽然其钝化膜不完整已开始活化,但由表11.15可知其腐蚀电流密度较低,为0.05 $\mu A/cm^2$,依据表11.14的评价标准,当腐蚀电流密度小于0.1 $\mu A/cm^2$ 时,其腐蚀可以忽略。这与电化学评价结果一致。

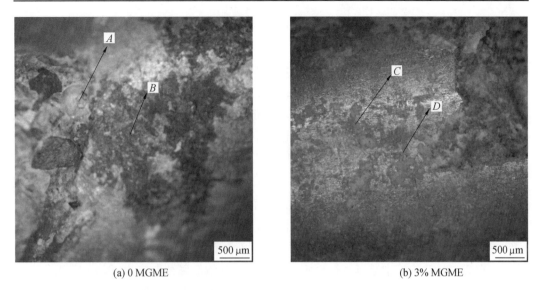

(a) 0 MGME

(b) 3% MGME

图 11.34 砂浆试件中钢筋的表面形貌(后附彩图)

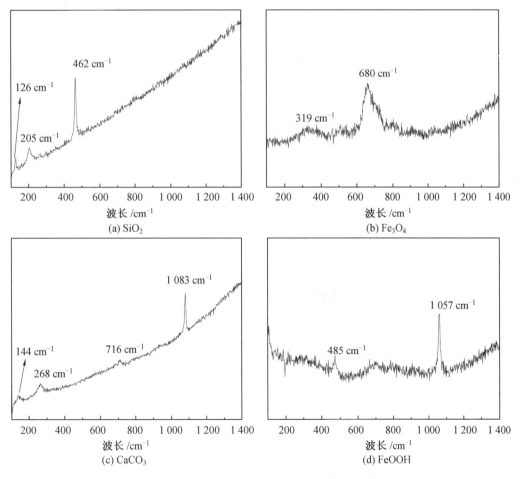

(a) SiO_2

(b) Fe_3O_4

(c) $CaCO_3$

(d) FeOOH

图 11.35 砂浆试件中钢筋各位置的拉曼光谱

基于杨南如先生的无机非金属材料谱图手册资料,由图 11.35 的拉曼光谱可知,褐色的 A 点主要是石英,其特征峰为 462 cm^{-1}、205 cm^{-1} 和 126 cm^{-1};黄黑色的 B 点主要是 Fe_3O_4,其特征峰为 319 cm^{-1} 和 680 cm^{-1};白色附着物 C 点主要是 $CaCO_3$,其特征峰为 1 083 cm^{-1}、16 cm^{-1}、268 cm^{-1} 和 144 cm^{-1};光亮的 D 点主要是 γ-FeOOH、α-FeOOH,其特征峰为1 057 cm^{-1}、485 cm^{-1}。因此,未掺阻锈剂的钢筋已严重腐蚀,其产物主要是黄黑色的 Fe_3O_4,含量为 3% 的 MGME 钢筋表面光亮,仍有钝化膜存在,主要组成是 FeOOH,即铁氧化物晶体的水合物 $Fe_2O_3 \cdot H_2O \Longleftrightarrow 2FeOOH$,未见明显腐蚀发生。可见,MGME 对砂浆中钢筋氯盐腐蚀的防护作用非常显著。此外,因 MGME 是非晶的,其拉曼信号较弱,或者 MGME 吸附浓度不够高,所以拉曼光谱中没有出现明显的 MGME 特征峰。

为了进一步验证分析 MGME 阻锈剂对钢筋的腐蚀防护作用,选取腐蚀至 15 个月(450 天)时钝化膜开始活化发生钢筋腐蚀的试件(含量为 3% 的 MGME)为分析对象。将其浸泡在 3% NaCl 溶液中继续腐蚀至 17 个月,此时其钢筋腐蚀电位为 -0.40 V,极化电阻为 10.56 $k\Omega \cdot cm^2$,将此砂浆试件凿开露出钢筋表面,抽真空冷冻干燥至少 4 h,待喷金处理后立即进行 SEM-EDS 观察分析,其砂浆和钢筋的表面 SEM 形貌如图 11.36 所示,砂浆和钢筋及其界面的 EDS 能谱分析结果如图 11.37 所示。

(a) 凿开砂浆中钢筋表面 SEM 形貌

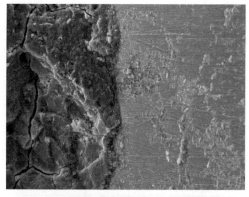

(b) 砂浆与钢筋界面处 SEM 形貌

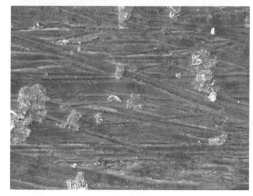

(c) 钢筋表面 SEM 形貌

图 11.36　含量为 3% 的 MGME 砂浆和钢筋的表面 SEM 形貌

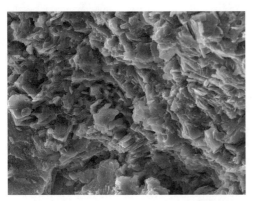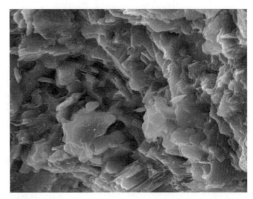

(d) 钢筋表面水化产物的 SEM 形貌

续图 11.36

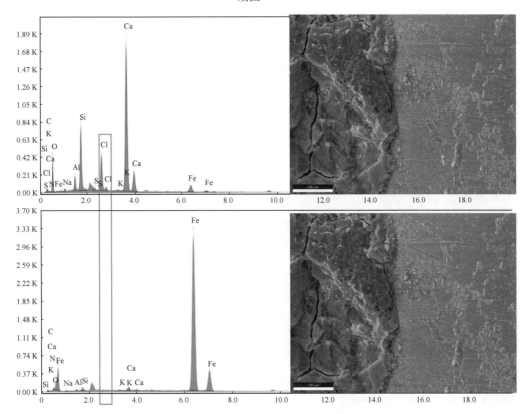

位置	元素质量分数 %										
	C	N	O	Na	Al	Si	S	Cl	K	Ca	Fe
砂浆表面	3.05	0.8	39.98	1.48	3.17	10.4	1.66	6.12	0.18	30.77	2.39
钢筋表面	3.51	1.49	3.54	1.66	1.03	1.58	—	—	0.21	1.20	85.76

(a) 砂浆与钢筋表面的 EDS 点分析

图 11.37　含量为 3% 的 MGME 砂浆和钢筋及其界面的 EDS 能谱分析结果

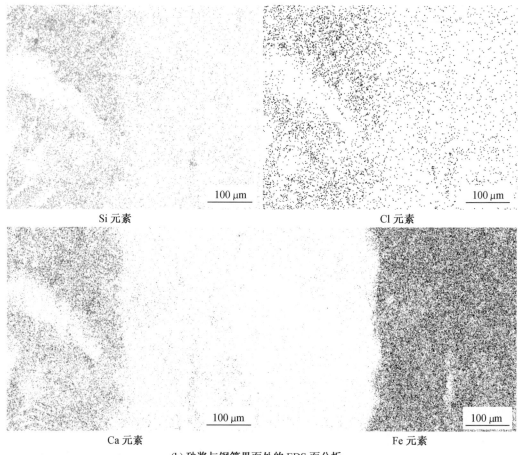

Si 元素

Cl 元素

Ca 元素

Fe 元素

(b) 砂浆与钢筋界面处的 EDS 面分析

续图 11.37

由图 11.36 的砂浆和埋入钢筋的界面及其表面 SEM 结果可知,钢筋表面经打磨处理时的划痕清晰可见,未见明显腐蚀产物与点腐蚀坑,只有少量水化产物附着于钢筋划痕的表面,如图 11.36(a)、(b)和(c)所示。钢筋表面的砂浆结构致密,有大量的片状和棒状晶体堆积的层结构出现,如图 11.35(d)所示,这对钢筋起到了有效的氯盐腐蚀防护作用。

由图 11.37(a)可知,其钢筋表面的主要元素是铁,除此之外还有少量的钙、硅和氧元素,这进一步说明钢筋表面有少量水泥水化产物附着,基本无腐蚀产物即铁氧化物产生,这与图 11.36 的分析结果一致。

由图 11.37(b)可知,硅元素和钙元素都集中分布于左边的砂浆部分,铁元素集中分布于右边的钢筋部分,特别是钙元素和铁元素的密度较大,两者分布图中的砂浆和钢筋的界面边界线清晰可见。

在此腐蚀体系中,氮元素是 MGME 阻锈剂的主要特征组成,由图 11.37 中埋入钢筋表面 EDS 点分析结果可知,虽然在钢筋表面和砂浆中都有 MGME 阻锈剂,但钢筋表面吸附 MGME 稍多一些,而且 Cl^- 在钢筋表面几乎没有吸附,砂浆中的 Cl^- 峰值非常明显,其质量分数可达 6.12%。再进一步结合图 11.37 中 EDS 面分析结果,同样可以发现 Cl^- 大都集中分布在砂浆中,钢筋表面基本无 Cl^- 吸附。再由前面新拌砂浆中钢筋表面 ATR-FTIR

和腐蚀评价结果可以推定,砂浆中 MGME 在一开始接触钢筋时就吸附于钢筋的表面形成了保护层,起到屏蔽 Cl⁻ 的作用,从而形成了有效的腐蚀防护作用,抑制了 Cl⁻ 在钢筋表面的吸附。

11.5　本章小结

本章针对混凝土结构中钢筋的氯盐腐蚀问题,以生产玉米淀粉的副产物玉米黄粉为原料,利用碱溶酸沉法提取了一种适用于钢筋混凝土防护的环保型玉米蛋白阻锈剂。根据玉米蛋白阻锈剂的结构与组成,对其在混凝土模拟孔隙溶液和砂浆中钢筋的阻锈作用与机理进行了系统分析,主要结果如下。

(1)玉米蛋白阻锈剂具有酰胺 I 和酰胺 II 键分子结构,含有羧基和氨基官能团;主要组成是谷氨酸、脯氨酸、亮氨酸,此外还有少量的丙氨酸、异亮氨酸、甘氨酸和缬氨酸等。当玉米蛋白阻锈剂溶于混凝土模拟孔隙溶液时,其 UV 谱线都在 289 nm 处有稳定的特征吸收峰,此处吸光度与阻锈剂的浓度呈正比关系。

(2)玉米蛋白阻锈剂在含 3% NaCl 混凝土模拟孔隙溶液中钢筋腐蚀的阻锈试验研究表明,在电化学阻抗谱 Nyquist 图高频区呈现容抗弧特性,而 Bode 图只有一个时间常数,表明钢筋表面的电荷转移主导腐蚀过程;随着阻锈剂浓度的增加,其电荷转移电阻不断增大,腐蚀电流密度逐渐减小,阻锈效率逐渐升高,可达 88.10%,而且对阳极和阴极腐蚀都有抑制作用,是混合型阻锈剂。阻锈作用是源于阻锈剂分子在钢筋表面的吸附,符合 Langmuir 吸附特性,吸附自由能为 -21.27 kJ/mol,以自发的物理吸附作用为主。

(3)对含 3% NaCl 混凝土模拟孔隙溶液中钢筋的电化学阻抗和塔费尔极化试验分析表明,1.0 g/L 玉米蛋白阻锈剂及其主要组分(1.77 mmol/L 谷氨酸 +0.88 mmol/L 脯氨酸 +1.93 mmol/L 亮氨酸)的阻锈率分别为 83.15% 和 79.27%,其阻锈作用的主要贡献来源于谷氨酸、脯氨酸和亮氨酸;3 种氨基酸单独阻锈时,对阳极腐蚀和阴极腐蚀均起抑制作用,而且三者共同阻锈时呈现负协同效应关系。量子化学计算和蒙特卡罗模拟过程的研究表明,玉米蛋白阻锈剂与钢筋之间的吸附作用主要是通过氨基和吡咯环上的孤对电子(HOMO)贡献于铁原子"d"空轨道的方式实现,这也由钢筋表面 XPS 谱中出现 C—NH—C 吡咯环结构峰和 C—N—钢筋键合作用峰的结果得到了验证。理论模拟分析也表明,3 种氨基酸分子上 HOMO 虽可优先吸附于钢筋表面,但随着吸附阻锈剂分子数的增多,吸附能及其微分的绝对值均减小,说明阻锈剂分子吸附越不稳定越容易被腐蚀介质取代,进而导致负协同效应关系。

(4)基于 Cl⁻ 占水泥质量 1% 的砂浆中的钢筋腐蚀试验,揭示了玉米蛋白阻锈剂对 Cl⁻ 侵蚀条件下砂浆中钢筋的阻锈效果和作用机理:在将玉米蛋白阻锈剂掺入水泥砂浆拌和物中与钢筋接触 2 h 后,玉米蛋白阻锈剂已吸附于钢筋表面形成防护层;待其浸入 3% NaCl 腐蚀 450 天以后发现,含量为 3% 的玉米蛋白阻锈剂钢筋的表面形成了吸附层,保护了钝化膜的完整性,对 Cl⁻ 侵蚀起到了有效的防护作用,其阻锈效率与 Ca(NO₂)₂ 相当,在使用相同含量时其阻锈率可达 97.86%,其推荐使用量为 3%。

第12章 寒冷地区水工混凝土面板阻裂研究

水电作为传统的清洁能源,具有可再生、无污染、运行费用低等优势,对我国能源供应和低碳排放等均有重大意义,尤其是国家"十四五"提出的"碳达峰"和"碳中和"目标,水电的发展也将继续受到国家和政府机构的支持。面板堆石坝作为我国主要的水力发电工程之一,也将再次迎来一个快速发展阶段,尤其是抽水蓄能电站的建设。

面板堆石坝的混凝土面板属于典型的薄型长条状结构,其长、宽、高三向尺寸相差悬殊,若不采取有效的措施,极易产生裂缝。在混凝土结构裂缝中,荷载原因引起的裂缝约占20%;非荷载原因引起的裂缝约占80%,其中混凝土收缩变形产生的裂缝占绝大多数。面板混凝土的裂缝问题成为决定坝体安全性的关键技术难题之一,因而,对面板混凝土阻裂的研究愈发迫切,尤其要保证施工期面板混凝土不出现开裂现象。水工面板混凝土早期抗拉强度低,在浇筑早期和后期暴露环境作用下,会出现因约束和水分蒸发产生收缩引起的微观和宏观裂缝。这些裂缝的存在,不仅会导致坝体面板防渗结构的渗水,而且会显著加速有害离子(如 HCO_3^-、SO_4^{2-} 和 Cl^-)向混凝土基体内部的迁移,加剧了混凝土的劣化程度,导致坝体使用寿命的降低,造成国民经济大量损失。因此,限制面板混凝土早期的收缩开裂显得尤为重要。

从材料角度看,针对混凝土的收缩开裂问题,现有调控技术主要以减小收缩和提高抗拉强度为焦点,包括以下五个方面:①膨胀剂收缩补偿技术,旨在混凝土内部形成膨胀性产物,在约束状态下产生"预压应力",抵消后期暴露环境下因水分散失产生的收缩应力;②减缩剂减缩技术,旨在降低混凝土内部孔隙溶液的表面张力,以此降低毛细孔负压产生的收缩;③纤维增强增韧技术,旨在提高混凝土本身的抗拉性能和延性,起到延缓或阻止开裂和降低裂缝开裂数量和宽度等作用;④内养护剂,主要针对低水胶比混凝土,通过多孔骨料或高分子吸水树脂等材料预吸水,作为"蓄水池"维持水泥水化的需要和基体内部的高湿度环境;⑤矿物掺合料等量取代水泥技术,旨在降低水化热和提高混凝土耐久性。

然而,参考我国电力行业标准《混凝土面板堆石坝设计规范》(DL/T 5016—2011)中相关的设计要求,绝大多数面板混凝土的水胶比在0.4~0.5之间,且不宜超过0.5,但对于高寒地区(海拔高程为4 350 m以上),极端气温达-41.2 ℃,抗冻性要求高,水胶比可低至0.35。由此可知,对水工面板混凝土,其收缩的主要调控技术体现在膨胀剂、减缩剂、纤维和矿物掺合料上。

考虑到水工面板混凝土早期内部的水分相对充足,如何更好利用这些水分来减少后期的干燥收缩值得思考和研究。为此,选取早期需水量大的钙矾石基膨胀剂,其水化过程形成的钙矾石不仅可以降低基体内自由水含量,而且可以产生体积膨胀,在粗骨料约束下可对混凝土内部砂浆基体产生"预应力",补偿后期干燥阶段的收缩。然而,考虑到混凝土粗骨料有利于提高砂浆体系的抗收缩开裂能力,为便于快速优选出适合面板混凝土阻裂的配合比,本章采用收缩开裂风险更大的砂浆体系进行研究。在研究中,针对水泥基材料的配合比,采用基于最大密实度理论和微粒级配数学模型来设计和优化,目的是优化和改善二级界面。

界面,主要是针对水泥基材料的微观结构,粗大的集料与水泥石间的界面(一级界面)是薄弱环节,对混凝土性能的劣化有决定性的影响;但随着低水灰比、化学外加剂和矿物外加剂的大量使用,高性能混凝土受力破坏的断裂面往往穿过粗大集料,即对高性能混凝土的薄弱环节起主导作用的是二级界面。所谓二级界面,是指除去一级界面外,硬化水泥浆体中还存在许多颗粒与水化产物及颗粒与颗粒间的界面,如微细砂颗粒与水泥水化产物之间、掺合料颗粒之间及掺合料颗粒与水泥水化产物之间的界面等。

本章基于最大密实度理论和微粒级配数学模型设计水泥基材料的配合比,从水工面板混凝土的原材料选择、钙矾石型膨胀剂的优选、钙矾石型膨胀剂含量的确定和纤维及纳米矿物的改性和优化等方面系统研究了砂浆基体的收缩开裂情况,以此确定可达到面板阻裂的混凝土配合比。最后,结合孔结构和显微结构分析,说明不同阻裂措施下的抗收缩开裂的原因,为今后水工面板混凝土的阻裂设计提供技术支撑。

12.1　原材料的选择及试验测试方法

12.1.1　水泥品种选择及检验

考虑到水泥水化过程产生热量,会促使混凝土因温度升高产生体积膨胀,尤其是在大体积混凝土中,混凝土内部和表面温度之间会形成大的温度差,同时内部混凝土对表层混凝土产生约束,会引起表面混凝土的开裂。因此,选用低水化热的水泥对减少混凝土温度裂缝有重要意义。

本试验采用抚顺水泥股份有限公司生产的等级为 42.5 的中热水泥(P·MH 42.5),按照《中热硅酸盐水泥、低热硅酸盐水泥》(GB/T 200—2017)中规定的项目进行试验并对其质量进行评定。水泥检验结果见表 12.1 ~ 12.3。

表 12.1　中热水泥物理力学性能及检验结果

水泥品种	密度 /(g·cm^{-3})	比表面积 /(m^2·kg^{-1})	标准稠度用水量 /%	安定性	凝结时间 /min		抗折强度 /MPa			抗压强度 /MPa		
					初凝	终凝	3 天	7 天	28 天	3 天	7 天	28 天
P·MH 42.5	3.13	350	24.8	合格	289	311	6.4	7.0	7.7	29.7	32.4	48.1
技术标准	—	≥250	—	合格	≥60	≤720	≥3.0	≥4.5	≥6.5	≥12.0	≥22.0	≥42.5

表 12.2　中热水泥化学成分及检验结果

类别	$w(CaO)$	$w(SiO_2)$	$w(Al_2O_3)$	$w(Fe_2O_3)$	$w(MgO)$	$w(SO_3)$	$w(R_2O)$	烧失量	$w(游离 CaO)$
中热水泥	60.80	21.60	4.21	5.18	3.15	0.32	0.58	4.16	0.37
技术标准	—	—	—	—	≤5.0	≤3.5	—	≤3.0	≤1.0

表 12.3　中热水泥矿物相和水化热及检验结果

类别	矿物相				水化热/（kJ·kg⁻¹）	
	C_3S	C_2S	C_3A	C_4AF	3 天	7 天
中热水泥	52.36	21.39	4.35	15.91	229	0.322 57
技术标准	≤55	—	≤6	—	≤251	≤293

检验结果显示，试验使用的水泥各项指标满足国标要求，可以用于配合比设计试验。

12.1.2　粉煤灰品种选择及检验

粉煤灰是目前混凝土工程中最常用的掺合料，可起到节约水泥、改善混凝土工作性能、提高混凝土工程质量和耐久性等作用，实现可持续发展和环境保护的作用。

一方面，优质粉煤灰中含有 70% 以上的玻璃微珠，粒形完整，表面光滑，质地致密，如同"滚球作用"，能够减少混凝土较大的骨料之间啮合的摩擦阻力，减少用水量；另一方面，由于粉煤灰密度较低，采用等量粉煤灰取代水泥时，混凝土胶凝材料体积将相应增加，从而增大了混凝土拌和物的流变性质。同时，粉煤灰的微小颗粒也能改善混凝土的内部结构，这些微小粒子使混凝土内部原先相互连通的孔隙被其阻隔，内部自由水不易流动，泌水性能得到改善，富有黏聚性，从而提高拌和物的和易性和稳定性。粉煤灰的形成受很多因素的影响，不同粉煤灰性质差异很大，粉煤灰的质地决定了其对混凝土性能的优化程度。

采用牡丹江热电厂生产的 Ⅱ 级 F 类粉煤灰进行混凝土配合比试验。按《水工混凝土掺用粉煤灰技术规范》（DL/T 5055—2007）中的规定项目进行试验并对其质量进行评定。Ⅱ 级 F 类粉煤灰物理力学性能及检验结果见表 12.4。

表 12.4　Ⅱ级 F 类粉煤灰物理力学性能及检验结果

类别	密度/（g·cm⁻³）	细度/%	烧失量/%	$w(SO_3)$/%	需水量比/%	含水率/%	28 天强度比/%
F 类粉煤灰	2.07	14.5	1.40	0.14	104	0.0	89
技术标准	—	≤25.0	≤8.0	≤3.0	≤105	≤1.0	—

检验结果显示，粉煤灰各项技术指标满足《水工混凝土掺用粉煤灰技术规范》（DL/T 5055—2007）中对 Ⅱ 级粉煤灰的质量要求。

12.1.3　硅灰品种选择及检验

微硅粉即硅灰或凝聚硅灰，是铁合金在冶炼硅铁和工业硅（金属硅）时，矿热电炉内产生大量挥发性很强的 SiO_2 和 Si 气体，气体排放后遇空气迅速氧化、冷凝、沉淀而成。它是大工业冶炼中的副产物，硅灰在形成过程中，因相变的过程中受表面张力的作用，形成了非结晶相无定形圆球状颗粒，且表面较为光滑，有些则是多个圆球颗粒黏在一起的团聚体。它是一种比表面积大、活性高的火山灰物质，其细度和比表面积为水泥的 80～100 倍，粉煤灰的 50～70 倍。

硅灰能够填充水泥颗粒间的孔隙，同时与水化产物生成凝胶体，与碱性材料氧化钙反应生成凝胶体。在水泥基的混凝土、砂浆浇注料中，掺入适量的硅灰，可起到如下作用：

（1）显著提高抗压、抗折、抗渗、防腐、抗冲击及耐磨性能。

（2）具有保水、防止离析、泌水、大幅降低混凝土泵送阻力的作用。

（3）显著延长混凝土的使用寿命，特别是在氯盐侵蚀、硫酸盐侵蚀、高湿度等恶劣环境下，可使混凝土的耐久性提高，是高强混凝土的必要成分。

（4）可有效防止发生混凝土碱骨料反应。

（5）具有极强的火山灰效应，拌和混凝土时，可以与水泥水化产物 $Ca(OH)_2$ 发生二次水化反应，形成胶凝产物，填充水泥石结构，改善浆体的微观结构，改善混凝土 2 级界面，提高硬化体的力学性能和耐久性。

采用大连瑞安建筑材料有限公司生产的硅灰，按《高强高性能混凝土用矿物外加剂》（GB/T 18736—2017）中的规定项目进行试验并对其质量进行评定，硅灰的品质及检验结果见表 12.5。

表 12.5　硅灰的品质及检验结果

类别	密度 /(g·cm⁻³)	细度 /%	烧失量 /%	$w(SO_3)$ /%	$w(SiO_2)$ /%	含水率 /%	28 天活性指标/%	
							抗折	抗压
硅灰	2.33	1.4	3.0	2.05	87	0.1	103	125
技术标准	—	—	≤6	—	≥85	≤3.0	—	≥85

12.1.4　钙矾石型膨胀剂

试验用钙矾石型膨胀剂是由国内两家公司所提供，分别记为 Type-1 型和 Type-2 型。其中，两者的矿物相组成主要为氧化钙（CaO）、石膏（$CaSO_4$）和硫铝酸钙（$4CaO \cdot 3Al_2O_3 \cdot SO_3$），其 X 射线衍射分析（XRD）谱图如图 12.1 所示。由图 12.1 分析可知，Type-1 型膨胀剂中的氧化钙相和石膏相均明显高于 Type-2 型膨胀剂，Type-1 型膨胀剂中的硫铝酸钙相低于 Type-2 型膨胀剂。两种钙矾石型膨胀剂的化学成分和物理指标分别见表 12.6～12.8。

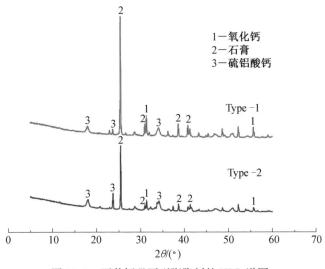

图 12.1　两种钙矾石型膨胀剂的 XRD 谱图

表 12.6　原材料的化学成分(质量分数)　　　　　%

类别	CaO	SiO$_2$	Al$_2$O$_3$	Fe$_2$O$_3$	MgO	SO$_3$	TiO$_2$	R$_2$O	其他
Type-1 型膨胀剂	54.37	1.23	12.61	0.66	2.05	27.06	—	0.76	1.26
Type-2 型膨胀剂	56.48	3.15	9.98	1.16	2.37	22.64	0.57	0.29	3.16

注:R$_2$O 为 Na$_2$O 和 K$_2$O 的总量。

表 12.7　Type-1 型膨胀剂的物理指标

检验项目		技术指标(GB/T 23439—2017)	检测结果
密度/(g·cm^{-3})		—	2.85
比表面积/(m^2·kg^{-1})		≥200	345
细度(1.18 mm)/%		≤0.5	0.2
抗压强度/MPa	7 天	≥22.5	33.4
	28 天	≥42.5	46.2
凝结时间/min	初凝	≥45	175
	终凝	≤600	210
限制膨胀率/%	水中 7 天	≥0.050	0.052
	空气中 21 天	≥-0.010	0.030
含水率/%		≤1.0	0.2

表 12.8　Type-2 型膨胀剂的物理指标

检验项目		技术指标(GB/T 23439—2017)	检测结果
密度/(g·cm^{-3})		—	2.87
比表面积/(m^2·kg^{-1})		≥200	351
细度(1.18 mm)/%		≤0.5	0.0
抗压强度/MPa	7 天	≥22.5	33.6
	28 天	≥42.5	47.0
凝结时间/min	初凝	≥45	1 815
	终凝	≤600	218
限制膨胀率/%	水中 7 天	≥0.050	0.057
	空气中 21 天	≥-0.010	0.035
含水率/%		≤1.0	0.1

　　检验结果显示,膨胀剂各项技术指标满足《混凝土膨胀剂》(GB/T 23439—2017)中对膨胀剂的质量要求。

12.1.5　红粉

　　红粉是由哈尔滨工业大学研制的一种具有特殊显微结构的矿物材料,具有独特的层

链状结构,是一种含水的铝镁硅酸盐,化学式为
$(OH_2)_4(Mg,Al,Fe)_5(OH)_2Si_8O_{20} \cdot 4H_2O$,其颗
粒径向尺度为 40 ~ 60 nm,纵向尺度为 1 ~ 2 μm,
是一种纳米级纤维。纳米级纤维为层状结构,具
有纤维状或似带状的形貌,如图 12.2 所示。其
主要有两个特点:①颗粒细小,可以起到填充的
作用,使得水泥基材料的结构更加密实;②活性
高,可以改善水泥基材料的界面结构。红粉可与
粉煤灰、硅灰等胶凝材料复配使用,在配合比例
适当的前提下,使得水泥基材料的颗粒级配更加

图 12.2　红粉的透射电子显微镜照片

合理,进一步使得胶凝材料的密实程度达到最大。从一定程度上来讲,红粉对水泥基材料
的二级界面结构也有一定的改善,使得水泥基材料的整体性增强。

12.1.6　骨料品种选择及检验

在混凝土中,砂、石骨料用量约占混凝土质量的 70%。合理的骨料用量可以提高混
凝土的抗压强度及耐久性,减少混凝土的变形,降低工程造价。骨料质量能够对混凝土的
性能产生重大影响,所以,合理选用砂石骨料及其级配组成对保证混凝土质量、降低水泥
用量非常重要。本次配合比试验选用的骨料为花岗岩人工砂、人工碎石。

作为混凝土中的细骨料,人工砂的主要技术参数有级配、细度模数、有害杂质、表观密
度和吸水率等,人工砂品质检验结果见表 12.9,人工砂级配检验结果见表 12.10,人工砂
级配曲线如图 12.3 所示。

经检验,人工砂属于中砂,级配良好,各项指标满足《水工混凝土施工规范》(DL/T
5144—2015)的技术要求。

表 12.9　人工砂品质检验结果

检验性能	人工砂	技术要求(DL/T 5144—2015)
饱和面干表观密度/(kg·m^{-3})	2 620	≥2 500
松散堆积密度/(kg·m^{-3})	1 650	—
空隙率/%	37	—
w(石粉)/%	13.5	6 ~ 18
w(微粒)/%	6.2	—
饱和面干吸水率/%	0.7	—
w(云母)/%	0	≤2
w(硫化物及硫酸盐)/%	0.23	≤1
细度模数	2.78	2.4 ~ 2.8
坚固性/%	1	≤8
有机质含量	无	浅于标准色

表 12.10　人工砂级配检验结果

筛孔尺寸/mm	累计筛余/%	细度模数
5	0.3	
2.5	19.7	
1.25	35.7	
0.63	58.5	2.78
0.315	78.5	
0.16	86.7	

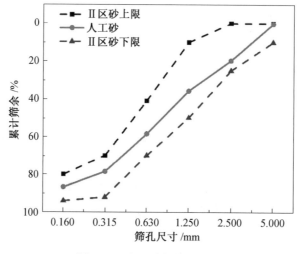

图 12.3　人工砂的级配曲线

　　混凝土用人工粗骨料的主要技术要求有级配、坚固性、石粉含量、有害杂质、表观密度和吸水率等。为保证混凝土强度,要求粗骨料必须具有一定的强度,一般用压碎指标控制;为抵抗冻融和自然风化作用,粗骨料应具有足够的坚固性;为获得密实、高强的混凝土,并能节约水泥,要求粗骨料有良好的级配;粗骨料表面特征主要是指骨料表面的粗糙度及孔隙分布特征,粒型以接近正方体为最佳;为保证混凝土强度和耐久性,对粗骨料的含泥量、有害杂质和有机质等都应有限制要求。试验所用花岗岩人工碎石品质检验结果见表 12.11。

表 12.11　花岗岩人工碎石品质检验结果

检验性能	花岗岩人工碎石		技术要求(DL/T 5144—2015)
	5~20 mm	20~40 mm	
饱和面干表观密度/(kg·m^{-3})	2 620	2 620	≥2 550
松散堆积密度/(kg·m^{-3})	1 340	1 330	—
w(针片状颗粒)/%	4	2	≤15
饱和面干吸水率/%	0.73	0.53	≤2.5

续表 12.11

检验性能	人工碎石		技术要求（DL/T 5144—2015）
	5 ~ 20 mm	20 ~ 40 mm	
压碎指标/%	16.8	—	≤20
含泥量/%	0.6	0.5	≤1
坚固性/%	5	1	≤5
w（超径）/%	1	0	<5
逊径含量/%	3	7	<10
有机质含量/%	浅于标准色	浅于标准色	浅于标准色

　　检验结果显示，所检测的人工碎石各项技术指标满足《混凝土膨胀剂》（GB/T 23439—2017）中对碎石的质量要求。

　　另外，为了避免粗骨料和水泥中的碱发生碱骨料反应，采用砂浆棒快速检验法对粗骨料进行骨料碱活性检验，其检测结果见表 12.12。

表 12.12　碱活性检测结果

骨料类别	不同试验龄期下的试件膨胀率/%			
	0 天	3 天	7 天	14 天
人工砂	0.000	0.005	0.031	0.038
评定标准 （DL/T 5151—2015）	①若试件 14 天的膨胀率小于 0.1%，则骨料为非活性骨料； ②若试件 14 天的膨胀率大于 0.2%，则骨料为具有潜在危害性反应的活性骨料； ③若试件 14 天的膨胀率为 0.1% ~ 0.2%，对这种骨料应结合现场使用历史、岩相分析试件观测时间延至 28 天后的测试结果，或混凝土棱柱体法试验结果等进行综合评定			

12.1.7　试验测试方法

　　砂浆的强度试验按《水泥胶砂强度检验方法（ISO 法）》（GB/T 17671—1999）进行制备和测试。试件为 40 mm×40 mm×160 mm 的棱柱体。在浇筑成型过程中，倒入模具的砂浆需经振动台振动 1 min，然后用塑料薄膜将其表面覆盖，静置于温度为（20±2）℃的室内，经 24 h 后拆模，然后放置于标准养护室（（20±2）℃，RH>95%）进行养护。测试试件不同养护龄期的抗折和抗压强度，其中抗折和抗压强度的加载速率分别为（50±10）N/s 和（2 400±200）N/s。每个龄期的强度取 3 个相同试件的平均值。

　　试验测试方法中，自生收缩和干燥收缩测试均依据《普通混凝土长期性能和耐久性能试验方法标准》（GB/T 50082—2019），其中采用非接触式方法测试早期自生收缩，测试量程为 2 mm，精度为 1.0 μm，测试装置示意图如图 12.4 所示。制备 100 mm×100 mm× 515 mm 的棱柱体试件，试件在浇筑前，先在铁模具底面和两侧面分别刷油，然后铺设一层聚乙烯塑料薄膜，倒入砂浆且在振动台振动后，用聚乙烯塑料薄膜覆盖上表面，将试件完全密封。然后将试件置于恒温恒湿室（（20±2）℃，RH＝（60±5％））的防振台面上，静置至初凝时刻后开始进行收缩测试。自生收缩应变为 3 个相同试件的收缩应变平均值，其计算公式如下：

$$\varepsilon_{ast} = \frac{(L_{lt}-L_{l0})+(L_{rt}-L_{r0})}{L_b} \tag{12.1}$$

式中　ε_{ast}——t 时刻的自生收缩应变值，10^{-6}；

　　L_{lt}——t 时刻左侧电涡流传感器的初始长度，mm；

　　L_{l0}——初凝时刻左侧电涡流传感器的初始长度，mm；

　　L_{rt}——t 时刻右侧电涡流传感器的初始长度，mm；

　　L_{r0}——初凝时刻右侧电涡流传感器的初始长度，mm；

　　L_b—— 测试试件的有效长度，即两个埋入靶的中心距离，mm。

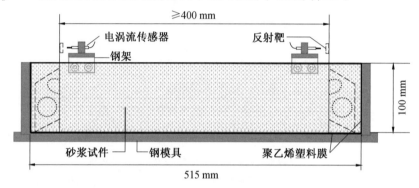

图 12.4　自生收缩测试装置示意图

干燥收缩测试采用接触式方法（包括接触式位移传感器和数字显示仪表），其测试装置示意图如图 12.5 所示。制备尺寸为 100 mm×100 mm×400 mm 的棱柱体试件。试件在浇筑前，在塑料模具底面和两侧面分别刷油，倒入浆体且在振动台上振动，用聚乙烯塑料薄膜覆盖上表面，置于室内（（20±2）℃，RH＝（60±5％））养护 24 h 后拆模。拆模后将试件置于标准养护室（（20±2）℃，RH>95％）继续养护 2 天，然后取出将试件置于恒温恒湿环境（（20±2）℃，RH＝（60±5％）），记录初始长度，然后在此干燥环境下，每间隔 24 h 测试一次。干燥收缩应变为 3 个相同试件的平均值，其计算公式如下：

$$\varepsilon_{dst} = \frac{(L_t-L_0)}{L_b} \tag{12.2}$$

式中　ε_{dst}——t 时刻的干燥收缩应变，10^{-6}；

　　L_t—— 测试 t 时刻试件的长度，mm；

　　L_0——浇筑成型 3 天后试件的初始长度，mm；

　　L_b—— 测试试件的长度，取 400 mm。

圆环约束主要用于评价硬化水泥基材料的收缩开裂性能。钢圆环主要包括内钢环、外钢环和钢底板。将砂浆浇筑在内外钢环之间。圆环约束收缩开裂测试装置示意图和干燥形式分布图如图 12.6 所示。待测试件的厚度和高度分别为 60 mm 和 100 mm。浇筑前，在内钢化 1/2 高度处以 120°的角度分别粘贴 3 个应变片，在钢底板表面和外钢环内侧

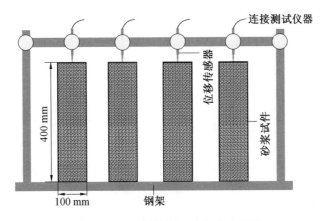

图 12.5　干燥收缩测试装置示意图

分别刷油,且在钢底板表面铺一层聚乙烯塑料薄膜。砂浆试件采用人工振捣成型,其表面用聚乙烯薄膜密封后,放置于恒温恒湿((20±2)℃,RH=(60%±5%))环境下。养护 3 天后,试件上表面塑料薄膜和其外侧钢环被移除,进行干燥暴露试验。同时,应变片被连接到静态应力应变采集系统,数据采集间隔为 20 min,测试应变为 3 个应变片的平均值。最后,用裂缝宽度测试仪测试初始开裂和初始开裂后一定时间内的最大裂缝宽度值。

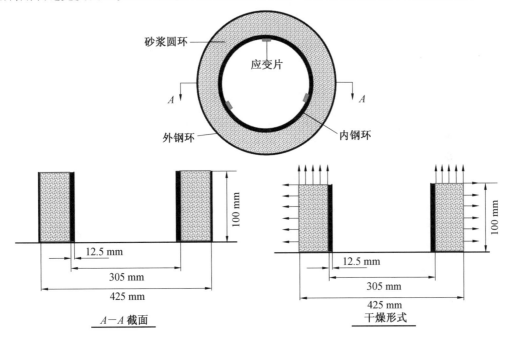

图 12.6　圆环约束收缩开裂测试装置示意图和干燥形式分布图

砂浆开裂试验根据《水泥砂浆抗裂性能试验方法》(JC/T 951—2005)进行评定。试验中所用的仪器和设备包括砂浆搅拌机、电子计量秤、工业天平、风扇、碘钨灯、钢卷尺、塞尺以及模板。

试验用的模板底部为五合板,四周边框用硬木制成,模板底部和四周边框用木螺钉和白胶水固定好;模板内净尺寸(即试件尺寸):长(910±3) mm、宽(600±3) mm、高

（20±1）mm;模板底部衬有两层塑料薄膜,模板内放置直径为 8 mm 光圆钢筋的框架,框架的外围尺寸(包括钢筋在内)长(880±3) mm、宽(570±3) mm,框架四角分别焊接 4 个竖向钢筋端头,钢筋端头离模板底部的高度为 6 mm,模板平面图及剖面图如图 12.7 所示。浇筑砂浆后立即开启风扇吹向表面,风速为 4～5 m/s,同时开启 1 000 W 的碘钨灯,连续光照 4 h 后关闭碘钨灯。风扇继续吹至 24 h 后关闭,并用卷尺和裂缝宽度测试仪分别测量裂缝的长度和宽度。基于不同裂缝宽度下的权重值,可计算开裂指数和抗开裂性能比,由此判定阻裂措施在水工面板混凝土中的适用性。

采用美国生产的等温量热仪 TAM Air 进行水泥的水化速率和放热量的测试。试验采用水胶比为 0.5 的净浆体系,其中 Type-1 和 Type-2 型膨胀剂均等质量取代水泥。测试水泥-膨胀剂复合体系 72 h 内的水化速率和放热量情况。试验温度恒定为 25 ℃,数据采集速率为 1 min。

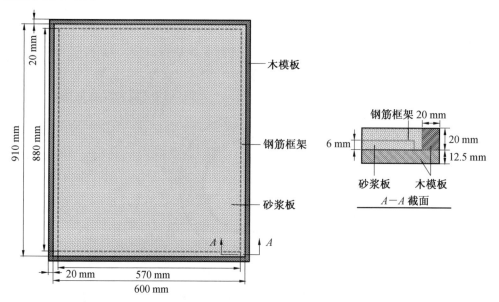

图 12.7　模板平面图及剖面图

1—试验用模板;2—钢筋框架;3—五合板底模;4—模板边框;5—两层塑料薄膜

采用型号为 AutoPore Ⅳ 9500 的压汞仪来测试孔结构参数。孔结构测试样品取自 28 天龄期抗压测试后的试件,尽量取其内部位置,并将其制备成尺寸为 4～5 mm 的颗粒,然后在温度设置为 40 ℃ 的真空干燥箱中干燥 48 h。另外,试验前再经冷冻干燥器干燥 3～4 h。

采用型号为 FEI Co., Quanta 200 和 TESCAN VEGA 3 的 SEM 对样品中的水化产物的显微结构进行分析。用于 SEM 观察的样品为水化 1 天和 28 天的样品,其制备步骤如下:①在规定的测试龄期时,将样品破碎,浸泡在异丙醇或乙醇中终止水化;②取出样品,放于温度设置为 40 ℃ 的真空干燥箱中干燥 48 h;③制备成具有观察"平整面"的小颗粒样品,用牙托粉和固化剂混合的液体固结样品;④放于温度设置为 40 ℃ 的真空干燥箱中干燥 24 h;⑤喷金处理。将制备好的样品放置在 SEM 下进行观察,其加速电压采用 20 kV 或 30 kV。

12.2　基于紧密堆积理论设计胶凝材料配合比

12.2.1　紧密堆积理论

水泥基材料是由水泥、掺合料、集料及水组成的多项分散体系。除水外,其他组分为大小不同的颗粒。例如,混凝土材料中颗粒最小尺寸为 100 nm,最大尺寸为 20 mm。因而,颗粒堆积物的密实程度和形成空隙的大小与多少决定了该种堆积方式下材料的性能。

颗粒堆积物的一个重要特征是密实度 ρ。密实度是指颗粒堆积物中固体成分所占的体积比例,即 $\rho = \dfrac{V}{V_0}$。而颗粒堆积物的空隙率 P 则指颗粒之间的空隙百分率。密实度与空隙率之间的关系为 $\rho + P = 1$。

假定单位体积的颗粒混合物由 n 种密度相等、形状相似且不发生形变的球形颗粒组成。颗粒 i 的等效直径为 d_i、单位体积的密实度为 α_i、单位体积的固体百分含量为 $V_i (i=1,\cdots,n)$。假设各颗粒间等效直径满足

$$d_1 > d_2 > L > d_{n-1} > d_n$$

则显然有

$$\sum_{i=1}^{n} V_i = \rho \tag{12.3}$$

式中　ρ——颗粒堆积体系的密实度。

假设颗粒 i 的固体体积分数比为 X_i,即 $X_i = \dfrac{V_i}{\rho}$,则有

$$\sum_{i=1}^{n} X_i = 1 \tag{12.4}$$

(1)颗粒紧密堆积体系的近似理论。

由于紧密堆积颗粒的堆积约束不显著,此时,$\dfrac{d_{i+1}}{d_i}$ 不趋于 0 $(i=1,2,\cdots,n-1)$。为简化起见,首先考虑二元体系,就大颗粒及小颗粒情况分别加以分析。

对于大颗粒堆积情况,式(12.3)表达了非紧密堆积情况。对于紧密堆积,当小颗粒放入大颗粒紧密堆积体系中时,小颗粒在填充大颗粒之间空隙的同时使颗粒的堆积结构松动,即大颗粒的堆积密实度 α_1 由于小颗粒的引入而变小,这种效应称为"松动效应"。如果限定小颗粒引入的影响,即小颗粒的引入只影响大颗粒的局部体积,而非自引入点处扩散该影响,则这种影响与小粒子的体积分数成正比,式(12.5)可修正为式(12.6):

$$\rho_1 = V_1 + V_2 = \alpha_1 + V_2 \tag{12.5}$$

$$\rho_1 = \alpha_1 + [1 - \lambda(1,2)] V_2 \tag{12.6}$$

其中,$\lambda(1,2)$ 为 α_1、α_2 及 d_1、d_2 的函数,代表产生的松动效应。用函数 $f(1,2)$ 代替 $[1-\lambda(1,2)]$,则式(12.6)变为

$$\rho_1 = \alpha_1 + f(1,2) V_2 \tag{12.7}$$

当小颗粒远远小于大颗粒时,即 $\dfrac{d_2}{d_1} \ll 1$ 时,几乎不产生松动效应,因而 $f(1,2) \approx 1$,此

时符合非紧密堆积情况。当 $d_1 = d_2$ 且 $\alpha_1 = \alpha_2$ 时，$f(1,2) = 0$，则对应于单粒径颗粒堆积情况。

对于分析小颗粒堆积紧密情况，当大颗粒放入小颗粒紧密堆积体系中时，本来由多空隙的小颗粒混合物占据的空间被大颗粒取代，使小颗粒间的空隙减少，因此整个堆积体系的密实度将提高，但是在大颗粒和小颗粒混合物的交界处出现了新的空隙，这种效应称为"壁效应"，它取决于大小颗粒之间的粒径比。如同大颗粒堆积情况一样，这种影响同大颗粒的体积分数呈线性比例关系。式(12.8)则可修正为式(12.9)：

$$\rho_2 = V_1 + \alpha_2(1 - V_1) \tag{12.8}$$

$$\rho_2 = (1 - \lambda')V_1 + \alpha_2[1 - (1 - \lambda')V_1] = \alpha_2 + (1 - \alpha_2)g(2,1)V_1 \tag{12.9}$$

式中，λ' 代表壁效应，也为 α_1、α_2 及 d_1、d_2 的函数，体系越接近非紧密堆积，则 g 越接近 1 而与式(12.8)一致。

与 f 相似，当 $d_1 = d_2$ 且 $\alpha_1 = \alpha_2$ 时，$g(2,1) = 0$。

由下式

$$\rho_1 = \alpha_1 + f(1,2)V_2 \tag{12.10}$$

可得到二元紧密堆积体系的约束关系式：

$$\begin{cases} V_1 \leqslant \alpha_1 - V_2[1 - f(1,2)] \\ V_2 \leqslant \alpha_2 - V_1[1 - (1 - \alpha_2)g(2,1)] \end{cases} \tag{12.11}$$

当加入第三种颗粒(粒径最小)后，如果忽略非紧密堆积颗粒之间的相互作用(因其数量较少)，可得三元颗粒堆积体系的约束关系：

$$\begin{cases} V_1 \leqslant \alpha_1 - V_2[1 - f(1,2)] - V_3[1 - f(1,3)] \\ V_2 \leqslant \alpha_2 - V_1[1 - (1 - \alpha_2)g(2,1)] - V_3[1 - f(2,3)] \\ V_3 \leqslant \alpha_3 - V_1[1 - (1 - \alpha_3)g(3,1)] - V_2[1 - (1 - \alpha_3)g(3,2)] \end{cases} \tag{12.12}$$

当颗粒堆积体系由 n 种颗粒组成时，存在下列约束式：

$$V_i \leqslant \alpha_i - V_1[1 - (1 - \alpha_i)g(i,1)] - \cdots - V_{i-1}[1 - (1 - \alpha_i)g(i,i-1)] -$$
$$V_{i+1}[1 - f(i,i+1)] - \cdots - V_n[1 - f(i,n)] \tag{12.13}$$

由约束关系式(12.13)，堆积密实度的计算完全类似于非紧密堆积情况。因此，堆积密度的计算体系中也至少有一个 V_i 取等号，可得到堆积密实度的表达式，如

$$\rho_i = \alpha_i + (1 - \alpha_i)\sum_{j=1}^{i-1} g(i,j)V_j + \sum_{j=i+1}^{n} f(i,j)V_j \tag{12.14}$$

用体积分数表示的颗粒堆积体系密实度计算式为

$$\rho_i = \frac{\alpha_i}{1 - (1 - \alpha_i)\sum_{j=1}^{i-1} g(i,j)X_j - \sum_{j=i+1}^{n} f(i,j)X_j} \tag{12.15}$$

式(12.15)即为球形颗粒堆积体系密实度计算的线性模型(球形颗粒堆积物密实度与体积分数比的线性项有关)，颗粒堆积体系密实度与体积分数 X_j 之间为线性关系。

(2)微粒级配模型。

假设单粒径颗粒的初始空隙率为 P_0，则由

$$\rho_1 = \frac{\alpha_1}{1 - X_2} \tag{12.16}$$

$$\rho_2 = \frac{\alpha_2}{1-(1-\alpha_2)X_1} \tag{12.17}$$

可以推出,粒径比 r 为 0 的二元颗粒紧密堆积体系的最小空隙率为 $P(0)=P_0^2$, $X_1(0)=1/(1+P_0)$。在 r 不为 0 的两相颗粒紧密堆积体系中,当加入另一粒径颗粒后空隙率降低值 $\Delta P(r)$ 与 r、P_0 间的函数关系为

$$\Delta P(r) = \begin{cases} P_0(1-P_0)q(r), & r \leqslant 0.741 \\ 0, & r > 0.741 \end{cases} \tag{12.18}$$

式中,$q(r) = 1 - 2.35r + 1.35r^2$。

当二元颗粒体系中大小颗粒均为紧密堆积时,有

$$\rho_1 = \rho_2 = (1-P_0)(1+P_0 q(r))$$

即

$$\frac{\alpha_1}{1-f(1,2)X_2} = \frac{\alpha_2}{1-(1-\alpha_2)g(2,1)X_1} = (1-P_0)(1+P_0 q(r))$$

令

$$\alpha_1 = \alpha_2 = 1-P_0, \quad X_1(r)/X_1(0) = 1-r^2$$

则可得

$$f(1,2) = \begin{cases} \dfrac{P_0(1+P_0)q(r)}{[1+P_0 q(r)](P_0+r^2)}, & r \leqslant 0.741 \\ 0, & r > 0.741 \end{cases} \tag{12.19}$$

$$g(2,1) = \begin{cases} \dfrac{(1+P_0)q(r)}{(1+P_0 q(r))(1-r^2)}, & r \leqslant 0.741 \\ 0, & r > 0.741 \end{cases} \tag{12.20}$$

推广到 n 种粒径颗粒堆积情况。通常情况下,球形单粒径颗粒堆积密实度近似为 0.64,即取 $P_0 = 0.36$(实际上由 P_0 的变化而引起函数 $f(i,j)$ 和 $g(i,j)$ 值的改变很小),这样函数 f、g 便确定下来,表达式如下:

$$f(i,j) = \begin{cases} \dfrac{0.49q(r)}{[1+0.36q(r)](0.36+r^2)}, & r = \dfrac{d_j}{d_i} \leqslant 0.741 \\ 0, & r = \dfrac{d_j}{d_i} > 0.741 \end{cases} \tag{12.21}$$

$$g(j,i) = \begin{cases} \dfrac{1.36q(r)}{[1+0.36q(r)](1-r^2)}, & r = \dfrac{d_i}{d_j} \leqslant 0.741 \\ 0, & r = \dfrac{d_i}{d_j} > 0.741 \end{cases} \tag{12.22}$$

12.2.2　胶凝材料配合比的确定

本试验所用原材料的粒度分布曲线如图 12.8 所示,粒径分布见表 12.13。通过粒径分析,其中粉煤灰和硅灰颗粒可完全被认为是球形,水泥和砂颗粒可以近似被认为是球形,其密实度取近似为单粒径的球形颗粒试验时所能达到的最大密实度,此处取为 0.59。

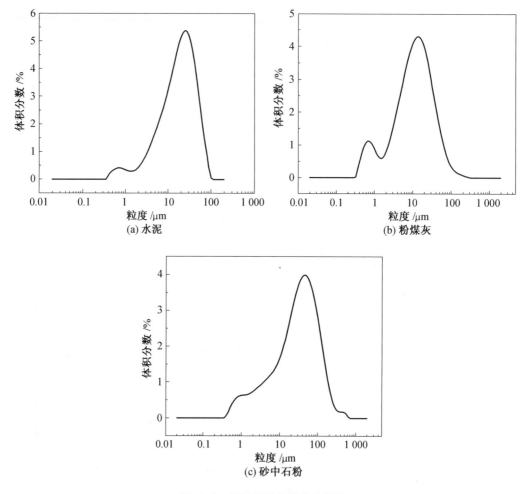

图 12.8　原材料的粒度分布曲线

表 12.13　原材料粒径分布

原材料	砂		水泥		粉煤灰		硅灰	
主要粒径范围[①]/μm	630 ~ 315	315 ~ 160	40 ~ 20	20 ~ 10	20 ~ 10	10 ~ 2	0.3 ~ 0.8	0.1 ~ 0.3
等效粒径 d_i/μm	472.5	237.5	30	15	15	6	0.55	0.2
体积分数/%	0.653 5	0.313 5	0.302 5	0.295 0	0.292 5	0.365 8	0.45	0.45

注①:数据为球形颗粒直径。

　　将粉煤灰、硅灰、水泥和砂按不同比例混合,其中粉煤灰、硅灰分别以不同的体积取代水泥,三者总量为胶结料用量。根据式(12.14)、式(12.18)、式(12.21)及 $q(r)$ 表达式,同样可计算出水泥、粉煤灰和硅灰三种球形颗粒材料在混合体系达到最大密实度时的最佳配比。经计算得,密实度最大达到 95.83% 时,最佳胶凝材料级配为水泥80%、粉煤灰15% 和硅灰5% 。

12.3　水工面板混凝土收缩开裂影响因素及阻裂措施研究

12.3.1　水工面板混凝土配合比的确定

1. 机制砂中石粉含量①的影响

由表 12.14 可知,在 28 天的养护龄期内,当石粉含量为 10% ~30% 时,砂浆试件的抗压和抗折强度随石粉含量的增加而增大,其中 3 天抗压强度因石粉含量不同相差幅度较大,28 天抗压强度的相差幅度较小;石粉含量对抗折强度和拉伸强度的影响较小。

表 12.14　石粉含量对力学性能的影响

编号	抗压强度		抗折强度		拉伸强度
	3 天	28 天	3 天	28 天	28 天
石粉-10%	21.9	60.0	3.9	5.8	3.3
石粉-20%	29.9	62.0	4.3	5.9	3.4
石粉-30%	30.5	66.0	4.2	6.2	3.5

由图 12.9 可知,在约 3 天的密封养护龄期内,当石粉含量为 10% ~30% 时,砂浆试件的自生收缩应变随石粉含量的增加而增大。当石粉含量为 10%、20% 和 30% 时,自生收缩应变分别约为 50×10^{-6}、150×10^{-6} 和 250×10^{-6}。由此可知,当石粉含量增加 1 倍和 2 倍时,自生收缩阶段的收缩应变增大为原来的 3 倍和 5 倍。

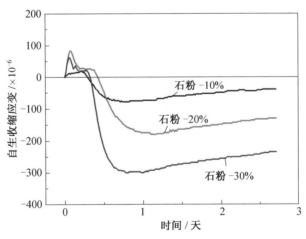

图 12.9　石粉体积对自生收缩应变的影响

由此可知,机制砂中石粉的引入,会增加制砂混凝土的收缩,特别是石粉含量高于 20% 时,会增加面板混凝土的早期开裂的风险。目前,提供的机制砂中石粉含量(小于 0.16 mm)为 14% ~16%,其早期自生收缩应变在 50×10^{-6} ~ 150×10^{-6},基于综合考虑,故不对机制砂中的石粉做进一步处理。

---

①　石粉含量均指石粉质量分数。

2. 砂率的影响

对混凝土来说,砂率对混凝土的收缩影响较大,一般来说,随着砂率的增加,混凝土收缩呈现增大的趋势。对水工面板混凝土来说,其砂率不尽相同,若想做到低收缩应变,需要选取一个合适的砂率。为此,研究了水胶比为 0.4 且砂率为 34%、38% 和 42% 下砂浆的早期自生收缩和拉伸性能,试验结果如图 12.10 和图 12.11 所示。

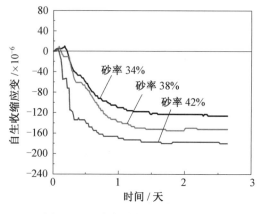
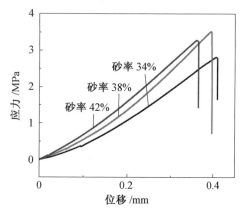

图 12.10　砂率对自生收缩的影响　　　图 12.11　砂率对拉伸强度的影响

由图 12.10 可知,基体的自生收缩应变随着砂率的增加而增大,具体表现为砂率为 34%、38% 和 42% 时砂浆的自生收缩应变分别为 120×10^{-6}、150×10^{-6} 和 180×10^{-6}。在图 12.11 中,标准养护 28 天龄期的砂浆试件的拉伸强度随砂率的增加呈现先增大后减小的规律,具体表现:砂率为 34%、38% 和 42% 砂浆试件的拉伸强度分别为 2.82 MPa、3.52 MPa 和 3.28 MPa,其中砂率为 38% 时,砂浆试件的拉伸强度相对较大。

基于上述内容分析可知,砂率为 34% 时,尽管减小了早期的自生收缩应变,但对 28 天砂浆的拉伸强度的降低幅度较大,降低了后期因收缩导致开裂的安全系数;砂率为 42% 时,不仅增大了早期自生收缩,而且使拉伸强度略有降低。故选择砂率为 38%。

3. 水泥含量①的影响

图 12.12 为水泥含量对基体自生收缩的影响。由图 12.12 分析可知,随着水泥含量的增加,砂浆试件自生收缩也逐渐增大,具体表现为水泥体积质量为 340 kg/m³、360 kg/m³ 和 380 kg/m³ 时砂浆的自生收缩应变分别为 106×10^{-6}、130×10^{-6} 和 152×10^{-6}。

图 12.13 为水泥含量对基体拉伸强度的影响。由图 12.13 分析可知,标准养护 28 天龄期的砂浆试件拉伸强度随水泥含量的增加而增大,具体表现为水泥体积质量为 340 kg/m³、360 kg/m³ 和 380 kg/m³ 砂浆的拉伸强度分别为 2.96 MPa、3.23 MPa 和 3.54 MPa。

基于上述内容分析可知,水泥含量的增加可以增大基体的拉伸强度,若仅从强度理论出发,有利于提高抗裂性能,但同时增大了早期开裂风险。基于以上分析,考虑到混凝土强度等级要求和将采取的抗裂措施等原因,故选择每立方米混凝土中水泥用量为 380 kg。

---

① 水泥含量指水泥的体积质量。

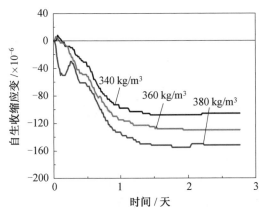

图 12.12　水泥含量对基体自生收缩的影响

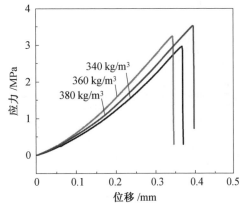

图 12.13　水泥含量对基体拉伸强度的影响

4. 水灰比的影响

水灰比对砂浆抗压和抗折强度的影响如图 12.14 所示。从图 12.14 中可以看出,随着水灰比的增加,各龄期砂浆的抗压强度和抗折强度都减小;相对于抗折强度,不同龄期的抗压强度相差幅度较大。当水灰比为 0.40 时,砂浆的抗压强度和抗折强度分别为 58 MPa 和 6.6 MPa;当水灰比为 0.34 时,砂浆的抗压强度和抗折强度分别为 66 MPa 和 7.4 MPa。

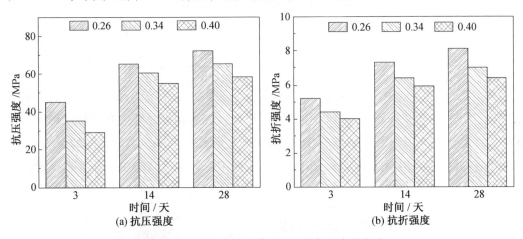

图 12.14　水灰比对砂浆抗压和抗折强度的影响

水灰比对砂浆自生收缩和干燥收缩的影响如图 12.15 所示。由图 12.15(a)分析可知,砂浆试件的自生收缩应变随水灰比的降低而增大,具体表现为水灰比为 0.26、0.34 和 0.40 时砂浆基体的自生收缩应变约为 240×10^{-6}、170×10^{-6} 和 150×10^{-6}。总体来说,水灰比为 0.34 的砂浆试件,其早期自生收缩应变与水灰比为 0.40 的相差较小,与水灰比为 0.26 的相差较大。由图 12.15(b)分析可知,砂浆试件的干燥收缩应变在水灰比为 0.40 时最大,为 570×10^{-6},而在水灰比为 0.34 和 0.26 时,干燥收缩应变相差不大,分别为 480×10^{-6} 和 490×10^{-6}。

由上述分析可知,随着水灰比的增大,砂浆基体的自生收缩应变减小,但其干燥收缩应变增大。因此,在水灰比大时,应更多关注干燥状态下的收缩开裂性能。

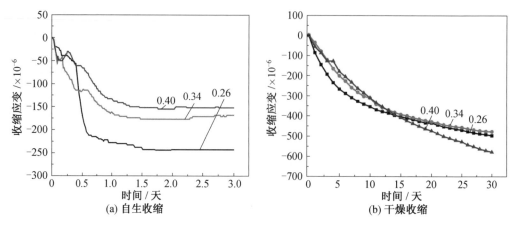

图 12.15　水灰比对砂浆自生收缩和干燥收缩的影响

4. 水工面板混凝土配合比的确定

基于上述研究内容——机制砂石粉含量、砂率和水泥含量对自生收缩和拉伸强度的影响规律,以及水灰比不同对力学性能和收缩性能的影响规律,并结合水工面板混凝土的要求,确定面板混凝土的配合比,见表 12.15。

表 12.15　水工面板混凝土配合比　　　　　　　　　kg/m³

水泥	粉煤灰	硅灰	砂	石	水
304	57	19	706	1 152	152

基于表 12.15 中的混凝土配合比,考虑到仍存在早期收缩产生开裂的风险,故需要对该混凝土进行防裂措施研究。因此,本试验以掺加微膨胀和微纤维来抑制收缩和裂缝为目的,研究膨胀剂、纤维和红粉等对自由收缩和约束收缩以及基本力学性能的影响,保证研究的微膨胀阻裂混凝土满足水工面板混凝土施工阶段和运营阶段不开裂或有效延缓开裂。

12.3.2　钙矾石型膨胀剂的优选

1. 膨胀剂种类对力学性能的影响

图 12.16 为不同钙矾石型膨胀剂对砂浆力学性能的影响。由图 12.16 分析可知,相比基准试件,Type-1 和 Type-2 型膨胀剂的加入均降低了基体抗压和抗折强度,分别呈现出 2.0% ~ 13.0% 和 8.0% ~ 18.0% 的降低幅度,其中膨胀剂的添加更不利于抗折强度。膨胀剂对强度的降低主要归结为两个方面:①膨胀剂等量取代水泥用量,降低了体系内实际水泥用量,增加了体系的有效水灰比。②早期形成的钙矾石对无约束基体产生有效膨胀变形,促使基体内部结构疏松,导致强度的降低,尤其是抗折强度。另外,相比于含 Type-2 型膨胀剂试件,含 Type-1 型膨胀剂的试件在各个龄期的力学性能更优,其中在抗压和抗折强度中提高幅度分别在 5.8% ~ 14.6% 和 5.9% ~ 12.5% 之间。

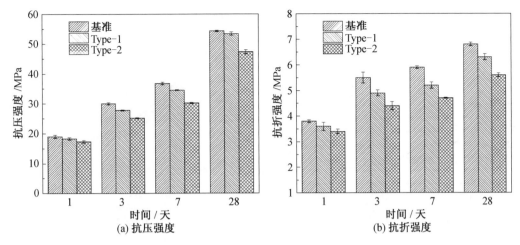

图 12.16　不同钙矾石型膨胀剂对砂浆力学性能的影响

不同钙矾石型膨胀剂对砂浆拉伸强度的影响如图 12.17 所示。由图 12.17 可知,28 天养护龄期的试件相对于基准试件,膨胀剂的掺入均降低了基体的拉伸强度,基准、Type-1 和 Type-2 砂浆的拉伸强度分别为 3.51 MPa、3.45 MPa 和 3.12 MPa,其中 Type-1 型膨胀剂的降低幅度为 0.06 MPa,Type-2 型膨胀剂的降低幅度为 0.39 MPa。总体来说,掺 Type-1 型膨胀剂砂浆试件的拉伸强度优于掺 Type-2 型膨胀剂的。

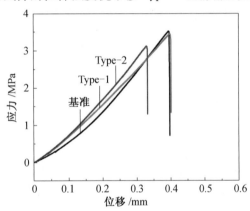

图 12.17　不同钙矾石型膨胀剂对砂浆拉伸强度的影响

2. 膨胀剂种类对自由收缩的影响

图 12.18 为不同钙矾石型膨胀剂对砂浆自由收缩的影响。由图 12.18(a)分析可知,基准试件最终表现为收缩行为,其收缩应变为 145×10^{-6}。含膨胀剂的试件最终均呈现出膨胀行为,其中含 Type-1 和 Type-2 试件的最终残余膨胀应变分别为 355×10^{-6} 和 280×10^{-6}。膨胀应变的体现主要归因于早期大量钙矾石的形成,其结晶生长和吸水膨胀产生的膨胀能量促使基体产生膨胀应变,以此补偿抵消了因水泥水化产生的收缩应变,最终促使基体维持残余膨胀应变。需要指出:上述导致变形的作用力仅体现在基体内部,自生收缩应变的过程实际上就是内部应力(膨胀应力和收缩应力)逐渐趋于平衡的一个动态过程。在这个动态过程中,因外部无约束效应,会将这部分内应力以变形的形式释放,导致基体变形存在时变性,而整个基体并不表现出应力。

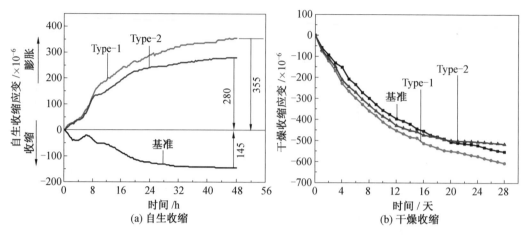

图 12.18 不同钙矾石型膨胀剂对砂浆自由收缩的影响

另外,在图 12.18(a)中,相比于含 Type-2 型膨胀剂的试件,含 Type-1 型膨胀剂试件的最终残余膨胀应变更大,增加幅度约为 26.8%,其原因主要和以下两个方面有关:①原材料中各物相的含量。Type-1 型膨胀剂内氧化钙相和石膏相的含量高于 Type-2 型膨胀剂,利于钙矾石的形成和稳定存在;②钙矾石的显微结构和分布。有研究指出,短柱状钙矾石对基体产生的膨胀效应要大于细长针状钙矾石。

由图 12.18(b)分析可知,基准、含 Type-1 型膨胀剂的试件和含 Type-2 型膨胀剂的试件试件在 28 天时的干燥收缩应变分别为 553×10^{-6}、607×10^{-6} 和 517×10^{-6}。相比于基准试件,含 Type-2 型膨胀剂试件的最终收缩应变降低幅度约为 6.5%,而含 Type-1 型膨胀剂试件的最终收缩应变增加约 9.8%。相比于含 Type-1 型膨胀剂试件,含 Type-2 型膨胀剂试件的最终收缩应变降低幅度约为 14.8%。由此可知,Type-2 型膨胀剂对干燥收缩的降低更有利。

3. 膨胀剂种类对圆环约束收缩开裂的影响

圆环约束收缩开裂试验被用来评价水泥基材料的开裂性能。在干燥过程中,环形试件的收缩对内钢环产生压应力,同时,基于作用力与反作用力,内钢环的约束效应对环形试件产生等量的拉伸应力。许多学者指出,内钢环所测压应变的"突变"表明裂缝的出现,是由于其内部产生的收缩拉应力高于试件本身的抗拉强度。

图 12.19 为不同钙矾石型膨胀剂对圆环约束下收缩开裂的影响。在图 12.19(a)中,可以清楚地看到,应变"突变"现象均出现在基准组和含膨胀剂的试件中,意味着裂缝的出现。但开裂的时刻点不同。相比于基准试件,Type-1 和 Type-2 型膨胀剂的加入均延缓了开裂时间,延长率分别为 7% 和 33%,如图 12.19(b)所示。由此可知,Type-2 型膨胀剂的添加更利于延缓开裂时间。

此外,在图 12.19(a)中,相比于基准试件,Type-1 型膨胀剂试件的压应变更高,促使基体内部产生更大的拉伸应力,并由此产生大的裂缝,如 12.19(b)所示。同时,Type-1 型膨胀剂使最大裂缝宽度提高约 17%,而 Type-2 型膨胀剂却使最大裂缝宽度降低约 23%。由此可知,Type-2 型膨胀剂可以显著降低裂缝的宽度。基于上述分析可知,Type-2 型膨胀剂可以显著降低砂浆体系的开裂风险,若考虑粗骨料对收缩的抑制作用,其更适用于配制无早期裂缝的补偿收缩混凝土,也有利于后期混凝土干燥收缩的补偿。

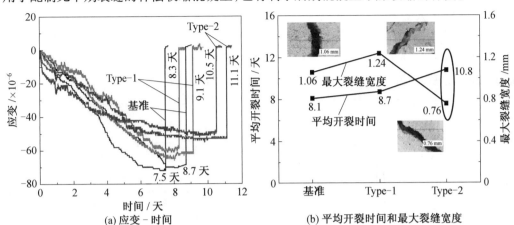

(a) 应变－时间　　　　　　(b) 平均开裂时间和最大裂缝宽度

图 12.19　不同钙矾石型膨胀剂对圆环约束下收缩开裂的影响

　　基于上述分析可知,相比于 Type-2 型膨胀剂,Type-1 型膨胀剂利于提高基体的力学性能和自生收缩阶段的膨胀应变,但不利于干燥阶段的收缩和开裂,因此选择 Type-2 型膨胀剂。在后面研究内容中,将 Type-2 型膨胀剂记为 CSA。

12.3.3　钙矾石型膨胀剂含量①的确定

　　图 12.20 为膨胀剂含量对砂浆抗压和抗折强度的影响。由图 12.20 可知,对 3 天龄期的砂浆试件,CSA 含量为 5.3% 时的抗压强度明显低于含量为 6.5% 和 7.7% 的,相差 4~5 MPa,但在 28 天龄期时,三种 CSA 含量下的抗压强度相差幅度不大;对 3 天和 28 天龄期的砂浆抗折强度,CSA 含量的不同对其影响较小,仅相差 0.1~0.5 MPa。

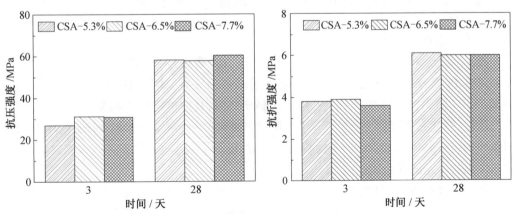

图 12.20　膨胀剂含量对砂浆抗压和抗折强度的影响

　　图 12.21 为膨胀剂含量对砂浆拉伸强度的影响。由图 12.20 分析可知,对 28 天养护龄期的试件,砂浆试件的拉伸强度随 CSA 含量的增加逐渐降低,具体表现为 CSA 含量为

---

　　①　膨胀剂含量均指膨胀剂的质量分数。

5.3%、6.5%和7.7%砂浆的拉伸强度分别为3.15 MPa、2.64 MPa和2.26 MPa。由此可知,高含量CSA会明显降低拉伸强度。

图12.22为膨胀剂含量对砂浆自生收缩的影响。由图12.22分析可知,砂浆试件的膨胀应变随CSA含量的增加而逐渐增大,具体变现为CSA含量为5.3%、6.5%和7.7%的砂浆的残余膨胀应变分别为289×10^{-6}、415×10^{-6}和462×10^{-6}。

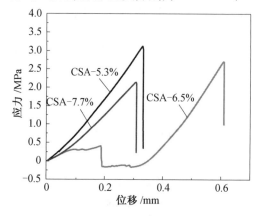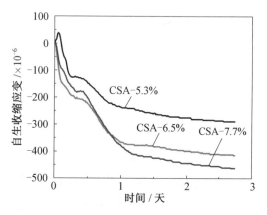

图12.21　CSA含量对砂浆拉伸强度的影响　　　图12.22　CSA含量对砂浆自生收缩的影响

基于分析CSA含量的对砂浆试件的基本力学性能和自生收缩的影响可知,对基本力学性能而言,在含量为5.3%～7.7%时,含量的不同对抗压和抗折强度的影响较小,但对拉伸强度影响明显,低含量拉伸强度较高;对自生收缩而言,尽管CSA−5.3%和CSA−7.7%相差约170×10^{-6},但两者均能保证砂浆早期自生收缩补偿作用,且有残余的膨胀量,减小了早期约束状态下的开裂风险。故综合考虑,选择CSA含量为5.3%。

12.3.4　钙矾石型和PP纤维复合对收缩开裂的影响

1.膨胀剂和纤维对自由收缩的影响

图12.23为钙矾石型膨胀剂和PP纤维对自由收缩的影响。由图12.23(a)可知,基准和仅含PP纤维的试件在该过程内最终均呈现收缩效应,其收缩应变分别为145×10^{-6}和124×10^{-6}。而含CSA的试件最终均呈现膨胀效应,其中单掺CSA与复掺CSA和PP纤维的试件,其残余膨胀应变分别为280×10^{-6}和240×10^{-6}。对于含CSA的试件,早期大量形成的钙矾石晶体促使基体产生体积膨胀效应,抵消了因水泥水化产生的收缩效应,最终使基体保持一定的残余膨胀应变。

相比单掺CSA的试件,复掺CSA和PP纤维减小了基体的残余膨胀应变,其幅度约为14.0%。有研究表明,PP纤维的约束效应促使膨胀产物在基体内部形成"预压应力",从而消耗了部分钙矾石膨胀能,在早期降低了对基体产生的有效膨胀能。

由图12.23(b)分析可知,相比基准试件,CSA和PP纤维的添加均可以降低最终收缩应变,具体表现:编号为基准、CSA、PP和CSA+PP的试件在28天时的收缩应变分别为553×10^{-6}、517×10^{-6}、494×10^{-6}和418×10^{-6}。由此可知,相比单掺CSA或PP纤维的试件,CSA和PP纤维的复合添加可更大幅度降低基体的干燥收缩,体现出良好的协同效应。另外,对于CSA和PP纤维复合的试件,干燥收缩的显著降低主要归因于两个方面:

（1）纤维的约束效应。约束效应降低了钙矾石膨胀阶段的有效膨胀量，使基体结构密实，降低干燥过程中水分的散失量，促使内部维持相对较高的湿度。

（2）内部预压应力的形成。纤维在基体自由膨胀阶段产生约束效应并产生约束应力，该力在干燥阶段体现为对基体收缩应力的反向力，以此抵消部分收缩应力，降低收缩应变。

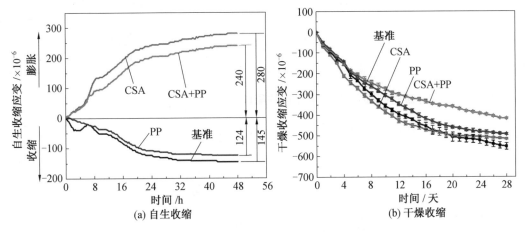

图 12.23　钙矾石型膨胀剂和 PP 纤维对自由收缩的影响

2. 膨胀剂和纤维对塑性收缩开裂的影响

图 12.24 为含膨胀剂和 PP 纤维砂浆塑性收缩开裂的裂缝参数。表 12.16 为砂浆塑性阶段不同裂缝宽度的权重值和抗开裂比值。相比基准试件，单掺 CSA 和复掺 CSA 和 PP 纤维的试件均提高了抗开裂比值，分别呈现 27.8% 和 55.0% 的增加幅度。具体来说，单掺 CSA 显著降低了 0.5～1 mm 和 2 mm 以上的裂缝数量，但增加了 1～2 mm 和 0.5 mm 以下的裂缝数量。而 PP 纤维的添加，可以进一步降低 1～2 mm 和 0.5 mm 以下的裂缝数量，且并未出现 2 mm 以上的裂缝。由此可知，纤维的约束效应和桥接效应可以明显提高砂浆塑性阶段的抗开裂能力。

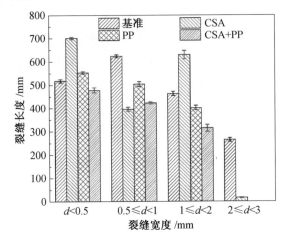

图 12.24　含膨胀剂和 PP 纤维砂浆塑性收缩开裂的裂缝参数

表 12.16　砂浆塑性阶段不同裂缝宽度的权重值及抗开裂比值

编号	裂缝长度/mm				开裂指数 (W)/mm	抗开裂比 (γ)/%
	$d<0.5$	$0.5 \leq d<1$	$1 \leq d<2$	$2 \leq d<3$		
基准	518	624	464	265	1 436	
CSA	701	396	630	17	1 037	27.8
PP	553	505	402	0	793	44.8
CSA+PP	479	423	315	0	646	55.0

3. 膨胀剂和纤维对圆环约束收缩开裂的影响

图 12.25 为约束砂浆下内钢环应变–时间曲线,表 12.17 为约束砂浆的收缩开裂特征参数。

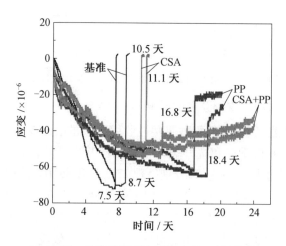

图 12.25　约束砂浆下内钢环应变–时间曲线

从图 12.25 中可以看到,基准和单掺 CSA 的试件都出现应变"突变"现象,意味着开裂的发生,但开裂的时刻点不同。相比于基准,膨胀剂的加入延后了开裂时间,如表 12.17 所示,延后幅度约为 33%。同时,也降低了初始开裂的裂缝最大宽度和开裂后继续暴露 14 天后的裂缝最大宽度,分别呈现约 31% 和 28% 的降低幅度。

然而,对含 CSA 和 PP 纤维的试件,在图 12.25 中并未出现应变"突变"现象,说明其并未开裂。PP 纤维的添加可以显著提高补偿收缩混凝土的抗开裂能力,这主要归功于纤维的桥接效应和约束效应,不仅提高了基体本身的抗拉强度,而且可在膨胀阶段提供约束,对基体产生"预压应力",以此补偿后期干燥状态下的收缩。因此,膨胀剂和纤维的复合技术可以做到使水工面板混凝土不产生早期开裂。

表 12.17　约束砂浆的收缩开裂特征参数

编号	初始开裂的平均时间/天	初始开裂时最大裂缝宽度/mm	初始开裂 14 天后最大裂缝宽度/mm
基准	8.1	0.51 0.51 mm	1.06 1.06 mm
CSA	10.8	0.35 0.35 mm	0.76 0.76 mm
PP	17.6	0.12 0.11 mm	0.33 0.33 mm
CSA+PP	未开裂	—	—

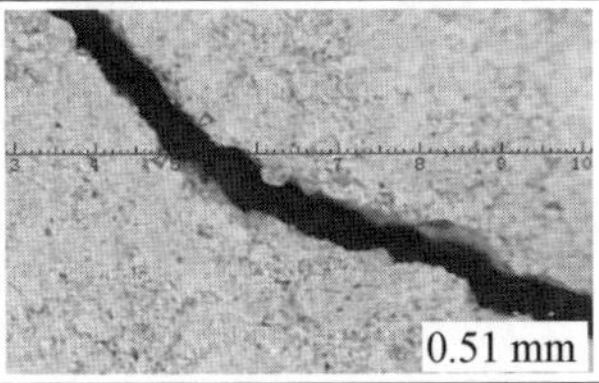

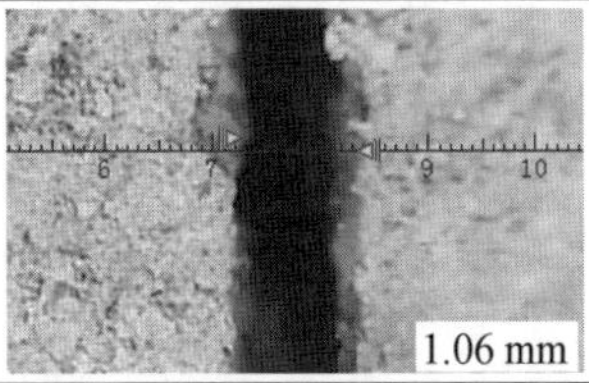

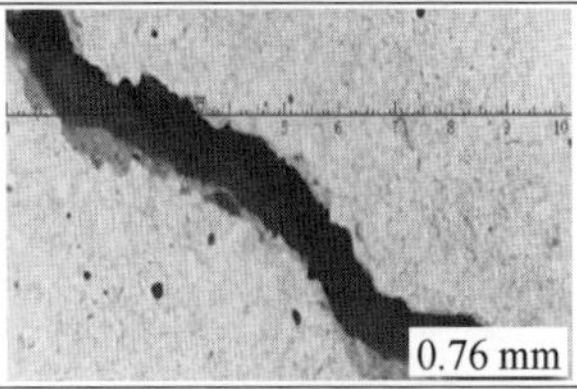

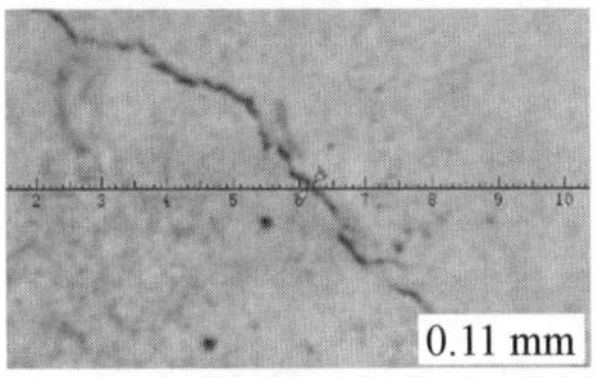

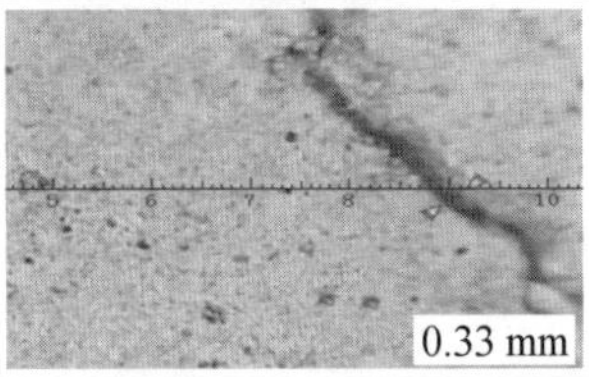

12.3.5　钙矾石型膨胀剂和 PP 纤维及红粉复合对收缩开裂的影响

1. 红粉在不同体系下对自生收缩的影响

图 12.26 为不同体系中红粉对自生收缩的影响。由图 12.26(a)分析可知,相比于基准,红粉的添加会促使基体早期产生微膨胀效应,可补偿砂浆基体的早期收缩应变,导致基体收缩应变近乎为零。由此可知,红粉可以降低收缩应变。在图 12.26(b)和(c)中,红粉的添加提高了 CSA 的早期膨胀效应,可促使基体维持高的残余膨胀应变。

2. 红粉在不同水胶比下对自生收缩的影响

由图 12.27(a)分析可知,CSA+PP+红粉砂浆基体的自生收缩残余膨胀应变随水胶比的降低而降低,具体表现:水胶比为 0.26 和 0.4 时,基体的残余膨胀应变分别为 200×10^{-6} 和 350×10^{-6}。由此可知,低水胶比不利于 CSA 补偿收缩效应的体现。由图 12.27(b)分析可知,在水胶比为 0.34 和 0.4 时,CSA+PP+红粉砂浆基体的干燥收缩应变变化幅度较小。

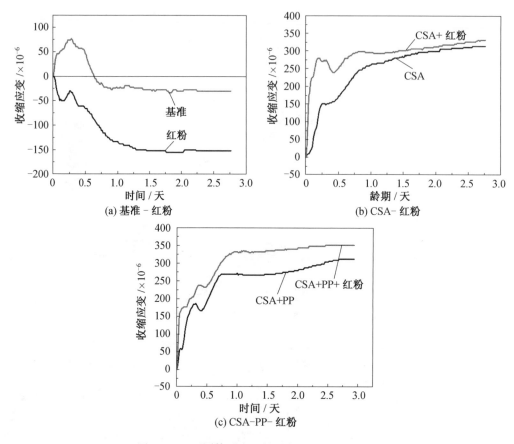

图 12.26　不同体系中红粉对自生收缩的影响

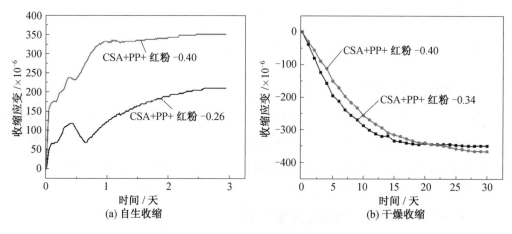

图 12.27　水胶比不同对砂浆自由收缩的影响

12.3.6　不同体系下圆环的约束收缩开裂情况

表 12.18 为圆环约束收缩开裂情况。由表 12.18 分析可知,相比于基准,单掺红粉会延迟开裂的时间,但增加了裂缝的宽度,其具体裂缝宽度如图 12.28 所示。然而,在 CSA 和红粉复掺或 PP 纤维及红粉复掺时,砂浆试件均未开裂。综上可知,红粉和 CSA 的复

合,以及 CSA 和 PP 纤维的复合利于基体补偿收缩效应的体现。

表 12.18　圆环约束收缩开裂情况

编号-水灰比	是否开裂	开裂时间/天	裂缝最大宽度/mm	裂缝最小宽度/mm
基准-0.40	开裂	8	0.88	0.51
基准-0.26	开裂	6	1.39	0.63
Type-2-0.40	开裂	9	1.24	1.08
Type-2-0.26	开裂	17	0.65	0.48
红粉	开裂	12	1.09	0.69
CSA+PP-0.40	未开裂	—	—	—
CSA+PP-0.40	未开裂	—	—	—
CSA+红粉	未开裂	—	—	—
CSA+PP+红粉	未开裂	—	—	—

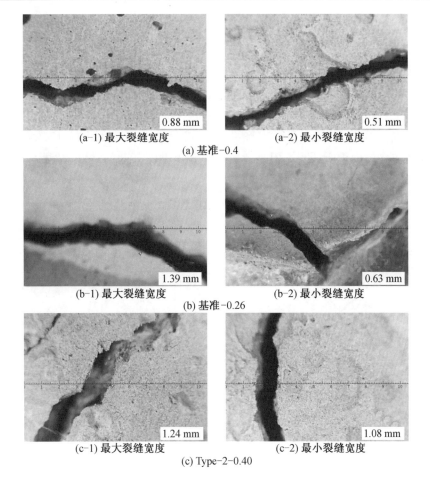

(a-1) 最大裂缝宽度　0.88 mm　　(a-2) 最小裂缝宽度　0.51 mm

(a) 基准-0.4

(b-1) 最大裂缝宽度　1.39 mm　　(b-2) 最小裂缝宽度　0.63 mm

(b) 基准-0.26

(c-1) 最大裂缝宽度　1.24 mm　　(c-2) 最小裂缝宽度　1.08 mm

(c) Type-2-0.40

图 12.28　圆环约束状态下收缩开裂的裂缝宽度

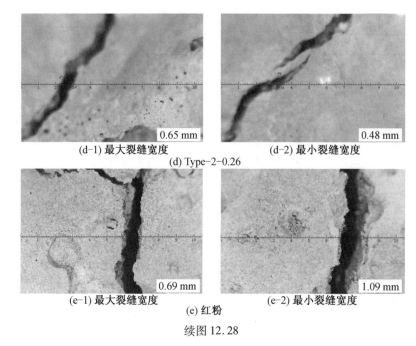

(d-1) 最大裂缝宽度 0.65 mm (d-2) 最小裂缝宽度 0.48 mm

(d) Type-2-0.26

(e-1) 最大裂缝宽度 0.69 mm (e-2) 最小裂缝宽度 1.09 mm

(e) 红粉

续图 12.28

12.3.7 孔结构和显微结构分析

1. 孔结构分析

图 12.29 为不同钙矾石型膨胀剂砂浆的累计进汞量-孔径和微分孔径-孔径分布曲线图。由图 12.29(a)可知,含 Type-2 型膨胀剂的试件呈现出高的累计进汞量和曲线"拐点"明显右移,分别意味着高孔隙率和孔径的粗化。这一现象也被 12.29(b)中大于100 nm孔所包含的面积所证实。但是,对含 Type-1 型膨胀剂的试件,却显示出和基准试件相近的曲线。

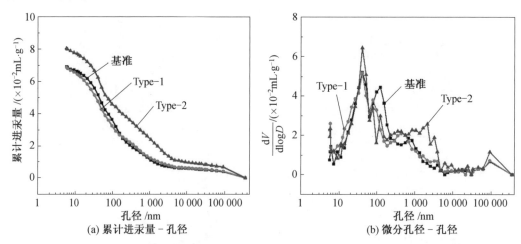

(a) 累计进汞量-孔径　　(b) 微分孔径-孔径

图 12.29　不同钙矾石型膨胀剂砂浆的累计进汞量-孔径和微分孔径-孔径分布曲线

表 12.19 为不同钙钒石膨胀剂砂浆的孔结构相关参数,包括临界孔径、孔隙率和不同孔径累计进汞量的百分比。由表 12.19 可见,在含 Type-1 型膨胀剂的试件中,其 5 ~ 50 nm和大于 100 nm 孔的体积分数分别为 38.0% 和 42.3%;而在含 Type-2 型膨胀剂的

试件中,其 5 ~ 50 nm 和大于 100 nm 孔的体积分数分别为 30.2% 和 54.8%。有研究结果表明,5 ~ 50 nm 孔体积分数的增加会提高干燥收缩应变和约束状态下的开裂风险,然而,大于 100 nm 孔体积分数的增加却会增加蒸发水量和降低力学性能。由此可知,含 Type-1 型膨胀剂的试件中 5 ~ 50 nm 孔的体积分数对干燥收缩和约束状态下开裂风险的增加起主要作用;而含 Type-2 型膨胀剂试件中大于 100 nm 孔的体积分数对降低力学强度和增加蒸发水速率起主要作用,该空间利于细长针状钙矾石晶体的形成。

表 12.19　不同钙矾石型膨胀剂砂浆的孔结构参数

编号	临界孔径/nm	孔隙率/%	不同孔径的体积分数/%			
			5 ~ 10 nm	10 ~ 50 nm	50 ~ 100 nm	>100 nm
基准	105.6	14.3	4.2	28.4	21.1	46.3
Type-1	85.0	14.6	6.0	32.0	19.7	42.3
Type-2	169.3	16.5	4.3	25.9	15.0	54.8

图 12.30 为红粉在不同体系下砂浆的累计进汞量-孔径和微分孔径-孔径分布曲线。由图 12.30(a) 可知,相比于 CSA 试件,红粉的添加呈现出低的累计进汞量和曲线"拐点"明显左移,分别意味着低孔隙率和孔径的细化。这一现象也被 12.30(b) 中 10 ~ 100 nm 孔径范围内的峰值孔径覆盖面积所证实。然而,在 CSA 和 PP 复合的基体中,红粉的添加尽管增加了小于 100 nm 孔的体积分数,但对总的孔隙率降低效果不明显,反而略微增加。

表 12.20 为红粉在不同体系下砂浆的孔结构参数,包括临界孔径、孔隙率和不同孔径的体积分数。由表 12.20 可见,在 CSA 的试件中,其 5 ~ 50 nm 和大于 100 nm 孔的体积分数分别为 30.2% 和 54.8%;而在 CSA 和红粉复掺的试件中,其 5 ~ 50 nm 和大于 100 nm 孔的体积分数分别为 53.6% 和 21.3%。由此可知,红粉的添加提高了 5 ~ 50 nm 孔径的体积分数,起到了细化孔径的作用。一般来说,5 ~ 50 nm 孔体积分数的增加会提高干燥收缩应变和约束状态下的开裂风险,但试验中却发现 CSA 和红粉的复合起到了阻裂作用,可做到圆环约束作用下无开裂。因此,在不改变水工面板混凝土阻裂性能的前提下,加入红粉会提高水工面板混凝土抗渗性。同样的现象在 CSA、PP 纤维和红粉复掺试件中也有体现。

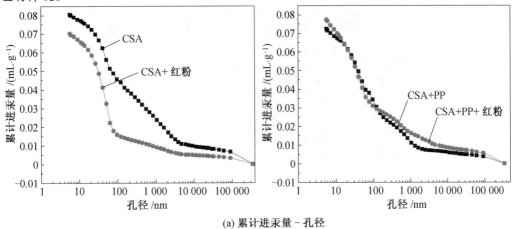

(a) 累计进汞量 - 孔径

图 12.30　红粉在不同体系下砂浆的累计进汞量-孔径和微分孔径-孔径分布曲线

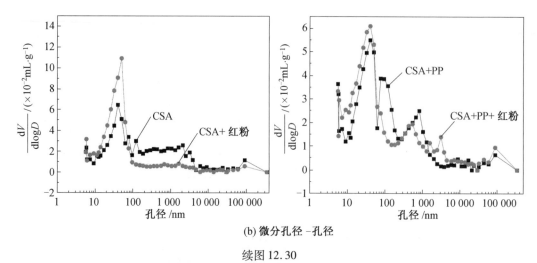

(b) 微分孔径 - 孔径

续图 12.30

表 12.20　红粉在不同体系下砂浆的孔结构参数

编号	临界孔径/nm	孔隙率/%	不同孔径的体积分数/%			
			5 ~ 10 nm	10 ~ 50 nm	50 ~ 100 nm	>100 nm
CSA	169.3	16.5	4.3	25.9	15.0	54.8
CSA+红粉	47.3	14.5	6.7	46.9	25.1	21.3
CSA+PP	86.2	14.8	6.9	32.0	19.1	42.0
CSA+PP+红粉	54.6	15.7	9.5	37.9	14.6	38.0

2. 显微结构分析

图 12.31 为基准试件的显微结构图。在图 12.31(a) 中,基准试件中生成卷曲片状 C-S-H 凝胶和六方板状的 Ca(OH)$_2$ 晶体,图 12.31(b) 中生成针状 C-S-H 凝胶,C-S-H 凝胶呈层状堆积在一起,在裂缝处形成针状 C-S-H 凝胶。

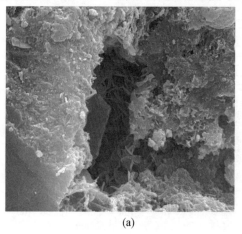
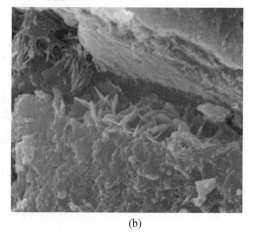

(a)　　　　　　　　　　(b)

图 12.31　基准试件的 SEM 图

　　图 12.32 为掺 Type-1 型膨胀剂试件的 SEM 图在图 12.32(a)中,掺 Type-1 型膨胀剂试件形成短柱状 AFt 晶体,分散存在,膨胀量大,体现在其早期自生收缩阶段的高膨胀应变;在图 12.32(b)中,生成的短柱状 AFt 晶体相互搭接形成一维网状显微结构;图 12.32(c)中的结构由针状 C-S-H 凝胶及水化凝胶组成,另外,有粉煤灰球体脱壳,是由 AFt 膨胀应力大造成的。

图 12.32　掺 Type-1 型膨胀剂试件的 SEM 图

　　图 12.33 为掺 CSA 试件的 SEM 图。由图 12.33 中分析可知:针状 AFt 形成空间三维网状结构,C-S-H 凝胶和$Ca(OH)_2$填充其间。因此,CSA 能形成空间三维网状结构,其阻裂效果体现良好。

　　图 12.34 为含 CSA 和 PP 纤维试件的 SEM 图。相比于图 12.33,在图12.34(a)中,PP纤维的掺入更利于细长针状 AFt 的生成和其空间三维网状结构的形成,体现出良好的阻裂效果。在图 12.34(b)中,以 PP 纤维尖端为质点(核心)水化的絮状凝胶体会在尖端硬化成矛头状的 C-S-H 凝胶。

　　图 12.35 为含 CSA、PP 纤维和红粉试件的 SEM 图。在图 12.35(a)中,细长针状 AFt相互搭接形成良好的空间三维网状结构,起到良好的阻裂效果。在图 12.35(b)中,纳米矿物纤维两端头生成矛头状水化 C-S-H 凝胶产物填充其间,可消除早期收缩应变,增加界面处的黏结力,增大砂浆的抗拉强度,防止早期产生微裂缝,有显著的阻裂作用。

(a)　　　　　　　　　　(b)

图 12.33　掺 CSA 试件的 SEM 图

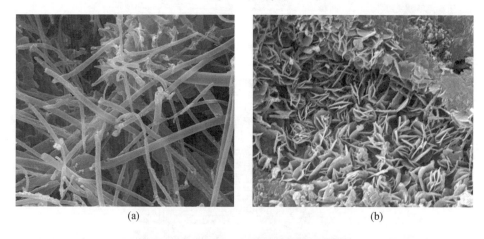

(a)　　　　　　　　　　(b)

图 12.34　含 CSA+PP 纤维试件的 SEM 图

(a)　　　　　　　　　　(b)

图 12.35　掺 CSA+PP 纤维+红粉试件的 SEM 图

12.4　水工面板阻裂混凝土配合比确定及早期抗裂性能研究

12.4.1　水工面板阻裂混凝土配合比的确定

基于 12.3 节中的研究内容,可以确定选用 CSA 且其体积质量为 20 kg/m³,PP 纤维的体积质量为 1 kg/m³。但若想更好地体现膨胀剂早期阶段的膨胀效应和细化基体的孔径,可考虑采用纳米矿物红粉等量取代 PP 纤维,其添加也会显著提高基体的抗收缩和开裂性能。因此,基于上述砂浆体系的研究,确定水工面板阻裂混凝土的配合比见表 12.21。

表 12.21　水工面板阻裂混凝土配合比　　　　　　　　　　　　　　　kg/m³

编号	水泥	粉煤灰	硅灰	砂	石	水	CSA	PP 纤维	红粉
ZL-1	284	57	19	706	1 152	152	20	1	—
ZL-2	284	57	19	706	1 152	152	20	0.5	0.5

12.4.2　水工面板阻裂混凝土早期抗裂性能测试

混凝土的早期抗裂性能测试,按照《普通混凝土长期性能和耐久性能试验方法标准》(GB/T 50082—2009)中的内容进行。该方法主要利用平板刀口约束法测试混凝土的早期抗裂性能,试验装置示意图如图 12.36 所示。设备由约束钢板(底板、长侧板和短侧板螺栓连接而成)和 7 个完全相同的应力诱导刀口组成,四周用槽型钢焊接而成,四边与底板通过螺栓固定在一起,以提高设备的刚度;模具内由 7 根 40 mm×40 mm 角型钢与 5 mm×50 mm 的扁形钢焊接组成 7 根应力诱导发生器,其平行于短边,由长侧板上的凹槽固定位置。底板采用不小于 5 mm 厚的钢板,并在底板表面铺设聚乙烯薄膜或聚四氟乙烯片做隔离层。所测试混凝土试件的尺寸为 800 mm×600 mm×100 mm。

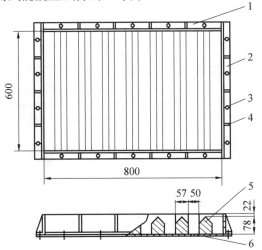

图 12.36　混凝土早期抗裂试验装置示意图

1—长侧板;2—短侧板;3—螺栓;4—加强肋;5—裂缝诱导器;6—底板

平板刀口约束法采用平均开裂面积、开裂裂缝数目和单位面积上的总开裂面积作为试验材料的开裂指标,其中单位开裂面积是早期抗裂的总体评价指标,上述指标的计算公式见《普通混凝土长期性能和耐久性能试验方法标准》(GB/T 50082—2009)。另外,试验过程中的注意事项和测试方法等均参考标准中相关内容。

12.4.3 水工面板阻裂混凝土早期抗裂性能试验结果及分析

1. 浇筑成型时混凝土板情况

将混凝土浇筑至模具内后,采用振捣棒振捣,振捣至表面出浆,然后用抹子将表面抹平,如图 12.37 所示。试件成型 30 min 后,立即调节风扇位置和风速,使试件表面中心正上方 100 mm 处风速为(5±0.5)m/s,使风向平行于试件表面和裂缝诱导器,如图 12.38 所示。

图 12.37 混凝土成型结束时表面　　　　图 12.38 混凝土板开裂试验实物

2. 浇筑成型后 24 h 混凝土板开裂情况

图 12.39 和图 12.40 为浇筑成型 24 h 后混凝土板的整体和局部放大形貌。由图分析可知,编号为 ZL-1 和 ZL-2 的混凝土板均未发现裂缝。因此,采用 CSA 和 PP 纤维复合及 CSA、PP 纤维和纳米红粉的复合均可以做到混凝土不开裂。

(a) ZL-1　　　　　　　　　　　　　(b) ZL-2

图 12.39 24 h 后混凝土板的整体形貌

(a) 表面泼水后整个表面　　　　　　　　(b) 表面泼水后的局部形貌

图 12.40　24 h 后混凝土板局部放大形貌

12.5　电阻率法预测补偿收缩混凝土干燥收缩的研究

12.5.1　电阻率和干燥收缩模型

1. 电阻率模型

基于 Weiss 等的研究,体积电阻率的表达式如下:

$$\rho = \rho_0 \cdot S^{1-n} \cdot F \tag{12.23}$$

式中　ρ——基体的体积电阻率,$\Omega \cdot m$;

ρ_0——基体空溶液的电阻率,$\Omega \cdot m$;

S——基体的饱水度;

n——拟合系数;

F——结构形成因子。

其中,结构形成因子 F 主要和基体的孔隙率和孔的连通性有关。总体来说,结构形成因子越高,表示联通孔越少。其表达式如下:

$$F = \frac{1}{\phi\beta} \tag{12.24}$$

式中　ϕ——基体的总孔隙率,包括凝胶孔和毛细孔,%;

β——基体内孔的连通因子。

其中,孔的连通因子 β 主要和曲折因子 τ 有关,两者的关系如下:

$$\beta = \frac{1}{\tau^{1.721}} \tag{12.25}$$

基于式(12.23)～(12.25),可得

$$\rho = \rho_0 \cdot S^{1-n} \cdot \frac{1}{\phi} \cdot \tau^{1.721} \tag{12.26}$$

此外,Nakarai 等提出一个关于曲折因子和总孔隙率 ϕ 之间的关系式:

$$\tau = -1.5\tanh[8(\phi-0.25)]+2.5 \tag{12.27}$$

从式(12.25)和式(12.27)中可以看出连通因子 β 和曲折因子 τ 都与总孔隙率有紧

密联系。

因此,式(12.26)又可表达为另一个经典方程(根据 Archie's 法则):

$$\rho = a \cdot \rho_0 \cdot S^{-n} \cdot \phi^{-m} \tag{12.28}$$

式中　a——岩石学因子;

　　　m——与曲折系数相关的水泥因子。

其中,m 又可表达为

$$m = 1 - \frac{1.721\ln\tau}{0.244+1.054\ln\tau} \tag{12.29}$$

从式(12.26)~(12.29)可以看出,对水泥材料而言,基体测试的电阻率主要受基体内的孔隙溶液、总孔隙率和饱水度的影响。由此,可采用一个简化模型来表达电阻率:

$$\rho = \rho_0 \cdot f(S, \phi) \tag{12.30}$$

式中　$f(S,\phi)$——与总孔隙率及饱水度相关的函数。

2. 干燥收缩模型

干燥收缩是蒸发导致水分散失而引起的基体体积的降低,常发生在相对湿度低(RH<95%)的环境中。截至目前,主要的干燥收缩机理是毛细管压力理论、分离压力理论和 Gibbs-Bangham 收缩理论,其中相对湿度和孔径分布已被公认为影响干燥收缩的主要因素。

基于 Kelvin's 方程,毛细管压力表达如下:

$$P_c = \rho_1 R M^{-1} T \ln\frac{\text{RH}}{x_w} \tag{12.31}$$

式中　ρ_1——孔隙溶液的密度,kg/m³;

　　　R——气体常数,J/(mol·K);

　　　M——孔隙溶液的摩尔质量,kg/mol;

　　　T——温度,K;

　　　x_w——湿度修正系数,其基于 Raoult's 法则,考虑离子对孔隙溶液的影响。

从式(12.31)可以看出,决定毛细管压力的主要因素为相对湿度和孔隙溶液的性能。但是,水泥基材料孔隙中连通因子 β 和曲折因子 τ 会对水蒸气产生吸附/解吸等温线,导致在一定相对湿度下孔隙大小分布和干燥历史都会显著影响基体内的水含量。因此,孔隙中连通因子 β 和曲折因子 τ 不仅影响干燥收缩,而且影响体积电阻率。

基于基体内部毛细管压力和饱水度,线弹性收缩应变(ε_{cap})可表达如下:

$$\varepsilon_{cap} = -\frac{S}{3}\left(\frac{1}{K}-\frac{1}{K_s}\right)P_c \tag{12.32}$$

式中　K——基体的体积模量,GPa;

　　　K_s——固相的体积模量,GPa。

其中,基体体积模量和固相体积模量之间的关系如下:

$$K_s = K(1-\phi)^2 \tag{12.33}$$

基于式(12.32)和式(12.33),线弹性收缩应变(ε_{cap})也可表达为

$$\varepsilon_{cap} = \frac{S}{3K}\left[\frac{1}{(1-\phi)^2}-1\right]P_c \tag{12.34}$$

Ranaivomanana 等研究指出:饱水度和相对湿度之间存在一定的关系:

$$S(t) = \frac{p_1 RH(t)^3 + p_2 RH(t)^2 + p_3 RH(t) + p_4}{RH(t)^2 + q_1 RH(t) + q_2} \qquad (12.35)$$

式中 p_i、q_i——拟合参数。

基于式(12.31)和式(12.35),线弹性收缩应变(ε_{cap})可最终被表达

$$\varepsilon_{cap} = \frac{\rho_l RM^{-1}T}{3K} \cdot \left(\frac{1}{(1-\phi)^2} - 1\right) \cdot S \cdot \ln\frac{RH}{x_w} = \frac{\rho_l RM^{-1}T}{3K} \cdot g(S,\phi) \qquad (12.36)$$

式中 $g(S,\phi)$——与总孔隙率及饱水度相关的函数。

因此,基于式(12.30)和式(12.36)可以看出,水泥基材料的干燥收缩应变和体积电阻率之间应该存在一个关系,因为两者与基体内的饱水度及总孔隙率都密切相关。本章主要目的是先在近似均质体的水泥净浆体系中发现体积电阻率和干燥收缩之间的直接关系,并为后期进一步研究其在混凝土中的可行性奠定基础。因为混凝土中粗骨料和骨料与砂浆基体之间的界面过渡区(ITZ)均会影响混凝土的导电性,从而影响测试的电阻率数据。

基于《混凝土面板堆石坝设计规范》(SL 228—2013)中的混凝土面板配合比设计要求,选取适用于水工混凝土面板的水胶比为0.4。另外,考虑到水工面板混凝土常会用到掺合料等量取代水泥,因此,选取粉煤灰和矿渣作为研究对象,研究其不同含量对水工面板补偿收缩水泥净浆体系的干燥收缩、体积电阻率、质量损失和显微结构的影响,以此获得体积电阻率和干燥收缩应变的关系方程,并结合微观结构分析粉煤灰和矿渣对上述宏观性能产生不同影响的原因。

12.5.2 试验方案

本节采用的胶凝材料分别为普通硅酸盐水泥(P·O 42.5)、Ⅰ级粉煤灰、S95级矿渣和Type-2型膨胀剂(CSA)。采用聚羧酸减水剂(SP)调节流动性至一致。

用于测试干燥收缩和电阻率测试的水泥净浆的配合比见表12.22,其中C8F10代表的含义为掺CSA的质量分数为8%,粉煤灰的质量分数为10%;C8SL10代表的含义为掺CSA的质量分数为8%,矿渣的质量分数为10%,其他编号依此类推。

表 12.22 用于干燥收缩和电阻率测试的水泥净浆的配合比

编号	w(水)	w(水泥)	w(CSA)	w(粉煤灰)	w(矿渣)	水胶比	w(SP)
C8	40%	92%	8%	—	—	0.4	0.25%
C8F10	40%	82%	8%	10%	—	0.4	0.20%
C8F20	40%	72%	8%	20%	—	0.4	0.15%
C8F30	40%	62%	8%	30%	—	0.4	0.10%
C8SL10	40%	82%	8%	—	10%	0.4	0.25%
C8SL20	40%	72%	8%	—	20%	0.4	0.20%
C8SL30	40%	62%	8%	—	30%	0.4	0.15%

干燥收缩的测试参考《水泥胶砂干缩试验方法》(JC/T 603—2004),制备尺寸为

25 mm×25 mm×280 mm 的棱柱体试件。用于孔结构、热重分析测试中的样品均采用干燥养护至 28 天时的试样,考虑到干燥阶段因水分散失对基体孔结构和水化程度的影响,用于 SEM 测试的样品分别为浇筑成型养护 1 天和 28 天时的试样。

1. 电阻率测试

电阻率是通过体积电阻计算求得的,其中对体积电阻的测试采用埋入式两电极法,电极采用不锈钢网,测试装置为数字电桥(LCR),其实物图如图 12.41 所示。制备试样过程中,考虑到埋入式电极会对上述细小尺寸的干燥收缩试件产生约束开裂行为,故本章对体积电阻率的测试采用尺寸为 50 mm× 50 mm× 50 mm 的立方体试件。测试过程中,为消除极化效应,采用频率为 1 kHz 的交流电且测试持续时间小于 1 min。测试电阻值为 3 个相同试件的平均值。基于测试试件的电阻和电阻率由下式求得:

$$\rho = R\frac{A}{L} \tag{12.37}$$

式中　ρ——测试试件的电阻率,$\Omega \cdot m$;

　　　R——测试试件的电阻,Ω;

　　　A——埋入电极的面积,m^2;

　　　L——两电极之间的中心距离,m。

图 12.41　测试试件和电阻率测试体系的实物图

2. 质量损失

质量损失主要是指暴露在干燥环境下试件内部自由水的散失。试验过程中,试件质量的测试同步于其体积电阻率和收缩的测试。质量损失率计算如下:

$$\Delta m = \frac{M_0 - M_t}{M_0} \times 100\% \tag{12.38}$$

式中　Δm——测试试件的质量损失率,%;

　　　M_0——测试试件的初始质量,g;

　　　M_t——测试试件 t 时刻的质量,g。

12.5.3　粉煤灰和矿渣对电阻率和干燥收缩的影响

1. 电阻率

图 12.42 为粉煤灰和矿渣对 OPC-CSA 浆体水化 28 天内的电阻率和质量损失发展的影响。由图 12.42 分析可知,随着水泥的持续水化和蒸发水量的增加,基体的电阻率和质量损失率随时间的延长呈现逐渐增大的趋势,且基本可以划分为两个阶段,具体表现为:

①初始阶段（Ⅰ），该阶段电阻率的变化很小，但其质量损失率呈现很大的增长；②缓慢增长阶段（Ⅱ），该阶段电阻率和质量损失率均随时间的延长而缓慢增加。

由图 12.42（a）可知，在 OPC-CSA-FA 体系中，随着粉煤灰掺入量的增加，基体最终的电阻率和质量损失率均逐渐增大。具体表现在：C8、C8F10、C8F20 和 C8F30 的体积电阻率分别为 67.43 Ω·m、112.20 Ω·m、158.03 Ω·m 和 219.21 Ω·m，而其质量损失率分别为 3.46%、5.07%、5.65% 和 6.69%。如图 12.38（b）所示，在 OPC-CSA-SL 体系中，随着矿渣掺入量的增加，基体最终的电阻率和质量损失率同样呈现逐渐增大的趋势。具体表现在：C8、C8SL10、C8SL20 和 C8SL30 的体积电阻率分别为 67.43 Ω·m、84.94 Ω·m、115.46 Ω·m 和 134.74 Ω·m，而其质量损失率分别为 3.46%、3.93%、4.17% 和 4.28%。相比于基准，含粉煤灰和矿渣基体的电阻率和质量损失率都高，这主要是因为粉煤灰或矿渣部分取代水泥，导致基体内生成的水化产物量减少，孔隙率增大。此外，还发现粉煤灰体系的电阻率和质量损失率要高于矿渣体系，这主要归因于粉煤灰活性低于矿渣，导致内部产生疏松结构，印证了强度的降低。

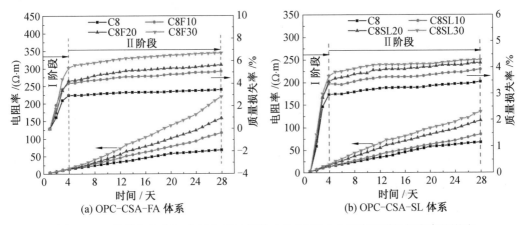

图 12.42　粉煤灰和矿渣对 OPC-CSA 浆体水化 28 天内电阻率和质量损失率的影响

2. 干燥收缩

一般来说，干燥收缩是基体毛细孔中水分蒸发引起的体积收缩。当早期被暴露时，水分的散失和持续水化会导致毛细孔中水分的损失与孔内迁移，从而增大毛细管压力，降低基体的长度。图 12.43 为粉煤灰和矿渣对 OPC-CSA 浆体水化 28 天内的干燥收缩和质量损失率的影响。由图 12.43 分析可知，基于质量损失率和早期膨胀效应，干燥收缩应变可被划分为三个阶段，具体表现为：①初始膨胀阶段（Ⅰ），主要是因为 CSA 的添加，会在水化早期形成大量的钙矾石，产生体积膨胀，基体产生膨胀应变；②快速增长阶段（Ⅱ），该阶段主要是受内部湿度梯度的变化和自干燥影响，前者主要由水分散失引起，后者主要由水泥持续水化引起；③缓慢增长阶段（Ⅲ），该阶段因水分散失很缓慢，此时收缩主要受自干燥的影响，即内部毛细孔中水分的迁移。

如图 12.43（a）所示，在 OPC-CSA-FA 体系中，随着粉煤灰掺入量的增加，基体最终的干燥收缩应变逐渐减小，但增加了质量损失率。具体表现在：C8、C8F10、C8F20 和 C8F30 的干燥收缩应变分别为 $1\,141\times10^{-6}$、$1\,121\times10^{-6}$、$1\,098\times10^{-6}$ 和 891×10^{-6}，而其质量损失率分别为 4.05%、6.29%、7.48% 和 8.06%。导致这一现象的主要原因：①粉煤灰在

28 天内参与水化反应的程度很低,在其等量取代水泥后,增大了基体实际的"有效水灰比",提供更多的水分和 CSA 颗粒反应,利于生成钙矾石的结晶生长和吸水膨胀,以此产生更大的膨胀能量;②粉煤灰取代水泥后,降低了基体的刚度,呈现出小的弹性模量,在AFt 膨胀能驱动下,更易产生体积的膨胀变形。图 12.40(a)阶段(Ⅰ)中,随着粉煤灰掺入量的增加,基体最大膨胀应变的逐渐增大和膨胀效应持续时间的逐渐延长,印证了上述解释。同时,粉煤灰含量的增加,也导致了基体内部结构的疏松,虽然一定程度上也会利于收缩的降低,但增加了基体的大孔的风险,降低了基体的强度。

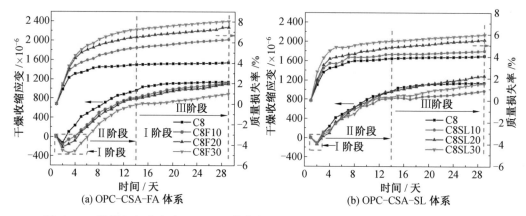

图 12.43 粉煤灰和矿渣对 OPC-CSA 浆体水化 28 天内的干燥收缩和质量损失率的影响

如图 12.43(b)所示,在 OPC-CSA-SL 体系中,随着矿渣含量的增加,试件的最终干燥收缩应变并未呈现逐渐增大的趋势,具体表现在:C8、C8SL10、C8SL20 和 C8SL30 的干燥收缩应变为 $1\,141\times10^{-6}$、971×10^{-6}、$1\,281\times10^{-6}$ 和 $1\,123\times10^{-6}$,而其质量损失率分别为 4.05%、4.51%、5.51% 和 5.97%。相比于基准,矿渣含量为 10% 和 30% 试件的最终干燥收缩应变低于基准,而矿渣含量为 20% 试件的最终干燥收缩应变高于基准。但对其质量损失率,基本呈现随矿渣含量的增加而逐渐增大的趋势。另外,在干燥收缩的初始膨胀阶段(Ⅰ),不同的矿渣含量下所有试件基本呈现相似的最大膨胀应变和膨胀效应持续时间,对后期干燥收缩的补偿效应很低。

对比分析粉煤灰和矿渣对补偿收缩水泥浆体的收缩影响时可知,粉煤灰在早期呈现出的 AFt 膨胀效应要优于矿渣,也正是因为早期 AFt 的膨胀补偿了后期的干燥收缩,才导致最终干燥收缩应变的降低。但是,粉煤灰体系中的质量损失率高于矿渣体系,这与两者的火山灰活性大小有关,一般来说,粉煤灰的活性低于矿渣,早期参与火山灰反应的量很少,导致基体内部产生疏松的结构。

12.5.4　体积电阻率和干燥收缩的关系

图 12.44 为含粉煤灰和矿渣的 OPC-CSA 浆体的电阻率和干燥收缩的关系(除去膨胀阶段的数据)。由图 12.44 分析可知,在 OPC-CSA-FA 体系和 OPC-CSA-SL 体系中,电阻率和干燥收缩应变之间均呈现自然对数函数的关系,其方程如下:

$$\varepsilon_{cap}(t)=m+k\cdot\ln[\rho(t)+n] \tag{12.39}$$

试验数据拟合曲线的相关系数在 0.98~0.99 之间,方程式中常数 m、k 和 n 均为方程拟合所得数据,且这些数据因粉煤灰和矿渣含量的不同而不同,式(12.39)的拟合参数见表 12.23。

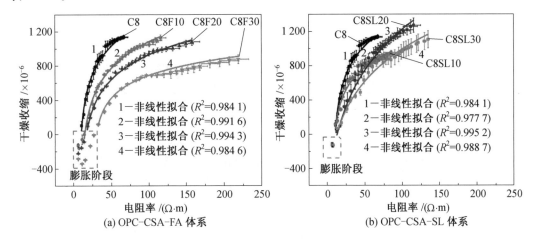

图 12.44 OPC-CSA 浆体的电阻率和干燥收缩的关系(除去膨胀阶段的数据)

表 12.23 式(12.39)的拟合参数

编号	m	k	n
C8	−383.79	377.11	−7.45
C8F10	−655.68	385.30	−9.34
C8F20	−645.89	350.37	−10.83
C8F30	−285.05	227.04	−27.22
C8SL10	−393.09	309.94	−5.94
C8SL20	−2 560.78	803.02	11.49
C8SL30	−1 973.98	630.00	11.10

基于式(12.39)可知,水泥基材料的电阻率可被用于预测其干燥收缩,这一关系的确定特别适用于实际工程应用。但前提是需要在实验室内建立适合于现场实际环境的水泥基材料的体积电阻率和干燥收缩的关系方程式,然后在现场只需要测试电阻率,就可计算得到现场的干燥收缩应变。相比于现场收缩测试技术的复杂和昂贵,电阻率的测试方便高效且便宜,还可提供水泥水化的情况,为现场混凝土提供切实可行的收缩数据和水化情况,并以此提出合理的抗收缩和抗开裂措施。

12.5.5 机理分析

1.孔结构分析

图 12.45 为含粉煤灰和矿渣的 OPC-CSA 水泥浆体的累计进汞量-孔径和微分孔径-孔径分布曲线。表 12.24 为含粉煤灰和矿渣的 OPC-CSA 水泥浆体的孔结构参数,包括临界孔径、孔隙率和不同孔径的体积分数。

由图 12.45(a)可知,在 OPC-CSA-FA 和 OPC-CSA-SL 体系中,基体的累计进汞量都随粉煤灰或矿渣含量的增加而增大,说明基体内部的孔隙率也随着粉煤灰或矿渣含量的增加而增大,和表 12.24 中数据呈现相同的规律。在图 12.45(b)中,相比于基准,随着粉煤灰和矿渣等量取代水泥含量的增加,基体的最可几孔径逐渐右移,呈现增大趋势。但对于其增加的幅度,粉煤灰明显高于矿渣,说明粉煤灰粗化了孔径。

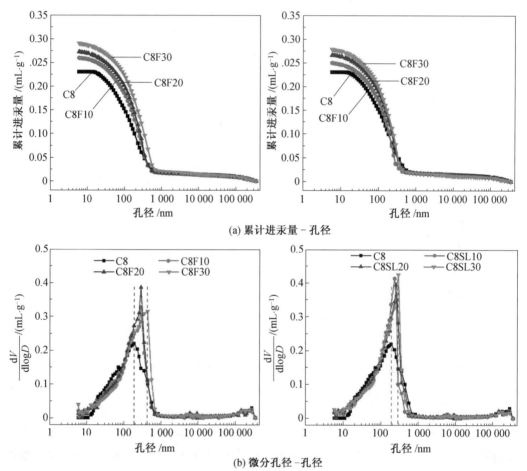

(a) 累计进汞量-孔径

(b) 微分孔径-孔径

图 12.45　含粉煤灰和矿渣的 OPC-CSA 水泥浆体的累计进汞量-孔径和微分孔径-孔径分布曲线

由表 12.24 分析可知,在 OPC-CSA-FA 体系中,编号为 C8、C8F10、C8F20 和 C8F30 的试件中 5~50 nm 孔的体积分数分别为 17.0%、15.6%、14.4% 和 12.7%,这种类型的孔和基体的干燥收缩相关,其含量随粉煤灰含量的增加而逐渐降低,解释了干燥收缩随粉煤灰含量的增加而降低的原因。另外,观察到随着粉煤灰含量的增加,大于 100 nm 孔的体积分数逐渐增加,这解释了抗压强度随粉煤灰含量的增加而降低的原因。在 OPC-CSA-SL 中基本呈现和 OPC-CSA-FA 中相似的规律,相比于粉煤灰体系,在相同含量时,含矿渣试件的 5~50 nm 孔的体积分数均高于含粉煤灰的试件,而其大于 100 nm 孔的体积分数低于粉煤灰的试件,这解释了矿渣干燥收缩和强度高于粉煤灰的原因。而对电阻率和质量损失率的影响,其主要和大于 100 nm 孔的体积分数有关。

表 12.24　含粉煤灰和矿渣的 OPC-CSA 水泥浆体的孔结构参数

编号	临界孔径/nm	孔隙率/%	不同孔径的体积分数/%			
			5 ~ 10 nm	10 ~ 50 nm	50 ~ 100 nm	>100 nm
C8	155.2	34.7	0.3	16.7	19.8	63.2
C8F10	182.0	37.9	1.0	14.6	15.6	68.8
C8F20	196.1	40.2	1.2	13.2	14.2	71.4
C8F30	231.0	41.8	1.5	11.3	12.2	75.0
C8SL10	156.8	38.3	1.5	15.3	17.7	65.5
C8SL20	174.5	39.6	1.2	14.7	16.2	67.9
C8SL30	182.8	41.1	1.5	13.9	15.0	69.6

2. 显微结构分析

图 12.46 为含粉煤灰和矿渣的 OPC-CSA 水泥浆体在 1 天和 28 天的 SEM 图。由图 12.46 分析可知,在 1 天龄期时,观察到絮凝状的 C-S-H 凝胶体和短针状钙矾石晶体形成在水泥、CSA、粉煤灰和矿渣颗粒表面。其中,钙矾石结晶的形成和结晶生长导致了早期干燥阶段的膨胀应变。当和图 12.46(a)的基准比较时,含粉煤灰和矿渣试件中针状钙矾石晶体变得更短的,其生成量也更少,另外,C-S-H 凝胶的量也变少,如图 12.46(b)和(c)所示。这主要和粉煤灰或矿渣等量取代水泥导致 $Ca(OH)_2$ 含量的降低有关。此外,含粉煤灰和矿渣试件的结构更加疏松,这也为前述低强度和干燥收缩及高质量损失提供了依据,孔结构数据也印证了这一结果。

在 28 天龄期时,含矿渣试件的结构密实程度要高于含粉煤灰的试件,导致含矿渣基体呈现高抗压强度、低质量损失率和体积电阻率的特点。但是,在含粉煤灰试件中,可以观察到更多生长在孔隙间的钙矾石,这些钙矾石在早期的大量形成和生长,会对低刚度的基体产生大的膨胀应变,可以补偿后期的干燥收缩。此外,球型粉煤灰的光滑表面说明了其并未参与火山灰反应,可以为水泥颗粒和膨胀剂颗粒提供更多的水分。

(a) C8

图 12.46　含粉煤灰和矿渣的 OPC-CSA 水泥浆体在 1 天和 28 天的 SEM 图

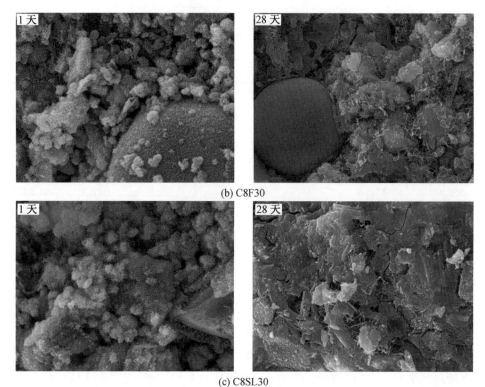

(b) C8F30

(c) C8SL30

续图 12.46

12.6 本章小结

（1）基于最大密实度理论和微粒级配数学模型设计的水泥基材料配合比，可消除硬化浆体内部的微裂纹，具有良好的变形性能、较大的混凝土抗拉强度，阻裂效果较好。对于水灰比为 0.40 的砂浆，剩余的膨胀量约为 350×10^{-6} 时，其随混凝土硬化过程收缩应变逐渐减小并过渡为膨胀应变，表现出膨胀趋势，这是膨胀补偿的残余应变的缘故。该残余膨胀应变不仅能抵抗收缩变形和开裂，而且空间网状结构的钙矾石能储存残余的膨胀应力。

（2）细长针状钙矾石的生成，利于相互搭接形成三维网状结构，约束早期膨胀效应的体现，减小了残余膨胀应变，但对干燥收缩和约束收缩开裂起到良好的补偿收缩效应，从而降低了干燥收缩和开裂风险；短柱状钙矾石的生成，利于早期膨胀效应的体现，提高了残余膨胀应变，但不利于补偿收缩效应在干燥收缩和约束收缩开裂中体现，提高了干燥收缩和开裂风险。钙矾石的显微结构和分布形式对补偿收缩效应的体现有直接影响，其中，生成细长针状钙矾石的膨胀剂更利于水工面板混凝土达到阻裂的要求。

（3）CSA 和 PP 纤维复合及 CSA、PP 纤维和红粉的复合均可以做到使混凝土不开裂。红粉的添加不仅提高 CSA 的早期膨胀效应，而且起到细化孔径以提高抗渗性的作用。

（4）由显微结构分析可知，CSA 生成空间三维网状的钙矾石，毛头状网状结构水化硅酸钙填充其间，可提高混凝土早期抗裂能力。PP 纤维单掺或 PP 纤维和红粉的复合掺入，均更利于 CSA 生成空间三维网状的钙矾石，进一步提高混凝土的早期抗裂性能，促使混凝土不开裂。

第13章 混凝土在硫酸盐环境下的溶蚀行为及其对钢筋腐蚀的影响

13.1 概　　述

自20世纪30年代起,许多西方国家开始进行基础设施建设,采用钢筋混凝土材料修建了许多建筑、大坝、桥梁等结构,使得混凝土的需求量增长迅速。自此之后,随着发展中国家经济的快速发展,对混凝土的使用量大大增加,推动了钢筋混凝土材料的迅速发展。由于具有许多其他材料不可替代的优点,混凝土材料在民用设施、桥梁隧道、地下建筑、水工大坝等领域的应用很多。但随着其服役年限的增长,各种环境因素造成钢筋混凝土结构出现不同程度的破坏,归根到底,主要是其耐久性不足造成的,因此无法达到设计要求的使用年限。

在过去的几十年里,混凝土的耐久性问题受到了广泛的关注,直到现在,它仍然是各国学者们研究的热点。混凝土耐久性是指其在实际服役中能够抵抗各种破坏、保持强度和外观完整的能力。耐久性问题通常首先出现在材料上,尽管材料劣化不会立刻影响结构的安全,但长此以往,势必会导致结构的破坏。混凝土耐久性问题主要包括碱骨料反应、硫酸盐侵蚀、抗冻性和冻融破坏、$Ca(OH)_2$溶蚀等方面的内容。根据有关资料显示,各个国家因混凝土结构耐久性不足而造成的经济损失占其经济总产值的$2\% \sim 4\%$。

溶蚀是扩散与溶解相结合的过程,孔隙溶液和环境水之间的浓度差造成了Ca^{2+}从孔隙溶液向环境中的自由水中扩散,使得孔隙中的Ca^{2+}浓度降低,进一步导致$Ca(OH)_2$和C-S-H凝胶分解来补充孔隙溶液中的钙,以维持碱度。这会导致水泥孔洞增加,渗透性变大,机械性能退化,但由于自然环境下的溶蚀十分缓慢,因此对于普通混凝土来说问题并不突出。对于一些水工建筑物,如大坝、输水隧道以及放置放射性废弃物仓库等建筑,由于其长期与水接触并不断暴露在pH较低的软水环境中,因此水工混凝土溶蚀速率明显加快,其溶蚀耐久性就必须得到保证,否则会造成严重的后果和经济损失。

有关资料显示,国内外许多大坝在溶蚀下受到了不同程度的损坏,如美国科罗拉多拱坝、鼓后池拱坝等大坝的损坏主要与溶蚀有关,我国的丰满大坝由于存在较多缝隙和孔洞,造成坝体渗水严重,其主要原因也是溶蚀。水东水电站由于混凝土浇筑密实性差,混凝土渗漏溶蚀严重,而且还有溶蚀和其他因素的多重耦合作用,因此混凝土破坏更加严重。由于水中存在多种离子,不同种类离子对混凝土溶蚀的影响各有不同,目前大多数对溶蚀的研究仅在蒸馏水或去离子水环境中进行,并未在含有SO_4^{2-}的溶液中进行,而且除了淡水中含有SO_4^{2-}外,我国西部地区硫酸盐质量分数相对较高,在这种环境下,对混凝土的钙溶蚀情况需要做进一步的探讨研究。此外,考虑到在自然环境下,混凝土发生溶蚀的速度很慢,因此为了方便试验研究,采取加速溶蚀的方法。本试验采用电化学加速的方法加速混凝土的溶蚀,采用电化学分析方法研究混凝土在 SO_4^{2-} 环境下的溶蚀问题以及混凝土溶蚀过程中对其内部钢筋腐蚀的影响。

13.1.1 混凝土溶蚀的研究现状

近年来,国内外学者对混凝土的溶蚀做了很多研究,并取得了一定的研究成果,主要有影响溶蚀的条件、加速溶蚀的方法、溶蚀的测试方法等。其主要的研究内容有以下两个方面:①研究在软水环境中的水泥基材料的溶蚀,通过测量 Ca^{2+} 的浓度间接评价其溶蚀程度,即孔隙溶液中的 Ca^{2+} 浓度越小,溶蚀程度越严重。②研究混凝土的溶蚀过程,大致可分为两个阶段,第一阶段为 $Ca(OH)_2$ 的溶解,第二阶段为 C-S-H 凝胶脱钙,其中第一阶段的溶解速率较快,第二阶段的发展较为缓慢。

国外对混凝土材料溶蚀的研究较早,其中苏联专家 B. M. 莫斯克文详细地探究了混凝土的溶蚀行为,提出混凝土的三个主要腐蚀类型,即溶出性腐蚀、溶解性腐蚀和膨胀性腐蚀,并研究了各种腐蚀类型的机理、影响因素、预防措施等。法国 P. Fuacon、F. Adenot 等研究了混凝土结构处于软水中的溶蚀规律,并对软水中的溶蚀机理进行了比较深入的研究,对混凝土与软水接触溶蚀过程中 Ca^{2+} 的变化规律进行了定量分析,取得了较多的研究成果。法国研究人员 Berner 等在自然条件下研究了软水侵蚀作用下 Ca^{2+} 的溶出规律,研究结果表明:Ca^{2+} 的溶蚀量与水泥孔隙水溶液中的 Ca^{2+} 浓度有关,Ca^{2+} 浓度越高,混凝土内部与外界环境的浓度差越大,溶蚀越容易发生。S. Andrew,E. Stephen 等的研究表明,重力坝体侵蚀速率与压力水的大小有关,压力水的渗透压力决定了坝体材料的强度。W. Keshu 等分别对水泥中参与溶蚀的 $Ca(OH)_2$ 和 C-S-H 凝胶进行研究,深入探讨两者的溶蚀机理,并且建立了相应模型研究混凝土孔结构、扩散性以及溶蚀深度等。H. Kazuko 等通过将不同孔隙率的混凝土放置于软水中,得到了混凝土钙溶蚀量随孔隙率的变化规律。

国内多数是以实际工程案例为背景对溶蚀进行研究。最近几年,阮燕等对用于水工建筑的混凝土渗透性溶蚀的影响因素、溶蚀过程中渗透液 pH 的变化等进行了深入探讨。华东勘测设计研究院李新宇在总结了混凝土渗透溶蚀的基础上,着重于理论研究,推导出混凝土发生渗透溶蚀时 Ca^{2+} 浓度随溶蚀时间的变化规律,并对其进行了初步的数值模拟,得到其 Ca^{2+} 移动过程的一维数学模型,并且所得到的拟合值与试验值吻合得很好。孔祥芝等对用于大坝建筑物的混凝土的溶蚀性进行了研究,试验选用尺寸较大的试件,通过掺入不同的矿物外加剂,研究其对溶蚀性能的影响,并且得到了溶蚀后混凝土的强度损失以及弹性模量的变化,结果表明,振捣密实、掺加粉煤灰的混凝土的抗渗透能力更强。浙江大学王海龙等利用自制的流动软水模拟装置对混凝土试块进行长期浸泡侵蚀,得到侵蚀前后混凝土的孔隙率变化、裂纹尺寸及混凝土劈拉强度的变化规律。

1. 混凝土钙溶蚀的种类及机理

混凝土溶出性侵蚀(简称溶蚀)又被称为软水侵蚀,是混凝土化学侵蚀的一种,指在水的作用下,混凝土内部的水化产物发生溶解,并从混凝土内部析出,使混凝土结构发生劣化、孔隙增多、强度下降、耐久性降低。造成混凝土溶蚀的原因是混凝土中水泥水化产物分解,使得内部碱度降低,从而造成更多水化产物的分解,最终导致混凝土孔隙率增加,结构疏松,强度降低。

按照混凝土所处侵蚀环境的类型和侵蚀机理划分,钙溶蚀可以分为物理侵蚀和化学侵蚀两类。

(1)物理侵蚀。

物理侵蚀是指环境中的软水以溶解-扩散的形式对混凝土中的 $Ca(OH)_2$ 和 C-S-H 等产物的侵蚀。混凝土中水化产物的物理侵蚀主要发生在 Ca^{2+} 浓度很低的环境中,由于混凝土内部孔隙溶液中的 Ca^{2+} 浓度较高,而环境水中的 Ca^{2+} 浓度相对较低,因此混凝土孔隙溶液与外界环境之间存在较大的 Ca^{2+} 浓度差,这就使得孔隙溶液中的 Ca^{2+} 不断向环境水中扩散,孔隙溶液中的 Ca^{2+} 浓度降低,碱性下降,进一步导致固体钙的分解,补充孔隙溶液中的 Ca^{2+},从而增大了材料的孔隙,进而增大了扩散系数。当所处环境中的水处于流动状态时,扩散作用将持续进行下去,Ca^{2+} 不断流失,溶蚀将变得更加严重。根据实际工程情况,物理溶蚀又可分为表面接触溶蚀和渗透溶蚀两种。混凝土的物理侵蚀主要包括两个连续的物理过程,即扩散和溶解。环境水和孔隙溶液之间的浓度差引起 Ca^{2+} 从混凝土内部向外部环境扩散,孔隙溶液中的离子浓度降低,引起混凝土内的水化产物分解。由于混凝土水化产物中 $Ca(OH)_2$ 在水中的溶解度最大,所以 $Ca(OH)_2$ 晶体最先开始溶解,当其完全溶解后,C-S-H 凝胶发生脱钙反应进一步溶解出 Ca^{2+},继续补充孔隙溶液中的钙。

(2)化学侵蚀。

化学侵蚀是指介质中的侵蚀性物质与混凝土内部水化产物发生化学反应,引起水化产物中钙的分解和溶出。化学侵蚀又可分为泛酸型侵蚀和盐类侵蚀。

①泛酸型侵蚀。混凝土内部是一个高碱性的环境,混凝土内部水化产物必须在一定 pH 范围内才能够稳定存在。泛酸型侵蚀是指当外界环境中存在氢离子或者其他腐蚀性离子,如 SO_4^{2-} 等时,这些离子会进入混凝土内部,与其内部的碱性物质发生反应(首先与 $Ca(OH)_2$ 发生反应)。由于混凝土内部的碱性环境主要靠 $Ca(OH)_2$ 维持,当 $Ca(OH)_2$ 消耗殆尽,混凝土内部的 pH 将会降低,造成其他水化产物难以稳定存在,使其微观结构发生变化,宏观上则表现为混凝土的物理力学性能下降。由于混凝土中受腐蚀区域的水化产物与酸性物质反应后可生成溶解度较高的钙盐,溶解于孔隙溶液中,因此造成 Ca^{2+} 的流失,使水化产物逐渐减少,孔隙率逐渐上升,此时,外部环境中具有侵蚀性的离子更容易进入混凝土内部,使侵蚀速度加快,最终导致混凝土结构遭到破坏。

②盐类侵蚀。盐类侵蚀是指当可溶性侵蚀溶液中的有害离子与混凝土水化产物发生化学反应生成有害产物时,会引起混凝土内部水化产物发生脱钙反应。这些有害离子包括 SO_4^{2-}、CO_3^{2-}、Cl^-、Mg^{2+}、Ca^{2+}、Na^+、K^+ 等,其中以 SO_4^{2-} 对水泥基材料的侵蚀最为严重。

2. 混凝土钙溶蚀的影响因素

目前,世界各国研究人员对影响溶蚀的因素有较为深入的研究,主要分为外部环境因素(如温度、水压力、与混凝土的接触面积、环境中的侵蚀介质等)和混凝土自身因素(如水灰比、掺合料、钙硅比等)两个方面。

(1)温度。

由于混凝土的溶蚀过程分为钙物质的溶解和扩散两个过程,而该过程又与温度的变化有密切关系,通常,随着温度的升高,混凝土内部水化产物在环境水中的溶解度会稍有降低,但是由于受热造成膨胀,混凝土的扩散系数及其内部孔隙率均会随着温度的升高而增大。T. deLarrard 等研究了侵蚀环境温度对混凝土钙溶蚀过程的影响,试验分别设置了5 ℃、15 ℃、25 ℃三种不同的温度,结果表明:混凝土的溶蚀速率随着温度的升高而加快。还有一些试验研究表明,温度对短时间的溶蚀基本不起作用。

(2)水压力和接触面积。

根据受到水压力的大小,混凝土的溶蚀可分为两类,即接触溶蚀和渗透溶蚀。接触溶蚀是指当混凝土与水接触受到的水压力很小、甚至可忽略不计时所发生的溶蚀,其主要受混凝土与水的接触面积的影响,溶蚀速率与接触面积呈正相关;与此相反,当混凝土所受到的水压力很大时发生的溶蚀即为渗透溶蚀,其溶蚀程度随着渗水压力的增大而越来越严重。

(3)水质。

混凝土所处环境的水质对钙溶蚀有很大的影响,通常,$Ca(OH)_2$ 在软水中的溶解度更大,也就是说,环境水中所含的离子种类会影响 $Ca(OH)_2$ 的溶解度,对混凝土的侵蚀也就不同。Maltais 等研究表明,当混凝土处于不同的侵蚀介质时,对混凝土的侵蚀结果也有所不同,去离子水可使混凝土中 $Ca(OH)_2$ 和 C-S-H 凝胶等产物溶解,而在 Na_2SO_4 溶液侵蚀下,还会生成 AFt。

(4)水灰比。

混凝土的水灰比不同,其内部的孔隙分布以及孔隙大小也有所区别,而溶蚀受孔隙的影响较大,因此水灰比不同间接造成混凝土溶蚀程度不同。S. Kamali 等对不同水灰比混凝土的溶蚀特性进行了深入研究,并得到很多的试验数据。D. P. Bentz 通过研究不同水灰比对溶蚀的影响后,得出钙溶蚀与其扩散系数有关的结论,即随着钙的不断溶出,混凝土的扩散系数与水灰比呈反比,当混凝土内部水化产物分解溶出钙的质量趋于稳定时,扩散系数随水灰比增大而增大。

(5)矿物掺合料。

混凝土的溶蚀程度与其中的水泥用量有很大关系,通常采用一些矿物外加剂代替一部分水泥提高其抗溶蚀能力,这是由于矿物外加剂的掺入能够提高混凝土的后期水化程度,改善孔结构,填充孔隙。刘泰铃等对掺有石灰石粉的混凝土在软水环境中进行表面接触性溶蚀特性的研究结果表明:随溶蚀时间的延长,溶蚀程度加重,掺加石灰石粉后,有利于混凝土后期强度的发展,并且增加了混凝土中总盐的溶出质量,而且石灰石粉中含有的非活性物质较多,对溶蚀影响相对较小,因此掺加石灰石粉会减少 CaO 的溶蚀量,使溶蚀程度降低。

李新宇等在对掺有粉煤灰和不掺粉煤灰的砂浆进行研究后发现,试件中无论是否掺入粉煤灰,经过溶蚀后,试件的孔隙率均有不同程度的增多,相比于不含粉煤灰的试件,粉煤灰的掺入使试件表面溶蚀更加严重。因此,粉煤灰的加入会加速溶蚀,但在后续的研究中发现,掺加适量的粉煤灰也可以提高混凝土的抗溶蚀性。蔡新华在研究不同含量粉煤灰对混凝土强度发展和溶蚀条件下的性能变化时发现,对于 P·Ⅰ 型水泥和Ⅰ级粉煤灰体系,当掺入粉煤灰为胶凝材料质量的 50% 时,混凝土的抗溶蚀效果最好。

Carde 等研究了掺硅灰混凝土的溶蚀性,结果显示:混凝土中掺入硅灰可以减少由于溶蚀造成的抗压强度降低的幅度,但是加入硅灰后,由于 C-S-H 脱钙导致的性能劣化不可忽略,并且溶解的 Ca^{2+} 浓度随硅灰含量的增多而降低。

(6)钙硅比。

由水泥水化得到的水化产物,其主要化学成分是 CaO 和 SiO_2,如果长时间地浸析溶出,水化产物的数量必然逐渐减少,减少到一定的程度后,混凝土结构会遭到破坏,导致强度降低。

在水泥水化产物中,当 Ca 的质量分数较高,而 Si 的质量分数较小时,混凝土容易溶出 Ca;反之,则 Si 更容易溶出,而从外部环境吸收 Ca,只有当 CaO 和 SiO_2 的质量分数处于一种相对平衡的状态,即钙硅比近似为 1 时,混凝土的抗溶蚀性较好。

3. 混凝土钙溶蚀的研究方法

混凝土溶蚀的试验方法主要有直接法和间接法两种。直接法是采用模拟实际工程的情况,直接使用水溶液浸泡试件达到溶蚀的目的。考虑到实际环境下的混凝土溶蚀速度十分缓慢,而且周期较长,为了解决这一问题,实验室可以采用间接法使试件溶蚀,即通过一定方法加快其溶蚀速度。

(1)直接法。

①Weiner 法。Weiner 法也称浸析法,是将标准养护后的混凝土破碎,取出其中的砂浆部分,试样颗粒直径为 0.21~0.09 mm,之后放到含有蒸馏水或不同 pH 侵蚀性溶液的容器中进行浸泡、振荡,重复加水振荡几次后,测定离子浓度的变化,计算 $Ca(OH)_2$ 的质量。采用此方法可以求算出用较多的水浸析砂浆微小颗粒所能溶解的 $Ca(OH)_2$ 量,而且该方法的优点在于操作简单方便、迅速可靠,试验结果的重复性好,国外的许多相关规范也常采用此方法。但是,这种方法也存在一定的缺点,由于该方法中所取的样品尺寸偏小,因此很难测出 $Ca(OH)_2$ 溶解后对混凝土宏观性能造成的影响。

②水压力法。水压力法是在水压的作用下,使混凝土发生渗漏,进而造成溶出性侵蚀的方法。国内对该方法的研究较多,多数采用对混凝土施加一定水压力的方法,使混凝土中的水化产物溶解并随水渗出,进而造成溶蚀破坏。

水压力法主要有穿流法和喷射法两种。穿流法是利用一定的压力将水压入试件中,使其强行通过试件,再测量渗透溶液的量和溶液中所含的离子量。该方法最适于挡水构筑物的实际情况,我国和苏联都曾采取这种方法对水工混凝土进行溶蚀研究,但是此方法仅适用于水溶液,还未用在酸性溶液或其他侵蚀类型的溶液中。喷射法是在一定水压下将纯水喷射到砂浆试件的表面,不仅可根据肉眼评估砂浆表面的物理磨损程度,而且还可以称量试件溶蚀前后的质量,根据质量损失评价溶蚀的程度,采用这种方法比较接近输水洞等水工建筑物溶蚀的真实情况,但所需试验周期较长,除了溶解作用之外,还有物理冲刷作用。

(2)间接法。

①化学试剂法。由于混凝土中的水化产物呈碱性,容易和酸性物质及强酸弱碱盐发生化学反应,生成新的物质,因此利用这一原理可以达到溶蚀的目的,该方法称为化学试剂法。比较常用的化学试剂是一定浓度的 NH_4NO_3 溶液或 HNO_3 溶液。法国的研究人员 C. Christophe,F. Raoul 等采用 NH_4NO_3 溶液作为侵蚀介质,研究 $Ca(OH)_2$ 和 C-S-H 凝胶的溶蚀特性,并建立溶蚀过程中混凝土强度损失与孔隙率增加之间的关系模型。W. Keshu 等也采用6 mol/L的 NH_4NO_3 溶液加速混凝土溶蚀。虽然该方法能够快速加速混凝土试件的溶蚀,但侵蚀介质也可能对混凝土产生其他方面的影响,并且采用化学试剂法会导致脱钙速度太快,不易控制,并表现出不可逆收缩现象,与实际工程中的溶蚀破坏现象相差较大。

②电化学加速法。通过对与侵蚀溶液接触的试件施加一定的电压,加速孔隙溶液中 Ca^{2+} 的扩散速率,从而提高 $Ca(OH)_2$ 的溶解速度和 C-S-H 的脱钙速度,进一步加快混凝土溶蚀的速度,该方法称为电化学加速法。日本学者 S. Hiroshi 等采用电化学加速法加快 Ca^{2+} 的溶出速度,研究砂浆试件水泥水化产物的溶蚀过程,与实际工程案例相比较,得到的结果比较吻合。河海大学的张亮等设计开发了一种电化学加速装置,并分别对普通混凝土以及掺有纤维的混凝土进行加速溶蚀试验,主要对溶蚀后 Ca^{2+} 的溶蚀量、混凝土抗压强度、抗冻性等方面进行探讨分析,并通过对溶蚀前后的混凝土进行显微结构测试,对电化学加速的混凝土溶蚀机理做了进一步的探究。孙双鑫研究了塑性混凝土的溶蚀行为,通过对不同条件下的塑性混凝土进行电化学加速溶蚀试验,并利用 SEM 和能谱分析方法对加速溶蚀前后的塑性混凝土进行显微结构测试和钙硅比的分析,对采用电化学加速方法加速塑性混凝土溶蚀的机理做了进一步的分析。

13.1.2 钢筋腐蚀的研究进展

混凝土中钢筋的腐蚀通常可分为两个时期:初始期和扩展期。国内外的学者对初始期的研究已经取得了显著的成果,虽然达成初步共识,但仍然存在广泛的争议。对于扩展期的研究,国内外均刚刚起步,目前仍未建立成熟的理论体系。目前国内外学者主要针对钢筋的腐蚀、影响因素、检测方法以及模型建立、寿命预测等方面进行较为系统的研究。

1. 钢筋腐蚀的影响因素

由于混凝土材料具有复杂性,因此混凝土中钢筋腐蚀的原因很多,可大体分为自身因素和外界因素两大类。外界因素主要是指混凝土所处的外部环境介质对其结构造成的影响,包括气相、液相、固相及冻融循环作用等;自身因素主要是指混凝土材料本身的性质,如密实性、材料的组成和结构等。

(1)温、湿度对钢筋腐蚀的影响。

钢筋发生腐蚀所具备的条件包括水、氧气、温度、湿度等条件,由于环境中的相对湿度具有一定的可变性,所以研究钢筋在不同相对湿度环境中的腐蚀程度时,研究者通常会选取孔隙水饱和度进行研究。根据研究结果可总结出相对湿度对钢筋的影响是多方面的,当湿度很高时,孔隙水的饱和度较高,其自身的含水量较高,使氧气的扩散速率降低;当相对湿度较低时,会影响混凝土的电阻率,对混凝土碳化也有一定影响,间接对钢筋的腐蚀程度造成影响。由于对完全干燥和完全饱和的混凝土均不易发生碳化,因此存在一个最易使钢筋发生腐蚀的相对湿度。而对于温度而言,一般认为,钢筋腐蚀速率与温度成正比。Baccay 等和 Otsuki 等的试验研究也证实,随着温度升高,钢筋的腐蚀速度加快,侵蚀性物质的扩散也加剧,总腐蚀速率的自然对数与绝对温度成反比。

(2)碳化对钢筋腐蚀的影响。

碳化是指空气中的 CO_2 不断通过混凝土中的孔隙进入其内部,与其孔隙溶液中所溶解的碱性物质,如 $Ca(OH)_2$ 进行中和反应,生成的产物为 $CaCO_3$ 和 H_2O,进而使混凝土内部 pH 降低的过程,化学方程式如下:

$$Ca(OH)_2 + CO_2 \longrightarrow CaCO_3 + H_2O \tag{13.1}$$

一般来讲,碳化对混凝土自身的影响很小,甚至会使混凝土的结构变得密实,但是由于二氧化碳与碱性的水化产物反应使得混凝土内部碱性降低,使得本来处于结合态的 Cl^- 容易转化为自由的 Cl^-,间接造成钢筋腐蚀速率的增大。金祖权等也指出,混凝土发生碳化会提高 Cl^- 的扩散能力,使混凝土内部自由氯离子增多,而且由于钝化膜的形成需要一定的高碱性环境,但碳化会使混凝土内部碱性下降,因此混凝土的碳化在一定程度上会使钢筋的腐蚀加重。

(3)Cl^- 对钢筋腐蚀的影响。

混凝土中 Cl^- 的浓度严重影响钢筋的腐蚀程度。Cl^- 进入混凝土内部的方式有两种,一种是随混凝土原材料如水泥熟料、海砂、石子或矿物掺合料等掺入混凝土中;另一种是在混凝土硬化后,外界环境中的 Cl^- 通过其孔隙进入。通常情况下,碳化造成的钢筋腐蚀较均匀,而 Cl^- 造成的钢筋腐蚀是局部的破坏,主要是点蚀,但其破坏程度却更为严重。通常 Cl^- 造成的钢筋腐蚀破坏主要有两方面的原因:一方面是 Cl^- 破坏了钢筋表面的钝化膜,使钢筋失去钝化膜的保护作用;另一方面是 Cl^- 的进入使得 $Ca(OH)_2$ 的溶解度下降,造成混凝土孔隙溶液中的 pH 降低,混凝土电阻率下降,并不会因为反应而减少,因此其破坏能力不容忽视。卢木等的研究表明,钢筋的腐蚀速率随 Cl^- 浓度的增大而增大。

(4)混凝土电阻率对钢筋腐蚀的影响。

混凝土中钢筋的腐蚀是一个电化学过程,当钢筋发生腐蚀时,离子从阴极向阳极移动,电流从阳极流向阴极,因此,钢筋腐蚀的速率与混凝土的电阻有密不可分的联系。

Gulikers 和 Feliu 等的研究表明,混凝土电阻率并不影响钢筋的腐蚀,他们认为虽然混凝土的电阻越大,其内部钢筋腐蚀的速率越慢,但是在整个电池电势中,混凝土电阻上发生的电势降低所占的比例很小,因此否定了电阻率对钢筋腐蚀有影响这一观点。Gulikers 将主要的控制因素归因于阴极的极化阻抗较大,而 Feliu 得出的结论是在整个腐蚀过程中,钢筋表面所浸湿的面积占整个钢筋表面积的百分比对钢筋腐蚀有一定影响。虽然在混凝土电阻率是否会对钢筋腐蚀速度产生影响的问题上尚未达成共识,但毫无疑问的是混凝土电阻率与钢筋腐蚀速度之间存在正比例关系。

(5)其他因素。

碳化、Cl^- 是影响钢筋腐蚀的主要因素,除此之外,影响钢筋腐蚀的因素还有很多,如水灰比、孔隙率、水泥品种、掺合料、硫酸根离子等,此外混凝土结构的应力状态、荷载等也会对钢筋混凝土结构的腐蚀造成影响。

2. 钢筋腐蚀的检测方法

在混凝土溶蚀和钢筋腐蚀的研究中,可以采用测定混凝土与钢筋电化学参数的方法对其进行评价和表征。由于钢筋腐蚀本身是一个电化学反应,因此采用电化学测量方法可以真实地反映其本质,与其他测试方法相比,其响应快、精度高、可连续测试,成为研究钢筋腐蚀的有力手段。电化学测试方法有很多种,每种方法在测量精度、重现性、响应时间、灵敏度等方面都各有不同,适用范围也不同。其中,常用的方法有自腐蚀电位法、线性极化法和电化学阻抗谱法等。

(1)自腐蚀电位法。

自腐蚀电位法是 20 世纪 50 年代末以来应用最广泛的用于钢筋腐蚀的检测方法。由于钢筋发生腐蚀后,会在钢筋表面形成单独的阳极区和阴极区,它们之间通过混凝土的导电作用会产生电位差,因此可以定性地判断钢筋腐蚀的状态,具有设备简便、容易操作、响应快速等优点,而且在现场和实验室中均可采用。

自腐蚀电位的不同电位段可以用于表征钢筋不同的腐蚀状态,具体定义标准可参考各个国家的规定。根据美国 ASTM C876—91 和我国冶金部钢铁建筑研究院等单位的研究成果,自腐蚀电位法判断钢筋锈标准见表 1.6。

自腐蚀电位法简单方便,可以直接根据测出的钢筋电位判断钢筋的腐蚀状况,但自腐蚀电位法只能对钢筋腐蚀的可能性进行定性分析,而不能对钢筋腐蚀量的多少进行定量分析。

(2)线性极化法。

线性极化法也称极化电阻法,根据腐蚀电化学理论,在腐蚀电位(约 ±10 mV)附近测得电位值和电流值,并且其电位和电流的对数呈近似线性的关系。线性极化法是由 Stern 与 Geary 于 1957 年推导出著名的 Stern-Geary 公式,如下所示:

$$i_{corr} = \frac{B}{R_P} \tag{13.2}$$

$$R_P = \left[\frac{dE}{dI}\right]_{E_{corr}} \tag{13.3}$$

$$B = \frac{\beta_a \beta_c}{2.303(\beta_a + \beta_c)} \tag{13.4}$$

式中　i_{corr}——腐蚀电流密度;

　　　R_P——极化电阻,即极化曲线在 E_{corr} 处的斜率;

　　　B——常数,它是由腐蚀过程中的阳极和阴极反应的 Tafel 斜率(β_a 和 β_c)的大小所决定的,对于大多数系统而言,常数 B 的范围在 13~52 mV,当钢筋处于活化状态时,常数 $B=26$ mV,而当钢筋处于钝化状态时,$B=52$ mV。

线性极化法在现场无损检测中的应用很好,同时可测出腐蚀的瞬时速度,但是它也有一定的不足之处,无法准确地测量钢筋受极化的面积及因电流变化所产生的压降。

根据实验室和现场测量的数据,可以给出采用线性极化法测量钢筋腐蚀的电流密度值与钢筋腐蚀状态之间的关系,见表 13.1。

表 13.1　线性极化法测量的钢筋腐蚀速率特征值

极化电阻/$(k\Omega \cdot cm^2)$	腐蚀电流密度/$(\mu A \cdot cm^{-2})$	金属损失率/$(mm \cdot 年^{-1})$	腐蚀速率
2.5 ~ 0.25	10 ~ 100	0.1 ~ 1	很高
25 ~ 2.5	1 ~ 10	0.01 ~ 0.1	高
250 ~ 25	0.1 ~ 1	0.001 ~ 0.01	中等,低
>250	<0.1	<0.001	不腐蚀

（3）电化学阻抗谱法。

电化学阻抗谱（EIS）法是研究电化学反应动力学过程、揭示反应机理的一种方法。该方法通过施加给系统一个小振幅的正弦交变电压信号,在保证不改变电极体系性质的情况下,能够计算出等效电路的阻抗。由于是以小振幅的电信号对体系进行扰动,通常不超过 20 mV,一般为 5 mV 或 10 mV,因此既不会对系统产生较大的影响,又可以使施加的扰动与系统的响应之间呈近似的线性关系,这就简化了对测量结果进行数据处理的过程,很适合于对钢筋-混凝土体系进行长期的跟踪监测。

在电化学阻抗谱的测试分析中,常常采用奈奎斯特图、波德图和导纳图来反映不同的电化学参数,如电阻、电容等。奈奎斯特图通常被称为复阻抗平面图,又称为 Nyquist 谱图,图中的横坐标表示阻抗的实部,纵坐标表示阻抗的虚部。

（4）其他方法。

除了以上几种电化学测量方法外,还有其他一些测量方法,如电化学噪声法、恒电流阶跃法等。

①电化学噪声法。电化学噪声法由 Iverson 于 1968 年第一次提出,是指在电化学动力系统演化过程中,其电极电位、外测电流密度等参量的随机非平衡波动现象。电化学噪声是一种原位无损的监测手段,在整个测试过程中不需要对电极体系额外施加扰动,设备简单,操作方便,可实现远距离监测,灵敏度高,非常适用于钢筋混凝土的腐蚀检测,特别是在自然条件下的长期跟踪检测。

②恒电流阶跃法。恒电流阶跃法是指钢筋在给定的阶跃电流下会产生响应电位,通过该响应来判断钢筋的腐蚀状态。

13.1.3　研究中存在的问题

自混凝土材料应用于水工建筑以来,国内外许多学者对混凝土溶蚀的机理、影响因素、模型预测及加固修复等方面开展了许多研究工作,但目前的研究重点仍然主要集中在单一环境因素作用下的溶蚀特性,而在实际的工程中,溶蚀破坏往往是由于多因素耦合作用所导致的。在溶蚀机理方面的研究中,国外学者对砂浆试件研究较多,而国内则更加偏重对混凝土溶蚀的研究,但由于溶蚀的复杂性,对于溶蚀机理的研究尚不完善,目前主要在蒸馏水或去离子水环境中对溶蚀进行研究,因此需要在模拟实际环境水条件下对溶蚀做进一步的研究。在钢筋腐蚀的研究方面,各国学者对其腐蚀机理、影响因素做了深入的研究,但对于混凝土溶蚀是否会对钢筋腐蚀产生影响的研究很少,故需要进一步探讨。

13.1.4　主要研究内容

国内外对水泥净浆和砂浆的研究较多,并且多数研究在蒸馏水和去离子水中进行,本

章主要在 SO_4^{2-} 存在的环境下,对混凝土的溶蚀行为进行研究。考虑到自然条件下混凝土的溶蚀速度较慢,故本试验采用电化学加速法加速混凝土溶蚀。具体研究内容如下:

（1）不同水灰比对混凝土溶蚀的影响。通过电化学加速法加速混凝土溶蚀,采用化学滴定法测定不同水灰比混凝土的钙溶蚀量,采用电化学阻抗谱法测试混凝土电阻,通过电阻反映混凝土溶蚀情况。

（2）不同 SO_4^{2-} 浓度对混凝土溶蚀的影响。设置四种不同浓度的 Na_2SO_4 溶液,通过测试混凝土的钙溶蚀量以及电阻,分析 SO_4^{2-} 浓度对混凝土溶蚀的影响。

（3）掺合料对混凝土溶蚀行为的影响。在固定水灰比条件下,分别测试普通混凝土和含有粉煤灰–矿渣复合掺合料的混凝土的溶蚀特性。

（4）溶蚀对钢筋腐蚀的影响。在固定水灰比和 Na_2SO_4 浓度的条件下,对带有钢筋的混凝土进行加速溶蚀,讨论蒸馏水和 Na_2SO_4 环境下混凝土溶蚀对钢筋腐蚀的影响。

（5）通过 X 射线衍射分析（XRD）、压汞分析（MIP）、扫描电子显微镜（SEM）测试等方法,对混凝土溶蚀前后的组成和显微结构进行分析,探讨电化学加速混凝土溶蚀的机理。

13.2 硫酸盐环境下不同因素对混凝土溶蚀的影响

13.2.1 混凝土原材料

1. 水泥

试验所用水泥是由亚泰集团哈尔滨水泥有限公司生产的 P·O 42.5 型普通硅酸盐水泥,其化学成分与基本物理力学指标见表 13.2 和表 13.3。

表 13.2　水泥的化学成分（质量分数）　　　　　　　　　　　%

SiO$_2$	Al$_2$O$_3$	Fe$_2$O$_3$	CaO	MgO	SO$_3$	R$_2$O
21.05	5.50	3.92	62.31	1.72	2.66	0.47

表 13.3　水泥的基本物理力学指标

抗压强度/MPa		抗折强度/MPa		凝结时间/min		安定性 (蒸煮法)	细度 (0.080 mm 筛余)/%	密度 /(g·cm^{-3})	标准稠度 用水量/%
3 天	28 天	3 天	28 天	初凝	终凝				
16.9	46.6	4.8	7.5	185	239	合格	4.1	3.18	27.1

2. 矿物掺合料

（1）粉煤灰。

试验所用粉煤灰为 I 级粉煤灰,符合《用于水泥和混凝土中的粉煤灰》（GB/T 1596—2017）标准中的相关规定,其化学成分和性能指标见表 13.4 和表 13.5。

表 13.4　粉煤灰的化学成分（质量分数）　　　　　　　　　　%

SiO$_2$	Al$_3$O$_2$	CaO	Fe$_2$O$_3$	MgO	R$_2$O	SO$_3$
65	20.23	3.25	4.3	2.05	1.37	0.38

表 13.5　粉煤灰的性能指标

项目	密度 /(g·cm⁻³)	细度 (方孔筛余)/%	需水量比 /%	含水量 /%	烧失量 /%	$w(SO_3)$ /%
Ⅰ级粉煤灰	2.43	1.60	94	0.06	2.10	0.69
GB/T 1596—2005	—	≤12	≤95	≤1.0	≤5.0	≤3.0

（2）矿渣。

试验所用矿渣粉由黑龙江双达水泥有限公司生产,其物理性能指标符合《用于水泥、砂浆和混凝土中的粒化高炉矿渣粉》(GB/T 18046—2017)标准中相关规定,其化学成分和性能指标分别见表 13.6 和表 13.7。

表 13.6　矿渣的化学成分（质量分数）　　　　　　　%

SiO_2	Al_2O_3	CaO	SO_3	Fe_2O_3	MgO
34.18	13.8	26.60	0.5	15.32	9.15

表 13.7　矿渣的性能指标

平均粒径/μm	需水量比/%	烧失量/%	含水量/%	28 天强度活性/%
1.7	95.5	0.4	0.56	95

（3）碎石。

试验选用质地坚硬、表观密度大、吸水率小的碎石作为粗骨料,粒径为 5～10 mm,且连续级配,各项指标均符合《建设用卵石、碎石》(GB/T 14685—2011)的要求。碎石的技术指标和颗粒级配见表 13.8 和表 13.9。

表 13.8　碎石的技术指标

颗粒级配/mm	针片状颗粒质量分数/%	含泥质量分数/%	压碎指标/%
5～20	1.9	0.7	5.4

表 13.9　碎石的颗粒级配

筛孔尺寸/mm	质量/g	分计筛余/%	累计筛余/%
19	59.5	1.19	1.19
16	619.1	12.38	13.57
9.5	2 350.1	47	60.57
4.75	1 892.3	37.85	98.42
2.36	64.9	1.3	99.72
<2.36	3.9	0.08	99.80

（4）砂子。

试验所用砂子为河砂,各项指标参照《建筑用卵石、碎石》(GB/T 14685—2011)的相关规定,其技术指标和颗粒级配见表 13.10 和表 13.11。

表 13.10　砂子的技术指标

细度模数	泥的质量分数/%	粒径/mm	水的质量分数/%
2.48	2.7	<5	2

表 13.11　砂子的颗粒级配

筛孔尺寸/mm	分计筛余/%	累计筛余/%
4.75	0	0
2.36	6.0	6.0
1.18	8.2	14.2
0.6	27.4	41.6
0.3	47.7	89.3
0.15	7.1	96.4
<0.15	3.6	100.0

(5)减水剂。

试验所用减水剂为聚羧酸高效减水剂,与水按照 1∶2.5 的比例稀释,推荐掺入量为胶凝材料总量的 0.8% ~1.2%,可按照混凝土坍落度做适当调整,参照《聚羧酸系高性能减水剂》(JG/T 223—2017),各项性能指标满足要求。

(6)水。

试验中所用水为两种,一种是自来水,用于制备混凝土试件,且满足《混凝土用水标准》(JGJ 63—2006)的要求;另一种是蒸馏水,用于进行加速溶蚀试验及试验药品的制备。

13.2.2　化学试剂及原材料

试验所用化学试剂见表 13.12,其中氯化钠为测试电化学阻抗谱时所用的电解液,乙二胺四乙酸二钠(EDTA-2Na)和钙指示剂(依来铬蓝黑 R)用于测定 Ca^{2+} 的质量浓度。

表 13.12　试验所用化学试剂

试剂名称	纯度或规格	产地
氯化钠	分析纯(≥99.5%)	天津市北方天医化学试剂厂
EDTA-2Na	分析纯(≥99.0%)	北京北化精细化学品有限责任公司
依来铬蓝黑 R	分析纯(≥70.0%)	上海展云化工有限公司
无水硫酸钠	分析纯(≥99.0%)	天津市恒兴化学试剂制造有限公司
丙酮	分析纯(≥99.5%)	天津市基准化学试剂有限公司
无水乙醇	分析纯(≥99.7%)	天津市基准化学试剂有限公司

试验所需的化学药品配制过程如下:

①NaCl 溶液的配制:试验所需 NaCl 溶液的质量分数为 3%,首先称取 6 g NaCl 固体粉末,再溶于 200 g 蒸馏水中,即制得所需的 NaCl 溶液。

②EDTA-2Na 的配制:称取 3.72 g EDTA-2Na 溶于水中,用 1 000 mL 容量瓶滴定,配制得到 0.01 mol/L 的 EDTA-2Na 溶液。

③钙指示剂的配制:称取 1 g 依来铬蓝黑 R 指示剂,以 1∶100 的比例与 NaCl 固体研磨混合均匀,放到棕色瓶中避光保存。

Na_2SO_4 溶液:根据试验所需不同质量分数分别配制。

13.2.3　试验设备及测试方法

由于水工混凝土所处的工作环境长时间与水接触,混凝土的劣化过程需要水的参与或以水为介质,因此由溶蚀而引起的混凝土耐久性问题不容忽视。由于在自然条件下,混凝土的溶蚀是一个非常缓慢的过程,因此本试验中采用电化学加速溶蚀的方法对硫酸盐环境下的混凝土溶蚀情况以及掺加矿物掺合料后的混凝土溶蚀情况进行研究。

1. 真空饱水装置

在进行电加速试验之前,将标准养护后的混凝土试件进行真空饱水,所采用的装置为北京耐恒科技发展有限公司生产的混凝土真空饱水机,如图 13.1 所示。在使用真空饱水机时,首先调整好压力表的指针位置,然后设置抽真空时间,时间为 3 h,抽真空结束后开始上水,水位达到一定高度后停止进水,进行预浸泡的过程,再抽真空 1 h,然后转为浸泡状态,浸泡时间为 18 h,饱水结束后打开盖子,水自动排出。

图 13.1　混凝土真空饱水机

2. 电化学加速试验装置

电化学加速试验过程中,为了尽可能减少其他因素的干扰,采用的溶液为蒸馏水,配制 Na_2SO_4 溶液也采用蒸馏水,利用混凝土渗透性智能测定仪(图 13.2)对混凝土施加 8 V 左右的外加电场,以钛棒作为阳极,以带有钻孔的不锈钢圆筒作为外接阴极,电化学加速试验装置如图 13.3 所示。

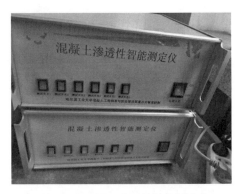

图 13.2　混凝土渗透性智能测定仪

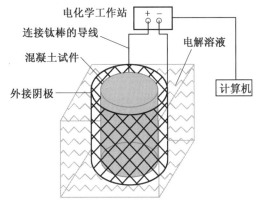

图 13.3　电化学加速试验装置

3.电化学阻抗谱测试系统

试验通过测试混凝土的电化学阻抗谱来评价其溶蚀程度,所用仪器为 RST 电化学工作站,如图 13.4 所示,测试振幅为 10 mV,测试频率为 0.1 ~ 10⁵ Hz。测试时将两块边长为 10 cm 的海绵用 3% 的 NaCl 溶液浸湿,分别置于被测试件上端和下端,并用边长 10 cm 的不锈钢电极板(图 13.5)作为电极分别与两块海绵接触。为了保证试验结果的可靠性与准确性,需要使每次测试时混凝土试块两侧所受到的力一定,因此选用 $\phi100$ mm× 50 mm 的圆柱体试块在其上部施加一定压力。

图 13.4　RST 电化学工作站　　　　　图 13.5　不锈钢电极板

4.化学滴定法

试验采用化学滴定法测定溶液中 Ca^{2+} 的质量浓度,其主要步骤如下:将事先配制好的 EDTA-2Na 溶液用胶头滴管注入已经用该溶液润洗过的滴定管中,至零刻度以上,将滴定管固定在滴定管夹上,转动滴定管下方橡胶管中的圆球,排出尖嘴处的空气,然后记下初始读数。用量筒取 10 mL 待测溶液置于小烧杯中,加入少许钙指示剂,溶液即变为蓝色,转动圆球加入已知浓度的 EDTA-2Na 溶液,直到溶液恰好变为粉红色停止滴定,准确记录最终读数,计算 EDTA-2Na 溶液的体积。然后根据 EDTA-2Na 溶液的用量计算 Ca^{2+} 质量浓度,计算公式为

$$\rho(Ca^{2+})(mg/L) = \frac{c_{EDTA} \cdot V_{EDTA}}{V_0} \times 40.08 \times 1\ 000 \tag{13.5}$$

式中　c_{EDTA}——所用 EDTA-2Na 溶液的浓度,本试验中为 0.01 mol/L;

　　　V_{EDTA}——滴定所消耗的 EDTA-2Na 溶液的体积;

　　　V_0——被测水样的体积。

13.2.4　试验方案

1.试验内容

试验主要研究水灰比、掺合料以及 Na_2SO_4 质量分数对混凝土溶蚀的影响,分别将不同水灰比的混凝土试件置于质量分数为 0(蒸馏水)、0.5%、1% 以及 3% 的 Na_2SO_4 溶液中进行加速溶蚀,并将水灰比为 0.45 的普通混凝土和含掺合料的混凝土置于蒸馏水和 0.5% 的 Na_2SO_4 溶液中,以研究掺合料对溶蚀的影响。

2.钛棒电极的制作

首先将钛棒截断至 30 mm 左右的钛棒段,经过车床除去钛棒表面的锈层,再用外圆

磨床磨光,如图 13.6 所示。经过砂轮磨平之后,在台式激光钻床上钻取一定深度的孔。为了去除表面残留的油性物质及因打磨而产生的灰尘,依次用乙醇、丙酮擦拭打磨好的钛棒,再将导线焊接在钛棒上的钻孔处,用乙醇和丙酮擦拭焊接端的油性物质。最后配制环氧树脂并涂抹在焊接断口处,待硬化后作为试验所用的工作电极,如图 13.7 所示。

图 13.6　打磨好的钛棒

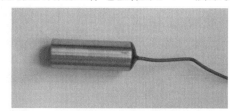

图 13.7　待用的钛棒

3. 混凝土配合比设计

根据实际工程中混凝土配合比的设计情况并考虑混凝土密实度等,为了研究水灰比对混凝土溶蚀的影响,以 C40 混凝土为设计基准,设置三种不同水灰比的基准混凝土,即 0.35、0.45 和 0.55。

在实际工程中,会将不同的矿物掺合料等量取代水泥内掺到混凝土中,在保证水灰比不变的情况下,一方面可以降低工程成本,另一方面可以改善混凝土的一些性能。粉煤灰、矿渣和硅灰是三种主要的矿物掺合料,其在水泥混凝土中的应用是研究和发展的一个方向,故研究矿物掺合料对混凝土溶蚀的影响也尤为重要。有研究表明,矿物掺合料在一定程度上会影响混凝土的溶蚀情况。因此,本试验也掺入一定量的矿物外加剂,研究其对溶蚀的影响情况。本试验采用掺加粉煤灰与矿渣的复合掺合料,粉煤灰与矿渣按 6∶4 (质量比)掺入,总含量为水泥质量的 15%,混凝土配合比见表 13.13。

表 13.13　混凝土配合比

编号	水灰比	ρ(水) /(kg·m^{-3})	ρ(水泥) /(kg·m^{-3})	ρ(粉煤灰) /(kg·m^{-3})	ρ(矿渣) /(kg·m^{-3})	ρ(碎石) /(kg·m^{-3})	ρ(砂) /(kg·m^{-3})
J1	0.35	119	340	——	——	1 150	650
J2	0.45	153	340	——	——	1 150	650
J3	0.55	187	340	——	——	1 150	650
KF	0.45	153	289	30.6	20.4	1 150	650

注:外加剂的用量根据坍落度调整,在质量分数为 0.8% ~1.2% 范围内调整。

4. 混凝土试件制作

本试验中所用的混凝土试件尺寸为 ϕ100 mm×50 mm。试件成型过程:首先在钛棒的导线上距离钛棒顶端 10 cm 的地方做好标记;然后将已经拌和好的混凝土装入模具中,放在振动台上振捣,使其正好能够填满整个模具;再将钛棒电极放到模具中心位置,一边振捣一边将钛棒插入混凝土内部,直至模具上表面到达导线标记处为止,振捣完毕后将混凝土表面抹平,试件制备完成。成型后的试件如图 13.8 所示。

5. 混凝土加速溶蚀试验

将标准养护后的试件进行真空饱水后进行电化学加速溶蚀试验,为了防止水分蒸发而造成溶液体积变化,试验中需要将容器用盖子密封,试验装置密封箱如图 13.9 所示。

图 13.8　成型后的试件　　　　图 13.9　试验装置密封箱

13.2.5　水灰比对混凝土溶蚀的影响

1. 水灰比对钙溶蚀量的影响

混凝土发生溶蚀是由于水泥石中决定结晶结合强度的水化产物被溶解析出,主要体现在以 $Ca(OH)_2$ 和 C-S-H 为主的水化产物。因此,一旦混凝土发生溶蚀,其内部的 Ca^{2+} 浓度也必然受到影响,故可以通过测量溶液中溶出的 Ca^{2+} 浓度来判断混凝土的溶蚀程度。本试验采用酸碱化学滴定法测量加速溶蚀出的 Ca^{2+} 质量,所用指示剂为依来铬蓝黑 R 指示剂,EDTA-2Na 浓度为 0.01 mol/L,以此作为评价混凝土溶蚀的方法之一。

图 13.10 为 3 种水灰比的混凝土在四种不同质量分数的 Na_2SO_4 溶液中加速溶蚀后的钙溶蚀量随溶蚀天数的变化规律,其中,编号 0.35-0 指在蒸馏水中水灰比为 0.35 的混凝土;同理,0.45-0 和 0.55-0 分别表示在蒸馏水中水灰比为 0.45 和 0.55 的混凝土;0.35-0.5% 指在 0.5% 的 Na_2SO_4 溶液中,水灰比为 0.35 的混凝土,其余编号含义以此类推。

从图 13.10 可以看出,在四种浓度 Na_2SO_4 溶液中混凝土发生溶蚀后,在加速溶蚀的初期,其钙溶出的速度均较大,曲线的斜率较大,随着溶蚀天数的增加,混凝土溶出钙的量逐渐增多,但其溶出速率逐渐减慢,并趋于平缓。由图 3.10(a) 和 (b) 可看出,水灰比越小,溶出钙的质量越少;在图 3.10(c) 中,当 Na_2SO_4 的质量分数为 1% 时,水灰比为 0.55 和 0.45 的混凝土钙溶蚀量相近,但均大于水灰比为 0.35 的混凝土的钙溶蚀量;而图 3.10(d) 中,当 Na_2SO_4 的质量分数为 3% 时,水灰比为 0.55 的混凝土的钙溶蚀量最小,换言之,当 Na_2SO_4 质量分数小于等于 1% 时,水灰比对溶蚀起主导作用,当其质量分数大于 1% 时,Na_2SO_4 溶液的质量分数对溶蚀的影响较大。

具体原因如下:在加速初期,混凝土内部孔隙溶液中的 Ca^{2+} 浓度比较高,通电后,在电场作用下 Ca^{2+} 直接快速迁移到外部,使得初始阶段外部溶液中的 Ca^{2+} 浓度增大,随着加速时间的延长,混凝土中的 Ca^{2+} 浓度有所降低,为了维持化学平衡,水化产物将分解。由于 C-S-H 凝胶、$Ca(OH)_2$ 溶解度较大,因此,水化产物将首先分解来提供 Ca^{2+} 以维持反应平衡,待 Ca(OH)₂ 完全分解后,C-S-H 凝胶再发生脱钙反应释放 Ca²⁺,使得 Ca²⁺ 浓度缓慢增加,其质量变化也趋于稳定。在蒸馏水和 0.5% Na₂SO₄ 中,水灰比越大,溶出钙量越多。对于不同水灰比混凝土而言,水灰比基本上决定了混凝土的孔结构,水灰比越小,混凝土结构越密实,混凝土内部的孔隙越少,在加速过程中 Ca²⁺ 向外部溶液迁移越困难。除此之外,从机理上看,水泥完全水化所需的最小水灰比为 0.4,因此水灰比为 0.35 的混凝土会有大量未水化的水泥颗粒,这些水泥颗粒作为微细集料发挥作用,使混凝土的密实性继续提高。所以,在相同的加速溶蚀时间内,水灰比越小的混凝土,其溶出的钙质量越少,溶出速率减小得越快,溶出钙的质量达到稳定所需时间越短。对于质量分数为 0.5% 的 Na₂SO₄,Ca²⁺ 溶出的速率大于 SO₄²⁻ 与 Ca²⁺ 结合的速率,因此水灰比对混凝土溶蚀的影响占主要地位。而随着 Na₂SO₄ 质量分数的增大,在加速电压作用下,SO₄²⁻ 向混凝土内部迁移的量增多,且水灰比越大,SO₄²⁻ 越容易进入混凝土内部,与混凝土内部的 Ca²⁺ 结合,生成钙矾石、石膏等不溶性物质。此时,对于水灰比为 0.55 的混凝土而言,较多的 SO₄²⁻ 与 Ca²⁺ 结合,使得混凝土内部的 Ca²⁺ 浓度减小,溶解出的钙也随之减少,而水灰比为 0.35 和 0.45 的混凝土比水灰比为 0.55 的混凝土密实性好,SO₄²⁻ 与 Ca²⁺ 结合的速率始终小于钙溶出速率,所以随着加速溶蚀过程的持续进行,溶解出来的钙逐渐增多,其总质量始终大于水灰比为 0.55 的混凝土溶出钙的质量。

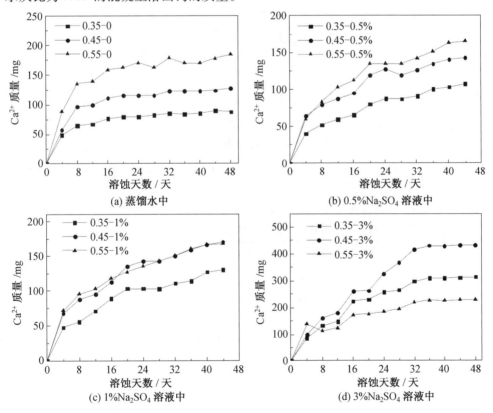

图 13.10 3 种水灰比混凝土在不同浓度 Na₂SO₄ 溶液中的钙溶蚀量

从混凝土溶蚀后的外观来看,在蒸馏水中溶蚀的混凝土(图 13.11),在相同时间内,水灰比越大的溶蚀越严重。

图 13.11　水灰比为 0.35(左)和 0.55(右)的混凝土溶蚀后的试件

根据文献可知,混凝土溶蚀出的钙的质量与溶蚀天数之间的关系符合指对的关系,本试验对 3 种水灰比的混凝土在蒸馏水中的钙溶蚀量随溶蚀的变化进行拟合,得到如图 13.12 所示的曲线。

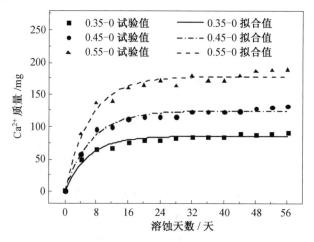

图 13.12　3 种水灰比混凝土在蒸馏水中钙溶蚀量的试验值与拟合曲线

从图中可以得知,拟合值与试验值很接近,且符合以下指数关系式

$$y = a(1 - e^{-bx}) \tag{13.6}$$

式中,a、b 为系数。3 种水灰比的系数见表 13.14。

表 13.14　3 种水灰比混凝土钙溶蚀量随溶蚀时间的拟合曲线系数

水灰比	a	b	相关系数 R^2
0.35	85.06	0.849	0.969
0.45	124.146	0.86	0.981
0.55	176.974	0.856	0.973

2. 水灰比对 Nyquist 谱及电阻的影响

混凝土电阻率作为一个电化学参数,反映单位长度混凝土阻碍电流通过的能力,可用于表征混凝土的结构和性能。由于混凝土内部存在大量的连通或不连通的毛细孔,其中含有大量的毛细孔隙溶液,即混凝土内部的电解质溶液,在电压的作用下,电解质溶液中的离子发生电迁移,从而使混凝土具有不同的电化学特性,表征为混凝土电阻率、电导率、阻抗以及节电常数等的不同。

因此,混凝土的电学性能成为一种快速检测、在线监测和有效评价混凝土结构形成与发展的新技术。混凝土的电阻测试方法有很多,其中电化学方法中的电化学阻抗法可以由电阻值快速间接地表征混凝土的电阻率。当然,根据电阻率和电阻之间的关系,也可以求得电阻率,但由于电阻率和电阻之间呈正相关,故可直接由 Nyquist 谱图中的电阻值直接评价混凝土的渗透性,从而间接表征混凝土溶蚀前后的特性。

对加速溶蚀后的混凝土试件进行电化学阻抗谱测试,测试频率为 $0.1 \sim 10^5$ Hz。测试得到的混凝土电化学阻抗谱可以分为两个区域,即高频区和低频区。一般情况下,高频区为半圆形或者近似为半圆形,而低频区按照理论分析也应为半圆形,但由于测试频率的范围受到限制,因此低频区得到的通常是一条直线。在 Nyquist 谱图中,高频区与低频区的交界处的虚部阻抗最小,此时对应的实部电阻为体积电阻,该电阻在一定程度上可以等同于被测试件的直流电阻。因此,本试验采用虚部电阻最小值对应的实部电阻值作为混凝土的电阻来反映混凝土的溶蚀。

以在蒸馏水中溶蚀的混凝土的电化学阻抗谱为例,讨论溶蚀对阻抗谱的影响。

图 13.13 为 3 种水灰比混凝土在蒸馏水中加速溶蚀后的电化学阻抗谱变化,通过电化学阻抗谱可以得到混凝土的电阻值。图 13.14 为蒸馏水中 3 种水灰比的混凝土的电阻值随溶蚀天数的变化规律。

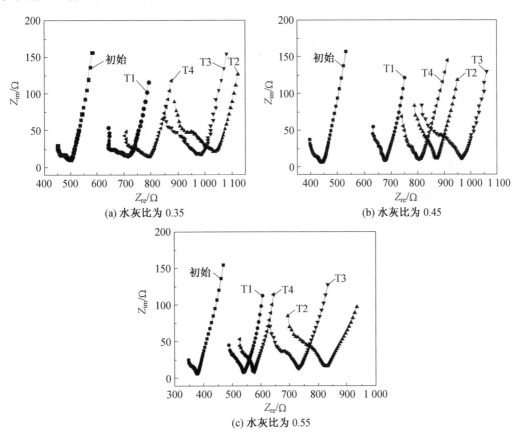

图 13.13　3 种水灰比混凝土在蒸馏水中的 Nyquist 谱图

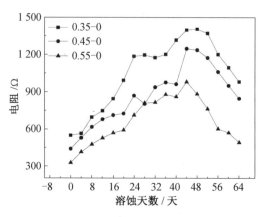

图 13.14　3 种水灰比在蒸馏水中的电阻变化

从图 13.13 可以看出,随着加速溶蚀天数的增加,电化学阻抗谱先向右移动,再向左移动,高频区半圆形的半径先增大后减小。从图 13.14 中可以看出,混凝土电阻值先增大后减小,3 种水灰比混凝土的电阻值从大到小依次为 0.35、0.45 和 0.55,而且水灰比为 0.35 的混凝土,其电阻开始变小的时间较水灰比为 0.45、0.55 的混凝土晚。

分析原因,初始时混凝土的电化学阻抗谱高频区的半径很小,说明其内部存在的孔隙较多,电阻较小,而随着时间的增加,其高频区半径有所增大,这是由于试验中所用的混凝土试件仅养护了 14 天,因此水化尚不完全,还会继续进行水化反应,故水化产物会填充一部分孔隙,使结构变得密实,电阻增大,此时水化成为影响电阻的主要因素,因此混凝土的电阻不断增大。而随着加速溶蚀的不断进行,混凝土内部不断有钙溶出,使得其内部的 C-S-H 凝胶、Ca(OH)$_2$ 等水化产物逐渐分解,造成内部孔隙增多,电阻减小,此时溶蚀占主要地位,因此造成阻抗谱中高频区半圆形的半径和电阻出现了先增大后减小的现象,并且水灰比越小,混凝土的结构越密实,孔隙越少,因此电阻越大,发生溶蚀越困难,在相同的加速条件下,其溶蚀越慢,电阻变小所需的时间也越长。

图 13.15 为 3 种水灰比混凝土在不同质量分数的 Na$_2$SO$_4$ 溶液中溶蚀后的电阻变化规律。在三种质量分数的 Na$_2$SO$_4$ 溶液中,混凝土电阻都随着加速溶蚀天数的增加不断增大,且基本呈线性关系增长,水灰比越大的混凝土,其电阻越小。通过分析可知,与在蒸馏水中溶蚀相比较,前期电阻增大的主要原因是水化不完全,混凝土继续水化,而后期电阻还在增大,主要是由于 SO$_4^{2-}$ 与水化产物反应生成钙矾石和石膏等物质,一方面填充了孔隙,另一方面生成晶体的导电性差,使得电阻有所增大。

通过对前面的讨论可知,养护 14 天的混凝土溶蚀初期其电阻仍然继续增大,为证明出现这种现象的原因是水化的影响,对养护 28 天的混凝土进行加速溶蚀,分析溶蚀前期混凝土电阻的增大是否由水化造成。

图 13.16 为两个养护龄期的混凝土的钙溶蚀量随时间的变化。从图中可以看出,养护 14 天的混凝土的钙溶蚀,量多于养护 28 天的混凝土的钙溶蚀量,并且其电阻变化为先增大后减小。养护 28 天的混凝土电阻随溶蚀天数的增加而减小,而两批混凝土试件的水灰比均为 0.45,且加速条件相同,唯一不同仅在于养护龄期,因此通过钙溶蚀量和电阻的变化情况可以证明养护 14 天的混凝土电阻在加速溶蚀初期时电阻增大的原因与水化有关。水化作用的进行,不仅会使钙矾石、C-S-H 凝胶、Ca(OH)$_2$ 等水化产物的量增多,而且水化产物会填充部分孔隙,使孔隙率降低,电阻增大,溶出钙的速度也随之减慢。

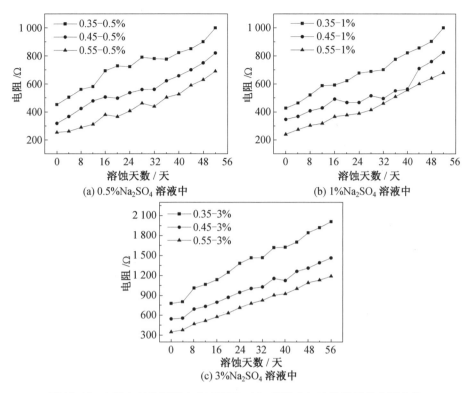

图 13.15　3 种水灰比混凝土在不同 Na_2SO_4 溶液中加速溶蚀后的电阻变化

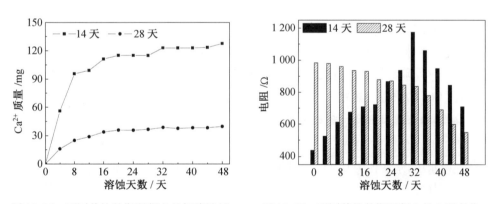

图 13.16　不同养护龄期混凝土的钙溶蚀量　　图 13.17　不同养护龄期混凝土的电阻变化

13.2.6　矿物掺合料对混凝土溶蚀的影响

由于混凝土是一种多孔的体系,硬化水泥基材料经过一次水化后还不能够达到完全稳定,当遭受到溶蚀破坏时,会使原本并不连通的孔隙相互贯通,使孔隙溶液中的 Ca^{2+} 向外部迁移,进而使 C—S—H 凝胶、$Ca(OH)_2$ 等水化产物分解,降低混凝土的密实性,减弱抗溶蚀能力。而矿物掺合料的掺入可以较好地改善混凝土孔结构,对混凝土的溶蚀起到抑制作用。因此,本试验采用粉煤灰—矿渣复合掺合料,研究其对混凝土溶蚀的影响,在进行电化学加速试验之前,仍然先将养护 28 天的混凝土试件进行真空饱水。

1. 矿物掺合料对钙溶蚀量的影响

图 13.18 为不含矿物掺合料（KF0）与含矿物掺合料（KF1）的水灰比为 0.45 的混凝土在蒸馏水和 0.5% Na_2SO_4 液中加速溶蚀后的钙溶出质量。

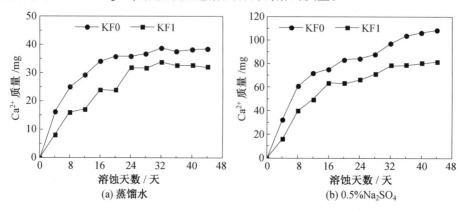

图 13.18　KF0 与 KF1 混凝土钙溶蚀量变化

从图 13.18 中可以看出：溶蚀早期，KF0 和 KF1 混凝土的钙溶蚀量均不断增大，随着溶蚀持续进行，钙溶出速率逐渐变小，最后钙溶蚀量趋于稳定，并且 KF1 混凝土的钙溶蚀量小于 KF0 混凝土的钙溶蚀量。

通过分析认为，无论在蒸馏水中还是 0.5% Na_2SO_4 中，在溶蚀初期，溶出的 Ca^{2+} 都是存在于渗水通道和与渗水通道相连通的毛细孔中，因此在加速电压下溶蚀量较大。随着渗水通道被完全打开，溶蚀继续进行，Ca^{2+} 逐渐溶出，Ca^{2+} 浓度也逐渐下降，因此溶蚀速率降低。而粉煤灰等矿物掺合料的加入不仅使水泥量降低，水化产生的 $Ca(OH)_2$ 减少，而且粉煤灰二次水化和矿渣的水化均会消耗部分 $Ca(OH)_2$，使混凝土孔隙溶液中的 $Ca(OH)_2$ 减少，硫酸根进入混凝土后因与 $Ca(OH)_2$ 反应而减少，在两种溶液中能够溶蚀出来的钙 Ca^{2+} 的质量自然减少，因此 KF1 混凝土的 Ca^{2+} 累计溶蚀量少于 KF0 混凝土。

2. 矿物掺合料对溶蚀过程中电阻的影响

图 13.19 和图 13.20 为 KF0 与 KF1 混凝土加速溶蚀后的电阻变化，从图中可以看出，在蒸馏水中，水灰比为 0.45 的 KF0 混凝土在加速溶蚀后，其电阻逐渐减小，而 KF1 混凝土的电阻随溶蚀天数呈先减小后增大的趋势，且 KF0 混凝土初期电阻下降的趋势较明显。在 0.5% Na_2SO_4 中，KF0 与 KF1 混凝土的电阻均呈先降低后升高的趋势。

分析原因，在溶蚀初期溶出的钙较多，因此无论是否含有掺合料，混凝土的电阻均会有所下降，而且不含掺合料的混凝土溶出的钙更多，因此孔隙相也更多，结构更加疏松，造成电阻下降得较快。而粉煤灰、矿渣由于粒径比水泥小，活性玻璃体颗粒可以较好地包裹骨料并填充其中的孔隙，提高拌和物的流动性，填充到水泥颗粒的孔隙中可使混凝土更密实。而且其等量代替水泥，相当于在混凝土的水泥石中引进了更多的次中心质，进一步减小了次中心质的间距，改善了次中心质和次介质的颗粒级配，对水泥颗粒起到分散作用，促使水化更加充分；此外，矿物掺合料的微细颗粒填充了水泥颗粒之间原来较大的空隙，降低了浆体中的毛细孔隙率，细化了孔径，使混凝土内部通道更加曲折，同时也阻断了部分的连通孔，从而改善了浆体的孔隙结构属性。因此，虽然在溶蚀的作用下电阻有所降

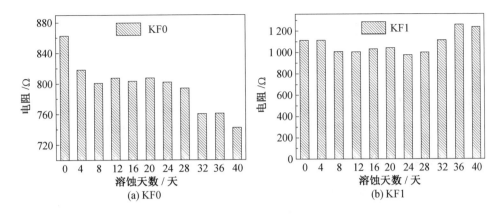

图 13.19　KF0 与 KF1 混凝土在蒸馏水中的电阻变化

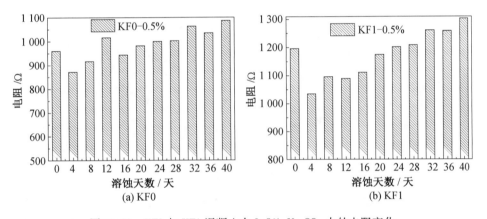

图 13.20　KF0 与 KF1 混凝土在 0.5% Na_2SO_4 中的电阻变化

低,但是其降低的幅度十分小。另外,粉煤灰二次水化和矿渣的水化均会消耗部分 $Ca(OH)_2$,减少水泥水化产物 $Ca(OH)_2$ 的数量并生成强度更高、稳定性更好、数量更多的低碱度 C—S—H 凝胶。C—S—H 凝胶会由于其较大的比表面积,通过双电层作用对离子产生较强的吸附固化作用,使孔隙溶液中游离态自由离子浓度降低,混凝土的导电性能明显降低,在后期混凝土的电阻率有所提高。而在 Na_2SO_4 溶液中溶蚀的混凝土,后期电阻增大除了以上原因外,还因较多 SO_4^{2-} 迁移到混凝土内部与水化产物反应生成钙矾石和石膏产物,填充在孔隙中,致使混凝土初期侵蚀结构更加致密,电阻有所增大。

13.2.7　Na_2SO_4 质量分数对混凝土溶蚀的影响

1. Na_2SO_4 质量分数对钙溶蚀量的影响

图 13.21 为 3 种水灰比的混凝土在不同质量分数 Na_2SO_4 溶液中溶蚀后的钙溶蚀量的变化。由图 13.21 可知,对于水灰比小于 0.55 的混凝土,加速过程中,溶蚀出的 Ca^{2+} 质量均随着 Na_2SO_4 质量分数的增大而增多。水灰比为 0.55 的混凝土,当 Na_2SO_4 质量分数小于 1% 时,钙溶蚀量小于蒸馏水中的钙溶蚀量,而在 3% Na_2SO_4 溶液中,混凝土的钙溶蚀量最大。

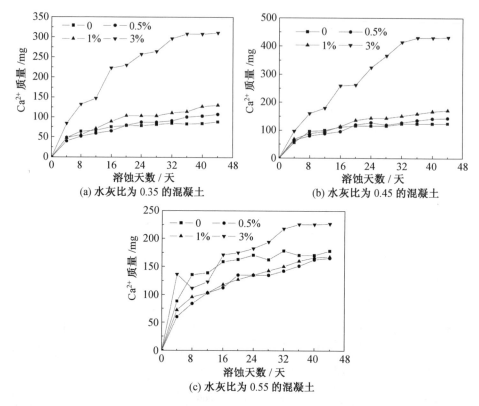

图 13.21　不同质量分数 Na_2SO_4 溶液中混凝土的钙溶蚀量变化

　　由此可见,对于水灰比小于 0.55 的混凝土,水灰比越小,混凝土结构越密实,SO_4^{2-} 进入混凝土内部越困难,并且质量分数在 1% 以下的 Na_2SO_4 溶液,进入混凝土内部的 SO_4^{2-} 相对较少,$Ca(OH)_2$ 及 C-S-H 凝胶的分解程度比在蒸馏水中的混凝土稍严重,其钙溶蚀量多于蒸馏水中的钙溶蚀量,结合的 Ca^{2+} 少,Ca^{2+} 溶出的速度仍然大于 SO_4^{2-} 结合的速度。水灰比为 0.55 的混凝土,其结构较疏松,具有较多的孔隙,因此,尽管 SO_4^{2-} 浓度较小,对其影响也较大,SO_4^{2-} 结合了较多的 Ca^{2+},使 Ca^{2+} 无法溶出,因此在蒸馏水中的混凝土反而溶出了较多的钙。但是,当 Na_2SO_4 质量分数达到 3% 时,进入混凝土内部的 SO_4^{2-} 增多,与 Ca^{2+} 结合也较多,使混凝土内部碱性降低,C-S-H 凝胶分解较多,产生更多的 Ca^{2+},内部 Ca^{2+} 浓度随之升高,因此溶出的钙的质量增加较多。

2. Na_2SO_4 质量分数对溶蚀过程中电阻的影响

　　对在 Na_2SO_4 溶液中溶蚀的混凝土测试电化学阻抗谱,得到电阻随溶蚀天数的变化情况,图 13.22 为 3 种水灰比的混凝土在不同质量分数的 Na_2SO_4 溶液中溶蚀后的电阻变化。

　　从图 13.22 可以看出,当 Na_2SO_4 溶液的质量分数小于 1% 时,溶蚀过程中混凝土的电阻小于在蒸馏水中溶蚀的混凝土的电阻;而 Na_2SO_4 溶液的质量分数为 3% 时,混凝土的电阻最大。通过分析可知,随着 SO_4^{2-} 浓度的增大,当其质量分数在 1% 以下时,SO_4^{2-} 进入混凝土内部的量较少,与水化产物反应尚不充分,SO_4^{2-} 基本处于游离的离子状态,导电性较好,电阻较小。当 Na_2SO_4 溶液质量分数达到 3% 时,能够更多地与水化产物反应生成晶体,导电性降低,电阻变大。

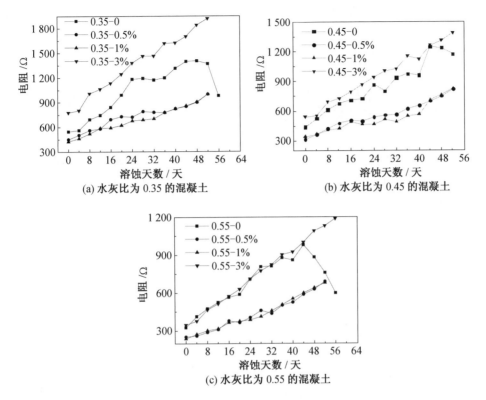

图 13.22　不同质量分数 Na_2SO_4 溶液中混凝土的电阻变化

13.2.8　本节小结

本节通过对不同水灰比混凝土在不同质量分数 Na_2SO_4 溶液中的加速溶蚀研究水灰比及 Na_2SO_4 溶液质量分数对混凝土溶蚀的影响,并在蒸馏水和 0.5% Na_2SO_4 溶液中研究水灰比为 0.45 时掺合料对混凝土溶蚀的影响。综合分析,可以得到以下几方面的结论。

(1)在四种质量分数的 Na_2SO_4 溶液中混凝土发生溶蚀后,加速溶蚀初期其钙溶出的速度均较快,曲线斜率较大,随着溶蚀天数的增加,混凝土溶出钙的质量逐渐增多,但其溶出速率逐渐减慢,并趋于平缓。

(2)当 Na_2SO_4 质量分数小于等于 1% 时,水灰比对溶蚀起主导作用,水灰比越小,溶出钙的质量越少;当 Na_2SO_4 质量分数大于 1% 时,Na_2SO_4 溶液的质量分数对溶蚀的影响较大,水灰比为 0.55 的混凝土溶出钙的质量最小。

(3)对 3 种水灰比的混凝土在蒸馏水中的钙溶蚀量随溶蚀天数的变化进行拟合,得到的拟合值和试验值很接近,且符合指数关系式。

(4)在蒸馏水中溶蚀的混凝土,随着加速溶蚀的增加,其电化学阻抗谱先向右移动,再向左移动,高频区半圆形的半径先增大后减小,混凝土电阻先增大后减小,水灰比为 0.35 的混凝土,其电阻开始变小的时间较水灰比为 0.45、0.55 的混凝土晚。在 0.5%、1%、3% 的 Na_2SO_4 溶蚀的混凝土中,3 种水灰比混凝土的电阻值不断增大,并且从大到小依次为 0.35、0.45 和 0.55。

(5)对水灰比为 0.45 不含掺合料(KF0)和含掺合料(KF1)的混凝土在蒸馏水和

0.5% Na_2SO_4 中进行加速溶蚀,溶蚀早期混凝土 KF0 和 KF1 溶蚀出的钙的质量均不断增大,随着溶蚀的持续进行,钙溶出速率逐渐变小,最后溶出钙的质量趋于稳定,并且 KF1 混凝土的钙溶蚀量小于 KF0 混凝土的钙溶蚀量。在蒸馏水中,水灰比为 0.45 的 KF0 混凝土在加速溶蚀后其电阻逐渐减小,而 KF1 混凝土的电阻值随溶蚀天数的增加呈先减小后增大的趋势,且 KF0 混凝土初期电阻下降的趋势较明显,在 0.5% Na_2SO_4 中,KF0 与 KF1 混凝土的电阻都是先降低后升高。

(6)对于水灰比小于 0.55 的混凝土,加速过程中,溶蚀出的 Ca^{2+} 质量均随着 Na_2SO_4 质量分数的增大而增加,主要是因为 SO_4^{2-} 进入混凝土中加速了水泥的水化,提高了内部的 Ca^{2+} 浓度,在电压作用和浓度梯度作用下,加速了 Ca^{2+} 的溶出;而对水灰比为 0.55 的混凝土,当 Na_2SO_4 质量分数小于 1% 时,溶出钙的质量小于蒸馏水中的钙的质量,在 3% Na_2SO_4 溶液中,混凝土 Ca^{2+} 溶出的质量最多。当 Na_2SO_4 溶液的质量分数小于 1% 时,溶蚀过程中混凝土的电阻大于在蒸馏水中溶蚀的混凝土的电阻,而 Na_2SO_4 溶液的质量分数为 3% 时,混凝土的电阻最大。

13.3 混凝土溶蚀对钢筋腐蚀的影响

13.3.1 钢筋腐蚀的机理

混凝土中水泥水化时,会在混凝土孔隙溶液中生成大量的水化产物,使混凝土孔隙溶液中的 pH 达到 12.5,又由于混凝土中含有 Na_2O、K_2O 等少量的碱性氧化物,因此可以使混凝土内部的 pH 达到 13 以上。钢筋在高碱性环境下时,其表面能够生成一层致密的氧化膜,被称为钝化膜。钝化膜牢牢吸附在钢筋表面,即使存在水和氧气,钢筋也不会发生腐蚀。但是,当混凝土内部碱性降低或有侵蚀性物质入侵时,钢筋表面的钝化膜会受到破坏,进而使钢筋腐蚀。研究表明,钝化膜能够稳定存在的环境 pH 应大于 11.5,过低时钝化膜难以形成或已经破坏。钝化膜在中性或弱酸性环境下会发生分解,即发生脱钝或去钝化。

由于钢筋腐蚀是一个电化学过程,因此只有当钢筋满足一定条件时才会发生腐蚀,即电化学活性存在不均一性,阴阳极之间具有良好的电子导电、离子导电、形成闭合回路以及存在适当的氧化剂。

当钢筋发生腐蚀时,在阳极区和阴极区分别发生氧化反应和还原反应,阳极区释放的电子通过钢筋流向阴极区,电极反应式如下:

阳极区

$$Fe \longrightarrow Fe^{2+} + 2e^- \qquad (13.7)$$

阴极区

$$O_2 + 2H_2O + 4e^- \longrightarrow 4OH^- \qquad (13.8)$$

同时,生成的 Fe^{2+} 向四周迁移、扩散,与阴极区形成的 OH^- 发生反应,生成 $Fe(OH)_2$。当氧气和水充足时,$Fe(OH)_2$ 进一步反应生成 $Fe(OH)_3$,$Fe(OH)_3$ 脱水后生成疏松多孔的 Fe_2O_3,即红锈;当氧气不足时,由于不能够充分氧化,因此生成 Fe_3O_4,即黑锈。反应方程式如下:

$$Fe^{2+}+2OH^- \longrightarrow Fe(OH)_2 \tag{13.9}$$

$$4Fe(OH)_2+O_2+2H_2O \longrightarrow 4Fe(OH)_3 \tag{13.10}$$

$$2Fe(OH)_3 \longrightarrow Fe_2O_3+3H_2O \tag{13.11}$$

$$6Fe(OH)_2+O_2 \longrightarrow 2Fe_3O_4+6H_2O \tag{13.12}$$

综合分析,钢筋混凝土中钢筋的腐蚀过程可以归纳为以下化学反应,即

$$Fe+O_2+H_2O \longrightarrow 腐蚀产物$$

这个电化学反应的发生需要几方面共同作用,首先铁原子要释放电子形成铁离子,氧气得到电子,然后电子从阳极运动至阴极,产生腐蚀电流,最后,通过混凝土的孔隙溶液形成闭合回路电流。

13.3.2　试验原材料

1.钢筋

试验采用建筑工程中直径为 11.5 mm 的 HPB300 钢筋,其主要化学成分见表 13.15。

表 13.15　钢筋电极的主要化学成分(质量分数)　　　　　　　　　%

C	Mn	P	S	Si	Fe
0.181	0.580	0.012	0.023	0.350	97.5

2.水

试验制备试件所用水为自来水,为排除其他因素的干扰,采用蒸馏水进行电化学加速溶蚀,蒸馏水的 pH 为 7。

13.3.3　钢筋的制作

将一根钢筋截断成 3 cm 的钢筋棒,除去表面的铁锈后将其表面打磨光滑,再依次用不同目数的砂纸对其表面进行打磨,直到表面露出金属光泽为止。然后在台式激光钻床上钻取一定深度的孔,再用乙醇擦拭钢筋表面及孔内,去除其表面的杂质及灰尘,清理干净后将导线焊接到所钻的孔中。最后用环氧树脂将其焊接端面密封好,钢筋电极制备完成,如图 13.23 所示。

图 13.23　待用的钢筋电极

13.3.4　混凝土试件的制备

试验制备水灰比为 0.45 的混凝土,试件的尺寸为 $\phi100$ mm×50 mm,制作过程与 13.2 节中的混凝土成型过程相同,其中将钛棒置于混凝土中心位置,钢筋棒置于距离混凝土中心 1/2 处,成型后的试件如图 13.24 所示。

图 13.24　成型后的试件

13.3.5　试验设备与仪器

试验主要采用 RST 电化学工作站对混凝土和钢筋进行电化学阻抗谱测试,测试前将养护 28 天的混凝土试件进行真空饱水,并采用三电极法对钢筋进行电化学测试,通过采用自腐蚀电位法和线性极化法得到的电化学参数评价混凝土溶蚀对钢筋腐蚀的影响。

采用三电极法时,钢筋电极为工作电极,饱和甘汞电极(相对标准氢电极的电位为 241 mV)为参比电极(图 13.25),镀铱钛网为辅助电极(图 13.26)。

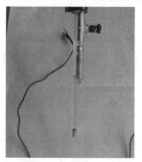
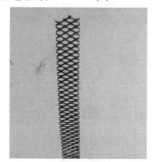

图 13.25　参比电极　　　　　　　图 13.26　辅助电极

利用 CS300 电化学测试系统(图 13.27)测试钢筋的自腐蚀电位、极化电阻值等。动电位扫描时,扫描速率为 0.167 mV/s,极化电位范围为 $-10 \sim 10$ mV。

图 13.27　CS300 电化学测试系统

13.3.6　试验内容

首先在蒸馏水、0.5% Na_2SO_4 和 3% Na_2SO_4 溶液中对混凝土进行电化学加速,加速装置如 13.2.3 节所示。通过对混凝土试件施加 8 V 的电压加速其溶蚀,通过测定混凝土的钙溶蚀量和电化学阻抗谱证明混凝土发生溶蚀后,再利用 CS300 电化学测试系统及 RST 电化学工作站测试钢筋的电化学参数,以此来表征钢筋是否发生腐蚀,分别讨论在蒸馏水和 Na_2SO_4 环境下的混凝土溶蚀是否会对钢筋产生影响。

13.3.7　混凝土的钙溶蚀量

图 13.28 为混凝土在蒸馏水和 0.5% Na_2SO_4 溶液中的钙溶蚀量,从图 13.28(a)、(b) 可以看出,混凝土溶蚀出的钙的质量不断增大,且溶蚀初期增大的速度较快,后期增大速度逐渐变慢,一段时间后,钙溶出的质量趋于稳定。

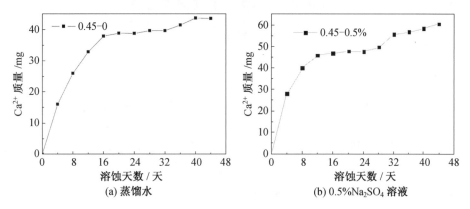

图 13.28　混凝土在蒸馏水和 0.5% Na_2SO_4 溶液中的钙溶蚀量

13.3.8　混凝土 Nyquist 谱和电阻

图 13.29(a)、(b) 分别为混凝土在蒸馏水和 0.5% Na_2SO_4 溶液中加速溶蚀后的 Nyquist 谱。图 13.30 为不同溶液中溶蚀对混凝土电阻的影响。从图 13.29(a) 和图 13.30 中可以看出,混凝土的 Nyquist 谱不断向左移动,其电阻值不断减小,且初期混凝土电阻降低得较快,而后电阻变化不明显。从图 13.29(b) 中可以看出,Nyquist 谱先向左移,后向右移,说明其电阻先减小后增大。

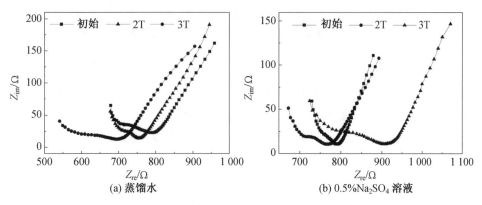

图 13.29　混凝土在不同溶液中的 Nyquist 谱

由于 Ca^{2+} 不断从混凝土内部向外部迁移,因此混凝土内部的孔隙增多,密实性变差,电阻下降。加速一段时间后,由于钙的溶蚀量趋向稳定,因此电阻变化量较小。而

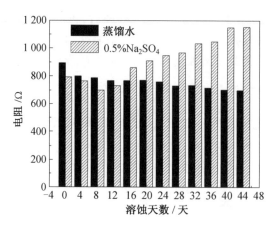

图 13.30　不同溶液中溶蚀对混凝土电阻的影响

Na_2SO_4 溶液中的混凝土在加速电压下发生溶蚀后,孔隙也增多,导致电阻降低。不断加速后混凝土外部的 Na_2SO_4 溶液进入混凝土内部的量增多,与内部水化产物发生化学反应,生成不溶物,填充了部分孔隙,使电阻增大。

　　因此,从钙溶蚀量和电阻变化两方面可以判断混凝土在加速电压的作用下发生了溶蚀。再对混凝土内的钢筋进行电化学测试,通过自腐蚀电位和极化电阻判断钢筋是否发生腐蚀,讨论溶蚀对钢筋是否会产生影响。

13.3.9　溶蚀对钢筋腐蚀的影响

1. 溶蚀对自腐蚀电位的影响

　　图 13.31 为在蒸馏水、0.5% Na_2SO_4 和 3% Na_2SO_4 溶液中混凝土溶蚀对钢筋自腐蚀电位的影响,其中 0-1 表示在蒸馏水中的试件,0.5% -2、3% -3 表示在 Na_2SO_4 溶液中的试件。

　　从图 13.31 中可以看出,经过标准养护和真空饱水后的试件初始自腐蚀电位相差较大,这与试件本身的差异和该方法测试的局限性有关。尽管如此,由于钢筋的电位变化与其他的电化学参数有关,仍然可以通过其自腐蚀电位的变化情况定性判断钢筋的腐蚀情况。在整个测试过程中,为了避免外加电压对钢筋电位产生的影响,采取断电后 3 h 再进行测试的方法尽量消除影响。

　　从图 13.31 中可以看出,蒸馏水中的试件,其自腐蚀电位在试验初期的 5 天内,随着加速时间的延长呈快速上升的趋势,而后趋于平稳。在 0.5% Na_2SO_4 溶液中的试件,其钢筋的自腐蚀电位在加速前期仍然呈先快速增大再趋于稳定的状态。在 3% Na_2SO_4 溶液中的试件,其钢筋的自腐蚀电位在加速前期增长速度较慢;加速 40 天后,蒸馏水溶液中的试件,其和 0.5% Na_2SO_4 溶液中的试件的自腐蚀电位开始呈下降趋势,3% Na_2SO_4 溶液中的试件,其自腐蚀电位呈上升的趋势。

　　分析原因,不论在蒸馏水中还是在 Na_2SO_4 溶液中的试件,初期混凝土内部的碱度都很高,钢筋表面发生钝化,形成钝化膜,从而导致电位迅速升高。随着钝化膜的不断加厚,这种快速增长的趋势变慢,加速溶蚀不断进行,尽管 Ca^{2+} 累计溶蚀量逐渐增多,但是其电位仍处于较稳定的状态,说明在蒸馏水中发生溶蚀对钢筋自腐蚀电位的影响不大。

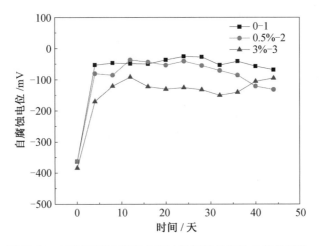

图 13.31　不同溶液中混凝土溶蚀对钢筋自腐蚀电位的影响

在 3% Na_2SO_4 溶液中,初期与在蒸馏水中的变化规律相似,而随着溶蚀不断进行以及 SO_4^{2-} 不断进入混凝土内部,一方面由于溶蚀使混凝土内部的碱度有所降低,另一方面由于 SO_4^{2-} 的进入混凝土内部生成钙矾石和石膏使混凝土内部孔隙堵塞,Ca^{2+} 向外迁移速度变慢,水泥水化继续溶出 Ca^{2+} 使混凝土内孔隙溶液的 pH 有所增加,对钢筋腐蚀有一定的延缓作用,体现在图 13.31 中自腐蚀电位后期逐渐上升。但是,0.5% Na_2SO_4 溶液对混凝土溶蚀严重,大量 Ca^{2+} 向外迁移,使孔隙溶液的 pH 下降,钢筋钝化膜变薄,因此自腐蚀电位在后期逐渐下降,自腐蚀电位值约为 -200 mV,如图 13.31 所示。因此钢筋有腐蚀风险,溶蚀后混凝土内的钢筋发生的腐蚀要大于浸泡在蒸馏水中混凝土内的钢筋的腐蚀。

2. 溶蚀对极化电阻的影响

图 13.32 为在蒸馏水、0.5% Na_2SO_4 和 3% Na_2SO_4 溶液中混凝土溶蚀对钢筋极化电阻的影响,各试件编号与前面相同。可以看出,各试件初始的极化电阻有所差异,主要与试件自身因素,如钢筋的表面状况、钝化膜形成的稳定性等有关。

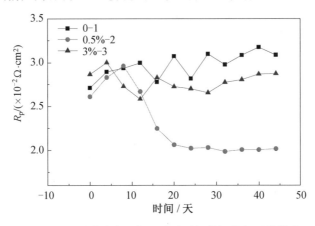

图 13.32　不同溶液中混凝土溶蚀对钢筋极化电阻的影响

由图 13.32 可知,在蒸馏水中钢筋的极化电阻在整个加速过程中变化不大,基本保持在稳定的状态。在 0.5% Na_2SO_4 溶液中的钢筋,其极化电阻在加速前 8 天内逐渐升高,而后开始突然下降。前期钢筋极化电阻升高,主要是溶蚀初期混凝土内部的碱度仍然较高,在钢筋表面迅速形成钝化膜的缘故。而随着溶蚀的进行,溶出的钙的质量逐渐达到稳定,钝化膜也逐渐稳定,溶蚀造成的碱度降低程度不足以使钝化膜发生破坏。但随着溶蚀持续进行,SO_4^{2-} 不断向混凝土内部迁移,在 SO_4^{2-} 未到达钢筋表面时,溶蚀对钢筋极化电阻的影响不大,极化电阻处于稳定状态。在溶蚀 8 天后,极化电阻突然下降,一方面是由于 SO_4^{2-} 对钢筋钝化膜产生了一定的破坏作用,另一方面是 SO_4^{2-} 与混凝土内部的 $Ca(OH)_2$ 结合生成钙矾石和石膏,使内部的碱度降低的速度加快,最终使其极化电阻降低,但其极化电阻值和蒸馏水中及 3% Na_2SO_4 溶液中一样,钢筋仍处于未腐蚀状态。

13.3.10 本节小结

本节通过对加速溶蚀前后的混凝土及其内部钢筋进行电化学测试,分别研究其在蒸馏水、0.5% Na_2SO_4 和 3% Na_2SO_4 溶液中溶蚀对钢筋腐蚀的影响,得到了如下结论。

(1)通过外加电压加速混凝土的溶蚀,得到溶蚀后混凝土的 Ca^{2+} 累积量,溶出的 Ca^{2+} 质量在两种溶液中均随加速时间呈先增加、后稳定的变化趋势。

(2)通过测试混凝土的电化学阻抗谱发现,蒸馏水中混凝土的电阻一直减小,且以较小幅度逐渐降低;在 Na_2SO_4 溶液中混凝土的电阻,先减小后增大。

(3)混凝土在蒸馏水和 3% Na_2SO_4 溶液中溶蚀的过程中,其钢筋的自腐蚀电位和极化电阻值基本保持不变,且一直处于未腐蚀状态;而在 0.5% Na_2SO_4 溶液中,自腐蚀电位和极化电阻值均出现降低现象,增加了钢筋腐蚀的风险。

13.4 电化学加速溶蚀的混凝土显微结构分析

对于混凝土溶蚀的研究,从宏观分析,可以通过溶出的钙累积量及混凝土电阻等方面进行表征,而混凝土的微观形貌特征及其组成结构的变化能够更加直接地反映其宏观性能的变化规律。因此,通过多种显微测试手段对溶蚀前后的混凝土进行显微结构分析,能够更好地解释其宏观性能发生变化的原因。

本节对不同的试件进行取样,利用 X 射线衍射、扫描电子显微镜及能谱、汞压力测孔法分析溶蚀前后的产物组成、显微结构以及孔结构的变化情况,以期更好地解释溶蚀机理并提供更多的理论依据。

13.4.1 X 射线衍射分析

利用 X 射线入射晶体后可产生衍射现象的原理进行物相分析,可以确定物质的组成。在特定波长的 X 射线照射下每种物质都有其独特的衍射峰位置及强度,因此可以利用 X 射线衍射的方法确定混凝土及其溶蚀后的水化产物变化。

试验所用的 X 射线衍射仪为荷兰 Panalytical 分析仪器公司所生产的 X'PERT PRO MPD 常温-高温一体 X 射线衍射仪,如图 13.33(a)所示。

试验选取溶蚀前后水灰比为 0.55 的混凝土进行 X 射线衍射分析,将混凝土破碎后,取出其中的砂浆部分,用研钵磨成粉末后,使其通过 80 μm 的筛子,在进行测试时取出准备好的样品粉末 2 g 左右置于有凹槽的载玻片中,用另一玻璃片压实抹面,如图13.33(b)所示,使表面平整后放入仪器中,进行测试。

(a) X 射线衍射仪　　　　　　　　　　(b) 制备的试样

图 13.33　X 射线衍射仪及制备的试样

为了研究混凝土在 Na_2SO_4 溶液中溶蚀后的腐蚀产物,选取比较有代表性的水灰比较大的混凝土进行 XRD 测试。

图 13.34 为 0.55 水灰比的混凝土在不同溶液中溶蚀前后的 XRD 谱图,其中 A 代表未溶蚀混凝土的 XRD 谱图,B 代表在蒸馏水中溶蚀的混凝土的 XRD 谱图,C 代表在 3% Na_2SO_4 溶液中溶蚀的混凝土的 XRD 谱图。通过对 XRD 谱图进行解谱和 PDF 卡片对比分析溶蚀前后的水化产物变化。

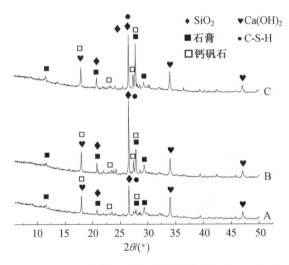

图 13.34　0.55 水灰比的混凝土在不同溶液中溶蚀前后的 XRD 谱图

由图 13.34 可看出,A、B、C 三条 XRD 谱图中存在几个较明显的衍射峰,经过与 PDF 卡片对比分析可以得出这些衍射峰对应的物相组成。

A、B、C 三条 XRD 谱图中,在 $2\theta = 26.609\ 3°$ 为石英和 C-S-H 凝胶的重叠衍射峰;在 $2\theta = 18.005\ 5°$、$34.030\ 2°$、$47.054\ 6°$ 均为 $Ca(OH)_2$ 的衍射峰,而 A、B、C 三条 XRD 谱图的强度基本相近,其中在 $2\theta = 18.005\ 5°$ 为 $Ca(OH)_2$ 与钙矾石的重叠衍射峰,而 A 衍射峰强度最低,C 衍射峰强度最高,B 衍射峰强度介于 A、B 衍射峰强度之间;$2\theta = 11.673\ 9°$、$20.800\ 9°$、$27.851°$ 及 $29.350\ 6°$ 均为石膏的衍射峰,其中 $2\theta = 27.851°$ 为钙矾石与石膏的

重叠衍射峰,而 A 衍射峰强度最低,C 衍射峰强度最高;$2\theta=22.988\ 6°$ 为钙矾石的衍射峰且衍射强度很弱。对 C 衍射谱峰的物相组成说明如下。

C 的 XRD 谱图是在 Na_2SO_4 溶液中溶蚀的混凝土试件,其衍射峰特点:①$2\theta=26.609\ 3°$ 是石英晶体为主特征衍射峰,比未溶蚀的混凝土试件衍射峰强度高,原因是 C-S-H 凝胶水化产物溶蚀快,相对石英的量就高。②$2\theta=27.900\ 7°$ 及 $29.383\ 3°$ 的衍射峰为钙矾石与石膏的重叠衍射峰,而在 Na_2SO_4 溶液中溶蚀混凝土衍射峰强度高于未溶蚀的混凝土、蒸馏水中溶蚀的混凝土试件。这归因于硫酸根离子不断进入混凝土内部并与水化产物反应,生成石膏和钙矾石填充混凝土内部孔隙,减少 Ca^{2+} 向外迁移的通道,使孔隙溶液中 Ca^{2+} 浓度逐渐增加达到过饱和程度,有 $Ca(OH)_2$ 晶体生成,由 C 的 XRD 谱图衍射峰强度增加和 SEM 物相分析所证明。③$2\theta=18.005\ 5°$、$34.066\ 4°$ 以及 $47.101\ 2°$ 均为 $Ca(OH)_2$ 衍射峰,而 A、B、C 三条 XRD 谱图衍射峰强度基本相近,这说明混凝土孔隙溶液处于饱和或过饱和状态($pH\geqslant 11$),$Ca(OH)_2$ 晶体没有溶蚀,在 C 的 XRD 谱图中 $Ca(OH)_2$ 晶体衍射峰强度略有增加。以某水电站工程为例,在闸门区水下混凝土服役 10 年取芯的试件证明含有较多 $Ca(OH)_2$ 晶体,钢筋没有腐蚀。④试件在 Na_2SO_4 溶液中电化学加速 48 天,最终残留的水化产物主要是 $Ca(OH)_2$、溶蚀后的 C-S-H 残骸、钙矾石和石膏晶体。

13.4.2 孔结构分析

试验所用仪器为 Auto Pore Ⅳ 9500 压汞仪,可测得的孔径范围为 $0.003\sim 1\ 000\ \mu m$,如图 13.35(a)所示。试样的制备过程:将混凝土中的粗骨料剔除,取出其中的砂浆部分,将其破碎成 $3\sim 5\ mm$ 的近似球形试块,放入真空干燥箱中烘干至恒重,取 4 g 左右样品放入膨胀计中,进行压汞试验,如图 13.35(b)所示。

(a) Auto Pore IV 9500 压汞仪　　　　(b) 制备的试样

图 13.35　压汞仪及制备的试样

混凝土是一个复杂的多孔结构,其孔的类型按照孔径的大小可以分为 4 类:大孔($d>1\ 000\ nm$)、毛细孔($100\ nm<d\leqslant 1\ 000\ nm$)、过渡孔($10\ nm<d\leqslant 100\ nm$)、凝胶孔($d\leqslant 10\ nm$)。根据孔对混凝土的性能是否有害可将其分为无害孔($d\leqslant 20\ nm$)、少害孔($20\ nm<d\leqslant 100\ nm$)、有害孔($100\ nm<d\leqslant 200\ nm$)和多害孔($d>200\ nm$)。

选取有代表性的试件,对其进行孔结构分析,以水灰比为 0.55 的混凝土为例,测试其未溶蚀前及在蒸馏水、3% Na_2SO_4 溶液中溶蚀后的孔结构。图 13.36 为累计进汞量与孔径分布的关系,最可几孔径分布如图 13.37 所示。

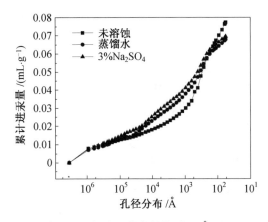

图 13.36　累计进汞量与孔径分布的关系(1 Å＝0.1 nm,下同)

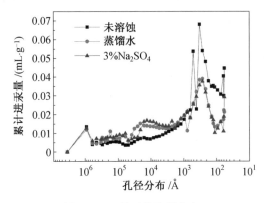

图 13.37　最可几孔径分布

从图 13.36 中可以看出,孔径在 $10 \sim 10^3$ nm 时,在水中和在 3% Na_2SO_4 溶液中溶蚀的混凝土的进汞量均多于未溶蚀的混凝土,且增大的速率较快。从图 13.37 中可以看出,未溶蚀的混凝土微分曲线在 $10 \sim 100$ nm 有两个峰,溶蚀后的混凝土也有两个峰,分别在 1 000 nm 左右和 50 nm 左右。说明混凝土在溶蚀后大孔有所增加,过渡孔有所减少。综合分析可以得出,混凝土在蒸馏水中溶蚀后,其大孔体积增大是由于水化产物溶解析出混凝土留下较多的孔洞,而在 3% Na_2SO_4 溶液中溶蚀的混凝土,其大孔体积增大,过渡孔体积减小的原因一方面是溶蚀造成的,另一方面是 SO_4^{2-} 与水化产物反应生成了钙矾石和石膏,填充部分孔隙的同时产生微膨胀,使孔体积变化。

通过压汞测试还可以得出混凝土在溶蚀前后的孔隙率,未溶蚀混凝土的孔隙率为 15.399 05%,在水中溶蚀的混凝土孔隙率为 17.288 8%,在 3% Na_2SO_4 溶液中溶蚀的混凝土的孔隙率为 14.029 8%,可以看出混凝土在水中溶蚀后孔隙增多,而在 3% Na_2SO_4 溶液中溶蚀后孔隙减少,这与钙矾石和石膏的生成有一定关系。

13.4.3　扫描电子显微镜分析

扫描电子显微镜主要是利用二次电子信号成像来观察样品的表面形态。本试验利用扫描电子显微镜分析混凝土溶蚀前后的显微结构的变化,试验所用仪器为 Quanta 200F 场发射扫描电子显微镜,如图 13.38(a)所示。

由于 SEM 对试样有一定的要求,因此在进行测试之前,需要制备符合要求的测试样品。具体制备过程:首先将要进行测试的试件破碎,取出其中的水泥砂浆部分,所取得样品应有一个面是较平整的。取出后立即浸泡在丙酮或无水乙醇中使其终止水化,在测试前将样品放到烘箱中烘干至恒重,然后用导电胶将其粘贴在导电板上,进行抽真空、喷金处理。制备好的待测样品如图 13.38(b)所示,进行测试时选取所需区域进行拍照,以便后续分析。

(a) Quanta 200F 场发射扫描电镜　　　　(b) 制备的试样

图 13.38　扫描电子显微镜和制备的试样

通过前面的分析,选取有代表性的试件进行 SEM 的测试,分别对水灰比为 0.35 及 0.55 在蒸馏水及 3% Na₂SO₄ 溶液中溶蚀前后的混凝土取样。混凝土溶蚀是一个复杂的物理化学过程,通过显微结构分析,可以从组成结构的变化探讨混凝土溶蚀机理及其对混凝土性能的影响。

1. 水灰比为 0.35 的混凝土在不同溶液中溶蚀的 SEM 分析

未腐蚀的混凝土的 SEM 照片如图 13.39 所示。从图 13.39 可以看出,未溶蚀混凝土由针状 C-S-H 凝胶体构成空间网架结构,在内部孔洞中存在板状 Ca(OH)₂ 及花朵状和卷曲褶皱的 C-S-H 凝胶,以及席卷型单硫型钙矾石,各种水化产物交错连接在一起,形成均匀致密的显微结构。

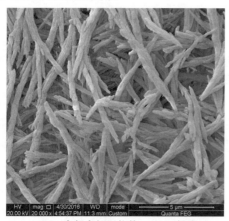 

(a) 交织空间网状的 C-S-H 凝胶　　　　(b) 水泥水化产物集合体

图 13.39　未溶蚀混凝土的 SEM 照片

混凝土在蒸馏水中溶蚀后的 SEM 照片如图 13.40 所示,部分 Ca(OH)$_2$ 晶体有不同程度的溶解现象,溶蚀后 Ca(OH)$_2$ 晶体形状是破碎不完整晶形。另外,如图 13.40(b) 和 (c)所示,C—S—H 凝胶原位溶蚀,形成"矛头状",另一部分细小针状 C—S—H 凝胶体网架结构溶蚀成繁多孔洞,密实性变差,pH 下降严重,从而影响混凝土耐久性及钢筋腐蚀。

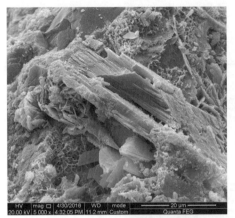
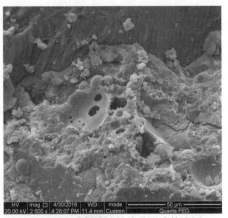

(a) Ca(OH)$_2$ 晶体局部溶蚀残留物　　　　(b) C—S—H 凝胶溶蚀残骸形成的孔洞

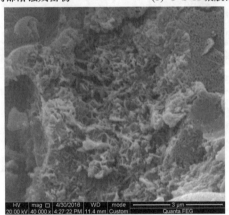

(c) 蒸馏水中溶蚀后的 C—S—H 残骸

图 13.40　水灰比为 0.35 的混凝土在蒸馏水中溶蚀后的 SEM 照片

混凝土在 3% Na$_2$SO$_4$ 溶液中溶蚀后的 SEM 照片如图 13.41 所示,次生"针状"钙矾石晶体和石膏晶体填充在混凝土内孔洞和初始缝隙中,形成相对密实的结构。如图 13.41(b)所示,C—S—H 凝胶溶解程度严重,形成较多溶蚀孔洞,在孔洞周围堆积大量 C—S—H 凝胶溶蚀后残留物。这主要是因为 Na$_2$SO$_4$ 溶液激发加速水泥水化,在电化学加速作用下,促使 Ca^{2+} 的溶出质量增多,从而形成孔洞。如图 13.41(c)所示,观察到孔洞内有少量 Ca(OH)$_2$ 晶体和钙矾石晶体,这主要是因为在 3% Na$_2$SO$_4$ 溶液中,水化产物溶解的 Ca^{2+} 量大于向外迁移的 Ca^{2+} 量,在孔隙溶液中 Ca^{2+} 浓度逐渐达到饱和或过饱和,生成新的 Ca(OH)$_2$ 晶体和少量的次生针状钙矾石。综上所述,尽管在 3% Na$_2$SO$_4$ 环境下,水化产物 C—S—H 凝胶溶蚀较严重,但基本没有破坏原水化产物的显微结构。同时,由于 SO$_4^{2-}$

进入混凝土内部,与高浓度梯度下溶出的 Ca^{2+} 相结合,生成新的 $Ca(OH)_2$ 晶体、钙矾石晶体和石膏晶体,填充在混凝土内孔洞和初始缝隙中,形成致密结构,阻碍 Ca^{2+} 向外迁移,保持混凝土内部高碱度,降低钢筋腐蚀的风险。

(a) 次生针状钙矾石晶体(A)和纤维状石膏晶体(B)

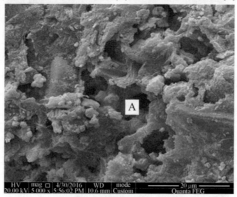

(b) C–S–H 凝胶残留的孔洞

图 13.41　水灰比为 0.35 的混凝土在 Na_2SO_4 溶液中溶蚀的 SEM 照片

2. 水灰比为 0.55 的混凝土在不同溶液中溶蚀的 SEM 分析

未溶蚀混凝土的 SEM 照片如图 13.42 所示。在图 13.42(a)中可以看出,在高倍 SEM 下,C–S–H 凝胶单体颗粒形状为卷曲褶皱状,颗粒尺寸为 $0.1 \sim 0.2~\mu m$,这是混凝土水泥水化产物常见的显微结构。如图 13.42(b)所示,在水灰比为 0.55 未溶蚀的混凝土中由针状钙矾石晶体构成空间网架结构,形成均匀多孔结构,其间填充 C–S–H 凝胶颗粒凝聚体及"席卷状"单硫型钙矾石晶体。

水灰比为 0.55 的混凝土在蒸馏水中溶蚀后的 SEM 照片如图 13.43 所示,由图 13.43(a)、(b)可以看出,存在大量 C–S–H 凝胶残骸,说明 C–S–H 凝胶大面积溶蚀。如图 13.43(c)所示,部分 $Ca(OH)_2$ 晶体定向溶蚀,少量 $Ca(OH)_2$ 晶体没有发生溶蚀,仍保持原有晶形。

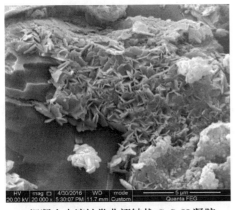

(a) 混凝土未溶蚀卷曲褶皱状 C-S-H 凝胶

(b) 未溶蚀钙矾石晶体 (A) 及 C-S-H 凝聚体 (B)

图 13.42　未溶蚀混凝土的 SEM 照片

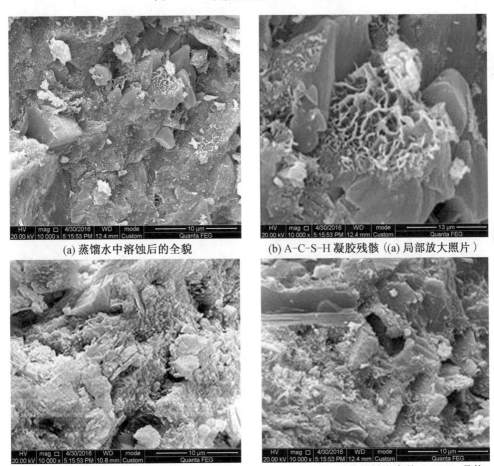

(a) 蒸馏水中溶蚀后的全貌

(b) A-C-S-H 凝胶残骸 ((a) 局部放大照片)

(c) C-S-H 凝胶大面积溶蚀和 Ca(OH)$_2$ 晶体

(d) Ca(OH)$_2$ 晶体溶蚀和完整 Ca(OH)$_2$ 晶体

图 13.43　水灰比为 0.55 的混凝土在蒸馏水中溶蚀后的 SEM 照片

水灰比为 0.55 的混凝土在 3% Na$_2$SO$_4$ 溶液中溶蚀后的 SEM 照片如图 13.44 所示，从图 13.44(a)、(b) 中可以看出，由 C-S-H 凝胶原位溶蚀形成"矛头状"C-S-H 凝胶残骸,同时存在 Ca(OH)$_2$ 晶体的部分溶出。另外,如图 13.40(c)、(d)所示,溶蚀过程中再结晶形成 Ca(OH)$_2$ 晶体和次生钙矾石晶体,其中 Ca(OH)$_2$ 晶体呈现"明显"的节理。这一现象形成的主要原因:加速溶蚀后期,由于 SO$_4^{2-}$ 大量进入混凝土内部生成钙矾石、石膏晶体,填充在混凝土内孔隙和初始缝隙中,改变离子传输通道,使孔隙变小,部分连通孔变成闭孔,促使溶出的 Ca^{2+} 向外迁移速度减慢,Ca^{2+} 量减少。Ca^{2+} 在孔隙溶液中逐渐积累浓度增大,达到一定饱和程度或过饱和程度析出 Ca(OH)$_2$ 晶体。因此,在 3% Na$_2$SO$_4$ 溶液中,在加速溶蚀后期,虽然有部分 Ca^{2+} 溶蚀,但向外迁移的 Ca^{2+} 与水化产物溶出的 Ca^{2+} 近于平衡,钢筋腐蚀风险性降低。

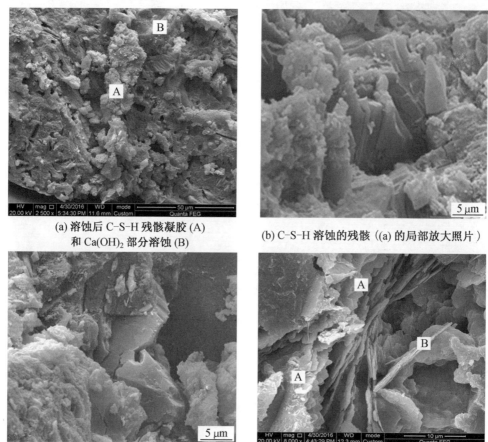

(a) 溶蚀后 C-S-H 残骸凝胶 (A) 和 Ca(OH)$_2$ 部分溶蚀 (B)

(b) C-S-H 溶蚀的残骸((a) 的局部放大照片)

(c) 溶蚀后的 Ca(OH)$_2$ 再结晶

(d) Ca(OH)$_2$ 晶体 (A) 和次生钙矾石晶体 (B)

图 13.44　水灰比为 0.55 的混凝土在 Na$_2$SO$_4$ 溶液中溶蚀的 SEM 照片

3. 掺合料(KF1)混凝土在不同溶液中溶蚀的 SEM 分析

水灰比为 0.45 的 KF1 混凝土在未溶蚀前的 SEM 照片如图 13.45 所示。由图 13.45 可以看出,未溶蚀的 KF1 混凝土内的水化产物主要物相组成有针状 C-S-H 凝胶、片状或叠加状 Ca(OH)$_2$ 晶体、钙矾石晶体及单硫型钙矾石,孔隙较少,且钙矾石和 C-S-H 凝胶相互交错生长,密实性较好,形成比较致密的显微结构。

（a） （b）

图 13.45　含掺合料（KF1）未溶蚀的 SEM 照片

水灰比为 0.45 的 KF1 混凝土在蒸馏水中溶蚀后的 SEM 照片如图 13.46 所示，KF1 混凝土内出现较大的孔洞，C–S–H 凝胶溶解严重，其中 C–S–H 凝胶和 Ca(OH)$_2$ 晶体均发生定向溶蚀。

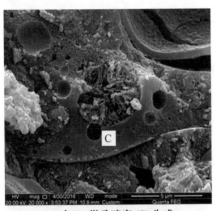 

（a）在 FA 微珠碎壳 (C) 生成 　　　　（b）C–S–H 凝胶定向溶蚀
二次水化 C–S–H 凝胶并溶蚀

 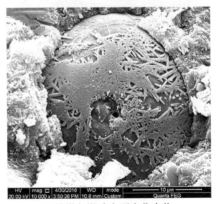

（c）Ca(OH)$_2$ 定向溶蚀　　　　　　　（d）粉煤灰微珠表面水化产物

图 13.46　水灰比为 0.45 的 KF1 混凝土在蒸馏水中溶蚀后的 SEM 照片

水灰比为 0.45 的 KF1 混凝土在 0.5% Na_2SO_4 溶液中溶蚀后的 SEM 照片如图 13.47 所示,KF1 混凝土内部的 C–S–H 凝胶存在轻度溶蚀,同时 $Ca(OH)_2$ 晶体和少量钙矾石晶体均被观察到。这是因为粉煤灰和矿渣的掺入能够细化孔隙,并且粉煤灰与 Ca^{2+} 和 Al^{3+} 反应,生成二次水化反应物填充孔隙,阻碍离子在混凝土内迁移通道,矿渣也可以通过与 $Ca(OH)_2$ 反应,同时发挥其微集料的作用以提高混凝土抵抗硫酸盐侵蚀的能力,因此 SO_4^{2-} 迁移到 KF1 混凝土内的量减少,Ca^{2+} 向外迁移量也减少,促使 C–S–H 凝胶溶解的量减少,且新生成的钙矾石量也减少。

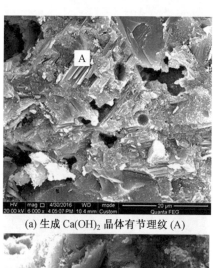

(a) 生成 $Ca(OH)_2$ 晶体有节理纹 (A)

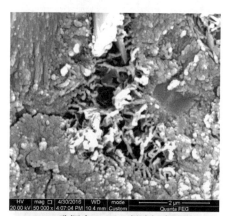

(b) 孔洞内 C–S–H 凝胶轻度溶蚀

(c) 孔洞生成棒状钙矾石晶体断裂图
(孔洞周边有 $Ca(OH)_2$ 晶体和 C–S–H 凝胶)

(d) 大面积 C–S–H 凝胶轻度溶蚀

图 13.47 水灰比为 0.45 的 KF1 混凝土在 0.5% Na_2SO_4 溶液中溶蚀后的 SEM 照片

图 13.48 为上述三部分电镜分析过程中水化产物的 EDS 谱图,以此佐证上述试验现象的原因分析。

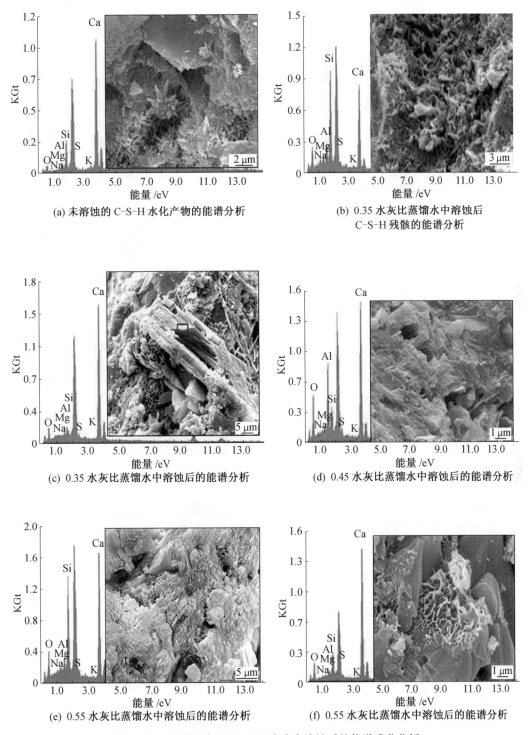

(a) 未溶蚀的 C–S–H 水化产物的能谱分析

(b) 0.35 水灰比蒸馏水中溶蚀后
C–S–H 残骸的能谱分析

(c) 0.35 水灰比蒸馏水中溶蚀后的能谱分析

(d) 0.45 水灰比蒸馏水中溶蚀后的能谱分析

(e) 0.55 水灰比蒸馏水中溶蚀后的能谱分析

(f) 0.55 水灰比蒸馏水中溶蚀后的能谱分析

图 13.48　在蒸馏水和 Na_2SO_4 溶液中溶蚀后的能谱成分分析

(g) 0.55-3% Na_2SO_4 溶液中溶蚀后的能谱分析　　　　(h) 0.55-3% Na_2SO_4 溶液中溶蚀后的能谱分析

(i) 0.55-3% Na_2SO_4 溶液中溶蚀后的能谱分析　　　　(j) 0.55-3% Na_2SO_4 溶液中溶蚀后的能谱分析

续图 13.48

13.4.4　硫酸盐环境下电化学加速混凝土溶蚀机理分析

采用电化学加速溶蚀的试验方法,分别研究不同水灰比和是否添加掺合料的混凝土,浸泡在蒸馏水及不同质量分数的 Na_2SO_4 侵蚀溶液中的溶蚀现象。在电加速溶蚀试验中选用埋入混凝土内部的钛棒作为阳极,外部溶液中的不锈钢网作为阴极。

一般来说,在电加速溶蚀下,混凝土内部孔隙溶液中的离子开始迁移,水化产物中的主要阳离子 Ca^{2+} 会不断向外部迁移,而阴离子向相反的方向迁移。当混凝土暴露在软水环境下,如蒸馏水中,由于蒸馏水中基本不含杂质离子,在电加速作用下,混凝土内部的 Ca^{2+} 会率先从混凝土内部向外部迁移。随着加速时间的积累,会降低孔隙溶液中的 Ca^{2+} 浓度,打破混凝土内部水化产物的原有离子之间的平衡,而为了维持反应平衡,水化产物不得不分解。首先 C-S-H 凝胶溶解,并且分解速率较快,溶出大量 Ca^{2+} 向外迁移,在混凝土内部残留大面积 C-S-H 凝胶残骸,使孔隙溶液 pH 下降,随后 $Ca(OH)_2$ 晶体局部开始分解溶蚀,但其溶解的速度较慢,有轻度溶蚀。在溶蚀后期,Ca^{2+} 溶出的速度变得缓慢,溶出的 Ca^{2+} 量也逐渐趋于稳定。由于水化产物大量分解溶蚀,造成混凝土内部孔隙增多,结构疏松,电阻下降,显微结构产生破坏,因此,混凝土 Ca^{2+} 的溶蚀程度直接影响混凝土的性能及长期耐久性,使钢筋腐蚀有较大风险性。

　　而对于掺有矿物掺合料的混凝土,在蒸馏水环境中,其 Ca^{2+} 的溶蚀量低于普通混凝土,主要原因为以下两个方面:①由于掺合料部分替代水泥,其与 $Ca(OH)_2$ 发生二次水化反应,形成的水化产物会填充部分孔隙,堵塞 Ca^{2+} 向外部的迁移通道;②由于掺合料颗粒尺寸较小,未反应的颗粒可以填充部分孔隙,使 Ca^{2+} 迁移变得困难,因此溶出 Ca^{2+} 的量也相应减少。虽然有部分 Ca^{2+} 溶出,对水化产物显微结构改变不大,但 pH 有所下降,对钢筋腐蚀有一定风险性。

　　对在 3% Na_2SO_4 溶液侵蚀性环境中大水灰比(如 $W/C = 0.55$)混凝土,在溶蚀初期,由于 Na_2SO_4 对水泥水化有激发作用,可加速水泥水化,使 C-S-H 凝胶和 $Ca(OH)_2$ 溶出大量 Ca^{2+},迅速向外迁移,增加混凝土内部孔隙率,为 SO_4^{2-} 向混凝土内部提供传输通道,SO_4^{2-} 向混凝土内部(阳极)迁移,进入混凝土内部后与水化产物反应生成钙矾石、石膏等不溶物质,填充在孔洞中。虽然理论上会使溶出的 Ca^{2+} 质量减少,降低孔隙溶液中的 Ca^{2+} 浓度,但为维持平衡,更多的水化产物将分解补充 Ca^{2+},使得混凝土内孔隙溶液的 Ca^{2+} 浓度升高,使水化产物溶出的 Ca^{2+} 与向外迁移的 Ca^{2+} 维持动态平衡,在溶蚀后期有 $Ca(OH)_2$ 晶体发生析晶,使内部孔隙溶液 pH 在正常范围内。混凝土基本保持原有水化产物显微结构,钢筋腐蚀风险性小。

第14章　道路混凝土抗盐冻剥蚀性能研究

14.1　概　　述

14.1.1　水泥混凝土路面的应用及发展现状

近百年来,随着经济的迅速发展,交通现代化建设速度不断加快。与沥青混凝土路面相比,水泥混凝土路面使用寿命长、施工简单、维修费用低,同时具有良好的耐磨性和抗冲击性等特点,因此在世界各国的交通建设中广泛应用。

据统计,1919 年美国拥有水泥混凝土路面 5 000～6 000 km。到 20 世纪二三十年代,混凝土路面有了较快的发展。美国在 1924 年拥有的水泥混凝土路面增至 5 万 km,1931 年仅州际水泥混凝土路面就有 3.2 万 km,高峰时期每年修建达 6 000 km 之多。德国在 1931—1938 年间所修筑的 3 860 km 的高速公路中,88% 采用水泥混凝土路面。英国在 1926—1931 年间共修筑水泥混凝土路面约 3 000 km。

20 世纪 50 年代中后期,美国 70% 的州际和国防公路是水泥混凝土路面。西欧各国共有水泥混凝土路面 1 万 km 以上,其中西德有 3 100 km。当时日本有水泥混凝土路面 6 000 km,苏联在全长 108 km 的莫斯科环行公路上,全部修筑了水泥混凝土路面,仅 1962 年全苏联就修筑了近 3 500 km 的水泥混凝土路面。比利时、丹麦、荷兰和法国在新建干线公路网设计中,半数采用水泥混凝土路面。比利时 1956 年所拥有的水泥混凝土路面与 1938 年相比增长了 3 倍,加拿大 1954 年水泥混凝土公路占全部公路的 0.42%,到 1965 年猛增至 6%。在 1948 年,印度水泥混凝土路面所占比例为 0.31%,到 1960 年增至 0.74%。

自 1970 年以来,在法国新建的干线公路中,水泥混凝土路面占 10%;苏联在 1976—1980 年的第十个五年计划中,4～8 车道的干线公路都采用水泥混凝土路面;捷克修筑的布拉格至布拉迪斯拉伐高速公路全部采用水泥混凝土路面;西德新建干线公路中,水泥混凝土路面占 20%～25%;美、法、英三国高速公路中,混凝土路面的所占比例分别为 48.5%、30% 和 1.9%;古巴的公路总里程为 27 000 km,其中混凝土路面为 11 500 km。

我国水泥混凝土路面的修建始于 20 世纪 60 年代中期,据统计,1970 年我国仅有水泥混凝土路面 200 km。自 20 世纪 70 年代初,我国一些省份如浙江、广东、江苏等才较大规模地铺筑水泥混凝土路面。随后,水泥混凝土路面以不可阻挡之势发展起来。到 1988 年,我国共修筑水泥混凝土路面 8 264 km,平均每年修筑 211 km。经过几年推广,到 1993 年底水泥混凝土路面增至 28 049 km,5 年净增 19 785 km。表 14.1 所示为我国 1960—2006 年水泥混凝土路面的情况。

表 14.1　我国 1960—2020 年水泥混凝土路面的情况

年份	水泥混凝土路面/km	混凝土路面所占比例/%
1960	60	3.1
1970	200	0.9
1980	1 600	1.0
1987	6 041	2.8
1988	8 264	3.6
1989	9 193	3.8
1990	11 373	4.4
1991	15 234	5.5
1992	21 321	7.1
2006	646 400	65
2020	3 100 000	73

截至 2006 年底,我国铺筑路面的公路总里程为 99.65 万 km,其中水泥混凝土路面达 64.64 万 km,占总里程的 65%;2020 年底铺筑路面的公路总里程为 410 万 km,其中水泥混凝土路面达 310 万 km,占总里程的 73%。我国已成为世界上水泥混凝土路面拥有里程最多的国家。随着东北老工业基地振兴步伐的加速,交通部研究部署了加快东北地区交通发展的思路,即以公路水路交通发展为重点。一是加快区域交通一体化,支持东三省本着"整合资源、优化结构、强化功能、提高效率"的原则,通过区域交通一体化推进东北经济一体化,使东三省各自的优势变成综合优势,实现共同发展。二是沟通工业城市,服务资源开发。紧紧围绕城镇布局、产业基地和资源分布,强化中心城市的聚集和辐射功能,加快建设沟通工业城市和服务资源开发的高速公路网络。三是强化对外联络通道、改善口岸公路条件。增加连接周边省区的对外联络通道,强化与其他区域的交通对接。重点是加强与京津冀环渤海经济圈的联系,构筑新的东北进关出海公路通道,实现省际高速公路的全面对接。重点建设连接重点口岸的对外交通通道,完善口岸交通设施。四是加强沿海枢纽港口建设,尽快形成以大连和营口为主枢纽港,丹东和锦州为地区性重要港口。加强集装箱码头的建设,加快大型专业化原油、铁矿石码头的建设以及出海深水航道的建设。由此可见,国外及国内都将大力发展水泥混凝土路面,以此来推动经济的发展,因此寒冷地区水泥混凝土路面的耐久性不容忽视。

14.1.2　水泥混凝土路面的环境及作用行为

水泥混凝土路面的耐久性应根据不同的设计使用年限、相应的极限状态、不同的环境作用等级进行设计,因此水泥混凝土路面的环境及其行为对道路混凝土的耐久性设计起着至关重要的作用。通常,如果混凝土工程处于良好的环境下,结构物仅需一般维护就可以服役到设计的使用年限。《混凝土结构耐久性设计规范》(GB/T 50476—2008)将环境作用等级分为六级,见表 14.2。寒冷地区水泥混凝土路面处于除冰盐和盐碱结晶环境,环境作用等级为非常严重和极端严重。因此寒冷地区水泥混凝土路面所处的环境十分恶劣,对混凝土路面造成的破坏非常严重,应当予以高度重视。

表 14.2　环境作用等级

级别	作用程度
A	轻微
B	轻度
C	中度
D	严重
E	非常严重
F	极端严重

14.1.3　水泥混凝土路面的耐久性

水泥混凝土自从问世以来,经历了低强度、中等强度、高强度乃至超高强度的发展历程,似乎人们总是乐于追求强度的不断提高。但是近四五十年以来,混凝土结构物因材质劣化造成过早失效以至破坏崩塌的事故屡见不鲜,且有越演越烈之势。这些混凝土工程的过早破坏,究其原因并不是由于强度不足,而是由于混凝土耐久性不良。水泥混凝土路面以其不可替代的优势在交通运输中占有越来越重要的地位,尤其近些年,水泥混凝土路面快速增加。在寒冷地区,为了保证交通的畅通安全,需要撒除冰盐对路面进行除雪,这将导致路面严重剥蚀和开裂。Mehta 教授在第二届国际混凝土耐久性会议中指出:"当今世界混凝土破坏原因,按重要性递减顺序排列为钢筋腐蚀、冻害、物理化学作用。"可见,冻害是影响混凝土结构耐久性的重要因素。例如,在日本海沿岸,许多港湾桥梁建成后不到 10 年,混凝土表面即出现开裂、剥落,钢筋外露。1987 年,Litvan 和 Bickley 发表了加拿大停车场的检测报告,指出大量停车场远没有达到预计的使用年限就过早地出现破坏。南非 1981 年用于拆换桥梁、墩柱、路面、路缘、蓄水坝、电杆基础等的经费就超过 2 700 万英镑,这些结构物多是在建成后 3~10 年内就出现开裂破坏。英格兰岛中部环形线的 21 km 快车道,11 座混凝土高架桥的建造费用为 2 800 万英镑(1972 年),到 1989 年因除冰盐侵蚀造成的修补费用高达 4 500 万英镑(即为造价的 1.6 倍)。日本引以为自豪的"新干线"使用不到 10 年也出现大面积混凝土开裂、剥蚀现象。

混凝土路面的盐冻破坏问题同样也普遍存在于美国和北欧等发达国家。美国公路研究战略计划的数据表明,至 20 世纪末,共耗资 400 亿美元修复冬季撒除冰盐引起的混凝土公路板面。2000 年公路普查结果表明,直到当年年底,公路危桥共计 9 500 余座,所需维修费用高达 4 亿美元。

西方发达国家水泥混凝土高速公路建造较早,使用除冰盐也较早,对混凝土的除冰盐侵蚀破坏的研究也较深入。20 世纪 40 年代,发现使用除冰盐的混凝土路面和桥面破坏程度明显高于未使用除冰盐的混凝土路面。随着这类破坏事例不断出现,维修费用迅速增加,盐冻破坏越来越引起研究人员的注意。自 20 世纪 60 年代开始,美国、加拿大和北欧等国家对混凝土盐冻破坏机理、影响因素和改善措施进行了广泛的研究。

20 世纪 70 年代末,我国开始大量建造混凝土路面和立交桥。除冰盐在北京首先使用,北方地区 20 世纪 90 年代开始使用除冰盐,如北京市政道桥(立交桥)路面和哈大高速公路。这些混凝土结构已经出现严重的剥蚀和开裂现象,因此盐冻破坏是我国混凝土道路所面临的一个现实而又非常严峻的问题。据调查,辽宁省的沈大、沈本、沈四、沈山、沈阳环城高速,以及沈阳市的白山立交桥、沈海立交桥的混凝土路面都出现了不同程度的除冰盐剥蚀现象。

1985 年水电部调查报告表明:我国水工混凝土的冻融破坏在"三北"地区的工程中占 100%,这些大型混凝土工程一般运行 30 年左右,有的甚至不到 20 年,如云峰宽缝重力坝,运行 19 年后下游面受破损显著,表面剥蚀露出骨料,总面积约 8 500 m^2;而丰满重力坝自从运行后每年都需要维修,运行 33 年后,上、下游面及尾水闸墩破损明显,表面露出钢筋,冻害严重,致使坝顶抬高 10 cm 以上。港口码头工程,特别是接触海水工程,其受冻破坏的现象更为严重,破坏的结构主要是防波堤、胸墙、码头、栈桥等,如天津新港的防波堤,采用普通混凝土的部分,经十几年左右的运行已被冻融破坏以致不能发挥作用。地处寒冷地区的水电站、工业厂房、铁道桥涵、混凝土路面、桥梁及市政工程中接触雨水、蒸汽的部分,排水系统及受渗透水作用的部分,都受到了冻融破坏。如通辽发电厂的冷却塔,筒壁混凝土由于渗水致使混凝土遭受冻融破坏而发生表皮剥落、空鼓等现象。为使上述及类似工程继续发挥作用,各部门每年都要耗巨资加以维修。根据以往经验,维护使用期的维修费用高达建设费用的 1~3 倍。我国北方某国际机场的混凝土停机坪,混凝土路面多数出现坑蚀剥落破坏(图 14.1)。经分析得知,是由于水泥混凝土路面遭受冻融及除冰盐侵蚀双重破坏作用所致。

图 14.1　寒冷地区机场路面混凝土破坏状况

目前,我国大部分寒冷地区采用除冰盐,但是我国的建筑规范中,至今还没有防盐害措施的规定,这就造成了一方面"不设防",另一方面"盐照撒"的局面。据北京日报报道,在 1991 年的春节期间,仅 2 天就出动了 300 车次,撒除冰盐 400 t,洒盐水 3 000 多吨,才确保全市 300 座立交桥、东西长安街等主要干线交通畅通。

可见,由于除冰盐造成的水泥混凝土路面劣化或失效导致世界各国付出的代价十分沉重。这也使人们认识到,不仅要及时修复已出现耐久性劣化的混凝土工程,更重要的是必须使新建的混凝土工程具有足够的耐久性以保证设计使用寿命。例如,一些国家要求建设更为耐久的结构物,设计使用寿命为100年或更长。为此,世界各国都开始专门研究混凝土的耐久性及其改善技术。日本建设省从1980年开始组织进行"建筑物耐久性提高技术"的开发研究,并于1985年提交了研究成果概要报告,1986年开始陆续出版发行了《建筑物耐久性系列规程》。有关混凝土耐久性的国际会议也已召开多次,反映了各国研究的最新成果。由欧洲RILEM等公司发起的建筑材料与构件的耐久性国际会议,自1976年以来每3年举行一次;1989年美国和葡萄牙举办了有关结构耐久性的国际会议;1991年美国和加拿大联合举行了第二届混凝土结构耐久性国际学术会议。混凝土的耐久性问题在我国也日益受到重视。全国钢筋混凝土标准技术委员会混凝土结构耐久性学术组于1991年成立;中国土木工程学会混凝土与预应力混凝土学会混凝土耐久性专业委员会也于1992年11月在济南成立。现在,我国的混凝土耐久性研究已进入有组织的工作阶段。我国正处于基本建设的高潮期,大规模的基础设施工程正在或即将建设,每年混凝土用量高达十多亿立方米。其中,许多设施属重点工程,如跨海跨江的特大型桥梁、高等级公路、大中型飞机场等,都是国家投以巨资的项目,均要求高寿命,解决道路混凝土的盐冻剥蚀问题刻不容缓。

14.1.4 混凝土冻融破坏机理的研究现状

关于混凝土受冻破坏机理,各国学者进行了很多研究,并提出众多学说,如静水压理论、渗透压理论、温度应力理论、微冰晶模型理论、临界饱水程度理论、吸附水理论、Litvan理论、双机制理论等,其中以美国Powers提出的静水压理论和Powers、Helmuth的渗透压理论较受重视。到目前为止,混凝土的受冻破坏机理还不是完全清楚,它可能是上述一个或者几个作用机理的结合。

(1)静水压理论。

静水压理论是鲍尔斯(Powers)于1945年提出的。他认为,在冰冻过程中,混凝土孔隙中的部分孔隙溶液结冰膨胀,迫使未结冰的孔隙溶液从结冰区向外迁移。孔隙溶液在可渗透的水泥浆体结构中移动,必须克服黏滞阻力,因此产生静水压,形成破坏应力。流动黏滞阻力,即静水压,随孔隙溶液流程长度的增加而增加,当流程长度大于临界值时,产生的静水压将超过混凝土的抗拉强度,从而造成破坏。根据这一理论,掺入引气剂的混凝土硬化后,水泥石内部均匀分布着封闭的气孔,提供了孔隙水的"卸压空间"。使未冻结的孔隙溶液得以就近排入其中,缩短了孔隙水的流程长度,减小了静水压,使混凝土的抗冻性大大提高,这就是引气混凝土抗冻性远好于普通混凝土的原因。Powers随后又完善了这一理论,计算出为保证水泥石的抗冻性需要达到的气孔间隔距离 $L_{\max}$。采用图14.2所示的模型计算出冰冻时气孔周围厚度为 L 的水泥浆体内产生的静水压,其大小与混凝土的渗透性、水饱和度、温度下降速率、气孔半径、气孔间距有关,认为当静水压超过水泥石抗拉强度时,水泥石破坏。如果混凝土水灰比较高,孔隙率和可冻结水量都会增加,最

大厚度 $L_{\max}$ 则会降低。同时,Power 给出了平均气泡间距系数 L 的定义及测量方法,后来发展为 ASTM C457"硬化混凝土中气孔体积百分数和气孔体系参数的微观测量标准"。

1954 年,Powers 进一步明确提出应依据气泡间距系数 L 设计和控制引气混凝土的抗冻性,他认为以 L 作为衡量混凝土抗冻性较含气量更为合理,且不同配合比的混凝土当 L 小于 250 μm 时都表现出良好的抗冻性。

Fagerlund 进一步用模型描述了 Powers 静水压理论,其假定的静水压物理模型如图 14.3 所示。

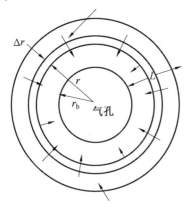

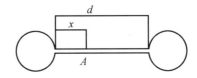

图 14.2　静水压计算模型　　　　　图 14.3　静水压模型

假定两个气泡之间的距离为 d,两气泡之间的毛细孔吸水饱和并部分结冰。气泡之间的某点 A 离一侧气泡的距离为 x,由结冰生成的水压力为 p,则由达西定律可知,水的流量与水压力梯度成正比,即

$$\frac{\mathrm{d}v}{\mathrm{d}t} = k\frac{\mathrm{d}p}{\mathrm{d}x} \tag{14.1}$$

式中　$\dfrac{\mathrm{d}v}{\mathrm{d}t}$——冰水混合物的流量,$\mathrm{m}^3/(\mathrm{m}^2 \cdot \mathrm{s})$;

　　　$\dfrac{\mathrm{d}p}{\mathrm{d}x}$——水压力梯度,$\mathrm{N}/\mathrm{m}^3$;

　　　K——冰水混合物通过部分结冰材料的渗透系数,$(\mathrm{m}^2 \cdot \mathrm{s})/\mathrm{kg}$。

冰水混合物的流量即厚度为 x 的薄片混凝土在单位时间内由于结冰产生的体积增量,因此可表示为

$$\frac{\mathrm{d}v}{\mathrm{d}t} = 0.09\frac{\mathrm{d}w_\mathrm{f}}{\mathrm{d}t} \cdot x = 0.09\frac{\mathrm{d}w_\mathrm{f}}{\mathrm{d}\theta} \cdot \frac{\mathrm{d}\theta}{\mathrm{d}t} \cdot x \tag{14.2}$$

式中　$\dfrac{\mathrm{d}w_\mathrm{f}}{\mathrm{d}t}$——单位时间内的结冰量,$\mathrm{m}^3/(\mathrm{m}^3 \cdot \mathrm{s})$;

　　　$\dfrac{\mathrm{d}w_\mathrm{f}}{\mathrm{d}\theta}$——结冰速度,$\mathrm{m}^3/(\mathrm{m}^3 \cdot ℃)$;

　　　$\dfrac{\mathrm{d}\theta}{\mathrm{d}t}$——降温速度,$℃/\mathrm{s}$。

将式(14.2)代入式(14.1)积分,得

$$p = \frac{0.09}{2k} \cdot \frac{\mathrm{d}w_\mathrm{f}}{\mathrm{d}\theta} \cdot \frac{\mathrm{d}\theta}{\mathrm{d}t} \cdot x^2 \tag{14.3}$$

在厚度 d 范围内,最大水压力在 $x=d/2$ 处

$$p_{max} = \frac{0.09}{8k} \cdot \frac{\mathrm{d}w_f}{\mathrm{d}\theta} \cdot \frac{\mathrm{d}\theta}{\mathrm{d}t} \cdot d^2 \qquad (14.4)$$

由式(14.4)可见,结冰产生的最大静水压与材料的渗透系数 k 成反比,与气泡间距的平方成正比,与降温速度及毛细孔含水率(与水灰比、水化程度有关)成正比,气泡间距是影响混凝土抗冻性的重要参数。

(2)渗透压理论。

渗透压理论由鲍尔斯、海尔姆斯(Powers and Helmuth,1953)、赖特曼(Litvan,1975、1980)提出。该理论认为,混凝土冻结时,孔隙溶液的冰点与孔径有关,孔径越小,冰点越低。当大毛细孔中孔隙溶液结冰时,孔隙溶液中的离子浓度将提高,而蒸气压将下降。这时小毛细孔中未结冰的孔隙溶液向大毛细孔中渗透而形成压力,当渗透压大于混凝土的抗拉强度时,混凝土将破坏。图14.4为两个气孔间的水泥石结构的渗透过程示意图。

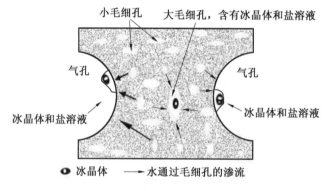

图 14.4 两个气孔间的水泥石结构的渗透过程示意图

当温度低于孔隙溶液冰点时,孔隙溶液开始部分结冰,同时孔内的盐浓度随之升高。整个水泥石中盐浓度的均衡分布被打破,其他更小的毛细孔中未结冰的自由水则流向此处以降低盐浓度,从而建立新的平衡。这样,在孔隙溶液从一个毛细孔迁移到另一个毛细孔的过程中,产生了渗透压。当渗透压大于水泥石的抗拉强度时,将导致水泥石开裂。在反复冻融循环后,混凝土中裂缝相互贯通,其强度逐渐降低,最后甚至完全丧失。

静水压理论和渗透压理论最大的不同在于未结冰孔隙溶液的迁移方向。静水压理论认为孔隙溶液离开冰晶体,由大孔向小孔迁移,渗透压理论则认为由小孔移向冰晶体。

综上所述,冻结对混凝土的破坏力是水结冰体积膨胀造成的静水压和渗透压共同作用的结果。在一定的饱水情况下,多次的冻融循环使破坏作用累积,冰冻引起的微裂纹不断扩大,发展成相互连通的大裂缝,使强度逐渐降低直至完全丧失,最终导致混凝土结构的崩溃。一般认为,水灰比大、强度低以及龄期较短、水化程度较小的混凝土,静水压破坏是主要的;而对水灰比较小、强度较高及盐浓度高的环境下冻结的混凝土,渗透压起主要作用。

(3)温度应力理论。

20世纪90年代,P. K. Mihta 在第九届国际水泥化学会议上发表了混凝土冻融破坏的

温差应力理论,该理论主要针对高强或高性能混凝土冻融破坏现象提出。该理论认为高强或高性能混凝土发生冻融破坏是由于集料与胶凝材料之间热膨胀系数的差异。依据这一理论,改善混凝土抗冻性的目标是增大混凝土的导热系数,缩小各种组成材料之间膨胀系数的差异,适量引气。

(4)微冰晶模型理论。

多年来德国 Duisburg-Essen 大学 M. J. Setzer 教授始终致力于冰冻破坏机理研究,并提出了多孔硬化水泥浆体在冰冻作用下的微冰晶模型理论。在冷却过程中,水泥基体压缩,并把部分水从凝胶孔中挤出从而形成微冰晶体。在融解阶段水泥基体膨胀,但被挤压出的孔隙溶液却无法返回原先的凝胶孔中,同时外部的自由水被抽吸补给至混凝土内部。如果达到混凝土的临界饱和程度,混凝土很快会发生破坏。由此可见,温度变化导致的水泥基体变形类似于活塞运动,而活塞运动的驱动力则来源于微冰晶体的形成,微冰晶体就像水泵的阀门一样控制冻融过程中孔隙溶液的流向与动力。

(5)临界饱水程度理论。

密封的干燥混凝土在冻融循环过程中几乎不损伤,这表明混凝土的受冻破坏取决于硬化的水泥浆体是否含有水分、含水量以及水在冻结过程中是否能产生足够的应力破坏水泥石的内部结构,这就是 Fanerlnnd 的临界饱水程度理论。Fanerlnnd 在 1977 年指出,混凝土临界饱和度值为 80%,随后他又分析证明了低渗透性的高强混凝土含有非常少量的可冻结水,就可导致足以引起基体开裂的拉应力。

(6)其他理论。

Dun、Hndec 认为孔壁吸附水分子和阳离子将直接导致混凝土结构的破坏。Cady 的双机制理论认为由于冷却过程中吸附水体积增加,大大加强了 Powers 提出的静水压。目前,各国学者对于混凝土冻融破坏机理的认识仍不完全一致,在前人研究成果的基础上又提出了一些新理论,如液态迁移理论、热弹性应力理论、温湿耦合理论、低温腐蚀理论等,每一个新理论的出现都进一步推动了混凝土抗冻耐久性研究的发展。

(7)盐冻破坏机理。

除冰盐对混凝土的破坏从本质上看是冻融破坏的一个特殊形式,冻融和盐的耦合作用比单纯的冻融破坏严酷得多,而除冰盐加剧了混凝土的冻融破坏。首先,除冰盐的吸湿作用大大增加了混凝土的饱水程度,缩短了混凝土的饱水时间。另外,Rosli 和 Harnick 认为除冰盐融化冰雪需要从混凝土中吸收热量,混凝土内部形成温度梯度,产生温度应力,加剧了混凝土的盐冻破坏。图 14.5 为除冰盐环境下混凝土不同深度的温度变化曲线。从图中可知,混凝土表面温度大大低于内部温度。

混凝土内部盐溶液质量分数的分布如图 14.6 所示,使用除冰盐后,混凝土内部盐的质量分数呈曲线分布,导致渗透压的出现并引起内部应力,加剧了混凝土的盐冻破坏。

另外,混凝土还会遭受除冰盐的化学侵蚀。NaCl 组分能够加速碱骨料反应。$CaCl_2$ 组分质量分数超过 30% 时,在不同温度下表现出不同的破坏特征。温度超过 20 ℃ 时混凝土中的 $Ca(OH)_2$ 与 $CaCl_2$ 反应生成 $3CaO \cdot CaCl_2 \cdot 15H_2O$ 复盐而溶出;温度小于 20 ℃ 时这种复盐在混凝土内部形成晶体,产生膨胀,很容易引起表面剥落。

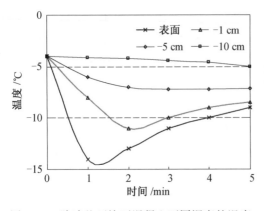 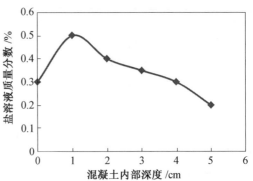

图 14.5　除冰盐环境下混凝土不同深度的温度　　图 14.6　混凝土内部盐溶液质量分数的分布
　　　　变化曲线

14.1.5　混凝土抗冻性能的影响因素

（1）混凝土的孔结构。

混凝土作为一种复杂的多组分材料,其抗冻性能与微观结构密切相关。混凝土是由水泥石、骨料、孔隙、孔隙溶液、空气组成的水泥基复合材料。按孔径的大小将孔隙分为凝胶孔、毛细孔及气孔。凝胶孔孔径较小,对混凝土的抗冻性是有利的,为无害孔,而大部分毛细孔及气孔在水泥石中相互贯通,孔径较大,能够为自由水及有害介质的侵入提供通道。这些孔隙对混凝土的抗冻性能是不利的,为有害孔。另外,影响混凝土抗冻性能除了孔径的大小之外,还有孔径分布、孔的形貌及孔的空间排列状况等。含气量相同的混凝土,如果内部孔径细化、气孔分布均匀并且气孔封闭,那么该混凝土具有良好的抗冻性能;反之,混凝土的抗冻性能相对较差。所以,一切改善混凝土孔结构的技术措施都能够改善混凝土的抗冻性能。

（2）水灰比。

水灰比直接影响混凝土的孔隙率及孔结构。在同样良好的成型条件下,水灰比不同,密实程度、孔结构也不同。水灰比较小时,混凝土硬化后密实度较高,存在于混凝土内部的可冻水减少,孔隙结构得到改善,抗冻性能得到提高。随着水灰比的增大,不仅开放孔总体积增加,而且平均孔径也增加。当水灰比很大时,由于多余的游离水分在混凝土硬化过程中逐渐蒸发,形成大量的开口孔隙,毛细孔不能完全被水泥水化生成物填满,以致相互连通。具有这种孔结构的混凝土抗渗透性差、吸水率高,混凝土很容易受冻破坏。

（3）含气量。

含气量也是影响混凝土抗冻性能的主要因素,特别是加入引气剂形成的气泡对提高混凝土抗冻性能尤为重要。因为这些互不连通的气泡均匀地分布在水泥石中,起到缓解静水压和渗透压的作用,提高了混凝土的抗冻性能。每一种混凝土都存在一个可防止其受冻害的最小含气量,一般认为含气量在 4% ～5% 时,混凝土具有良好的抗冻性能。另外,气泡间距系数也会直接影响混凝土的抗冻性能。对于耐久性系数为 90 的普通混凝土,其气泡间距系数为 0.35 ～0.55 mm,而耐久性系数为 90 的粉煤灰混凝土气泡间距系数为 0.33 ～0.55 mm,建议的抗冻混凝土临界气泡间距系数见表 14.3。

表 14.3　建议的抗冻混凝土临界气泡间距系数

混凝土类别	混凝土强度				
	15 MPa	20 MPa	30 MPa	40 MPa	50 MPa
普通混凝土	0.35	0.40	0.45	0.50	0.55
粉煤灰混凝土	0.33	0.40	0.45	0.50	0.55

(4)混凝土饱水状态。

混凝土冻害与其孔隙的饱水程度紧密相关。对于多孔材料,一般认为含水量小于孔隙总体积的91.7%就不会产生冻结膨胀压力,该数值被称为极限饱水度。由于混凝土的结构比较复杂,其饱水临界值取决于水泥石的渗透性、冻结速度、气孔的存在和分布,因此混凝土发生冻结破坏的临界含水量要稍高于91.7%。混凝土在完全饱水状态下,其冻结膨胀压力最大。一旦混凝土中毛细孔的含水率超过其冻结破坏的临界含水率,在反复冻融过程中,体积膨胀产生的膨胀压力将导致混凝土结构的破坏。

(5)水泥品种和集料质量。

混凝土的抗冻性能随水泥活性的增大而提高,普通硅酸盐水泥混凝土的抗冻性能优于复合水泥混凝土,更优于火山灰水泥混凝土。混凝土集料对抗冻性能的影响主要体现在集料吸水量及集料本身的抗冻性能上。

(6)外加剂和掺合料种类。

减水剂、引气剂及引气减水剂等外加剂均能提高混凝土的抗冻性能。引气剂能增加混凝土的含气量,而减水剂则能降低混凝土的水灰比,从而减少孔隙率,最终都能达到提高混凝土抗冻性能的目的。

(7)冻结温度和冻结速率。

李金玉等通过试验证明冻结温度对混凝土的冻融破坏有明显的影响,冻结温度越低,混凝土的冻害损伤越严重。此外,冻结速率对混凝土的冻融破坏也有一定的影响,且随着冻融速率的提高,冻融破坏力加大,混凝土破坏更加严重。冻结温度和冻结速率对混凝土的影响结果见表14.4。

表 14.4　冻结温度和冻结速率对混凝土的影响结果

编号	冻结温度/℃	动弹模量下降40%时的冻融次数	冻结速率/(℃·min^{-1})
1	−5	133	0.17
2	−10	12	50.20
3	−17	7	—

14.1.6　研究目的及意义

众所周知,交通运输对于每个国家的发展起着至关重要的作用。其中,水泥混凝土路面是现代公路交通中一种重要的路面结构形式。与沥青路面相比,水泥混凝土路面具有强度高、抗重载能力强、整体性好等特点,因此得到了广泛的应用。但在我国寒冷地区,雪后为了交通安全使用除冰盐对路面进行除雪,导致的路面剥蚀和开裂,使水泥混凝土路面达不到设计的使用年限,不仅影响了基础设施建设,而且关系到我国国民经济长远的可持续发展。为此,国内外专家针对"如何提高道路混凝土抗盐冻性能"这个关键问题开展了研究,虽然取得了阶段性的成果,但也付出了一定的代价。

针对上述情况,本章引入评价寒冷地区道路混凝土抗盐冻的试验方法,依据该方法研究影响道路混凝土抗盐冻性能的因素,优化混凝土配合比,同时研究荷载与除冰盐双重作用下混凝土的抗盐冻性能,为实际工程提供理论指导。另外,本章进一步研究道路混凝土抗盐冻性能的改善和防护技术措施,以寻求新的途径提高道路混凝土的抗盐冻的性能,改善或避免道路混凝土的剥蚀损伤,配制出能够满足寒冷地区抗盐冻要求的道路混凝土,为寒冷地区水泥混凝土路面的推广和发展提供试验依据和理论基础。

14.1.7 研究内容

(1)荷载及除冰盐耦合作用下道路混凝土的抗盐冻性能研究。

利用 WHY 系列全自动应力试验机对混凝土进行重复加载,施加荷载水平分别为混凝土抗压强度的 20%、40%;每种荷载水平下荷载的重复次数分别为 10 次、20 次、30 次。

(2)研究内掺有机硅外加剂对道路混凝土抗盐冻性能的改善作用。

(3)研究有机硅外加剂对普通混凝土及高性能混凝土抗压强度、抗盐冻性能的改善效果,以及该外加剂的改善作用机理。

(4)研究有机硅涂层对道路混凝土抗盐冻性能的改善作用。

配制有机硅涂料,研究有机硅涂料对道路混凝土盐冻剥蚀量、混凝土表面盐冻剥蚀状况及微观结构的改善作用。通过 SEM 分析有机硅涂料改善道路混凝土抗盐冻剥蚀的机理。

14.2 原材料与研究方案

14.2.1 原材料

1. 水泥

哈尔滨水泥有限公司生产的 P·O 42.5 型硅酸盐水泥,其基本物理力学性能见表 14.5,化学成分见表 14.6。

表 14.5 水泥的基本物理力学性能

细度(0.080 mm 筛余)/%	凝结时间/min		安定性(沸煮法)	抗折强度/MPa		抗压强度/MPa	
	初凝	终凝		3 天	28 天	3 天	28 天
4.0	125	189	合格	5.7	8.3	29.1	60.3

表 14.6 水泥化学成分(质量分数)   %

SiO_2	Al_2O_3	Fe_2O_3	CaO	MgO	SO_3	R_2O
21.08	5.47	3.96	62.28	1.73	2.63	0.80

2. 粉煤灰

采用哈尔滨市呼兰区第三火力发电厂Ⅰ级优质粉煤灰,密度为 2.43 g/cm³,比表面积为 655 m²/kg,其性能指标见表 14.7,化学成分见表 14.8。

表 14.7　粉煤灰性能指标

平均粒径/μm	需水量比/%	烧失量/%	$w(SO_3)$/%	28 天强度活性/%
3.4	95.0	3.03	0.27	79.1

表 14.8　矿物掺合料的化学成分(质量分数)　　　　　　　　%

矿物掺合料	SiO_2	Al_2O_3	Fe_2O_3	CaO	MgO	SO_3	R_2O
粉煤灰	65.7	20.63	4.65	2.93	2.25	0.28	0.60
矿渣	38.61	7.27	0.4	42.49	6.71	0.9	0.70
硅灰	93.7	0.3	0.8	0.2	0.2	0.5	0.30

3. 矿渣

鞍山钢铁厂生产的高炉矿渣,密度为 2.86 g/cm³,比表面积为 501 m²/kg,化学成分见表 14.8。

4. 硅灰

挪威埃肯公司生产的中密质硅灰,平均粒径为 0.1 μm,比表面积为 $1.5×10^4$ m²/kg,密度为 2.26 g/cm³,化学成分见表 14.8。

5. 超塑化剂

上海花王公司生产的 Mighty-100 高效减水剂,推荐含量为胶凝材料总质量的 0.5% ~ 1.2%,其性能指标见表 14.9。

表 14.9　Mighty-100 性能指标

性状	颜色	减水率/%	pH	$w(Na_2SO_4)$/%	$w(Cl^-)$/%	水溶性
粉末状	褐黄色	25 ~ 35	8 ~ 9	<0.1	<0.05	良好

6. 引气剂

上海麦斯特公司生产的 MICRO-AIR 202 混凝土引气剂,推荐含量为水泥质量的 0.005% ~ 0.015%,其性能指标见表 14.10。

表 14.10　MICRO-AIR 202 性能指标

性状	颜色	含固量/%	密度/(g·cm⁻³)	pH
液体	茶色	20	1.04	10 ~ 12

7. 缓凝剂

采用葡萄糖酸钠(简称 NaP)作为缓凝剂,推荐含量为水泥质量的 0.03%,其性能指标见表 14.11。

表 14.11　NaP 性能指标

性状	颜色	密度/(g·cm⁻³)
粉末	白色	1.26

8. 集料

石灰岩质碎石,粒径为 5~20 mm 连续级配,压碎指标为 4.8%,针片状碎石质量分数为 3%,含泥量小于 0.2%,表观密度为 2 660 kg/m³,吸水率为 0.43%。细集料采用松花江江砂,细度模数为 2.82,砂的密度为 2.6 g/cm³,吸水率为 0.75%,含泥量为 1.5%。

9. 有机硅外加剂

有机硅推荐含量为水泥质量的 2%,其性能指标见表 14.12。

表 14.12　有机硅外加剂性能指标

外加剂型号	密度/(g·cm⁻³)	性状	颜色
L	0.9	液体	无色

10. 拌和水

拌和水为哈尔滨市饮用的自来水。

14.2.2　研究方案

1. 重复荷载下道路混凝土抗盐冻性能的研究

水泥混凝土路面往往承受各种荷载的随机或重复作用,荷载对混凝土的力学性能和抗盐冻性能有较大的影响,本章研究重复荷载作用下道路混凝土的抗盐冻性能,主要考虑以下两个因素。

(1)荷载等级。

采用 WHY 型全自动应力试验机进行重复加载试验,加载等级分别为 0、20%f_{cu}、40%f_{cu},研究荷载等级对道路混凝土抗盐冻剥蚀性能的影响。

(2)每种荷载等级下荷载循环次数分别为 0 次、10 次、20 次、30 次,研究荷载循环次数对道路混凝土抗冻性能的影响。

2. 内掺有机硅对道路混凝土抗盐冻性能的影响

目前,主要通过掺引气剂、矿物掺合料、纤维及控制水泥用量和水灰比改善混凝土的抗水冻性能,但没有解决道路混凝土的盐冻剥蚀损伤问题。因此,本章研究有机硅外加剂对道路混凝土抗盐冻性能的改善作用。

(1)研究内掺有机硅对普通混凝土和高性能混凝土抗压强度、盐冻剥蚀量、相对动弹性模量损失率的影响。

(2)研究内掺有机硅对道路混凝土表面盐冻剥蚀状况的影响。

(3)通过 SEM 研究外加剂的抗盐冻机理。

3.有机硅涂层对道路混凝土抗盐冻性能的改善作用

配制有机硅涂料,研究在寒冷地区除冰盐环境下,有机硅涂料对混凝土抗盐冻性能的改善作用,并与减小水灰比、添加矿物掺合料及引气剂两种措施进行比较。

(1)分别研究普通混凝土(水灰比为 0.40、0.36、0.32)和高性能混凝土的抗盐冻性能,并通过减小水灰比分析其对道路混凝土抗盐冻性能的改善作用。

(2)分别研究普通混凝土及高性能混凝土(水灰比为 0.32、0.36、0.40)的抗盐冻性能,并分析添加掺合料及引气剂对道路混凝土抗盐冻性能的改善作用。

(3)分别研究普通混凝土及高性能混凝土(水灰比为 0.32、0.36、0.40)涂刷有机硅涂层后的抗盐冻性能,并与减小水灰比、添加掺合料及引气剂两种措施比较。

(4)研究水灰比、掺合料、有机硅涂层对道路混凝土表面盐冻剥蚀的改善作用。

(5)通过 SEM 等方法,从宏观及微观上探讨有机硅涂层对道路混凝土抗盐冻性能的改善机理。

14.2.3　试验方法及过程

1.试验方法

在寒冷的北方地区,道路混凝土受盐冻破坏极为严重,选择合理的混凝土抗盐冻试验方法直接关系到水泥混凝土路面材料和结构的设计、使用寿命预测及耐久性的评估。各种活性无机掺合料和有机外加剂的使用,显著增加了混凝土的各项性能,同时也向作为衡量手段的各种试验方法提出了新的挑战和要求。在我国的寒冷地区,道路混凝土的破坏主要是由盐冻引起的,混凝土在实验室条件下进行的冻融试验往往合格,然而实际工程的盐冻损伤却屡见不鲜。因此,需要通过更为严格的盐冻试验方法对道路混凝土进行测试和检验,为实际工程提供合理、安全的技术支持。

本章主要研究寒冷地区道路混凝土盐冻损伤、改善机理及技术途径,因此应该选择适合的试验方法。作为实验室中加速的混凝土抗盐冻性能试验方法应该更加贴近实际,因此选择抗冻性试验方法应从以下几个方面出发进行分析和比较:试验采用的传热介质,试件和传热介质接触方式,混凝土抗盐冻性能的评价参数等。从传热介质来看,平板法、CDF 法及立方体法适合评价道路混凝土的抗除冰盐性能。同时,参考各种方法的评价参数,只有单面盐冻融试验(CDF)方法、ASTM672 法和平板法适合评价道路混凝土的抗盐冻性能。但是,ASTM672 法和平板法试件成型复杂,特别是在 ASTM672 法中,盐池壁容易剥落,导致试验误差,因此将 CDF 混凝土抗盐冻性能试验方法确定为本章的试验方法。

2.试验设备

(1)冻融循环试验机。

采用自行设计的混凝土盐冻试验设备及其智能控制装置,如图 14.7、图 14.8 所示。混凝土冻融循环试验机及其智能控制装置包括如下部分:冰箱试验箱体、高效压缩机、智能控制系统、自动温度采集系统。其中智能自动控制系统可以控制冰箱的温度及升温和降温的速度,异常情况下能够断电自动保护;自动温度采集系统能够自动记录并保存冰箱内混凝土试件的温度。该试验机可进行混凝土单面盐冻试验和我国目前实行的快速冻融试验。

图 14.7　混凝土盐冻试验设备

图 14.8　试验设备智能控制装置

（2）超声波检测分析仪。

图 14.9 所示为北京康科瑞公司生产的 NM-4A-Ⅰ型非金属超声波检测分析仪,主要由主机、电源、传送线及平面换能器等部分组成。

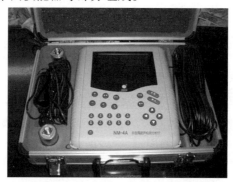
图 14.9　超声波检测分析仪

（3）冻融循环制度。

图 14.10 所示为试验设备实际温度控制曲线,该曲线表示试验设备进行了 28 个冻融循环,每个冻融循环的最高温度为 20 ℃,保温 1 h;最低温度为-20 ℃,保温 3 h。从20 ℃降到-20 ℃经过 4 h,从-20 ℃升温到 20 ℃经过 4 h。

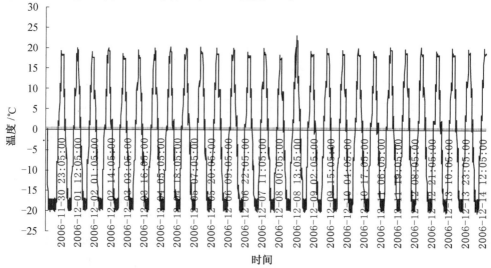
图 14.10　试验设备实际温度控制曲线（28 个冻融循环）

从图 14.10 中选出任意一个冻融循环,可以近似抽象出混凝土的冻融循环曲线,如图 14.11 所示。该图表示的混凝土冻融循环和 CDF 法一致。

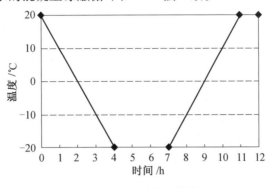

图 14.11　冻融循环曲线

3. 混凝土试件的成型及处理过程

道路混凝土试件的成型、处理及抗盐冻性能试验过程如下。

(1)将原材料按所设计的配合比搅拌后振动成型,试件的尺寸为 150 mm×150 mm× 55 mm,其中 150 mm×150 mm 面为试验面,一组 5 块,1 天后拆模。在标准养护室中养护 28 天后,在 80 ℃环境中干燥 24 h,取出后冷却至室温。然后用带丁基橡胶的铝箔密封试件 4 周,静置 1 天,如图 14.12 所示。

(a)　　　　　　　　　　(b)

图 14.12　试件的密封

(2)预饱和处理。

将试件平放在试验盘内 5 mm 高的支架上,试验盘尺寸为 200 mm×260 mm×50 mm,试件的试验表面朝下。注入质量分数为 3% 的 NaCl 溶液,保证液体高度为 10 mm,如图 14.13 所示。为防止水分蒸发,预饱和时试验盘连同试件一起用塑料薄膜袋密封,预饱和时间为 6 天,温度为(20±2)℃。取出后用超声波检测分析仪测量超声波通过试件内部的初始声时。

图 14.13　试件的预饱和处理

(3)将试件浸在除冰盐溶液中,置于冻融循环试验机中进行试验。

冻融循环试验及试件和除冰盐溶液在试验容器中的冻结状态如图 14.14、图 14.15

所示。其中,位于制冷液体中心部位的一个试验盘用来监测和控制温度,如图 14.14(b)所示。温度测量传感器采用 TT-1 型(铜-康铜)热电偶,温度测量点设在试验盘底部中心。

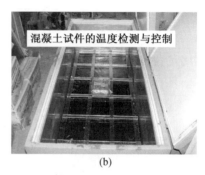

(a)   (b)

图 14.14 冻融循环试验

图 14.15 试件和除冰盐溶液在试验容器中的冻结状态

4.混凝土抗盐冻试验过程

混凝土抗盐冻试验过程如下。

(1)剥蚀量测定。

14、28、42 及 56 次冻融循环结束时,取出试件,过滤除冰盐溶液,收集混凝土的剥蚀碎渣,如图 14.16 和图 14.17 所示。

图 14.16 剥蚀物的过滤   图 14.17 剥蚀碎渣

(2)将收集的混凝土剥蚀残渣置于 80 ℃的烘箱中烘干至恒重,冷却至室温后称其质量。

(3)超声波传输时间测定。

内部破坏程度是通过冻融前后动弹性模量的相对变化来反映的,动弹性模量的相对变化值通过测定超声波穿过距试件表面 25 mm 处平行轴的传输时间来确定。在试件预饱和之后冻融之前,冻融循环 14、28、42 及 56 次后分别测定超声波的传输时间(图 14.18),测定仪器采用北京市康科瑞公司生产的 NM-4A-Ⅰ 非金属超声检测分析仪。对于每个样品,传输时间沿两个互相垂直的传输轴进行测量,互相垂直的传输轴耦合点必须是矩形试件对角线交叉点。

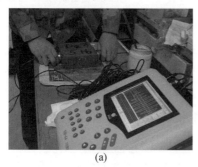　　

(a)　　　　　　　　　　　　　　　　(b)

图 14.18　测定超声波通过试件内部的声时

5. 混凝土抗盐冻性能的评价

通过试件单位面积的剥蚀量及相对动弹性模量的损失率来评价道路混凝土的抗除冰盐的性能,同时参考试件表面的剥蚀情况。试件单位面积的剥蚀量与相对动弹性模量损失率按下面两式计算:

$$m_n = \frac{\sum \mu s}{A} \tag{14.5}$$

式中　m_n——单位面积的剥蚀量,kg/m²;

　　　　s——第 n 次循环剥蚀量,kg;

　　　　A——试验面积,m²;

　　　　μ——总剥蚀量,kg。

$$\Delta E_{dynn} = \left[1 - \left(\frac{t_{t,cs} - t_c}{t_{t,nftc} - t_c} \right)^2 \right] \times 100\% \tag{14.6}$$

式中　E_{dynn}——相对动弹性模量的损失率,%;

　　　　$t_{t,cs}$——超声波初始通过试件内部的传输时间,μs;

　　　　$t_{t,nftc}$——n 次冻融循环后超声波通过试件内部的传输时间,μs;

　　　　t_c——在耦合介质中的传输时间,μs。

14.3　重复荷载下道路混凝土的抗盐冻性能

水泥混凝土路面在使用期间经常受各种随机荷载的作用,路面局部反复出现压应力和拉应力。当拉应力超过混凝土的抗拉强度时,将导致道路混凝土表面及内部出现微裂缝。除冰盐沿裂缝渗入混凝土内部,从而加剧了道路混凝土的盐冻剥蚀,水泥混凝土路面的受力分析如图 14.19 所示。因此本章依据 CDF 方法,研究重复荷载作用下道路混凝土的抗盐冻性能。

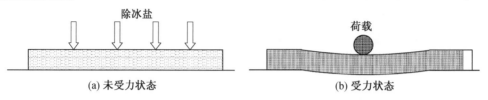

(a) 未受力状态　　　　　　　　　(b) 受力状态

图 14.19　水泥混凝土路面的受力分析

14.3.1　试验方案

1. 混凝土配合比

混凝土配合比见表 14.13,水灰比为 0.36,坍落度为 50 ~ 60 mm。

表 14.13　混凝土配合比

单位体积材料用量/(kg·m⁻³)					外加剂含量(质量分数)/%			力学性能/MPa	
C	S	G	FA	SF	NaP	M	MA	f_{cu}	f_f
311	642	1 195	69	34	0.02	0.76	0.012	64.7	6.52

注:C—水泥;S—砂;G—碎石;FA—粉煤灰;SF—硅灰;NaP—葡萄糖酸钠;M—高效减水剂(Might-100);MA—引气剂(MA202)。

2. 循环荷载加载方式

按表 14.13 的配合比,将原材料拌和后振动成型。试件为 150 mm 的立方体,在标准养护室中养护 28 天后,采用 WHY-100 型全自动应力试验机(图 14.20(a))进行重复加载试验。加载等级为 20%f_{cu}、40%f_{cu},循环次数分别为 10 次、20 次、30 次。之后将试件平均切割成两块,如图 14.20(b)所示。

(a) WHY-100 自动试验机

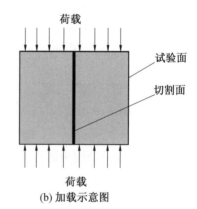

(b) 加载示意图

图 14.20　混凝土的加载方式

3. 试验过程

将切割后的试件(每组 5 块)在 80 ℃环境中干燥 24 h,取出后冷却至室温。然后按14.2.3 节所确定的试验过程进行试验。

14.3.2　结果讨论与分析

1. 重复荷载作用下道路混凝土的损伤程度

重复荷载对混凝土动弹性模量的影响如图 14.21 所示,从图中可以看出,混凝土的相对动弹性模量损失率随荷载循环次数及荷载水平的增加而增大。荷载循环次数为 10 次时,荷载水平从 20% f_{cu} 增加到 40% f_{cu},混凝土的相对动弹性模量损失率从 1.1% 增加到 11.9%;荷载循环次数为 20 次时,混凝土的相对动弹性模量损失率从 2.5% 增加到 12.5%;荷载循环次数为 30 次时,混凝土的相对动弹性模量损失率从 11.4% 增加到 25.2%。可见,荷载循环次数越多,荷载水平对混凝土相对动弹性模量损失率影响越小。

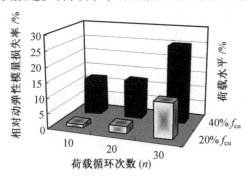

图 14.21　重复荷载对混凝土动弹性模量的影响

2. 重复荷载作用下道路混凝土的抗盐冻性能

10 次、20 次、30 次重复荷载时荷载水平对混凝土抗盐冻性能的影响如图 14.22 ~ 14.24所示。

由图 14.22 可知,10 次循环荷载作用后,混凝土的盐冻剥蚀量和相对动弹性模量损失率随荷载水平的增加而增大。荷载水平由 0 增加到 40% f_{cu} 时,盐冻剥蚀量增大到原来的 1.9 倍,相对动弹性模量损失率增大到原来的 2.3 倍。

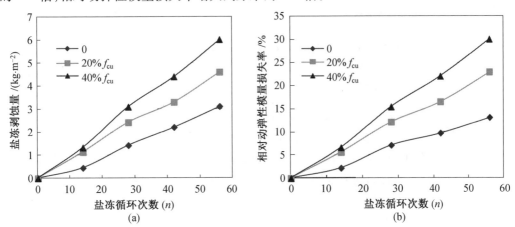

图 14.22　10 次重复荷载时荷载水平对混凝土抗盐冻性能的影响

由图 14.23 可知示,20 次循环荷载作用后,混凝土的盐冻剥蚀量和相对动弹性模量损失率随荷载水平的增加而增大。荷载水平由 0 增加到 40% f_{cu} 时,盐冻剥蚀量增大到原来的 2.0 倍,相对动弹性模量损失率增大到原来的 2.4 倍。

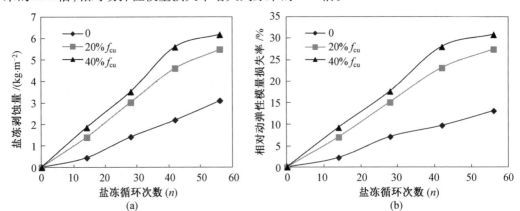

图 14.23　20 次重复荷载时荷载水平对混凝土抗盐冻性能的影响

由图 14.24 可知,30 次循环荷载作用后,混凝土的盐冻剥蚀量和相对动弹性模量损失率随荷载水平的增加而增大。荷载水平由 0 增加到 40% f_{cu} 时,盐冻剥蚀量增大到原来的 2.3 倍,相对动弹性模量损失率增大到原来的 2.7 倍。因此,在重复荷载作用下混凝土的盐冻剥蚀量和相对动弹性模量损失率显著提高,加剧了混凝土的冻害损伤,道路混凝土抗盐冻性能明显下降。

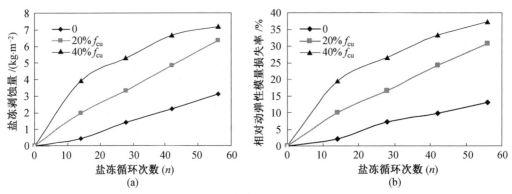

图 14.24　30 次重复荷载时荷载水平对混凝土抗盐冻性能的影响

14.3.3　机理分析

从宏观来看,混凝土是由水泥石、骨料及二者的界面构成的。粗细骨料的强度及弹性模量高于水泥石,在混凝土受荷载作用时,砂石的变形仍在弹性范围内,卸载后变形可全部恢复;水泥石除了产生即时的变形外,还将随时间的延续发生缓慢,但逐渐收敛的黏性流动,应力卸除后,即时的恢复变形有限,最终仍存在较大的残余变形,因此在混凝土的界面区,骨料与水泥石将产生不同的应变,导致应力出现。而混凝土在水化的过程中由于沉降作用、骨料的吸附作用,在骨料的下方及周围容易形成水馕及水膜,同时在界面区 Ca(OH)$_2$ 定向生长将导致过渡区强度较低。当由于外部荷载在界面处产生的应力超出过渡区水泥石的强度时,混凝土内部将产生平行于应力方向的微裂纹,裂纹尖端的应力集中将导致水泥石的进一步开裂。继续增加荷载,裂纹进一步扩展和延伸。

混凝土受压应力时变形曲线如图 14.25 所示。当荷载到达"比例极限"(约为极限荷载的 30%)以前,界面裂缝无明显变化(图 14.25 Ⅰ 阶段,图 14.26(a))。此时,荷载与变形比较接近直线关系(图 14.25 曲线 OA 段)。

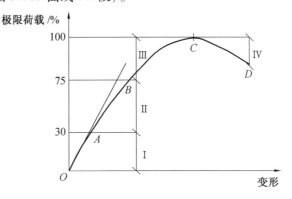

图 14.25　混凝土变形曲线

Ⅰ—界面裂缝无明显变化;Ⅱ—界面裂缝增长;

Ⅲ—出现砂浆裂缝和连续裂缝;Ⅳ—连续裂缝迅速发展

荷载超过"比例极限"以后,界面裂缝的数量、长度和宽度都不断增大,界面借摩擦阻力继续承担荷载,但尚无明显的砂浆裂缝(图 14.26(b))。此时,变形增大的速度超过荷载增大的速度,荷载与变形之间不再接近直线关系(图 14.25 曲线 AB 段)。因此,在重复荷载的作用过程中,荷载水平从 40% f_{cu} 增加到 60% f_{cu} 时,混凝土的相对动弹性模量损失率显著增大。

荷载超过"临界荷载"(极限荷载的 70% ~90%)以后,在界面裂缝继续发展的同时,开始出现砂浆裂缝,并将邻近的界面裂缝连接起来成为连续裂缝(图 14.26(c)),此时变形增大的速度进一步加快,荷载–变形曲线明显弯向变形轴方向(图 14.25 曲线 BC 段)。超过极限荷载以后,连续裂缝急速发展(图 14.26(d)),此时混凝土的承载能力下降,荷载减小而变形迅速增大,以致完全破坏,荷载–变形曲线逐渐下降至最后结束(图 14.25 曲线 CD 段)。

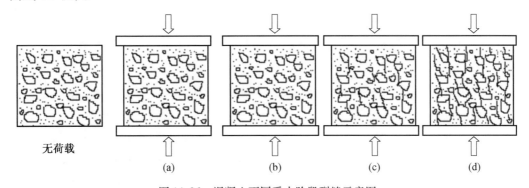

图 14.26　混凝土不同受力阶段裂缝示意图

由此可见,荷载与变形的关系是混凝土内部微裂缝发展规律的体现。混凝土在外力作用下的变形和破坏过程,也就是内部裂缝的发生和发展过程,它是一个从量变发展到质变的过程。只有当混凝土内部的微观破坏发展到一定量级时才使混凝土整体遭受破坏。

在冻融循环的过程中这些裂缝为盐溶液的迁移提供了通道,增大了混凝土渗透系数,加剧了道路混凝土的冻害损伤,混凝土抗盐冻性能明显下降。另外,随荷载重复次数的增加,混凝土内部裂缝不断扩展、增多,而且相互贯通,在盐冻过程中混凝土的饱和程度明显增大,道路混凝土的剥蚀量和动弹性模量损失率也显著增加,导致混凝土的抗盐冻性能下降,因此水泥混凝土路面应严格控制车辆的流量及超载现象,进而延长道路工程的服役寿命。

14.4 内掺有机硅对道路混凝土抗盐冻性能的影响

目前,主要通过掺加引气剂、矿物掺合料、纤维及控制水泥用量、水灰比改善混凝土的抗水冻性能,但没有解决道路混凝土的盐冻剥蚀损伤问题,应该寻求一种新的途径提高道路混凝土的抗盐冻的性能。为此,本节主要研究内掺有机硅对道路混凝土抗盐冻剥蚀性能的改善作用。

14.4.1 混凝土配合比

根据试验需要设计配合比,见表 14.14。水灰比为 0.36,混凝土坍落度为 50 ~ 60 mm,和易性良好。

表 14.14 混凝土配合比

编号	单位体积材料用量/(kg·m⁻³)					外加剂含量/%			
	C	S	G	FA	SF	NaP	M	MA	L
J0	414	642	1 195	—	—	0.02	0.72	—	—
J1	311	642	1 195	69	34	0.02	0.76	0.012	—
J0L	414	642	1 195	—	—	0.02	0.72	—	2
J1L	311	642	1 195	69	34	0.02	0.76	0.012	2

注:C—水泥;S—砂;G—碎石;FA—粉煤灰;SF—硅灰;NaP—葡萄糖酸钠(缓凝剂);M—高效减水剂(Might-100);MA—引气剂(MA202);L—甲基硅醇钠。

14.4.2 试验结果及分析

1. 有机硅(L 型抗盐冻外加剂)对混凝土力学性能的影响

有机硅抗盐冻外加剂混凝土抗压强度的影响如图 14.27、图 14.28 所示。

加入 L 型抗盐冻外加剂后,普通混凝土的 3 天、7 天抗压强度分别提高了 18.2% 和 13.3%,28 天抗压强度提高了 4.9%;高性能道路混凝土加入该外加剂后,3 天、7 天抗压强度分别降低了 11.8% 和 4.7%,28 天抗压强度变化不大。由此可知,L 型抗盐冻外加剂提高了普通混凝土的 3 天、7 天、28 天强度;高性能混凝土 3 天、7 天强度有所降低,但 28 天强度基本保持不变。

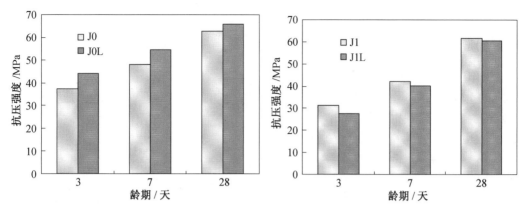

图 14.27　有机硅抗盐冻外加剂对普通混凝土强　　图 14.28　有机硅抗盐冻外加剂对高性能混凝土
　　　　　度的影响　　　　　　　　　　　　　　　　　　　　强度的影响

2. 有机硅抗盐冻外加剂对混凝土抗盐冻性能的影响

如图 14.29 及图 14.30 所示,掺加有机硅抗盐冻外加剂后,普通混凝土 56 次冻融循环的剥蚀量约降低了 56%,相对动弹性模量损失率降低了 68%。可见,有机硅抗盐冻外加剂较明显地降低了普通混凝土的盐冻损伤。

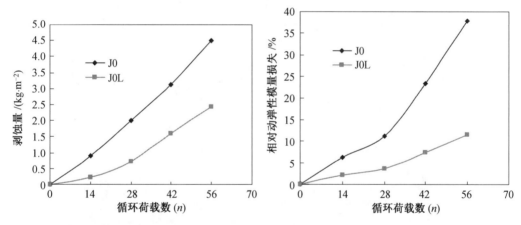

图 14.29　有机硅抗盐冻外加剂对普通混凝土剥　　图 14.30　有机硅抗盐冻外加剂对普通混凝土相
　　　　　蚀量的影响　　　　　　　　　　　　　　　　　　对动弹性模量损失率的影响

如图 14.31 及图 14.32 所示,掺加有机硅抗盐冻外加剂后,高性能混凝土 56 次盐冻剥蚀量约降低了 75%,相对动弹性模量损失率降低了 42%。因此,有机硅抗盐冻外加剂很大程度地降低了高性能混凝土的盐冻损伤。

3. 混凝土试验面的剥蚀情况

如图 14.33(a)、(b)所示,28 次冻融循环后未掺加有机硅抗盐冻外加剂的普通混凝土和高性能混凝土试验面裸露出大部分细骨料和少部分粗骨料。而图 14.33(c)、(d)掺加有机硅抗盐冻外加剂的混凝土表面有少量剥蚀的斑坑,混凝土试验面比较完整,粗细骨料没有裸露,表明该外加剂明显改善了道路混凝土的抗盐冻剥蚀性能。

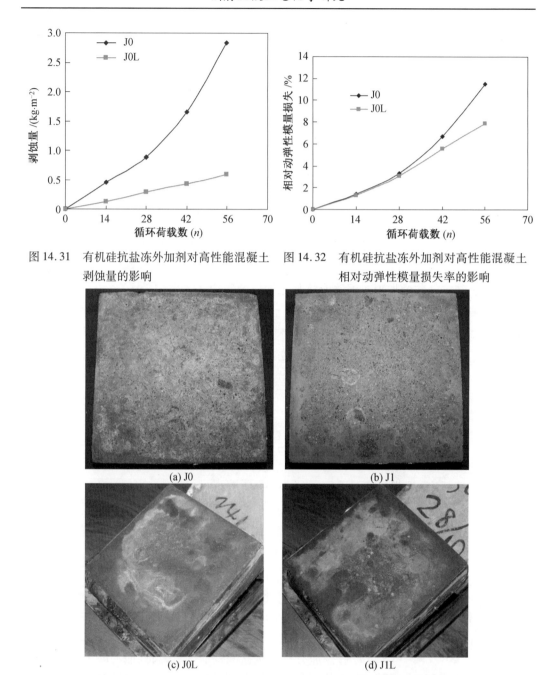

图 14.31　有机硅抗盐冻外加剂对高性能混凝土
　　　　　剥蚀量的影响

图 14.32　有机硅抗盐冻外加剂对高性能混凝土
　　　　　相对动弹性模量损失率的影响

(a) J0　　　　　　　　　(b) J1

(c) J0L　　　　　　　　(d) J1L

图 14.33　有机硅抗盐冻外加剂对混凝土试验面剥蚀情况的影响

14.4.3　机理分析

内掺有机硅抗盐冻外加剂能够较明显地提高道路混凝土的抗盐冻性能,这是因为混凝土在成型过程中振捣不实或材料中多余的水分蒸发后形成了较多的孔隙。混凝土具有亲水性,除冰盐溶液在毛细孔中形成凹液面,由于表面张力的作用除冰盐溶液向混凝土内部迁移,如图 14.34 所示。

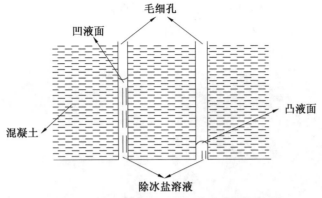

图 14.34 有机硅涂层对毛细孔吸水性的影响

如图 14.35 所示,有机硅的主要成分为甲基硅醇钠,在混凝土中 CO_2 的作用下生成甲基硅醇。在碱性物质(OH^-)的激发下,形成三维的聚硅氧烷树脂,为憎水性高分子材料。该树脂与混凝土中的 OH^- 发生化学作用,填充了混凝土中的孔隙。由内到外形成保护层,除冰盐溶液在毛细孔中形成凸液面(图 14.34),阻止水分及 Cl^- 向混凝土内部扩散,提高了混凝土的抗盐冻性能。

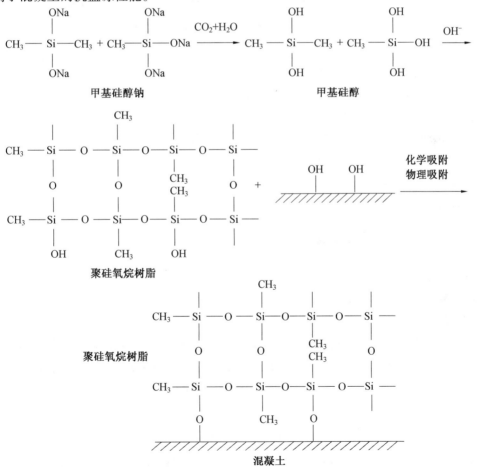

图 14.35 有机硅抗盐冻外加剂作用原理示意图

如图 14.36(a)所示,未掺 L 型抗盐冻外加剂的混凝土,冻融循环后内部出现了微裂缝,而从图 14.36(b)中可以看出,掺加 L 型抗盐冻外加剂后,同样经历了 56 次冻融循环,但混凝土比较密实,没有明显微裂缝出现。

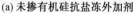

(a) 未掺有机硅抗盐冻外加剂　　　　　　　　(b) 掺加有机硅抗盐冻外加剂

图 14.36　盐冻后混凝土的 SEM 照片

14.5　有机硅涂层对道路混凝土抗盐冻
性能的改善技术措施

在除冰盐环境下,道路混凝土冻融破坏的机理与过程更加复杂,要彻底解决混凝土的盐冻剥蚀问题非常困难。因为除冰盐提高了冻融循环过程中混凝土的饱水程度,缩短了混凝土达到饱和平衡的时间,增加了混凝土的保水能力。因此,在改善混凝土内部因素达到提高混凝土抗盐冻性能的同时,还应该采取外部的技术措施对混凝土进行防护。有机硅涂料是一种防护性材料,性能稳定,抗老化能力强。目前,国内外有机硅涂料主要用于桥梁、隧道、水工、海工等工程的防水、抗渗及钢筋阻锈上,并取得了良好的效果。本节配制有机硅涂料,参照 CDF 试验方法,研究有机硅涂层对混凝土抗盐冻性能的改善作用。

14.5.1　试验方案及过程

1.试验方案

试验方案如图 14.37 所示。

共设计了 0.40、0.36、0.32 这 3 种水灰比的普通混凝土和高性能混凝土,以及在相应混凝土上涂刷有机硅(AS 型抗盐冻外加剂)的另外 6 个配合比的混凝土。通过比较降低水灰比、添加掺合料和引气剂及涂刷 AS 型抗盐冻外加剂研究几种技术措施对道路混凝土抗盐冻性能的影响,以及 AS 型抗盐冻外加剂对混凝土抗盐冻性能的改善作用。

2.AS 型抗盐冻外加剂的涂刷方法及过程

AS 型抗盐冻外加剂性能指标见表 14.15。该外加剂是一种渗透反应型混凝土耐久性保护涂料,主要成分为羧甲基硅氧烷,同时掺加稀释剂和增韧剂,具有卓越的防水、防腐等性能。

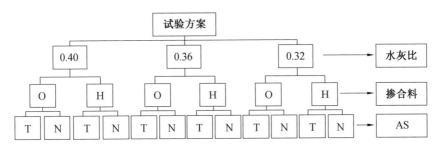

图 14.37　试验方案

O—普通混凝土;H—高性能混凝土;T—在混凝土表面涂刷有机硅(AS 型抗盐冻外加剂);N—在混凝土表面不涂刷有机硅(AS 型抗盐冻外加剂)

表 14.15　AS 型抗盐冻外加剂性能指标

外加剂型号	密度/(g·cm⁻³)	性状	颜色
AS 型	0.96	液体	无色

在实验室条件下,将原材料按表 14.15 所示的配合比成型后,在标准养护室中养护 28 天。把试件放置在干燥箱中,在 80 ℃ 的环境下干燥 24 h 后,冷却至室温。四周用带丁基橡胶的铝箔密封,1 天后在混凝土试件的试验面均匀涂刷 AS 型抗盐冻外加剂,过程如下。

(1)清洁试件的试验面,去除尘土、油污。

(2)涂刷时试件所处环境温度应在 10 ~ 35 ℃,材质表面温度不低于 5 ℃,本试验的涂刷环境为夏季室内环境。

(3)使用前将 AS 型抗盐冻外加剂均匀振摇 30 s,每千克材料涂刷 2 ~ 4 m²。每次涂刷应覆盖前一喷雾圈的一半。为使涂刷面饱和,在涂刷后 15 ~ 20 min 检查涂刷过的区域,如发现某些区域干得较快,待检查完毕后再重新在该区域加以涂刷,直至饱和为止。如图 14.38 所示,将涂刷 AS 型抗盐冻外加剂的混凝土试件表面晾干。

(4)喷涂后 48 h 后,按第 14.2 节的步骤进行冻融循环试验。

图 14.38　涂刷 AS 型抗盐冻外加剂的混凝土试件

3. 混凝土配合比

根据试验的要求,设计混凝土配合比见表 14.16,拌和物的坍落度为 50 ~ 60 mm。

表14.16　混凝土配合比

编号	单位体积材料用量/(kg·m^{-3})					水灰比	外加剂含量/%			
	C	S	G	FA	SF		NaP	M	MA	AS
OC1	414	642	1 195	—	—	0.40	0.02	0.65	—	—
OC1+AS	414	642	1 195	—	—	0.40	0.02	0.65	—	T
OC2	414	642	1 195	—	—	0.36	0.02	0.72	—	—
OC2+AS	414	642	1 195	—	—	0.36	0.02	0.72	—	T
OC3	414	642	1 195	—	—	0.32	0.02	0.75	—	—
OC3+AS	414	642	1 195	—	—	0.32	0.02	0.75	—	T
HC1	311	642	1 195	69	34	0.40	0.02	0.70	0.012	—
HC1+AS	311	642	1 195	69	34	0.40	0.02	0.70	0.012	T
HC2	311	642	1 195	69	34	0.36	0.02	0.76	0.012	—
HC2+AS	311	642	1 195	69	34	0.36	0.02	0.76	0.012	T
HC3	311	642	1 195	69	34	0.32	0.02	0.80	0.012	—
HC3+AS	311	642	1 195	69	34	0.32	0.02	0.80	0.012	T

注:C—水泥;S—砂;G—碎石;FA—粉煤灰;SF—硅灰;NaP—葡萄糖酸钠(缓凝剂);M—高效减水剂
(Might-100);MA—引气剂(MA202);AS—有机硅涂料;T—在混凝土试验面上涂刷 AS 抗盐冻
外加剂。

14.5.2　试验结果与分析

1. 水灰比、掺合料及引气剂对道路混凝土抗盐冻性能的影响

水灰比对普通混凝土和高性能混凝土的剥蚀量和相对动弹性模量损失率的影响如图
14.39 和图 13.40 所示。从图 14.39 及图 14.40 中可以看出,普通混凝土的盐冻剥蚀量和
相对动弹性模量损失率随水灰比的降低而减小。水灰比从 0.40(OC1)降低到 0.32
(OC3)时,混凝土的盐冻剥蚀量降低了 25%,动弹性模量损失率降低了 36%。

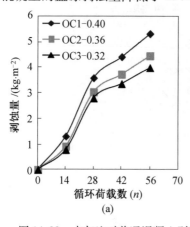

(a)

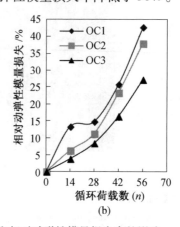

(b)

图 14.39　水灰比对普通混凝土剥蚀量和相对动弹性模量损失率的影响

由图 14.40 可知,高性能混凝土的盐冻剥蚀量和相对动弹性模量损失率随水灰比的减小而降低。水灰比从 0.40(HC1)减小到 0.32(HC3)时,高性能混凝土的盐冻剥蚀量降低了 22%,相对动弹性模量损失率降低了 59%。

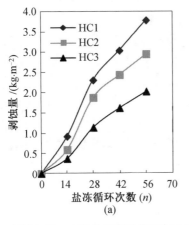 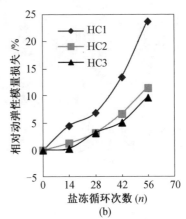

图 14.40　水灰比对高性能混凝土剥蚀量和相对动弹性模量损失率的影响

从以上数据可以看出,降低水灰比有利于提高道路混凝土的抗盐冻性能。这是因为硬化的水泥石为凝胶-孔隙结构,随着水灰比的减小,混凝土中自由水的质量分数减小,胶孔比逐渐增大,孔隙率减小,Cl^- 的扩散系数减小,密实度显著提高,而且水灰比越小越有利于孔隙的自行封闭,减小静水压和渗透压。

对比图 14.39(a)和图 14.40(a),图 14.39(b)和图 14.40(b)可知,当水灰比为 0.40时,通过掺加粉煤灰、硅灰及引气剂,混凝土盐冻剥蚀量减小了 29%,动弹性模量损失率减小了 44%;当水灰比为 0.36 时,混凝土的盐冻剥蚀量减小了 34%,动弹性模量损失率减小了 70%;当水灰比为 0.32 时,混凝土的盐冻剥蚀量减小了 49%,动弹性模量损失率减小了 64%。

这是因为在混凝土中引入大量均匀、稳定的微小气泡,有效地改善了混凝土的孔结构,提高了混凝土的抗盐冻性能。另外,粉煤灰能与水泥水化过程中析出的氢氧化钙缓慢进行"二次反应",生成具有胶凝性能的水化铝酸钙、水化硅酸钙,从而与水泥水化产物相互搭接,填充在骨料之间形成紧密的混凝土微观结构,改善了混凝土的界面,减小了过渡区,改善了混凝土的抗盐冻性能。硅灰颗粒较细,有效地填充在混凝土的水泥颗粒之间,起微观集料的作用,使混凝土的颗粒级配更连续,混凝土更加密实。同时,由于硅灰具有较强的火山灰活性,在混凝土的水化后期二次水化,降低了氢氧化钙的质量分数,减小了晶体尺寸并细化了孔结构,降低了总孔隙率和大孔所占体积分数。此外,吸附在骨料表面的硅灰颗粒可以为水泥水化提供核化点,从而防止氢氧化钙在界面定向生长,降低氢氧化钙的趋向度。如此可改善混凝土的界面过渡区,减少盐溶液深入的通道,降低盐冻过程中混凝土的饱和度,缓解静水压和渗透压,提高混凝土的抗盐冻性能。

混凝土显微结构 SEM 照片如图 14.41 所示。由图 14.41 可知,普通混凝土水泥石内部有大量微裂纹,显微结构不致密;而高性能混凝土中水泥石内部裂纹很少,活性掺合料颗粒的二次水化产物与水泥水化产物间相互搭接、交织而成网状结构,形成的显微结构比较均匀、致密,提高了混凝土的抗盐冻性能。

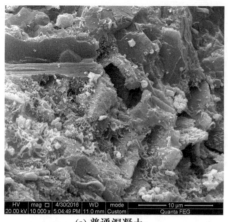 

（a）普通混凝土　　　　　　　　　　　（b）高性能混凝土

图 14.41　混凝土显微结构 SEM 照片

2. AS 型抗盐冻外加剂对混凝土抗盐冻性能的影响

AS 型抗盐冻外加剂对普通混凝土剥蚀量和相对动弹性模量损失率的影响如图 14.42 所示。由 14.42 可知,掺加 AS 型抗盐冻外加剂后,普通混凝土的盐冻剥蚀量和动弹性模量损失率也随水灰比的减小而降低。水灰比从 0.40（OC1＋AS）减小到 0.32（OC3＋AS）时,混凝土的盐冻剥蚀量降低了 31.7%,相对动弹性模量损失率降低了 8.2%。

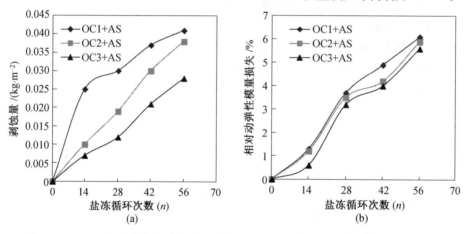

图 14.42　AS 型抗盐冻外加剂对普通混凝土剥蚀量和相对动弹性模量损失率的影响

比较图 14.39 和图 14.42 的结果可得,普通混凝土未涂刷 AS 型抗盐冻外加剂时,盐冻剥蚀量为 $4.0 \sim 5.2$ kg/m^2,相对动弹性模量损失率为 27% ~43%;涂刷 AS 型抗盐冻外加剂后,盐冻剥蚀量为 $0.028 \sim 0.042$ kg/m^2,相对动弹性模量损失率为 5.5% ~6.2%。3 种水灰比混凝土的盐冻剥蚀量都降低了 99% 以上,动弹性模量损失率降低了 79% ~86%,说明 AS 型抗盐冻外加剂显著提高了普通混凝土的抗盐冻性能,是提高普通混凝土抗盐冻性能的有效途径。

由图 14.43 可知,涂刷 AS 型抗盐冻外加剂的高性能混凝土的盐冻剥蚀量和相对动弹性模量损失率也随水灰比的减小而降低,水灰比从 0.40（HC1＋AS）比 0.32（HC3＋AS）时高性能混凝土的盐冻剥蚀量降低了 75.6%,相对动弹性模量损失率降低了 52.2%。

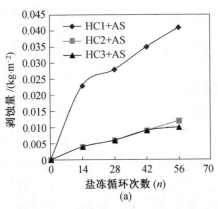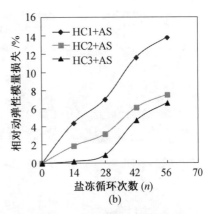

图 14.43　AS 型抗盐冻外加剂对高性能混凝土剥蚀量和相对动弹性模量损失率的影响

比较图 14.40 和图 14.43 结果可知,高性能混凝土未涂刷 AS 型抗盐冻外加剂时,盐冻剥蚀量为 2.0 ~ 3.8 kg/m²,相对动弹性模量损失率为 10% ~ 23%;涂刷 AS 型抗盐冻外加剂后,盐冻剥蚀量为 0.01 ~ 0.042 kg/m²,相对动弹性模量损失率为 6.2% ~ 14%。涂刷 AS 型抗盐冻外加剂的 3 种水灰比高性能混凝土和未涂刷的相比,盐冻剥蚀量均降低了 99% 以上,相对动弹性模量损失率降低了 32% ~ 42%。由此可见,AS 型抗盐冻外加剂显著提高了高性能混凝土的抗盐冻性能,是提高高性能混凝土抗盐冻性能的有效途径。

从以上数据分析可知,与减小水灰比、掺加矿物掺合料及引气剂两种措施相比,涂刷 AS 型抗盐冻外加剂能够非常明显地提高普通混凝土和高性能混凝土的抗盐冻性能,是提高水泥混凝土路面耐久性、延长道路服役寿命的有效措施。

3. 道路混凝土试验面的剥蚀状况

表面剥蚀损伤是道路混凝土最严重且最直观的破坏形式,它关系到路面的行车安全和道路混凝土的使用寿命。因此,研究道路混凝土抗盐冻性能时必须考虑如何改善混凝土表面的盐冻剥蚀状况。

图 14.44 所示为未涂刷 AS 型抗盐冻外加剂混凝土 56 次盐冻后表面的剥蚀情况。从图 14.44(a)、(b)、(c) 中可以看出,水灰比(W/B)从 0.40 降低到 0.36 时,普通混凝土盐冻后表面的剥蚀状况并没有改善,水灰比降低到 0.32 时,混凝土表面的剥蚀状况有所减轻;从图 14.44(d)、(e)、(f) 中也能得出相同的规律,即水灰比从 0.40 降低到 0.36 时,高性能混凝土的表面剥蚀状况没有改善,当水灰比降低到 0.32 时,高性能混凝土表面的剥蚀状况略有改善,但不明显。同时比较图 14.44(a) 与(d)、(b) 与(e)、(c) 与(f) 可知,相同水灰比下,掺加引气剂、粉煤灰及硅灰后混凝土表面的剥蚀状况没有显著改善。

图 14.45 所示为涂刷 AS 型抗盐冻外加剂混凝土 56 次盐冻后表面的剥蚀情况。从图 14.45(a)、(b)、(c) 对比结果可以看出,涂刷 AS 型抗盐冻外加剂后,水灰比对普通混凝土表面剥蚀状况基本没有影响;从图 14.45(d)、(e)、(f) 中可以看出,水灰比对高性能混凝土表面剥蚀状况也基本没有影响。同时比较图 14.45(a) 与(d)、(b) 与(e)、(c) 与(f) 可知,涂刷 AS 型抗盐冻外加剂后,相同水灰比下,引气剂、粉煤灰及硅灰对混凝土表面的剥蚀状况没有显著影响。

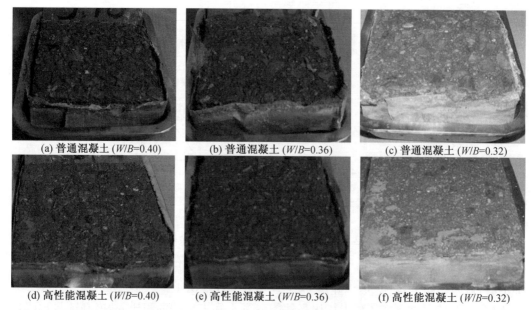

(a) 普通混凝土 (*W/B*=0.40)　　　(b) 普通混凝土 (*W/B*=0.36)　　　(c) 普通混凝土 (*W/B*=0.32)

(d) 高性能混凝土 (*W/B*=0.40)　　(e) 高性能混凝土 (*W/B*=0.36)　　(f) 高性能混凝土 (*W/B*=0.32)

图 14.44　未涂刷 AS 型抗盐冻外加剂混凝土 56 次盐冻后表面的剥蚀情况

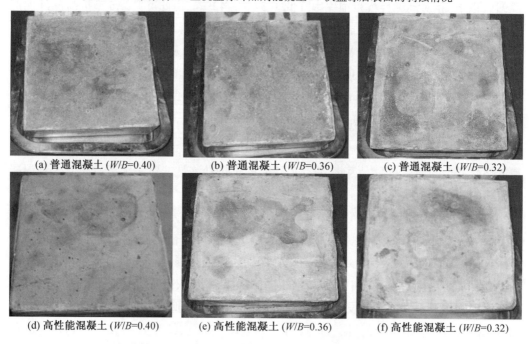

(a) 普通混凝土 (*W/B*=0.40)　　　(b) 普通混凝土 (*W/B*=0.36)　　　(c) 普通混凝土 (*W/B*=0.32)

(d) 高性能混凝土 (*W/B*=0.40)　　(e) 高性能混凝土 (*W/B*=0.36)　　(f) 高性能混凝土 (*W/B*=0.32)

图 14.45　涂刷 AS 型抗盐冻外加剂混凝土 56 次盐冻后表面的剥蚀情况

比较图 14.44 和图 14.45 可知,未涂刷 AS 型抗盐冻外加剂的混凝土 56 次盐冻后表面剥蚀严重,暴露出粗、细骨料,混凝土表面已经出现微裂缝。虽然同样经历了 56 次盐冻,涂刷 AS 型外加剂的普通混凝土表面稍有剥蚀痕迹,无任何形式裂缝出现;高性能混凝土经历 56 次盐冻后,表面仍光滑、平整,无任何剥蚀痕迹。可见,AS 型抗盐冻外加剂能够大大降低水泥混凝土路面的盐冻剥蚀量和相对动弹性模量损失率,改善水泥混凝土路面盐冻后的剥蚀状况,显著提高路面的抗盐冻性能。

4. AS 型抗盐冻外加剂改善道路混凝土抗盐冻性能的机理

AS 型抗盐冻外加剂能够明显提高道路混凝土的抗盐冻性能,这是因为混凝土是一种多孔的水泥基复合材料,材料中存在数量较多的羟基(—OH),它的活性很大,通过物理吸附和氢键结合的方式吸水。

未涂刷 AS 型抗盐冻外加剂的混凝土表面为亲水层,混凝土表层和除冰盐(3% NaCl)溶液接触的润湿角小于 90°,如图 14.46(a)和图 14.47(a)所示,除冰盐溶液容易向混凝土内部迁移。

AS 型抗盐冻外加剂的主要成分为羧甲基硅氧烷,其中羧基为极性基团,在混凝土中碱性物质的激发下,通过物理吸附和化学吸附与混凝土中的 OH$^-$ 反应,在混凝土表面形成憎水层,封闭毛细管口,如图 14.48 所示。混凝土表面与 AS 型抗盐冻外加剂接触时,在界面处形成的润湿角大于 90°,如图 14.46(b)和图 14.47(b)所示,阻止了除冰盐溶液向混凝土中扩散,提高了混凝土的抗剥蚀能力。

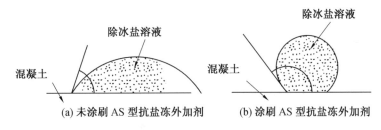

图 14.46　AS 型抗盐冻外加剂对润湿角的影响

图 14.47　除冰盐溶液在混凝土表面上的润湿情况

将 4 个配合比的 8 组试件(每个配合比 2 组)置于 80 ℃的环境中烘干 24 h。冷却至室温后,将其中 4 组试件(每个配合比 1 组)涂刷 AS 型抗盐冻外加剂。24 h 后称其质量,然后将 8 组试件全部浸在除冰盐溶液(3% NaCl 溶液)中。2 天后取出,面干后称其质量,质量变化率如图 14.49 所示。从图 14.49 可以看出,涂刷 OC1+AS、OC2+AS、OC3+AS 混凝土的质量变化率明显减小。将涂刷 AS 型抗盐冻外加剂的混凝土试件劈开,在断裂面上均匀地喷涂一层水,如图 14.50 所示。AS 型抗盐冻外加剂浸入部分为灰白色,未浸入 AS 型抗盐冻外加剂的部分为暗灰色,经实际测量有机硅的浸入深度为 4~11 mm。说明 AS 型抗盐冻外加剂在混凝土表面及内部形成憎水层,封闭了混凝土毛细管口,有效地阻止了水分子及 Cl$^-$ 侵入混凝土内部,提高了混凝土的抗盐冻性能。

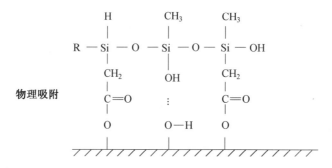

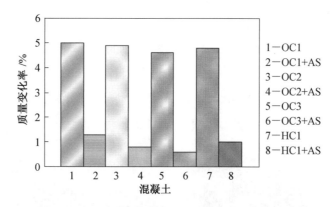

图 14.48　有机硅涂层作用原理示意图

图 14.49　全浸在除冰盐溶液中混凝土的质量变化率

(a) OC1+AS　　　　　(b) OC2+AS

图 14.50　有机硅涂料渗透深度

(c) OC3+AS　　　　　　　　　(d) HC1+AS

续图 14.50

　　未涂刷 AS 型抗盐冻外加剂混凝土冻融循环后的 SEM 照片如图 14.51 所示。盐冻循环后,不涂刷 AS 型抗盐冻外加剂的混凝土内出现大面积的不规则孔洞和裂缝,干燥后有大量的 NaCl 晶体析出,NaCl 晶体周围也出现细小不规则的裂缝。说明除冰盐溶液很容易渗入未涂刷 AS 型抗盐冻外加剂的混凝土内部,在盐冻循环过程中,混凝土的表面大面积剥蚀,结构变得疏松,内部出现大量的裂缝,混凝土的耐久性下降。

图 14.51　未涂刷 AS 型抗盐冻外加剂混凝土冻融循环后的 SEM 照片

　　涂刷 AS 型抗盐冻外加剂混凝土冻融循环后的 SEM 照片如图 14.52 所示。从图 14.52(a)可以看出,混凝土内部水化产物 C-S-H 凝胶体呈云团状紧密堆积、均匀分布,之间由针状钙矾石骨架相连,形成致密空间网架结构。冻融循环后涂刷 AS 型抗盐冻外加剂的混凝土内部微观结构比较致密,没有出现裂缝,干燥后没有 NaCl 晶体析出。从图 14.52(b)可以看出,混凝土形成致密的交织网状结构。这是由于在混凝土的表面涂刷 AS 型抗盐冻外加剂后,与 AS 抗盐冻外加剂中 Si 相连的活性基团与混凝土中羟基(—OH)反应形成氢键或化学键,使 $Ca(OH)_2$ 由微溶变成不溶,这样即使在冻融循环作用下 $Ca(OH)_2$ 也无法从混凝土内部溶出,堵塞了 Cl^- 向混凝土内部渗透的通道,降低了混凝土在冻融循环过程中的内部损伤和表面剥蚀,降低了混凝土的抗盐冻性能。

 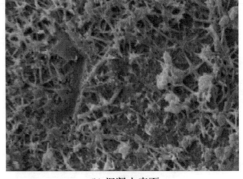

(a) 混凝土内部   (b) 混凝土表面

图 14.52　涂刷 AS 型抗盐冻外加剂混凝土冻融循环后的 SEM 照片

14.6　单面盐冻氯离子渗入对钢筋腐蚀的影响

单面盐冻混凝土底面与氯化钠溶液接触,有少量 Cl^- 渗入混凝土表面层,能否对混凝土内钢筋产生腐蚀作用,需进一步研究。一般混凝土能抗盐冻 28 次,基本满足耐久性要求,即盐冻剥蚀量为 2.0 kg/m² 左右。本节采用带有外加电压的多功能渗透试验装置,研究盐冻 28 次后混凝土内钢筋的腐蚀情况。

14.6.1　试验方案

1. 钢筋工作电极的制作

取 $\phi11.5$ mm 的建筑用 HPB300 光圆钢筋,在机床上车去表面的锈层,通过车床加工成直径为 $\phi10$ mm 的钢筋棒,再通过车床将钢筋棒加工成厚度为 4~5 mm 的薄片。然后用 600 号砂纸将钢筋片表面打磨平整或用磨床磨平,最后用 1 200 目金相砂纸和零号砂纸打磨直至钢筋片表面泛出金属的银白色光泽,如图 14.53 所示。将打磨好的钢筋片用钻机打直径为 1~2 mm 的孔,采用冷点焊机将长度为 15 cm 的镍导线与其连接,然后用热塑管将镍导线封闭绝缘,制作成钢筋电极,如图 14.53 中 B 所示。

2. 钢筋片电极钝化及组装

一般实际工程中的钢筋在混凝土浇筑后很短时间内就可以形成钝化膜,使钢筋在受外界侵蚀前已受到钝化膜的保护。为了与实际工程一致,本试验采用过饱和的 $Ca(OH)_2$ 溶液作为钢筋的钝化溶液,钝化时间为 7~14 天。将钝化好的钢筋片安装在有机玻璃支承架上,用绝缘树脂封闭电极与支承架,如图 14.54 中 A 所示。将组装的钢筋电极支承架埋入混凝土试件中,并使最底端的电极到混凝土工作面的距离为 0.5 cm,电极支承架为有机玻璃制作,长为 10.5 cm,斜放在 $\phi100$ mm、高 60 mm 的试模中,支承架尖端电极为电极-1,依次为电极-2,电极-3。

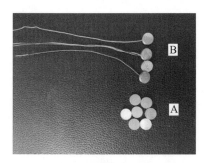

图 14.53　钢筋片及钢筋电极

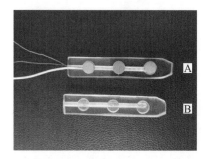

图 14.54　组装的钢筋片电极

A—组合的钢筋电极;B—有机玻璃支架

3.试验设备

采用自行设计的多功能渗透试验装置和 CS300 电化学工作站,如图 14.55、图 14.56 所示。与 ASTM C1202—2005 的试验装置相比,自行设计的装置有很多改进:①采用纳米电极,避免了因为发热造成铜网电极断裂和电解质附着,且纳米电极不易发热;②增大了阴极室的容积,从而可降低发热的影响,也能保持溶液浓度的基本恒定;③装置的加速电压可在0~60 V 调节,避免限定 60 V 电压产生电腐蚀影响试验结果。该设备装置可适用于 ϕ100 mm、高 50~100 mm 的圆柱形混凝土试件。本试验试件采用尺寸 ϕ100 mm、高60 mm的圆柱体试件。

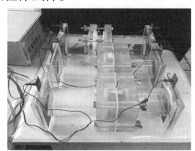

图 14.55　多功能渗透试验装置

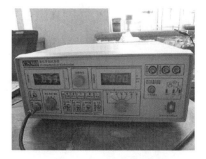

图 14.56　CS300 电化学工作站

4.试验过程

将钢筋电极支承架埋于混凝土中,混凝土配合比见表 14.16。将混凝土振动成型,在标准养护室中养护28 天。依据单面盐冻法对混凝土进行试验,28 次盐冻循环结束后,再通过电化学平台对钢筋电极进行电化学腐蚀试验。

14.6.2　试验结果及分析

盐冻后混凝土内不同深度钢筋腐蚀试验方法采用电化学线性极化法,试验结果及分析如下:

(1)普通混凝土经28 次盐冻后钢筋极化电阻变化曲线如图 14.57 所示。从图中可以看出,电极-1 极化电阻值维持在$(1.5\sim2.0)\times10^5\ \Omega\cdot cm^2$,钢筋开始腐蚀,部分钝化膜开始破坏,其极化电阻值下降缓慢平稳。电极-2 极化电阻值维持在$(10.0\sim12.0)\times10^5\ \Omega\cdot cm^2$;电极-3 极化电阻值维持在$(15\sim18)\times10^5\ \Omega\cdot cm^2$,钢筋没有发生腐蚀,其极化电阻值保持平稳变化,且稍有上升的趋势。

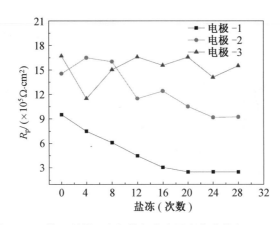

图 14.57　普通混凝土中钢筋极化电阻变化曲线($W/B=0.4$)

（电极距离混凝土工作面：电极-1 为 0.5 cm；电极-2 为 2.5 cm；电极-3 为 4.5 cm）

　　（2）高性能混凝土经 28 次盐冻后钢筋的极化电阻变化曲线如图 14.58 所示。从图中可以看出，电极-1 极化电阻值维持在 $(9.0 \sim 12) \times 10^5 \ \Omega \cdot cm^2$；电极-2 极化电阻值维持在 $(13 \sim 18) \times 10^5 \ \Omega \cdot cm^2$；电极-3 极化电阻值维持在 $(15 \sim 18) \times 10^5 \ \Omega \cdot cm^2$。钢筋没有发生腐蚀，其极化电阻值保持平稳变化。

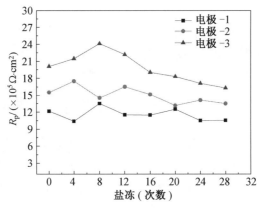

图 14.58　高性能混凝土中钢筋极化电阻变化曲线($W/B=0.4$)

（电极距离混凝土工作面：电极-1 为 0.5 cm；电极-2 为 2.5 cm；电极-3 为 4.5 cm）

　　依据电化学线性极化电阻法研究单面盐冻后混凝土钢筋的腐蚀情况，结果表明采用单面盐冻试验方法，即使有少量 Cl⁻ 渗入混凝土表层，也不至于使混凝土钢筋腐蚀，破坏工程的钢筋保护层。对普通混凝土适当提高水灰比更安全。

14.7　本章小结

　　（1）重复荷载作用后，混凝土的盐冻剥蚀量和相对动弹性模量损失率随荷载水平的增加而增大，道路混凝土抗盐冻性能明显下降。10 次重复荷载作用后，当应力水平从 0 增加到 40% f_{cu} 时，道路混凝土的盐冻剥蚀量增大到原来的 1.9 倍，相对动弹性模量损失率增大到原来的 2.3 倍，并且增大倍数随荷载作用次数的增加而增大；30 次循环荷载作用后，荷载水平由 0 增加到 40% f_{cu} 时，盐冻剥蚀量增大到原来的 2.3 倍，相对动弹性模量损失率增大到原来的 2.7 倍。

(2)内掺有机硅(L 型抗盐冻外加剂)后,普通混凝土的 3 天、7 天、28 天强度分别提高了 18.2%、13.3% 和 4.9%,高性能混凝土 3 天、7 天强度有所降低,但 28 天强度基本保持不变。内掺 L 型抗盐冻外加剂后,普通混凝土和高性能混凝土的盐冻剥蚀量分别降低了 56% 和 75%,相对动弹性模量损失率分别降低了 68% 和 42%。可见,内掺 L 型抗盐冻外加剂明显降低了道路混凝土的盐冻损伤。

(3)道路混凝土的盐冻剥蚀量和相对动弹性模量损失率随水灰比的降低而减小。在混凝土中添加掺合料与引气剂,能够适当减小道路混凝土的盐冻剥蚀量和动弹性模量损失率。与减小水灰比、添加掺合料和引气剂相比,有机硅(AS 型抗盐冻外加剂)涂料能够显著降低道路混凝土的盐冻剥蚀量和相对动弹性模量损失率,改善混凝土表面的剥蚀状况,是提高寒冷地区道路混凝土抗盐冻剥蚀性能的有效措施。

(4)未涂刷 AS 型抗盐冻外加剂的混凝土盐冻后出现明显的裂缝,微观结构较疏松,干燥后有大量的 NaCl 晶体析出;涂刷 AS 型抗盐冻外加剂的混凝土盐冻后微观结构比较致密,干燥后没有 NaCl 晶体析出。可见,AS 型抗盐冻外加剂能够明显改善道路混凝土的抗盐冻性能。

(5)依据电化学线性极化电阻法,研究单面盐冻后混凝土钢筋的腐蚀情况,结果表明采用单面盐冻试验方法,即使有少量 Cl⁻ 渗入混凝土表层,也不至于使混凝土钢筋腐蚀,破坏工程的钢筋保护层。单面盐冻试验方法省时省力、精度高,是综合评价混凝土结构耐久性指标的有效方法。

第15章 严寒地区某抽水蓄能电站水下混凝土溶蚀和钢筋腐蚀的研究

15.1 概　　述

15.1.1 工程概况

黑龙江某抽水蓄能电站,距牡丹江市145 km,距莲花坝址43 km,上水库总库容量为1 193.7×10⁴ m³,装机容量为1 200 MW,工程为Ⅰ等大(1)型工程。枢纽建筑物主要包括主坝、副坝、输水系统和地下厂房等。下水库是利用已建成的莲花水电站水库。下水库进/出水口结构为岸塔式,进/出水口由明渠段、防涡梁段、拦污栅段、喇叭口段、过渡段、闸门井段、渐变段7部分组成。下水库进/出水口主体工程于1995年7月1日开工建设,于次年10月30日停建。截至1996年10月底,明渠段、防涡梁段、渐变段、扩散段、过渡段、基础毛石混凝土全部浇筑完毕,拦污栅墩的混凝土浇筑至205.00 m高程,闸门井的混凝土浇筑至206.00 m高程,交通桥墩的混凝土浇筑至207.00 m高程,拦污栅也已经入槽。1997年通过验收。拦污栅墩、闸墩、桥墩,201.0 m高程以上,闸门以前原混凝土结构标号为R200S4D250;201.0 m高程以下,闸门以前原混凝土结构标号为R200S4。

15.1.2 工作目的

黑龙江某抽水蓄能电站工程下水库进/出水口已建结构已在水下运行多年,受其所处环境影响,水下钢筋混凝土结构已发生不同程度的侵蚀与腐蚀破坏,进而影响了其稳定运行和使用寿命,存在一定的安全隐患及重大经济损失的风险。因此,本次检测工作的目的是按照设计要求就已建工程水下混凝土结构钻取芯样并对其外露钢筋质量进行检测,根据检测结果对混凝土及钢筋质量进行评价,为黑龙江某抽水蓄能电站下水库进/出水口已建结构水下混凝土检测及评估提供技术参考。

15.1.3 工作内容

根据设计下达的《科研试验任务书》及《黑龙江荒沟抽水蓄能电站下水库进/出水口已建结构检测及评估服务合同》要求,本次检测工作内容,包括两部分:水下混凝土结构的芯样和钢筋质量。

(1)混凝土芯样的检测内容,包括容重、抗压强度、弹性模量、泊松比、抗冻性能、抗渗性能、溶蚀情况和上述各指标的检测数量。

(2)钢筋质量的检测内容,包括钢筋有效直径、拉伸性能(屈服强度、抗拉强度、伸长率)、弯曲性能和钢筋外露腐蚀情况。

15.2　检测方案

15.2.1　检测依据

根据设计下达的《科研试验任务书》规定的检测内容,本次试验检测工作依据现行水利水电行业相关的技术规程规范及国家标准进行,具体标准如下:

(1)《水工混凝土试验规程》(DL/T 5150—2017);

(2)《钻芯法检测混凝土强度技术规程》(JGJ/T 384—2016);

(3)《普通混凝土长期性能和耐久性能试验方法标准》(GB/T 50082—2009)。

15.2.2　检测仪器设备

本次检测工作所用主要仪器和设备:混凝土切割磨平机、液压式压力试验机、混凝土快速冻融设备、混凝土渗透仪、静态应变仪、电化学测试系统、场发射环境 SEM、光学数码显微镜、电子数显游标卡尺和钢直尺等。上述所有仪器和设备已经计量检定或校验,在标准状态下工作,均能满足测试精度要求。

15.2.3　检测方法

1. 混凝土芯样的钻取

水下混凝土芯样由水下检测公司专门取样。混凝土取芯数量及规格应满足试验规程要求。现场混凝土钻孔取芯部位、数量及规格分别如下:闸门井(2 个)井壁各 1 组、拦污栅墩 1 组、交通桥墩 1 组和闸后渐变段 1 组,共计 5 组芯样,每组 6 根芯样,共计 30 根芯样。所有芯样的直径记为 ϕ100 mm,其中 3 根有效长度不小于 55 cm 的芯样,3 根有效长度不小于 40 cm 的芯样。混凝土取芯部位、数量及检测项目见表 15.1。

表 15.1　混凝土取芯部位、数量及检测项目

取芯部位	取芯数量	检测项目						
		容重	抗压强度	弹性模量	泊松比	抗冻性能	抗渗性能	溶蚀性况
闸门井(左闸)井壁	6 根/1 组	1	1	1	1	1	—	1
闸门井(右闸)井壁	6 根/1 组	1	1	1	1	1	—	1
拦污栅墩	6 根/1 组	1	1	1	1	1	—	1
交通桥墩	6 根/1 组	1	1	1	1	1	—	1
闸后渐变段	6 根/1 组	1	1	1	1	—	1	1

对混凝土芯样的外观形态进行观测,描述外观质量并照相记录。观测内容主要包括

芯样的钻进深度,芯样的连续性、完整性和断口吻合程度情况,芯样的顶端腐蚀情况,芯样的表面是否光滑、有无裂纹和孔洞,芯样内部是否有钢筋及其腐蚀情况,以及骨料大小分布情况。

2. 芯样的加工

为满足各项试验要求,根据所取混凝土芯样的实际情况,依据现行规范对各试验检测项目要求的尺寸与数量,对混凝土芯样进行切割加工处理,对磨平后制得的标准芯样进行性能测试。混凝土芯样的加工尺寸和数量见表 15.2。

表 15.2　混凝土芯样的加工尺寸和数量

序号	试验项目	长直比($L:D$)	$L×D/$(mm×mm)	数量/(个·组$^{-1}$)
1	容重	1:1	100×ϕ100	3
2	抗压强度	1:1	100×ϕ100	3
3	弹性模量	2:1	200×ϕ100	3
4	泊松比	2:1	200×ϕ100	3
5	溶蚀试验	1:2	50×ϕ100	3
6	抗冻试验	4:1	400×ϕ100	3
7	抗渗试验	1.5:1	150×ϕ100	6

3. 混凝土溶蚀试验

混凝土溶蚀试验内容包括:用阻抗法测混凝土的电阻,测试电阻与溶出钙含量的相关性;测试混凝土的电通量;通过 SEM 观察芯样溶蚀的显微结构特征与形貌,并进行 EDS 能谱分析;测定混凝土芯样的孔径分布和孔隙率。

(1)混凝土芯样制备。

①混凝土芯样为圆柱状,尺寸($L×D$)为 50 mm×100 mm。

②混凝土芯样制备:新混凝土采用的水灰比为 0.424 和 0.449,制备不含钛棒和含钛棒的芯样,其中含钛棒的芯样主要用于电加速溶蚀试验,埋入的钛棒作为电加速过程中的正极,其尺寸为直径 11 mm(记为 ϕ11 mm)和长度 50 mm;不含钛棒的芯样制备 4 个,主要用于新旧混凝土芯样的阻抗谱图的对比试验,并找出混凝土电阻值和钙溶蚀量的相关性等。

③对于埋入长 50 mm 钛棒的混凝土芯样,浇筑时尽量保证其处于中间位置,且距离底面不大于 1 cm,浇筑时保证振动密实。

④钛棒埋入前,需进行激光钻床钻 ϕ2 mm 孔,并冷焊镍丝导线,以备后期电加速使用。

(2)混凝土芯样电化学测试前的真空饱水处理。

加速溶蚀和测阻抗谱图前,对所有芯样进行真空饱水处理:将标准养护 56 天的混凝土芯样放入真空饱水机中,按照以下程序进行设置:干抽 3 h,注水 20 min,湿抽 1 h,静停 18 h。

（3）混凝土溶蚀阻抗法测定。

混凝土电阻率作为一个电化学参数，反映了单位长度混凝土阻碍电流通过的能力，可用于表征混凝土的结构和性能。由于混凝土内部存在大量的连通或不连通的毛细孔，在电压作用下，毛细孔隙溶液，即混凝土内部的电解质溶液中的离子发生迁移，从而使混凝土具有不同的电化学特性，常用混凝土电阻率、电导率、阻容或阻抗及节电常数等来表征。因此，混凝土的电化学性能成为一种快速检测、在线监测和有效评价混凝土显微结构形成与发展的新技术。

混凝土的电阻测试方法有很多种，其中电化学方法中的阻抗法可以由电阻值快速间接地表征混凝土的电阻率。当然，根据电阻率和电阻之间的关系也可以求得电阻率，但由于电阻率和电阻之间呈正相关，故在此可直接由 Nyquist 阻抗谱中的电阻值评价混凝土的渗透性，从而也间接地表征混凝土溶蚀前后的特性。

电阻率是表征导电材料电阻特性的物理量，其单位为 $\Omega \cdot m$ 或 $\Omega \cdot cm$。电阻率与电阻之间的关系为

$$\rho = R \frac{A}{L} \tag{15.1}$$

式中　ρ——材料电阻率，$\Omega \cdot m$ 或 $\Omega \cdot cm$；

　　　R——导电物体的电阻，Ω；

　　　A——导电物体的截面积，cm^2 或 m^2；

　　　L——导电物体的长度，cm 或 m。

混凝土电阻率与水泥原材料、配合比、密实度和混凝土结构服役环境密切相关。有研究表明，混凝土电阻率随着水灰比的减小而显著增大。水灰比越大，混凝土中孔隙的数量以及孔径尺寸越大，混凝土的孔隙率越大，混凝土密实度越差，混凝土的电阻率越低。在混凝土溶蚀中，随着钙的溶出，混凝土内部的孔隙率增大，密实度减小，混凝土的电阻率降低。因此，混凝土电阻率的变化可反映钙的溶出现象。

一般情况下，随着混凝土内水泥水化程度的增加，混凝土越密实，电阻率也增大。但在淡水中，内外离子浓度不平衡，浓度差的作用会促使混凝土内部离子溶出，使混凝土电阻率发生变化。

由式（15.1）可知，电阻率和电阻之间呈正相关，故在阻抗谱图中，可以直接用 Nyquist 阻抗谱中的特征点评价混凝土的渗透性。阻抗法表征混凝土渗透性的具体评价标准可参考表 15.3（ASTM C1202—2005《混凝土氯离子渗透性》）。

表 15.3　阻抗法表征混凝土渗透性的具体评价标准

电阻/Ω	渗透能力
<350	高
350 ~ 650	中等
650 ~ 1 150	低
1 150 ~ 3 700	很低
>3 700	可忽略

因为阻抗法测量的电阻和混凝土的电导率成反比关系,故电阻越大,其抗渗透能力越强;电阻越小,其抗渗透能力越小。而在 Nyquist 阻抗中,可以发现有一特征点,其阻抗虚部最小。该特征点对应的频率不同(分布在 5~50 Hz),阻抗虚部也不同。

根据特征点(虚阻抗最小点)的阻抗实部及芯样尺寸,混凝土芯样的电导率 σ 用下式计算:

$$\sigma = \frac{1}{\rho} = \frac{L}{A} \cdot \frac{1}{R_r^*} \tag{15.2}$$

式中　σ——电导率,S/m;

　　　L——芯样厚度,0.05 m;

　　　A——芯样截面积,$A = 0.01$ m^2(100 mm×100 mm 的不锈钢电极板);

　　　R_r^*——特征点的实部阻抗,Ω。

故在阻抗谱图中,也可以求得混凝土芯样的电导率,间接表明混凝土的电阻率。另外,研究表明,混凝土采用阻抗方法得到的特征电导率 σ 与 ASTM C1202—2005 方法得到的电通量 Q 之间存在良好的线性关系,见下式。两者相关系数为 0.96。

$$Q = 2.4 \times 10^5 \times \sigma - 300 \tag{15.3}$$

故由 ASTM C1202—2005 的渗透性的评价标准和式(15.3),可得混凝土特征电导率评价混凝土渗透性的标准,见表 15.4。

表 15.4　混凝土特征电导率评价混凝土渗透性的标准

特征电导率/($\times 10^{-5}$ S · m^{-1})	渗透性
>1 800	高
960~1 800	中等
540~960	低
170~540	很低
<170	可忽略

在实际环境中,混凝土内部钙的溶出过程非常缓慢,故为了验证新旧混凝土芯样之间是否发生了钙溶蚀现象,在此进行电加速试验,具体试验装置如图 15.1 所示。

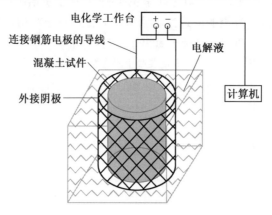

图 15.1　溶蚀电加速试验装置

试验中,将埋入混凝土内部的钛棒作为电加速时的外接正极,多孔的不锈钢筒作为外接阴极,外部溶液为蒸馏水。试验中利用混凝土渗透性智能测定仪施加 15 V 的直流电压。

在进行电化学测试时,采用阻抗测试系统 RST5200,调整测试的振幅范围为 $-10 \sim 10\ mV$,频率范围为 $0.1 \sim 10^5\ Hz$。电极布置为双电极体系,电极为 100 mm×100 mm 不锈钢。为保证电极与芯样紧密接触,减小界面效应的影响,将浸泡 3% NaCl 溶液的海绵放在电极和芯样之间,且在芯样顶层施加一定的压力。

对混凝土内部溶出到溶液中的钙含量的测定,采用 EDTA 滴定法,具体可参考规范《水泥化学分析方法》(GB/T 176—2008)中的水泥化学分析方法。

(4)混凝土溶蚀的电通量法测试。

混凝土的电通量法的实质是测定混凝土的电导(或电阻)。电通量法是快速 Cl⁻ 渗透试验的一种方法,也间接地反映了混凝土内部孔隙结构的变化。混凝土的电通量越大,表明混凝土抗 Cl⁻ 的渗透性能越小,混凝土内部的孔隙率越大。淡水侵蚀的混凝土,特别在流动的水中,水泥水化产物不断被溶出而流失,混凝土内部形成较大的空隙,导致混凝土强度不断降低。钙流失造成了混凝土显微结构的改变,增加了孔隙率,引起了扩散性和渗透性的增加。

硅酸盐水泥水化时,其主要产物为水化硅酸钙、氢氧化钙、水化铝酸钙、水化铁酸钙和水化硫铝酸钙。当环境水侵蚀时,水泥水化产物将按照水化物的溶解度大小依次逐渐被水溶蚀。一般来说,水化硅酸钙最先溶蚀,其次是水化铝酸钙,溶蚀最慢的是氢氧化钙和水化硫铝酸钙,水化铁酸钙可分解出氢氧化铁。由于水化硅酸钙不断溶蚀产生氢氧化钙,因此混凝土结构孔隙溶液中氢氧化钙保持饱和或过饱和状态,溶蚀后混凝土结构中残留较多氢氧化钙和水化硫铝酸钙晶体。

电通量的测试参考规范标准的《普通混凝土长期性能和耐久性能试验方法标准》(GB/T 50082—2009),基于电通量的混凝土 Cl⁻ 渗透能力等级划分标准见表 15.5。

表 15.5　基于电通量的混凝土 Cl⁻ 渗透能力等级划分标准

通过的电通量/C	Cl⁻ 渗透能力
>4 000	高
2 000 ~ 4 000	中等
1 000 ~ 2 000	低
100 ~ 1 000	很低
<100	可忽略

(5)混凝土溶蚀 SEM 及 EDS 分析。

为了对比混凝土溶蚀前后的变化,模拟当年水电站混凝土配合比,水泥、砂、石、粗细骨料均从现场取料,采用萘系减水剂,水灰比为 0.424 和 0.449。机械搅拌成型、振捣,实验室标准养护一定时间后进行测试。拆模芯样破碎取样后在 80 ℃真空烘干至恒重,在混凝土颗粒表面用离子溅射喷涂黄金薄膜,在 Quanta200F 型 SEM 下进行结构及物相组成、溶蚀状态及 EDS 化学成分等分析。

（6）混凝土溶蚀孔结构分析。

为了对比混凝土溶蚀前后孔结构的变化，采用光学数码显微镜对混凝土孔结构进行分析。

15.2.4 钢筋试样

1. 检测依据

根据设计下达的"试验任务书"规定的检测内容，本次试验检测工作依据现行相关的技术规程规范及标准进行，具体如下：

（1）《钢筋混凝土用钢第一部分：热轧光圆钢筋》（GB 1499.1—2017）。

（2）美国 ASTM C876—91。

2. 检测仪器设备

检测仪器和设备：游标卡尺、电化学传感器、电化学测试平台和钢直尺。

3. 钢筋取样加工

钢筋试样由水下检测公司进行取样。钢筋试样分别在闸门井井壁（2 组）、拦污栅墩、交通桥墩外露钢筋处截取，每个单体结构取 1 组，每组 5 cm 长、3 根，共 12 根。钢筋取样部位、数量和钢筋牌号见表 15.6。

表 15.6　钢筋取样部位、数量和钢筋牌号

取样部位	取芯数量	钢筋牌号	钢筋长度/cm	钢筋组数
闸门井（左闸）井壁	1 组/3 根	HRB335	5	1
闸门井（右闸）井壁	1 组/3 根	HRB335	5	1
拦污栅墩	1 组/3 根	HRB335	5	1
交通桥墩	1 组/3 根	HRB335	5	1

4. 试样外观描述

通过目测对钢筋试验外观进行描述，主要包括钢筋表面是否有麻面、凹坑和腐蚀等。

5. 钢筋试样直径检测

综合考虑，本次检测工作采用游标卡尺对钢筋有效直径进行测量。将钢筋试样按长度等分，不少于 10 段，取每段直径的平均值作为钢筋直径，并记录最大值和最小值。

6. 钢筋试样腐蚀检测

钢筋腐蚀检测内容包括自腐蚀电位、腐蚀速率或腐蚀电流密度、Nyquist 谱图变化和质量损失率。

试验主要采用三电极法进行电化学测试，通过采用自腐蚀电位法和线性极化法的电化学参数以及阻抗谱法所测的 Nyquist 谱图进行综合分析，以此评价钢筋的腐蚀程度。

（1）设置对比组芯样，即水工结构建设时所用的初始钢筋（未腐蚀前）。用游标卡尺测试初始钢筋和现场获取的腐蚀钢筋的直径，数据做近似处理。

（2）将每根初始钢筋和已腐蚀钢筋截短至 5 cm 长度的钢筋段，每根截 3 段。

（3）截取的钢筋段，其平整的端面经激光钻床钻取直径为 3 ~ 4 mm 的孔，用酒精棉和丙酮棉擦干净；耐高温导线经焊锡焊接在钢筋孔里，焊接后再用酒精棉和丙酮棉擦干净；配制环氧树脂，经两次处理将钢筋段的上下端面经环氧树脂密封，静置一段时间后进行试验。

（4）在三电极法中，钢筋电极为工作电极，饱和甘汞电极（相对标准氢电极的电位为 241 mV）为参比电极，镀铱钛网片或铂电极为辅助极。

（5）利用 CS300 电化学测试系统测试自腐蚀电位、腐蚀速率和腐蚀电流密度等。动电位扫描时，扫描速率为 0.167 mV/s，极化电位范围为 $-10 ~ 10$ mV。阻抗谱的测试系统为 RST5200，调整测试的振幅范围为 10 mV，频率范围为 $0.1 ~ 10^5$ Hz。

（6）测试相关的电化学参数，测定质量损失率。

15.3　混凝土芯样检测

15.3.1　混凝土取样

混凝土芯样由委托公司的专业人员水下钻芯取样，取出后用塑料保鲜膜密封，放置在阴凉干燥处，在芯样全部钻取完成后送到实验室进行检测。混凝土取芯部位包括左、右闸门井井壁，闸后渐变段（右），交通桥墩和拦污栅墩。混凝土取芯位置如图 15.2 ~ 15.4 所示。所取混凝土芯样的照片如图 15.5 ~ 15.9 所示。

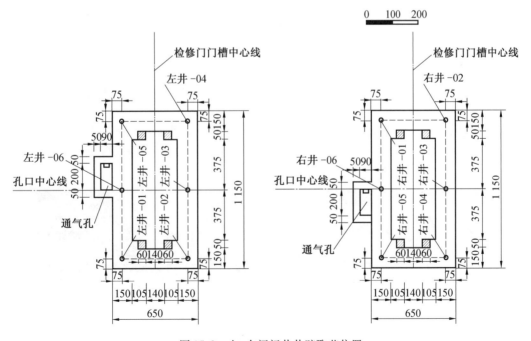

图 15.2　左、右闸门井井壁取芯位置

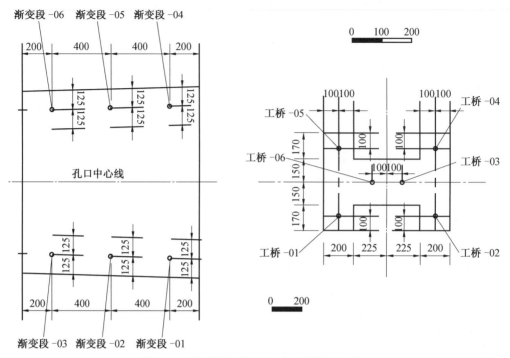

图 15.3　闸后渐变段(右)、交通桥墩取芯位置

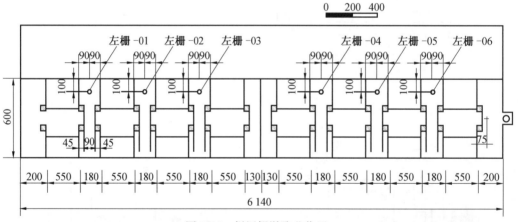

图 15.4　拦污栅墩取芯位置

图 15.5　右闸门井井壁芯样

图 15.6　左闸门井井壁芯样

图 15.7　闸后渐变段芯样

图 15.8　交通桥墩壁芯样

图 15.9　拦污栅墩芯样

15.3.2　芯样外观描述

混凝土芯样是在水下已建结构顶面向下钻取,钻进深度为 40～70 cm,其连续性和胶结程度较好,骨料分布较均匀;多数芯样呈现折断现象,较多断于骨胶结合面,但也有断于骨料(风化料)处,各部分可对接吻合程度均较高,除少数芯样的折断处有缺损外,芯样基本完整;顶端腐蚀情况不一,与外部环境直接相关;芯样外表面不平整,是由混凝土结构上表面垂直向下钻取,钻取过程中受水下条件限制及钻机固定不稳所致;表面有裂纹和孔洞,裂缝长度和孔径大小均不一样;部分芯样的内部有钢筋且未腐蚀。上述现象中的典型芯样的照片如图 15.10～15.13 所示。

图 15.10　顶端端头图片

图 15.11　内部钢筋情况

图 15.12　芯样折断处图片

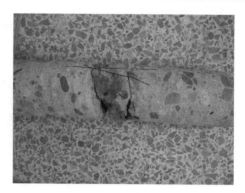

图 15.13　芯样断接照片

15.3.3　芯样的加工

结合所取混凝土芯样的实际情况,按照设计下达的《科研试验任务书》及《黑龙江荒沟抽水蓄能电站下水库进/出水口已建结构检测及评估服务合同》规定的检测项目,分成上、中、下 3 个部位进行取样试验,按上述尺寸进行加工,具体加工方案见表 15.7 ~ 15.11。混凝土芯样如图 15.14 所示。

表 15.7　交通桥墩混凝土芯样的加工方案

取芯部位	芯样编号		测试项目	代表深度/cm
交通桥墩	工桥 01	工桥 01-4	溶蚀	45 ~ 50
	工桥 03	工桥 03-1	溶蚀	5 ~ 10
		工桥 03-3	溶蚀	30 ~ 35

表 15.8　左闸门井混凝土芯样的加工方案

取芯部位	芯样编号		测试项目	代表深度/cm
左闸门井	左井 06	左井 06-1	溶蚀	5 ~ 10
		左井 06-3	溶蚀	35 ~ 40
		左井 06-4	溶蚀	45 ~ 50

表 15.9　右闸门井混凝土芯样的加工方案

取芯部位	芯样编号		测试项目	代表深度/cm
右闸门井	右井 01	右井 01-1	溶蚀	5 ~ 10
		右井 01-3	溶蚀	30 ~ 35
		右井 01-4	溶蚀	45 ~ 50

表 15.10　拦污栅墩混凝土芯样的加工方案

取芯部位	芯样编号		测试项目	代表深度/cm
拦污栅墩	左栅 06	左栅 06-1	溶蚀	5 ~ 10
		左栅 06-3	溶蚀	30 ~ 35
		左栅 06-4	溶蚀	45 ~ 50

表 15.11　闸后渐变段混凝土芯样的加工方案

取芯部位	芯样编号		测试项目	代表深度/cm
闸后渐变段	渐变段 06	渐变段 06-1	溶蚀	5~10
		渐变段 06-3	溶蚀	30~35
		渐变段 06-4	溶蚀	45~50

图 15.14　混凝土芯样

15.3.4　芯样的容重与抗压强度

混凝土芯样的容重与抗压强度检测结果见表 15.12。由表 15.12 可知,混凝土芯样的容重在 2 290~2 420 kg/m³ 之间,其抗压强度在 54.07~33.66 MPa 之间。

表 15.12　混凝土芯样容重与抗压强度检测结果

取芯部位	芯样编号		代表深度/cm	容重/(kg·m⁻³)	抗压强度/MPa
交通桥墩	工桥 01	工桥 01-1	5~15	2 410	45.27
		工桥 01-2	25~35	2 410	46.90
	工桥 03	工桥 03-3	45~55	2 420	54.07
左闸门井	左井 05	左井 05-1	5~15	2 420	52.52
		左井 05-2	25~35	2 385	43.55
		左井 05-3	45~55	2 385	41.78
右闸门井	右井 02	右井 02-1	5~15	2 400	44.47
		右井 02-2	25~35	2 380	40.54
		右井 02-3	45~55	2 360	36.67
拦污栅墩	左栅 05	左栅 05-1	5~15	2 380	39.62
		左栅 05-2	25~35	2 415	44.85
		左栅 05-3	45~55	2 370	39.59
闸后渐变段	渐变段 05	渐变段 05-1	5~15	2 390	44.39
		渐变段 05-2	25~35	2 415	44.83
		渐变段 05-3	45~55	2 290	33.66

15.3.5　芯样的抗冻性能

快速冻融法用于检测混凝土芯样的抗冻性能的试验结果见表 15.13，由表 15.13 分析可知，混凝土抗冻等级在 F25~F75 之间。混凝土芯样 25 次、50 次、75 次冻融循环如图 15.15 和图 15.16 所示。

表 15.13　快速冻融法检测混凝土芯样抗冻性能的试验结果

取芯部位	芯样编号		代表深度/cm	不同冻融循环次数的质量损失率/%			
				0	25 次	50 次	75 次
交通桥墩	工桥 04	工桥 04-1	2~42	0.00	2.58	冻碎	—
	工桥 05	工桥 05-1	2~42	0.00	3.41	冻碎	—
	工桥 06	工桥 06-1	2~42	0.00	2.85	冻碎	—
左闸门井	左井 01	左井 01-1	10~50	0.00	3.46	冻碎	—
	左井 02	左井 02-1	5~45	0.00	4.47	冻碎	—
	左井 03	左井 03-1	5~45	0.00	2.24	冻碎	—
右闸门井	右井 04	右井 04-1	5~45	0.00	0.16	4.89	冻断
	右井 05	右井 05-1	5~45	0.00	0.12	1.75	冻碎
	右井 06	右井 06-1	5~45	0.00	0.24	7.87	冻断
拦污栅墩	左栅 01	左栅 01-1	5~45	0.00	0.21	6.93	冻断
	左栅 02	左栅 02-1	5~45	0.00	0.10	2.31	冻碎
	左栅 03	左栅 03-1	5~45	0.00	0.17	5.79	冻断

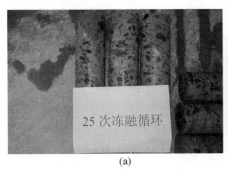
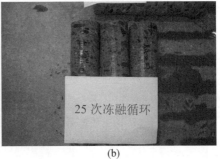

(a)　　　　　　　　　　　　　　　　　(b)

图 15.15　混凝土芯样 25 次冻融循环

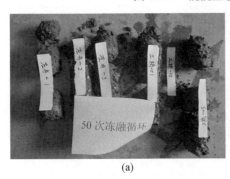

(a)　　　　　　　　　　　　　　　　　(b)

图 15.16　混凝土芯样 50 次、75 次冻融循环

15.3.6　混凝土芯样的溶蚀试验

混凝土溶蚀试验结果包括：采用阻抗法测混凝土的电阻，测试电阻与钙溶蚀量的相关性；测试混凝土的电通量；通过环境 SEM 观察试样溶蚀的显微结构特征与形貌，并进行 EDS 能谱分析；进行混凝土孔结构的光学显微测试。

1. 混凝土芯样溶蚀试验芯样

芯样由工程现场所取的混凝土芯样经加工处理制得，其尺寸为 $\phi100$ mm×50 mm，如图 15.17 所示。此外，试验过程所用水来自工程现场。

图 15.17　混凝土芯样溶蚀试验

2. 新混凝土芯样配合比试验

新混凝土芯样是按原工程混凝土配比成型，养护 28 天制得的溶蚀芯样。为尽可能还

· 407 ·

原原混凝土配比,所用原材料与原配比所用材料厂家、料场、品种保持一致。新、旧混凝土芯样所用原材料型号和生产厂家见表 15.14。

表 15.14　新、旧混凝土芯样所用原材料型号和生产厂家

材料	旧混凝土芯样		新混凝土芯样	
	型号	生产厂家	型号	生产厂家
水泥	牡丹江牌 P·O 52.5 水泥	牡丹江水泥有限公司	牡丹江牌 P·O 42.5 水泥	牡丹江水泥有限公司
骨料	砂、石	狗王岛料场	砂、石	黑龙江荒沟
外加剂	SK 型引气复合减水剂	宁安化工陶土厂	SK 型引气复合减水剂	长春东勘新型建材

15.3.7　混凝土溶蚀阻抗法测试

1. 新混凝土芯样的 Nyquist 谱图分析

一般情况下,随着水泥水化程度的提高,混凝土内部越加密实,电阻也相应增大。由于新混凝土芯样为 2 种水灰比,但相差较小,且根据数据分析,发现各组芯样的电阻值也相差不大,故在此,阻抗谱图中仅显示水灰比为 0.424 的新混凝土芯样的 Nyquist 谱图,如图 15.18 所示。

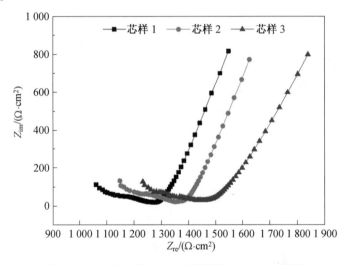

图 15.18　水灰比为 0.424 的新混凝土 Nyquist 谱图

由图 15.18 可知,初始混凝土芯样 Nyquist 谱图中的电阻尽管有一定的差距,但相差不大,且电阻值均大于 1 150 Ω,表明混凝土初始的渗透性很低。但在混凝土发生溶蚀现象时,内部 Ca^{2+} 的溶出会增大其内部的孔隙率,从而降低混凝土的电阻值。故在 Nyquist 谱图中,特征点实部电阻 R_r^* 可间接表征混凝土电阻率,且与电阻率呈现一定的正相关性。随着混凝土溶蚀的加剧,Nyquist 谱图中的特征实部阻抗 R_r^* 将会逐渐减小,从而间接证明了混凝土溶蚀的发生。

为保证所测混凝土芯样电阻的准确性,对 2 组新混凝土芯样进行为期 5 天的观测,取自阻抗谱图中的特征点(虚阻抗最小点)的实部阻抗。水灰比为 0.424 和 0.449 的新混凝土芯样渗透性评价测试数据分别见表 15.15 和表 15.16。

表 15.15　水灰比为 0.424 的新混凝土芯样渗透性评价测试数据

测试芯样	观察天数/天	电阻/Ω	电阻均值/Ω	渗透能力
芯样 1	1	1 270.09	1 286.34	很低
	2	1 091.89		
	3	1 474.86		
	4	1 393.97		
	5	1 200.97		
芯样 2	1	1 351.09	1 289.04	很低
	2	997.53		
	3	1 431.02		
	4	1 308.36		
	5	1 357.21		
芯样 3	1	1 267.74	1 297.70	很低
	2	1 115.83		
	3	1 427.47		
	4	1 436.11		
	5	1 241.33		

表 15.16　水灰比为 0.449 的新混凝土芯样渗透性评价测试数据

测试芯样	观察天数/天	电阻/Ω	电阻均值/Ω	渗透能力
芯样 1	1	1 137.00	1 184.78	很低
	2	980.98		
	3	1 327.08		
	4	1 266.94		
	5	1 211.90		
芯样 2	1	1 469.88	1 433.37	很低
	2	1 365.99		
	3	1 350.40		
	4	1 542.14		
	5	1 438.45		
芯样 3	1	1 114.30	1 312.77	很低
	2	1 082.95		
	3	1 639.00		
	4	1 251.15		
	5	1 476.44		

由表 15.15 和表 15.16 可以看出，初始混凝土芯样的电阻很大，混凝土的渗透性很低。相同水灰比下，每组中的 3 个芯样相差不大；不同水灰比下，电阻尽管不同，但由于水灰比相差很小，电阻均值也相差较小。由此表明，初始混凝土具有很好的抗渗透能力，在阻抗谱图中表现出很大的电阻，甚至可以断定，随着水泥水化程度的增加，混凝土芯样的电阻也将逐渐增大。可见，与已成型 10 年的芯样进行对比时，采用短时间养护的芯样进行间断判断混凝土溶蚀的现象是一种偏保守的方法。

2. 新混凝土芯样的 Nyquist 谱图电阻与 Ca²⁺ 溶蚀量的关系

在进行加速溶蚀混凝土芯样时，取水灰比为 0.424 组中的新混凝土芯样 2 和水灰比为 0.449 中的新混凝土芯样 3。在加速过程中，保证加速前后溶液体积相同。混凝土芯样的初始电阻值以加速前的测试数据为准。加速结束后，取不同加速时间的外部溶液进行 EDTA 测试。加速阶段中，水灰比为 0.424 的新混凝土芯样 2 的 Nyquist 谱图变化如图 15.19 所示。

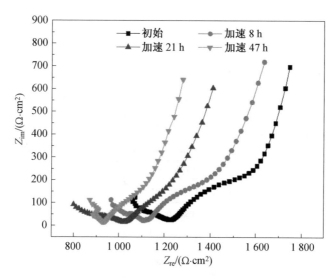

图 15.19　水灰比为 0.424 的新混凝土芯样 2 的 Nyquist 谱图

由图 15.19 可以看出，在 Nyquist 谱图中，随着芯样加速溶蚀时间的增加，混凝土芯样的特征点实部阻抗 R_r^* 逐渐减小，间接表明了混凝土内部 Ca²⁺ 的溶蚀量。水灰比为 0.424 的新混凝土芯样 2 的电阻值变化和混凝土内部 Ca²⁺ 的溶蚀量，见表 15.17。

表 15.17　水灰比为 0.424 的新混凝土芯样 2 的电阻值变化和混凝土内部 Ca²⁺ 的溶蚀量

加速时间	初始(0 h)	加速 8 h	加速 21 h	加速 47 h
电阻值/Ω	1 233.074	1 107.741	1 023.932	935.950
Ca²⁺ 的溶蚀量/(mg·L⁻¹)	0.00	17.036	34.072	40.887

由表 15.17 可以看出，随着加速时间的增加，混凝土本身的电阻值逐渐减小，混凝土内部 Ca²⁺ 的溶蚀量逐渐增加。表明随着混凝土内部 Ca²⁺ 的溶出，混凝土的电阻或电阻率会减小。故通过阻抗法可以间接评判混凝土的溶蚀现象或程度。

· 410 ·

对水灰比为 0.449 的新混凝土芯样,取芯样 3 进行加速溶蚀,混凝土芯样的初始电阻值以加速前测试数据为准。水灰比为 0.449 的新混凝土芯样 3 加速过程的 Nyquist 谱图如图 15.20 所示。

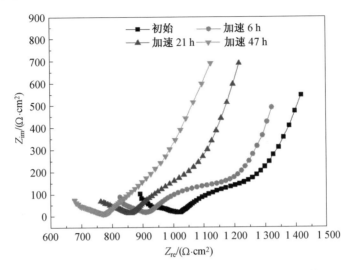

图 15.20　水灰比为 0.449 的新混凝土芯样 3 的 Nyquist 谱图

由图 15.20 可以看出,在 Nyquist 谱图中,随着芯样加速溶蚀时间的增加,混凝土芯样的特征点实部阻抗也呈现逐渐减小趋势,间接表明了混凝土内部 Ca^{2+} 的溶出。水灰比为 0.449 的新混凝土芯样 3 的电阻值变化和混凝土内部 Ca^{2+} 的溶蚀量见表 15.18。

表 15.18　水灰比为 0.449 的新混凝土芯样 3 的电阻值变化和混凝土内部 Ca^{2+} 的溶蚀量

加速时间/h	初始(0 h)	加速 6 h	加速 21 h	加速 47 h
电阻值/Ω	1 020.156	907.089	860.654	770.923
Ca^{2+} 的溶蚀量/$(mg \cdot L^{-1})$	0	10.222	40.883	56.730

由表 15.18 可以看出,其基本呈现出和表 15.17 相同的规律,即随着加速时间的增加,混凝土本身的电阻值逐渐降低,混凝土内部 Ca^{2+} 的溶蚀量逐渐增加。对比表 15.17 和表15.18,在两个水灰比下,芯样溶出的 Ca^{2+} 量相差不大,总体来说,水灰比为 0.449 的新混凝土芯样比水灰比为 0.424 的新混凝土芯样溶出的 Ca^{2+} 多。这一现象可从水灰比大小和混凝土密实度进行解释,水灰比大的混凝土芯样,其内部孔隙率大,密实度差,在水侵蚀下,内部 Ca^{2+} 易于溶出。

由图 15.19 和图 15.20 的 Nyquist 谱图的变化与表 15.17、表 15.18 中相应的新混凝土电阻和内部 Ca^{2+} 溶蚀量的关系,可以判断旧混凝土芯样内部溶出的 Ca^{2+} 量。

3. 交通桥墩

(1)工桥部位混凝土芯样的 Nyquist 谱图分析。

由于在钻芯取样过程中,芯样所取部位距混凝土表面的深度不同,则各个芯样在水中的溶蚀程度也不同,导致其电阻也不尽相同,工桥芯样的 Nyquist 谱图如图 15.21 所示。

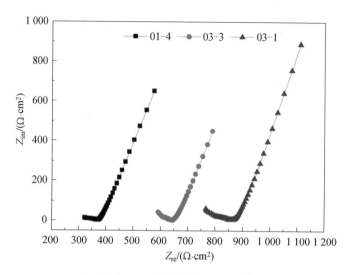

图 15.21　工桥芯样的 Nyquist 谱图

由图 15.21 可知,工桥编号为 03-1 混凝土芯样的电阻值最大,编号为 01-4 混凝土芯样的电阻值最小,编号为 03-3 混凝土芯样的电阻值介于二者之间。

为保证所测混凝土芯样电阻值的准确性,进行了为期 5 天的观察,且取自阻抗谱图中的特征点(虚阻抗最小点)的阻抗实部,工桥混凝土芯样的渗透性评价见表 15.19。

表 15.19　工桥混凝土芯样的渗透性评价

测试试样	观察天数/天	电阻/Ω	电阻均值/Ω	渗透能力
芯样 01-4	1	371.05	423.30	中等
	2	387.45		
	3	453.54		
	4	456.32		
	5	448.13		
芯样 03-3	1	555.84	570.05	中等
	2	588.18		
	3	533.29		
	4	567.75		
	5	605.18		
芯样 03-1	1	1 010.00	931.46	低
	2	880.39		
	3	909.21		
	4	1 001.96		
	5	855.76		

（2）工桥部位混凝土芯样与新混凝土芯样之间的对比。

根据以上表格中的数据,将工桥部位混凝土芯样的电阻值与水灰比为 0.424 的新混凝土芯样加速的电阻值进行对比,见表 15.20。

表 15.20　工桥部位混凝土芯样的电阻值与水灰比为 0.424 的新混凝土芯样加速的电阻值对比

种类	芯样 01-4	芯样 03-3	芯样 03-1	新件(溶 47 h)
电阻/Ω	423.30	570.05	931.46	935.95

与表 15.17 中的数据对比可知,当新混凝土芯样的电阻值减小到芯样编号为 03-1 混凝土芯样的电阻时,混凝土内部 Ca^{2+} 的溶蚀量约为 40.887 mg/L。由电阻值可知,编号为 01-4 和 03-3 的混凝土芯样 Ca^{2+} 的溶蚀量将更多,其中编号为 01-4 的混凝土芯样溶蚀程度最为严重。

4. 闸后渐变段

（1）闸后渐变段混凝土芯样的 Nyquist 谱图分析。

渐变段混凝土芯样的 Nyquist 谱图如图 15.22 所示。由图 15.22 可知,渐变段编号为 06-1 混凝土芯样的电阻值大,编号为 06-4 混凝土芯样的电阻值最小,编号为 06-3 混凝土芯样的电阻值介于二者之间。

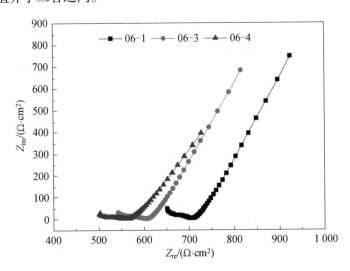

图 15.22　渐变段混凝土芯样的 Nyquist 谱图

为保证所测混凝土芯样电阻值的准确性,进行为期 5 天的观察,渐变段混凝土芯样的渗透性评价见表 15.21。

（2）渐变段芯样与新件之间的对比。

根据以上表格中的数据,将渐变段混凝土芯样的电阻值与水灰比为 0.449 的新混凝土芯样 3 加速的电阻值进行对比,见表 15.22。

表 15.21　渐变段混凝土芯样的渗透性评价

测试试样	观察天数/天	电阻/Ω	电阻均值/Ω	渗透能力
芯样 06-4	1	559.16	549.67	中等
	2	494.60		
	3	528.28		
	4	566.69		
	5	599.61		
芯样 06-3	1	605.40	598.97	中等
	2	570.94		
	3	605.20		
	4	588.49		
	5	624.81		
芯样 06-1	1	702.89	722.86	低
	2	671.01		
	3	705.23		
	4	765.64		
	5	769.51		

表 15.22　渐变段芯样的电阻值与水灰比为 0.449 的新混凝土芯样 3 加速的电阻值对比

种类	芯样 06-4	芯样 06-3	芯样 06-1	新件(溶 47 h)
电阻/Ω	549.67	598.97	722.86	770.92

与表 15.18 中数据对比可知,当新混凝土芯样的电阻值减小到芯样编号为 06-1 混凝土芯样的电阻时,Ca^{2+} 的溶蚀量将大于 56.730 mg/L。由电阻值可知,编号为 06-4 和 06-3 混凝土芯样 Ca^{2+} 的溶蚀量将更多,其中编号为 06-4 的混凝土芯样溶蚀程度最为严重。

5. 拦污栅墩。

(1)左栅芯样的 Nyquist 谱图分析。

左栅芯样的 Nyquist 谱图如图 15.23 所示。由图 15.23 可知,左栅编号为 06-1 混凝土芯样的电阻值最大,编号为 06-4 混凝土芯样的电阻值最小,编号为 06-3 混凝土芯样的电阻值介于二者之间。

为保证所测混凝土芯样电阻值的准确性,进行为期 5 天的观察,且取阻抗谱图中的特征点(虚阻抗最小点)的阻抗实部,左栅混凝土芯样的渗透性评价见表 15.23。

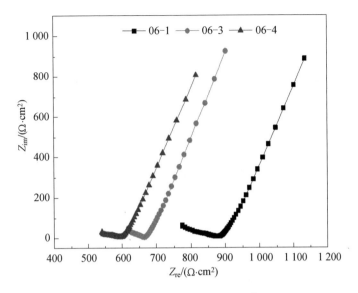

图 15.23　左栅芯样的 Nyquist 谱图

表 15.23　左栅混凝土芯样的渗透性评价

测试试样	观察天数/天	电阻/Ω	电阻均值/Ω	渗透能力
芯样 06-4	1	617.26	599.99	中等
	2	535.17		
	3	591.21		
	4	609.67		
	5	646.66		
芯样 06-3	1	609.11	650.27	低
	2	638.14		
	3	670.78		
	4	664.01		
	5	669.30		
芯样 06-1	1	814.58	881.40	低
	2	796.23		
	3	796.23		
	4	979.90		
	5	1 020.05		

（2）左栅混凝土芯样与新件之间的对比。

根据以上表格中的数据，将左栅混凝土芯样的电阻值与水灰比为 0.449 的新混凝土芯样 3 加速的电阻值进行对比，左栅混凝土芯样的电阻值与水灰比为 0.449 的新混凝土芯样 3 加速的电阻值对比见表 15.24。

表 15.24　左栅混凝土芯样的电阻值与水灰比为 0.449 的新混凝土芯样 3 加速的电阻值对比

种类	芯样 06-4	芯样 06-3	芯样 06-1	新件（溶 21 h）
电阻/Ω	599.99	650.27	881.40	860.65

与表 15.18 中数据对比可知，当新混凝土芯样的电阻值减小到芯样编号为 06-1 混凝土芯样的电阻值时，混凝土内部 Ca^{2+} 的溶蚀量将不大于 40.883 mg/L；但编号为 06-3 和 06-4 的混凝土芯样 Ca^{2+} 的溶蚀量将大于 56.730 mg/L，芯样 06-4 混凝土芯样溶出的 Ca^{2+} 量将更多，溶蚀程度最为严重。

6. 左闸门井（左井）

（1）左井混凝土芯样的 Nyquist 谱图分析。

左井混凝土芯样的 Nyquist 谱图如图 15.24 所示。由图 15.24 可知，左井编号为 06-1 混凝土芯样的电阻值最大，编号为 06-4 混凝土芯样的电阻值最小，编号为 06-3 混凝土芯样的电阻值介于二者之间。

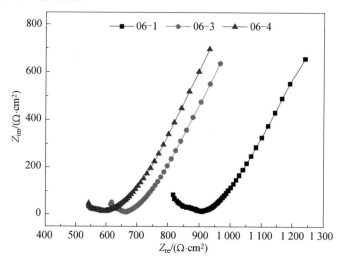

图 15.24　左井混凝土芯样的 Nyquist 谱图

为保证所测混凝土芯样电阻值的准确性，进行为期 5 天的观察，左井混凝土芯样的渗透性评价见表 15.25。

表 15.25　左井混凝土芯样的渗透性评价

测试试样	观察天数/天	电阻/Ω	电阻均值/Ω	渗透能力
芯样 06-4	1	560.81	592.45	中等
	2	590.37		
	3	592.80		
	4	632.14		
	5	586.13		

续表 15.25

测试试样	观察天数/天	电阻/Ω	电阻均值/Ω	渗透能力
芯样 06-3	1	671.84	630.94	中等
	2	576.96		
	3	666.18		
	4	658.24		
	5	581.47		
芯样 06-1	1	817.50	887.95	低
	2	871.32		
	3	887.06		
	4	929.34		
	5	934.52		

（2）左井混凝土芯样与新混凝土芯样之间的对比。

根据以上表格中的数据,将左井混凝土芯样的电阻值与水灰比为 0.449 的新混凝土芯样 3 加速的电阻值进行对比,具体数据见表 15.26。

表 15.26　左井混凝土芯样的电阻值与水灰比为 0.449 的新混凝土芯样 3 加速的电阻值对比

种类	芯样 06-4	芯样 06-3	芯样 06-1	新件(溶 21 h)
电阻/Ω	592.45	630.94	887.95	860.65

与表 15.18 中数据对比可知,当新混凝土芯样的电阻值减小到芯样编号为 06-1 混凝土芯样的电阻时,混凝土内部的 Ca^{2+} 溶蚀量约为 40.883 mg/L;而编号为 06-4 和 06-3 混凝土芯样 Ca^{2+} 的溶蚀量将更多,其中芯样 06-4 混凝土芯样溶蚀程度最为严重。

7. 右闸门井(右井)

（1）右井混凝土芯样的 Nyquist 谱图分析。

右井混凝土芯样的 Nyquist 谱图如图 15.25 所示。由图 15.25 可知,右井编号为 01-1 混凝土芯样的电阻值最大,编号为 01-4 混凝土芯样的电阻值最小,编号为 01-3 混凝土

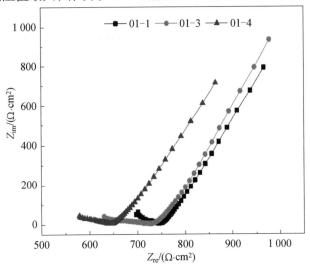

图 15.25　右井混凝土芯样的 Nyquist 谱图

芯样的电阻值介于两者之间。

为保证所测混凝土芯样电阻值的准确性,进行为期 5 天的观察,右井混凝土芯样的渗透性评价见表 15.27。

表 15.27　右井混凝土芯样的渗透性评价

测试试样	观察天数/天	电阻/Ω	电阻均值/Ω	渗透能力
芯样 01-4	1	678.02	639.22	中等
	2	645.32		
	3	621.57		
	4	665.58		
	5	585.62		
芯样 01-3	1	804.15	772.01	低
	2	802.60		
	3	727.39		
	4	769.43		
	5	756.48		
芯样 01-1	1	744.11	720.07	低
	2	744.03		
	3	680.53		
	4	731.71		
	5	699.96		

(2)右井混凝土芯样与新混凝土芯样之间的对比。

根据以上表格中的数据,将右井混凝土芯样的电阻值与水灰比为 0.449 的新混凝土芯样 3 加速的电阻值进行对比见表 15.28。

表 15.28　右井混凝土芯样电阻值与水灰比为 0.449 的新混凝土芯样 3 加速的电阻值对比

种类	芯样 01-4	芯样 01-3	芯样 01-1	新件(溶 47 h)
电阻/Ω	639.22	772.01	720.07	770.92

与表 15.18 中的数据对比可知,当新混凝土芯样的电阻值减小到芯样编号为 01-3 混凝土芯样的电阻时,混凝土内部的 Ca^{2+} 溶蚀量约为 56.730 mg/L;而编号为 01-1 和 01-4 混凝土芯样 Ca^{2+} 的溶蚀量将更多,其中芯样 01-4 混凝土芯样的溶蚀程度最为严重。

15.3.8　新混凝土芯样和不同部位混凝土芯样溶蚀程度的比较

由于混凝土内部 Ca^{2+} 的溶蚀量和混凝土的电阻之间存在一定的关系,故可依据混凝土的电阻大小判断新、旧芯样之间的 Ca^{2+} 溶蚀量大小,并以此判断不同部位的混凝土溶蚀程度。

根据以上各表格中的数据,将新混凝土芯样与不同部位混凝土芯样的最大电阻值(平均值)及对应 Ca^{2+} 溶蚀量进行对比,见表 15.29。

表 15.29　新混凝土芯样与不同部位混凝土芯样的最大电阻值(平均值)及对应 Ca^{2+} 溶蚀量对比

种类	水灰比 0.424	水灰比 0.449	工桥	渐变段	左栅	左井	右井
电阻/Ω	1 233.07	1 020.15	931.46	722.86	881.40	887.95	772.01
Ca^{2+} 溶蚀量/($mg \cdot L^{-1}$)	0	0	36.12	56.72	40.88	40.88	55.32

由表 15.29 可知,混凝土芯样和新混凝土芯样之间的电阻率差距很大,表明混凝土芯样均发生了不同程度的溶蚀。对比不同部位混凝土芯样的电阻值大小及溶蚀程度:渐变段>右井>左井=左栅>工桥。基于水灰比为 0.449 的新混凝土芯样加速溶蚀数据,可知混凝土内部溶出的 Ca^{2+} 质量浓度均大于 56.72 mg/L。

15.3.9　混凝土溶蚀电通量法测试

电通量的测试依据《普通混凝土长期性能和耐久性能试验方法标准》(GB/T 50082—2009),基于电通量的混凝土 Cl^- 渗透能力等级划分标准,见表 15.5。对新、旧混凝土芯样进行电通量测试,且对所测数据进行均值处理,具体见表 15.30。

表 15.30　电通量测试数据

测试部位	电通量/C
左井	2 466.7
右井	2 474.8
左栅	2 158.0
工桥	2 213.4
渐变段	2 807.5
水灰比 0.449 芯样	977.6
水灰比 0.424 芯样	892.4

按《普通混凝土长期性能和耐久性能试验方法标准》(GB/T 50082—2009):电通量在 100~1 000 C,表明混凝土的 Cl^- 渗透能力很低,由表 15.30 可知,新混凝土芯样的电通量均在 100~1 000 C;标准规定电通量在 2 000~4 000 C,表明混凝土的 Cl^- 渗透能力为中等水平,而混凝土芯样的电通量均在 2 000~4 000 C。对比表 15.30 中的数据,左栅和工桥部位混凝土芯样的电通量相近且最小,表明混凝土的 Cl^- 渗透能力也最小;渐变段部位混凝土芯样的电通量最大,表明混凝土的 Cl^- 渗透能力也最大;左井和右井部位混凝土芯样的电通量相近。

混凝土的电通量大小间接表明了混凝土内部的孔隙状况,且电通量越大,表明混凝土内部的孔隙率越大。当混凝土在水侵蚀下,内部 Ca^{2+} 向外迁移,改变了混凝土的显微结构,增加了孔隙率。因此,在判定混凝土的溶蚀时,混凝土的电通量在一定程度上间接地证明了 Ca^{2+} 的溶蚀。

15.4　新旧混凝土溶蚀 SEM 及 EDS 分析

15.4.1　新混凝土溶蚀前 SEM 分析

新混凝土的 SEM 图如图 15.26 所示。

  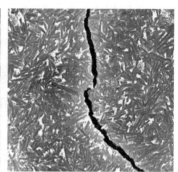

(a) 新混凝土水化产物　　　　(b) 新混凝土原生孔结构　　　　(c) 新混凝土早期裂缝

图 15.26　新混凝土的 SEM 图

15.4.2　新混凝土溶蚀前 EDS 分析

针状的 C-S-H 凝胶、片状氢氧化钙、AFt 水化产物 SEM 图如图 15.27 所示。

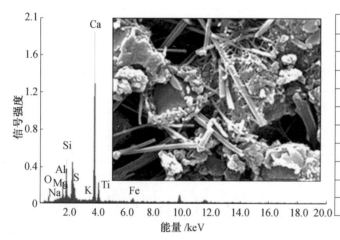

元素	质量分数 /%	原子数分数 /%
OK	23.62	40.13
NaK	1.72	2.03
MgK	2.06	2.31
AlK	7.00	7.06
SiK	13.10	12.68
SK	4.05	3.43
KK	0.78	0.55
CaK	44.76	30.36
TiK	0.52	0.30
FeK	2.39	1.16

图 15.27　针状的 C-S-H 凝胶、片状氢氧化钙、AFt 水化产物 SEM 图

15.4.3　旧混凝土芯样溶蚀 SEM 及 EDS 分析

旧混凝土芯样溶蚀 SEM 及 EDS 能谱图如图 15.28 ~ 15.42 所示。

(a) 部分钙矾石 (AFt) 轻度溶蚀

(b) 针状和片状 C-S-H 凝胶中度溶蚀

(c) 水化产物大面积溶蚀

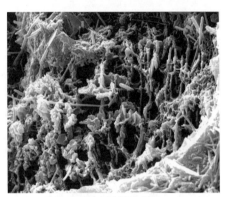

(d) 为 (c) 图的放大图
C-S-H 凝胶定向腐蚀形成网状结构孔洞

图 15.28　左井现场混凝土芯样溶蚀 SEM 图

(a) 放射状 C-S-H 凝胶尖端轻微溶蚀

(b) 钙矾石 (AFt) 及铝酸盐水化产物有轻度溶蚀

图 15.29　右井现场混凝土芯样溶蚀 SEM 图

(c) 氢氧化钙晶体及 AFt 周边溶蚀   (d) 棒状 AFt 形成网状结构的轻度溶蚀

续图 15.29

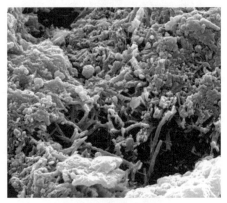

(a) 水化的针状 C-S-H 凝胶、片状   (b) 孔洞中的水化部分
氢氧化钙及 AFt，部分水化产物轻微溶蚀   AFt、C-S-H 凝胶溶蚀残骸

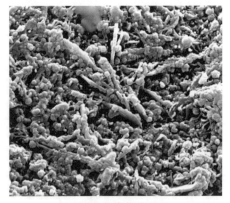
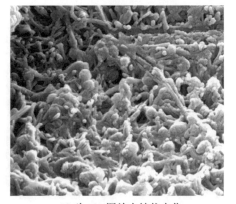

(c) 针状水化 C-S-H   (d) 为 (c) 图放大针状水化
凝胶原位溶蚀成"帽头"状   C-S-H 凝胶溶蚀残留物

图 15.30　左栅现场混凝土芯样溶蚀 SEM 图

(a) 原生针状 C-S-H 凝胶、氢氧化钙、
AFt 及铝酸盐水化产物

(b) 孔洞中形成大量的 AFt 晶体空间网架结构

(c) 为 (b) 图的放大图，在孔洞中形成完整的
AFt 晶体网架，其间填充 C-S-H 凝胶

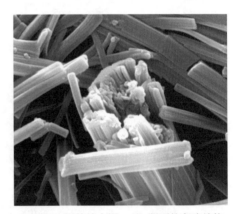

(d) 为 (c) 图的放大图，AFt 断面的空腔结构

图 15.31　工桥现场混凝土芯样溶蚀 SEM 图

(a) 孔洞内有少量 AFt 和氢氧化钙，
孔洞周边大量 C-S-H 凝胶溶蚀

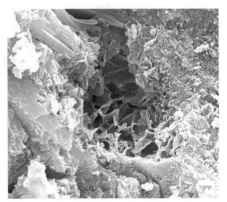

(b) 孔洞内有大量 C-S-H 凝胶溶蚀，
原生单硫型钙矾石 (AFm) 溶蚀

图 15.32　渐变段现场混凝土芯样溶蚀 SEM 图

(c) 孔洞内生成大量 AFt，有部分溶蚀 　　　　(d) AFt 逐渐形成完整的晶体

(e) 孔洞中形成 AFt 完整晶体，
产生较大的结晶应力

续图 15.32

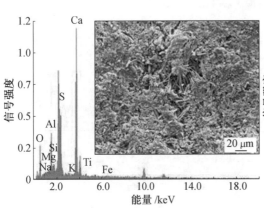
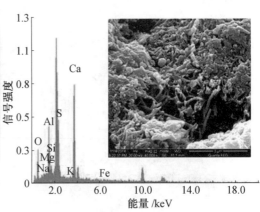

图 15.33　工桥部位硫铝酸盐溶蚀的 EDS 能谱图　　　图 15.34　渐变段部位硫铝酸盐的 EDS 能谱图

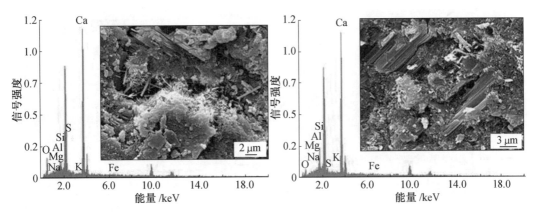

图 15.35　右井部位 $Ca(OH)_2$ 初期溶蚀的 EDS 能谱图

图 15.36　左井部位 $Ca(OH)_2$ 初期溶蚀的 EDS 能谱图

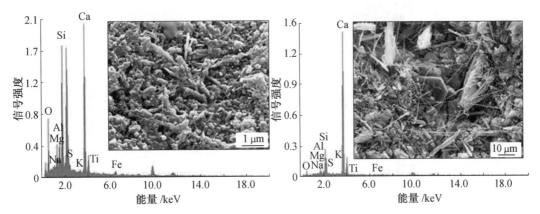

图 15.37　左栅部位 C-S-H 凝胶溶蚀的 EDS 能谱图

图 15.38　工桥部位六边形 $Ca(OH)_2$ 晶体和针状的 C-S-H 凝胶 AFt 晶体的 EDS 能谱图

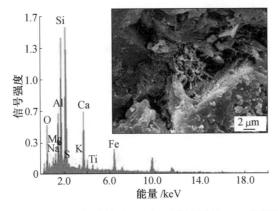

图 15.39　工桥部位铁酸盐和铝酸盐溶蚀的 EDS 能谱图

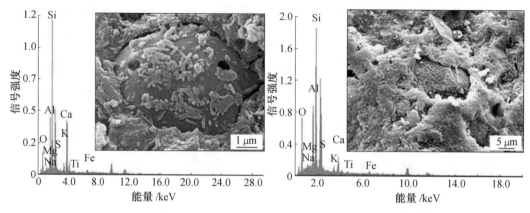

图 15.40　渐变段部位 C-S-H 凝胶和硫铝酸水化产物钙溶蚀残留物的 EDS 能谱图

图 15.41　右井部位 C-S-H 凝胶溶蚀的 EDS 能谱图　　图 15.42　左井部位 C-S-H 凝胶溶蚀的 EDS 能谱图

15.4.4　利用 EDS 化学成分分析混凝土芯样的溶蚀程度

基于 SEM 图和 EDS 能谱图的分析,将其水化产物溶蚀状况和孔隙溶液的 pH 列于表 15.31,采用 pH 复合传感器测定芯样内部的 pH。

表 15.31　旧混凝土芯样不同部位水化产物溶蚀状况和孔隙溶液的 pH

芯样部位	水化产物溶蚀状况	pH
右井	Ca(OH)₂ 周边 C-S-H 凝胶轻度溶蚀,保持原形态,棒状 AFt 轻度溶蚀,原地保持架状结构	11.86
左井	Ca(OH)₂ 周边 C-S-H 凝胶溶蚀	12.10
左栅	C-S-H 凝胶轻度溶蚀形成网状结构孔洞	12.42
工桥	C-S-H 凝胶原地尖端溶蚀成"帽头"状	12.68
渐变段	C-S-H 凝胶和硫铝酸水化产物钙溶蚀严重、孔洞内生成大量次生 AFt,降低 pH	10.56
新混凝土芯样	水化产物主要为针状的 C-S-H 凝胶、片状的氢氧化钙和针状 AFt	12.06

　　基于 pH 的测定及显微结构分析,新混凝土芯样内部的 pH 均大于 12.06,且随着水泥水化程度的增加,pH 将更大,该值明显相对于表 15.31 中旧混凝土芯样各部位的 pH 较大。研究表明,钝化膜稳定存在的 pH 大于 11.5;过低时,钝化膜形成困难或已经破坏,所以部分混凝土芯样内部 pH 不能维持钢筋钝化膜的稳定存在,钢筋发生腐蚀。依所测 pH 及水化产物溶蚀状况分析可知,渐变部位的腐蚀最为严重。

15.5　光学数码显微镜孔结构分析

　　采用 DSX-500 光学数码显微镜对混凝土的孔结构进行分析,各试样光学数码显微镜孔结构的 3D 图像如图 15.43~15.47 所示。

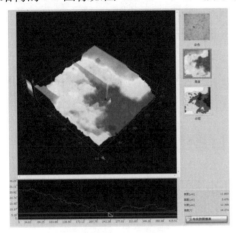

图 15.43　新混凝土光学数码显微镜孔结构 3D 图像(后附彩图)

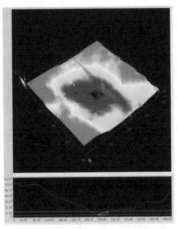

图 15.44　右井混凝土光学数码显微镜孔结构 3D 图像(后附彩图)

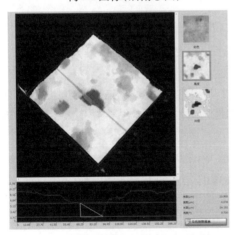

图 15.45　左栅混凝土光学数码显微镜孔结构 3D 图像(后附彩图)

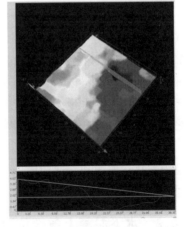

图 15.46　工桥混凝土光学数码显微镜孔结构 3D 图像(后附彩图)

　　根据图 15.43~15.47 中的孔结构分布,特别是孔的尺寸大小和界面孔的分布情况可以得出,渐变段部位混凝土的孔径尺寸明显较大,特别是渐变段呈现明显的界面孔分布,故在此部位混凝土溶蚀现象严重;左、右井和左栅部位混凝土的孔径尺寸较小,故在此 3 个部位的混凝土溶蚀程度相对较轻(由于左右井比较相似,此处仅取右井的分析)。

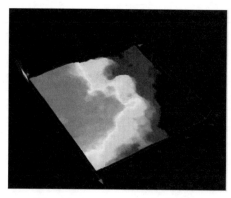

图 15.47 渐变段混凝土光学数码显微镜孔结构 3D 图像(后附彩图)
(细骨料界面形成的孔隙——图中深蓝色界面)

但相对于新混凝土芯样,混凝土芯样的各个部位的孔径尺寸均相对较大,可以间接说明混凝土溶蚀现象的发生,即混凝土内部 Ca^{2+} 的溶蚀将会在一定程度上增大混凝土内部的孔径尺寸和孔隙率。

15.6 混凝土溶蚀试验结果分析

基于严寒地区某抽水蓄能水电站已运行十年水下混凝土现场的调研,对 5 个部位混凝土钻芯取样,在实验室对混凝土芯样做了大量溶蚀及有关性能试验研究,并结合显微结构测试技术,试验结果分析如下。

15.6.1 水下混凝土试样溶蚀的普遍规律

(1)水深处混凝土的电阻小,Ca^{2+} 溶蚀量多;位于上面部位(距离水表面下)混凝土的电阻大,Ca^{2+} 溶蚀量少。

(2)同一混凝土芯样,靠近顶端部位(5 ~ 15 cm)混凝土的电阻大,Ca^{2+} 溶蚀量少;靠近里面部位(距顶端 30 ~ 45 cm)混凝土的电阻小,Ca^{2+} 溶蚀量多。主要原因:水电站处于严寒地区,由于水结冰,产生冻胀,水深处冰的冻胀应力对混凝土结构损伤大,水面附近处冰的冻胀应力小,对混凝土结构破坏损伤小。

(3)对水电站 5 个部位取芯混凝土,进行实验室试验及现场观察,得到受溶蚀侵蚀最小的部位为左拦污栅墩和交通桥墩;受溶蚀最严重的是闸门后渐变段;闸门左、右井部位介于其间。

15.6.2 水下混凝土各部位溶蚀损伤特点

(1)交通桥墩。

混凝土表面光滑,没有损伤,青灰色。混凝土断口结构致密,组成分布均匀,空隙小。从显微结构分析可以看出(图 15.31(a)),水化产物具有完整形态,主要物相组成有 $Ca(OH)_2$ 晶体、C-S-H 凝胶、AFt 晶体及铝酸盐水化物,形成均匀结构。如图 15.31(b)和(c)所示,在网架中有 C-S-H 凝胶少量溶蚀,AFt 晶体端头有溶蚀现象,如图 15.31(d)

所示。交通桥墩水泥水化产物溶蚀轻微。交通桥墩水下混凝土电阻相对对比较大（599～931 Ω），Ca^{2+} 溶蚀量少；混凝土渗透性相比其他部位的电通量指标都小。总之，交通桥墩混凝土溶蚀轻微。

（2）左拦污栅墩。

混凝土外观表面光滑，没有破损部位，混凝土内部结构密实，组成分布均匀，空隙小。混凝土电阻相对比较大（599～881 Ω），Ca^{2+} 溶蚀量少（40.24 mg/L）；左拦污栅墩混凝土的电阻和 Ca^{2+} 溶蚀量与交通桥墩相近。从显微结构分析可以看出：原生的水泥水化产物保持原有的结构，部分水化产物有轻微溶蚀，针状水化 C-S-H 凝胶原位溶蚀成"帽头"状残留物；在孔洞中有 C-S-H 凝胶体溶蚀的残骸，失去 C-S-H 凝胶体的原形，说明在孔洞里水化产物溶蚀严重。总之，左拦污栅墩与交通桥墩混凝土溶蚀程度相差无几，都是轻微溶蚀。

（3）闸门后渐变段。

混凝土表面粗糙，有破损部位，混凝土断口疏松不密实，孔隙多，孔洞大。混凝土电阻小（549～722 Ω），Ca^{2+} 溶蚀量大（56 mg/L）；相比其他部位溶蚀严重。从显微结构分析可以看出：在孔洞内有少量的 $Ca(OH)_2$ 晶体和大量 AFt 晶体，且有部分溶蚀，如图 15.32（a）所示。在孔洞周边有 $Ca(OH)_2$ 晶体溶蚀；图 15.32（b）为（a）的放大图，可见大量的 C-S-H 凝胶溶蚀的残留物和部分原生的单硫钙矾石（AFm）溶蚀；在高倍（8 万倍）SEM 下，观察到大量细小的 AFt 晶体，形成空间网状骨架，其中填充的 C-S-H 凝胶体体已溶蚀，柱状的 AFt 晶体定向排列，端头有溶蚀。这些 AFt 晶体生成是由于环境水溶液中的 SO_4^{2-} 扩散到混凝土内，生成次生 AFt 晶体。随着 SO_4^{2-} 进入质量的增多，AFt 晶体产生再结晶作用，晶体生长产生结晶应力，对混凝土结构有伤害。

（4）闸门左、右井。

闸门左、右井水下混凝土的溶蚀程度属于中度 Ca^{2+} 溶蚀，介于上述部位的溶蚀之间。左、右井部位水下混凝土电阻在 772～880 Ω，Ca^{2+} 溶蚀量在 40～56 mg/L。从显微结构分析可以看出：右井混凝土水化产物 C-S-H 凝胶形态呈针状，都是从尖端开始溶蚀，同时，在 $Ca(OH)_2$ 晶体和 AFt 晶体周围有无定形的水化 C-S-H 凝胶溶蚀；在左井中孔洞有大量针状 C-S-H 凝胶体溶蚀，形成定向溶蚀孔洞，如图 15.28（c）和（d）所示。孔洞残留 C-S-H 形成定向网状结构通道，使 Ca^{2+} 很容易向外迁移，如图 15.28（d）所示。在右井中，混凝土中的水化产物 AFt 晶体空间网架中的填充物 C-S-H 溶蚀，有部分 AFt 晶体溶蚀，溶蚀后的残骸骨架形成空间网状孔洞通道，给 Ca^{2+} 向外迁移提供输出通道，如图 15.29（d）所示。

15.7　钢筋试样质量检测

15.7.1　钢筋取样

钢筋试样由委托公司现场截取，芯样取出后编号成捆，置于阴凉处存放，10 天后运到实验室进行性能测试。钢筋取样位置示意图如图 15.48 所示。所取钢筋试样如图 15.49～15.52 所示。

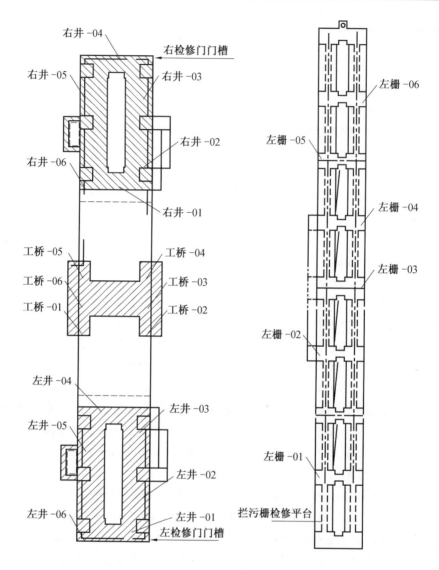

图 15.48　钢筋取样位置示意图

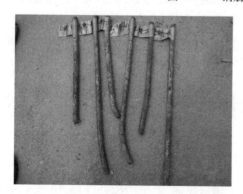

图 15.49　交通通桥桥墩钢筋试样

图 15.50　右闸门井钢筋试样

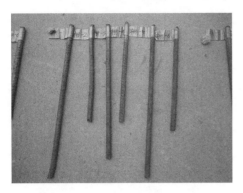
图 15.51　拦污栅墩钢筋试样

图 15.52　左闸门井钢筋试样

15.7.2　钢筋试样外观描述

钢筋试样是在各部位随机抽取的,取出后暴露在空气中,试样表面出现明显锈迹;交通桥墩钢筋试样为圆钢,其他部位钢筋试样均为螺纹钢;钢筋试样长度为 35~60 cm;个别钢筋试样已弯曲,交通桥墩钢筋试样较多;钢筋试样表面有防腐涂层,局部防腐涂层已破损;钢筋试样表面形成麻面,且有腐蚀凹坑,闸门右井钢筋试样较为严重;螺纹钢两肋腐蚀严重,个别钢筋试样已基本腐蚀殆尽;部分钢筋表面已形成纵向裂缝,交通桥墩钢筋试样腐蚀较为严重。典型钢筋照片如图 15.53~15.56 所示。

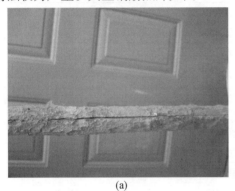
(a)

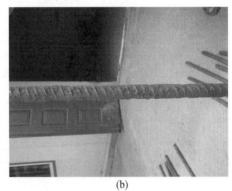
(b)

图 15.53　钢筋表面裂纹

(a)

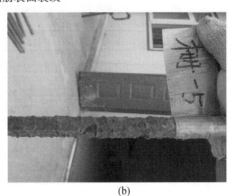
(b)

图 15.54　钢筋表面腐蚀凹坑

图 15.55　螺纹钢钢筋肋　　　　　图 15.56　钢筋表面形成麻面

15.7.3　钢筋试样加工

结合所取钢筋试样实际情况,按照设计下达的《科研试验任务书》规定的检测项目,于实验室进行加工,具体加工方案见表 15.32。

表 15.32　钢筋试样加工方案

取样部位	试样编号	测试项目
拦污栅墩	左栅-01	拉伸
	左栅-02	弯曲
	左栅-03	拉伸
	左栅-04	弯曲
	左栅-05	腐蚀
	左栅-06	腐蚀
交通桥墩	工桥-01	弯曲
	工桥-02	拉伸
	工桥-03	弯曲
	工桥-04	腐蚀
	工桥-05	腐蚀
	工桥-06	拉伸
左闸门井	左井-01	腐蚀
	左井-02	拉伸
	左井-03	弯曲
	左井-04	拉伸
	左井-05	弯曲
	左井-06	腐蚀
右闸门井	右井-01	拉伸
	右井-02	弯曲
	右井-03	腐蚀
	右井-04	腐蚀
	右井-05	拉伸
	右井-06	弯曲

15.7.4　钢筋试样直径检测

钢筋试样长度与直径实测结果见表 15.33。由表 15.33 可知,钢筋试样长度为36 ~ 58 cm;钢筋有效直径为 17.2 ~ 19.0 mm。

表 15.33　钢筋试样尺寸测试结果

取样部位	试样编号	试样有效长度/cm	实测直径/mm
交通桥墩	工桥-01	38.0	18.5
	工桥-02	56.0	17.8
	工桥-03	36.0	18.8
	工桥-04	52.0	18.0
	工桥-05	40.0	17.7
	工桥-06	56.0	18.5
左闸门井	左井-01	55.5	18.9
	左井-02	36.0	18.8
	左井-03	57.0	18.9
	左井-04	40.0	19.0
	左井-05	55.5	18.9
	左井-06	36.0	19.0
右闸门井	右井-01	52.0	18.9
	右井-02	56.0	18.4
	右井-03	48.0	19.0
	右井-04	57.0	18.5
	右井-05	46.0	18.9
	右井-06	62.0	18.9
拦污栅墩	左栅-01	58.0	17.4
	左栅-02	38.0	17.5
	左栅-03	52.0	17.2
	左栅-04	40.0	17.7
	左栅-05	59.0	18.4
	左栅-06	41.0	18.2

15.7.5　钢筋试样拉伸性能试验

钢筋试样拉伸试验检测结果见表 15.34。由表 15.34 可知,各部位钢筋试样屈服强度、抗拉强度符合《钢筋混凝土用钢第 1 部分:热轧光圆钢筋》(GB 1499.1—2008)、《钢筋混凝土用钢第 2 部分:热轧带肋钢筋》(GB 1499.2—2007)标准要求,但钢筋试样的伸长率均小于标准要求。钢筋试样拉伸试验照片如图 15.57 所示。

表 15.34　钢筋拉伸试验检测结果

取样部位	钢筋牌号	试样编号	拉伸试验			备注
			屈服强度/MPa	抗拉强度/MPa	伸长率/%	
交通桥墩	HPB235	工桥-02	398	497	15.5	
		工桥-06	309	386	16.0	
右闸门井	HRB335	右井-02	481	601	16.5	
		右井-04	482	602	16.0	
左闸门井	HRB335	左井-01	451	563	—	标据外断
		左井-05	462	577	14.5	
拦污栅墩	HRB335	左栅-01	450	563	16.5	
		左栅-03	462	576	13.0	
GB 1499.1—2008(HPB235)			≥235	≥370	≥25.0	
GB 1499.2—2007(HRB335)			≥335	≥455	≥17.0	

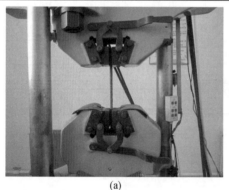 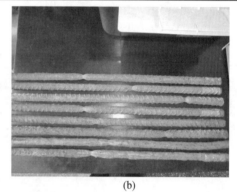
(a)　　　　　　　　　　(b)
图 15.57　钢筋试样拉伸试验照片

15.8　钢筋试样腐蚀试验

15.8.1　钢筋试样制备

1. 钢筋试样测量与加工

用游标卡尺测试初始钢筋(新钢筋)和腐蚀钢筋的直径,数据做近似处理,其具体数值见表 15.35。

表 15.35　钢筋的直径　　　　　　　　　mm

种类	新钢筋	左井 3	左井 4	右井 1	右井 6	栅 5	栅 6	工桥 4	工桥 5
编号	X	ZJ3	ZJ4	YJ1	YJ6	Z5	Z6	GQ4	GQ5
直径	20	19	19	19	19	17	17	17	17

取钢筋腐蚀严重的部位,截断为 5 cm 的钢筋段,每组钢筋截取 3 段;新钢筋根据截面面积的换算,截取 3 段,分别为 3.5 cm、4.5 cm 和 5 cm。钢筋截取数量共 9 组 27 根,具体见表 15.36。

表 15.36　钢筋截取数量

种类	新钢筋	左井 3	左井 4	右井 1	右井 6	栅 5	栅 6	工桥 4	工桥 5
数量/根	3	3	3	3	3	3	3	3	3

2. 钢筋电极的制作

截取的钢筋段,在其平整的端面经激光钻床钻取直径 3~4 mm 的孔,用酒精棉和丙酮棉将其擦拭干净,耐高温的导线经焊锡焊接在钢筋孔里,焊接后再用酒精棉和丙酮棉擦拭干净;配制环氧树脂,两次处理后将钢筋段的上下端面经环氧树脂密封,静置一段时间后进行试验。钢筋电极照片如图 15.58 所示。

图 15.58　钢筋电极照片

15.8.2　钢筋测试参数及判断标准

本次试验对钢筋进行了自腐蚀电位、腐蚀速率、极化电阻、腐蚀电流密度和阻抗谱图的测试。半电池电位法判断的钢筋腐蚀标准见表 15.37。线性极化法测定的钢筋腐蚀速率特征值见表 15.38。

表 15.37　半电池电位法判断钢筋腐蚀标准

标准名称	电位/mV	判别标准
美国 ASTM C876—91	>-200 -200~-350 <-350	5% 腐蚀概率 50% 腐蚀概率 95% 腐蚀概率
中国冶金部标准	>-250 -250~-400 <-400	不腐蚀 可能腐蚀 腐蚀

表 15.38　线性极化法测定的钢筋腐蚀速率特征值

极化电阻/(k$\Omega \cdot cm^2$)	腐蚀电流密度/($\mu A \cdot cm^{-2}$)	金属损失率/(mm·年$^{-1}$)	腐蚀速率
2.5~0.25	10~100	0.1~1	很高
25~2.5	1~10	0.01~0.1	高
250~25	0.1~1	0.001~0.01	中等,低
>250	<0.1	<0.001	不腐蚀

15.8.3　新、旧钢筋腐蚀程度试验数据及处理

1. 新、旧钢筋腐蚀程度的对比

选取新钢筋的长度为 3.5 cm 和 4.5 cm,且取新钢筋在饱和氢氧化钙中浸泡 3 天后的数值,已腐蚀旧钢筋取其浸泡约 5 h 后的数值,取 3 根中腐蚀程度最轻的数据,具体内容如下。

(1)自腐蚀电位。

钢筋的自腐蚀电位测试结果见表 15.39。

表 15.39　钢筋的自腐蚀电位测试结果　　　　　　　　　　　　mV

种类	X	ZJ3-2	ZJ4-3	YJ1-1	YJ6-3	Z5-2	Z6-3	GQ4-2	GQ5-2
自腐蚀电位	−78.04	−334.89	−258.82	−355.34	−349.81	—	—	—	—
	−90.66	—	—	—	—	−337.75	−240.78	−350.42	−361.14

注:自腐蚀电位第一行中新钢筋长度为 4.5 cm;第二行中新钢筋长度为 3.5 cm。

依据表 15.39,通过对比腐蚀前新钢筋和腐蚀后旧钢筋的自腐蚀电位可以看出,经过 10 年后,混凝土中旧钢筋的电位发生了很大的变化,且均发生了不同程度的腐蚀破坏,其中,左井和拦污栅墩部位腐蚀相对较轻,工桥部位相对严重。

(2)腐蚀速率。

钢筋的腐蚀速率测试结果见表 15.40。

表 15.40　钢筋的腐蚀速率测试结果　　　　　　　　　　　　mm/年

种类	X	ZJ3-2	ZJ4-3	YJ1-1	YJ6-3	Z5-2	Z6-3	GQ4-2	GQ5-2
腐蚀速率	0.001 8	0.010 0	0.101 2	0.127 3	0.101 3	—	—	—	—
	0.002 1	—	—	—	—	0.112 0	0.096 2	0.112 6	0.121 8

注:自腐蚀电位第一行中新钢筋长度为 4.5 cm;第二行中新钢筋长度为 3.5 cm。

依据表 15.40,通过对比腐蚀前新钢筋和腐蚀后旧钢筋的腐蚀速率,可以很明显地看出,经过 10 年后,混凝土中钢筋的腐蚀速率具有很大的变化,且均发生了不同程度的腐蚀破坏,其中左井和拦污栅墩部位腐蚀相对较轻,工桥部位相对严重。

(3)极化电阻。

钢筋的极化电阻测试结果见表 15.41。

表 15.41　钢筋的极化电阻测试结果　　　　　　　　　　　　k$\Omega \cdot cm^2$

种类	X	ZJ3-2	ZJ4-3	YJ1-2	YJ6-3	Z5-2	Z6-3	GQ4-2	GQ5-3
极化电阻	181.75	3.069	3.032	3.658	3.029	—	—	—	—
	147.09	—	—	—	—	2.559	3.189	2.725	2.430

注:自腐蚀电位第一行中新钢筋长度为 4.5 cm;第二行中新钢筋长度为 3.5 cm。

依据表 15.41 分析可知,极化电阻在 25 ~ 250 kΩ·cm^2 时,钢筋的腐蚀速率中等或低,初始钢筋在此期间,可以说明初始钢筋有轻微的腐蚀,这也符合所观察到钢筋表面的少量锈斑;极化电阻在 2.5 ~ 25 kΩ·cm^2 时,钢筋的腐蚀速率高,符合该批旧钢筋的实际情况。其中,腐蚀钢筋中左井和右井部位腐蚀相对较轻,工桥、拦污栅墩部位相对严重。

（4）腐蚀电流密度。

钢筋的腐蚀电流密度测试结果见表 15.42。

表 15.42　钢筋的腐蚀电流密度测试结果　　μA/cm^2

种类	X	ZJ3-2	ZJ4-3	YJ1-2	YJ6-3	Z5-2	Z6-3	GQ4-3	GQ5-3
腐蚀电流密度	0.144	8.501	8.604	8.728	8.610	—	—	—	—
	0.177	—	—	—	—	10.192	8.179	8.421	11.594

注:自腐蚀电位第一行中新钢筋长度为 4.5 cm;第二行中新钢筋长度为 3.5 cm。

依据表 15.42 分析可知,腐蚀电流密度在 0.1 ~ 1 μA/cm^2 时,钢筋的腐蚀速率中等或低,初始钢筋在此期间,符合实际所观察到钢筋表面的少量锈斑;腐蚀电流密度在 1 ~ 10 μA/cm^2 或 10 ~ 100 μA/cm^2 时,钢筋的腐蚀速率高或更高,所测数据也符合该批旧钢筋的实际情况。从腐蚀电流密度来看,该批旧钢筋腐蚀速率很高,工桥、拦污栅墩部位腐蚀相对严重。

（5）Nyquist 谱图。

从模拟孔隙溶液饱和氢氧化钙中,钢筋电极的 Nyquist 谱图可以看出,在高频段的容抗弧主要体现为孔隙溶液电阻,低频段的容抗弧体现为钢筋电阻,低频区容抗弧半径的逐渐收缩或减小均表征腐蚀风险的增大。对比图 15.59 中新钢筋和已腐蚀旧钢筋的 Nyquist 谱图,发现新钢筋的低频区容抗弧半径明显大于已腐蚀旧钢筋的容抗弧半径,说明旧钢筋相对新钢筋发生了很大的腐蚀,且随着容抗弧半径的不同呈现出不同的腐蚀程度。

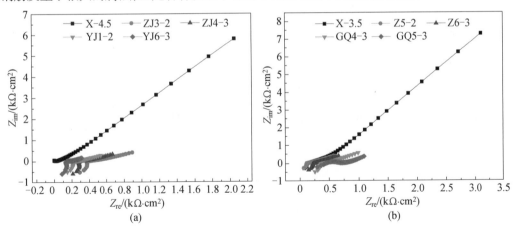

图 15.59　初始钢筋和旧钢筋的 Nyquist 谱图

2. 旧钢筋试验数据及分析

（1）左井井壁。

①自腐蚀电位、腐蚀速率、极化电阻和腐蚀电流密度。表 15.43 和表 15.44 分别列出了左井不同部位钢筋的测试数据,包括自腐蚀电位、极化电阻和腐蚀电流密度 3 个判断钢

筋腐蚀的电化学参数。

表 15.43　左井 3 数据

编号	时间	自腐蚀电位 /mV	腐蚀速率 /(mm·年$^{-1}$)	极化电阻 /(kΩ·cm^2)	腐蚀电流密度 /(μA·cm^{-2})
ZJ3-1	1 h	−299.36	0.138 22	2.220 0	11.751
	5 h	−374.81	0.152 31	2.014 6	12.949
	1 天	−410.74	0.163 53	1.876 3	13.903
	3 天	−530.73	0.261 97	1.171 3	22.272
ZJ3-2	1 h	−258.37	0.097 76	3.138 7	8.311
	5 h	−334.89	0.100 00	3.068 7	8.501
	1 天	−414.73	0.134 11	2.288 0	11.402
	3 天	−539.47	0.211 47	1.451 0	17.979
ZJ3-3	1 h	−324.87	0.208 53	1.471 4	17.729
	5 h	−390.22	0.179 09	1.713 3	15.226
	1 天	−502.88	0.249 32	1.230 7	21.197
	3 天	−542.84	0.240 97	1.273 4	20.480

表 15.44　左井 4 数据

编号	时间	自腐蚀电位 /mV	腐蚀速率 /(mm·年$^{-1}$)	极化电阻 /(kΩ·cm^2)	腐蚀电流密度 /(μA·cm^{-2})
ZJ4-1	1 h	−303.41	0.197 91	1.550 4	16.826
	5 h	−303.38	0.179 26	1.711 7	15.240
	1 天	−454.57	0.320 24	0.958 1	27.227
	3 天	−554.13	0.418 00	0.734 1	35.537
ZJ4-2	1 h	−274.18	0.190 15	2.274 3	11.470
	5 h	−362.46	0.134 92	2.070 6	12.599
	1 天	−459.57	0.148 19	1.043 4	25.002
	3 天	−524.56	0.294 08	0.842 1	39.780
ZJ4-3	1 h	−258.82	0.112 25	2.032 0	8.604
	5 h	−364.33	0.101 20	2.853 6	9.142
	1 天	−414.39	0.107 53	2.273 7	11.473
	3 天	−527.49	0.134 95	2.377 9	18.932

通过表中数据分析,总体来说,左井 3 相对于左井 4,钢筋的腐蚀程度较轻。其中,自腐蚀电位和腐蚀电流密度在两个部位中变化不明显,腐蚀速率和极化电阻相对明显。另外,从以上数据中可以看出,旧钢筋随着在饱和氢氧化钙中浸泡时间的增加,自腐蚀电位、

极化电阻和腐蚀电流密度均呈现降低趋势,且自腐蚀电位和腐蚀电流密度变化幅度较大。故在试验测定时,应尝试求得钢筋的浸泡时间的长短,以此保证试验数据能更加准确地衡量钢筋的腐蚀程度。

②阻抗分析。此处仅取钢筋在饱和氢氧化钙中浸泡 5 h 时的 Nyquist 谱图,如图 15.60 和图 15.61 所示。

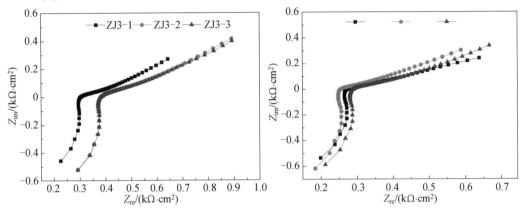

图 15.60 左井 3 的 Nyquist 谱图 　　　　　图 15.61 左井 4 的 Nyquist 谱图

通过图 15.60 和图 15.61 中的 Nyquist 谱图分析可以看出,相同部位的 3 段不同钢筋的容抗弧半径变化幅度不大,但均呈现出不同的腐蚀程度。总体来说,左井 3 的容抗弧半径相对较大,即钢筋的腐蚀程度相对左井 4 较低。

(2)右井井壁。

①自腐蚀电位、腐蚀速率、极化电阻和腐蚀电流密度。表 15.45 和表 15.46 分别列出了右井不同部位钢筋的测试数据。

表 15.45 右井 1 数据

编号	时间	自腐蚀电位/mV	腐蚀速率/(mm·年$^{-1}$)	极化电阻/(kΩ·cm^2)	腐蚀电流密度/(μA·cm^{-2})
YJ1−1	1 h	−292.57	0.371 34	0.826 3	31.570
	5 h	−355.34	0.369 57	0.830 3	31.420
	1 天	−436.06	0.510 25	0.601 4	43.381
	3 天	−559.40	0.879 04	0.349 1	74.734
YJ1−2	1 h	−256.11	0.127 29	2.410 5	10.822
	5 h	−393.91	0.184 99	1.658 7	15.728
	1 天	−458.98	0.236 94	1.295 0	21.044
	3 天	−541.28	0.390 96	0.784 8	33.239
YJ1−3	1 h	−389.02	0.221 69	1.356 5	19.231
	5 h	−405.29	0.201 80	1.520 5	17.157
	1 天	−520.12	0.316 94	0.968 1	26.946
	3 天	−536.54	0.313 46	0.978 9	26.650

表 15.46 右井 6 数据

编号	时间	自腐蚀电位 /mV	腐蚀速率 /(mm·年⁻¹)	极化电阻 /(kΩ·cm²)	腐蚀电流密度 /(μA·cm⁻²)
YJ6-1	1 h	-301.29	0.096 33	3.185 0	8.190 2
	5 h	-371.32	0.104 50	2.936 3	8.884 2
	1 天	-448.65	0.141 80	2.163 9	12.056 0
	3 天	-491.16	0.195 19	1.572 0	16.595 0
YJ6-2	1 h	-411.14	0.365 76	0.838 9	31.096 0
	5 h	-391.53	0.256 69	1.195 4	21.823 0
	1 天	-422.62	0.276 14	1.111 2	23.477 0
	3 天	-493.15	0.332 52	0.922 8	28.271 0
YJ6-3	1 h	-237.91	0.098 97	3.100 4	8.414 1
	5 h	-349.81	0.101 27	3.029 8	8.610 2
	1 天	-433.38	0.321 89	0.953 2	27.367 0
	3 天	-549.28	0.485 76	0.631 7	41.298 0

　　通过以上数据分析,总体来说,右井 6 相对于右井 1,钢筋腐蚀程度较轻。其中,自腐蚀电位和腐蚀电流密度在两个部位中变化不明显,腐蚀速率和极化电阻相对明显。另外,在以上数据中也可以看出,旧钢筋随着在饱和氢氧化钙中浸泡时间的增加,自腐蚀电位、极化电阻和腐蚀电流密度均呈现降低趋势,且自腐蚀电位和腐蚀电流密度变化幅度较大。

　　②阻抗分析。此处仅取钢筋在饱和氢氧化钙中浸泡 5 h 时的 Nyquist 谱图,如图 15.62 和图 15.63 所示。

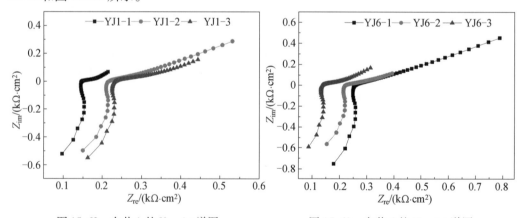

图 15.62 右井 1 的 Nyquist 谱图　　　　图 15.63 右井 6 的 Nyquist 谱图

　　通过图 15.62 和图 15.63 中的 Nyquist 谱图分析可以看出,相同部位的 3 段不同钢筋的容抗弧半径变化幅度不大,但均呈现出不同的腐蚀程度。总体来说,右井 6 的容抗弧半径相对较大,即钢筋的腐蚀程度相对右井 1 较低。

　　(3)拦污栅墩。

　　①自腐蚀电位、腐蚀速率、极化电阻和腐蚀电流密度。表 15.47 和表 15.48 分别列出

了拦污栅墩不同部位钢筋的测试数据。

表 15.47　栅 5 数据

编号	时间	自腐蚀电位 /mV	腐蚀速率 /(mm · 年$^{-1}$)	极化电阻 /(kΩ · cm^2)	腐蚀电流密度 /(μA · cm^{-2})
Z5-1	1 h	−369.03	0.199 34	1.539 3	16.948
	5 h	−359.01	0.159 47	1.924 1	13.588
	1 天	−395.16	0.182 58	1.680 5	15.523
	3 天	−431.30	0.312 58	1.512 3	17.250
Z5-2	1 h	−231.17	0.097 96	3.132 4	8.328
	5 h	−337.75	0.119 88	2.559 4	10.192
	1 天	−336.68	0.127 67	2.403 3	10.854
	3 天	−367.87	0.137 95	2.224 3	11.728
Z5-3	1 h	−426.22	0.250 62	1.224 2	21.308
	5 h	−483.42	0.249 28	1.230 9	21.194
	1 天	−489.12	0.287 13	1.068 7	24.411
	3 天	−522.09	0.202 90	0.981 6	26.575

表 15.48　栅 6 数据

编号	时间	自腐蚀电位 /mV	腐蚀速率 /(mm · 年$^{-1}$)	极化电阻 /(kΩ · cm^2)	腐蚀电流密度 /(μA · cm^{-2})
Z6-1	1 h	−175.83	0.102 10	3.005 3	8.680 2
	5 h	−250.69	0.102 13	3.004 4	8.682 8
	1 天	−256.21	0.079 19	3.874 9	6.723 2
	3 天	−344.76	0.105 93	2.896 6	9.005 9
Z6-2	1 h	−225.16	0.120 46	2.547 2	10.241 0
	5 h	−307.18	0.133 74	2.294 3	11.371 0
	1 天	−259.41	0.095 74	3.205 0	8.139 4
	3 天	−313.28	0.102 29	2.999 8	8.696 3
Z6-3	1 h	−266.10	0.135 52	2.226 4	11.522 0
	5 h	−240.78	0.096 21	3.189 4	8.179 2
	1 天	−339.55	0.152 61	2.010 6	12.975 0
	3 天	−491.91	0.149 33	2.054 7	12.696 0

　　通过以上数据分析,总体来说,栅 6 相对于栅 5,钢筋腐蚀程度较轻。其中,自腐蚀电位、腐蚀速率、腐蚀电流密度和极化电阻的变化均相对明显。另外,基于以上数据可知,旧钢筋随着在饱和氢氧化钙中浸泡时间的增加,自腐蚀电位、极化电阻和腐蚀电流密度均呈现降低趋势,且自腐蚀电位和腐蚀电流密度变化幅度较大。

②阻抗分析。此处仅取钢筋在饱和氢氧化钙中浸泡 5 h 时的 Nyquist 谱图,如图 15.64 和图 15.65 所示。

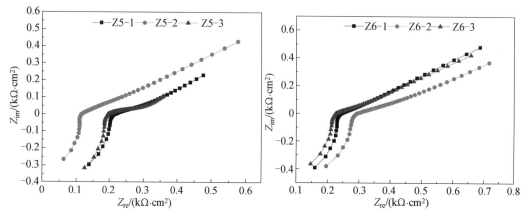

图 15.64　栅 5 的 Nyquist 谱图　　　　图 15.65　栅 6 的 Nyquist 谱图

通过图 15.64 和图 15.65 中的 Nyquist 谱图分析可以看出,相同部位的 3 段不同钢筋的容抗弧半径变化幅度不大,但均呈现出不同的腐蚀程度。总体来说,栅 6 的容抗弧半径相对较大,即钢筋的腐蚀程度相对栅 5 较低。

(4)交通桥墩。

①自腐蚀电位、腐蚀速率、极化电阻和腐蚀电流密度。表 15.49 和表 15.50 分别列出了交通桥墩不同部位钢筋的测试数据。

表 15.49　工桥 4 数据

编号	时间	自腐蚀电位 /mV	腐蚀速率 /(mm·年$^{-1}$)	极化电阻 /(kΩ·cm^2)	腐蚀电流密度 /(μA·cm^{-2})
GQ4-1	1 h	−295.15	0.101 26	3.030 2	8.068 9
	5 h	−355.89	0.100 52	3.052 0	8.645 1
	1 天	−365.91	0.110 16	2.785 3	9.365 8
	3 天	−444.7	0.1518	2.0214	12.9060
GQ4-2	1 h	−207.01	0.075 21	4.079 6	6.394 4
	5 h	−350.42	0.112 60	2.725 1	9.572 7
	1 天	−390.39	0.177 73	1.726 5	15.110 0
	3 天	−435.83	0.194 63	1.576 5	16.547 0
GQ4-3	1 h	−230.59	0.067 20	4.561 1	5.712 3
	5 h	−354.37	0.087 29	3.515 3	7.421 0
	1 天	−334.83	0.090 42	3.393 6	7.681 7
	3 天	−381.81	0.089 19	3.440 2	7.583 0

表 15.50　工桥 5 数据

编号	时间	自腐蚀电位 /mV	腐蚀速率 /(mm·年$^{-1}$)	极化电阻 /(kΩ·cm^2)	腐蚀电流密度 /(μA·cm^{-2})
GQ5-1	1 h	−376.81	0.178 98	1.714 4	15.216
	5 h	−420.11	0.197 20	1.555 9	16.766
	1 天	−538.03	0.273 43	1.122 2	23.247
	3 天	−514.28	0.323 91	0.947 3	27.539
GQ5-2	1 h	−339.69	0.127 19	2.412 4	10.814
	5 h	−361.14	0.136 37	2.250 0	11.594
	1 天	−492.85	0.224 94	1.364 1	19.124
	3 天	−446.47	0.131 12	2.340 2	11.147
GQ5-3	1 h	−352.06	0.121 78	2.519 5	10.354
	5 h	−413.94	0.126 25	2.430 4	10.734
	1 天	−503.03	0.162 50	1.888 2	1.382
	3 天	−504.45	0.159 62	1.922 0	13.572

通过以上数据分析,总体来说,工桥 5 相对于工桥 4,钢筋的腐蚀程度较严重。其中,自腐蚀电位和腐蚀电流密度在两个部位中变化不明显,极化电阻相对明显。另外,在以上数据中也可以看出,旧钢筋随着在饱和氢氧化钙中浸泡时间的增加,自腐蚀电位、极化电阻和腐蚀电流密度均呈现降低趋势,且自腐蚀电位和腐蚀电流密度变化幅度较大。

②阻抗分析。此处仅取钢筋在饱和氢氧化钙中浸泡 5 h 时的 Nyquist 谱图,如图 15.66 和图 15.67 所示。

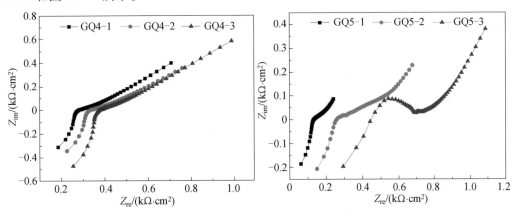

图 15.66　工桥 4 的 Nyquist 谱图　　　　图 15.67　工桥 5 的 Nyquist 谱图

通过图 15.66 和图 15.67 中的 Nyquist 谱图分析可以看出,相同部位的 3 段不同钢筋的容抗弧半径变化幅度不大,但均呈现出不同的腐蚀程度。总体来说,工桥 4 的容抗弧半径相对较大,即钢筋的腐蚀程度相对工桥 5 较低。

3. 新、旧钢筋试验数据对比分析

（1）自腐蚀电位、腐蚀速率、极化电阻和腐蚀电流密度对比分析。

此处仍选取新钢筋的长度为 3.5 cm 和 4.5 cm，且取新钢筋在饱和氢氧化钙中浸泡 3 天后的数值，已腐蚀钢筋取其浸泡约 5 h 后的数值，且取 3 根中腐蚀程度最轻的数据，具体内容见表 15.51~15.54。

表 15.51　旧/新钢筋的自腐蚀电位比值

种类	ZJ3/X	ZJ4/X	YJ1/X	YJ6/X	Z5/X	Z6/X	GQ4/X	GQ5/X
比值	≥4.29	≥3.32	≥4.55	≥4.48	≥3.73	≥2.66	≥3.87	≥3.98

表 15.52　旧/新钢筋的腐蚀速率比值

种类	ZJ3/X	ZJ4/X	YJ1/X	YJ6/X	Z5/X	Z6/X	GQ4/X	GQ5/X
比值	≥5.56	≥56.22	≥70.70	≥56.28	≥53.33	≥45.81	≥53.62	≥58

表 15.53　旧/新钢筋的腐蚀电流密度比值

种类	ZJ3/X	ZJ4/X	YJ1/X	YJ6/X	Z5/X	Z6/X	GQ4/X	GQ5/X
比值	≥59.0	≥59.8	≥109.2	≥60.0	≥57.6	≥46.2	≥41.9	≥65.5

表 15.54　新/旧钢筋的极化电阻比值

种类	X/ZJ3	X/ZJ4	X/YJ1	X/YJ6	X/Z5	X/Z6	X/GQ4	X/GQ5
比值	≥59.2	≥59.9	≥109.6	≥60.0	≥57.5	≥46.1	≥54.0	≥60.5

通过表 15.51~15.53 可以看出，随着旧/新钢筋的自腐蚀电位比值、腐蚀速率比值和腐蚀电流密度比值的增大，钢筋的腐蚀程度逐渐增加；表 15.54 表明，随着新/旧钢筋的极化电阻比值的增大，钢筋的腐蚀程度逐渐降低。

（2）质量损失率对比分析。

根据旧钢筋现有直径，可以推断栅 5、栅 6、工桥 4 和工桥 5 的初始钢筋均为 18 mm 的带肋钢筋；左井 3、左井 4、右井 1 和右井 6 的初始钢筋均为 20 mm 的带肋钢筋。根据建筑用钢筋的理论质量表可知，直径 18 mm 带肋钢筋每米的理论质量为 1.999 kg；直径 20 mm 带肋钢筋每米的理论质量为 2.468 kg。

由于所截取的钢筋长度均为 5 cm，故可计算得到 5 cm 的直径 18 mm 的带肋钢筋质量为 99.95 g；5 cm 的直径 20 mm 的带肋钢筋质量为 123.4 g。故根据称得的旧钢筋的质量，可计算得到质量的损失率。在称旧钢筋时，需要经过酸洗除掉钢筋表面的锈层。具体数据见表 15.55 和表 15.56。

由表 15.55 和表 15.56 可知，各工程部位水下外露钢筋质量损失率介于 6.43%~9.58%。右井和左井的质量损失率最小，钢筋腐蚀破坏程度较轻；工桥部位的质量损失率最大，钢筋腐蚀破坏程度最严重；拦污栅墩部位的质量损失率和钢筋腐蚀程度介于其间。

表 15.55　初始直径为 18 mm 钢筋的质量损失率

种类	芯样	现有质量/g	均值/g	质量损失率/%
工桥 4	1 号	89.29	90.95	9.00
	2 号	92.67		
	3 号	90.89		
工桥 5	1 号	90.24	90.37	9.58
	2 号	92.06		
	3 号	88.80		
栅 5	1 号	90.90	91.53	8.42
	2 号	88.89		
	3 号	94.80		
栅 6	1 号	95.10	92.18	7.77
	2 号	90.21		
	3 号	91.22		

表 15.56　初始直径为 20 mm 钢筋的质量损失率

种类	芯样	现有质量/g	均值/g	质量损失率/%
左井 3	1 号	115.70	113.29	8.19
	2 号	113.38		
	3 号	110.78		
左井 4	1 号	116.21	115.35	6.52
	2 号	113.85		
	3 号	115.98		
右井 1	1 号	119.33	115.47	6.43
	2 号	112.38		
	3 号	114.71		
右井 6	1 号	113.08	113.96	7.65
	2 号	114.28		
	3 号	114.52		

综合分析钢筋腐蚀的所有参数,并将其和钢筋拉伸试验测试的参数相结合,可得以下主要结论:

①工桥部位钢筋腐蚀的程度最严重,其屈服强度和拉伸强度也最低。

②左、右井部位的钢筋腐蚀程度相近且最小,其屈服强度和拉伸强度也最高。

③拦污栅墩部位的钢筋腐蚀程度和其屈服强度和拉伸强度均介于其间。

由此可知,钢筋腐蚀程度直接影响其力学性能,钢筋腐蚀程度越大,其力学性能降低也越多。但此处需要注意:由于试验用钢筋是实际现场所取的暴露于水中的裸露钢筋,而非混凝土内部的钢筋,因此,不能由裸露钢筋的腐蚀程度去评判因混凝土溶蚀引起的内部钢筋的腐蚀程度,但用电化学参数去评判钢筋腐蚀程度并和钢筋力学性能建立关联的方法是可行的。

参考文献

［1］张誉，蒋利学，张伟平，等. 混凝土结构耐久性概论［M］. 上海：科学技术出版社，2003.

［2］李俊毅. 论耐用100年以上海工混凝土的基本条件技术［J］. 水运工程，2002(5)：4-7.

［3］洪乃丰. 腐蚀与混凝土耐久性预测的发展和难点讨论［J］. 混凝土，2006(10)：10-12.

［4］潘德强. 我国海港工程混凝土结构耐久性现状及对策［J］. 华南港工，2003(2)：3-13.

［5］邓春林，王胜年，余其俊. 几种钢筋腐蚀的电化学检测技术的对比研究［J］. 华南港工，2008，111(2)：45-50.

［6］胡融刚. 钢筋/混凝土体系腐蚀过程的电化学研究［D］. 厦门：厦门大学，2004.

［7］吴群，陈雯，杜荣归，等. 钢筋钝化膜在含缓蚀剂的模拟混凝土孔隙液中的电化学特性［J］. 功能材料，2008，39(5)：764-766.

［8］乔国富. 混凝土结构钢筋腐蚀的电化学特征与监测传感器系统［D］. 哈尔滨：哈尔滨工业大学，2008.

［9］GLASS G K，REDDY B，BUENFELD N R. The participation of bound chloride in passive film breakdown on steel in concrete［J］. Corrosion Science，2000，42(2)：2013-2021.

［10］REDDY B，GLASS G K，BUENFELD N R. On the corrosion risk presented by chloride bound in concrete［J］. Cement and Concrete Composites，2002，24(1)：1-5.

［11］XU J X，JIANG L H，WANG J X. Influence of detection methods on chloride threshold value for the corrosion of steel reinforcement［J］. Construction and Building Materials，2009，23(5)：1902-1908.

［12］ANGST U，ELSENER B，LARSEN C K，et al. Critical chloride content in reinforced concrete-a review［J］. Cement and Concrete Research，2009，39(12)：1122-1138.

［13］BERTOLINI L，BOLZONI F，GASTALDI M，et al. Effects of cathodic prevention on the chloride threshold for steel corrosion in concrete［J］. Electrochimica Acta，2009，54(5)：1452-1463.

［14］MANERA M，VENNESLAND O，BERTOLINI L. Chloride threshold for rebar corrosion in concrete with addition of silica fume［J］. Corrosion Science，2008，50(2)：554-560.

［15］GENG Chunlei，XU Yongmo，WANG Duan，et al. A time-saving method to determine the chloride threshold Level for depassivation of steel in concrete［J］. Construction and Building Materials，2010，24(6)：903-909.

［16］张倩倩,孙伟,施锦杰. 矿物掺合料对钢筋腐蚀临界氯离子浓度的影响［J］. 硅酸盐学报,2010,38(4):633-637.

［17］陈卿. 钢筋腐蚀临界氯离子浓度的试验研究［D］. 上海:上海交通大学,2008.

［18］宋国栋,赵尚传,付智,等. 氯离子临界浓度研究现状与进展［J］. 公路交通科技,2009 (7):128-131.

［19］周锡武,卫军,徐港. 混凝土保护层锈胀开裂的临界腐蚀量模型［J］. 武汉理工大学学报,2009,31(12):99-102.

［20］刘海,姚继涛,牛荻涛. 一般大气环境下既有混凝土结构的耐久性评定与寿命预测［J］. 建筑结构学报,2009,30(2):143-148.

［21］张云莲,张震雷,史美伦. 混凝土中钢筋腐蚀电化学测量方法的介绍［J］. 材料保护,2005,38(9):73-76.

［22］朱晓娥,占维. 电化学检测法在检测混凝土结构中的应用［J］. 山西建筑,2009,35(29):76.

［23］白新德,耿环之,路新瀛,等. 屏蔽环技术可行性的理论及实验检测［J］. 建筑科学,2002,18(5):36-39.

［24］刘志勇,缪昌文,孙伟. 迁移性阻锈剂对氯盐污染混凝土耐久性的影响:电化学性能与渗透浓度前锋线［J］. 硅酸盐学报,2009,37(7):1254-1260.

［25］杜荣归,黄若双,胡融刚,等. 埋入式复合探针原位测定钢筋/混凝土界面氯离子和 pH 值［J］. 分析化学,2005,1(33):29-32.

［26］周海晖,陈范才,张小华,等. Ag/AgCl 固体参比电极的研究［J］. 腐蚀科学与防护学报,2001,13(4):234-235.

［27］向斌,粟京,李焰,等. Ag/AgCl 固体参比电极性能研究［J］. 高技术通讯,2006,16(12):1265-1268.

［28］陈东初,李文芳,黄金营. 基于固态 Ag/AgCl 参比电极的氧化钨 pH 电化学传感器的研究［J］. 传感技术学报,2007,20(7):1483-1487.

［29］任呈强,刘道新,白真权. 高温高压环境腐蚀电化学研究用参比电极的制备及性能［J］. 材料保护,2004,37(4):35-37.

［30］田斌,胡明,李春福,等. 高温高压水溶液用 Ag/AgCl 参比电极研究现状及发展趋势［J］. 中国腐蚀与防护学报,2003,23(6):370-374.

［31］MORENO M, MORRIS W, ALVAREZ M G, et al. Corrosion of reinforcing steel in simulated concrete pore solutions-effect of carbonation and chloride content ［J］. Corrosion Science, 2004, 46(11): 2681-2699.

［32］张生营. 低品质粉煤灰混凝土抗氯离子侵入及钢筋腐蚀性能研究［D］. 福州:福州大学,2004.

［33］张武满. 混凝土结构中氯离子加速渗透试验与寿命预测［D］. 哈尔滨:哈尔滨工业大学,2006.

［34］刘浪,孙颖,贾殿增,等. 室温固相反应合成棒状 $Pb(OH)I$ 及菱形 PbI_2/TEA 杂化物［J］. 无机化学学报,2010,26(4):581-585.

［35］张燕,宋玉苏,王源升. 纳米 AgCl 粉体的室温固相制备技术研究［J］. 材料工程,

2008, (8): 44-47.

[36] 张燕, 宋玉苏, 王源升. 电解型 Ag/AgCl 参比探头的制备及性能研究 [J]. 材料保护, 2007, 40(11): 59-62.

[37] 苗燕. 深海用全固态参比电极的研究 [D]. 重庆: 重庆大学, 2003.

[38] 张燕, 宋玉苏, 王源升. Ag/AgCl 参比电极性能研究 [J]. 中国腐蚀与防护学报, 2007, 27(3): 176-179.

[39] 尹鹏飞. 热浸涂银/氯化银和银/氯化银参比电极性能研究 [D]. 济南: 山东大学, 2009.

[40] 薛桂林. 长寿命银/卤化银参比电极材料研究 [D]. 哈尔滨: 哈尔滨工程大学, 2008.

[41] 张兴. 现浇混凝土非结构性裂缝的产生机理和施工控制技术 [J]. 贵州大学学报(自然科学版), 2004, 21(4): 420-423.

[42] 佟毅. 中国玉米淀粉与淀粉糖工业技术发展历程与展望 [J]. 食品与发酵工业, 2019, 45(17): 294-298.

[43] ZOHDY K M. Surface protection of carbon steel in acidic solution using ethylenediaminetetra-acetic disodium salt [J]. International Journal of Electrochemical Science, 2015, 10(1): 414-431.

[44] CHELLOULI M, CHEBABE D, DERMAJ A, et al. Corrosion inhibition of iron in acidic solution by a green formulation derived from Nigella sativa L [J]. Electrochimica Acta, 2016, 204: 50-59.

[45] 赵炜璇, 巴恒静. 含氧量对临界氯离子浓度及钢筋腐蚀速率影响 [J]. 中国矿业大学学报, 2011, 40(5): 714-719.

[46] 巴恒静, 赵炜璇. 利用极化电阻测试混凝土模拟孔隙溶液中钢筋腐蚀临界氯离子浓度 [J]. 混凝土, 2010(12): 1-4.

[47] SİĞİRCIK G, YILDIRIM D, TÜKEN T. Synthesis and inhibitory effect of N, N′-bis (1-phenylethanol) ethylenediamine against steel corrosion in HCl media [J]. Corrosion Science, 2017, 120: 184-193.

[48] FERNANDES C M, FERREIRA F T D S, NAZIR E D S, et al. Ircinia strobilina crude extract as corrosion inhibitor for mild steel in acid medium [J]. Electrochimica Acta, 2019, 312: 137-148.

[49] GONG Weinan, XU Bin, YIN Xiaoshuang, et al. Halogen-substituted thiazole derivatives as corrosion inhibitors for mild steel in 0. 5 M sulfuric acid at high temperature [J]. Journal of the Taiwan Institute of Chemical Engineers, 2019, 97: 466-479.

[50] FARAG A A, ISMAIL A S, MIGAHED M A. Environmental-friendly shrimp waste protein corrosion inhibitor for carbon steel in 1 M HCl solution [J]. Egyptian Journal of Petroleum, 2018, 27(4): 1187-1194.

[51] ISMAIL A, IRSHAD H M, ZEINO A, et al. Electrochemical corrosion performance of aromatic functionalized imidazole inhibitor under hydrodynamic conditions on API X65

carbon steel in 1 M HCl solution [J]. Arabian Journal for Science and Engineering, 2019, 44(6): 5877-5888.

[52] HOSEINZADEH A R, JAVADPOUR S. Electrochemical, thermodynamic and theoretical study on anticorrosion performance of a novel organic corrosion inhibitor in 3.5% NaCl solution for carbon steel [J]. Bulletin of Materials Science, 2019, 42: 188.

[53] LIN Zhongyu, HU Ren, ZHOU Jianzhang, et al. A further insight into the adsorption mechanism of protein on hydroxyapatite by FTIR-ATR spectrometry [J]. Spectrochimica Acta Part A: Molecular and Biomolecular Spectroscopy, 2017, 173: 527-531.

[54] CUI Guodong, GUO Jixiang, ZHANG Yu, et al. Chitosan oligosaccharide derivatives as green corrosion inhibitors for P110 steel in a carbon-dioxide-saturated chloride solution [J]. Carbohydrate Polymers, 2019, 203: 386-395.

[55] JI G, ANJUM S, SUNDARAM S, et al. Musa paradisica peel extract as green corrosion inhibitor for mild steel in HCl solution [J]. Corrosion Science, 2015, 90(1): 107-117.

[56] PARTHIPAN P, ELUMALAI P, NARENKUMAR J, et al. Allium sativum (garlic extract) as a green corrosion inhibitor with biocidal properties for the control of MIC in carbon steel and stainless steel in oilfield environments [J]. International Biodeterioration & Biodegradation, 2018, 132: 66-73.

[57] KHADOM A A, ABD A N, AHMED N A. Xanthium strumarium, leaves extracts as a friendly corrosion inhibitor of low carbon steel in hydrochloric acid: kinetics and mathematical studies [J]. South African Journal of Chemical Engineering, 2018, 25: 13-21.

[58] WEI Shiliang, ZHAO Hong, JING Juntao. Investigation on three-dimensional surface roughness evaluation of engineering ceramic for rotary ultrasonic grinding machining [J]. Applied Surface Science, 2015, 357: 139-146.

[59] HOSSAIN S M Z, AL-SHATER A, KAREEM S A, et al. Cinnamaldehyde as a green inhibitor in mitigating AISI 1015 carbon steel corrosion in HCl [J]. Arabian Journal for Science and Engineering, 2019, 44(6): 5489-5499.

[60] YADAV D K, QURAISHI M A. Electrochemical investigation of substituted pyranopyrazoles adsorption on mild steel in acid solution [J]. Industrial and Engineering Chemistry Research, 2012, 51: 8194-8210.

[61] SHALABI K, NAZEER A A. Ethoxylates nonionic surfactants as promising environmentally safe inhibitors for corrosion protection of reinforcing steel in 3.5% NaCl saturated with Ca(OH)$_2$ solution [J]. Journal of Molecular Structure, 2019, 1195: 863-876.

[62] MESSALI M, LAROUJ M, LGAZ H, et al. A new schiff Base derivative as an effective corrosion inhibitor for mild steel in acidic media: experimental and computer simulations studies [J]. Journal of Molecular Structure, 2018, 1168: 39-48.

[63] MORADI M, SONG Z, XIAO T. Exopolysaccharide produced by vibrio neocaledonicus sp. as a green corrosion inhibitor: Production and structural characterization [J].

Journal of Materials Science & Technology, 2018, 34(12): 2447-2457.

[64] GAO Xiang, ZHAO Caicai, LU Haifeng, et al. Influence of phytic acid on the corrosion behavior of iron under acidic and neutral conditions [J]. Electrochimica Acta, 2014, 150: 188-196.

[65] MOURYA P, SINGH P, TEWARI A K, et al. Relationship between structure and inhibition behaviour of quinolinium salts for mild steel corrosion: Experimental and theoretical approach [J]. Corrosion Science, 2015, 95: 71-87.

[66] MILOŠEV I, KOVAČEVIČ N, KOVAČ J, et al. The roles of mercap to, benzene, and methyl groups in the corrosion inhibition of imidazoles on copper: I. experimental characterization [J]. Corrosion Science, 2015, 98: 107-118.

[67] SASIKUMAR Y, KUMAR A M, GASEM Z M, et al. Hybrid nano- composite from aniline and CeO_2 nanoparticles: Surface protective performance on mild steel in acidic environment [J]. Applled Surface Science, 2015, 330: 207-215.

[68] WANG Tianran, WANG Julin, WU Yuqing. The inhibition effect and mechanism of l-cysteine on the corrosion of bronze covered with a CuCl patina [J]. Corrosion Science, 2015, 97: 89-99.

[69] GU Tianbin, CHEN Zhengjun, JIANG Xiaohui, et al. Synthesis and inhibition of N-alkyl-2-(4-hydroxybut-2-ynyl) pyridinium bromide for mild steel in acid solution: Box-Behnken design optimization and mechanism probe [J]. Corrosion Science, 2015, 90: 118-132.

[70] LI Yongming, WANG Dingli, ZHANG Lei. Experimental and theoretical research on a new corrosion inhibitor for effective oil and gas acidification [J]. RSC Advances, 2019, 9(45): 26464-26475.

[71] AMBRISH S, ANSARI K R, CHAUHAN D S, et al. Comprehensive investigation of steel corrosion inhibition at macro/micro level by ecofriendly green corrosion inhibitor in 15% HCl medium [J]. Journal of Colloid and Interface Science, 2020, 560: 225-236.

[72] ELBELGHITI M, KARZAZI Y, DAFALI A, et al. Experimental, quantum chemical and Monte Carlo simulation studies of 3,5-disubstituted-4-amino-1,2,4-triazoles as corrosion inhibitors on mild steel in acidic medium [J]. Journal of Molecular Liquids, 2016, 218: 281-293.

[73] 尤龙. 氨基酸缓蚀剂缓蚀性能的理论研究 [D]. 青岛:中国石油大学, 2010.

[74] CAO Ziyi, TANG Yongming, CANG Hui, et al. Novel benzimidazole derivatives as corrosion inhibitors of mild steel in the acidic media. Part II: Theoretical studies [J]. Corrosion Science, 2014, 83: 292-298.

[75] OBOT I B, ONYEACHU I B, WAZZAN N, et al. Theoretical and experimental investigation of two alkyl carboxylates as corrosion inhibitor for steel in acidic medium [J]. Journal of Molecular Liquids, 2019, 279: 190-207.

[76] YANG Weitao, PARR R G. Hardness, softness, and the fukui function in the electronic theory of metals and catalysis [J]. Proceedings of the National Academy of Sciences of

the United States of America, 1985, 82(20): 6723-6726.

[77] YANG Xifeng, LI Feng, ZHANG Weiwei. 4-(Pyridin-4-yl) thiazol-2-amine as an efficient non-toxic inhibitor for mild steel in hydrochloric acid solutions [J]. RSC Advances, 2019, 9(19): 10454-10464.

[78] EL FAYDY M, LAKHRISSI B, GUENBOUR A, et al. In situ synthesis, electrochemical, surface morphological, UV-visible, DFT and Monte Carlo simulations of novel 5-substituted-8-hydroxyquinoline for corrosion protection of carbon steel in a hydrochloric acid solution [J]. Journal of Molecular Liquids, 2019. 280: 341-359.

[79] YOHAI L, VALCARCE M B, VAZQUEZ M. Testing phosphate ions as corrosion inhibitors for construction steel in mortars [J]. Electrochim Acta, 2016, 202: 316-324.

[80] ASSOULI B, BALLIVY G, RIVARD P. Influence of environmental parameters on application of standard ASTM C876—91: half cell potential measurements [J]. British Corrosion Journal, 2013, 43(1): 93-96.

[81] ANGST U, ELSENER B, LARSEN C K, et al. Critical chloride content in reinforced concrete-a review [J]. Cement and Concrete Research, 2009, 39(12): 1122-1138.

[82] XU Qing, JI Tao, YANG Zhengxian, et al. Steel rebar corrosion in artificial reef concrete with sulphoaluminate cement, sea water and marine sand [J]. Construction and Building Materials, 2019, 227: 116685.

[83] ANDRADE C, ALONSO C. Corrosion rate monitoring in the laboratory and on-site [J]. Construction and Building Materials, 1996, 10(5): 315-328.

[84] 杨南如, 岳文海. 无机非金属材料谱图手册[M]. 武汉:武汉工业大学出版社, 2000: 366-368.

[85] GONZALEZ J A, MIRANDAB J M, FELIU S. Considerations on reproducibility of potential and corrosion rate measurements in reinforced concrete[J]. Corrosion Science, 2004, 46: 2467-2485.

[86] MCCARTER W J, CHRISP T M, BUTLER A, et al. Near surface sensors for condition monitoring of cover-zone concrete[J]. Construction and Building Materials, 2001, 15: 115-124.

[87] NYGAARD P V, GEIKER M R. A method for measuring the chloride threshold level required to initiate reinforcement corrosion in concrete [J]. Material Structure, 2005, 38(5): 489-494.

[88] MONTEMOR M F, ALVES J H, SIMONS A M, et al. Multiprobe chloride sensor for in-situ monitoring of reinforced concrete structures [J]. Cement and Concrete Composites, 2006, 28: 233-236.

[89] DESMOND D, LANE B, ALDERMAN J, et al. Evaluation of miniaturized solid state reference electrodes on a silicon based component [J]. Sens. Actuators B, 1997, 44: 389-396.

[90] MAMINSKA R, DYBKO A, WROBLEWSKI W. All-solid-state miniaturised planar reference electrodes based on ionic liquids [J]. Sens. Actuators B, 2006, 115:

552-557.

[91] PARTHIBAN T, RAVI R, PARTHIBAN G T. Potential monitoring system for corrosion of steel in concrete [J]. Advances in Engineering Software, 2006, 37: 375-381.

[92] LIU Youping, WEYERS R E. Comparison of guarded and unguarded linear polarization CCD devices with weight loss measurements [J]. Cement and Concrete Research, 2003, 33: 1093-1101.

[93] KOURIL M, NOVAK P, BOJKO M. Limitations of the linear polarization method to determine stainless steel corrosion rate in concrete environment [J]. Cement and Concrete Composites, 2006, 28: 220-225.

[94] LAW D W, MILLARD S G, BUNGRY J H, et al. Linear polarisation resistance measurements using a potentiostatically controlled guard ring [J]. NDT & E International, 2000, 33: 15-21.

[95] LAW D W, CAIRNS J, MILLARD S G, et al. Measurement of loss of steel from reinforcing bars in concrete using linear polarisation resistance measurements [J]. NDT & E International, 2004, 37: 381-388.

[96] WOJTAS H. Determination of corrosion rate of reinforcement with a modulated guard ring electrode; analysis of errors due to lateral current distribution [J]. Corrosion Science, 2004, 46: 1621-1632.

[97] BIRBILIS N, HOLLOWAY L J. Use of the time constant to detect corrosion speed inreinforced concrete structures [J]. Cement and Concrete Composites, 2007, (10): 1016.

[98] AL-MAZEEDI H A A, COTTIS R A. A practical evaluation of electrcochemi-cal noise parameters as indicators of corrosion type [J]. Electochemical Acta, 2004, 49: 2787-2793.

[99] LEGAT A, LEBAN M, BAJT Z. Corrosion processes of steel in concrete characterized bymeans of electrochemical noise [J]. Electochemica Acta, 2004, 49: 2741-2751.

[100] TAKUMI H. Electochemical noise analysis for estimation corrosion rate of carbon steel in bicarbonate solution [J]. Corrosion Science, 2003, 45: 2093-2104.

[101] 季明棠, 牟肇荦, 杨芳英, 等. 钢筋混凝土中的镶嵌式参比电极的研制与测试 [J]. 海洋工程, 1993, 11: 40-45.

[102] 李成保. 一种微渗漏参比电极的研制与性能 [J]. 化学传感器, 1989, 9: 50-54.

[103] 石小燕, 邱富荣, 黄亚敏, 等. 用于混凝土结构的参比电极 [J]. 腐蚀科学与防护技术, 1994, 7:284-287.

[104] 黄国胜, 吴建华. 二氧化锰参比电极[C]//武汉:中国腐蚀与防护学会,凯星杯中国青年腐蚀与防护研讨会暨全国青年腐蚀与防护科技论文讲评会,2003.

[105] 郑忠立, 许世力, 石小燕, 等. 用于海洋钢筋混凝土结构阴极保护的永久参比电极 [J]. 材料保护, 1994, 27:16-19.

[106] MURALIDHARAN S, HU T H, BAE J H, et al. Electrochemical studies on the solid embeddable reference sensors for corrosion monitoring in concrete structure [J].

Materials Letters, 2006, 60: 651-655.

[107] MURALIDHARAN S, SARASWATHY S, THANGAVEL K, et al. Electrochemical studies on the performance characteristics of alkaline solid embeddable sensor for concrete environments [J]. Sensors and Actuators B, 2008, 130: 864-870.

[108] MURALIDHARAN S, HA T H, BAE J H, et al. Electrochemical studies on the solid embeddable reference sensors for corrosion monitoring in concrete structure [J]. Materials Letters, 2006, 60: 651-655.

[109] 杜荣归. 埋入式复合探针原位测定钢筋/混凝土界面氯离子和 pH 值 [J]. 分析化学研究报告, 2005, 1: 29-32.

[110] CLIMENT-LLORCAM A, VIQUEIRA-PEREZ E, LOPEZ-ATALAYA M M. Embeddable Ag/AgCl sensors for in-situ monitoring chloride contents in concrete [J]. Cement and Concrete Research, 1996, 26(8): 1157-1161.

[111] MONTEMOR M F, SIMOES A M P, FERREIRA M G S. Chloride-induced corrosion on reinforcing steel: from the fundamentals to the monitoring techniques [J]. Cement and Concrete Composites, 2003, 25: 491-502.

[112] UORETI P, METZGER L E, BUHLMANN P. Glass and polymericmembrane electrodes for the measurement of pH in milk andcheese [J]. Talanta, 2004, 63: 139-148.

[113] NOGAMI M, MATSUMURA M, DAIKO Y. Hydrogen sensorprepared using fast proton-conducting glass films [J]. Sensors and Actuators B, 2006, 120: 266-269.

[114] 黄若双, 胡融刚, 杜荣归, 等. IrO$_2$-pH 微电极的研制及钢筋/混凝土界面 pH 的测量 [J]. 腐蚀科学与防护技术, 2002(9): 305-308.

[115] 陈东初, 付朝阳, 郑家燊, 等. 铱金属氧化物 pH 电极的表面修饰研究 [J]. 稀有金属材料与工程, 2007(4): 636-639.

[116] 陈东初, 郑家燊, 付朝阳. Ir/IrO$_x$ 金属氧化物电极的 H$^+$ 响应行为研究 [J]. 稀有金属材料与工程, 2004 (8): 831-834.

[117] TERASHIMA C, RAO T N, SARADA B V, et al. Electrodeposition of hydrous iridium oxide on conductive diamond electrodes for catalytic sensor applications [J]. Journal of Electroanalytical Chemistry, 2003, 544: 6574.

[118] PERASAMY P, BABU B R, IYER S V. Electrochemical behaviour of Teflon-bonded iron oxide electrodes in alkaline solutions [J]. Journal of Power Sources, 1996, 63 (1): 79-85.

[119] YANG M R, CHEN K S. Humidity sensors using polyvinyl alcohol mixed with electrolytes [J]. Sensors and Actuators, 1998, 49: 240-247.

[120] SAKAI Y, SADAOKA Y, FUKUMOTO H. AC conducting poly pyrrolpoly vinyl methyl ether polymer composite materials [J]. Sensors and Actuators, 1988, 13: 243-250.

[121] ATKINON J K, GRANNY A W J, GLASSPOOL W V, et al. An investigation of the performance characteristics and operational lifetimes of multi-element thick film sensor arrays used in the determination of water quality parameters [J]. Sensors and Actuators B, 1994, 54: 215-231.

［122］ BASHEER P A M, NOLAN E. Near-surface moisture gradients and in situ permeation tests ［J］. Construction and Building Materials, 2001, 15: 105-114.

［123］ RAUPACH M. Chloride-induce macrocell corrosion of steel in concrete-theoretical background and practical consequences ［J］. Construction and Building Materials, 1996, 10: 329-338.

［124］ PECH-CANUL M A, CASTRO P. Corrosion measurement of steel reinforcement in concrete exposed to a tropical marine atmosphere ［J］. Cement and Concrete Research, 2002, 32: 491-498.

［125］ AZEVEDO C R F, MARQUES E R. Three-dimensional analysis of fracture, corrosion and wear surface ［J］. Engineering Failure analysis, 2010, 17: 286-300.

［126］ AHMAD S. Reinforcement corrosion in concrete structures, its monitoring and service life prediction-a review ［J］. Cement and Concrete Composites, 2003, 25: 459-471.

［127］ CAO Jingyao, CHUNG D D L. Electric polarization and depolarization in cement-based materials, studied by apparent electrical resistance ［J］. Cement and Concrete Research, 2004, 34: 481-485.

［128］ KEDDAM M, TAKENOUTI H, NOVOA X R, et al. Impedance measurements on cement paste ［J］. Cement and Concrete Research, 1997, 27: 1191-1201.

［129］ NEWLANDS M D, JONES M R, KANDASAMI S, et al. Sensitivity of electrode contact solutions and contact pressure in assessing electrical resistivity of concrete ［J］. Material Structure, 2007, 41: 621-632.

［130］ MCCARTER W J, CHRISP T M, STARRS G, et al. Field monitoring of electrical conductivity of cover-zone concrete ［J］. Cement and Concrete Composites, 2005, 27: 809-817.

［131］ POLDER R B. Test method for on site measurement of resistivity of concrete-A RILEM TC-154 technical recommendation ［J］. Construsion and Building Materials, 2001, 15: 125-131.

［132］ RAUPACH M, SCHIE P. Macrocell sensor system for monitoring of the corrosion risk of the reinforcement in concrete strucures ［J］. NDT & E International, 2001, 34: 435-442.

［133］ MILLARD S G, LAW D, BUNGEY J H, et al. Environmental influences on linear polarisation corrosion rate measurement in reinforced concrete ［J］. NDT & E International, 2001, 34: 409-417.

［134］ WOJTAS H. Determination of corrosion rate of reinforcement with a modulated guard ring electrode; analysis of errors due to lateral current distribution ［J］. Corrosion Science, 2004, 46: 1621-1632.

［135］ LIU Youping, WEYERS R E. Comparison of guarded and unguard linear polarization CCD devices with weight loss measurements ［J］. Cement and Concrete Research, 2003, 33: 1093-1101.

［136］ ANDRADE C, MARTINEZ I. Calibration by gravimetric losses of electrochemical corrosion rate measurement using modulated confinement of the current [J]. Material Structure, 2005, 38: 833-841.

[137] BASHEER P A M, GILLEECE P R V, LONG A E, et al. Monitoring electrical resistance of concretes containing alternative cementitious materials to assess their resistance to chloride penetration [J]. Cement and Concrete Composites, 2002, 24: 437-449.

[138] CHUNG D D L. Damage in cement-based materials, studied by electrical resistance measurement [J]. Materials Science and Engineering R, 2003, 42: 1-40.

[139] HUNKELER F. The resistivity of pore water solution-a decesive parameter of rebar corrosion and repair methods [J]. Construction and Building Materials, 1996, 10: 381-389.

[140] ALONSO C, ANDRADE C, GONZALEZ J A. Relation between resistivity and corrosion rate of reinforcements in carbonated mortar made with several cement types [J]. Cement and Concrete Research, 1988, 18: 687-698.

[141] 王曦, 陆荣. 危机下四万亿投资计划的短期作用与长期影响 [J]. 中山大学学报(社会科学版), 2009(4): 180-188.

[142] 李克非, 陈肇元. 混凝土结构耐久性设计中钢筋保护层的规定与建议 [J]. 东南大学学报(自然科学版), 2006(2): 23-26.

[143] 史波. 氯盐环境下基于概率和性能的混凝土结构耐久性研究 [D]. 大连: 大连理工大学, 2009.

[144] 李永芳, 李丽艳, 董经付. 混凝土结构碳化模型及耐久性分析 [J]. 铁道建筑技术, 2006, (2): 69-72.

[145] MEIRA G R, ANDRADE C, PADARATZ I J, et al. Chloride penetration into concrete structures in the marine atmosphere zone-relationship between deposition of chlorides on the wet candle and chlorides accumulated into concrete [J]. Cement and Concrete Composites, 2007, 29(9): 667-676.

[146] ALONSO C, CASTELLOTE M, ANDRADE C. Chloride threshold dependence of pitting potential of reinforcements [J]. Electrochimica Acta, 2002, 47(21): 3469-3481.

[147] MANERA M, VENNESLAND Q, BERTOLINI L. Chloride threshold for rebar corrosion in concrete with addition of silica fume [J]. Corrosion Science, 2008, 50: 554-560.

[148] PRADHAN B, BHATTACHARJEE B. Performance evaluation of rebar in chloride contaminated concrete by corrosion rate [J]. Construction and Building Materials, 2009, 23(6): 2346-2356.

[149] ANDRADE C, CASTELLOTE M, ZULOAGA P. Some principles of service life calculation of reinforcements and in situ corrosion monitoring by sensors in the radioactive waste containers of El cabril disposal (Spain) [J]. Journal of Nuclear Materials, 2006, 358: 82-95.

[150] CHEN Yangquan, SUN Rongtao, ZHOU Anhong, et al. Fractional order signal

processing of electrochemical noises [J]. Journal of Vibration and Control, 2008, 14 (9-10): 1443-1456.

[151] FELIU S, GONZALEZ J A, MIRAND J M, et al. Possibilities and problems of in situ techniques for measuring steel corrosion rates in large reinforced concrete structures [J]. Corrosion Science, 2005, 47(1): 217-238.

[152] ISMAIL M A, SOLEYMANI H, OHTSU M. Early detection of corrosion activity in reinforced concrete slab by AE technique [J]. Program, 2006, (9): 5-6.

[153] LEELALERKITE V, KYUNG J W, OHTSU M, et al. Analysis of half-cell potential measurement for corrosion of reinforced concrete [J]. Construction and Building Materials, 2004, 18(3): 155-162.

[154] LAWD W, CAIRNS J, MILLAR S G, et al. Measurement of loss of steel from reinforcing bars in concrete using linear polarisation resistance measurements [J]. Corrosion, 2004, 37(5): 381-388.

[155] LAW D W, MILLARD S G, BUNGEY J H. Linear polarisation resistance measurements using a potentiostatically controlled guard ring [J]. System, 2000, 35 (2): 15-21.

[156] SONG H W, SARASWATHY V, MURALIDHARAN S, et al. Corrosion performance of steel in composite concrete system admixed with chloride and various alkaline nitrites [J]. Corrosion Engineering Science and Technology, 2009, 44(6): 408-415.

[157] HANSSON C M, POURSAEE A, LAURENT A. Macrocell corrosion of steel in ordinary portland cement and high performance concretes [J]. Cement and Concrete Research, 2006, 36(11): 2098-2102.

[158] QIAN Shiyuan, ZHANG Jieying, QU Deyu. Theoretical and experimental study of microcell and macrocell corrosion in patch repairs of concrete structures [J]. Cement and Concrete Composites, 2006, 28(8): 685-695.

[159] BARRANCO V, FELIU S. Eis study of the corrosion behaviour of zinc-based coatings on steel in quiescent 3% NaCl solution. Part 2: coatings covered with an inhibitor-containing lacquer [J]. Corrosion Science, 2004, 46(9): 2221-2240.

[160] 胡融刚, 钢筋/混凝土体系腐蚀过程的电化学研究 [D]. 厦门: 厦门大学, 2004.

[161] 胡融刚, 杜荣归, 林昌健. 氯离子侵蚀下钢筋在混凝土中腐蚀行为的 EIS 研究 [J]. 电化学, 2003, 2: 189-195.

[162] MORRIS W, VICO A, VAZQUEZ M, et al. Corrosion of reinforcing steel evaluated by means of concrete resistivity measurements [J]. Corrosion Science, 2002, 44(1): 81-99.

[163] LATASTE J F, SIRIEIX C, BREYSSE D, et al. Electrical resistivity measurement applied to cracking assessment on reinforced concrete structures in civil engineering [J]. Cement and Concrete Research, 2003, 36: 383-394.

[164] MABBUTT S, SIMMS N, OAKEY J. High temperature corrosion monitoring by electro-chemical noise techniques [J]. Corrosion Engineering Science and Technology, 2009,

44(3)：186-195.

[165] SHASHIKALA A P, RAMASUBRAMANIAN J, JANAKIRAMAN G. Investigations into the statistical properties of Ecn from corroding marine systems [J]. Journal of Offshore Mechanics and Arctic Engineering-Transactions of the Asme, 2008, 130(3)：131-133.

[166] ZAVERI N, SUN Rongtao, ZUFELT N, et al. Evaluation of microbially influenced corrosion with electrochemical noise analysis and signal processing [J]. Electrochimica Acta, 2007, 52(19)：5795-5807.

[167] 范颖芳. 受腐蚀钢筋混凝土构件性能研究 [D].大连：大连理工大学, 2002.

[168] 刘志勇. 基于环境的海工混凝土耐久性试验与寿命预测方法研究 [D]. 南京：东南大学, 2006.

[169] MURALIDHARAN S, HA T H, BAE J H, et al. Electrochemical studies on the performance characteristics of solid metal-metal oxide reference sensor for concrete environments [J]. Sensors and Actuators B-Chemical, 2006, 113(1)：187-193.

[170] MURALIDHARAN S, HYUN T, HYO J A. Promising potential embeddable sensor for corrosion monitoring application in concrete structures [J]. Measurement, 2007, 40：600-606.

[171] MURALIDHARAN S, SARASWATHY V, MADHAVAMAYANDI A, et al. Evaluation of embeddable potential sensor for corrosion monitoring in concrete structures [J]. Electrochimica Acta, 2008, 53(24)：7248-7254.

[172] 杜荣归, 黄若双, 胡融刚, 等. 埋入式复合探针原位测定钢筋/混凝土界面氯离子和 pH 值 [J]. 分析化学, 2005, 1：29-32.

[173] MONTEMOR M F, COSTA A J S, APPLETO A J, et al. Multiprobe chloride sensor for in situ monitoring of reinforced concrete structures [J]. Cement and Concrete Composites, 2006, 28(1)：233-236.

[174] NOGAMI M, MATSUMURA M, DAIKO Y. Hydrogen sensor prepared using fast proton-conducting glass films [J]. Sensors and Actuators B-Chemical, 2006, 120(1)：266-269.

[175] GES I A, IVANOV B L, WERDICH A A, et al. Differential pH measurements of metabolic cellular activity in Ni culture volumes using microfabricated iridium oxide electrodes [J]. Biosensors and Bioelectronics, 2007, 22(3)：1303-1310.

[176] BASHEER P A M, GILLEECE P R, LONG A E, et al. Monitoring electrical resistance of concretes containing alternative cementitious materials to assess their resistance to chloride penetration [J]. Cement and Concrete Composites, 2002, 24：437-449.

[177] MURALIDHARAN S, SARASWATHY V, THANGAVEL K, et al. Competitive role of inhibitive and aggressive ions in the corrosion of steel in concrete [J]. Journal of Applied Electrochemistry, 2000, 30(11)：1255-1259.

[178] 黄庆华, 王先友, 汪形艳, 等. 超级电容器电极材料：MnO_2的电化学制备及其性能 [J]. 电源技术, 2005, 29(7)：470-473.

[179] 乔国富, 混凝土结构钢筋腐蚀的电化学特征与监测传感器系统 [D]. 哈尔滨：哈

尔滨工业大学，2008.

［180］黄行康．二氧化锰的制备、结构表征及其电化学性能［D］．厦门：厦门大学，2006.

［181］JOIRET S, KEDDAM M, RANGEL C, et al. Use of EIS, ring-disk electrode, EQCM and Raman spectroscopy to study the film of oxides formed on iron in 1 M NaOH［J］. Electrochimica Acta, 2002, 24(1): 7-15.

［182］胡融刚．钢筋/混凝土体系腐蚀过程的电化学研究［D］．厦门：厦门大学，2004.

［183］LIDNER N J, HOMRIGHAUS Z J, MASON T O, et al. Modeling interdigital electrode structures for the dielectric characterization of electroceramic thin films［J］. Thin Solid Films, 2006, 496: 539-545.

［184］赵卓，贾桂琴，王晓阳．海洋环境下混凝土桥梁结构耐久性设计方案评估［J］．河南科学，2006，24(3)：403-407.

［185］刘志勇，吴桂芹，马立国，等．FRP筋及其增强砼的耐久性与寿命预测［J］．烟台大学学报(自然科学与工程版)，2005，18(1)：66-73.

［186］张峰．混凝土中钢筋的腐蚀与防护对策［J］．建材技术与应用，2008，(11)：37-39.

［187］庄树宏．黄海烟台、威海海域三岛屿岩岸潮间带无脊椎动物群落结构的研究［J］．海洋通报，2003，22(6)：17-20.

［188］许飞．小庙洪牡蛎礁巨蛎属牡蛎间生殖隔离研究［D］．青岛：中国科学院研究生院(海洋研究所)，2009.

［189］周媛．活性氧对东方小藤壶(*Chthamalus challengeri Hoek*)幼虫的伤害效应［D］．青岛：中国海洋大学，2003.

［190］GILLAND C, PERNET P. Adherent bacteria in heavy metal contaminated marine sediments［J］. Biofouling, 2007, 23(1): 1-13.

［191］ZHAO Xingqing, YANG Liuyan, YU Zhenyang, et al. Characterization of depth-related microbial communities in lake sediment by denaturing gradient gel electrophoresis of amplified 16S rRNA fragments［J］. Journal of Environmental Sciences-China, 2008, 20(2): 224-230.

［192］AHN Y B, HAGGBLOM M M, KERKHOF J. Comparison of anaerobic microbia communities from estuarine sediments amended with halogenated compounds to enhance dechlorination of 1, 2, 3, 4-tetrachlorodibenzo-p-dioxin［J］. Fems Microbiology Ecology, 2007, 61(2): 362-371.

［193］李会荣，付玉斌，李筠，等．海洋细菌在不同基质表面微生物粘膜中的组成［J］．青岛海洋大学学报(自然科学版)，2001，31(3)：401-406.

［194］KEI K. Underwater adhesive of marine organisms as the vital link between biological science and material science［J］. Marine Biotechnology, 2008, 10(2): 111-121.

［195］KIMH S, KIM C G, NA W B, et al. Chemical degradation characteristics of reinforced concrete reefs in South Korea［J］. Ocean Engineering, 2008, 35(8-9): 738-748.

［196］TETSUYA I, SHIGEYOSHI M, TSUYOSHI M. Chloride binding capacity of mortars made with various portland cements and mineral admixtures［J］. Journal of Advanced

Concrete Technology, 2008, 6(2): 287-301.

[197] BARBERON F, BAROGHEL-BOUNY V, ZANNI H, et al. Interactions between chloride and cement-paste materials [J]. Magnetic Resonance Imaging, 2005, 23(2): 267-272.

[198] BREHM U, GORBUSHINA A, MOTTERSHEAD D. The role of microorganisms and biofilms in the breakdown and dissolution of quartz and glass [J]. Palaeogeography Palaeoclimatology Palaeoecology, 2005, 219(1-2): 117-129.

[199] GUNASEKARAN G, CHONGDAR S, GAONKAR S N, et al. Influence of bacteria on film formation inhibiting corrosion [J]. Corrosion Science, 2004, 46(8): 1953-1967.

[200] 余红发, 孙伟, 王甲春, 等. 盐湖地区侵蚀性离子在混凝土中的扩散及其相互作用 [J]. 东南大学学报(自然科学版), 2003, 33(2): 156-159.

[201] HERBERT R J H, HAWKIN S J. Effect of rock type on the recruitment and early mortality of the barnacle chthamalus montagui [J]. Journal of Experimental Marine Biology and Ecology, 2006, 334(1): 96-108.

[202] 黄英, 柯才焕, 周时强. 国外对藤壶幼体附着的研究进展 [J]. 海洋科学, 2001, 25(3): 30-33.

[203] WAN K S, XU Qiong, LI Lin, et al. 3D porosity distribution of partly leached cement paste [J]. Construction and Building Materials, 2013, 48: 11-15.

[204] TANG S W, LI Z J, CHEN E, et al. Impedance measurement to characterize the pore structure in Portland cement paste [J]. Construction and Building Materials, 2014, 51(31): 106-112.

[205] CHOI Y S, YANG E I. Effect of calcium leaching on the pore structure, strength and chloride penetration resistance in concrete specimens [J]. Nuclear Engineering and Design, 2013, 259: 126-136.

[206] 张武满. 混凝土结构中氯离子加速渗透试验与寿命预测 [D]. 哈尔滨:哈尔滨工业大学, 2006.

[207] 金伟良, 赵羽习. 混凝土结构耐久性的研究回顾与展望 [J]. 浙江大学学报, 2002, 36(4): 372-380.

[208] TANGS W, YAO Y, ANDRADE C, et al. Recent durability studies on concrete structure [J]. Cement and Concrete Research, 2015, 78: 143-152.

[209] WAN Keshu, LI Yan, SUN Wei. Experimental and modelling research of the accelerated calcium leaching of cement paste in ammonium nitrate solution [J]. Construction and Building Materials, 2013, 40: 832-846.

[210] 施锦杰, 孙伟. 混凝土中钢筋腐蚀研究现状与热点问题分析 [J]. 硅酸盐学报, 2010, 38(9): 1756-1758.

[211] OTSUKI N, MADLANGBAYAN M S, NISHIDA T, et al. Temperature dependency of chloride induced corrosion in concrete [J]. Journal of Advanced Concrete Technology, 2009, 7(1): 41-50.

[212] 杨勇涛. 混凝土电阻率及钢筋腐蚀速率的研究 [D]. 大连: 大连理工大学, 2009.

［213］ BOHNI H. Corrosion in reinforced concrete structures ［M］. Abington：Woodhead Publishing Limited，2005.

［214］ 金祖权,孙伟,李秋义. 碳化对混凝土中氯离子扩散的影响［J］. 北京科技大学学报，2008，30(8)：921-925.

［215］ GLASS G K, BUENFELD N R. Influence of chloride binding on the chloride induced corrosion risk in reinforced concrete ［J］. Corrosion Science，2000，42(2)：329-344.

［216］ 许晨. 混凝土结构钢筋腐蚀电化学表征与相关检/监测技术 ［D］. 杭州：浙江大学，2012.

［217］ 施锦杰,孙伟. 电迁移加速氯盐传输作用下混凝土中钢筋腐蚀［J］. 东南大学学报(自然科学版)，2011，41(5)：1042-1047.

［218］ LU Zeyu, RAN Yin, YAO Jie, et al. Surface modification of polyethylene fiber by ozonation and its influence on the mechanical properties of strain-hardening cementitious composites ［J］. Composites Part B，2019，177：107446.

［219］ HAN Jianguo, DI Jia, YAN Peiyu. Understanding the shrinkage compensating ability of type K expansive agent in concrete ［J］. Construction and Building Materials，2016，116：36-44.

［220］ SALIBA J, ROZIERE E, GRONDIN F, et al. Influence of shrinkage-reducing admixtures on plastic and long-term shrinkage ［J］. Cement and Concrete Composites，2011，33(2)：209-217.

［221］ ZHAN Peimin, HE Zhihai. Application of shrinkage reducing admixture in concrete：a review ［J］. Construction and Building Materials，2019，201：676-690.

［222］ REZVANI M, PROSKE T, GRAUBNER C A. Modelling the drying shrinkage of concrete made with limestone-rich cements ［J］. Cement and Concrete Research，2019，115：160-175.

［223］ CARBALLOSA P, CALVO J L G, REVUELTA D. Influence of expansive calcium sulfoaluminate agent dosage on properties and microstructure of expansive self-compacting concretes ［J］. Cement and Concrete Composites，2019,107：103464.

［224］ NOCUN-WCZELIK W, KONIK A S Z. Blended systems with calcium aluminate and calcium sulphate expansive additives ［J］. Construction and Building Materials，2011，25(2)：939-943.

［225］ LING Yifeng, WANG Kejin, FU Chuanqing. Shrinkage behavior of fly ash based geopolymer pastes with and without shrinkage reducing admixture ［J］. Cement and Concrete Composites，2019，98：74-82.

［226］ PARK S, JEONG Y, MOON J, et al. Hydration characteristics of calcium sulfoaluminate (CSA) cement/portland cement blended pastes ［J］. Journal of Building Engineering，2021，34：101880.

［227］ 曹丰泽,阎培渝. 混凝土膨胀剂水化特性与反应产物微观形貌的研究进展 ［J］. 电子显微学报，2017，36(2)：187-193.

［228］ MARUYAMA I, IGARASHI G, NISHIOKA Y. Bimodal behavior of C-S-H interpreted from short-term length change and water vapor sorption isotherms of hardened cement paste [J]. Cement and Concrete Research, 2015, 73: 158-168.

[229] SINGH N, KUMAR P, GOYAL P. Reviewing the behaviour of high volume fly ash based self-compacting concrete [J]. Journal of Building Engineering, 2019, 26: 100882.

[230] HU Xiang, SHI Caijun, SHIN Zhengguo, et al. Compressive strength, pore structure and chloride transport properties of alkali-activated slag/fly ash mortars [J]. Cement and Concrete Composites, 2019, 104: 103392.

[231] ISMAIL I, BERNAL S A, PROVIS J L, et al. Modification of phase evolution in alkali-activated blast furnace slag by the incorporation of fly ash [J]. Cement and Concrete Composites, 2014, 45: 125-135.

[232] REAL S, BOGAS J A, PONTES J. Chloride migration in structural lightweight aggregate concrete produced with different binders [J]. Construction and Building Materials, 2015, 98: 425-436.

[233] NGUYENT B T, CHATCHAWAN R, SAENGSOY W, et al. Influences of different types of fly ash and confinement on performances of expansive mortars and concretes [J]. Construction and Building Materials, 2019, 209: 176-186.

[234] YU Zhenyun, ZHAO Yading, BA Hengjing, et al. Synergistic effects of ettringite-based expansive agent and polypropylene fiber on early-age anti-shrinkage and anti-cracking properties of mortars [J]. Journal of Building Engineering, 2021, 39: 102275.

[235] YU Zhenyun, ZHAO Yading, BA Hengjing, et al. Relationship between buck electricial resistivity and drying shrinkage in cement paste containing expansive agent and mineral admixtures [J]. Journal of Building Engineering, 2021, 39: 102261.

名词索引

附录 部分彩图

最优分子结构　　　　　HOMO　　　　　LUMO　　　　　ESP

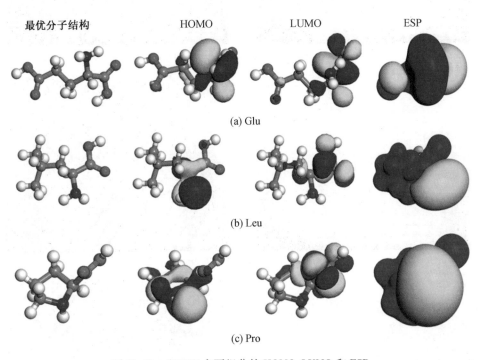

(a) Glu

(b) Leu

(c) Pro

图 11.23　MGME 主要组分的 HOMO、LUMO 和 ESP

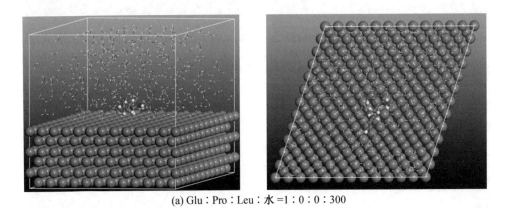

(a) Glu∶Pro∶Leu∶水 =1∶0∶0∶300

图 11.25　7 种情况下吸附在 Fe(110)表面的阻锈剂分子的稳定吸附形态

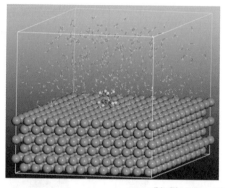

(b) Glu∶Pro∶Leu∶水 =0∶1∶0∶300

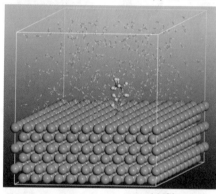

(c) Glu∶Pro∶Leu∶水 =0∶0∶1∶300

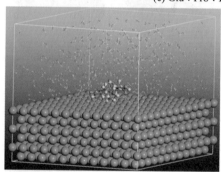

(d) Glu∶Pro∶Leu∶水 =1∶0∶1∶300

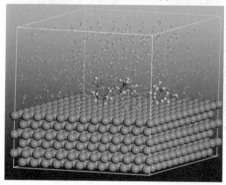

(e) Glu∶Pro∶Leu∶水 =0∶1∶2∶300

续图 11.25

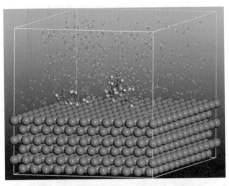

(f) Glu：Pro：Leu：水 =2：1：0：300

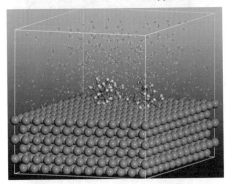

(g) Glu：Pro：Leu：水 =2：1：2：300

续图 11.25

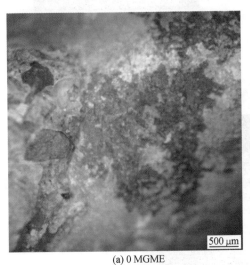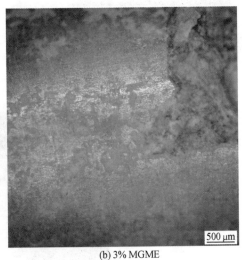

(a) 0 MGME
(b) 3% MGME

图 11.34 砂浆试件中钢筋的表面形貌

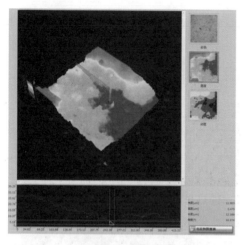

图 15.43　新混凝土光学数码显微镜孔结
　　　　　构 3D 图像

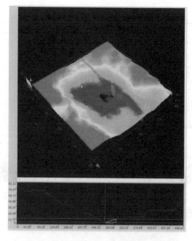

图 15.44　右井混凝土光学数码显微镜孔结
　　　　　构 3D 图像

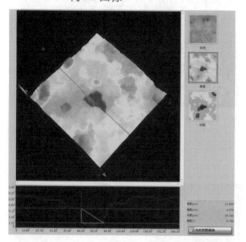

图 15.45　左栅混凝土光学数码显微镜孔
　　　　　结构 3D 图像

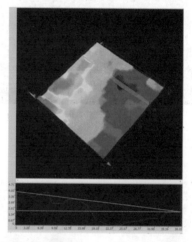

图 15.46　工桥混凝土光学数码显微镜孔
　　　　　结构 3D 图像

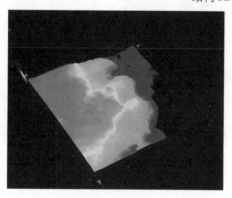

图 15.47　渐变段混凝土光学数码显微镜孔结构 3D 图像
（细骨料界面形成的孔隙——图中深蓝色界面）